水利科学与工程前沿
（上）

主编　张楚汉　王光谦

科学出版社
北　京

图书在版编目（CIP）数据

水利科学与工程前沿. 上 / 张楚汉，王光谦主编. —北京：科学出版社，
2017

ISBN 978-7-03-052267-2

Ⅰ. ①水… Ⅱ. ①张… ②王… Ⅲ. ①水利工程—研究 Ⅳ. ①TV

中国版本图书馆 CIP 数据核字（2017）第 053398 号

责任编辑：吴凡洁　冯晓利 / 责任校对：桂伟丽

责任印制：张　倩 / 封面设计：陈　敬

科 学 出 版 社 出版

北京东黄城根北街 16 号
邮政编码：100717
http://www.sciencep.com

中国科学院印刷厂 印刷
科学出版社发行　各地新华书店经销
*

2017 年 4 月第 一 版　　开本：720×1000　1/16
2017 年 4 月第一次印刷　　印张：35 3/4
字数：720 000

定价：**188.00 元**

（如有印装质量问题，我社负责调换）

前　　言

2012 年 4 月，中国科学院部署了水利学科发展战略研究项目，并于 2014 年 7 月与国家自然科学基金委员会联合资助此项研究，项目由清华大学张楚汉院士和王光谦院士负责实施。邀请了我国近百名水利科学与工程领域的学者、专家参加研讨，系统总结水利科学与工程学科的现代发展历程、研究现状和发展趋势，梳理未来前沿科学与关键技术问题。

2014 年 9 月，项目组在北京举办了"水利科技前沿与水安全"论坛，围绕全球气候变化下的我国水文趋势和水资源安全、河流水沙过程与调控、洪旱灾害与防灾减灾、河湖生态环境问题的安全与对策、高坝水电站枢纽长期安全高效运行等专题进行研讨，对我国水利科技前沿与水安全的现状、国家需求和发展趋势，深入探讨了影响国家水安全面临的挑战和主要问题，提出了保障我国水安全战略的若干建议，并由中国科学院上报国务院关于"围绕水安全保障主题实施国家重大科技专项"的建议报告，孕育了"十三五"水安全国家重点研发计划的提出。2016 年 3 月，百名专家历经三年时间撰写完成了水利学科战略研究报告——《中国学科发展战略·水利科学与工程》①，并由科学出版社于 2016 年正式出版。

2016 年 5 月，为总结学科战略研究成果，同时结合国家"十三五"规划，展望水利科学与工程领域的研究前景，在北京又举办了"水利科学与工程前沿科技"论坛。本次论坛的目标：一是总结，二是展望。进一步深入总结我们"水利科学与工程"学科发展战略项目研究成果，展望未来"十三五"国家在"水利科学与工程"方面的挑战，深入研讨水利科学前沿和水工程关键技术，前瞻发展趋势，探究前沿课题，确立发展战略，引领水利学科发展。收录在本书《水利科学与工程前沿》的论文便是这次论坛深入总结和展望的研究成果。《水利科学与工程前沿》论文集按《中国学科发展战

---

① 国家自然科学基金委员会，中国科学院. 2016. 中国学科发展战略·水利科学与工程. 北京：科学出版社.

略·水利科学与工程》16 个子学科分类，每类由 3～5 篇系列专题论文组成，内容梗概分述如下：

（1）水文学。鉴于气候变化是影响陆地水文过程的主要因素，介绍陆气耦合机理、模拟方法及未来挑战；分析气候变化和人类活动对流域径流的影响，提出环境变化下流域水文响应的分析框架；讨论"非一致性"条件下的工程水文计算问题，提出年径流频率计算方法；基于卫星遥感的特点和优势，综述多元水文信息的处理和分析技术及其在水文学中的应用。

（2）水资源。阐述协调水资源高效利用的理论方法——水资源系统分析方法的发展历程和未来趋势；介绍提高水资源利用能力，协调防洪、供水与生态用水间矛盾的洪水资源安全利用模式；基于信息技术和物联网应用，提出水联网智慧水利的发展方向；面对变化环境对水资源的挑战，提出全球变化下水资源管理的适应性方法；探索以天河工程为试点的云水资源利用与管理的新设想，论述实现该目标的关键科技问题。

（3）农田水利学。基于生命需水信息的作物高效用水调控理论，总结控制作物生命需水过程的高效节水生理调控技术研究进展与发展趋势；介绍农业估产实践和农田生态水文研究中代表性作物模型的原理、发展历程与研究方向；基于南方水稻灌区典型区域的节水减排试验，提出水稻节水灌溉、水肥综合调控与灌区面源污染生态治理模式。

（4）河流动力学。介绍近年来长江、黄河水沙变化的特点；探讨面向生态的河流可持续管理理念的内涵，指出基于全要素监测和全物质通量深入认识河流生态系统的发展趋势；介绍基于非平衡态统计力学的动理学理论，揭示单颗粒微观运动与颗粒群体宏观运动特征之间的联系；介绍河床自动调整原理和滞后响应特性，建立分析河流非平衡演变过程的模拟方法。

（5）环境水利学。讨论剧烈人类活动给长江流域河流水动力条件和生态环境带来的影响和修复策略，包括长江生态环境的主要问题与修复重点、长江上游水电梯级开发的水域生态（尤其是特有鱼类）保护；梯级水电开发带来的长江与洞庭湖关系演变与调控措施；阐述下游河流与河口地区河网水质模拟和闸坝群联合优化调度方法；介绍肠道病原微生物在水体中的输移机理的研究进展。

（6）水旱灾害。围绕江河防洪多目标优化决策中"守与弃""蓄与泄"两大核心问题，提出江河防洪的关键技术；阐述城镇化对洪水过程的影响机制，分析城市洪涝频发、多发的原因及其应对策略；分析沿海地区风暴潮增水的主要机理，阐述提高模拟精度中的关键问题；提出干旱事件三维识别模型和干旱历时-面积-烈度三变量频率分析方法及其应用实例。

（7）水能利用。主要涉及水能、风能、海洋能、抽水蓄能及其与风电的协同发展等关键技术问题。介绍风电工程中的环境流体、固体力学与控制问题；介绍波浪能的水动力学、数值模拟、可靠性、生存力、控制策略等若干关键技术问题；介绍抽水蓄能电站在复杂地形、地质条件下筑坝成库及防渗、地下工程结构、高压水工隧洞、机组等方面的关键技术问题；论述抽水蓄能电站对风电送出系统的调控作用，给出联合运行的案例分析。

（8）海岸工程学。综述水波破碎现象中的关键科学问题，包括破碎类型的影响因素、破碎条件与数值模拟方法等；阐述素流波浪边界层及波流边界层的研究成果，分析影响边界层内净输沙率的细观机理；揭示珠江河口区潮汐、上游径流、河口地形地貌变化及海平面上升对珠江口咸潮入侵的影响规律；探索大规模滩涂开发利用对近海动力环境和生态环境的影响及其评价方法，提出总体规划布局原则。

（9）工程水力学。阐述明渠素流多尺度相干结构的特征及相互作用；回顾高坝水力学近年来的研究进展，分析未来发展趋势和面临的主要挑战；研究长距离输水渠道的自动控制技术；总结数值方法在工程水力学的应用和发展，并分析方法的优缺点及其未来发展趋势。

（10）水工建筑学。概述高混凝土坝抗震安全研究的最新进展，包括地震动输入机制、横缝接触与混凝土损伤开裂非线性及拱坝地基地震稳定性；针对高土石坝抗震安全，介绍筑坝材料的动力本构模型、地震破坏机理、抗震试验与分析方法及抗震措施研究；围绕混凝土坝真实工作性态，介绍应用混凝土热学力学参数的仿真分析与统计分析相结合的反演分析方法；讨论生态水工学的学科基础、研究对象及内容，探讨生态水工学的前沿问题；针对长江黄金水道的未来发展，提出提高上、中游通航能力的设想。

（11）水工混凝土。综述宏细观层次的混凝土静动力损伤断裂试验研究、数值模拟方面的研究进展，探索其破坏机理、尺寸效应、多尺度分析等方面的研究前沿；研发复杂环境条件下混凝土静动力损伤试验与测试设备；提出利用现场浇筑大坝混凝土试件确定大坝混凝土真实断裂性能的方法；介绍在混凝土中引入改性吸水树脂作为抗冻剂的思路，以提升其抗冻与力学性能。

（12）岩石力学与工程。阐述基于岩石细观统计损伤理论发展起来的岩石破裂过程分析系统 RFPA；介绍变形加固理论并阐明其中不平衡力的物理本质，以及基于高坝蓄水导致的山体变形建立的非饱和裂隙岩体有效应力原理；阐述天然地质体水岩耦合过程的多尺度特征；介绍以拟变分不等式表达

的非连续分析方法 DDA 的对偶形式，摒弃传统的虚拟弹簧概念。

（13）土力学。介绍细观土力学的最新研究动态，基于土体细微观结构和力学机制描述复杂的宏观土体行为；采用数值分析、物理模型试验和现场调查研究典型滑坡成灾机理；探讨极端海洋环境载荷和复杂海床地质条件下的海洋工程结构-基础系统的稳定性分析理论和设计方法；对新兴环境岩土工程学科的发展历史、前沿科技研究作了介绍，作为应用实践，提出污染地下水原位修复的新技术。

（14）水力机械动力学。研究抽水蓄能机组瞬态特性、转轮动态响应、机组共振特性和轴系复杂非线性动力学问题；探索不同流量下机组的压力脉动、水力振动和应力特性；提出水电机组健康评估模型和性能退化趋势预测模型；阐述一种新型离心泵非设计工况运行调节的方式——前置导叶预旋调节及其调节效果。

（15）水利工程管理。介绍溪洛渡特高拱坝的建设管理创新实践：总结基于伙伴关系模式的水电企业流域开发多项目、多目标管理模型；论述水利建设项目后评价绩效的评价方法；分析和构建项目内、组织内和组织间的资源共享模式和机制，实现基于项目的多层次组织治理。

（16）水利移民工程。分析和构建各方利益分享的理论模式和计算方法；评价各影响因素的效用及增强可持续性的调整方法；探索以土地证券化作为水电移民安置新途径。

编写本书的初衷是期望在《中国学科发展战略·水利科学与工程》（科学出版社，2016）的基础上，进一步按各子学科分类以专题论文形式深入剖析"水利科学与工程"的前沿科技问题。本书收录的 66 篇论文，汇集各子学科重点前沿课题的述评、总结与创新研究成果。它是《中国学科发展战略·水利科学与工程》的深化和补充，期望这两本专著能交相辉映，组成姐妹篇以就教于水利同仁们！

建立一个人水和谐、资源节约、低碳发展、环境优美、生态多样、水文化得以弘扬、水制度严格保障的生态文明系统，是国家可持续发展的战略需求，也是"水利科学与工程"学科发展的长远目标，更是我们水利科技工作者长期为之奋斗的任务。

张楚汉　王光谦

2017 年 3 月

目　　录

第二篇　水　资　源

第三篇　农田水利学

第四篇 河流动力学

第五篇　环境水利学

第六篇　水　旱　灾　害

第七篇　水　能　利　用

第十篇　水工建筑学

第十一篇　水工混凝土

第十二篇　岩石力学与工程

第十三篇　土　力　学

第十五篇 水利工程管理

第十六篇 水利移民工程

第一篇 水 文 学

导读 气候变化和人类活动影响下的水文研究，对完善水文学理论和方法具有重要的科学意义，在水资源管理中具有重要的应用价值。鉴于气候变化是影响陆地水文过程的主要因素，本篇首先介绍了陆气耦合机理、模拟方法及未来挑战；其次，以海河流域为例，定量分析了气候变化和人类活动对流域径流的影响，提出了变化环境下流域水文响应的分析框架；此外，以海河流域册田水库为例，讨论了"非一致性"条件下的工程水文计算问题，提出了年径流频率计算方法；最后，从卫星遥感的特点和优势，综述了多元水文数据的处理和分析技术，以及大数据在水文研究中的应用。

陆气耦合过程、机理及模拟方法

王桂玲[1]，王大刚[2]

（1.美国康涅狄格大学土木与环境工程系，斯托斯 06269；2.中山大学地理学院水
资源与环境系，广州 510275）

摘　要：由于陆气耦合在不同时间尺度上与降水变化的高度关联性，陆气耦合这一研究
领域正受到越来越多的关注。陆气耦合研究土壤-植被-大气连续体中物理过程的动态变化，这
些动态变化时间尺度对于土壤水分来说在亚季节到季节范围内变化，对于植被来说在年代及
更长的尺度上变化。文章全面评价了陆气耦合研究的现状。然而，这篇文章不是穷举该研究
领域的文献，而是介绍目前对于土壤水分-大气耦合、植被-大气耦合的过程和机理方面的理
解，讨论目前模拟耦合过程的方法，并提供一些能够详尽阐述这种耦合过程、机理和方法的
实例。文章还讨论了该研究领域发展所面临的主要挑战，并且提出未来研究方向。

关键词：陆气耦合；土壤水对大气的反馈；植被对大气的反馈；降水对下垫面变化的
响应

Land-Atmosphere Interactions: Processes, Mechanisms and Quantification

Guiling Wang[1] ,Dagang Wang[2]

(1. Department of Civil & Environmental Engineering, University of Connecticut, Storrs, CT
06269, USA; 2. Geography and Planning School, Sun Yat-Sen University, Guangzhou 510275)

Abstract: The field of land-atmosphere interactions is receiving increasing research atten-

通信作者：王大刚（1975—），E-mail：wangdag @mail. sysu. edu. cn。

tion due to its high relevance to precipitation variability at a wide range of time scales. Studies on land-atmosphere interactions tackle dynamics within the soil-vegetation-atmosphere continuum, and the time scale of interest ranges from the sub-seasonal and seasonal for soil moisture to decadal and longer from vegetation. This article provides a comprehensive assessment for the state of the science concerning land-atmosphere interactions. Instead of providing an exhaustive list of past studies, here we describe the current understanding of fundamental processes and mechanisms involved in soil moisture-atmosphere interactions and vegetation-atmosphere interactions, discuss existing approaches to quantifying them, and provide specific examples to elaborate the general descriptions. In addition, this article discusses the major challenges facing the scientific advancement of the field and identifies promising future research directions.

Key Words: land-atmosphere interactions; soil moisture feedback to atmosphere; vegetation feedback to atmosphere; precipitation response to land surface change

1 引言

　　地球陆面与大气通过质量、能量和动量通量的交换而紧密耦合。以土壤湿度和植被为主的地表环境形成了大气边界层。例如，一方面，土壤湿度和植被条件控制了通量从地表向大气边界层传输，影响了局地对流活动和大范围的水汽辐合，从而影响了降水的产生。另一方面，近地表大气条件和通量，主要是辐射和降水，直接影响土壤湿度与植被的动态变化。上述反馈在陆气耦合紧密的地方成为不同时间尺度气候变异的一个重要机制（Wang et al.，2011）。地表水文气候条件对土壤湿度和植被的影响比较直观，可通过观测及野外或温室实验进行研究。因而，地表条件对大气过程的影响成为陆气耦合领域里的研究重点。与此相对应，陆气耦合强度通常被定义为地表条件对降水量和温度的持续影响程度。本文对当前我们在陆气耦合领域的理解进行一个综合评估。第二部分描述陆气耦合的基本过程和机理；第三部分以土壤湿度的影响为例详细讨论；第四部分详尽描述植被对降水的影响；第五部分讨论影响陆气耦合强度的主要因素并描述量化耦合强度的不同方法；第六部分指出当前陆气耦合领域面临的主要挑战。

2 陆气耦合的基本过程和机理

　　土壤湿度和植被通过控制三个主要的地表特性而影响大气过程：反照率、波文比、粗糙度。反照率和波文比均随土壤变干而增加，随植被覆盖减少而增加（森林、草原、沙漠的反照率分别约为 0.15、0.2、0.4）。地表粗糙度随植被覆盖减少而降低。如果地表反照率增加，太阳辐射反射部分增加，从而降低净辐射。这会导致对流层上层降温，引发空气下沉而减少降水。波文比（显热通量与潜热通量的比率）越高导致蒸散发越低，从而减少陆面对大气的水分供应，造成地表因蒸发冷却作用的减少而趋向升温。地表升温以及显热通量变大，为大气边界层变深提供了条件。此外，净辐射与蒸散发的减少均降低向大气边界层湿静能的输送。再加上边界层深度的增加，边界层内的湿静能的密度将降低，从而抑制对流减少降雨。表面粗糙度降低，空气阻力系数因此减小，有助于减小地表通量。但空气阻力系数的减少同时也会导致地面风的增强，这又有助于地表通量增大。由于这两种能相互抵消，使得地表粗糙度相比于反照率与波文比来说对大气过程的影响较为不确定，而且需要结合实际情况讨论。此外，地表条件对局部地区的上述作用还能引发大尺度大气环流的变化从而更进一步影响局地气候。

作为地表条件的两个主要成分，土壤湿度与植被紧密耦合。土壤水分为植物蒸腾提供水分，从而支持植被生长；植被蒸腾作用加速土壤贮水的消耗。土壤水分和植被均是气候系统中相对慢变的分量。例如，大气的异常通常在几天之内得以消散，而土壤水分的异常通常持续几个星期到几个月。植被时间尺度的变化范围从植物物候期的几周或几个月到植被动态变化的几年或几十年。这些地表动态变化过程往往因为影响气候变异的时间尺度不同而需要分别研究。在亚季节和季节性时间尺度上，土壤水分动态变化在地表对气候变异的影响中占主导地位，同时植物物候响应的作用也很重要。这部分内容将在后面详细讨论。在年际和年代际或者更长的时间尺度上，植被动态变化主导地表对气候变异变化的影响。虽然一些通过植被影响区域气候的基本机制与通过土壤水分的作用影响区域气候的基本机制相似（例如，通过控制地表反照率和波文比），但植被-气候耦合作用更加复杂，所以这部分内容会在第四部分单独展开讨论。

3 土壤湿度变化对大气过程的影响

大多数研究表明，在土壤水与降水耦合紧密的地方，土壤湿度和降水之间是正反馈关系。具体而言，通过蒸发的影响，若土壤湿度低于正常值，降水量或降水频率也因此低于正常值，具体机理见图 1。降水量的减少将进一步降低土壤湿度或者减缓土壤水分向正常值的恢复。土壤湿度与降水之间的正反馈可能导致季节性气候异常的持续，使得土壤湿度成为预测期长至一两个月的预报因子。土壤湿度-降水之间的反馈作用在极端干旱或洪涝中更显著且更易成为正反馈。研究发现，干燥的土壤会引发或有助于北美和欧洲的极端干旱和热浪的发生（Fischer et al.，2007；Hirschi et al.，2010；Saini et al.，2016）。例如，Kim 和 Wang（2007a）使用 NCAR CAM3-CLM3 模型研究美国前期土壤湿度对降水的影响，发现土壤湿度-降水之间的正反馈只发生在初始土壤湿度异常超过一定阈值的时候；Mei 和 Wang (2011) 从观测和再分析数据发现，在极端降水异常年，美国土壤湿度和降水之间的滞后相关性增加。土壤湿度的负反馈作用虽在文献中少有提及，但也有存在的可能性。其主要机理是土壤水分的增加使得地表通量的主导发生了从感热到潜热的转变，增加了大气低层稳定性，并增加了地表的辐散和大气沉降。Hirschi 等(2010)研究了土壤水分亏值与夏季极端高温之间的关系，发现二者之间的关系在极端温度分布的高值区更加紧密。

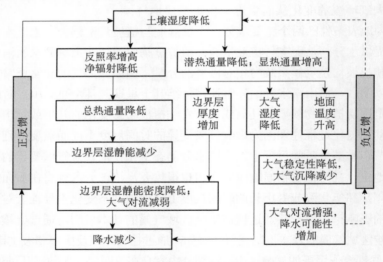

图1　土壤湿度影响降水的示意图

在植被受限于水分的地方，植被的季节性反馈会影响土壤湿度-降水耦合作用，因而带来不确定性。例如，由土壤湿度的正反馈使初始干旱得以维持，因而造成持续的干旱，植被生长由此受到抑制，带来两种可能性：第一，植被通过影响反照率和波文比而使降水进一步减少，加剧了干旱的持续性，从而导致正反馈；第二，蒸腾作用的减弱减缓土壤水分的消耗，干旱异常的持久性就会减弱，从而导致负反馈。所以，植被对土壤湿度-降水耦合的净影响具有很大的不确定性，取决于气候、季节、和植被条件（Kim and

Wang，2012）。

　　Kim 和 Wang（2007b）举例说明了北美地区初始土壤湿度对降水的影响，并且指出了季节性植被反馈在改变土壤湿度-降水反馈中所起到的作用。作者使用 CAM-CLM 耦合模型进行了六组集合模拟实验，每组分别开始于六个不同月份（4～9 月份）的第一天，且每组包括三类集合实验：对照实验（Control）、土壤水实验（SM）和土壤水-植被实验（SM_Veg）。Control 使用模型的多年平均土壤湿度作为初始条件，而 SM 实验和 SM_Veg 实验初始条件在多年平均土壤湿度的基础上附加了一个异常值。Control 和 SM_Veg 实验的植被季节变化可以根据植被物候机制来预测，但是 SM 实验的植被季节变化是根据 Control 中的预测结果设定的。所以，SM 实验与 Control 的气候差异可归结为土壤湿度初始化的影响（通过土壤湿度-降水的交互作用而实现）；SM_Veg 实验与 Control 的气候差异可归结为土壤湿度初始化和植被反馈的影响；SM_Veg 实验与 SM 实验的气候差异可归结为植被反馈的影响。研究结果表明，湿润土壤导致降水大幅增加，而可用水的增加使植被在密西西比河流域上游更加浓密，从而引起降水量的进一步增加。

　　初始土壤湿度异常对降水的影响第一个月最强，7、8 月份逐渐减弱。而对叶面积指数（leaf area index, LAI）的影响 6 月份较弱，7、8 月份逐渐变强。这是因为植被对外界环境的变化做出的反应较为缓慢，对可用水增加的完全响应往往需要几个星期。与之相对应，植被反馈对降水的影响在第一个月也不显著，但在随后的几个月逐步增强。始于其他时间的在夏季的模拟也得到了类似的结果。基于始于不同时间的模拟在第二个及第三个月的平均，图 2 显示由于不同反馈机制引起的密西西比河流域上游的地区平均降水异常。在夏季土壤湿度高于正常的情形下，植被反馈使土壤湿度引起的降水增加得以增强。植被反馈作用在春秋季不明显。然而，需要注意的是，以上结论是基于数值模型试验而得出的，所以这些结论对模型的依赖一直是我们关注的方面。例如，Koster 和 Walker (2015) 使用不同的数值模型发现，虽然植被反馈对亚季节降水预报有正反馈作用，但是其作用和土壤相比要小得多。这两个研究小组得出的不同结论表明我们需要在植被反馈作用方面做进一步的研究。

　　需要注意的是，本节对正负反馈的定义遵循土壤湿度-降水耦合作用相关文献中的约定俗成。当土壤湿度异常与其引起的降水异常朝着同一方向时（如当潮湿的土壤会导致更多的降水），这种反馈作用叫做正反馈。负反馈指土壤湿度异常与其引起的降水异常朝着相反方向。植被-降水反馈研究中对正负反馈的定义更加严格。例如，植被覆盖密度大而导致更多的降水是"正反馈"的一个必要但不充分条件，具体将在第 5 部分中讨论。

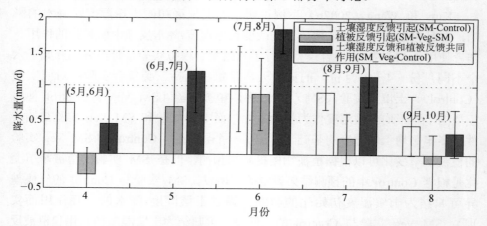

图2　分别由土壤温度、植被反馈引起及由两者反馈共同作用引起的降水变化

降水变化是密西西比河流域的第二个和第三个月全部时间的平均值（在括号内表示），这些变化是由多年平均土壤湿度的基础上增加了80％而引起的（增加的时间分别是4月1日、5月1日、6月1日、7月1日和8月1日）。误差条形图表示五个集合成员的标准误差

4　植被变化对气候的影响

无论是由于荒漠化还是滥伐森林，它们所造成的大规模地表植被退化，都通过对地表反照率、波文比（潜热通量与显热通量的比值）和地表粗糙度的控制进而对区域气候产生重要影响。植被退化对地表温度的影响机理有多个，其中最重要的是地表反照率的增加和植被蒸发蒸腾作用的减弱。一方面，较高的地表反照率使地面净辐射减弱，进而可能导致地表温度的降低；另一方面，潜热冷却作用的减弱又可使地表增温。在干旱和半干旱地区的旱季里（在荒漠化的情况下），植被的蒸发和蒸腾作用非常微弱，它们的减弱也微乎其微。所以，地表温度的减小主要受到地表反照率的影响。而在湿季，潜热是地表能量平衡的重要组成部分，植被蒸腾作用的减弱对地表增温的影响超过地表反照率的影响，造成地表温度的增加。所以，荒漠化地区植被对温度的影响季节性较强，且和水文循环联系紧密。而在热带的森林滥伐地区，旱季植被蒸腾作用对地表温度的影响仍是巨大的，蒸腾作用对于地表能量平衡的影响超过地表反照率，导致砍伐后终年气候变暖。

荒漠化和滥伐森林对于降水及其反馈的影响更为复杂。由于植被退化，植被蒸腾作用的减弱和地表粗糙度的降低导致地表湍流输送减少，限制了地表蒸发蒸腾作用。因此，植被退化产生的蒸发蒸腾减少（因而波文比的增加）限制了地表对当地降水的水汽输送。同时，植被退化导致的地表反照率的增强又减少了地表吸收的净辐射从而减少地表到大气边界层的总热通量。这就导致了大气的辐射冷却，引起额外的气流下沉运动以维持大气热量平衡，进一步抑制降水的发生。所有这些由植被退化引起的因素都导致了降水的减少。

上述理论解释的物理过程和机制得到了大量全球气候模型研究的支持。在这些研究中，大多数都设定了一个从森林到草原或者从草原到裸地的变化，并且这些设定的变化都发生在一个较大的区域范围内，如整个撒哈拉沙漠地区或者整个亚马逊森林（Xue and Shukla，1993；Zhang et al.，1996）。然而，实际的人工植被变化都发生在小得多的小尺度区域，并且不是所有的植被变化都是永久性的。小尺度和非永久性的地表植被覆盖演替对区域气候的影响，涉及更复杂的物理、动力及生态过程及响应，已经成为一个热门的研究主题。以亚马逊森林为例，通过卫星遥感图像显示，其森林砍伐遵循着"鱼骨"模式。这种模式下的小尺度森林减少导致了地表植被覆盖的极度不均匀化分布。随着森林覆盖的减少，地表蒸发冷却作用减弱，引起相对来说与尺度无关的稳定增温效果。发生在亚马逊的实际森林砍伐造成了凉爽森林包围下的草地温室"补丁"及草地和森林间的巨大热梯度。所以，随着温暖地带气流的抬升，中尺度环流逐渐发育，滥伐地区空气对流运动增强，这可能进一步导致云量增多甚至降水的产生。

一些观测证实滥伐地区低空对流运动增强，云量增多，甚至有些研究发现了滥伐地区降水增多的现象。例如，Negri 等（2004）分析了亚马逊地区采集到的卫星云图和降水数据，发现旱季在滥伐森林和稀树草原地区浅积云、深对流雨云和降水的出现概率都比茂密森林地区的大。几个利用中尺度和区域气候模型的数值模拟研究得出对于亚马逊滥伐地区相似的结论 (Wang et al.，2000；Baidya and Avissar，2002)。另一方面，最近关于土地利用变化对降水空间分布和降水强度影响的一些研究表明（Badger and Dirmeyer，2015；Wang et al.，2016），如果在区域和全球气候模型中考虑土地覆盖类型在空间上的亚尺度变化，降水会由于森林向农田（草地）的转化而减少。这和预先设定整个区域内植被均匀退化的研究结论是一致的。土地覆盖在小尺度上的变化如何影响区域气候，以及从数值模型的角度研究土地覆盖空间表征如何影响相关结论，这些问题都需要进一步研究。

上述阐述的永久地表覆盖变化对气候影响的机理是理解植被-气候反馈的第一步。地表植被总是处于不断的演替和变迁过程中。随着地表覆盖的变化，遗留下来的植被会对土地变化诱发的气候变化做出响应，反过来受气候变化影响的植被将进一步改变区域气候。植被的这种动态反馈机制对于气候变异和变化起到重要作用。例如，水分在荒漠化严重的干旱地区对生态系统有决定性作用，荒漠化引发的降水减少会抑制植被的生长并进一步加剧植被覆盖的退化。因此，人为荒漠化可能通过生物圈-大气间的反馈而进一步加剧。这种正反馈作用是否发生取决于区域大气条件、初始荒漠化程度以及自然植被的生态特性。

不同区域的气候对荒漠化变化的敏感度有显著的差异。在降水是由大尺度大气循环控制的区域，降水受植被覆盖变化的影响很小，不论荒漠化的程度大小，生物圈和大气之间可能永远不会发生正反馈作用。一方面，荒漠化导致降水的减少；另一方面，由于植被退化，植物群落对水的消耗也会减少。在气候对荒漠化敏感度很低的情况下，荒漠化后的陆地可用水虽然减少了，但是仍能超过减少了的植物需水量。因此，退化的植被仍将重新长出，生物-大气反馈机制将减轻（而不是加强）人为荒漠化的发展。然而，在气候条件对地表覆盖变化敏感度高的区域，大尺度的荒漠化会引发大气-生物之间的正反馈并变得不可逆转。在这样的区域，当人为荒漠化达到一定强度时，由此产生的干旱将变得十分严重以至于导致荒漠化区域以及周边区域的生物群落的恶化；这种干旱诱导的植被退化会加剧初始人为荒漠化对气候的改变，导致土地的不断退化并形成永久性干旱。通过这种机制，新的沙漠将可能随着剧烈的人为荒漠化而形成。自然植被的类型对此机制的形成是至关重要的。为使生物反馈能加剧荒漠化并促成永久性干旱，自然植被必须能够把这种环境压力从一年传递到下一年。这种年际记忆可由树木、灌木和多年生草来提供。

图 3 是 Wang 和 Eltahir (2000a)的研究中在西非萨赫勒地区正反馈的一个例子。研究者运用纬向对称大气-植被模型（ZonalBAM）（Wang and Eltahir，2000b）检测西非区域气候对人为荒漠化的敏感度。在对照模拟实验中，自然植被覆盖地区每个网格内裸地比重为零；在荒漠化模拟实验中，裸地占每个网格的比例从 1950 年的零线性增加到 1970 年的 20%，并在 1970 年之后停留在 20%。自然植被部分在模拟实验中进行两种不同的处理：一个假设为静态植被，另一个假设为动态植被。萨赫勒的区域平均结果显示，当植被是静态的（设定从 1950～1980 年这段模拟时期不变），人为加上的土地荒漠化导致的降水减少非常微弱［图 3（a）］。当植被是动态变化的，也就是说，植被可以对人为沙漠化引起的降水改变做出响应时，同等程度的人为土地覆盖变化在萨赫勒地区引起的降水减少比较剧烈［图 3（b）］。降水减少主要是由

于人类活动诱发的自然荒漠化过程引起的，通过植被-气候反馈机制来实现。
这种反馈机制能使模型中生物圈-气候系统达到不同的平衡状态。

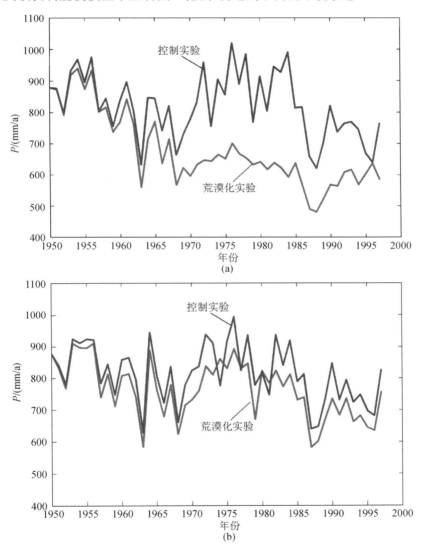

图3　生物圈-大气耦合系统模拟的Sahel地区人为荒漠化的影响（1950～1970年期间每年增
加裸地1％）

(a)自然植被设置为动态过程；(b)自然植被设置为静态过程

除了人类活动引起的植被变化，植被的分布和结构作为自然植被动态变化的一部分以及对气候变异的响应，在年际和年代际的时间尺度上不停地变化。这种变化非常缓慢（相对于人类活动所致的快速转变），但发生范围较广且无处不在。在气候模型中降水对植被每年变化的响应方向与大尺度砍伐森林的降水响应类似，即增加森林覆盖率或者密度有利于降水的发生。由此产生的植被-气候反馈可能是年代际尺度甚至更长尺度上产生气候变异的一个重要机制。例如，Wang 等（2011）基于数值模拟结果指出，植被-气候反馈作用是亚马逊地区降水年代际变异的一个重要机制。当模型使用静态植被时，长周期成分所占比重严重低估。动态植被使模型结果与基于观测降雨的结果基本相符。

但是，植被-气候反馈的表现随模型不同而千差万别（Wang et al.，2004；Crucifix et al.，2005；Delire et al.，2011；Sun and Wang，2011），而且我们对植物-气候反馈的理解还不够深入。

5 陆气耦合强度及量化方法

陆气耦合强度是指地表条件持续影响大气过程的程度。土壤湿度和气候之间的耦合能够使降水和温度的异常状态得以持续（比如洪水、干旱、极端温度、热浪），从而加强陆地的"记忆"，提高陆气系统的可预测性。因此，在陆地记忆长且陆气耦合强度大的地区，土壤湿度可作为预测降水和近地气温的一个可能预报因子。同样的，植被和气候之间的可能的强反馈使得人类土地利用成为一个重要的气候驱动因子。无论是土壤湿度反馈还是植被反馈，最强的陆气耦合往往发生在干湿气候间的过渡地带和过渡季节，即半干旱地区和季节(Koster and Coauthors，2004；Wang et al.，2011)。以土壤湿度为例，其影响气候的最主要途径是通过影响蒸发蒸腾（ET）（陆面部分）从而影响大气边界层和对流过程（大气部分）。在大气部分，为使土壤湿度影响气候，大气过程对 ET 变化必须十分敏感，而且 ET 变化范围必须足够大；在陆面部分，ET 必须对土壤湿度的变化十分敏感，且土壤湿度的变化范围必须大到足以引起大范围的 ET 变化。虽然陆面部分在决定土壤湿度对降雨的影响中更加关键(Wei and Dirmeyer，2012)，但只有大气部分和陆面部分都十分强烈才能导致强烈的土壤湿度-大气耦合。就陆面部分而言，水文情势是影响耦合强度的一个重要因素，在非常潮湿的条件下，由于土壤水分非常丰富，ET 受限于辐射，此时土壤湿度对大气过程的影响可忽略不计。在非常干燥的条件下，虽然 ET 受限于土壤湿度，但土壤在大多时候都保持干燥状态，土壤湿度的变化范围（相应地，ET 的变化范围）是非常小的。只有在干湿过渡区，ET 对土壤湿度的变化十分敏感，土壤湿度的变化范围（相应地，ET 的变化范围）才比较大。

尽管在理论上容易理解陆气耦合的过程和机制，耦合强度的量化依然具有挑战性。数值模拟被广泛应用于陆气耦合强度以及陆面条件对大气过程影响的研究。根据有待解决的科学问题，数值模型实验研究可有三种类型的实验方案。

（1）第一类方案关注的是持久的土壤湿度异常或植被变化产生的影响。这类方案通常包括使用相同模型的一对模拟（对照组与实验组）；在这两组模拟中设定不同的土壤湿度或植被条件（覆盖范围或植被密度）。这类实验可以让我们量化不同的大气变量或过程如何响应地表条件的持续变化，从而让我们更好地理解陆地-大气相互作用的过程和机制。关于土壤湿度和植被覆盖变化影响的早期研究大多采用这个实验方案(Xue and Shukla，1993)。

（2）第二类方案关注的是初始条件或一次性扰动产生的影响。对照组与实验组的模拟只在其初始土壤湿度或初始植被上有所不同，模型中的地表状态随着大气变化而自然演进。随着模拟的进行，这些异常可能会因陆地-大气的相互作用而消失或者加强，取决于实验地区陆地-大气的反馈作用(Wang and Eltahir，2000a；Kim and Wang，2007a)。

（3）第三类方案主要关注存在或缺少陆气耦合的影响。在这类实验方案中，通常一个（或一系列）模拟包括陆地和大气过程之间的耦合，而在另一个（或一系列）模拟中陆气耦合被切断了。这两个模拟之间在气候统计量之间的差异是由陆气耦合导致的。对于不同的关注主题，所采用气候统计值（或指标）也有所不同，包括长周期变异方差占总方差的比例（Wang et al.，2011），不同集合之间降水时间序列中集合内成员相似性的差别（Koster et al.，2004）等。

数值建模方法在深化对耦合过程的理解方面具有巨大的优势，但是实验结果难以与观测相比较而验证。陆气耦合研究的进一步发展需要能够直接通过观测获得的衡量指标。这种需要促进了近年来统计方法的快速发展，以寻找便于将数值模型和观测进行对照的衡量陆气耦合强度的指标。例如，基于陆地与大气间相互作用的阈值行为的发现，条件相关法(Mei and Wang，2011)更注重对降水异常较大的年份的分析，并使用在频率峰值的滞后相关系数来表示土壤湿度-气候耦合强度。另一指标，即土壤湿度-ET 的相关系数（或回归系数）和土壤湿度（或 ET）的方差的乘积，反映了我们对陆气耦合的理解:强的陆气耦合不仅需要土壤湿度对 ET 有很强的影响，还需土壤湿度或 ET 的变化范围大，从而对大气过程产生影响(Mei and Wang，2012；Liu et al.，2013)。

6 未来挑战与展望

基于过去 20 年的研究，我们对于陆地-大气耦合系统过程和机理的理解不断深化。但是，在今后的研究中，仍有许多挑战有待解决。

（1）小尺度土地利用变化的影响。观测数据显示，在植被覆盖发生小尺度变化的滥伐森林地区，对流和降水都有所增强。而数值模拟研究中关于这些地区降水是否增强研究很少且没有定论。

（2）陆气耦合强度在时间上的变异变化。基于陆气耦合强度对气候状况本身的依赖，耦合强度可能每年都不同，而且耦合强度可能会随气候变化而改变。理解耦合强度这种特点的含义和局限是非常重要的。

（3）将可预测性转化为预报技能。强的陆气耦合可以导致由陆面诱发的气候可预测性。然而，气候预报并不是总能受益于这种可预测性的增强。更实际的土壤湿度初始化通常能够改善季节预报，但却可能在模式有较大偏差的地区降低模式的性能。完善模型中对关键陆气耦合过程（如蒸腾蒸发）的描述对有效提高可预测性至关重要。

（4）可验证的陆气耦合强度指标。评估气候模型是否能够切实模拟陆气耦合需要可供观察数据验证的耦合强度指标。多个指标已经被提出并应用，但不同的指标相似或不同在什么地方，以及它们是如何相互关联的还不清楚。

（5）土壤水分的观测。由于缺乏土壤水分的真实测量数据，基于观测的土壤水分-大气耦合的研究依赖于模型推导的土壤湿度，从而导致结果的不确定性。为了更好地量化地表和大气之间的真实耦合强度，迫切需要土壤水分的观测数据。

虽然这不是一个详尽的清单，但是从上述几个议题可以看出，要解决陆气相互作用领域所面临的挑战，需要大量的观测研究、数值模拟、理论发展，以及统计分析工作。这里要特别提及，单个方法，无论多么深奥复杂，都不足以应对这些挑战。进一步推进陆气相互作用的研究需要依赖各方面的研究进展，并且需要观测、建模、理论和统计分析等方面专业知识的协作。

参考文献

Badger A M，Dirmeyer P A. 2015. Climate response to Amazon forest replacement by heterogeneous crop cover. Hydrology and Earth System Sciences，19(11)：4547-4557.

Baidya R S，Avissar R. 2002. Impact of land use/land cover change on regional hydrometeorology in Amazonia. Journal of Geophysical Research Atmospheres，107(20)，doi: 10.1029/2000JD000266.

Crucifix M，Betts R A，Cox P M . 2005. Vegetation and climate variability: A GCM modelling study. Climate Dynamics，24(5): 457-467.

Delire C，de Noblet-Ducoudre N，Sima A ，et al. 2011. Vegetation dynamics enhancing long- term climate variability confirmed by two models. Journal of Climate，24 (9) : 2238-2257.

Fischer E M，Seneviratne S I，Vidale P L，et al. 2007. Soil Moisture-Atmosphere-Interactions during the 2003 European Summer Heat Wave. Journal of Climate，20 (20) : 5081-5099.

Hirschi M，Seneviratne S I，Alexandrov V，et al. 2010. Observational evidence for soil moisture impact on hot extremes in southeastern Europe. Nature Geoscience，4 (1) : 17-21.

Kim Y J，Wang G L. 2007a. Impact of initial soil moisture anomalies on subsequent precipitation over North America. Journal of Hydrometeorology，8 (3): 513-533.

Kim Y J，Wang G L. 2007b. Impact of vegetation feedback on the response of precipitation to antecedent soil moisture anomalies over North America. Journal of Hydrometeorology，8(3): 534-550.

Kim Y J，Wang G L. 2012. Soil moisture-vegetation-precipitation feedback over North America:Its sensitivity to soil moisture climatology. Journal of Geophysical Research-Atmosphere，117: (D18) :119-310.

Koster R D，Walker G K. 2015. Interactive vegetation phenology，soil moisture，and monthly temperature forecasts. Journal of Hydrometeorology，16 (4): 1456-1465.

Koster R D, Dirmeyer P A, Guo Z , er al. 2004. Regions of strong coupling between soil moisture and precipitation. Science, 305(5687): 1138-1140.

Liu D, Wang G, Mei R, et al. 2014. Diagnosing the strength of land-atmosphere coupling at sub-seasonal to seasonal time scales in Asia. Journal of Hydrometeorology, 15(1): 320-339.

Mei R, Wang G. 2011. Impact of sea surface temperature and soil moisture on summer precipitation in the United States based on observational data. Journal of Hydrometeorology, 12(5): 1086-1099.

Mei R，Wang G L. 2012. Summer land-atmosphere coupling strength in the United States: Comparison among observations，reanalysis data and numerical models. Journal of Hydrometeorology，13 (3) : 1010-1022.

Negri A，Adler R F，Xu L M，et al. 2004. The impact of amazonian deforestation on dry sea-

son rainfall. Journal of Climate，17 (6) : 1306-1319.

Saini R，Wang G L，Pal J S. 2016. Role of soil moisture feedback in the development of extreme summer drought and flood in the United States. Journal of Hydrometeorology，17 (8) : 2191-2207.

Sun S S，Wang G L. 2011. Diagnosing the equilibrium state of a coupled global biosphere-atmosphere model. Journal of Geophysical Research Atmospheres，116(D09108): 644.

Wang G L，Eltahir E A B. 2000a. Ecosystem dynamics and the Sahel drought. Geophysical Research Letters，27(6): 795-798.

Wang G L，Eltahir E A B. 2000b. Biosphere-atmosphere interactions over West Africa. Part 2: Multiple climate equilibria. Quarterly Journal of the Royal Meteorological Society，126(565): 1261-1280.

Wang G L，Eltahir E A B，Foley J A，et al. 2004. Decadal variability of rainfall in the Sahel: results from the coupled GENESIS-IBIS atmosphere-biosphere model. Climate Dynamics，22(6-7): 625-637.

Wang G L，Sun S S，Mei R. 2011. Vegetation dynamics contributes to the multi-decadal variability of precipitation in the Amazon region，Geophysical Research Letters，38(19): 502-512.

Wang G, Yu M, Xue Y. 2016. Modeling the potential contribution of land cover changes to the late twentieth century Sahel drought using a regional climate model: impact of lateral boundary conditions. Climate Dynamics, 47(11): 3457-3477.

Wang J F，Bras R L，Eltahir E A B. 2000. The impact of observed deforestation on the mesoscale distribution of precipitation and clouds in Amazonia. Journal of Hydrometeorology，1(2000): 267-286.

Wei J, Dirmeyer P A. 2012. Dissecting soil moisture‐precipitation coupling. Geophysical Research Letters, 39(19):19711.

Xue Y K，Shukla J. 1993. The influence of land surface properties on sahel climate. Part I: Desertification. Journal of Climate，6(12):2232-2245.

Zhang H，Henderson-Sellers A，McGuffie K. 1996. Impacts of tropical deforestation. Part 1: Process analysis of local climate change. Journal of Climate，9(7): 1497-1517.

气候变化和人类活动影响下流域水文响应分析

杨大文，徐翔宇，杨汉波，雷慧闽

（清华大学水沙科学与水利水电工程国家重点实验室，北京 100084）

摘　要： 研究气候变化下的流域水文响应不仅对完善流域水文理论和分析方法具有重要的科学意义，还对流域水资源评价和管理具有重要的应用价值。本文针对海河流域山区，采用统计回归模型、集总式概念模型和分布式模型，定量分析了气候变化和人类活动对流域径流变化的影响，总结了变化环境下流域水文响应分析方法。

关键词： 变化环境；气候变化；人类活动；土地利用及植被变化；水文响应

Analyzing Hydrological Response to the Climate Change and Human Activity

Dawen Yang, Xiangyu Xu, Hanbo Yang, Huimin Lei

(State Key Laboratory of Hydroscience and Engineering, Tsinghua University, Beijing 100084)

Abstract: Analysis of hydrological responses to climate change and human activity is important for understanding of watershed hydrology and water resources management. This study selects the mountain region of the Haihe River basin as the study area and uses the statistical regression model, lumped conceptual model and distributed model to quantify the impacts of climate change and human activities to catchment runoff. It summarizes the methods for analyzing hydrological responses under the changing environment and discusses the future opportuni-

通信作者：杨大文（1966—），E-mail：yangdw@tsinghua.edu.cn。

ties and challenges.

Key words: environmental change; climate change; human activity; land use and cover change; hydrological response

1 引言

地球表面的平均温度在过去 100 年间（1906～2005 年）增加了 0.74℃，其中过去 50 年（1956～2005 年）的增长速率约为过去 100 年的 2 倍（IPCC，2007）；与此同时，全球降水也发生了显著变化。另外，土地利用的改变导致覆被发生变化，大规模水利工程等的建设改变了河川径流过程。全球范围内大多数河流的径流过程发生变化，气候变化和人类活动对流域径流变化的影响受到了世界各国的广泛重视和关注。

《第三次气候变化国家评估报告》（《第三次气候变化国家评估报告》编写委员会，2015）指出，1909 年以来中国的变暖速率高于全球平均值，每百年升温 0.9～1.5℃；到 21 世纪末，可能增温 1.3～5.0℃，全国降水平均增幅为 2%～5%，北方降水可能增加 5%～15%，华南降水变化不显著。自 20 世纪 80 年代以来，原面积大于 1.0km^2 的湖泊消失 243 个（马荣华等，2011）；第二次全国湿地资源调查结果（国家林业局，2014）表明，近 10 年间我国湿地面积减少 9.33%；根据联合国粮食及农业组织（FAO，2015）的统计数据，过去 30 年间中国森林覆盖率增加近一倍；国家统计局资料显示，我国城市化水平从 1980 年的 19.39% 跃升至 2010 年的 47.05%。与此同时，我国水资源情势发生了较大变化，其中华北地区近 30 年来径流变化最为显著，水资源紧缺成为制约该地区经济社会发展、生态与环境保护的关键因素（张建云等，2008）。

本文以海河山区典型流域为研究对象，采用统计回归模型、集总式概念模型和分布式模型，定量分析气候变化和人类活动对径流的影响程度，讨论变化环境下流域水文响应分析面临的问题和挑战。

2 变化环境下流域水文响应分析方法

2.1 问题的提出

如图 1 所示，流域径流的减少受到大尺度的气候变化影响和流域内人类活动的直接影响，气候变化主要表现为降水减少和气温增加。一方面，降水量减少导致潜在水资源量减少；另一方面，气温增加带来蒸散发量的增加，进而也导致潜在水资源量的减少。人类活动的影响主要包括通过改变土地利用类型（如植树造林等）来影响水文过程，从而间接导致径流减少，以及人工取用水直接导致人类耗水的增加。如何定量区分气候变化和人类活动对流域径流的影响是流域水文研究的热点和难点之一。

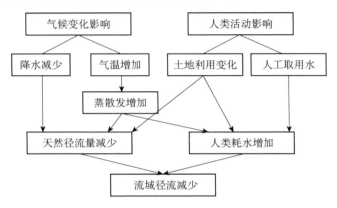

图1　流域径流减少的原因分析

2.2　气候变化下的流域水文响应分析

1. 基于观测数据的统计回归分析方法

基于观测数据的统计回归分析方法主要用于估计各气象因子变化对径流的影响。气候弹性的概念由 Schaake（1990）提出，被用于评价气候变化对径流的影响（Dooge et al.，1999）。径流的气候弹性系数定义为径流相对多年平均径流变化的百分数与气候要素（如降水）相对多年平均值变化百分数的比值。只考虑降水对径流的影响，径流的降水弹性可以表示为

$$\frac{\Delta R_i}{\overline{R}} = \varepsilon_{\mathrm{P}} \frac{\Delta P_i}{\overline{P}} \tag{1}$$

式中，R 和 P 是某年的径流深和降水量；$\Delta R_i / \overline{R} = (R_i - \overline{R}) / \overline{R}$ 是年总径流相对多年平均径流偏离的比例；$\Delta P_i / \overline{P} = (P_i - \overline{P}) / \overline{P}$ 是年降水相对多年平均降水偏离的比例；ε_{P} 代表径流对降水的弹性系数。

Fu 等（2007）和 Ma 等（2010）将年平均气温引到气候弹性模型中，建立了考虑降水和气温影响的两参数气候弹性模型：

$$\frac{\Delta R_i}{\overline{R}} = \varepsilon_\text{P} \frac{\Delta P_i}{\overline{P}} + \varepsilon_\text{T} \Delta T_i \tag{2}$$

式中，ΔT_i 是年平均气温相对多年平均气温的变化量（$\Delta T_i = T_i - \overline{T}$）；$\varepsilon_\text{T}$ 是径流对气温的弹性系数，表示气温变化 1℃ 导致径流变化的百分数。在两参数气候弹性模型的基础上，可以引入更多的气候要素，如太阳辐射、大气湿度、风速等，建立多参数的气候弹性模型（Yang and Yang，2011），如

$$\frac{\Delta R}{R} = \varepsilon_1 \frac{\mathrm{d}P}{P} + \varepsilon_2 \frac{\mathrm{d}R_n}{R_n} + \varepsilon_3 \mathrm{d}T + \varepsilon_4 \frac{\mathrm{d}U_2}{U_2} + \varepsilon_5 \frac{\mathrm{d}R_H}{R_H} \tag{3}$$

式中，ε_1、ε_2、ε_4 和 ε_5 分别为径流对降水、辐射、风速和相对湿度变化的弹性系数，表示降水、辐射、风速和相对湿度变化 1% 致径流变化的百分数；ε_3 为径流对气温变化的弹性系数，表示气温变化 1℃ 导致径流变化的百分数；R_n 为净辐射；U_2 为地面以上 2m 高度位置处的风速；R_H 为相对湿度。

为了考虑土壤水分年际变化对径流的影响，Xu 等（2012）将前期降水量直接引入到气候弹性模型中，用于反映流域蓄水量年际变化对径流的影响，改进了气候弹性模型：

$$\frac{\Delta R_i}{\overline{R}} = \varepsilon_\text{P} \frac{\Delta P_i}{\overline{P}} + \varepsilon_{P_{-1}} \frac{\Delta P_{-1}}{\overline{P}} + \cdots + \varepsilon_{P_{-n}} \frac{\Delta P_{-n}}{\overline{P}} + \varepsilon_\text{T} \Delta T_i \tag{4}$$

式中，ε_P 代表径流对当年降水的弹性系数；ε_T 代表径流对当年平均气温的弹性系数；$\varepsilon_{P_{-1}}, \cdots, \varepsilon_{P_{-n}}$ 代表总径流对土壤含水量的弹性系数。

气候弹性模型简单且方便使用，但回归得到的气候弹性系数受数据系列长度影响，不能用于识别人类活动对径流的影响。

2. 流域水热耦合平衡模型

流域水热耦合平衡模型的解析表达式（Yang et al.，2008）为

$$E = \frac{PE_0}{(P^n + E_0^{\ n})^{1/n}} \tag{5}$$

式中，E 是长期平均年蒸散发量；P 是长期平均年降水量；E_0 是长期平均潜在蒸散发量；参数 n 是反映流域下垫面特征的参数，包含了植被、土壤性质和山坡坡度等特征。

该方程被称为 Choudhury-Yang 方程（Roderick and Farquhar，2011）。忽略流域蓄水量的变化，可以得到

$$R = P - \frac{PE_0}{(P^n + E_0{}^n)^{1/n}} \tag{6}$$

当只考虑气候变化影响时，将 R 对 P 和 E_0 求微分，得到

$$\frac{\mathrm{d}R}{R} = \varepsilon_P \frac{\mathrm{d}P}{P} + \varepsilon_{E_0} \frac{\mathrm{d}E_0}{E_0} \tag{7}$$

式中，弹性系数可以根据其定义，降水弹性系数（ε_P）和潜在蒸发弹性系数（ε_{E_0}）分别为

$$\varepsilon_P = \frac{1 - \left[\dfrac{(E_0/P)^n}{1+(E_0/P)^n}\right]^{1/n+1}}{1 - \left[\dfrac{E_0/P}{1+(E_0/P)^n}\right]^{1/n}} \tag{8}$$

$$\varepsilon_{E_0} = \frac{1}{1+(E_0/P)^n} \frac{1}{1 - \left[1+(E_0/P)^n\right]^{1/n}} \tag{9}$$

为了分析气候弹性系数的影响因素，按不同下垫面参数（n 分别取 1，2 和 3）建立与干旱指数/湿润指数的关系，如图 2 所示。由图可见，基于水热耦合平衡模型推导出径流关于降水和潜在蒸散发的弹性系数的理论曲线是一族曲线，不仅与气候条件（干旱指数/湿润指数）有关，还与流域下垫面特征（下垫面参数 n）有关，而且这两族曲线具有很好的对称性。

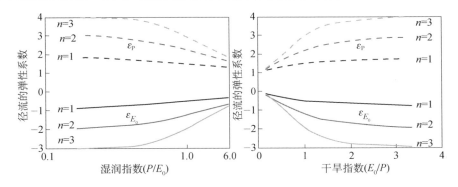

图2 径流的弹性系数分别与干旱指数、湿润指数的关系

当气候极端干旱（干旱指数非常大）时，气候变化对径流的影响很小；当气候极其湿润（干旱指数非常小）时，下垫面变化对径流的影响很小；在通常气候条件下，下垫面变化都将影响径流弹性系数。

2.3 气候和土地利用变化下的流域水文响应分析

对于同时受气候变化和土地利用变化影响下的流域水文响应主要通过水热耦合平衡模型和分布式水文模型来分析。

1. 基于流域水热耦合平衡模型的方法

当下垫面有所变化时，在式（6）中，认为 P、E_0 和 n 是相互独立的变量，可以对 R 求全微分，表达如下：

$$dR = \frac{\partial R}{\partial P}dP + \frac{\partial R}{\partial E_0}dE_0 + \frac{\partial R}{\partial n}dn \tag{10}$$

对公式（10）两边同时除以多年平均径流 R，并代入弹性系数的定义，可以得到

$$\frac{dR}{R} = \varepsilon_P \frac{dP}{P} + \varepsilon_{E_0} \frac{dE_0}{E_0} + \varepsilon_n \frac{dn}{n} \tag{11}$$

其中下垫面弹性系数（ε_n）由下式计算得到

$$\varepsilon_n = \frac{A-B}{\left[1+(P/E_0)^n\right]^{1/n}-1}, \quad A = \frac{P^n\ln P + E_0{}^n\ln E_0}{\overline{P}^n + \overline{E}_0{}^n}, \quad B = \frac{\ln(P^n + E_0{}^n)}{n} \tag{12}$$

基于突变点分析，将研究时段划分为前后两个阶段（第 1 阶段：突变点前；第二阶段：突变点后），两阶段的多年平均径流分别定义为 R^1 和 R^2，因此径流的变化量为

$$\Delta R = R^2 - R^1 \tag{13}$$

径流变化（ΔR）来源于气候变化和流域下垫面变化。假设下垫面变化主要是人类活动导致的，则观测径流的变化可以写为

$$\Delta R = \Delta R_c + \Delta R_h \tag{14}$$

式中，ΔR_c 是气候变化引起的径流变化；ΔR_h 是人类活动引起的径流变化。ΔR_c 包括降水变化引起的径流变化（ΔR_P）和潜在蒸散发变化引起的径流变化（ΔR_{E_0}）。

根据式（11），可以估算出从第 1 阶段到第 2 阶段，分别由于降水、潜在蒸散发和土地利用变化引起的径流变化为

$$\Delta R_P = \varepsilon_P \frac{R}{P}\Delta P, \quad \Delta R_{E_0} = \varepsilon_{E_0}\frac{R}{E_0}\Delta E_0, \quad \Delta R_h = \varepsilon_n \frac{R}{n}\Delta n \tag{15}$$

式中，$\Delta P = P^2 - P^1$ 和 $\Delta E_0 = E_0^2 - E_0^1$ 分别代表前后两阶段多年平均降水量和潜在蒸散发量的变化量。而下垫面的变化用下式表示：$\Delta n = n^2 - n^1$，n^1 和 n^2 分别代表第 1 阶段和第 2 阶段的流域下垫面条件，可以分别用每一阶段的多年平均降雨量、径流量和潜在蒸发量计算得到。

2. 基于分布式水文模型的方法

针对水文系列（如径流），找出突变点，进而将研究时段分成变化前后的两个子时段（时段 1 和时段 2）。在分布式水文模型中分别输入两时段的气象数据，但保持下垫面参数不变（一般采用时段 1 的土地利用和植被覆盖等），两时段模拟径流之差即为气候变化引起的径流变化量，表示为

$$\Delta R_c = R(L_1, C_2) - R(L_1, C_1) \tag{16}$$

式中，ΔR_c 表示气候变化引起的径流变化量；$R(L_1, C_1)$ 和 $R(L_1, C_2)$ 分别表示固定时段 1 的下垫面数据，采用时段 1 和时段 2 的气象数据分别得到的两时段径流的多年平均值，L 与 C 分别为下垫面参数气象数据。该值与实测径流总变化量之比，定义为气候变化对径流变化的贡献率。

采用相同的气象条件（一般采用时段 2 的气象条件），通过在分布式水文模型中设置不同下垫面条件，分析下垫面变化对径流的影响，即

$$\Delta R_L = R(L_2, C_2) - R(L_1, C_2) \tag{17}$$

式中，ΔR_L 表示下垫面变化引起的径流变化量；$R(L_1, C_2)$ 和 $R(L_2, C_2)$ 分别表示固定时段 2 的气象输入数据，采用时段 1 和时段 2 的下垫面数据分别得到的两时段径流的多年平均值。该值与两时段实测径流总减少量之比，定义为下垫面变化对径流变化的贡献率。

3　研究区域概况

海河流域位于我国华北地区，是华北面积最大的水系，也是我国的七大水系之一。流域总面积约为 32 万 km²，山地和高原面积约为 19 万 km²，如图 3 所示。海河流域属于温带大陆性季风气候，年平均降水量约为 530mm。海河流域主要由海河、滦河及徒骇马颊河三大水系组成。潘家口水库是海河流域滦河上最大的水库，水库坝址以上的控制面积为 33700km²，占全流域面积的 75%（滦河全流域的面积为 44600km²）。

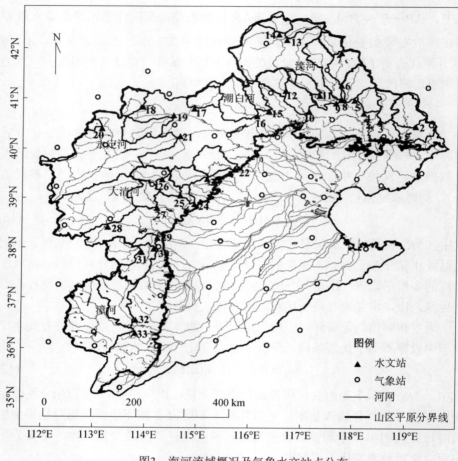

图3 海河流域概况及气象水文站点分布

4 结果与讨论

4.1 气象和水文变化

根据流域内部及周边的气象站（共 53 个），采用距离方向权重法进行空间插值得到 1km 格网气候要素，其中气温（平均、最高和最低气温）插值采用高程修正的距离方向加权平均法。各个格网的潜在蒸散发量由 Penman 公式（Penman，1948）计算得到。

采用 Mann-Kendall 检验方法（简称 M-K 检验法）分析了气候和径流趋势性变化（Kendall and Gibbons，1990）。1956～2005 年，径流呈现出 10.9mm/10a 的下降趋势，年降水量呈 16.3mm/10a 的减小趋势，潜在蒸散发呈现出显著的下降趋势（下降率为22.8mm/10a）。采用Pettitt检验方法诊断径流突变，对33个研究流域，其中有20个流域的突变点的显著性水平达到0.05，大部分流域的突变点出现在1979年。基于年径流系列的突变点，研究时段（1956~2005年）被划分成了前后两个时段，各流域两时段径流和气象要素的变化如表1所示。年平均径流深从91.4mm下降到48.4mm，平均减少了43.0mm。

4.2 基于水热耦合平衡模型的径流变化归因

基于式（5）和式（6）及多年平均降水量、潜在蒸散发量和径流量，求出33个研究流域的下垫面参数 n，结果如表1所示，参数 n 的范围是0.995~2.252，平均值为1.586（中值为1.580)。从式（5）可以看出，在给定 P 和 E_0 时，较大的 n 值会得到较大的 E 值，进而得到较小的 R 值。以流域23和24为例，这两个流域有相近的多年平均 P 和 E_0，但 n 值差别很大，其中流域23由于较小的 n 值（0.995），其 R 值较大（140.1mm）；流域24由于较大的 n 值（1.644），其 R 值较小（54.6mm）。

如图4所示，降水弹性系数和潜在蒸散发弹性系数的平均值分别为2.33和-1.33，说明降水增加10%会导致径流增加23.3%，而潜在蒸散发增加10%会导致径流较小13.3%。下垫面参数弹性系数的平均值为-2.16，意味着下垫面参数 n 增加10%导致径流减小21.6%。33个研究流域降水弹性系数值的范围为1.7~3.1，潜在蒸散发弹性系数范围为-2.1~-0.7，而 n 弹性系数单位为-3.2~-1.4。33个研究流域的气候弹性系数变化并不大，但上游流域弹性系数的绝对值相对较大。

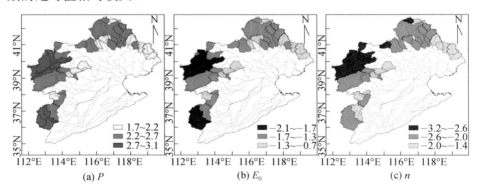

图4 海河流域径流的弹性系数分布图

（a）P 弹性系数；（b）E_0 弹性系数；（c）n 弹性系数

表 1　海河流域中 33 个子流域的水文气象和地形特征及年径流、降水和潜在蒸散发的变化

流域编号	流域面积/km²	径流系列	径流的突变点	地形坡度/(°)	多年平均值					时段 1（突变点前)到时段 2（突变点后）的变化量			
					$\overline{NDVI}$	$\overline{P}$/mm	$\overline{E_0}$/mm	$\overline{R}$/mm	n	ΔR/mm	ΔP/mm	ΔE_0/mm	Δn
1	5060	1956～2005 年	1980 年	2.811	0.395	608.4	1095.1	143.5	1.371	−64.9	−62.9	−112.4	0.332
2	2822	1971～1998 年	1980 年	2.897	0.391	597.0	1088.0	126.6	1.513	−40.7	−43.3	−83.5	0.240
3	1661	1956～2000 年	1980 年	3.107	0.403	583.4	1057.2	117.2	1.515	−40.2	−56.4	−99.8	0.258
4	1615	1963～2002 年	1979 年	3.290	0.418	568.3	1082.7	77.1	1.821	−50.0	−57.4	−49.5	0.719
5	2460	1956～2002 年	1980 年	3.694	0.423	515.9	1092.8	88.5	1.494	−43.5	−47.1	−73.9	0.344
6	2404	1956～1996 年	1979 年	3.551	0.385	458.1	1113.0	48.0	1.730	−44.2	−30.7	−38.9	0.485
7	1227	1959～2005 年	1983 年	3.492	0.370	425.9	1138.4	38.6	1.735	−14.0	4.2	−49.1	0.315
8	6761	1956～2001 年	1963 年	3.426	0.388	465.6	1120.9	51.3	1.693	−64.5	−45.6	−26.7	0.588
9	17100	1956～2002 年	1975 年	1.646	0.296	410.7	1235.5	34.9	1.657	−18.6	−24.2	−57.3	0.302
10	4266	1956～2005 年	1979 年	3.963	0.394	489.0	1209.9	61.1	1.580	−36.2	−41.9	−62.5	0.364
11	1378	1959～2002 年	1980 年	3.487	0.403	496.7	1170.5	66.3	1.552	−31.9	−40.1	−56.8	0.271
12	1927	1956～1998 年	1978 年	4.539	0.366	458.5	1226.0	61.0	1.459	−38.1	−29.1	−55.4	0.364
13	1086	1956～2005 年	1975 年	1.037	0.294	403.6	1106.5	66.1	1.312	−20.8	−23.3	−15.9	0.129
14	1617	1956～2005 年	1976 年	0.739	0.240	390.4	1129.7	31.1	1.723	−7.4	−15.4	−12.3	0.095
15	1600	1956～2000 年	1980 年	4.338	0.382	457.3	1289.3	75.8	1.288	−31.3	−39.1	−58.9	0.200
16	4040	1956～2005 年	1980 年	3.831	0.335	437.7	1283.1	44.1	1.580	−31.5	−36.6	−71.8	0.415
17	2360	1956～2000 年	1980 年	3.886	0.284	407.7	1275.3	34.1	1.641	−21.3	−30.6	−84.4	0.389
18	2019	1956～2000 年	1983 年	1.534	0.231	378.9	1301.7	26.3	1.658	−9.6	−16.2	−107.2	0.355
19	2890	1956～2004 年	1982 年	3.006	0.238	408.3	1287.4	30.9	1.719	−20.5	−10.6	−81.5	0.504

续表

流域编号	流域面积/km²	径流系列	径流的突变点	地形坡度/(°)	多年平均值					时段 1（突变点前）到时段 2（突变点后）的变化量			
					$\overline{\text{NDVI}}$	$\overline{P}$/mm	$\overline{E_0}$/mm	$\overline{R}$/mm	n	ΔR/mm	ΔP/mm	ΔE_0/mm	Δn
20	785	1956～2000 年	1984 年	1.965	0.229	397.9	1225.3	31.4	1.684	−11.2	−26.8	−69.7	0.224
21	25533	1956～2005 年	1983 年	2.112	0.230	432.4	1269.0	16.8	2.214	−19.9	−38.6	−79.8	1.228
22	4810	1956～2005 年	1979 年	6.908	0.413	471.6	1312.2	104.8	1.115	−101.0	−43.9	−85.9	0.628
23	1760	1956～2005 年	1980 年	4.660	0.378	500.9	1303.7	140.1	0.995	−99.3	−72.0	−54.7	0.339
24	4990	1959～2002 年	1978 年	4.542	0.322	509.9	1316.1	54.6	1.644	−28.5	−54.3	−47.1	0.220
25	2950	1957～2002 年	1980 年	4.458	0.313	507.7	1317.1	80.6	1.363	−49.1	−65.5	−47.2	0.268
26	1611	1956～2000 年	1975 年	3.664	0.286	496.2	1295.5	62.6	1.546	−50.0	−54.0	−19.8	0.470
27	4061	1958～2005 年	1980 年	5.886	0.358	539.9	1377.6	70.1	1.516	−55.7	−80.6	−57.8	0.374
28	11936	1956～2000 年	1980 年	4.149	0.307	526.4	1302.8	45.6	1.888	−27.2	−80.3	−55.7	0.430
29	6420	1956～1998 年	1978 年	3.106	0.317	539.0	1213.7	83.1	1.544	−67.3	−79.6	−60.6	0.479
30	5387	1956～1998 年	1976 年	3.123	0.317	537.3	1196.7	64.2	1.787	−63.9	−46.0	−56.9	0.784
31	2521	1956～2000 年	1979 年	2.688	0.293	537.5	1208.0	158.8	1.043	−88.1	−80.8	−69.5	0.268
32	5060	1957～1998 年	1978 年	4.145	0.377	533.5	1068.4	78.4	1.698	−61.9	−74.5	−43.0	0.498
33	11250	1956～2005 年	1978 年	2.187	0.328	545.1	1057.7	47.0	2.252	−66.7	−78.5	−18.7	1.457

注：$\overline{\text{NDVI}}$ 为多年平均的归一化植被指数。

采用式（12）分别估算出由 P、E_0 和 n 变化引起的径流变化，总的径流变化是 ΔR_P、ΔR_{E_0}、ΔR_h 三项之和，称作模拟的径流变化，将这一值与观测的径流变化［式（10）］作比较，如图 5 所示。对所有流域平均，模拟的径流变化的相对误差是−1.2%，绝对误差为 2.8mm，从图中可以看出较好的一致性。

将降水、潜在蒸散发和下垫面变化引起的径流变化分别除以多年平均实测径流变化（第 2 阶段与第 1 阶段相比），可以得到这三个因子变化对径流变化的贡献率，分别为 $\Delta R_{\mathrm{P}}/\Delta R$、$\Delta R_{E_0}/\Delta R$ 和 $\Delta R_{\mathrm{h}}/\Delta R$。如图 6 所示，气候变化的贡献率平均为 22.4%，而人类活动的贡献率为 77.6%。降水对径流变化的影响强于潜在蒸散发，两者的平均贡献率分别为 33.9% 和 −11.6%。

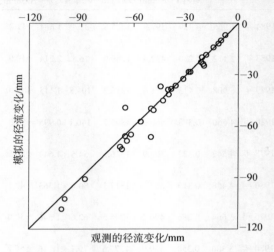

图5　径流变化的观测值与模拟值的对比

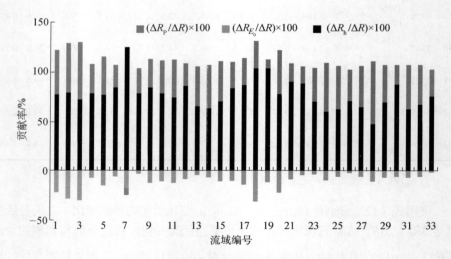

图6　海河33个山区子流域径流变化归因

4.3 基于分布式水文模型的径流变化归因

本文采用分布式水文模型 GBHM（Yang et al.，1998；杨大文等，2004），以滦河流域潘家口水库控制流域为例进行分析。GBHM 模型以潘家口水库控制流域内及周边的 10 个气象站和 40 个雨量站的逐日实测数据作为输入，保持模型中的下垫面条件不变，连续模拟 1956～2005 年潘家口水库控制流域的水文过程。模型采用的土地利用数据为 20 世纪 80 年代的土地利用，这样，模拟径流的变化反映的是气候因素的影响。根据模型的输出结果，得到 1956～1979 年与 1980～2005 年这两个时段的多年平均径流，如表 2 所示，两者之差反映了气候变化对径流变化的影响。

表 2   基于 GBHM 模型评价气候变化对流域径流变化的影响

时段	上游流域	下游流域	全流域
1956～1979 年径流量 /mm	39.2	110.2	64.5
1980～2005 年径流量 /mm	30.8	121.4	72.3
变化量/mm	-8.4	11.2	7.8

从表 2 可以看出，两时段模拟年径流的变化量即为气候因素引起的径流变化量，对于全流域，气候变化导致径流增加 7.8mm。对于上游流域，气候变化导致径流减小了 8.4mm。对于下游流域，气候变化导致径流增加了 11.2 mm。可以看出，气候变化导致上游流域径流减小，与实际观测到的径流趋势性一致；而气候变化导致下游和全流域的径流增加，与实际观测到的径流变化趋势相反。

人工取用水对径流的影响采用数据分析的方法进行评价，对 1956～1979 年（时段 1）和 1980～2005 年（时段 2）两个时段，表 3 给出了上下游流域和全流域两个时段的年均人工取水量及其变化。

表 3   潘家口水库上游、下游及全流域两时段人工取用水的变化

流域	时段 1（1956～1979 年）/mm	时段 2（1980～2005 年）/mm	两时段的变化	
			变化量/mm	变化率/%
上游流域	1.7	3.7	2.0	117.6
下游流域	8.8	49.5	40.7	462.5
全流域	3.6	26.1	22.5	625.0

将人工取水量平均到潘家口水库控制流域，得到两个时段的年均人工取

水量分别为 3.6mm 和 26.1mm，增加了 22.5mm，人工取水量的增加对两时段径流减少的贡献率为 115.4%（22.5mm/19.5mm）。人工取用水对上下游流域的影响（人工取用水量的变化量）分别是 2.0mm 和 40.7mm。因此，上游流域受人类活动影响小，径流的变化主要来源于气候要素的变化；而下游流域受人类活动影响大，径流的变化主要来源于人工取用水的增加。

除人工取水和气候因素外，土地利用的变化也可能引起径流的变化，这种下垫面变化对径流的影响称为人类活动的间接影响。这种作用也可以通过 GBHM 模型的模拟来定量评估。在保持气象条件一致的情况下，即同样采用 1980～2005 年的气象数据输入，改变土地利用和植被的变化，即分别采用 20 世纪 80 年代的土地利用和 1981 年的逐月 NDVI 值，以及 90 年代的土地利用和 1980～2005 年的逐月 NDVI 值（由于缺少数据，1980 年的 NDVI 值用 1981 年的代替），前者作为变化前的下垫面条件（LU1），后者作为变化后的下垫面条件（LU2）。两种情况下模拟径流的差别反映了下垫面变化对径流的影响。

如表 4 所示，两种情况下多年平均径流的模拟值分别是 72.3mm 和 67.8mm，减少了 4.5mm。这一减少量认为是下垫面变化引起的径流减少量，占实测径流总减少量的 9.9%。下垫面变化导致上游、下游及全流域的径流分别减小了 1.3mm、5.7mm 和 4.5mm。

表4　基于 GBHM 模型分析的下垫面变化对潘家口水库流域径流变化的影响（单位：mm）

时段		上游流域	下游流域	全流域
1980～2005 年	LU1	30.8	121.4	72.3
	LU2	29.5	115.7	67.8
变化量		−1.3	−5.7	−4.5

需指出，人工取水、气候变化和下垫面变化对径流减少的贡献之和接近但不等于实际观测径流的变化，这主要是统计数据带来的误差和模型的不确定性。

5　结论与展望

本文采用集总式和分布式模型分析了海河流域山区径流变化，主要结论有：

（1）过去 50 年（1956～2005 年）海河流域山区 33 个子流域的年径流变化平均趋势为-10.9mm/10a，年径流系列在 1979 年发生突变。

（2）基于 Choudhury-Yang 方程推导的径流弹性系数可用于定量区分气候和下垫面变化对流域径流的影响程度，分布式水文模型是变化环境下流域水文响应分析的有效工具。

（3）过去 30 年植树造林和水土保持工程导致的土地利用/覆盖变化，是影响海河流域径流变化的最重要因素，其影响程度高于气候变化的影响。

变化环境下流域水文水资源响应机理与规律是近十年国内外水文学研究的焦点之一。我国在变化环境下流域水文水资源响应机理与规律研究方面取得了许多国内外公认的研究成果，但是还存在诸多问题。气候-植被-水文相互作用机理是未来水文水资源预测的关键科学问题，也是变化环境下流域水文基础研究的重点方向之一。

参考文献

《第三次气候变化国家评估报告》编写委员会. 2015. 第三次气候变化国家评估报告. 北京: 科学出版社.

国家林业局. 2014. 第二次全国湿地资源调查结果. 国土绿化，2: 6-7.

马荣华，杨桂山，段洪涛，等. 2011. 中国湖泊的数量、面积与空间分布. 中国科学: 地球科学，41(3): 394-401.

杨大文，李翀，倪广恒，等. 2004. 分布式水文模型在黄河流域的应用. 地理学报，59(1): 143-154.

张建云，王金星，李岩，等. 2008. 近50年我国主要江河径流变化. 中国水利，(2): 31-34.

Dooge J，Bruen M，Parmentier B. 1999. A simple model for estimating the sensitivity of runoff to long-term changes in precipitation without a change in vegetation. Advances in Water Resources，23(2): 153-163.

FAO. 2015. Global Forest Resources Assessments 2015.Rome，Italy.

Fu G B，Charles S P，Chiew F H S. 2007. A two-parameter climate elasticity of streamflow index to assess climate change effects on annual streamflow. Water Resources Research，43 (11):2578-2584.

IPCC. 2007. Climate Change 2007: The Physical Scientific Basis，Contribution of Working Group I to the Fourth Assessment Report of the Intergovernmental Panel on Climate Change. Cambridge: Cambridge University Press.

Kendall M, Gibbons J D. 1990. Rank Correlation Methods.Oxford: Oxford University Press.

Ma H，Yang D W，Tan S K，et al. 2010. Impact of climate variability and human activity on streamflow decrease in the Miyun Reservoir catchment. Journal of Hydrology，389(3-4): 317-324.

Penman H L. 1948. Natural evaporation from open water, bare soil and grass//Proceedings of the Royal Society of London A: Mathematical, Physical and Engineering Sciences. The Royal So-

水利科学与工程前沿（上）

ciety, 193(1032): 120-145.

Pettitt A N. 1980. A simple cumulative sum type statistic for the change-point problem with zero-one observations. Biometrika，67(1): 79-84.

Roderick M L，Farquhar G D. 2011.A simple framework for relating variations in runoff to variations in climatic conditions and catchment properties. Water Resources Research，47(12):667-671

Schaake J C. 1990.From climate to flow//Climate Change and us Water Resources. New York: John Wiley.

Xu X Y，Yang D W，Sivapalan M. 2012. Assessing the impact of climate variability on catchment water balance and vegetation cover. Hydrology and Earth System Sciences，16: 43-58.

Yang D W，Herath S，Musiake K. 1998. Development of a geomorphology-based hydrological model for large catchments. Annual Journal of Hydraulic Engineering，JSCE，42: 169-174.

Yang H B，Yang D W. 2011. Derivation of climate elasticity of runoff to assess the effects of climate change on annual runoff. Water Resources Research，47(7):197-203.

Yang H B，Yang D W，Lei Z D，et al. 2008. New analytical derivation of the mean annual water-energy balance equation. Water Resources Research，44(3):893-897.

水文序列的非一致性诊断及频率计算方法

谢　平[1,2]，许　斌[3]，李彬彬[4]，顾海挺[1]

（1.武汉大学水资源与水电工程科学国家重点实验室，武汉　430072；2. 国家领
土主权与海洋权益协同创新中心，武汉　430072；3.长江科学院水资源综合利用
研究所，武汉　430010；4.长江水利委员会水文局长江中游水文水资源勘测局，
武汉　430012）

摘　要：由于受气候变化和频繁人类活动等变化环境的影响，用于水资源评价和水电
工程规划设计和运行的水文序列发生了变异，并引发了"非一致性"工程水文计算问题。
本文以海河区的永定河册田水库以上三级区作为研究区域，采用水文变异诊断系统对该区
域年径流序列进行非一致性水文变异分级与诊断；利用基于跳跃分析、线性趋势分析、非
线性趋势分析、小波分析及希尔伯特-黄变换的五种非一致性水文频率计算方法将年径流
序列分解为确定性成分和随机性成分，并计算各方法的择优度；择优选取基于小波分析的
非一致性水文频率计算方法，并推求研究区域的年径流量，结果显示过去、现状和未来条
件下其年径流量有显著差异。

关键词：水文序列；非一致性；水文变异；频率计算；年径流

Inconsistency Diagnosis and Frequency Calculation Methods of Hydrological Series

Ping Xie[1,2], Bin Xu[3], Binbin Li[4], Haiting Gu[1]

(1. State Key Laboratory of Water Resources and Hydropower Engineering Science, Wuhan Uni-

通信作者：谢平（1969—），E-mail：pxie@whu. edu. cn。

versity, Wuhan 430072; 2. Collaborative Innovation Center for Territorial Sovereignty and Maritime Rights, Wuhan 430072; 3. Water Resources Department of Changjiang River Scientific Research Institute, Wuhan 430010; 4. Middle Yangtze River Bureau of Hydrology and Water Resources Survey, CWRC, Wuhan 430012)

Abstract：Impacted by the changing environment, such as the climate change and the frequent human activities, the hydrological series used for water resources assessment and the design and operation of hydropower engineering was altered, therefore, the inconsistency problem in the engineering hydrology calculation appeared.The third grade region on the upper reaches of Cetian Reservoir of Yongding River in the Haihe River was taken as the study area, and the Hydrological Alteration Diagnosis System was used to diagnose and classify the consistency of the annual runoff series.The inconsistency hydrological frequency calculation based on the Jump Analysis, Linear Tendency Analysis, Non-Linear Tendency Analysis, Wavelet Analysis and Hilbert-Huang Transform Methods were used to detach the random component and deterministic component, and the degree of preferred orientation for the above methods was calculated. Then the inconsistency hydrological frequency calculation method based on the Wavelet Analysis Method was preferentially selected and the annual runoff results based on this method reveal asignificant difference occurred in the quantity of annual runoff among the past, present and future conditions.

Key Words：hydrological series; inconsistency; hydrological alteration; frequency calculation; annual runoff

1 引言

长久以来，人们都是基于物理成因一致且观测样本相互独立的"一致性"水文序列来认识水文统计分布规律的，这种基于"独立同分布"的"一致性"假设是传统工程水文频率计算理论和方法的前提条件。然而，由于全球气候变化以及高强度人类活动和流域下垫面变化等变化环境的影响，流域水循环和水资源形成的物理条件发生了较大的变化，使得用于水资源评价和水电工程规划设计和运行的水文序列发生了变异，并引发了"非一致性"工程水文计算问题。

变化环境下，非一致性工程水文计算将面临三个难点问题（谢平等，2007）：水文序列变异程度如何，即非一致性水文变异分级；在什么时间以何种形式发生了变异，即非一致性水文变异诊断；如何处理非一致性水文序列来推求适应变化环境的频率分布，即非一致性水文频率计算。

本文采用的水文变异诊断系统（谢平等，2010a）可以解决非一致性水文变异分级和非一致性水文变异诊断两个问题。至于非一致性水文频率计算问题（梁忠民等，2011），目前主要有六条解决途径：还原还现途径、水文模型途径、分解合成途径、时变参数途径、混合分布途径和条件概率途径。其中还原还现途径是依靠变异点前后系列与同一参数的关系将水文系列修正到变异点之前或者之后的状态，如陆中央（2000）通过建立年降雨径流关系实现了水库年径流还原，乔云峰等（2007）利用投影寻踪法对径流进行了还原计算；而水文模型途径主要通过建立不同时期下垫面条件和模型参数的关系并结合相应降雨资料实现还原还现，如王国庆等（2008）采用 SIMHYD 降水径流模型分析了气候变化和人类活动对河川径流的定量影响，谢平等（2010b）利用流域水文模型对无定河流域的水文水资源效应进行模拟分析；这两种途径依据的是水文要素之间的因果关系。分解合成途径主要是基于水文序列的叠加特性和随机水文学原理；时变参数途径通过线性或者非线性趋势来表征水文频率分布的参数（均值、方差等）随时间的变化过程，进而进行非一致性水文频率分析计算（Villarini et al.，2009a），如 Strupczewski 等（2001a，2001b）及 Strupczewski 和 Kaczmarek（2001）将多项式趋势应用于极值洪水序列分布的一阶矩和二阶矩中，Villarini 等（2009a，2009b）利用 GAMLSS 模型（Rigby and Stasinopoulos，2005）建立时变参数研究了水文序列的非一致性。混合分布途径可以追溯到 Singh 在 1972 年提出的两分布洪水分析法（Singh and Sinclair，1972），该理论认为水文极值系列可由其物理成因的不同划分为若干服从于不同分布的子系列，对这些子系列加权混合就可直接基于非一致性极值样本系列进行频率分析，如 Alila 和 Mtiraoui（2002）利用混合洪水频率分布来对极端洪水进行分析，成静清和宋松柏（2010）对非一致性年径流序列混合分布的参数进行了计算。条件概率途径则是首先按径流洪水或径流形成机理的差异性将年内水文极值划分成若干不重叠的时期，然后假设同一分期内的极值样本系列是同分布的，而不同分期的极值样本系列是相互独立的异分布，且年最大值以不同的条件概率发生在不同的分期内，最后根据全概率公式计算水文极值出现在任一时期的概率，如 Singh 等（2005）利用概率公式分析了非一致洪水频率分布，宋松柏等（2012）利用全概率法分析了具有跳跃变异的非一致水文序列频率分布；这两种方法的特点是根据水文序列年内产生的不同物理机制，直接应用概率论原理进行计算。根据这些方法各自的特点，还原还现途径、水文模型途径、分解合成途径、时变参数途径适用于年际变异产生的非一致性序列，混合分布途径、条件概率途径适用于年内变异产生的非一致性序列。

本文将采用分解合成途径（谢平等，2005）解决非一致性水文频率计算问题，并以海河区的永定河册田水库以上三级区作为研究区域，推求该区域过去、现状和未来条件下的年径流量，以适应变化环境对水文序列非一致性诊断及频率计算的需求。

2 水文变异诊断系统

水文现象的变化无论多么复杂，水文序列总可以分解成两种成分，即确定性成分和随机性成分。确定性成分主要包括周期、趋势和跳跃成分；随机成分由不规则的振荡和随机因素造成。如果水文序列与周期、趋势和跳跃成分无关，则它是平稳的时间序列；否则，水文序列就是非平稳的。基于上述分析，给出水文变异的统计学定义：如果水文序列的分布形式或（和）分布参数在整个时间尺度内发生了显著变化，则称水文序列发生了变异（谢平等，2010a）。

在水文变异检测方面，水文变异诊断系统（谢平等，2010a）克服了现有方法的诸多弊端，如计算精度不一、检验结果并不一致等，已经发展成为变化环境下水文变异检测的有力工具之一。它主要针对确定性的趋势和跳跃成分进行检测，由初步诊断、详细诊断和综合诊断三个部分组成（谢平等，2010a），其诊断流程如图1所示。

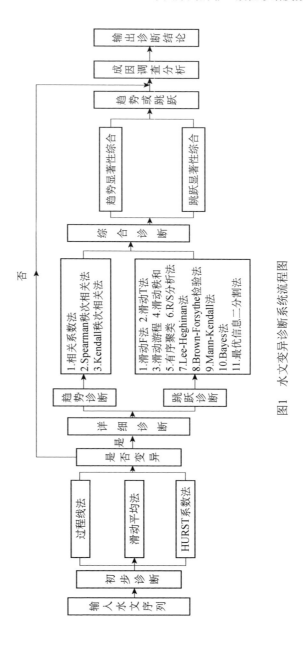

图1 水文变异诊断系统流程图

3 非一致性水文频率计算分解合成原理与方法

在水文变异诊断的基础上，对于出现变异的非一致性水文序列，本文基于非一致性水文频率计算的假设（谢平等，2005）可认为：非一致性水文序列的随机性规律反映了一致性变化成分，而确定性规律反映了非一致性变化成分。这样，其频率计算问题就可以归结为水文序列的分解与合成，并包括对水文序列的确定性成分进行拟合计算、对随机性成分进行频率计算以及合成成分的数值计算、参数和分布的推求等，其计算流程如图2所示。

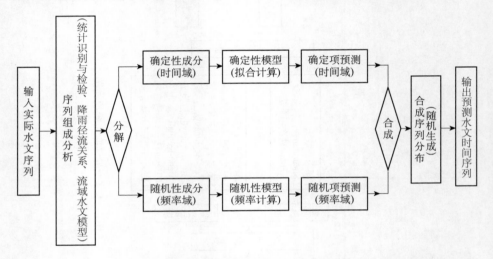

图2 非一致性序列水文频率计算流程图

根据确定性成分提取方法的不同，非一致性水文频率计算方法也多种多样（谢平等，2009a，2012）。本文结合实例将重点介绍基于跳跃分析（谢平等，2008）、线性趋势分析（谢平等，2009b）、非线性趋势分析（谢平等，2009c）、小波分析（谢平等，2012），以及希尔伯特-黄变换的非一致性水文频率计算方法（谢平等，2013）。

4 研究区域概况

海河一级区位于我国中东部沿海，流域内有北京、天津等政治、经济和文化中心，是我国城市群非常集中的区域之一。永定河册田水库以上三级区隶属于海河区的海河北系二级区，总面积 19182km², 主要是指永定河支流桑干河在册田水库以上的部分（韩娜娜，2005）。该区作为永定河的源头区域，其径流变化是否受到了气候变化和人类活动的显著影响，以及受影响后水资源情势将如何演变，不但关系到海河区内人民的切身利益，而且对于海河区的水资源规划和可持续开发利用都具有非常重要的意义和典型示范作用，因此，本文将永定河册田水库以上三级区作为研究区域，其资料为1956～2000 年共 45 年的年径流序列。

5   变化环境下区域水资源评价及择优

本文所探讨的水资源评价主要针对与水文过程结合较为密切的地表水资源数量评价，其实质为对年径流序列的频率计算。

5.1   区域水资源序列变异诊断

在第一信度水平 $\alpha=0.05$、第二信度水平 $\beta=0.01$ 的条件下（下文中所有信度水平保持一致），利用水文变异诊断系统对研究区域 1956 年至 2000 年年径流序列进行变异诊断，其诊断结果见表 1。

表 1   研究区域的年径流序列变异诊断结果表

初步诊断		Hurst 系数	0.738	整体变异程度	中变异
详细诊断	跳跃诊断	滑动 F 检验	1997(+)	滑动游程检验法	1997(+)
		滑动 T 检验	1967(+)	滑动秩和检验法	1983(+)
		Lee-Heghinan 法	1967(0)	最优信息二分割法	1996(0)
		有序聚类法	1967(0)	Mann-Kendall 法	1980(+)
		R/S 检验法	1972(0)	Bayes 法	1967(+)
		Brown-Forsythe 法	1983(+)		
	趋势诊断	趋势变异程度	趋势中变异	Spearman 秩次检验	+
		相关系数法	+	Kendall 秩次检验	+
综合诊断	跳跃	跳跃点	1967	综合显著性	2(+)
	趋势	趋势项	-0.4079	综合显著性	3(+)
	选择	跳跃效率系数	23.43	趋势效率系数	24.64
诊断结论		趋势↓			

从表 1 的诊断结果可以看出，研究区域的年径流序列发生了趋势下降的中变异，其趋势变异如图 3 所示。

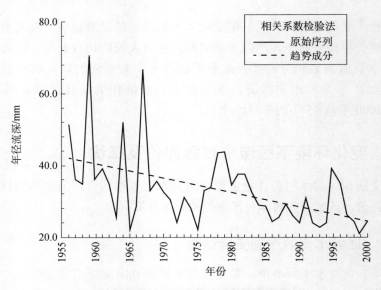

图3　研究区域年径流序列趋势变异图

5.2　区域年径流计算

根据研究区域径流序列的变异诊断结果，本文选择基于跳跃分析、趋势分析、小波分析及希尔伯特-黄变换的五种非一致性水文频率计算方法进行计算。

5.2.1　基于跳跃分析的确定性成分拟合及随机性成分提取

根据年径流序列跳跃诊断结果，序列在变异点 1967 年前后均值分别为 41.62mm 和 29.98mm，两个序列的均值差为 11.64mm，由此得出永定河册田水库以上三级区年径流序列的跳跃成分为

$$Y_t = \begin{cases} 0, & t \leqslant 1967 \\ -11.64, & t > 1967 \end{cases} \tag{1}$$

根据水文序列 X_t 组成的线性叠加原理，研究区域的随机性成分为

$$S_t = \begin{cases} X_t, & t \leqslant 1967 \\ X_t + 11.64, & t > 1967 \end{cases} \tag{2}$$

计算随机性成分的 Hurst 系数（H）为 0.683，对应的 Hurst 系数置信限分别为 $H_\alpha = 0.688$，$H_\beta = 0.735$，$H < H_\alpha$，结果表明随机性成分无变异，满足水文分析的一致性条件。

5.2.2 基于线性和非线性趋势分析的确定性成分拟合及随机性成分提取

本文分别用线性、指数、对数和二次多项式对研究区域的年径流序列进行拟合，结果见表 2。

表 2　不同线型对年径流序列的拟合结果表

线型	拟合公式	R^2/%
线性	$y = 42.3877 - 0.4079x$	24.64
对数	$y = 50.886 - 6.2041 \ln x$	25.89
指数	$y = 40.9421 e^{-0.0111x}$	26.93
二次曲线	$y = 0.0068x^2 - 0.7180x + 44.8728$	25.57

注：表中变量 x 与年份 t 的关系为：$x = t - 1955$。

通过比较确定性系数可以看出，指数曲线为最优，且指数曲线的线型简单，趋势走向稳定，因此确定年径流的趋势线为指数曲线，其趋势线方程为

$$Y_{t,2} = 40.9421\, e^{-0.0111x} \tag{3}$$

如果序列无趋势变化，且保持一致的话，序列的均值将是过曲线 $Y_{t,2}$ 第一点（t=1956）的一条水平线，其方程为 $Y_{t,1} = 40.49$，它反映了年径流序列变异前的平均情况。因此，该区年径流序列的确定性成分为

$$Y_t = \begin{cases} 0, & t < 1956 \\ 40.9421\, e^{-0.0111(t-1955)} - 40.49, & 1956 \leqslant t \leqslant 2005 \end{cases} \tag{4}$$

根据水文序列 X_t 的分解原理得到其随机性成分为

$$S_t = \begin{cases} X_t, & t < 1956 \\ X_t - 40.9421\, e^{-0.0111(t-1955)} + 40.49, & 1956 \leqslant t \leqslant 2000 \end{cases} \tag{5}$$

计算随机性成分的 Hurst 系数值为 H=0.514，结果表明随机性成分无变异，满足水文分析的一致性条件。

5.2.3 基于小波分析的确定性成分拟合及随机性成分提取

采用 db5 正交小波对研究区域年径流序列进行 5 级 Mallat 小波分解，如图 4 所示。可以得到序列的低频成分，该低频成分可以看做是序列长期变化下的确定性趋势成分（图 4 中 a5 部分）。对于年尺度的水文序列，由于年内周期成分与年际相依成分可以被忽略，高频成分（d1～d5）常常就是序列的

随机性成分。

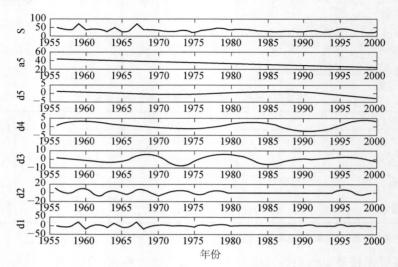

图4 研究区域年径流序列小波分解图

根据小波分解的结果，该区年径流序列存在整体趋势如图 4 中 a5 所示。年径流序列的趋势变化可以用多项式来描述，令 $x = t - 1955$，根据最小二乘法，可以得出研究区域年径流序列变异后的趋势方程为

$$Y_{t,2} = 0.001x^2 - 0.426x + 41.729 \tag{6}$$

因此，该区年径流的确定性成分和随机性成分分别为

$$Y_t = \begin{cases} 0, & t < 1956 \\ 0.001x^2 - 0.426x + 0.42, & 1956 \leqslant t \leqslant 2000 \end{cases} \tag{7}$$

$$S_t = \begin{cases} X_t, & t < 1956 \\ X_t - Y_t, & 1956 \leqslant t \leqslant 2000 \end{cases} \tag{8}$$

计算随机性成分的 Hurst 系数值为 $H=0.538$，结果表明随机性成分无变异，满足水文分析的一致性条件。

5.2.4 基于希尔伯特-黄变换的确定性成分拟合及随机性成分提取

对研究区域的年径流序列进行经验模态分解（empirical mode decomposition，EMD），得到一个残余量（residue，RES）和 4 个固有模态函数（intrinsic mode function，IMF）。其中，IMF1 包含了原序列的确定性成分和随机性成分，与原始序列的一致性较高。随着 EMD 分解的进行，IMF 特征尺度及时间尺度也随着变大。由 EMD 分解原理，分解最后得到的 RES 就是序列的趋势成分，如图 5 所示。

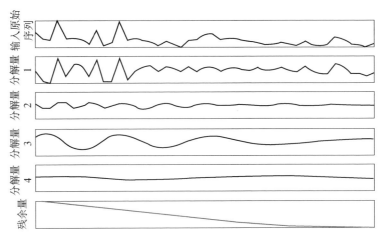

图5 研究区域年径流序列EMD分解效果图

根据 EMD 分解的结果，令 $x = t - 1955$，根据最小二乘法，可以得出研究区域年径流序列变异后的趋势方程为

$$Y_{t,2} = 0.0069x^2 - 0.72x + 45.349 \tag{9}$$

因此该区年径流的确定性成分和随机性成分分别为

$$Y_t = \begin{cases} 0, & t < 1956 \\ 0.0069x^2 - 0.72x + 0.713, & 1956 \leqslant t \leqslant 2000 \end{cases} \tag{10}$$

$$S_t = \begin{cases} X_t, & t < 1956 \\ X_t - Y_t, & 1956 \leqslant t \leqslant 2000 \end{cases} \tag{11}$$

计算随机性成分的 Hurst 系数值为 H=0.550，结果表明随机性成分无变异，满足水文分析的一致性条件。

5.2.5 确定性及随机性成分提取方法择优

不同的非一致性频率计算方法得到的确定性及随机性成分并不一致，本文采用择优度的方法对其优劣程度作出评价。择优度主要考虑以下几个指标。

1．确定性成分对原始序列拟合的效率系数

不同的方法在提取确定性成分的时候，得到的结果不同。通过和原始序列进行拟合，可以得到确定性成分对原始序列拟合的效率系数。如果效率系数越大，说明对应的方法对确定性成分的提取精度也越高；反之，精度则越低。因此，可将其作为方法择优度计算中的一个因素，用 D 表示。D 是介于 0 到 1 之间的百分数，因此，可以直接用来计算不同方法的择优度。

2．随机性成分经变异诊断得到的 Hurst 系数相对值

Hurst 系数（H）是表征时间序列一致性程度的变量，当 H=0.5 的时候，表示时间序列的一致性最好。所以，当时间序列的确定性成分已经按照不同的方法去除后，利用变异诊断系统对随机性成分进行变异诊断，可以得到不同方法的随机性成分的 H 值。如果 H 越接近 0.5，则说明随机性成分的一致性越好，对应方法的计算精度也越高；反之，精度则越低。不同方法的随机性成分一致性的判断标准是 H 与 0.5 的差距，即 ABS(H−0.5)。而 ABS(H−0.5)是一个介于 0 到 0.5 之间的数值。为了将所有指标均统一在 0 到 1 之间，本文提出采用 Hurst 系数相对值（用 H_t 来表示）的办法来衡量各种方法的优劣，即令 H_t=1−2 ABS(H−0.5)，当 H_t 的值越大时，表明其对应方法所得到的随机性成分一致性越好。

3．确定性成分对原始序列拟合的形态系数

针对同一个时间序列，采用不同的确定性成分提取方法所得到的确定性成分，理论上说应该相差不大；也就是说，不同方法提取的确定性成分对原始序列的拟合曲线，应该相对集中于某个区域，太高或者太低均表明此方法与其他方法可能存在较大的出入，而这种现象在序列拟合的首部和尾部最为明显。因此，分别对不同方法提取的确定性成分的首部和尾部进行筛选，当某种方法的首部或者尾部处于最高或者最低的位置时，令其形态系数为 0，只选用首部或者尾部处于中间集中区的非一致性方法，令其形态系数为 1。首部的形态系数用 B 表示，尾部的形态系数用 E 表示。

综上所述，择优度（用 Z 表示）的计算公式如下：

$$Z = \alpha D + \beta H_t + \gamma B + \delta E \tag{12}$$

式中，α、β、γ、δ 是不同系数的权重值，取值范围为 0～1，且 $\alpha+\beta+\gamma+\delta$=1。择优度 Z 越大，说明其对应的方法也越好。

对于本文中的研究区域而言，五种非一致性频率计算方法的首、尾形态系数取值参见图 6（图中 HHT 变换指希尔伯特-黄变换）。由于各种影响因素对于时间序列的影响比较复杂，本文为了简便处理这个问题，并使其具有一

定的可操作性，对于择优度的权重采取等权重处理，即 $\alpha=\beta=\gamma=\delta=0.25$；不同方法的择优度计算结果如表 3 所示。

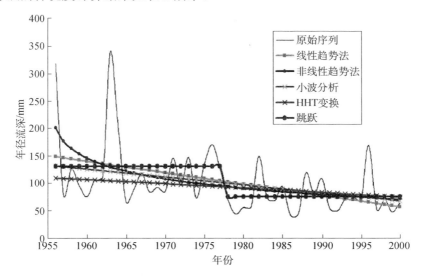

图6 研究区域年径流序列的确定性成分提取对比图

表 3 五种方法择优度计算表

方法	趋势	小波分析	希尔伯特-黄变换	跳跃分析
效率系数 D/%	26.93	24.67	25.33	23.43
Hurst 系数相对值 H_t	0.971	0.924	0.900	0.634
首部形态系数 B	0	1	0	1
尾部形态系数 E	1	1	1	0
择优度 Z	0.560	0.793	0.538	0.467

从表 3 中可以看出，小波分析的择优度 $Z=0.793$，是这五种方法中最好的；而跳跃分析方法则是最差的，其择优度 Z 只有 0.467。

5.2.6 基于小波分析的非一致性频率计算

1. 随机性成分的频率计算

对于采用小波分析方法提取的满足一致性要求的随机性成分 S_t，可以直接采用传统的水文频率计算方法。采用有约束加权适线法计算 P-Ⅲ型频率曲线的均值 $\bar{x}=41.64$mm、变差系数 $C_v=0.26$ 和偏态系数 $C_s=1.74$，样本点据与频率曲线拟合的模型效率系数 $R^2=93.26\%$，如图 7 中"过去"频率分布曲线所示。

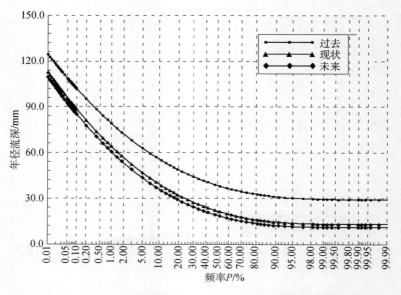

图7　永定河册田水库以上三级区年径流不同时期的频率曲线

2. 非一致性年径流序列的合成计算

采用分布合成方法进行非一致性水文序列的合成计算：首先根据非一致性水文序列的确定性规律和随机性规律，利用蒙特卡罗法随机生成某个时间的样本合成序列；然后采用有约束加权适线法求得该样本序列满足 P-Ⅲ型频率分布的统计参数：均值 $\bar{x}$、变差系数 C_v 和偏态系数 C_s，从而得到非一致性水文序列的合成分布规律。统计试验时，随机生成该站（N=5000）年径流合成样本点据，并统计大于等于每一个样本点据的次数 n，计算每个样本点据的经验频率。用有约束加权适线法对这个样本序列进行 P-Ⅲ型频率曲线计算，研究区域现状条件下，即 2000 年条件下合成序列的均值 $\bar{x}$=25.01mm、变差系数 C_v=0.44 和偏态系数 C_s=1.86，样本点据与频率曲线拟合的模型效率系数 R^2=99.92%，如图 7 中"现状"频率分布曲线所示。如果未来 2020 年影响年径流形成的趋势条件与现状相同，则 2020 年条件下合成序列的均值 $\bar{x}$=22.95mm、变差系数 C_v=0.48 和偏态系数 C_s=1.92，样本点据与频率曲线拟合的模型效率系数 R^2=99.84%，如图 7 中"未来"频率分布曲线所示。

根据年径流序列的水文频率计算结果，多年平均年径流量在过去、现状和未来三个时期的计算结果为：41.64mm、25.01mm、22.95mm。永定河册田水库以上三级区未来多年平均年径流量与过去相比减少了 44.92%，现状与过去相比减少 39.96%，未来与现状相比减少约 11.49%，反映了三个时期的径流形成的条件有显著的差异。因此，永定河册田水库以上三级区的年径流变异及其非一致性问题将对该区域的水资源利用和生态环境保护产生很大的影响。

6 结语

本文主要介绍了有关水文变异诊断系统及非一致性水文频率计算分解合成原理与方法的内容，并结合永定河册田水库以上三级区 1956～2000 年的年径流序列，阐述了变化环境下基于跳跃分析、线性趋势分析、非线性趋势分析、小波分析和希尔伯特-黄变换的非一致性水文频率计算流程；针对不同非一致性频率计算方法所得到的结果不一致的现象，提出了采用择优度的方法对其进行优劣程度的评价。本文主要结论如下：

（1）永定河册田水库以上三级区 1956～2000 年的年径流序列发生了趋势下降的中变异，该序列已经不满足一致性的要求。

（2）通过择优度对基于跳跃分析、线性趋势分析、非线性趋势分析、小波分析和希尔伯特-黄变换方法提取的确定性及随机性成分进行评价，得出小波分析所得到的结果最优。

（3）采用基于小波分析的非一致性频率计算方法对研究区域的年径流量进行计算，结果显示该区多年平均年径流量在过去、现状和未来三个时期有显著的差异，且年径流量呈显著下降的趋势，将对该区域的水资源利用和生态环境保护产生很大的影响。

致谢：本文得到了国家自然科学基金委"西南河流源区泾流变化与适应性利用"重大研究计划重点支持项目"澜沧江非一致性径流演变规律及驱动机制研究（91547205）"、国家自然科学基金项目"变化环境下非一致性最低通航水位设计方法研究（51579181）"，以及湖南省重大水利科技项目"变化环境下洞庭湖洪水变异规律及其安全评价（湘水科计[2015]13-21）"的资助，在此一并表示感谢。

参考文献

成静清，宋松柏. 2010. 基于混合分布非一致性年径流序列频率参数的计算. 西北农林科技
　大学学报(自然科学版)，38（02）：229-234.

韩娜娜. 2005. 山西桑干河流域水环境承载力研究. 西安：西安理工大学硕士学位论文.

梁忠民，胡义明，王军. 2011. 非一致性水文频率分析的研究进展. 水科学进展，22（6）：
　864-871.

陆中央. 2000. 关于年径流量系列的还原计算问题. 水文，20（06）：9-12.

乔云峰，夏军，王晓红，等. 2007. 投影寻踪法在径流还原计算中的应用研究. 水力发电学
　报，16（01）：6-10.

宋松柏，李扬，蔡明科. 2012. 具有跳跃变异的非一致分布水文序列频率计算方法. 水利学
　报，43（06）：734-739.

王国庆，张建云，刘九夫，等. 2008. 气候变化和人类活动对河川径流影响的定量分析. 中
　国水利，（02）：55-58.

谢平，陈广才，夏军. 2005. 变化环境下非一致性年径流序列的水文频率计算原理. 武汉大
　学学报(工学版)，38（06）：6-9.

谢平，陈广才，雷红富，等. 2007. 论变化环境下的地表水资源评价方法. 水资源研究，
　（03）：1-3.

谢平，陈广才，雷红富. 2008. 变化环境下基于跳跃分析的水资源评价方法. 干旱区地理，
　31（04）：588-593.

谢平，陈广才，雷红富. 2009a. 变化环境下地表水资源评价方法. 北京：科学出版社.

谢平，陈广才，雷红富. 2009b. 变化环境下基于趋势分析的水资源评价方法. 水力发电学
　报，28（02）：14-19.

谢平，陈丽，唐亚松，等. 2009c. 变化环境下基于非线性趋势分析的干旱评价方法//变化
　环境下的水资源响应与可持续利用——中国水利学会水资源专业委员会 2009 学术年会
　论文集，大连.

谢平，陈广才，雷红富，等. 2010a. 水文变异诊断系统. 水力发电学报，29（01）：85-91.

谢平，窦明，朱勇. 2010b. 流域水文模型——气候变化和土地利用/覆被变化的水文水资源
　效应. 北京：科学出版社.

谢平，许斌，章树安. 2012. 变化环境下区域水资源变异问题研究. 北京：科学出版社.

谢平，李析男，许斌，等. 2013. 基于希尔伯特-黄变换的非一致性洪水频率计算方法——
　以西江大湟江口站为例. 自然灾害学报，32（1）：85-93.

Alila Y, Mtiraoui A. 2002. Implications of heterogeneous flood‐frequency distributions on tradi-
　tional stream-discharge prediction techniques. Hydrological Processes，16(5): 1065-1084.

Singh K P，Sinclair R A. 1972. Two-distribution method for flood-frequency analysis. Journal
　of the Hydraulics Division，98:28-44.

Singh V P，Wang S X，Zhang L. 2005. Frequency analysis of nonidentically distributed hydro-logic flood data. Journal of Hydrology，307(1-4):175-195.

Strupczewski W G，Kaczmarek Z. 2001. Non-stationary approach to at-site flood frequency modelling II. Weighted least squares estimation. Journal of hydrology，248(1): 143-151.

Strupczewski W G，Singh V P，Feluch W. 2001a. Non-stationary approach to at-site flood fre-quency modelling I. Maximum likelihood estimation. Journal of Hydrology，248(1): 123-142.

Strupczewski W G，Singh V P，Mitosek H T. 2001b. Non-stationary approach to at-site flood frequency modelling III. Flood analysis of Polish rivers. Journal of Hydrology，248(1): 152-167.

Villarini G，Smith J A，Serinaldi F，et al. 2009a. Flood frequency analysis for nonstationary annual peak records in an urban drainage basin. Advances in Water Resources，32(8): 1255-1266.

Villarini G，Serinaldi F，Smith J A，et al. 2009b. On the stationarity of annual flood peaks in the continental United States during the 20th century. Water Resources Research，45(8):2263-2289.

Rigby R A，Stasinopoulos D M. 2005. Generalized additive models for location，scale and shape. Journal of the Royal Statistical Society: Series C (Applied Statistics)，54(3): 507-554.

遥感水循环和水利大数据：概述、挑战和机遇

洪　阳 [1,2]，唐国强 [1]，谢红接 [3]，王存光 [1]，崔要奎 [1]，龙　笛 [1]，
曾　超 [1]，万　玮 [1]，阚光远 [4]，马颖钊 [1]

（1. 清华大学水利水电工程系，北京 100084；2. 美国俄克拉荷马大学土木工程
与环境科学系，Norman, OK 73019, USA；3. 美国德克萨斯大学圣安东尼奥分
校地质科学系，San Autonio TX78249, USA；4. 中国水利水电科学研究院，北
京 100038）

摘　要：现代水科学面临的主要挑战和机遇是在全球跨时空尺度上，对水的存储量、
流动通量和水质进行观测，并能预报地球水循环圈的能量交换和物质转移。卫星遥感在获
取时空复杂多变的水信息方面具有独特的优势，提高对地观测能力，促进了全球水循环演
变观测和模型集成预报能力。以遥感为代表的新兴技术极大地拓展了水文水循环资料来源
渠道，促进了数据和信息的多元化发展，积累了海量数据，迎来了遥感水利大数据时代。
传统方法难以满足全球水循环和水利大数据研究和应用的需要，遥感、大数据技术与水文
水利是未来学科发展的前沿，机遇与挑战并存。

关键词：遥感；水循环；水利大数据；概述；未来展望

Remote Sensing Water Cycle and Hydraulic Big Data: Overview, Challenge, and Opportunities

Yang Hong[1,2],Guoqiang Tang[1], Hongjie Xie[3],Cunguang
Wang[1],Yaokui Cui[1], Di Long[1], Chao Zeng[1], Wei Wan[1],Guangyuan
Kan[4],Yingzhao Ma[1]

（1. Department of Hydraulic Engineering, Tsinghua University, Beijing, 100084; 2. Department

通信作者：洪阳（1973—），E-mail: hongyang@tsinghua. edu. cn。

of Civil Engineering and Environmental Science, University of Oklahoma, Norman, OK 73019，USA; 3. Department of Geological Sciences, University of Texas at San Antonio San Antonio, San Autonio，TX 78249，USA; 4. China Institute of Water Resources and Hydropower Research，Beijing 100038)

Abstract: The water cycle involves energy change and matter exchange in hydrosphere and sustains the dynamic balance of global water. All kinds of water body on the earth connect with each other closely in the process of hydrologic cycle. The remote sensing has unique advantage of acquiring water information complex in time and space. The global earth observation, water cycle change and model ensemble forecast are greatly improved by remote sensing. Methods of obtaining hydrologic data are also expanded by new techniques characterized by remote sensing, and the huge amounts of data accelerate the coming of remote sensing hydraulic big data. However, traditional methods have difficulty in the research and application of modern complex water problems. The remote sensing hydraulic big data is the frontier of interdisciplinary research between remote sensing and hydraulic engineering.

Key Words: remote sensing; water cycle; hydraulic big data; overview; future prospect

1 引言

全球和区域尺度上的水循环研究涉及水文气象的所有要素，包括降水、蒸散、径流、土壤湿度、地下水、流域总储水量变化等（唐国强等，2015），这些要素在水资源、生态、社会、经济等多方面影响着人类社会和自然生态系统。在气候变化的背景下，全球水循环存在加速的趋势（Bowen，2011），研究气候变化下水循环的变化规律及其带来的影响，已经成为国际水文学界研究的热点。现代水科学面临的主要挑战是，在全球跨时空尺度上，对水的存储量、流动通量和水质进行观测和预报，这也是未来水科学发展的机遇所在。

遥感技术近二十年来迅猛发展，逐渐形成了"遥感＋"新兴交叉学科；"遥感水文学"是遥感科学技术与水学科交叉的前沿和热点研究领域。遥感水循环的目标是：①研究水文要素遥感获取的理论、方法和技术；②遥感与水文水资源模型和水利工程相结合。依托水文遥感、地理信息系统等新技术，揭示水循环和水量平衡的变化规律，是 21 世纪水文科学发展的一个必然趋势（叶守泽等，2002；徐宗学，2010）。近年来，在数据积累及应用需求的推动下，大数据已经成为科技界、企业界以及各国政府关注的热点，大数据时代已然到来。大数据具有五个主要的技术特点，人们将其总结为"5V"特征：大体量(volume)、多样性(variety)、时效性(velocity)、准确性(veracity)、大价值(value)。

水利大数据是指产生于各种水文监测网络、水利设施、用水单位和水利相关经济活动，并通过现代化信息技术高效传输、分布存储于各地存储系统、但又可以快速读取集中于云端、实现深度数据挖掘并可视化的海量多源数据总和。水利大数据不是独立存在的概念，其包含许多延伸内容。其一，从数据本身的角度，水利和遥感、气象、海洋等领域具有交叉性，因此水利大数据和遥感大数据、气象大数据、海洋大数据等互有重叠；其二，从数据处理的角度，水利大数据作为大数据的一种，依赖于先进大数据技术进行处理和分析，包括分布式大数据存储处理框架、机器学习等数据挖掘方法；其三，从数据价值的角度，水利大数据注重多变量的集成以及它们之间的相关性分析，从而全面深入地挖掘多源数据的价值。

水利工作关系到国计民生，尤其是我国水资源分布存在严重的时空分布不均特性，旱灾洪涝易发多发，水利工作的重要性更加突出。水利行业在经济、生态、社会等方面都扮演着重要角色，因而对水利大数据的研究具有重要的现实意义和应用价值。

2   遥感水循环

2.1   典型水循环要素遥感观测

2.1.1   TRMM/GPM降水

降水是水文学及水利工程研究非常重要的输入数据。传统的地面观测虽然精度较高，观测直接，但是由于降水的数量、类型、频率等特征具有显著的时空变异性，地面观测降水存在诸多局限性，因而从太空进行卫星降水观测是系统了解全球降水情况及其变化的唯一手段(Hong et al.，2012；Tang et al.，2016a，2016b)。

TRMM（tropical rainfall measurement mission）卫星自发射以来提供了大量具有科研及应用价值的数据，全球降水观测(global precipitation measurement，GPM)是 TRMM 的后续卫星降水计划，能够提供新一代全球半小时分辨率的降水观测数据及其相态区分，范围相比于 TRMM 扩展至 60°N～60°S，并且计划将来提供延伸至南北极的降水反演数据。

2.1.2 蒸散发

蒸散发(evapc transpiration，ET)，包括植被蒸腾、土壤蒸发和冠层截留蒸发，是水循环中最重要的通量变量之一（崔要奎，2015）。大多数情况下，遥感通过为蒸散发模型提供输入来实现地表蒸散量的模拟，如遥感叶面积指数(leaf area index，LAI)或标准化植被指数(normalized difference vegetation index，NDVI)、遥感地表辐射温度、土壤水分等(Long et al.，2014)。这些参量通常依靠如 Penman-Monteith 公式等，建立 LAI 或 NDVI 与植被、土壤、近地面大气层阻抗的关键参数的关系。

2.1.3 SMAP土壤水分观测

土壤水分，是控制地表-大气相互作用的关键因子，获取高精度土壤水分数据对建立更加精准的陆面、大气模式具有至关重要的作用(Wan et al.，2015)。同时，土壤水分也是控制陆表能量交换、调整地表径流和土壤排水、调节植被冠层蒸发和碳吸收、调控土壤冻融的重要参量 (Yang et al.，2013)。

通过卫星数据反演方法已经生产了大量不同时空尺度的土壤水分产品。广为关注的 NASA SMAP (soil moisture active and passive) 计划于 2015 年 1 月 31 日发射升空，同时搭载 L 波段的主动微波雷达和被动微波辐射计，实现主被动微波相结合的土壤水分观测和制图。

2.1.4 重力卫星GRACE总储水量和地下水反演

重力恢复与气候实验卫星(gravity recovery and climate experiment，GRACE)是人类历史上首颗可以观测陆地总储水量变化的卫星，自 2002 年 3 月发射以来，日益广泛地应用于旱涝灾害监测和预警、定量评估干旱对水资源的影响、大陆和区域尺度总储水量变化特征等领域(Long et al.，2016)。

GRACE 通过搭载的微波测距系统(microwave ranging system)和 GPS 等仪器，精确测量(精度在 10μm 以内)两颗卫星之间的距离变化，从而反演地球重力场由于质量重分布所引起的变化。

2.1.5 湖泊

湖泊作为陆地水圈的组成部分，参与自然界的水分循环，对气候的波动变化极为敏感，是揭示全球气候变化与区域响应的重要信息载体。与实地调查相比，利用遥感手段开展调查研究既省时省力又不易遗漏湖泊的细微变化。Wan 等（2016）充分融合了人工测绘数据、中巴地球资源卫星（China-Brazil Earth

Resources Satellite，CBERS）以及我国最新高分辨率卫星（GaoFen-1，GF-1）的多源信息，构建并发布共享了青藏高原过去 60 年湖泊变迁数据。

2.1.6 积雪

积雪是水循环的重要要素之一，尤其在干旱和半干旱地区，积雪融水是主要的水源。卫星遥感是唯一的可以对积雪面积和深度（雪水当量）进行有效的大范围调查和监测的手段(Cheng et al.，2016)，其中光学遥感技术能提供有效的高分辨率积雪面积监控，但受到云层的严重干扰；被动微波遥感技术能提供有效的无云积雪面积和深度（雪水当量）监控，但空间分辨率很低。结合两种技术的优点，有学者提出和改进数据处理和图像融合新算法（Wang and Xie，2009），研究结果表明，融合算法相比于单一算法具有较大优势。

2.1.7 冰川和海冰

在全球气候变化条件下，冰冻圈是最敏感的区域。遥感技术是监测和研究山地冰川变化的主要手段，包括冰川的体积和质量(GRACE、ICESAT)、冰舌长度和冰表面积(Landsat、SPOT、ASTER)、冰表面流速(RADAR、InSAR)等变化。

自 20 世纪 80 年代以来，基于星载的被动微波遥感（SSM/I、AMSR-E、AMSR2）提供了相对精确的南北极海冰面积及其变化数据。北极海冰厚度呈显著减薄趋势，相对的，我们对南极海冰的厚度值和变化却了解较少。Xie等 (2011，2013) 提出了一种基于大量海冰实测数据导出的经验公式法，直接转化卫星高度计得到的冰悬高成海冰厚度。

2.2 遥感水循环的未来展望

当前全球水循环研究面临的首要问题之一是观测不足，造成了对全球变化的复杂和突变关键过程科学认识不足。遥感水循环的挑战同时也是未来发展的机遇，解决好这些问题对于进一步加深人类对全球水循环的认知，增强应对气候变化能力，具有重要的现实意义。

在可遇见的未来，遥感水循环的研究热点将集中在一系列亟待解决的问题，我们将分条阐述。

2.2.1 提高遥感数据时空分辨率及其连续性

目前大范围的遥感观测仍然存在时间、空间和参数方面的空缺，部分变量还只能在月尺度或者年尺度上提供观测数据，时空分辨率过于粗糙，难以满足研究和应用的精细化需求。例如，GRACE 储水量变化观测，空间分辨率一般在 20 万 km² 以上，发布的三级产品分辨率为 1°，同时每个月只能提供一次数据，另外 GRACE 时间跨度较短，GRACE 数据只有从 2002 年至现在 10 余年的数据，并且后期缺值月较多。

开发和应用更先进的遥感观测传感器，改进和重建现有的水循环要素反演算法，提供能够全覆盖水循环各个要素的数据集，定性定量描述遥感产品的不确定性，都是未来水循环观测的重点方向。

2.2.2 改进遥感反演算法和前向模型物理机制的表达

前向建模和基于模型的反演是定量遥感的两个主要方向。目前遥感反演水循环各个变量，还存在许多物理机制上的不明确，应用于不同区域时存在普适性问题，对于不同变量，反演精度差异较大，并且部分变量，如降水，还依赖于传统地面观测数据的校正，以提高遥感产品的精度。未来需要继续加强对遥感与水循环变量之间物理机制的研究，改进遥感反演算法和前向模型物理机制的表达，提高遥感产品的精度及可应用性。

2.2.3 加强对于敏感区域及快变突变现象的水循环观测

气候变化下，全球水循环加速，水资源的时空分布不均匀性加强，旱涝灾害频发多发，尤其需要加强对于全球变化敏感的地球三极（南北极和青藏高原）区域的水循环观测，加强与能量平衡、碳循环、冰冻圈与海洋环境等的综合协同观测。如青藏高原水资源丰富，是亚洲水塔，从青藏高原发源的河流支撑了周围多个国家的社会、经济、人口发展，同时气候变化和人类活动加剧也对该地区造成了压力，利用遥感手段对青藏高原进行长期、全面、覆盖水循环多要素的观测，具有重要的意义。

同时针对快变（如大气）、突变（如冰盖崩坍）等现象，其灾害影响大，发生和变化时间快，分布不规律性强，剧烈程度预测难，针对该类问题的动态监测需要加强。我国大部分国土属于山区丘陵，每年雨季受到由暴雨导致的山洪泥石流灾害影响显著，造成了大量的人员和财产损失，针对这种发生迅速、变化剧烈的气象地质并发灾害，需要结合遥感观测和模型模拟预测，才能有效地规避风险、减少损失(Gourley et al., 2013)。

2.2.4 促进不同平台、不同维度的观测之间的耦合和协同

目前，不同类型的对地观测平台之间缺乏有效的协同交互机制，遥感水循环各变量的反演应用相对孤立，单一平台、单一维度的遥感观测已不能满足用户大量的对地观测请求。例如，针对降水变量，TRMM/GPM 计划充分利用了来自多卫星、多传感器的红外、主被动微波以及地面站点观测数据，实现了对全球降水的反演；美国的 MRMS（MULTI-RADAR/MULTI-SENSOR）降水产品系统，利用了美国一百多台地基天气雷达和大量雨量站的观测数据，其分辨率达到了 5min、1 km。

整体来看，成熟、行之有效的综合观测体系目前还很缺乏，迫切需要卫星、台站、浮标等多源综合观测，急需在各国政府和大型项目计划协作下构建超级观测网络，其中，我国作为全球变化主要关联方尤其需要加强这一全球观测框架。

2.2.5 开发和完善数据同化、融合和大数据分析方法

对于海量遥感数据的分析和价值提升，需要提升支撑模式验证和支持重大科学问题研究的能力，特别是目前在地球系统层面急需研究的三个复杂关键过程：地球三极枢纽的耦合响应机制、黑碳导致海冰加速融化的反馈强化作用、青藏高原水循环平衡闭合和变化响应等。这三个过程涉及大量异构数据的分析研究，同时由于区域的特殊性，现有产品较难满足研究的需求，需要通过数据同化和融合方法，得到质量更高的产品，促进学科交叉融合，同时结合大数据分析方法，挖掘数据内存在的规律，发挥数据的价值。

3 遥感水利大数据

3.1 概况

我国有十分发达的水利监测网络，在水利信息化的推动下，积累了海量、分布式、异构的水利大数据，这些数据包括水文观测信息、水利设施在线运行状态信息、用水户用水排水信息等，其中单是水文观测数据，截至2012 年全国已经超过 100TB（冯钧等，2013）。水文观测数据是水利大数据的重要构成，具有巨大的综合效益。水文观测大数据主要包括：①基础地理信息数据；②水文监测站网实测数据；③新型"遥探测"水文数据。

在诸多水利大数据观测、获取手段中，尤以遥感方式最为突出。近年来

遥感技术飞速发展，从最初的卫星、航空飞机、雷达等手段，如今逐步发展出无人机等新兴对地观测领域。这些方式为水利行业的科学研究和业务应用提供了丰富的数据来源，极大地促进水利大数据的发展。但与此同时，遥感数据具有明显的大数据特征，主要表现在高维（时间高维度、空间高维度、光谱高维度）、异构（图像等非结构化数据多，且存储形式多样）、多源多尺度、非平稳性、高不确定性等方面(宋维静等，2014)，这些特征对遥感大数据和水利大数据的衔接及应用提出了极大的挑战。可以说，在遥感水利大数据时代，挑战与机遇并存，下文将对此进行介绍，并着重对遥感水利大数据的未来发展进行展望。

3.2 遥感水利大数据面临的挑战

为了创造水利大数据的价值最大化，目前的科学研究主要从两方面入手：①快速存储、读取水利大数据，能对海量数据进行管理、计算；②将数据挖掘方法与新型数据挖掘手段相结合，对水利大数据进行挖掘和知识发现。然而在现阶段的发展过程中还面临许多挑战，主要有以下几个方面。

3.2.1 遥感水利大数据的集成

单一的数据存储挑战性较小，水利大数据具有广泛的来源，其集成具有较大的挑战性。具体表现有：①水利大数据来源广泛，不同的监测平台得到的数据具有不同的数据结构、存储系统；②水利大数据具有明显的时空特性；③传统数据存储主要依赖于关系型数据库。

水利大数据的另一大特点是对同一变量可能有多源观测，不同观测手段因其技术特点、运行环境等的不同，得到的数据质量往往参差不齐。因此，在水利大数据集成过程中，有必要对数据进行清洗，剔除质量较差的数据，一方面减小存储、管理空间的支出，另一方面保证数据分析、知识发现的效率与可靠性。

3.2.2 遥感水利大数据的分析

实时性是水利大数据分析的重要标准。传统的数据处理分析方式为将数据下载保存至本地，然后进行后续操作。然而在许多关键领域，要求对数据的处理分析达到实时反馈，如洪水的实时预警、台风动态监测等。在大数据的时代背景之下，借助云计算、流处理、批处理等技术手段，数据分析逐步从离线转化为在线，达到实时响应的效果。充分利用新兴的深度学习、增强学习等人工智能技术，对非结构、高度非线性、海量的现代水利大数据进行高效精准的分析与预测是当务之急。

3.2.3 遥感水利大数据的安全

隐私与安全是数据科学领域永恒的话题，水利行业存在大量保密数据，这些数据往往牵涉国家水安全、粮食安全等敏感话题，与国家利益息息相关。在大数据时代，应在确保这些机密水利数据的安全性的前提下，对它们进行数据挖掘，从而更好地服务国家政策制定、促进经济社会发展。

3.3 遥感水利大数据的未来展望

水利大数据虽然从数据的组织到存储、传输、查询、分析等为信息化工作带来了新的压力，但同时也带来了无穷的机遇与挑战，传统的方法已无法应对大数据的规模、分布性、多样性以及时效性所带来的挑战，大数据需要新的技术体系架构及分析方法来从中获得新价值。其中，大数据的存储是首当其冲的，数据从哪里来，数据存到哪里，之后大数据要如何去管理，再下一步是怎么分析大数据，要分析出什么样的结果，有什么样的目的，大数据分析过程中要应用什么样的工具做这件事情，这就升华出大数据科学的概念。水利大数据的未来研究方向主要有以下几个方面。

3.3.1 进一步提高遥感水利大数据的信息化程度

借助互联网、物联网、云计算等新兴技术的发展，水利信息化在近几年迈向了一个新的阶段，但依然存在许多不足之处。为进一步提高水利大数据的信息化程度，研究人员需要从以下几个方面入手：①加快历史纸版数据电子化的进程；②加深基层水利数据的信息化；③加强基础监测站网建设，提高观测站网的密度与类型，提高数据传输网络的速度与稳定性；④加强数据中心建设，搭建大数据管理平台；⑤加强大数据软硬件平台建设，建设超高性能实时大数据解析体系。

3.3.2 加强遥感水利大数据的共享与协作

不同机构和部门掌握不同的水利数据。在数据的共享与交换上，已经取得了巨大的进步，许多水利数据在公共平台可以免费获取，但是依然存在大量数据处于封闭状态，难以应用在水利大数据的研究中。大数据强调寻找多种类型数据的相关关系，一旦某类数据缺失，容易导致关系发现不全甚至是无法发现关联性。

在未来的发展中，各类水利大数据应加强共享，通过建立共享与协作平台等形式，提高数据交流的通畅程度，满足水利大数据研究的要求。

3.3.3 提高非结构化数据的处理能力

传统的水利数据为结构化数据，如实测径流、降雨等，但随着水利监测手段的进步，出现了越来越多的非结构化水利数据，如遥感图片、径流监测视频等，这些数据无法使用传统的数据库进行存储，其处理手段也有别于结构化数据。虚拟现实技术的迅猛发展也为非结构化数据的处理提出了更高的要求。近年来，NVIDIA 的 GPU 迅猛发展，已经具备了虚拟现实在水利行业应用所需的软硬件保障，水利行业对非结构化数据的 VR 展示要求越来越强烈，很多项目已经取得显著应用效果或正在实施中（Kan et al.，2015）。

3.3.4 加强先进的数据挖掘方法在遥感水利大数据知识发现中的应用

大数据的发展依赖于计算机技术的飞速进步，分布式存储、并行计算等技术提升了数据的存储、管理水平，而以深度学习为代表的一系列机器学习算法对大数据做出了许多史无前例的创造，如 AlphaGo 围棋人工智能。大数据海量信息与复杂数据挖掘方法对大数据计算提出了更高的要求，"大计算"时代即将到来（Kan et al.，2016）。近年来，国际上基于高性能计算的深度学习大数据挖掘技术迅猛发展。通过这种像素级的学习，不断总结规律，计算机就可以实现像人一样思考。在未来，应适时地将最先进的数据挖掘方法引入水利大数据的研究中，结合水利行业自身的特点，对相应数据挖掘方法做出改进和再创造，让它们更好地服务于水利大数据的挖掘。

3.3.5 提升遥感水利大数据多变量多维度协同分析的能力

一方面，水利大数据类型繁多，前文已经一一列举；另一方面，水利大数据具有时空分布的特性，这是水利大数据重要的一个特征。现阶段的研究往往只针对少数水利变量，而未对多变量的相关关系进行分析。而针对水利大数据时空分布的特性，研究中往往很难同时兼顾时间信息和空间信息，将两者割裂开来对待。在未来的研究中，应将水利大数据多变量、多维度的特性都纳入进来，综合考虑各个因素的影响与贡献，真正实现大数据所要求的广度与深度。

3.3.6 推进遥感水利大数据与相关行业、领域的交叉研究

水利行业与大气、海洋、遥感等领域息息相关，这些领域的大数据具有高度重叠性和相关性，尤以遥感大数据最为显著，可以说遥感大数据是水利大数据的重要组成部分。海洋遥感大数据与水利大数据的结合，可以广泛应用于台风监测、台风风暴潮防灾减灾、全球气候变化研究等领域。将水利大数据与其他学科进行交叉，能够提高数据的丰富程度，将更多可能存在相关性的数据包罗进来，更符合大数据的概念与目标。

3.3.7 加强遥感水利大数据在热点、重点问题中的研究

当下有许多热点、重点水利问题，研究人员应抓住契机，利用水利大数据在这些方面进行深入的探索。例如，①洪涝灾害预测，传统的洪水灾害预警主要基于模型，空间地理位置判断和量级的预测精度均较低，且存在无法实时预报的劣势。在水利大数据的背景下，结合物联网技术的发展，并且借助深度学习等先进数据挖掘方法，洪水的精确预报将逐步变成现实。②台风监测，水利大数据与海洋、气象行业相结合，将对台风的预测、防灾减灾提供信息支撑，具有重要意义。③水库监测，我国大部分处于离线监管状态，造成水资源利用效率低下、存在安全隐患等诸多问题。利用卫星、无人机等手段，形成水库监测的遥感大数据，将成为水库高效管理、安全运营的重要依据。④农田水利与农作物估产，如何对农作物灌溉合理调配，促进作物产量，是粮食安全的一项重要议题。基于水利大数据，利用遥感手段的农作物估产研究，也因此成为了水利大数据与遥感大数据交叉领域的重要研究课题。

4 遥感水循环与水利大数据的发展趋势

4.1 科学认知到科学理论的升华

大数据技术帮助下形成的对水循环和水利科学的新的认知，不能仅停留在相关关系阶段，必须升华到因果关系。前者仅能证明获得了一种经验，止步不前很容易落入经验主义的圈套。而经验主义是有别于科学主义的，前者是一种概率，可以认为是一种高概率的预测，而后者讲究的是逻辑上的必然性，这是由科学的可重复的本质所决定的。因而，需要在大数据帮助下，进行水科学的新发现，在既有科学认知的基础上，进行知识升华进而得到新的

科学规律和应用价值规律。

4.2   相关关系和因果关系的相互促进

社会科学更多地表现为随机性或混乱性（Chaos），因而在社会科学领域各种问题和现象的相关关系研究得到异常的重视。大数据可以给我们提供更为全面的相关关系的发现，进而指导因果关系的构建，从而促进水科学的发展。另外，针对新的科学问题，因果关系的认知，能缩小相关关系发现的范围，使大数据的相关关系挖掘模型更具有针对性，从而提高科学发现的效率。

4.3   继续提升数据信息种类和数量

当前遥感水循环和水利大数据数据类型繁多，但直接观测数据类型较少；大区域、大尺度数据类型和数量繁多，但小区域、小尺度上数据较少。因而，在大区域、大尺度上进一步发展对地观测仪器，提高数据观测类型的数量；在小区域、小尺度上进一步推进卫星发射计划，缩短卫星重访周期，提高分辨率。

5   总结

遥感是对全球水圈进行全面观测的唯一手段，涉及水循环的各个要素，提供了丰富多样的各种时空分辨率的产品。遥感技术极大地增强了人类对水圈的观测能力，积累了大量宝贵的数据，也促进了水利行业的发展及其转变。随着水利信息化技术的不断推进，水利行业的数据已经不再是传统观念中可以简单处理分析的对象，而开始转变为一种基础性资源，水利大数据的时代已经到来。本文针对全球遥感水循环和水利大数据进行了总结，在此基础上，对未来发展方向进行了展望，未来遥感水循环和水利大数据仍然是相关领域研究的前沿和热点。

参考文献

崔要奎. 2015. 多源遥感观测数据驱动的土壤-植被系统蒸散发估算研究. 北京：中国科学院大学博士学位论文.
冯钧，许潇，唐志贤，等. 2013. 水利大数据及其资源化关键技术研究. 水利信息化，(4): 6-9.
宋维静，刘鹏，王力哲，等. 2014. 遥感大数据的智能处理:现状与挑战. 工程研究-跨学科

视野中的工程，(3): 259-265.

唐国强，龙笛，万玮，等. 2015. 全球水遥感技术及其应用研究的综述与展望. 中国科学: 技术科学，10: 002.

徐宗学. 2010. 水文模型: 回顾与展望. 北京师范大学学报: 自然科学版，3: 278-289.

叶守泽，夏军. 2002. 水文科学研究的世纪回眸与展望. 水科学进展，13(1): 93-104.

Bowen G J. 2011. A faster water cycle. Science, 332(6028): 430-431.

Gourley J J，Hong Y，Flamig Z L，et al. 2013. A Unified Flash Flood Database over the US. Bulletin of the American Meteorological Society，94 (6): 799-805.

Hong Y，Chen S，Xue X，et al. 2012. Global precipitation estimation and applications// Multiscale Hydrologic Remote Sensing: Perspectives and Applications, Boca Raton: CRC Press.

Kan G Y，Yao C，Li Q L，et al. 2015. Improving event-based rainfall-runoff simulation using an ensemble artificial neural network based hybrid data-driven model. Stochastic Environmental Research and Risk Assessment，29 (5): 1345-1370.

Kan G Y，Lei T J，Liang K，et al. 2016. A multi-core CPU and many-core GPU based fast parallel shuffled complex evolution global optimization approach. IEEE Transactions on Parallel and Distributed Systems，28 (2) : 332-344.

Long D，Longuevergne L，Scanlon B R. 2014. Uncertainty in evapotranspiration from land surface modeling，remote sensing，and GRACE satellites. Water Resources Research，50(2): 1131-1151.

Long D，Chen X，Scanlon B R，et al. 2016. Have GRACE satellites overestimated groundwater depletion in the Northwest India Aquifer. Scientific reports，6：24398.

Tang G，Ma Y，Long D，et al.2016b. Evaluation of GPM Day-1 IMERG and TMPA version-7 legacy products over Mainland China at multiple spatiotemporal scales. Journal of Hydrology，533: 152-167.

Tang G，Zeng Z，Long D，et al. 2016a.Statistical and hydrological comparisons between TRMM and GPM Level-3 products over a midlatitude basin: Is Day-1 IMERG a good successor for TMPA 3B42V7. Journal of Hydrometeorology，17(1): 121-137.

Wan Z，Zhang K, Xue X, et al. 2015. Water balance based actual evapotranspiration reconstruction from ground and satellite observations over the conterminous United States. Water Resources Research，51（8）：6485-6499.

Wan W，Long D，Hong Y，et al.2016. A lake data set for the Tibetan Plateau from the 1960s，2005，and 2014. Scientific Data，3：160039.

Wang X，Xie H. 2009.New methods for studying the spatiotemporal variation of snow cover based on combination products of MOIDS Terra and Aqua. Journal of Hydrology，371:192-200.

Xie H，Ackley S F，Yi D，et al. 2011. Sea ice thickness distribution of the Bellingshausen Sea from surface measurements and ICESat altimetry. Deep Sea Research Part II，58（9）：1039-1051.

Xie H，Tekeli A，Ackley S，et al. 2013. Sea ice thickness estimations from ICESat Altimetry over the Bellingshausen and Amundsen Seas，2003-2009. Journal of Geophysical Research，118 (5) : 2438-2453.

Yang Y，Long D，Shang S. 2013. Remote estimation of terrestrial evapotranspiration without using meteorological data. Geophysical Research Letters，40(12): 3026-3030.

第二篇 水 资 源

导读 由于水资源利用的经济、社会、生态和环境的多目标要求,用水需求的矛盾与竞争日益凸显。本篇首先介绍了协调水资源利用各类矛盾与冲突的理论方法——水资源系统分析的发展历程和未来趋势;随后,介绍了人们在探索提高水资源利用能力、协调防洪、供水与生态用水间矛盾的开发利用方式——洪水资源安全利用;面向提升水资源管理能力,介绍了水联网智慧水利理论技术体系,借鉴信息技术和物联网应用发展的最新成果,对水资源管理提出了新的发展方向;面对变化环境带来的水资源挑战,提出了全球变化下水资源管理的适应性方法;最后,以云水资源利用为目标的天河工程作为探索水资源利用与管理的新模式,以形成天空-地表-地下水资源利用与管理的全链条格局。

水资源系统科学的发展历程与未来方向

赵建世[1]，蔡喜明[2]，王　浩[3]

（1.清华大学水沙科学与水利水电工程国家重点实验室，北京　100084；2.伊利
诺依大学土木与环境工程系，美国伊利诺伊州香槟市　61801；3.中国水利水电
科学研究院，北京　100083）

摘　要：以运筹学为基础，水资源系统科学在形成伊始就与政治学、经济学、水文
学、生态学等其他社会科学和自然科学紧密融合。水资源系统分析包括自上而下和自下而
上的分析方法以及优化和模拟两类模型，是流域规划、水库调度、生态流量、管理制度等
重要水资源问题的主要技术框架，而多目标和不确定性始终是这些问题分析中的两个主要
难题。水资源系统科学目前面临的主要挑战源自气候变化和人类活动强度的不断增加及二
者之间的交互作用，因为这些在一定程度上动摇了传统模型方法的基本假定。二元水循环
理论、人类-自然耦合系统、社会水文学等新的学说不断涌现，以及多源信息、大数据和
互联网等高新技术的不断发展，都为应对这些挑战和水资源系统科学的发展提供了新的机
遇。本文对水资源系统科学的发展历程进行了简要的综述和评论，同时也分析了当前的主
要挑战，并基于此对未来学科的发展方向进行了展望。

关键词：水资源系统分析；多目标分析；水资源经济学

Progress in Water Resources System Science and Future Directions

Jianshi Zhao[1], Ximing Cai[2], Hao Wang[3]

(1.State Key Laboratory of Hydroscience and Engineering, Tsinghua University, Beijing

通信作者：赵建世（1975—），E-mail：zhaojianshi@tsinghua.edu.cn。

100084;2.VenTe Chow Hydrosystem Laboratory, Department of Civil and Environmental Engineering, University of Illinois at Urbana Champaign,Champaign, Illinois, USA 61801 ; 3.Department of Water Resources, China Institute of Hydropower and Water Resources, Beijing 100083)

Abstract：Operations research in water resource systems science involves politics, economics, hydrology, ecology and other disciplines. The research provides technical tools and scientific insights for quantitative analysis and decision making associated with water resources in river basins. Water resources systems analysis includes top-down and bottom-up approaches and optimization and simulation models, offering a basic technical framework for important water resources problems such as river basin planning, reservoir operation, environmental flow management and managerial institutions. These problems are nearly always challenging as they are multi-objective and have large uncertainty. Currently, the major challenges to water resources systems science are associated with climate change, intensive human activities and their interactions. These factors have challenged the basic assumptions of conventional modelling approaches. New theories, i.e., dualistic water cycle theory, coupled human-natural systems theory and social-hydrology, have emerged in recent years. In addition, new technologies, i.e., multi-source information, big data, and the internet, have also developed fast. All these things provide new chances to address the challenges in water resources systems science. China is important in water resources research due to the complexity and leading position of its problems. Combining the research in both China and the world, this paper reviews the history and progress of water resources systems science. Finally, the major challenges are analyzed and future directions are discussed.

Key Words: water resources systems analysis; multi-objective analysis; hydro-economics

1　引言

人类社会的发展历史与水资源开发利用的关系密切，两者的复杂交互长期存在。人类最初水资源利用的主要用途是灌溉与航运，如修建于公元前 256 年的都江堰水利工程、公元前 246 年的郑国渠及公元 7 世纪的南北大运河工程等。这些工程的规划、设计与修建，都具有政治、经济和社会方面的战略性影响，同时也都体现出朴素的系统思想。

水资源系统科学源于 20 世纪 50 年代末至 60 年代美国哈佛大学的水项目（Harvard Water Program）（ Maass et al.，1962），其代表性人物包括政治学家马斯（Maass）和水文学家托马斯（Thomas）等多个不同学科的学者。该项目首次将水资源开发利用系统与经济社会系统的发展联系起来，采用定量的计算机模型进行水资源系统的开发利用和管理方案研究，其中标志性成果是 1962 年出版的《水资源系统设计：联系经济目标、工程分析和政府规划的新技术》（*Design of Water-Resource Systems: New Techniques for Relating Economic Objectives, Engineering Analysis, and Governmental Planning*）。由此开始，各种定量模型，尤其是优化模型和模拟模型，在各种水资源规划与管理问题中得到了广泛的应用和蓬勃的发展。到 70 年代末 80 年代初，水资源系统科学逐渐成为了水资源研究的理论基础，其中 Loucks 等的专著《水资源系统规划与分析》（*Water Resources Systems Planning and Analysis*）（Loucks et al., 1981）出版及 1993 年美国土木工程师学会《水资源规划与管理》（*Journal of Water Resources Planning and Management*）杂志创刊的影响尤为显著。

哈佛水项目领导者马斯在 20 世纪 70 年代访问过中国。1980 年，国际水资源协会创始人及名誉主席、美国伊利诺伊大学教授周文德（Ven Te Chow）到北京、南京和上海等地进行讲学，将美国水文学及水资源系统科学发展的相关成果和著作介绍给中国学者。1988 年，清华大学姚汝祥、翁文斌等翻译的 Loucks 等的专著《水资源系统规划与分析》出版。1991 年，武汉大学冯尚友等的专著《水资源系统工程》出版，标志着我国水资源系统研究逐步展开。

水资源系统科学从一开始就是一个跨学科的领域，涉及政治学、经济学、社会学、水文学、生态学、运筹学和工程技术等诸多的学科（Maass et al., 1962），但不可否认的是，运筹学的系统分析方法和模型，因其强大的定量分析流域规划和调度问题的能力，一直以来都是水资源系统科学的主要技术工具。然而，随着经济社会的不断发展，全球水资源的稀缺性不断增强，用户主体之间、部门之间和区域之间的竞争与矛盾日益显著（UN Water，2012）；同时，气候变化带来的水资源特性改变，包括趋势性变化、极值变化和统计特性的变化，未来水资源的不确定性及其带来的风险也不断增加（Milly et al., 2008；UN Water, 2012），这使得水资源系统的多目标权衡、非稳态性风险管理及人类-自然交互作用与协调演化等问题更加凸显，要求我们发展更加全面的自然科学与社会科学多学科融合的水资源学科基础，采用更加灵活的动态适应性风险管理模式和多样化的信息时代新技术来应对这些挑战。

2 水资源系统科学的主要进展

目前，水资源系统研究主流的学派大体可以分为系统分析学派和经济学派。Loucks 和 Beek（2005）广受欢迎的专著《水资源系统规划与管理》（*Water Resources Systems Planning and Management*）比较系统地汇总了水资源系统分析的主要模型方法。书中不仅结合案例说明了这些模型方法的有效性和实用性，也同时指出水资源规划与管理不仅仅需要应用自然科学和技术，对体制和经济部分过分简化的定量分析模型往往会导致失败。另外，也有一些经济学家试图采用经典经济学的理论方法来建立面向水资源系统管理的学科体系，其中比较有代表性的是 Griffin（2006）的专著《水资源经济学》（*Water Resources Economics*）。从经济学的视角可以较好地描述水资源系统中的人类行为，但其对水循环自然过程的简化，使得许多问题的分析不够深入，因而不能很好地解决水资源系统面临的问题。本文在重点论述系统分析学派的主要研究进展的同时，也会涉及经济学派的一些理论和方法。

2.1 流域规划与管理

长期以来，流域一直是水资源规划与管理的基本分析单元。流域级的水资源规划管理决策与经济社会和生态环境问题直接相关，其成果可以用于流域的水资源利用工程设计和政策分析，以此来增加流域的经济社会效益和改善生态环境。"在物理和社会经济条件的约束下，发展交互式的综合数据库、预测模型、经济规划模型和水资源规划管理模型，用以优化水资源配置，是流域级水资源系统分析的基本方法"（UNCED，1998）。流域尺度的分析包括优化模型和模拟模型两类。优化模型根据目标函数（经济的或者综合的）和相关的约束对水资源的配置和基础设施进行优化和选择，而模拟模型根据预先设定的管理水资源配置和基础设施操作的规则对流域的水资源行为进行情景模拟和评价。优化模型可以直接给出最优的决策，但由于优化算法的限制，在很多时候需要对问题进行简化，导致不能反映系统的更多细节；模拟模型可以充分考虑系统的复杂过程和细节，但却只能在有限情景或方案中筛选相对较好的决策，无法给出最优决策。

模拟模型由于其结构的确定性而比较易于商业性软件开发。目前比较常用的水资源系统分析的模拟模型软件包包括以下几类：①基于物理基础的典型地表水模型，如 WMS、SMS、MIKE FLOOD、MIKE11/MIKE21、WASP 和 QUAL 等，这些模型可模拟河流流量、水位和水质的变化规律；②基于节点水平衡的典型地表水模拟软件，例如 MIKE BASIN、WEAP、RIBASIM、Modsim 及 RiverWare 软件等；③地下水模拟软件，如地下水有限差分MODFLOW 系列软件（VISUAL MODFLOW、GMS、GROUNDWATER VIS-TAS、PM WIN）、地下水有限元软件 FEFLOW、HYDRUS、FEMWATER 及有限体积法的模拟软件 TOUGH2 系列软件；④地表水地下水联合模拟模型，如DAFLOW-MODFLOW-2000、MODBRANCH、SWATMOD、MODHMS、MIKE SHE、HydroGeoSphere、IGSM、GSFLOW 和 FHM 等。

优化模型由目标函数和约束方程组成，其中约束方程一般包括对总体水量平衡的模拟。优化模型的特点是可以在水资源系统物理规律的基础上考虑社会和经济价值问题。优化模型由于其求解方法的复杂性，很多情况下要求模型的目标和约束要尽量简化，因而优化模型一般都是基于所要研究的问题本身特性而构建的，很难开发出通用的商业性软件系统。目前也有一些接近商业软件的优化模型工具，如 CALVIN （California Value Integrated Net-work) (Draper et al.，2003)、IWROM (Integrated Water Resources Optimization Models)(Mayer and Muñoz-Hernandez，2009)，但广泛应用的优化模型还是建立在具体案例基础上的，如 McKinney 和 Cai (1996)建立了水文的政策分析工具并应用于流域尺度的水资源配置决策，通用优化平台 GAMS 和通用地理信息系统平台 ArcView GIS 逐步成为常用的优化模型分析工具。当然，基于案例的流域水资源优化模型近年来也有很多成功的案例，如 Schoups 等(2006)在墨西哥 Yaqui Valley 的水资源管理模型和 Rothman 和 Mays（2014）开发的亚利桑那州 Prescott Active Management 地区的水资源多目标可持续利用模型等。

优化模型和模拟模型的联合使用也有很多成功应用的案例。在中国，翁文斌等（1995）在联合国发展项目（United Nations Development Programme，UNDP）华北水资源项目中，将区域水资源规划纳入宏观经济范畴，阐述了基于宏观经济的区域水资源系统的概念，建立了区域水资源规划多目标集成系统，并在中国的"七五"到"十二五"国家科技攻关（科技支撑）项目中应用，为中国西北和黄河、淮河流域的水资源规划与管理研究提供了重要的技术手段。另外，从 2000 年开始历时 10 年的中国全国水资源综合规划，也开发出了一套以模拟模型为主的水资源综合规划模型体系（李原园等，2011），并对中国各个流域和省区 2010~2030 年的水资源规划和配置方案进行了定量分析。

由于流域系统的复杂性，系统中的水文、生态环境、经济、社会、工程和制度等不同模块之间的有效的信息传递是流域级水资源规划与管理模型构建的核心问题。水文和生态环境部分通常采用模拟技术，而其他几个子模型通常运用优化技术，这样经常导致各部分之间的信息传递比较困难。各部分之间可能在空间上的影响和适用的范围又有所不同，同时各种模型经常使用不同的时间间隔和范围。因此，克服这些障碍，开发科学有效的综合模型，使得水文系统的操作（如水库系统、地下水系统和流域河道系统）能够受到管理目标（包括社会经济目标和生态环境目标在内的多目标）的驱动，同时考虑包括水质和水量在内的各种约束，是未来流域级水资源规划和管理模型的主要任务。

2.2　水库调度

传统水库调度方法包括调度图、调度规则等传统的经验半经验模型，也包括线性规划、非线性规划及动态规划等系统优化模型（Labadie，2004；Loucks and Beek，2005）。在水库调度中，虽然也有模拟方法的应用，但其主要方法是优化。优化模型在哈佛水项目开始后被引入水库调度领域，促生了线性规划、线性调度规则（Revelle et al.，1968，1969），逐次逼近动态规划（Korsak and Larson，1970）、离散微分动态规划（Heidari et al.，1971）、机会约束模型（Loucks and Dorfman，1975）等一系列优化调度模型。后来，随着优化计算方法的发展，非线性规划（Diaz and Fontane，1989）、控制理论（Georgakakos and Yao，1993）等新方法逐渐在水库调度领域得到应用。后来，启发式优化算法，如遗传算法、粒子群算法、蚁群算法等，开始逐步被应用于水库调度（Oliveira and Loucks，1997；畅建霞等，2000）。

传统的水库调度研究一般是基于历史水文条件进行调度规则优化和设计的。近年来，水文模型、天气预报、陆气耦合和水文-气象遥相关分析等技术迅速发展，水文预报不断改进、预报精度显著提高、预见期有效延长（Cloke and Pappenberger，2009）等使得根据不确定的预报进行动态的水库调度决策成为研究热点。水库调度的风险对冲(hedging rule)理论为发展基于预报及其不确定性的水库调度方法提供了理论基础。Maass（1962）最早将风险对冲规则从金融领域引入水库调度研究中，这一思想的核心是基于对未来的预报和风险估计来进行当前决策。此后，虽然一些学者对风险对冲规则进行了算法方面的探讨，但其理论进展一直较为缓慢，直至最近，风险对冲调度的理论才有所突破。Draper 和 Lund (2004)基于数学推导提出了风险对冲的基本经济学解释，即"在最优解处，存水的边际效益应该等于供水的边际效益"；You 和 Cai（2008）考虑了径流的不确定性；Zhao 等（2011）在两阶段模型的基础上，给出了风险对冲规则的完整数学形式。在此理论基础上，基于对冲规则的水库防洪（Zhao et al.，2014；Ding et al.，2015）、供水(Xu et al.，2015)、发电(Zhao et al.，2015)等调度问题也开始被研究和讨论。

然而，在气候变化和人类活动共同作用形成的变化环境下，流域水循环和水资源发生了深刻变化，影响并改变人类用水的模式(IPCC，2007)。传统水库调度方法面临来自水文稳态性假定的丧失和调度目标的动态性增强的挑战。这些挑战使得预报调度模式成为未来水库调度的重要发展方向。尽管当前风险对冲调度理论的进展为基于预报及其不确定性的水库动态调度提供了基础，但对于预报-调度这一新模式中的一些关键问题，包括如何合理利用不完美的水文预报，如何理解调度目标的经济学特性，如何管理同时存在的水文不确定性和经济不确定性，如何根据利用水文信息和需求信息进行动态调度管理等，依然是变化环境下水资源管理亟须解决的科学问题和关键技术。

2.3　生态流量与水生态管理

水库、闸坝、渠道等水利工程的修建，不仅改变了河流的水文流态和河床地貌演变规律，还造成了河流的生态功能减弱和生物多样性减少，对河流生态健康构成了极大威胁。关于河流生态流量的研究就自然成为水资源系统科学领域关注和研究的重大热点问题之一。Tennant（1976）在分析了美国 11 条河流流量与河宽、流速、水深之间的相互关系的基础上，提出了历史年平均流量的 10%和 30%作为河流水生生物的生态流量区间，开创了河流生态流量理论研究的先河。类似的方法还有 7Q10 法，采用 90%保证率下的最小 7 天平均流量作为推荐值（Boner and Furland，1982）；逐月流量频率曲线法，提出各月平均流量的 50%作为河流生态流量目标（Matthews and Bao，1991）等。该阶段研究还关注了与河流流量相关的水力学要素、生物栖息地等因素的考量，如 R2CROSS 法(Mosely，1982)、湿周法(Lamb，1989)、IFIM 法(Bovee，1982)等，通过考虑水深、流速、河床形态等要素建立流量数据、生态栖息地数据与水力学要素的联系。自然流量模式理论是河流生态流量研究的重大转折点(Poff et al.，1997)，该学说将生态流量从维持生态系统结构和功能的角度，从大小、频率、发生时间、持续时间、变化率 5 个方面提取出 33 个关键水文要素，认为这些要素从不同的角度直接或间接地影响着河流的栖息地完整、生命历程完整，并防止非本地物种的入侵(Bunn and

Arthington，2002）。

随着河流生态流量研究的深入，以维持生态流量为目标的生态用水调度管理逐渐成为一个重要的研究课题。由于河流生态流量管理问题往往表现出多层次、多目标、多变量、非线性特性，结合规则的优化调度近年来在生态调度研究中成为一个重要的研究方向（马真臻等，2012）。Yin 等(2012)又针对平水、丰水、枯水年，将适应性遗传算法（adaptive genetic algorthm，AGA）的方法和水库调度曲线相结合，提出得到最优的水库调度方案的方法。Zhou 和 Guo(2013)结合水库调度规则对丹江口水库进行优化调度，优化结果很大程度上减小了水库对下游造成的不利影响。在中国的淮河流域，全流域统一的生态流量调度管理实践已经展开，通过优化水库和闸坝的调度规则，以及设置生态库容的建议，流域关键断面及湖泊的生态流量要求和生态水位要求可以在最大程度上得到满足（廖四辉等，2010）。随着人们对生态流量认识的不断深入和生态用水调度实践的日益丰富，生态流量管理的目标与内涵随之扩展，从"维持河道内群落基本生存"的单一目标转变为流域"社会-生态耦合系统"（Ostrom，2009）的可持续发展。近年来，对河流生态流量的研究蓬勃发展，研究者的关注点拓展到全面量化研究与生态系统整体息息相关的多个方面，提出了包含水质(Casanova et al.，2015)、水力学(Daufresne et al.，2015)、地形地貌(Meitzen et al.，2013)、河床形态(Shenton et al.，2012)等在内的多因素-生态耦合模型，作为河流生态健康的有效评价工具，应用在实际的生态管理调度中。未来水的生态管理研究更加关注生态系统整体性、模型机理性及生态调度实践中的可应用性。

2.4　水资源管理与水权水市场

水资源管理体制包括行政管理体制和市场体制两种基本模式，但以哪种模式为主的争论一直持续着。经济学家一般认为市场体制是较好的选择，通过水市场可以实现水资源的优化配置和管理(Vaux and Howitt，1984；Becker，1995)。但是，现实世界中水市场并不总是表现出高效率(Matthews，2004)，而行政管理体制应用也非常广泛。

初始水权的获取是建立水市场的基础问题(Qureshi et al.，2009)。用水户活动初始水权的方式主要方式包括：河岸权、占用权及许可水权。河岸权源于 18 世纪的英国，规定临近河岸的用水户优先拥有水权，一般适用于水资源较丰富的地区(Teerink，1993)；占用权在 20 世纪美国西部开始使用，规定

"先占用水体并将其投入有益使用者优先享有用水权"(Wurbs，1997)；许可水权是通过行政许可规定每个用户的用水上限，作为其水权的许可使用量。许可水权以政府行政分配为主，可充分发挥政府的监管作用，更好地保障水权分配的公平性(Wang et al.，2007)。2000 年以来，中国相继开展了以许可初始水权分配和水市场建立为核心的流域水资源管理改革，如东北的大凌河、西北的黑河、塔里木河以及广东的东江等(Shen and Speed，2009)。在此过程中，如何保障区域间分水的公平、如何促进水资源的高效利用，是核心问题。水权水市场体系中的另外一个关键问题是如何处理水文不确定性带来的权利界定问题。由于水文不确定的存在，如何根据多年平均的分水方案和当前的水情，确定用户当前时段的配水量，已成为水权研究的热点问题(Rosegrant，et al.，2000；Solanes and Jouravlev，2006；郑航，2009)。中国学者相继在黄河、塔里木河、黑河及石羊河开发出了自适应、滚动修正的水量调度系统及水权的调度实现技术(王光谦等，2006；Zheng et al. 2013)。而澳大利亚在水权管理这方面的实践也非常成功（Loch et al.，2012）。这些研究和实践为水权管理提供了方法、积累了经验。

目前，美国、澳大利亚、智利及墨西哥等许多国家已经开展了水交易实践，其中澳大利亚的水交易最为成功。澳大利亚从 20 世纪 80 年代开始水权制度改革，2009 年，墨累-达令河流域年水权交易量达 20 亿 m^3，占当年用水总量的 48%。在中国，水权交易在 2000 年后逐渐兴起，形成区域间、行业间及农户间的若干交易试点，包括浙江省东阳与义乌的水量交易，内蒙古、宁夏"工业-农业"行业水权转换，以及甘肃黑河流域农民水票交易和石羊河流域基于在线水权交易系统的水交易等。

在未来，一个理想的水资源管理体制，应该在充分考虑水文系统和社会化经济系统不确定的基础上，分析和理解水资源系统中用水户对变化环境和政策改变的适应机制和行为特征，并以此为基础设计可靠的、有弹性的和抗干扰的基础设施与管理政策体系，管理并引导各用水单元的个体行为，使之与提高社会福利和维持系统可持续这两个总体目标相一致，从而达到提高水资源管理体制效率和可操作性的目的。

3 变化环境下水资源系统科学的挑战与未来发展趋势

3.1 多学科融合是水资源学科体系的基本特征

水资源系统研究一直以来都是多学科交叉、面向应用的发展模式，基于模型的定量分析一直是主要的技术手段。这种方式一方面可以为工程和管理问题的解决提供支撑，但同时其科学性和系统性也遭到一定的诟病。"水资源学"作为一个规范的学科还没有正式形成，还没有发展出作为一个学科必须具备的基础理论体系（公理、定理及推论）、基本方程和专用的规范学科名称。关于"水资源学"的规范名称及其学科体系，已经有了很多讨论。Falkenmark（1977）最早提出研究水资源系统中社会和自然系统中存在的交互、耦合和反馈机制，并提出了"水社会学（hydrosociology）"这一名词。王浩等（2002）提出了"自然-社会"二元水循环理论，形成了水资源系统二元循环理论、学科范式和研究方法，并在中国的黄河流域、海河流域和其他各大流域的水资源管理实践中得到应用。而其他学者也提出了类似的名词，如"地貌水文学（hydromorphology）"（Vogel，2011）、"社会水文学（sociohydrology）"（Sivapalan et al.，2012）等。虽然关于"水资源学"规范名称的讨论不能够让我们马上建立一个完整的学科体系，但能够明确采用社会科学和自然科学融合的思路研究水资源系统中复杂的人类-自然交互作用，对于水资源系统基础理论体系的建立显然是非常有帮助的。

由于水资源系统与人类系统中的多个子系统的交互关系密切且复杂，研究水资源系统中人类与自然交互关系，以及水资源系统与粮食、能源以及生态之间的关系，目前已经成为最为重要的研究方向。国际水文科学协会（In ternational Association of Hydrological，IAHS）确定了其2013~2022的十年计划主题为：水与社会中的变化（change in hydrology and society），通过着眼于与急剧变化人类系统相关联的水循环动态变化，来达到一个水循环管理的完善理解过程。美国国家科学基金委员会资助的"粮食-能源-水纽带关系"重大研究计划（2014~2016），资助金额为7496万美元，而中国国家自然科学基金委员会2015年最新通过的重大研究计划"西南河源区径流演变与适应性利用"中也明确提出了研究"水量-水电-生态互馈关系"，资助金额约为2亿人民币。这一切都表明，水资源系统中的人类-自然关系得到了广泛的重视，对这一复杂关系的研究，将会有助于逐步建立水资源系统科学的基础理论体系，为学科的基础理论体系、基本方程和相关技术方法的完善，提供强大的支持。

3.2 风险管理与动态适应成为常态

在气候变化和人类活动共同作用形成的变化环境下，流域水循环和水资源发生了深刻变化，影响并改变人类用水的模式（IPCC，2007）。传统水资源系统分析方法拘泥于历史径流样本，难以指导变化环境下的调度决策（Milly et al.，2008）。水文稳态性假定丧失使得"过去不足以代表未来"，水资源管理者和技术人员必须重新考虑未来的水文情势，采用适应性管理的策略。另外，人类需求也是动态变化的。传统的水资源优化或模拟方法需要对特定的管理目标进行预测或者预估，再进行量化分析，然后给出管理策略或者调度规则。但是，社会经济的快速发展，使得水资源需求目标的动态性和不确定性增加，流域的管理目标不再一成不变（Harou et al.，2009）。

由于环境变化，作为专业基础的工程水文方法和水资源调度规则都需要调整，以适应增加的不确定性和非稳态性，这已经成为核心挑战。这意味着基于水文预报或预估进行动态决策是适应性管理的基本技术手段（Maurer and Lettenmaier，2004）。变化环境下的水资源系统管理，需要融合自然科学水文学和社会科学的理论与方法，一方面采用自然科学理论和方法分析降雨、径流等自然过程并提供动态的预报/预估服务；另一方面利用社会学和经济学理论和方法分析人类对水资源的需求并提出动态的适应性调度管理策略。

虽然也有观点认为我们不应该这么快就放弃平稳性的假定（Stakhiv，2011；Matalas，2012），因为在美国等一些地区，基于稳态性假定设计的"国家的基础水利设施很少有失败"，并且"稳态性假定在面对气候变化时其可用性的极限尚未达到"，但大量气候变化和人类活动导致的径流变化的事实，已经迫使人们在其他许多地区的实践中做出改变。在 1980～2000 年的20 年间，中国北方地区的径流出现了大幅度的衰减，其中海河流域径流减少了 40%，黄河和淮河流域也都减少了超过 10%。这一变化的直接结果是中国北方上千座水库按照原有设计规则不能够完成蓄水和供水计划，进而使得科技部在"十五"和"十一五"科技支撑计划中支持了洪水资源化研究，其主要目标就是解决中国北方径流减少后的水资源利用问题（胡四一等，2004）。实际上，南水北调工程(2002～2014）也是在北方径流减少的大背景下开工建设的，期望从长江流域调水缓解华北地区的水资源短缺问题。

在变化环境的条件下，水资源系统更应该被看做一个"人类-自然耦合系统"来研究，其核心任务之一是非稳态条件下人类需求与水文自然特性的动态匹配风险控制。将水文预报和经济优化耦合，采用水文学理论描述水文过程并提供动态的水文预报/预测成果，利用经济学理论描述人类的水资源需求，提出合理的调度管理和风险控制策略，是非稳态条件下水资源系统管理的基本解决方案。

3.3 信息技术为水资源研究带来新的技术手段

水资源与大气、水文、经济、社会、能源、粮食和生态环境等诸多要素相互关联，因此涉及相关系统多尺度、多维度和多媒体形式的"大数据"。信息时代的"大数据"和新技术，可以为水资源的管理提供新的技术工具。目前采用水文气象遥相关进行中长期降雨和径流预报的技术已经应用广泛（杨大文等，2012；杨龙等，2013），同时也有使用多元数据集确定巨大水文灾害，如洪水和暴雨的全球水汽来源、运输和传递机制的案例（Lu et al.，2013；Nakamura et al.，2013）。另外，以大数据为基础的数据挖掘技术，可以发现新的、隐藏于大量数据中的知识，例如，Yang 等（2008）采用数据挖掘技术遗传规划发现了鱼类种群丰度和水文因子之间定量关系，Liu 等(2015)也基于数据挖掘技术讨论了城市用水的决定性要素。

目前，以"超大规模、高可靠性、按需服务、绿色节能"为技术特点的云计算云服务显示出其高效率、低成本的巨大优势，以"感知化、互联化、智能化"为技术特点的物联网直接推动了传统产业的升级。水联网（internet of water）是在物联网（internet of goods）概念基础上提出的，采用云计算技术和物联网思想建立"水联网"，可实现流域内自然与社会水循环（如大气水、河湖水、土壤水、地下水、植被水、工程蓄存水和调配供水等）的实时监测与动态预测，进而实现对水资源的智能识别、跟踪定位、模拟预测、优化分配和监控管理，为水资源的优化调度和高效利用，快速提升水资源效能提供了可能。在信息技术日新月异的时代，多种信息技术手段，如遥感、大数据、互联网+等，可以为水资源系统面临的挑战提供全新的技术手段和工具，如何利用这些新技术，为变化环境下的水资源系统规划与管理服务，是一个重要的发展方向。

4 总结

人类开发利用水资源的历史悠久，而水资源系统科学从 20 世纪 50 年代正式诞生以来，面向流域规划和管理的实践，发展了系统的理论方法和大量的模型工具，在流域水资源规划与管理、水库调度、生态流量管理和水资源管理体制等方面成果丰硕，同时也面临着人类需求不断增加、气候变化等新的挑战。总体来讲，一方面全球经济社会不断发展对水资源管理提出了更高的要求，另一方面气候变化和人类活动不断改变着水资源系统的几乎所有过程。这些是挑战，同时也是机遇：水资源系统分析的传统理论方法受到一定程度的挑战，但多学科融合的水资源学科体系正在形成；未来的水资源及其需求情势更加多变，但更加高效的动态风险管理模式逐步产生；新的问题和挑战不断涌现，但信息时代的新技术方法为我们提供先进的技术工具。

中国的人口和经济规模以及水资源状况，决定了其水资源管理问题的复杂性和领先性，大量的水资源研究需求和管理实践，将促进我国在流域规划与管理、水库调度、水生态管理和水权水市场等方面不断进步，为学科的发展做出持续性的贡献。

参考文献

畅建霞，黄强，王义民. 2000. 水电站水库优化调度几种方法的探讨. 水电能源科学，18(3): 19-22.

胡四一，程晓陶，户作亮，等，2004. 海河流域洪水资源安全利用关键技术研究.中国水利，（22）:49-51.

李原园，李云玲，李爱花. 2011. 全国水资源综合规划编制总体思路与技术路线.中国水利，（23）:36-41.

廖四辉，程绪水，施勇，等. 2010. 淮河生态用水多层次分析平台与多目标优化调度模型研究.水力发电学报，29（4）:14-19.

马真臻，王忠静，郑航，等. 2012. 基于低风险生态流量的黄河生态用水调度研究. 水力发电学报，31(5): 63-70.

王光谦，魏加华，赵建世，等. 2006. 流域水量调控模型与应用. 北京: 科学出版社.

王浩，秦大庸，王建华. 2002. 流域水资源规划的系统观与方法论.水利学报，33 (8) :1-6.

翁文斌，蔡喜明，王浩，等. 1995.宏观经济水资源规划多目标决策分析方法研究及应用.水利学报，(2): 1-11.

杨龙，田富强，胡和平. 2013. 结合大气环流和遥相关信息的集合径流预报方法及其应用. 清华大学学报: 自然科学版，(5): 606-612.

杨大文，蔡喜明，曹勇. 2012. 基于随机森林模型的长江上游枯水期径流预报研究.水力发电学报，31(3):18-24，38.

郑航. 2009. 初始水权分配及其调度实现. 北京: 清华大学博士学位论文.

Becker N. 1995. Value of moving from central planning to a market system: lessons from the Israeli water sector. Agricultural Economics，12 (1)：11-21.

Boner M C，Furland L P. 1982. Seasonal treatment and variable effluent quality based on assimilative capacity .Journal Water Pollution Control Filed，54 (54): 1408-1416.

Bovee K D. 1982. A guide to stream habitat analyses using the instream flow incremental methodology //Instream flow information paper No.12，FWS/OBS-82/26，Co-operative Instream Flow Group .US Fish and Wildlife Service，Office of Biological Services.

Bunn S E，Arthington A H. 2002. Basic principles and ecological consequences of altered flow regimes for aquatic biodiversity. Environmental Management，30(4): 492-507.

Casanova O，Juan F，Figueroa C，et al. 2015. Environmental flow determination and its relationship with water resources quality indicator variables. Luna Azul，40:5-24.

Cloke H L，Pappenberger F. 2009. Ensemble flood forecasting: A review. Journal of Hydrology，375(3-4): 613-626.

Daufresne M，Veslot J，Capra H，et al. 2015. Fish community dynamics (1985-2010) in multiple reaches of a large river subjected to flow restoration and other environmental changes. Freshwater Biology，60(6):1176-1191.

Diaz G E，Fontane D G. 1989. Hydropower optimization via sequential quadratic-programming. Journal of Water Resources Planning and Management-Asce，115(6): 715-734.

Ding W，Zhang C，Peng Y，et al. 2015.An analytical framework for flood water conservation considering forecast uncertainty and acceptable risk. Water Resonrce Research，51(6): 4702-4726.

Draper A J，Lund J R. 2004. Optimal hedging and carryover storage value. Journal of Water Resources Planning and Management，ASCE，130(1): 83-87.

Draper A J，Jenkins M W，Kirby K W，et al. 2003. Economic-engineering optimization for California water management. Journal of Water Resources Planning and Management-Asce，129(3): 155-164.

Falkenmark M. 1977. Water and mankind-A complex system of mutual interaction. Ambio，6(1) : 3-9.

Georgakakos A P，Yao H M . 1993. New control concepts for uncertain water-resources systems: 1. Theory. Water Resources Research，29(6): 1505-1516.

Griffin R C. 2006. Water Resource Economics. Cambridge: MIT Press.

Harou J，Pulido-Velazquez M，Rosenberg D , et al.2009. Hydro-economic models: Concepts，design，applications，and future prospects. Journal of Hydrology，375:627-643.

Heidari M，Chow V T，Kokotovi P V，et al. 1971. Discrete differential dynamic programing approach to water resources systems optimization. Water Resources Research，7(2): 273-282.

IPCC. 2007. IPCC Fourth Assessment Report (AR4). Cambridge，United Kingdom and New York: Cambridge University Press.

Korsak A J，Larson R E. 1970. A dynamic programming successive approximations technique with convergence proofs .2. convergence proofs. Automatica，6(2): 253-260.

Labadie J W. 2004. Optimal operation of multireservoir systems: State-of-the-art review. Journal of Water Resource Planning and Management，130(2): 93-111.

Lamb B L. 1989. Quantifying instream flows: Matching policy and technology. Instream Flow Protection in the West. Covelo: Island Press.

Liu Y，Zhao J，Wang Z. 2015. Identifying determinants of urban water use using data mining approach. Urban Water Journal，12（8）: 618-630.

Loch A，Bjornlund H，Wheeler S ，et al. 2012. Allocation trade in Australia: A qualitative understanding of irrigator motives and behavior. The Australian Journal of Agricultural and Resource Economics，56: 42-60.

Loucks D P，Dorfman P J. 1975. Evaluation of some linear decision rules in chance-constrained models for reservoir planning and operation. Water Resources Research，11(6): 777-782.

Loucks D P，Beek E V. 2005. Water Resources Systems Planning and Management: An Introduction to Methods，Models and Applications. Delft，the Netherlands: UNESCO Publishing.

Loucks D P，Stedinger J R, Haith D A. 1981. Water resources systems planning and analysis. Englewood Cliffs:Prentice-Hall.

Lu M，Lall U，Schwartz A，et al. 2013. Precipitation predictability associated with tropical moisture exports and circulation patterns for a major flood in France in 1995. Water Resource Research，49: 6381-6392.

Maass A，Hufschmidt M M，Dorfman R，et al. 1962. Design of Water Resources Systems: New Techniques for Relating Economic Objectives，Engineering Analysis，and Governmental Planning. Cambridge: Harvard University Press.

Matalas N C . 2012. Comment on the announced death of stationarity. Journal of Water Resource Planning and Management，138: 311-312.

Matthews O P. 2004. Fundamental questions about water rights and market real location.Water Resources Research，40 (9)：474-480.

Matthews R C，Bao Y. 1991. The Texas method of preliminary instream flow determination . Rivers，2(4):295-310.

Maurer E P，Lettenmaier D P. 2004. Potential effects of long-lead hydrologic predictability on Missouri River main-stem reservoirs. Journal of Climate，17(1): 174-186.

Mayer A，Muñoz-Hernandez A. 2009. Integrated water resources optimization models: An as-

sessment of a multidisciplinary tool for sustainable water resources management strategies. Geography Compass ，3 (3): 1176-1195.

McKinney D C，Cai X. 1996. Multiobjective optimization model for water allocation in the Aral Sea basin// 2nd American Institute of Hydrology (AIH) and Tashkent Institute of Engineers for Irrigation (IHE) Conjunct Conference on the Aral Sea Basin Water Resources Problems. Tashkent，Uzbekistan: AIH and IHE.

Meitzen K M，Doyle M W，Thoms M C，et al. 2013. Geomorphology within the interdisciplinary science of environmental flows . Geomorphology，200:143-154.

Milly P C D，Betancourt J，Falkenmark M，et al. 2008. Stationarity is dead: Whither water management. Science，319:573-574.

Mosely M P. 1982. The effect of changing discharge on channal morphology and instream uses and in a braide river，Ohau River，New Zealand .Water Resources Researches，18: 800-812.

Nakamura J，Lall U，Kushnir Y，et al. 2013. Dynamical structure of extreme floods in the U.S. Midwest and the United Kingdom. Journal of Hydrometeorology，14 (2)：485-504.

Oliveira R，Loucks D P. 1997. Operating rules for multireservoir systems. Water Resources Research，33(4): 839-852.

Ostrom E. 2009. A general framework for analyzing sustainability of social-ecological systems.Science，325（5939）：419.

Poff N L R，Allan J D，Bain M B，et al. 1997. The natural flow regime. BioScience，47(11)：769-784.

Qureshi M E，Shi T，Qureshi S E，et al. 2009. Removing barriers to facilitate efficient water markets in the Murray-Darling Basin of Australia. Agriculture Water Management，96(11): 1641-1651.

Revelle C S，Loucks D P，Lynn W R. 1968. Linear programming applied to water quality management. Water Resources Research，4(1): 1-9.

Revelle C，Joeres E，Kirby W. 1969. Linear decision rule in reservoir management and design .1. development of stochastic model. Water Resources Research，5(4): 767-777.

Rosegrant M W，Ringler C，McKinney D C，et al.2000. Integrated economic-hydrologic water modeling at the basin scale: The Maipo river basin. Agricultural Economics，24(1): 33-46.

Rothman D，Mays L. 2014. Water resources sustainability: Development of a multiobjective oiptimization model. Journal of Water Resources Planning and Management，140(12): 04014039.

Schoups G，Addams C L，Minjares J L，et al. 2006. Sustainable conjunctive water management inirrigated agriculture: Model formulation and application to the Yaqui Valley，Mexico. Water Resources Research，42(10)：401-414.

Shen D，Speed R. 2009. Water resources allocation in the People's Republic of China. Intenational Journal of Water Resources Development，25(2):209-225.

Shenton W，Bond N R，Yen J D L，et al. 2012. Putting the "ecology" into environmental flows: Ecological dynamics and demographic modelling . Environmental Management，50(1): 1-10.

Sivapalan M，Savenije H H G，Bl€oschl G. 2012. Socio-hydrology: A new science of people and water. Hydrological Processes，26 (8):1270-1276.

Solanes M，Jouravlev A. 2006. Water rights and water markets: Lessons from technical advisory assistance in Latin America. Journal of Irrigation and Drainage Engineering，55(3): 337-342.

Stakhiv E Z. 2011. Pragmatic approaches for water management under climate change uncertainty. Journal of the American Water Resources Association，47(6):1183-1196.

Teerink J R，Nakashima M. 1993. Water allocation，rights，and pricing : Examples from Japan and the United States. International Band for Reconstruction and Development, Washington D C.

Tennant D L. 1976. Instream flow regimes for fish，wildlife，recreation and related environmental resources. Fisheries，1(4): 6-10.

UN Water. 2012. Managing water under uncertainty and risk. The United Nations World Water Development Report 4，Volume 1.

UNCED (United Nations Conference on Environment and Development). 1998. Commission on Sustainable Development. Agenda 21，Chapter 18.

Vaux H J，Howitt R E. 1984. Managing water scarcity: An evaluation of interregional transfers. Water Resources Research，20(7): 785-792.

Vogel R M. 2011. Hydrogolgy. Journal of Water Resources Planning and Management，137 (2) : 147-149.

Wang L，Fang L，Hipel K W. 2007. Mathematical programming approaches for modeling water rights allocation. Journal of Water Resources Planning and managemet，133(1): 50-59.

Wurbs R A. 1997. Water availability under the Texas water rights system. Journal American Water Works Association，89(5): 55-63.

Xu W，Zhao J，Zhao T，et al. 2015. Adaptive reservoir operation model incorporating nonstationary inflow prediction. Journal of Water Resources Planning and Management, 141 (8) :1-9.

Yang Y C E，Cai X，Herricks E E. 2008. Identification of hydrologic indicators related to fish diversity and abundance: A data mining approach for fish community analysis . Water Resources Research，44(4): 472-479.

Yin X A，Yang Z F，Petts G E. 2012. Optimizing environmental flows below dams . River Research Application，28 (6) : 703-716.

You J Y，Cai X. 2008. Hedging rule for reservoir operations: 1. A theoretical analysis. Water

Resources Research，44(1): 186-192.

Zhao J，Cai X，Wang Z. 2011. Optimality conditions for a two-stage reservoir operation problem. Water Resources Research，47(8): 1-16.

Zhao T，Zhao J，Lund J R，et al. 2014. Optimal hedging rules for reservoir flood operation from forecast uncertainties. Journal of Water Resources Planning and Management，140(12):04014041.

Zhao T，Zhao J，Liu P，et al. 2015. Evaluating the marginal utility principle for long-term hydropower Scheduling. Energy Conversion and Management，106 (12): 213-223.

Zheng H，Wang Z J，Hu S Y，et al. 2013. Seasonal water allocation: Dealing with hydrologic variability in the context of a water rights system. Journal of Water Resources Planning and Management，139(1): 76-85.

Zhou Y L，Guo S L. 2013. Incorporating ecological requirement into multipurpose reservoir operating rule curves for adaptation to climate change . Journal of Hydrology，498 (12) :153-164.

我国洪水资源利用的创新研究与实践

王银堂，胡庆芳

（南京水利科学研究院水文水资源与水利工程科学国家重点实验室，南京 210029）

摘　要：受水资源开发利用情势和洪水管理理念转变等因素的影响与驱动，近 20 年来，我国对洪水资源利用问题进行了再认识，在洪水资源利用的评价及调控技术等方面开展了一系列探索研究，在理论和实践方面均取得了良好的成果。本文阐述了洪水资源利用的概念和内涵，总结了流域洪水资源利用评价的技术框架，从预报技术、调控技术、风险效益分析和典型实践等方面对洪水资源利用的研究进展进行了评述。最后，对洪水资源利用的研究前沿进行了展望，以利于形成更加完善的技术体系，提升我国洪水资源利用的理论和技术在实践中的应用。

关键词：洪水资源；洪水资源利用评价；洪水预报技术；洪水调控技术；风险效益评估

Innovative Research and Practice in Flood Resources Utilization in China

Yintang Wang, Qingfang Hu

（State Key Laboratory of Hydrology-Water Resources and Hydraulic Engineering, Nanjing Hydraulic Research Institute, Nanjing 210029)

Abstract: In the last twenty years, flood resources utilization has been recognized as an important adjunct to water supply and demand in China. This has led to innovative research on flood utilization assessment and flood resources utilization techniques. In this work, the concept and con-

通信作者：王银堂（1964—），E-mail: ytwang@nhri.cn。

notation of flood resources utilizationis elaborated and the technique framework of flood utilization assessment at the basin scale is summarized. Then, progress on flood utilization is reviewed from four aspects, including flood predication, flood regulation, risk-benefit evaluation and some successful practice examples. Finally, in order to improve uptake of the flood resources utilization technique and raise its practicability in China, this work looks at future research in this area.

Key Words：flood resources；flood resources utilization assessment；flood predication；flood regulation；risk-benefit evaluation

1 引言

我国90%以上的人口和 GDP 生产地处在季风气候区，受季风气候影响，降水在年内分布高度集中。据全国水资源调查评价成果（水利部水利水电规划设计总院，2014），我国南方多年平均连续最大4个月（5～8月份）降水量约占全年降水量的55%，而北方地区多年平均连续最大4个月降水（6～9月份）超过全年降水量的70%，局部地区可达80%以上。我国河流主要以降雨径流为主，因此，河川径流的50%～80%也表现为洪水形态。

降水和河川径流时程分布不均这一特征决定了洪水资源利用在我国水资源开发利用中占据极为重要的地位。利用水利工程对洪水进行调控和重新分配，是我国水资源利用的基本特征。然而，长期以来，我国洪水管理以防洪保安作为首要原则，水利工程在汛期以防御设计标准洪水或稀遇洪水为主要目标，这样虽然有利于水利工程及其防护对象的安全度汛，但同时也造成了汛期洪水未能转化为有效利用水量而直接入海，导致大中型水库在非汛期无水可蓄而后期供水不足，防洪与兴利矛盾突出。根据全国水资源公报，2014年全国地表水资源量2.63万亿 m³，其中入海和出境水量达到2.29万亿 m³（绝大部分发生在汛期）（中华人民共和国水利部，2015），即使是半干旱地区的海河、松辽等北方流域，汛期也有大量洪水入海。随着人口增长、城市化进程和社会经济的快速发展，水资源供需矛盾日益尖锐，生态环境日趋恶化，水资源问题已成为制约区域社会经济可持续发展的主要因素。因此，原有"入海为安"防洪管理模式严重制约了水利工程综合效益的发挥，已不适应我国经济社会发展的要求。

在上述背景下，20世纪90年代末以来，我国水利部门对原有的洪水管理模式进行了认真反思，提出了要实现由"控制洪水"向"洪水管理"转变的战略构想（鄂竟平，2004）。众多学者重新审视了洪水作为致灾因子，同时又具有自然资源和生态环境要素的多重属性，在洪水资源调控、风险效益评估等方面开展了一系列探索和研究。其中最具代表性的研究是"十五"国家科技攻关计划课题"海河流域洪水资源安全利用关键技术研究"和"十一五"国家科技支撑计划重点项目"雨洪资源化利用技术研究及应用",持续10年时间,系统地开展了流域洪水资源利用关键技术的攻关研究,在洪水资源评价、调控方式及效益与风险评估等方面取得了创新性成果,构建了集资源评价、工程调控、风险管理、集成保障和示范应用于一体的流域洪水资源安全利用完整体系。另外,受挖掘洪水资源潜力的需求驱动,我国北方地区(特别是海河流域和松辽流域)针对典型水库的汛限水位调整、挖掘水库预报调度潜力和跨流域生态调水等进行了探索和分析,并付诸实施,取得了良好的效果。这些理论和实践的探索,深化了洪水资源利用与防洪、生态环境保护之间的关系,推动了防洪与水资源开发利用领域的技术进步。

2 洪水资源利用的概念与内涵

在人类漫长的治水历史中,人与洪水的关系始终占据着重要篇章。洪水资源利用的相关研究一直是水利领域重要的传统内容之一。早在距今4000年前,古埃及人就利用尼罗河洪泛发展灌溉农业。驰名中外的都江堰水利工程修建于战国时期,是洪水资源利用的典范,也是孕育"天府之国"的重要基础。由于我国历来洪涝灾害比较频繁,一直以来很少使用"洪水资源"或"洪水资源利用"的概念,更未进行过系统论述。20世纪90年代末,随着我国水资源开发利用形势的变化,众多学者对洪水资源利用进行了重新思考。"洪水资源化"(郑亚新,1999)这一概念引起了人们对洪水的资源属性的重新认识,之后采用这一术语的情况较多(李长安,2003;刘攀,2005;赵飞等,2006;刘招等,2009)。但实际上,洪水无论在自然性、可再生性还是可利用性等方面均都具有水资源的属性,洪水径流量已计入我国的水资源评价中。洪水资源利用的主要问题是如何安全有效调控洪水,而不是"资源化"与否的问题,"洪水资源化"表述并不科学严谨。

有文献较全面地阐述了"洪水资源利用"基本定义:洪水资源利用就是在保证防洪和生态安全的前提下,综合利用工程措施、先进技术和管理手段,对洪水实施拦蓄和滞留,将以往作为弃水的洪水适时适度地转化为可供利用的水资源,用于经济、社会、生态和环境水需求(南京水利科学院等,2005)。这其中包括四个层面的内涵(南京水利科学院,2005):①洪水资源利用是依托工程条件和技术措施,主动将洪水调蓄在流域内,实现对水资源时空分布不均的调节，以供生产、生活或生态之需，这与传统的防洪调度中尽快将洪水排泄出境具有明显区别；②洪水资源利用的基本前提是保障流域防洪安全，不能超过流域洪水调控能力，由于洪水资源利用新增的防洪风险，应当通过工程、管理措施予以消除或控制；③洪水资源利用应以生态环境安全作为基本约束条件，洪水资源利用规模和利用方式，要维系甚至改善河湖生态环境功能，不对河湖健康造成负面影响；④洪水资源利用还应考虑适度性约束，要与国民经济发展水平相适应、与社会发展水平相适应。这四层涵义深化了人们对于洪水资源利用本质特征的科学认识。说明洪水资源利用在增加可供水量、调节水资源时空分布的同时，不能超过流域防洪安全和河湖生态安全允许的限度。

3 流域洪水资源利用评价

科学评估流域洪水资源利用的约束因素和阈值条件，可以了解流域洪水资源的现状及开发利用存在的主要问题，分析流域是否有洪水资源利用潜力可挖掘，从而可以有针对性地提出洪水资源合理利用的措施。

多个文献在洪水资源利用基本概念及约束条件的基础上，建立了流域洪水资源利用的评价体系，包括洪水资源的利用途径、洪水资源利用量、利用水平、利用程度、可利用量和利用潜力等核心概念，构建了洪水资源利用评价方法和评价模型，对我国七大流域洪水资源利用现状进行了评价，并初步提出了各大流域的洪水资源利用潜力及其利用策略（南京水利科学院等，2005，2011；南京水利科学院，2008；胡庆芳和王银堂，2009；胡庆芳等，2010）。

洪水资源的利用途径主要包括工程措施（蓄滞工程、引泄工程、地下水库/地下蓄水空间等）与非工程措施（水库、河渠闸坝及蓄滞洪区的洪水资源调度等）。不同流域可根据实际情况，采取适当的利用方式，综合考虑工程与非工程措施，把不同措施结合起来，能够收到更好的洪水资源利用效果。

流域洪水资源利用评价内容主要包括洪水资源量计算、洪水资源利用量分析、洪水资源可利用量和洪水资源利用潜力评估四个方面。洪水资源量是指区域内洪水期由降水形成的天然河川洪水径流量，其反映了流域洪水资源的自然禀赋。洪水资源利用量是指一定条件下已经开发利用的洪水资源量，其反映了流域洪水资源开发利用的现状规模。洪水资源可利用量是指在一定的工程、技术条件下，统筹考虑洪水期河道内必要预留水量，在保障流域防洪安全和河湖生态安全的前提下，能够调控利用的最大洪水资源量；洪水资源可利用量表征了在一定条件下流域洪水资源利用的最大限度，界定了洪水资源开发利用的合理阈值。洪水资源利用潜力是指洪水资源可利用量在扣除洪水资源利用量之后，在经济合理、技术可行、不破坏河流健康的前提下，还能够进一步增加利用的最大洪水径流量，其反映了流域洪水资源进一步开发利用的空间。

对于某一流域而言，若洪水资源实际利用量超过了洪水资源可利用量，则说明洪水资源利用处于"不合理"状况，对流域防洪安全或生态环境安全构成了不利影响，则已无潜力可挖；反之，洪水资源利用基本在合理范围内，流域洪水资源利用潜力具有进一步开发利用的余地，可通过合理措施增加调蓄利用量。因此，对流域洪水资源可利用量和洪水资源利用潜力进行科学评估，可以客观认识流域洪水资源开发利用存在的主要问题，从而有针对性地提出洪水资源合理利用的策略与措施。

4 流域洪水资源利用技术

洪水资源利用技术包括将洪水主动转化为可利用的水资源量，实现其资源效应的各种技术途径、方法或措施。流域洪水资源利用涉及众多技术环节，剔除建设工程措施，从非工程措施角度来说，其核心是建立在洪水预报基础上，依托水库、堤防、闸坝等水利工程，以河渠、湖泊、蓄滞洪区、地下储水空间等为载体，对洪水进行滞蓄和控制。因此，充分掌握降水、洪水预报信息，并在此基础上研究水利工程调度方案是一个重要的技术环节，同时，由于洪水的灾害性，风险分析及其规避控制也是洪水资源利用不可分割的组成部分。

4.1 降水、洪水预报信息应用

应用流域的降水、洪水预报信息，对于依托水利工程安全有效调控洪水至关重要。近年来，洪水预报技术有了较大进展，在流域分布式水文模型（张建云，2010）、水文水动力学耦合（许继军等，2007）、实时校正（田雨等，2011）等方面均提出了一系列新思路和新方法，同时，随着物联网技术的发展，水文自动测报系统的业务化（张建云等，2006），能够更快地获取水雨情信息。延长洪水预见期，水利工程就能及时预泄和预蓄，在保障防洪安全的前提下提高洪水资源调控和利用效率。因此，提高洪水预报精度、有效延长预见期，成为洪水资源利用领域研究的焦点。

随着气象预报技术的发展，充分利用降水预报信息来延长预见期已逐渐具备可行性。据统计，目前我国气象台发布的24h 晴雨预报的准确率平均为83%，24～72h 的晴雨预报准确率可达到70%～80%。研究表明，利用清江流域预见期1天的定量降水预报信息，可发布隔河岩水库预见期内的入库洪水预报（李超群等，2006）；基于流域48h 晴雨预报信息确定的丹江口水库汛限水位动态控制方案，不会对水库及下游防洪产生不利影响，并可有效提高洪水资源利用效率（葛慧，2015）；采用美国环境预测中心天气预报模式 WRF 提供的长江上游48h 降水具有一定的预报精度，可用于三峡水库洪水调度的研究（高冰等，2012）；在桓仁流域，采用美国环境预测中心全球预报系统 GFS 降水预报信息，修正释用后作为洪水预报模型输入，可使洪水预报预见期延长30～72h（余豪等，2014）。针对单个数值天气模式降水预报产品的不确定性，探讨了集成多模式降水产品的洪水预报，初步表明其具有一定的可行性（包红军和赵琳娜，2012；吴娟等，2012；彭勇等，2015）。

另外，一些学者探讨了采用中长期预报延长洪水预报预见期的技术途径（林剑艺和程春田，2006；王富强，2008；刘勇等，2010）。但影响中长期天气过程变化的因子及其作用机制十分复杂，大气环流、海洋潮汐等各种地球物理因子及人类活动因素都对洪水形成及变化产生影响，故中长期洪水预报结果尚具有较大的不确定性，其在洪水调控方面的实用性尚需更多检验。

4.2　流域洪水资源调控技术

通过水利工程对洪水进行控制和调配，是洪水资源利用的核心技术环节。水库是最重要也是效果最显著的调控工程之一，因此近年来研究重点是围绕水库洪水资源利用方式开展的。另外，也有学者深入探讨了基于防洪工程体系的洪水资源联合调控技术，也即基于水库、平原河渠闸坝、蓄滞洪区及地下储水空间共同调控利用洪水资源的途径。

解决水库在汛期弃水而汛后无水可蓄、加剧来年缺水矛盾的主要技术难点，是如何进行水库合理调度，既确保防洪安全，又能尽量兼顾多蓄汛期洪水。而这个问题的关键在于如何进行水库汛限水位调整，合理确定水库在汛期中不同时期的汛限水位，并根据变动的汛限水位进行水库调度。这涉及水库汛期分期、分期设计洪水分析计算、水库汛限水位调整方案等一系列技术问题。目前的主要途径有：①利用水库控制流域暴雨洪水的季节性变化规律，对水库汛期进行分期，制定汛期分期控制运行水位；②利用降水、洪水预报信息，在有效预见期内实施水库预蓄预泄，对汛期运行水位进行动态控制。南京水利科学研究院等（2005）基于对水库汛限水位主要影响因素的分析结果，系统分析了水库汛期分期及分期洪水计算方法，提出了分期汛限水位调整综合论证的技术流程；王本德等（2006）针对水库汛限水位动态控制开展了大量的研究工作，分析了影响汛限水位控制的各种因子，研究了降水预报信息、洪水预报信息和调度人员经验在水库实时调度中的可用性，提出了基于预蓄预泄和综合信息模糊推理模式的动态汛限水位控制方法；刘攀等（2009）考虑洪水过程的不确定性，提出了基于风险控制的汛限水位动态控制方法。此外，还有一些学者探讨了利用天气系统相关信息，预判致洪天气系统类型，对入库洪水进行分类洪水调度的可行性（张静，2008；葛慧，2015）。同时，还有一些学者研究了水库群洪水调控方法，提出了基于洪水预报和梯级水库补偿作用的洪水资源调控技术（李玮等，2008；周研来等，2015）。

南京水利科学研究院（2010）针对海河流域北三河水系，研究了依托现有防洪工程体系（包括山区水库、平原区蓄滞洪区、河道闸坝、地下储水空间等）联合调控利用洪水资源的技术方案，结果表明依托流域防洪工程体系联合调控较之单项调控措施（水库、河网等）所带来的效果更显著、更合理。王银堂等（2015）基于太湖及骨干引排河道望虞河、太浦河的联合调度方式来研究太湖流域洪水资源利用，结果表明优化太湖防洪控制水位和望虞河、太浦河的调度方式能够进一步提高流域洪水资源利用效益，同时也利于控制防洪风险。在2005年汛期洪水调度中，辽宁省水利厅充分考虑水库群、下游河道、水库与河道之间、河道与河道之间等联合调度，采用"全信息动态综合优化预报调度"和"河库联合调度"等技术方法进行洪水调度，实现了流域防洪与兴利的双赢（辽宁省水利厅，2007）。

4.3 洪水资源利用风险与效益评估

洪水资源利用效益与风险并存。洪水资源利用能产生一定的社会、经济和环境效益，但在洪水资源利用过程中，由于受洪水预报、调度决策及工程结构等不确定性的影响，又会增加各类风险。因此，系统识别洪水资源利用措施的效益和风险因子，进行科学的评估与权衡，提出有效降低风险、减小风险损失的措施，是洪水资源利用的又一关键技术问题。

针对水库洪水资源调控的风险分析有大量的研究成果。2004年，姜树海和范子武（2004）将短期洪水预报精度评定指标转化为入库洪水过程的随机特征值，引入水库调洪演算随机数学模型，定量分析了水文预报精度对预报调度方式风险的影响，为确定水库汛限水位提供依据；还有学者基于洪水预报误差及其分布规律，研究了洪水预报误差对水库防洪预报调度和汛限水位动态控制风险的影响（周惠成等，2006；张艳平等，2011）；另外，冯平等（2011）以天津市大黄堡洼蓄滞洪区为例，建立了蓄滞洪区洪灾风险评价指标体系，提出了"相对风险度"的概念及其计算方法，认为相对风险度更易于为洪水资源利用决策所用。

在洪水资源利用效益分析方面，侯召成和殷峻暹（2010）根据大连市供水系统及其变化过程，建立了洪水资源利用效益分析模型，分析了碧流河超蓄洪水资源的效益；冯峰（2009）在系统分析平原地区洪水资源利用效益识别、定量评估及综合评价的基础上，提出了"功能与需求耦合"的洪水资源利用效益识别方法，并构建了洪水资源利用国民经济评价模型。

在洪水资源利用风险-效益综合评价与决策方面，王本德和王永峰（2000）以经济效益和风险率为目标建立了水库预蓄水位模糊优化控制模型，可供汛期分期汛限水位或实时决策控制预蓄水位时辅助决策；冯峰等（2008）从微观经济学的角度出发，构建了基于边际等值原理洪水资源最优利用量决策模型，利用边际效益和边际损失的等值关系分析确定最优洪水资源利用量，并以白城市2005年洪水资源利用为例进行了剖析；方红远等（2009）针对区域内水库、蓄滞洪区等各项洪水资源利用风险因子，建立了一种区域洪水资源利用综合风险评价的层次结构模型，并针对北三河水系进行了实例研究。

5　洪水资源利用的典型实践

随着经济社会的持续快速发展，我国水资源供需矛盾日趋尖锐，挖掘洪水资源潜力的需求十分迫切。在洪水管理理念转变、工程体系持续完善和洪水资源利用技术不断进步的背景下，洪水资源利用的实践也取得了显著成效。同时，我国许多地区还因地制宜地提出了多种洪水资源利用的新举措，也积累了成功的实践经验。

"十五"国家科技攻关计划课题"海河流域洪水资源安全利用关键技术研究"和"十一五"国家科技支撑计划重点项目"雨洪资源化利用技术研究及应用"的研究成果在密云、潘家口、岳城等大型水库的汛限水位调整、北三河水系河渠调度运行方案，以及"引岳济淀"跨区域生态调水等工程得到实际应用，产生了显著的社会效益和生态效益。

2002年开始，国家防汛抗旱总指挥部办公室在全国选择了20余座代表性水库进行了汛限水位设计与运用研究试点，取得了明显的效益。2005年，国家防汛抗旱总指挥部办公室印发了《水库汛限水位动态控制试点工作意见》，推动了水库汛限水位动态调控的实践工作。

针对嫩江洪水期过境水量丰富的特点，吉林省白城地区在2003～2008年连续开展了利用月亮泡水库及其他通河水库、泡沼，主要引蓄嫩江及其支流洮儿河的洪水的实践，取得了显著成效。6年间，共引蓄嫩江及洮儿河洪水资源29亿 m^3，持续缓解了农田灌溉、水产养殖缺水的局面，并使泡沼、湿地生态用水和地下水均得到了不同程度的补给。

2007年以来，南京水利科学研究院开展了太湖流域洪水资源利用研究，其特点是充分发挥太湖及区域河网的调蓄功能，对太湖水位分期运用方式及望虞河、太浦河等骨干行洪河道调度方式进行优化，以改善环湖地区水资源供给条件和水环境条件。研究成果在太湖流域洪水和水量调度中得到实际应用，取得了良好的综合效益。2010年，国家防汛抗旱总指挥部办公室正式批复了《太湖洪水与水量调度方案》，标志着太湖流域洪水调度与水资源调度的有效结合。

6　总结与前沿展望

近20年来，通过国内学者的持续探索研究，目前已初步形成了较完整的流域洪水资源利用技术体系，并在降水洪水预报信息有效利用、水利工程调控技术、风险效益分析等方面取得了一系列创新性研究成果。这些成果不仅提升了洪水调控的技术水平，还有效促进了水文学、水资源学、决策科学等学科基础问题的深入研究。展望未来，洪水资源利用有待深入研究的内容包括以下几个方面。

（1）水利工程群洪水资源联合调控与多目标调度技术研究。依托由水库、河道闸坝、蓄滞洪区、地下蓄水空间等组成的水利工程群，流域洪水资源利用应该考虑洪水调度与水资源调度的衔接与结合，在保障防洪、供水、生态环境等多目标需求的前提下，研究流域全年期水资源统一调度方案，以充分发挥整体综合效益。有待深入研究的内容包括：综合多尺度预报信息及运行实时状态的洪水资源调控技术，非一致性条件下流域暴雨洪水频率计算与防洪标准分析方法，符合暴雨洪水时空规律和水文补偿特性的水利工程群洪水联合调控与多目标利用技术等。

（2）多源降水、洪水预报信息应用及其不确定性研究。降水、洪水预报信息是目前确定洪水资源利用方案和实时调控洪水的主要依据，有效延长洪水预见期、提高预报精度是目前水文预报追求的目标。有待深入研究的内容包括：空天地降水、洪水多源监测信息自动融合与快速分析技术，基于多源信息和多时间尺度相互嵌套的降水、洪水预报技术，基于大数据驱动的流域洪水预报调度技术等。此外，各类不同时间尺度定性或定量气象、水文预报信息的不确定性及其利用方式仍有待深入思考。

（3）洪水资源利用实时过程风险的科学描述、量化研究。不增加防洪风险是洪水资源利用的基本原则，但在实时环境下，需要依据水利工程群的系统整体风险做出决策，提出运行方案和有针对性的风险控制预案。实时状态下系统整体风险的科学描述与定量计算是这一问题的关键所在，需要将洪水资源利用与实时状态下"系统过程风险"结合起来，从过程和机制上清晰描述和定量评估洪水资源利用行为产生的风险。

（4）流域洪水资源利用与区域水资源利用和配置格局的关系研究。洪水资源是地表水资源的重要组成部分，洪水资源利用方式调整后，不仅增加了水资源可利用量，还对水资源可利用量进行了时空上的重新分配，这会对区域原有的水资源利用与配置格局有所影响。因此，洪水资源利用方案应当与流域水资源总体规划进行有效衔接，科学配置和利用洪水资源以实现其经济、生态和环境的资源属性功能，形成对流域水资源整体利用格局的有益补充，实现洪水资源利用的综合风险–效益的最佳平衡。

参考文献

包红军，赵琳娜. 2012. 基于集合预报的淮河流域洪水预报研究. 水利学报，43(2): 216-224.

鄂竟平. 2004. 论控制洪水向洪水管理转变. 中国水利，(8): 15-21.

方红远，王银堂，胡庆芳. 2009. 区域洪水资源利用综合风险评价. 水科学进展，20(5): 726-731.

冯峰. 2009. 河流洪水资源利用效益识别与定量评估研究. 大连：大连理工大学博士学位论文.

冯峰，许士国，刘建卫，等. 2008. 基于边际等值的区域洪水资源最优利用量决策研究. 水利学报，39(9): 1060-1065.

冯平，毛慧慧，余萍. 2011. 蓄滞洪区洪水资源利用的风险效益分析. 自然灾害学报，20(6): 99-103.

高冰，杨大文，谷湘潜，等. 2012. 基于数值天气模式和分布式水文模型的三峡入库洪水预报研究. 水力发电学报，31(1): 20-26.

葛慧. 2015. 流域洪水资源利用与调控技术研究——以汉江流域为例. 南京：河海大学博士学位论文.

侯召成，殷峻暹. 2010. 基于供水风险的碧流河水库洪水资源效益分析. 人民黄河，32(11): 58-59.

胡庆芳，王银堂. 2009. 海河流域洪水资源利用评价研究. 水文，29(5): 6-12.

胡庆芳，王银堂，杨大文. 2010. 流域洪水资源可利用量和利用潜力的评估方法及实例研究. 水力发电学报，29(4): 20-27.

姜树海，范子武. 2004. 水库防洪预报调度的风险分析. 水利学报，35(11): 102-107.

李超群，郭生练，张洪刚. 2006. 基于短期定量降水预报的隔河岩洪水预报研究. 水电能源科学，24(4): 31-34.

李玮，郭生练，刘攀，等. 2008. 梯级水库汛限水位动态控制模型研究及运用. 水力发电学报，27(2): 22-28.

李长安. 2003. 长江洪水资源化思考. 地球科学: 中国地质大学学报，28(4): 461-466.

辽宁省水利厅. 2007. 防洪调度新方法及应用. 北京：中国水利水电出版社.

林剑艺，程春田. 2006. 支持向量机在中长期径流预报中的应用. 水利学报，37(6): 681-686.

刘攀. 2005. 水库洪水资源化调度关键技术研究. 武汉：武汉大学博士学位论文.

刘攀，郭生练，李响，等. 2009. 基于风险分析确定水库汛限水位动态控制约束域研究. 水文，(4): 1-5.

刘勇，王银堂，陈元芳，等. 2010. 丹江口水库秋汛期长期径流预报. 水科学进展，21(6): 771-778.

刘招，黄文政，黄强，等. 2009. 基于水库防洪预报调度图的洪水资源化方法. 水科学进展，20(4): 578-583.

南京水利科学研究院. 2008. 海河流域雨洪资源利用研究技术报告. 南京.

南京水利科学研究院. 2010. 现有防洪工程洪水资源利用关键技术研究技术报告. 南京.

南京水利科学研究院，中国水利水电科学研究院，清华大学，等. 2005. 海河流域洪水资源安全利用关键技术研究. 南京.

南京水利科学研究院，清华大学，北京市水利科学研究所，等. 2011. 雨洪资源化利用技术研究及应用. 南京.

彭勇, 徐炜, 王萍, 等. 2015. 耦合 TIGGE 降水集合预报的洪水预报. 天津大学学报: 自然科学与工程技术版, 48(2): 177-184.

水利部水利水电规划设计总院. 2014.中国水资源及其开发利用调查评价. 北京：中国水利水电出版社.

田雨, 雷晓辉, 蒋云钟, 等. 2011. 洪水预报实时校正技术研究综述. 人民黄河, 33(3): 25-26.

王本德, 王永峰. 2000. 水库预蓄效益与风险控制模型. 水文, 20(1): 14-18.

王本德, 周惠成, 王国利. 2006. 水库汛限水位动态控制理论与方法及其应用. 北京：中国水利水电出版社.

王富强. 2008. 中长期水文预报及其在平原洪水资源利用中的应用研究. 大连: 大连理工大学博士学位论文.

王银堂, 吴浩云, 胡庆芳.2015. 太湖流域洪水资源利用理论与实践. 北京：科学出版社.

吴娟, 陆桂华, 吴志勇. 2012. 基于多模式降水集成的陆气耦合洪水预报. 水文, 32(5): 1-6.

许继军, 杨大文, 丁金华, 等. 2007. 空间嵌套式流域水文模型的初步研究——以三峡水库入库洪水预报为例. 水利学报, (S1): 365-371.

余豪, 袁晶瑄, 卢迪. 2014. 基于 GFS 降水预报信息的洪水预报方法研究. 水力发电学报, 33(5): 13-19.

张建云. 2010. 中国水文预报技术发展的回顾与思考. 水科学进展, 21(4): 435-443.

张建云, 姚永熙, 唐镇松. 2006. 我国水文自动测报系统的发展与探讨. 水文, 26(3): 53-56.

张静. 2008. 水库防洪分类预报调度方式研究及风险分析. 大连: 大连理工大学博士学位论文.

张艳平, 王国利, 彭勇, 等. 2011. 考虑洪水预报误差的水库汛限水位动态控制风险分析. 中国科学技术科学 (中文版), 41(9): 1256-1261.

赵飞, 王忠静, 刘权. 2006.洪水资源化与湿地恢复研究. 水利水电科技进展, 26(1): 6-9.

郑亚新. 1999. 中国的洪水. 资源与产业, 4: 35-38.

中华人民共和国水利部. 2015. 2014 年中国水资源公报. http://www.mwr. gov.cn/zwzc/hygb/szygb/ qgszygb/201508/P020150828308618595356.docx. 2015-08-28.

周惠成, 董四辉, 邓成林, 等. 2006. 基于随机水文过程的防洪调度风险分析. 水利学报, 37(2): 227-232.

周研来, 郭生练, 段唯鑫. 2015. 梯级水库汛限水位动态控制. 水力发电学报, 34(2): 23-30.

水联网技术体系与水资源效能

王忠静，王光谦，魏加华，李铁键，赵建世，黄跃飞，郑　航

（清华大学水沙科学与水利水电工程国家重点实验室，北京 100084）

摘　要：针对水资源供需系统的"动态性、关联性、预期性、不确定性"，以信息技术当前快速发展和应用的物联网理论与技术为基础，提出了水联网及智慧水利概念：其总体架构是集物理水网、虚拟水网和市场水网一体的现代化水资源系统；其核心特征是实时感知、水信互联、过程跟踪、智能处理；其关键技术是基于云技术的监测、计算和服务，基于多水源高效能的智慧调度，基于多通道优拓扑的精准投递；其核心目标准确预报、精准配送和高效管理，全面提高水资源效能，促进我国水资源高效利用水平的跨越式提升。

关键词：水联网；智慧水利；水资源效能

The Internet of Waters and Water Efficiency

Zhongjing Wang, Guangqian Wang, Jiahua Wei, Tiejian Li, Jianshi Zhao, Yuefei Huang, Hang Zheng

(State Key Laboratory of Hydroscience and Engineering, Tsinghua University, Beijing 100084)

Abstract: Aimed at the characteristics of the water resources supply and demand system, the concept of internet of water and smart water is proposed which is based on the fast development and application of theory and technology on the internet of things. The general framework of internet of water is the modernized water resources system integrated with physical, virtual and market network of water. The core functions are online sensing, interconnecting of water and

通信作者：王忠静（1963—），E-mail: zj.wang@tsinghua.edu.cn。

information, process tracking and smart handling. The key techniques are the cloud technology based monitoring, computing and serving, the multi-water resources and higher efficiency based smart regulation, the multi-channel and optimal topology based precise water delivery. Finally, the primal objective is the accurate prediction, precise delivery and efficient management of water resources, in order to fully improve the efficiency of water utilization and promote the rapidly process of effective water resources utilization level in our country.

Key Words：internet of water; smart water; water utilization efficiency

1　引言

我国人口基数大，人均水量不足世界平均的 1/3，时空分布严重不均，"水脏、水浑、水多、水少"问题突出，构成了我国水资源基本情势（钱正英，2001；王浩和王建华，2012）。近年来，随着我国社会经济的快速发展，水资源供需矛盾日益加剧，极端水文气象事件频繁发生，更加剧了我国水安全、粮食安全及生态环境安全的情势（Cheng et al.，2009；张利平等，2009）。2011 年中央 1 号文件从全局充分明确了新时期水利发展战略定位，强调水是生命之源、生产之要、生态之基。中央水利工作会议及 2012 年国务院三号文件，进一步强调了水利在现代农业建设、经济社会发展和生态环境改善中的重要地位，对加快水利基础设施建设、加强农田水利等薄弱环节建设、实行最严格的水资源管理制度等做出了战略部署。

水资源及其高效利用是世界各国普遍关注的问题，农业水资源效率的提升，更是水资源利用效率的重中之重（范群芳等，2007；Fang et al.，2010；Boutraa，2010；Peng，2011）。长期以来，农业水资源高效利用主要关注田间尺度的节水技术。然而，在气候变化和经济社会不断发展的条件下，农业用水在变化环境下面临着的不确定性增大，将极大增加灌区水资源系统调控的难度与风险，必须从流域层面着手解决（夏军和谈戈，2002；Blöschl and Montanan，2009；赵东风等，2009；Shen，2010；Wang and Zhang，2011）。在供给和需求两端都面临巨大变化的条件下，传统的水资源管理范式难以满足"供用水安全维系"和"利用效率与效益充分发挥"的需求。特别是由变化环境所导致的"水文一致性"的丧失，动摇了传统的水资源分析理论方法的科学基础（Beven，2008；Sivapalan，2009），基于历史长系列数据的水资源优化配置技术面临严峻的挑战。

正是由于流域水资源系统的这种复杂性，流域水资源可持续利用的适应性调控就显得前所未有的重要，动态调整策略和适应性管理成为新的水资源管理准则，要求管理要建立在更多的观测数据及其未来情势变化的基础上（Winz et al.，2009）。利用现代水利信息化技术，及时获取水资源系统的实时水状态信息，成为与现代水资源管理技术发展相平行的重要支撑技术问题。随着以云计算、Web2.0 为标志的第三次信息技术浪潮的到来（Buyya et al.，2009），具有"感知、互联和智能"等基本特点的物联网及其应用极大地改变了行业信息化服务的效率、易用性和行为范式，水利信息化技术和现代化迎来了良好契机。发展水联网和智慧水利，将成为水利现代化，快速提升水资源效能的强力抓手。

我国水资源利用效率低，缺水与浪费水并存（叶守泽和夏军，2002）。农业灌溉水的利用效率只有 40%~50%，远低于发达国家的 70%~80%；水资源效益（单方水 GDP）也仅为世界平均水平的 1/5。在利用效率低下的众多原因中，科学水管理的缺失不可忽视。其在技术措施上表现为用水过程和用水效果的粗放管理；在体制上和机制上表现为跨部门、跨地区、多个利益主体的水资源冲突与矛盾。由于不确定来水条件、多个利益主体的不同用水预期等水资源系统的固有复杂性，传统水资源配置很难全面反映水资源系统内多重供需关系的影响，不能真正实现水资源的高效利用。在水联网基础平台支撑下，水资源实时风险调度与精细化管理是通向水资源高效利用的必由之路。

2 基本概念

2.1 水联网

水联网（internet of water）是在物联网（internet of goods）概念基础上提出的，是基于水资源供需与配送具有物流的典型特征而发展的。但是，水流又不同于物流，其拉格朗日和欧拉双重描述的属性，使得水联网发展将呈现自身的特点和难点。在水联网上，要同时表达水运动的物理过程和水信息的流通过程，需将不同来源、性质、尺度的水信息数据同化和转化以满足模拟、预报、调配和评价的要求，需将不同过程、要素、尺度的数学模型耦合集成以描述水资源系统变化，需以功能为中心、以事件驱动为后台、以云端处理为支撑进行综合模型计算和结果分析。水联网的技术核心将涉及水文学、水动力学、气象学、信息学、水资源管理和行为科学等多个学科方向，是新一代水利信息化的集成发展方向。

"实时感知、水信互联、过程跟踪、智能处理"是水联网的技术标志，对应着水资源供需关系的动态性、关联性、预期性和不确定性特点。我国水资源利用效率低的原因之一是跨部门、跨地区、多个利益主体的水资源冲突与矛盾。相应地，水系统及水资源观测分散在各有关部门和行业，缺乏统一的和可共享的水系统动态监测、水资源调度分配及水危机预警预报机制，因而难以满足国家和区域水资源高效利用、安全保障与预警预报的信息支撑要求，难以满足水资源的高效利用对水资源系统全局风险控制和效益优化的依赖要求。我国当前这种水系统及水资源监测信息的不足、分散和互不相同，阻碍了水资源系统的风险调度与精细管理，迫切需要精确、完整、互相匹配的水信息数据的全面支撑。建立实时、集成、动态、智能的水信互联系统，是水资源高效管理的必要支撑条件。

当前信息技术发展正在经历第三次浪潮——云计算与物联网技术突飞猛进并被广泛应用。以"超大规模、高可靠性、按需服务、绿色节能"为技术特点的云计算云服务显示出其高效率、低成本的巨大优势，以"感知化、互联化、智能化"为技术特点的物联网直接推动了传统产业的升级。采用云计算技术和物联网思想建立"水联网"，可实现流域内自然与社会水循环（如大气水、河湖水、土壤水、地下水、植被水、工程蓄存水和调配供水等）的实时监测与动态预测，进而实现对水资源的智能识别、跟踪定位、模拟预测、优化分配和监控管理，为水资源的优化调度和高效利用，快速提升水资源效能提供了可能。

2.2 智慧水利

智慧水利（smart water）是水联网的另一种表达，其更加通俗，更加易懂，更有号召力。后文中将水联网与智慧水利视为一体，互为代表。

2.3 水资源效能

水资源效能（water utilization efficiency）是对水资源利用效率（water utilization rate）与水资源生产效益（water productivity）的综合表达，是包含了水资源开发本身的内涵效率和水资源利用的外延效率。

水资源利用效率与通常所说的水资源开发利用率、渠道系数、渠系利用（效）率、灌溉水利用（效）率、供水管网损失率等概念属同一个范畴，代表着水资源开发、输送及直接利用工程和设施本身的内涵效率。例如，我国实施最严格水资源管理制度中设定的灌溉水利用系数在 2030 年要达到

0.60，指的就是水利工程本身的效率。一般情况下，水资源利用效率有上限且小于 1（或 100%）。只有水资源开发利用率在极端情况下可能大于 1，而通常表征这一区域水资源开发利用进入超载状态。水资源生产效率与通常所说的水资源效益、单方水产出、单方水 GDP 和水资源生产力等同属一个范畴，代表着水资源在参与经济生产活动中的乘数效率。例如，我国实施最严格水资源管理制度中设定的万元 GDP 用水 2030 年要降到 $40m^3$，指的就是各行各业利用水资源所产生的外延效率。

对于一个流域或区域乃至国家，水资源是一项基础资源，其服务目标是多重的，从生活、生产到生态的各个方面。在不同的经济社会活动领域、不同的时间空间尺度、不同的自然环境背景下，水资源发挥的作用及效率各有侧重，各有所长。单一的水资源利用效率和水资源生产效益就显得不足，水资源效能因此而生。

目前，水资源效能尚未形成单一的指标，而是一个指标体系。例如，在以农业用水为主的流域尺度，可用灌溉水利用系数和万元 GDP 耗（用）水量代表。提高水资源效能，既代表着提高灌溉水利用率，也代表着降低万元GDP 的耗（用）水量。其他情况类似，此处不再展开。

2.4 水联网技术体系

水联网及智慧水利不同于现有水信息系统，它以水的守恒量为主体，直观追踪和监控水循环和水利用的全过程。通过水信息的实时在线和智能处理，支撑水资源供需关系的精确预报和风险控制，从而实现水资源的精细配送和高效管理。水联网及智慧水利架构，包括物理水网（现实的河湖连通及供用水通道系统）、虚拟水网（物理水循环通路及其边界的信息化表达）和市场水网（水资源供需的市场信息、优化调配机制及交互反馈）。

总体上，水联网及智慧水利与物联网具有结构和功能的相似性，借鉴物联网的经验，可建立水联网及智慧水利平台的总框架。物理水网的建设，与我国长此以往的跨流域、流域规划、工程规划及工程实践相符，已经有诸多宝贵的经验，有章可循，此处不再赘述。后文仅概要描述虚拟水网和市场水网。

虚拟水网是构建面向对象的水循环通路及其边界的信息模型和信息服务，包括了大气模式中不同时空分辨率单元的嵌套融合方法及其与地表交界面的数据交换模式，流域中不同土壤地貌和土地利用类型下的水文及水文地质模型建模方法，大江大河、水库湖泊等水体及其边界的表达方法，农业灌区水循环通路及其边界的表达方法，城市水循环的通路及其参数化方法等。

市场水网在上述基础上，建立和提供水循环中各类水需求和供给的信息服务。包括用水户与供水者之间、用水户与用水户之间、供水者与供水者之间，以及用水户、供水者和市场间的联系，使参与水资源开发与利用各个环节的相关者，对需水、储水、配水、供水、输水，以及水量、水质、水价、水时间等信息清楚掌握，在水联网云计算云服务支持下，做出供用水最佳选择。

概括而言，水联网和智慧水利，就是基于监测水循环状态和用水过程的实时在线的前端传感器，实现"实时感知"；基于 Web2.0 的水信息实时采集传输，保障"水信互联"；基于拉格朗日描述的水信息表达，"过程跟踪"各种水的赋存形式（如大气水、河湖水、土壤水、地下水、植被水、工程蓄存水、工业用水、农业用水、城市用水等）；基于市场决策与拓扑优化的云计算功能，"智能处理"各类水事事件，触发自动云服务机制，将用户订单水量适时准确地推送给相关用户。

3 关键技术

当前，对水联网及智慧水利关键技术的认识集中在五个方面：一是面向增加水文预报及需水预测精度的云计算技术；二是扩充水资源需求决策边界的云服务体系；三是提高水资源效能的多水源平衡配置技术；四是保障水资源精准配送的过程控制技术；五是不断标准化的水联网与水效能匹配评价技术。

3.1 水资源预测云计算

云计算是以高速互联网为基础，对信息资源实施专业化管理，按需提取并透明消费的先进计算模式，是水联网发展的基石。水联网云计算主要针对复杂的水循环、水分配和水调控过程进行模拟和可视化再现，涉及水联网云计算标准研究、水文水资源数学模型及集成接口、水联网的数学模型参数管理、水联网数学模型服务标准及案例库等关键技术。

众所周知，水利信息化发展的一大瓶颈是数据、问题和模型的非结构化，使得水利信息化中标准化和工业级水平提升缓慢。水联网云计算的核心，就是针对水利的非结构化特点，加强信息的标准化和模型功能的集成化。例如，不同要素、不同过程模型在云计算体系内集成所涉及的技术难点和模型结构、数据接口，水模型集成的数学框架，多过程模型系统的耦合集成，各类模型的信息交互和传输方式、组件封装等。水联网云计算还要强调涉水数学模型的参数化管理，包括自传感器获取的实时水信息的参数化方法，多源、多时相、多尺度遥感数据融合，水文模型参数群的时空规律等。

基于加强的水文实时感知信息，通过水联网云计算，使得水资源预测能力在预见期；基于加强的水市场实时感知信息，通过水联网计算，使得水资源配置的能力在预见期和准确度上都大大提高。

3.2 水资源需求云服务

云服务是水联网"智慧"的体现窗口和核心要求。与其他供需关系的市场一样，供水和用水是事件驱动的服务，既需要当下的需求请求，也需要预见期的储备和延时的供应。在云计算模式下，信息资源以云服务的形式实时提供给多用水户及其涉及的各个环节，管理和运行成本低，保障水平和使用效率高。

以灌区为例，灌溉制度大都是在水文年初制定的，是根据对次年的种植结构、来水预测和降水分析，按照作物需水量的计算得出。但是在实际运行中，种植的作物品种、种植的面积、现实的降水、来水及储水时时刻刻都发生着变化，作物前期实际供水决定着其后期需水，前期长势决定着后期需水和收成，水文的不确定性和市场的变化，影响着用水者和供水者在各用水单元匹配资源的倾向。这充分表明，效益最大化的灌区水需求与水供给是大量的、随机的、博弈的决策过程，绝非程式化的灌溉制度，需要提供更加全面和实时的信息服务。

利用加强的水信息，以水信息的历史和实时数据为基础，利用云计算的充足能力，通过集成模拟和多目标参数优化，增加径流及需水预报（包括社会经济和自然生态的需水）的预见期，降低预报的不确定性。通过用户的广泛参与，接收用户掌握的水信息和用水需求，协调水供给与水分配，滚动优化、滚动预报、滚动服务。

3.3 多水源供给智慧调度

基于水联网的径流预报和需求预测，为多水源实时调配提供了重要的前提和基础。将实时径流预报与需求目标相结合，在考虑水库调度的基础上联合优化本地水与外调水、地表水与地下水、常规水与非常规水、新鲜水与再生水等多种水源，在实时管理的层面最大限度满足动态的用水需求。

多水源供给的智慧调度，涉及水库多目标实时调度、地面和地下水实时联合调度、非常规水源调度与管理及水资源中长期安全储备评估等。水库多目标实时调度需要对水库调度中存在的诸多权衡进行优化，包括时间尺度上的权衡（现在与未来）、空间尺度上（上下游水库之间）的权衡和目标尺度上的权衡（供水、防洪等目标之间），以及其多维度的权衡和对不确定性风险的应对。地面和地下水联合调度，既要充分利用地下水的调蓄能力，又要考虑地下水开采对地下含水层和地下水恢复的不可逆影响。对于污水、再生水、微咸水、雨水等非常规水源的调度和管理，需要从实时调度和管理策略两个层面考虑，包括标准与技术、非常规水源与常规水源互补调度及利用风险等。

水资源中长期安全储备评估，是针对气候变化带来的水文不确定性而提出的。从中长期尺度来看，我国北方地区一些流域存在水资源总量不断衰减的可能性，极端干旱事件的发生频次增加，这使得跨流域调水和水资源安全储备的必要性不断增加。水联网的中长期监测和水资源预测，为水安全储备提供了信息基础，在考虑极端干旱频次和水资源衰减可能概率的基础上，从经济合理、技术可行的角度对应对水安全储备量和不同储备方式（如地下水存蓄和地表水库存蓄）进行定量评估，提出极端干旱和水资源衰减的应对措施，是国家水安全和水战略层面重要的关键技术，同时也可以提高极端事件情况下的水资源利用效率。

3.4　水资源管理精准投递

引入工业过程控制的思路，对水资源系统所有涉水过程进行实时的过程控制，使系统始终处于水资源高效利用的最优状态，使水包裹根据订单需求，准确送达指定目标，达到提高水资源效能的目的。

水包裹的精准投递，不同于其他物品的精准投递，必须要对复杂水资源系统响应过程正确模拟，需要建立起系统状态变量、控制变量和系统响应变量之间的关系，利用水情、墒情、旱情、社会经济需求等诸多涉水过程的模拟预测方法，建立综合的互相耦合的水资源系统对外界条件和控制措施的系统响应模型。复杂水资源准确投递是多目标非线性系统的优化与模拟耦合的过程控制技术，尚存在高负荷运算和全局最优难以获得的难题，有待今后物联网和水资源系统分析技术的突破。

考虑复杂水资源准确投递的复杂性，目前的简化设想是通过水资源系统实时过程控制实践的评估，将用户用水计划分析、供水水源与供水路径分析、水量核算、投递效果等综合起来，不断寻找更加优化的投递路径、投递负荷和投递时机，不断趋向精准投递。

3.5　水效能提升过程控制

水联网体系下的水资源利用，是不同常规的水资源利用模式，对需水的时空分布和水量，以及用水准确性、及时性和高效性，都有新的要求。水资源利用效率的提高取决于水联网的性能及服务能力，水资源利用效能取决于配水的准确性和及时性，水资源利用的效益取决于在水资源保障可靠性下的用水对象结构。它们之间的相互支撑，决定着流域水资源高效利用跨越发展的可行性。因此，水联网性能的分级评价、水资源利用效能的分级评价及两者间匹配分级的联合评价，成为水联网体系建设下流域水资源高效利用发展的重要内容。

水联网是水利信息化建设的新概念，不但强调信息网络的硬件建设和数据管理，而且强调信息的覆盖面、连通程度、及时性和有效性等。这些指标的完善程度，将极大地影响流域水联网的性能。通过系统分析不同程度水利信息采集与加工的实践，提出水联网性能的评价指标和流域信息化管理提升空间。在水联网体系下，传统的水资源利用方式与管理方式不能按原来的轨迹缓慢进化，将有方向性的改变，这就要求有新的适应性的水资源利用效能指标引导和驱使这种方向性改变。初步设想从水资源利用最终消耗的效能出发，制定以水资源循环与利用过程中的经济效益、社会效益、生态效益和环境效益为根本的，以水资源循环与利用过程中水载体运动各种影响上述效益的物理、化学和生物要素为基础的评价指标体系，以及基于水循环与利用物理过程的水资源利用效率控制标准，如水循环次数、水输送途径、污染物累积过程、水服务价值分布等。

水联网性能与水资源利用效能是否匹配，是其能否跨越式提高水资源效能的又一关键。应从不同水资源利用效率与效能的科技支撑的关系出发，分析不同的水联网性能所能达到的最大水资源利用效能，分析不同水资源利用效能所要求的基本的水联网性能，提出水联网性能和水资源利用效能的分级匹配标准和联合评价体系，引导流域水资源信息化建设和水资源利用效能提高的共同发展和共同达效。

4 水联网示范与实践

4.1 水联网精准灌溉示范

众所周知，滴灌、喷灌是集配水、计量与控制一体的灌水方法和灌溉设施，在与水源控制器和土壤墒情传感器联动时，可实现灌溉的智能化，在一些高新节水滴灌示范区内，已经有一些应用。但是，目前，喷灌、滴灌对水源的要求及其对能源动力的要求，使得其应用推广限定在特定的条件下。

近年，在新一代土壤墒情传感器和测控一体化配水设施发展的基础上，世界一些水利发达的国家已经推出了面向自流灌区和常规灌溉方法灌区的生产阶段的灌区智能管理单元雏形。我们在国外学习先进技术的同时，尝试性地开展了常规灌溉方式灌区的智能管理实践研究，如山西、甘肃的试点灌区，通过引入量测与控制一体的自动化闸门及全程控制系统，配合多层墒情传感器，对灌区引水、供水、配水和耗水等进行最优控制，并同步监测灌区的用水量及经济效益，分析水资源效能的改善效果和关键环节。目前，两省试点灌区智能管理系统一期工程基本完成。

从目前的初步评估来看，建立智能灌区，首先要利用水联网的数据采集、传输和存储技术建立灌区基础数据采集设施体系，实时获取灌区水资源利用所需的水情、墒情、旱情等信息；其次要充分发展社会经济供用水预报及水资源高效利用优化配置等模型，准确预报和优化调配各用水户的供用水需求，从末端到源头，少引少排，从时空上实施灌区高效配水，促进水资源利用效率的提高。

4.2 水联网水权交易示范

经济学原理告诉我们，任何一种资源在参与经济社会生产环节时将产生效益，但是这种效益在不同的生产行业是不同的，在相同的生产行业的不同的生产部门也是不同的。当资源有限时，资源利用效益的差异化将驱使资源的再次分配，从低效向高效方向转移。就水资源而言，就是水（量）权的再次分配。资源再分配可以是行政的、市场的和准市场的。

市场总量控制下的水资源开发利用，必将导致水权交易的不断活跃，也将引导水资源配置与利用从低效能单元向高效能单元转移。水权交易系统将成为这种效能流的催化剂和媒介。我国东阳义乌的水权交易，内蒙古黄河南岸灌区及宁夏引黄灌区的水权转换，甘肃省张掖市的水权制度建设及甘肃省石羊河流域的全要素水量分配等，在客观上都强化了用水总量控制，同时也提高了水资源效能。

目前为止，我国规模较大的水权交易均是在水行政主管部门的主导下或协助下进行的，解决特定难题和引导示范性作用较强。一些自发的和小量的水权交易大都以水票的方式进行，交易量小，市场行为不规范，市场化动向难以监测。在水利部公益项目支持下，选择甘肃石羊河流域为试点，借鉴澳大利亚水权交易系统，开发了石羊河流域（试点灌区）水权交易系统，将需水、订购、供水、配水和水权交易链接起来，初步建成水联网及智慧水利框架下的市场水网，促进了水资源生产效率的提高。

5 结论

水联网是当今世界发达国家正在兴起并将蓬勃发展的水利信息化和现代化进程中革命性的方向，将是实施严格水资源管理制度的有力工具，将是大幅提升水资源效能的必然途径。

参考文献

范群芳，董增川，杜芙蓉. 2007. 农业用水和生活用水效率研究与探讨. 水利学报，(增刊):465-469.

钱正英. 2001. 中国水资源战略研究中几个问题的认识. 河海大学学报(自然科学版)，29(3):1-7.

王浩，王建华. 2012. 中国水资源与可持续发展. 中国科学院院刊，27(3):352-358.

夏军，谈戈. 2002. 全球变化与水文科学新的进展与挑战. 资源科学，24(3):1-7.

叶守泽，夏军. 2002. 水文科学研究的世纪回眸与展望. 水科学进展，13(1):94-104.

张利平，夏军，胡志芳. 2009，中国水资源状况与水资源安全问题分析. 长江流域资源与环境，18(2):116-120.

赵东风，刘菊芳，赵东虎. 2009. 浅谈提高我区农业用水效率的主要技术途径. 农业科技与信息，(2):24-25.

Beven K. 2008. On doing better hydrological science. Hydrological Processes，22(17): 3549-3553.

Blöschl G，Montanari A. 2009. Climate change impacts-Throwing the dice. Hydrological Processes，24(3): 374-381.

Boutraa T. 2010. Improvement of water use efficiency in irrigated agriculture: A review. Journal of Agronomy，9(1): 1-8.

Buyya R，Yeo S C，Venugopal S，et al. 2009. Cloud computing and emerging IT platforms: Vision，hype，and reality for delivering computing as the 5th utility. Future Generation Computer Systems，25(6): 599-616.

Cheng H F，Hu Y N，Zhao J F. 2009. Meeting China's water shortage crisis: Current practices and challenges. Environmental Science & Technology，43(2): 240-244.

Fang Q X，Ma L，Green T R，et al. 2010. Water resources and water use efficiency in the North China Plain: Current status and agronomic management options. Agricultural Water Management，97(8): 1102-1116.

Peng S Q. 2011. Water resources strategy and agricultural development in China. Journal of Experimental Botany，62(6): 1709-1713.

Shen D J. 2010. Climate change and water resources: evidence and estimate in China. Current Science, 98(8): 1063-1068.

Sivapalan M. 2009. The secret to 'doing better hydrological science': Change the question! Hydrological Processes，23(9): 1391-1396.

Wang S R，Zhang Z Q. 2011. Effects of climate change on water resources in China. Climate Research，47(1): 77.

Winz I，Brierley G，Trowsdale S. 2009. The use of system dynamics simulation in water resources management. Water Resources Management，23(7): 1301-1323.

应对气候变化影响的水资源适应性管理研究与展望

夏 军[1,2,3]，石 卫[1]，洪 思[1]

（1. 武汉大学水资源与水电工程科学国家重点实验室，武汉 430072；2. 武汉
大学水安全研究院，武汉 430072；3. 水资源安全保障湖北省协同创新中心，
武汉 430072）

摘　要：应对气候变化的水资源适应性管理与研究是当今世界水问题研究的热点之一，国际上对变化环境下水资源适应性管理的量化研究及水资源适应性与脆弱性的综合研究还处在积极的探索阶段。本文在综述水资源适应性管理研究进展基础上，介绍了气候变化对水资源管理影响的事实。根据相关项目研究成果提出了气候变化对中国水资源影响的适应性评估与管理框架，包括定性描述分析、半定量与定量分析和适应性对策评估。进一步总结了水资源适应性管理存在的问题与挑战，阐述了气候变化影响下水资源适应管理理论与方法研究应以应对气候变化的无悔为准则，与社会经济可持续发展、成本效益分析、利益相关者的多信息源的分析与综合决策相结合为原则，对适应性管理与脆弱性组成的互联互动系统及其风险与不确定性进行分析。

关键词：气候变化；水资源；适应性管理；研究；展望

Research and Perspectives on Adaptive Water Management for Climate Change Impact

Jun Xia[1,2,3]，Wei Shi[1]，Si Hong[1]

(1. State Key Laboratory of Water Resources and Hydropower Engineering Science, Wuhan University, Wuhan 430072; 2. The Research Institute for Water Security, Wuhan University, Wuhan 430072; 3. Hubei Provincial Collaborative Innovation Center for Water Resources Security, Wuhan 430072)

通信作者：夏军（1954—），E-mail：xiajun666@whu.edu.cn。

Abstract: The impact of climate change and human activities on adaptive water management is a global issue in water research. Quantitative assessment on adaptive water management and integrative studies of the adaptability and vulnerability of water resources are still in their infancy. This work introduces progress of adaptive water management and the influence of climate change on water resources management. An adaptation assessment and management framework applied to impacts of climate change on water resources in China is developed based on a project entitled "Impacts of Climate Change on Water Resources Vulnerability and their Adaptive Counter measures". It includes a qualitative description and analysis, semi-quantitative and quantitative analyses of the potential impacts of future climate change on water resources and the assessment of adaptation options. The problems and challenges in the research are then summarized. Future research in this field would benefit from integration of vulnerability assessment and ecological needs with appropriate adaption measures; development of theory and models of how to respond quickly to hydrological，ecological and socio-economic change; quantifying and utilizing risk and uncertainty; adopting no regrets adaptation measures; undertaking cost-benefit analysis of options with the goal of sustainable development; and greater stakeholder involvement in information provision and decision making.

Key Words: climate change; water resources; adaptive water management; research; perspective

1　引言

21 世纪以来，气候变化下的水资源适应性成为全球应对气候变化急需研究的问题。自 1988 年成立以来，联合国政府间气候变化专门委员会（Intergovermental Panel on Climate Change，IPCC）已发布了五次评估报告，认为"气候变化是不争的事实"，其中对于气候变化的确定性从大部分（50%以上）至极可能（extremely likely，95%以上），逐次递增（IPCC，1990，1995，2001，2007，2013）。《中华人民共和国国民经济和社会发展第十二个五年规划纲要》也已经明确提出要增强适应气候变化能力，制定国家适应气候变化战略。气候变化已经对水资源规划、管理的平稳性和一致性假设产生了颠覆性的影响，因此开展应对气候变化影响的水资源适应性管理研究迫在眉睫（夏军等，2015）。

世界银行、国际水资源研究所（International Water Management Institute, IWMI)及联合国粮食及农业组织（Food and Agriculture Organization，FAO) 的研究报告指出：导致水资源短缺的重要原因是水资源管理不善。如果继续采用目前的水资源管理方法，将会加剧全球水危机(Cosgrove and Rijsberman，2002)。世界资源研究所(World Resources Institute，WRI) 提出，应对脆弱性及气候变化影响的适应性措施包括：推进政策改革，改变自然资源的管理策略；成立诸如气候变化工作小组的机构开展管理和协调工作；在规划中加入气候变化因素；提升对气候变化影响广度和深度的认识；推进技术革新，建立气候变化监测及早期预警系统，通过改变农耕方式、推广节约用水、提高水的复用率等途径缓解用水需求；通过有针对性的宣传教育、技术推广等，赋予民众知情决策权利；改善基础设施，提供保险机制等（World Resources Institute，2000)。Pahl (2008)认为水资源管理面临着气候变化、全球变化及社会经济变化带来的巨大不确定性。水资源适应性管理在深刻理解影响水资源脆弱性的基础上，在综合考量生态环境、科学技术、经济发展及制度和文化特征的基础上，应着力于增加水资源系统的适应能力（张建云和王国庆，2007；Xia et al.，2012)。已有研究表明，如果在全球范围内实行水资源适应性管理，全球水压力将减少 7%~17% (Hayashi et al.，2010)。因此，在气候变化和人类活动影响的大环境下，采取水资源的适应性管理是很有必要的。

2　气候变化对水资源管理影响的事实

迄今为止，由于气候变化影响的不确定性和传统的水资源行政管理与方式，无论是占水资源用水量 60%的农业水资源用户、市县、省行政区，还是国家水管理部门，我国的流域水资源规划，防洪规划，南水北调重大调水工程，三峡工程的设计、管理和调度，还没有实际考虑来自气候变化的影响与适应性对策。截至 2010 年，我国共有超过 87800 座水库，其中 90%的水库库容小于 1000 万 m³。在气候变化影响下，大量小型水库面临设计标准偏低的问题。

IPCC 气候变化与水的技术报告、水与气候对话（Dialogue on Water and Climate ，DWC) 研讨会报告、联合国环境规划署（United Nations Environment Programme ，UNEP) 组织编写的全球水资源评估报告等都提出了要加强区域和流域尺度的气候变化对水资源影响的适应性管理的对策研究，指导国家和国际适应与减缓全球及区域气候变化的影响。当前世界的水资源规划、设计大多是基于平稳性假设（夏军等，2016）。平稳性是贯穿水资源工程培训和实践过程的一个基本概念，是一个在固定时间和位置的概率分布与所有时间和位置的概率分布相同的随机过程，指自然系统在一个不变的变率范畴内波动。这意味着，任何一变量（如年均流量、年洪峰流量等）均对应着一个不随时间发生变化的（或一年周期的）函数（Milly et al.，2008）。然而，在气候变化影响下，流域的水资源条件正在发生深刻的变化，平稳性假设正遭受气候变化的挑战。气候变化通过影响降雨、蒸发、径流、土壤湿度等改变水文循环的现状，改变水资源时空格局，导致可利用或可供给水资源量的变化（夏军等，2014）。Milly 等(2008) 指出，平稳性假设已被破坏，已无法再适用于水资源评价和规划。以黄淮海流域为例，近 20 多年来黄淮海流域降水量衰减较大，1980~2000年期间多年平均降水量与 1956~1979 年相比普遍减少，三大流域分别减少了 7.2%、8.5%和 11.5%，并且地表水资源量丰枯变化剧烈；1956~2000 年间黄淮海流域多年平均水资源总量为 2000.4 亿 m^3，与 1956~1979 年平均相比，总体减少，其中淮河区减少了 5.3%，海河流域减少了 12.1%（夏军等，2011b）。

在以平稳性为基础规划的水利基础设施几十年的使用年限内，气候变化的幅度足以改变当前的水文气象条件，从而超越其历史条件下的自然变化范围，部分地区水利基础设施无法满足缓解气候变化的需求。以密云水库为例，近 30 年来，在气候变化和人类活动影响下，密云水库年均来水量由 1960~1969 年的 12 亿 m^3 下降到 1999~2003 年的 1.69 亿 m^3，减少了约 86%，以至于密云水库无水可用，北京日常生活用水日趋紧张。另外，在气候变化和人类活动的共同影响作用下，水文的一致性已经不复存在，致使不能按照过去—现在—未来一致的理论进行水文资料的外延。水文的一致性反映流域产流条件的变化影响情况，主要与流域下垫面情况有关。如果流域下垫面变化较大，其水文序列的一致性就必然受到影响，那么以水文一致性进行的规划在实际运行过程中必然与理论管理模式产生较大的冲突。在这种情况下，规划设计的调度管理方式已经不能满足实际情况，就必须根据流域情况进行还原或修正，以符合实际运行情况（邵薇薇等，2012）。气候变化可能导致原工程和规划预期目标发生变化或失误的情景如图 1 所示。

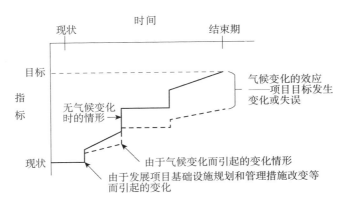

图1　气候变化可能导致项目预期目标变化或失误的示意图

　　除此之外，气候变化和人类活动暴露了传统水资源管理模式的种种弊端：一方面，依靠国民经济结构和发展速度的资料做出的需水预测越来越受到质疑；另一方面，以供需平衡为主导的传统的水资源配置方法，强调以需定供，突出了水的社会服务功能，忽视了水的生态和环境服务功能，造成河道干涸、湿地萎缩、地下水超采、水体污染等严重后果（秦大庸等，2008）。我国在气候变化下水资源适应性管理研究比较薄弱，现行水利工程和水资源规划管理中，基本是基于稳定的水文随机变量，随机序列中只有波动变化而无趋势变化，即以外延历史气候为依据，缺少考虑气候变化的影响，包括均值、方差及极端气候的变化影响，从而可能导致水利工程出现重大不安全问题（夏军等，2016）。中国大部分地区受季风气候影响，对全球气候变化敏感。开展气候变化下水资源适应性管理研究，是应对气候变化不利影响、实施最严格的水资源需求管理的重要科学基础。

3　水资源适应性管理的基本思路与框架

　　面对气候变化的潜在影响，加强适应性管理，趋利避害，是我们唯一的选择（夏军等，2008）。气候变化对水资源影响的适应性管理评估工具是指用一套系统性评估方法，确定未来气候变化对水资源规划、水工程项目的影响，同时确定适应性措施以减少气候变化导致的不利影响并抓住发展的机遇。开发水资源适应性管理综合评估工具，帮助评估气候变化对水资源的影响并综合研究项目的适应性管理问题。为了使其能够在更多项目和部门中广泛应用，该评估工具不局限于提供单一的模型、方法和工具，而是采取逐步评估气候变化的影响及适应性管理的策略，共分为三个阶段（图 2）（夏军等，2008）：①定性描述分析；②半定量与定量分析；③适应性对策评估。在内容上包括确立框架、分析和决策，即对整个发展投资进行快速定性分析，确定由于气候和（或者）社会经济变化对发展规划所造成的潜在影响；对气候变化可能给投资发展带来的影响进行半定量或定量分析，提出可能需要采取的适应性对策以确保投资达到预期效果，包括对适应性对策进行经济成本效益分析；根据一系列适当的决策标准对不同适应性对策进行分析评估，以确定优先对策，其中包括经过气候变化影响评估后认为没有影响的情况（即"无变动"方案）（洪思等，2013）。在这种对策下，需要对气候的影响进行持续监测，同时要维持水资源部门内部的灵活性以便应对潜在的变化。

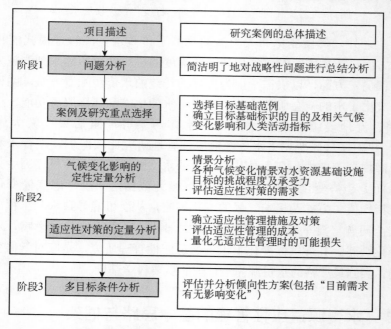

图2　水资源适应性评价基本思路与框架（夏军等，2008）

第 1 阶段简要描述和分析正在考虑的开发项目可能面临的主要气候影响，以及这些项目对气候变化响应的敏感程度。主要包括三点：①项目描述。对各项目的地理区位、目标、目的及相关活动进行简要描述。②问题分析。简要描述案例研究区的开发项目，主要包括：目前影响开发项目的气候相关灾害及其潜在影响，如干旱、洪水、水质变差、流量下降等对作物、人民生命财产等所造成的损失；开发项目现有的和计划的基础设施、管理系统及支撑体系；生态系统脆弱性；气候变化趋势及气候变化对开发项目的可能影响；社会经济变化等。③开发项目对气候变化敏感要素的识别。主要包括：气候变化对水资源规划和工程影响比较敏感的问题及有关部分的分析，如水库污水处理工作、防洪工作、灌溉计划、水资源管理实践等；关键要素的量化目标，如防洪标准、污水处理的水质标准等；相关的气候变化次生影响指标，如地表水供灌溉的满足程度、污水处理后的流量等；人类活动及相关指标，如污水处理工作所惠及的人口数、水资源竞争加剧等；对开发项目适宜的分析，或开发项目及有关修复计划的寿命等。

第 2 阶段主要评估在一定条件下气候变化对发展项目的影响，探讨发展项目适应性管理的必要性及适应性管理战略选择。借助相关研究成果，运用现有的模型对气候变化及影响进行情景分析。这一阶段的工作包括两个方面的内容。

①气候变化影响的半定量分析。这项工作旨在探讨未来气候变化的程度及其对项目目标实现的影响程度，以便评估适应性管理的必要性。主要包括：根据气候变化确立其次生影响指标（如用来灌溉的地表水可利用量在-20%～10%），以便根据气候变化的幅度选择研究的时间跨度；探讨人类活动的影响程度（如在人口数量变幅为-5%～20%时，污染物处理工作的工程规模）；评估分析现有的和新提出的基础设施和管理系统对达到项目预期目标的贡献；比较气候变化对基础设施目标的胁迫程度，以便根据不同情景变化提出适应性管理对策。②适应性管理策略的定量分析。定量分析的目的在于评估适应性管理对策的经济效益。该分析将为第 3 阶段的工作奠定基础，为决策过程提供充足的信息。主要包括：针对项目中可能达不到预期目标的情景，判别适应性管理对策可以减少或避免的不必要的影响和损失；根据现价估算适应性管理对策的成本；估算适应性管理措施实施情况下可能产生的经济效益及可能避免的损失（如作物损失、发电损失等），均以现价表示；计算适应性管理措施的收益-成本比，确定提出的适应性管理项目是否在经济上有效益，以便有关部门进行决策，若各项措施的收益-成本比具有可比性时，要适当考虑收益量；对于那些现在缺少的成本数据，可根据现有的知识进行估算（曹建廷，2010）。

4 水资源适应性管理存在的问题与挑战

水资源适应性管理是气候变化和人类活动影响下水资源管理的必经之路，由于目前国内外研究较为分散，水资源适应性管理存在以下的问题和挑战（夏军等，2015）。

4.1 水资源适应性管理与水资源传统管理混淆

传统的水资源管理主要依据水文序列平稳性假定，依据历史水文观测和需求关系规划设计和管理水资源，对变化环境水管理问题和不确定风险的考虑甚少，管理滞后即规划赶不上变化等现象突出。气候变化和人类活动导致全球水问题加剧，主要原因并非没有足够的水满足人类的需求，而是由不完善的水资源管理引起的。适应性管理相对于传统管理具有明显的优越性。适应性管理是从试错角度出发，管理者随环境变化特别是不确定的影响，不断调整战略来适应管理需要；而传统管理模式一般采用行政指令，对不确定问题的考虑甚少，管理滞后现象突出。

4.2 水资源适应性管理与水资源脆弱性评价脱节

气候变化下的水资源适应性管理是指对目前和未来气候变化所做出的趋利避害的调整反应，也是指在气候变化条件下的调整和适应能力，其管理目的是缓解区域水资源的脆弱性(Smit and Wandel，2006)。因此，水资源脆弱性评价作为水资源适应性管理的基础，是开展水资源适应性管理的必要条件。但目前已开展的水资源适应性管理研究中，很少涉及水资源脆弱性评价，致使水资源脆弱性和适应性研究各行其路、相互脱节，为水资源适应性管理带来较大的困难。

4.3 水资源适应性管理缺乏机理、理论、模型与方法研究

现有的适应性管理措施大都显得空洞而宽泛，水资源适应性管理缺乏，将水资源管理与气候变化、定量化脆弱性评价、社会经济可持续发展和成本效益有机结合的研究，无法依据定性及定量分析的结果提出具有针对性、便于操作、易于普及的水资源适应性管理对策。而更深入的水资源适应性与社会经济系统之间的耦合关系、水资源适应性管理的经济成本、水资源适应性与水资源脆弱性的互联互动关系等的研究也少有涉及。因此，水资源适应性的机理研究亟待加强。

通过气候变化下水资源脆弱性和适应性系统研究，可以揭示变化环境下水资源脆弱性，以及气候变化影响与社会经济相互耦合关系，建立气候变化下水资源影响适应性管理对策体系，提高应对气候变化下水资源安全保障适应能力（夏军等，2015）。

4.4　气候变化影响的不确定性

由于目前对气候系统的认识有限，气候变化预测结果给出的只是一种可能的变化趋势和方向，加之水文循环过程的复杂性，气候变化的影响评价结果中尚包含有相当大的不确定性。如何处理未来气候变化情景的不确定性及其联系的风险管理问题，将是"气候变化影响下水资源脆弱性和适应性管理研究"必须面对的难题。

通过提高不同区域气候变化情景下水文水资源变化预估的精度，构建不仅考虑水资源开发利用与供给的对应关系，还从气候影响水文系统角度出发，叠加气候变化影响，并耦合承载的社会经济要素可能受到的影响程度及风险水平，具有较强物理机制的水资源脆弱性影响评价、适应性管理模型，并采取应对风险的对策来降低气候变化带来的不确定性影响（夏军等，2011a，2016）。

5　气候变化影响下水资源适应性管理的新认识

5.1　水资源适应性管理与脆弱性互联互动系统

气候变化影响下的水资源适应性管理必须要与区域水资源脆弱性评价建立互联互动的管理体系，用以通过适应性调整，评估并减缓气候变化对水资源产生的不确定影响，降低气候变化对人类和水资源系统产生的风险程度，筛选有效的水资源适应性策略和途径，减缓水资源应对气候的脆弱性并提高人类的适应和应对能力（Smit and Wandel，2006）。

水资源脆弱性表现在多个方面，在其评价方法与理论体系构建上考虑了水资源系统抗压性、气候变化敏感性、暴露度及灾害风险，而针对脆弱区的适应性管理也应综合考虑水资源系统在变化环境下所处的社会经济系统、水资源禀赋、生态环境及各系统耦合关系。水资源适应性管理在区域/流域层面应考虑变化环境下水资源脆弱性、社会经济发展组成的复合系统，探讨水循环作为贯穿整个复合系统的联系纽带的作用，以减小区域水资源脆弱性及社会经济与环境协调发展为目标，运用多学科理论和技术方法，妥善处理各目标在水资源开发利用上的竞争关系，从决策科学、系统科学和多目标规划出发，提出具有针对性的水资源适应性管理对策和优化方案。水资源适应性管理与脆弱性的互联互动情况如图3所示。

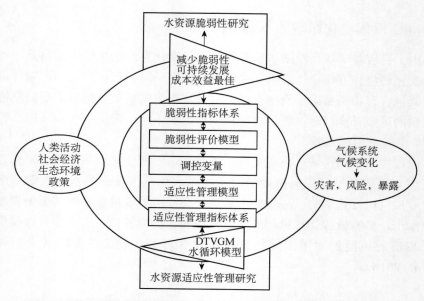

图3　水资源适应性管理与脆弱性的互联互动关系示意图（夏军等，2015）

5.2　水资源适应性管理的风险与不确定性分析

水资源管理与气候变化、人类活动及生态环境演变等各种因素紧密相关，因此水资源管理通常在大量的确定性和不确定性因素的环境中进行。由于水资源管理复杂程度增强和不确定因素的大量存在，管理者在面临不确定变化时很难比较多种情况，进行重复性试验，取得有效管理方法。流域水资源系统是一个将经济、社会、生态环境等纳入整体的复杂大系统，具有复杂的时空结构，呈现多维性、动态性、开放性、非线性等特性。这些特性导致流域管理存在大量的不确定因素，并且这些因素会随时间而表现出不规则变化，变得更加复杂，可知不确定性是普遍存在和难以预测的。水资源的适应性管理是面向风险与不确定性的适应性管理与对策，由此需要采取识别认识—分析—优化决策—动态监测评价的适应性对策。在管理和决策过程方面，该过程具有以下特点：半定量到定量化、多目标问题、螺旋式上升的系统综合和优化决策过程，如图4所示。

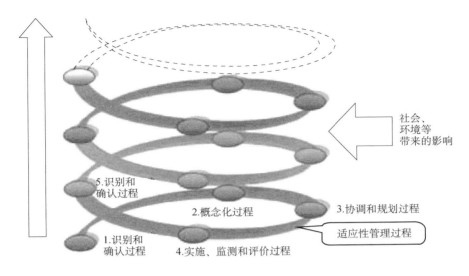

图4　流域水资源适应性管理的螺旋上升过程

5.3　应对气候变化的最小遗憾准则

　　不确定情况下的决策分析，关键在于根据决策者对风险的态度确定决策准则，通过决策准则，将不确定型问题转化为确定型决策问题。根据气候变化下水资源系统的不确定分析结果，采用最小遗憾分析方法作为应对气候变化下水资源适应性管理模型决策分析的重要准则之一。气候变化下水资源适应性管理的最小遗憾分析方法不仅能够有效地处理表示为区间数的不确定性，还能解决现实中概率分布未知的随机问题。其具体决策过程如下：①获取各适应方案不同情景下的相对遗憾值；②确定每种适应方案的最大相对遗憾值；③选择所有最大相对遗憾值中的最小值对应的方案作为最优方案。

5.4　与社会经济可持续发展、成本效益分析相结合原则

　　适应性管理策略的定量分析是选择适应性对策时最为关键的依据之一。定量分析目的在于评估适应性管理对策的经济效益。该分析将为决策过程提供充足的信息，为适应性管理工作奠定基础。成本效益分析法的目标是期望水资源适应性管理对策的成本尽量小、社会的收益和福利尽量大，即益本比最大化。具体评估方法是通过成本效益分析法比较有适应性管理措施和无适应性管理措施的成本和效益，着力选择水资源适应性管理的最优决策方案。

5.5 利益相关者的多信息源的分析与综合决策原则

水资源具有资源、社会、经济和环境多种属性，是一个多元化的水资源利益相关者群体。因此，对气候变化下水资源选取适应性对策时需要通过对决策过程中的重要利益相关者行为进行分析来识别，参考利益相关者利益最大化的目标进行多信息源的分析与综合决策。

6 展望

气候变化对水资源的影响是国际上普遍关注的全球性热点问题，也是我国变化环境下可持续发展面临的重大战略问题。在全球气候变化背景下，我国水资源供需矛盾更加突出，发展态势更加严峻，面临着水旱灾害频发、水资源短缺制约经济社会发展和水污染尚未得到有效控制等多重问题。因此，我国现行的流域水资源规划和重大工程规划管理正在面临气候变化影响的重大挑战，亟待采取适应性的对策与措施，保障国家水资源安全及与其联系的粮食安全、经济安全、生态安全和国家安全。

未来气候变化极有可能对我国水资源宏观配置的体系产生影响，增加我国水旱灾害发生的频率与强度，降低现有的防洪安全标准和水安全格局，加大水资源脆弱性，影响我国农业、经济社会发展和水生态安全。由于未来气候变化不确定性的风险问题，如何在气候变化不确定性条件下分析和评估气候变化对水资源供需关系发生不利影响和水文极端事件风险的程度？如何趋利避害、加强适应性管理和风险对策，通过适应方式和适应能力的分析研究，尽可能地降低气候变化带来的不利影响，最大化地利用气候变化所带来的机遇，促进变化环境下区域可持续发展，成为气候变化对水资源安全影响研究关键的科学问题。

参考文献

曹建廷. 2010. 气候变化对水资源管理的影响与适应性对策. 中国水利, (1):7-11.

洪思, 夏军, 严茂超, 等. 2013. 气候变化下水资源适应性对策的定量评估方法. 人民黄河, 35(9):27-29.

秦大庸, 吕金燕, 刘家宏, 等. 2008. 区域目标 ET 的理论与计算方法. 科学通报, 53(19):2384-2390.

邵薇薇, 黄昊, 王建华, 等. 2012. 黄淮海流域水资源现状分析与问题探讨. 中国水利水电科学研究院学报，10(4):301-309.

夏军，Tanner T，任国玉，等. 2008. 气候变化对中国水资源影响的适应性评估与管理框架. 气候变化研究进展，4(4):215-219.

夏军，刘昌明，丁永健. 2011a. 中国水问题观察. 北京:科学出版社.

夏军，刘春蓁，任国玉. 2011b. 气候变化对我国水资源影响研究面临的机遇与挑战. 地球科学进展，26(1):1-12.

夏军，彭少明，王超，等. 2014. 气候变化对黄河水资源的影响及其适应性管理. 人民黄河，36(10):1-4.

夏军，石卫，雒新萍，等. 2015. 气候变化下水资源脆弱性的适应性管理新认识. 水科学进展，26(2):279-286.

夏军，石卫，张利平，等. 2016. 气候变化对防洪安全影响研究面临的机遇与挑战. 四川大学学报(工程科学版)，48(2):7-13.

张建云，王国庆. 2007. 气候变化对水文水资源影响研究. 北京: 科学出版社.

Cosgrove W J，Rijsberman F R. 2002. World water vision: The report of the World Water Commission，London，UK：Earthscan.

Hayashi A，Akimoto K，Sano F，et al. 2010. Evaluation of global warming impacts for different levels of stabilization as a step toward determination of the long-term stabilization target. Climate Change，98(1) :87-112.

IPCC. 1990. Climate Change 1990: The IPCC Scientific Assessment. Cambridge and New York: Cambridge University Press.

IPCC. 1995. Climate change 1995: The Science of Climate Change. Cambridge and New York: Cambridge University Press.

IPCC. 2001. Climate Change 2001: The Scientific Basis. Contribution of Working Group I to the Third Assessment Report of the Intergovernmental Panel on Climate Change. Cambridge and New York : Cambridge University Press.

IPCC. 2007. Climate Change 2007: Impacts，Adaptation，and Vulnerability. Contribution of Working Group II to the Forth Assessment Report of the Intergovernmental Panel on Climate Change. Cambridge and New York: Cambridge University Press.

IPCC. 2013. Climate Change 2013: The Physical Science Basis. Contribution of Working Group I to the Fifth Assessment Report of the Intergovernmental Panel on Climate Change，Cambridge: Cambridge University Press.

Milly P C，Betancourt J，Falkenmark M，et al. 2008. Stationarity is dead: Whither water management. Science，319(5863):573-574.

Pahl W C. 2008. Requirements for Adaptive Water Management. Berlin: Springer-Verlag.

Smit B，Wandel J. 2006. Adaptation，adaptive capacity and vulnerability. Global Environmen-

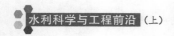
tal Change，16(3): 282-292.

World Resources Institute. 2000. World Resources 2000-2001. People and Ecosystems: The Fraying Web of Life. Washington: World Resources Institute.

Xia J，Qiu B，Li Y. 2012. Water resources vulnerability and adaptive management in the Huang，Huai and Hai river basins of China. Water International，37(5): 523-536.

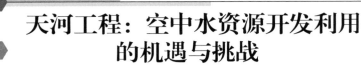

天河工程：空中水资源开发利用的机遇与挑战

王光谦[1,2]，魏加华[1,2]，钟德钰[1,2]，李铁键[1,2]，李家叶[1]，黄跃飞[1,2]

（1. 青海大学三江源生态与高原农牧业国家重点实验室，西宁 810016；
2. 清华大学水沙科学与水利水电工程国家重点实验室，北京 100084）

摘　要：寻找新水资源开发战略是应对全球变化背景下我国水安全问题的核心之一。针对中国水安全和水资源配置整体格局，本文提出了通过长期利用空中水资源解决中国水问题的全新思路。基于对全球空中水资源，特别是三江源区优势水汽通道的研究，提出了天河猜想并进行统计系踪，初步构建了天河河网结构，并介绍了天河动力学特征。基于"空中调水"设想，提出构建常规与非常规手段相结合、地基与空基相结合的一体化监测体系，利用新型作业和催化手段，在三江源地区开展"空中调水"验证试验的基本情况和今后研究设想。本文从缓解局部气象干旱的人工影响天气研究拓展至空中水资源长期利用，为水安全保障提供了新的思路，且将水资源科学与工程从研究地面水调控与配置拓展至天-地一体的水资源形成、转化、调控全过程，是一个全新的交叉研究领域，有广阔的探索空间和研究价值。

关键词：天河；水汽通量；大气河流；空中水资源；人工影响天气

The Sky River Project: Opportunities and Challenges of Water Resource Development and Utilization from the Air

Guangqian Wang[1, 2]，Jiahua Wei[1,2]，Deyu Zhong[1, 2]，
Tiejian Li[1,2]，Jiaye Li[1]，Yuefei Huang[1,2]

(1. State Key Laboratory of Plateau Ecology and Agriculture, Qinghai University, Xining 810016;
2. State Key Laboratory of Hydroscience & Engineering, Tsinghua University, Beijing 100084)

通信作者：魏加华（1971—），E-mail：weijiahua@tsinghua. edu. cn。

Abstract: Finding and developing new water resources is one of the core tasks to alleviate the pressures on water security in China. Faced with the overall situation of water security and water resources allocation, a new approach to solve water problems based on the long-term use of water resource from the air is presented. Research of global water resources in the air and as a result of the discovery of a dominant vapor transport channel in the Three Rivers Source Region, this paper proposes the concept of a Sky River and performs the statistical ensemble, as well as introducing the network structure and dynamics of the so called Sky River. Eenvisaging this water transfer in the air, plans to construct a space-ground monitor system using a combination of conventional and unconventional means is presented. In addition, verification tests of water transfer in the air in the Three Rivers Source Region using new operation and catalysis and some ideas of the future research, are also introduced. This research expands traditional weather modifications for alleviating local meteorological droughts to the long-term use of water resource from the air. It provides a new solution for water security problems and expands water science and engineering from the study of ground water regulation and configuration, to space-ground integration of the formation, transformation and regulation of a water resource. This research represents a new multidisciplinary field in which there exists wide-scale exploration of space, land and water.

Key Words: The River in the Sky; water vapor fluxes; atmospheric river (AR); water resource in the air; weather modification

1 引言

全球气候变化导致水文情势急剧改变，近 30 年黄海淮三大流域的河川径流量呈下降趋势，减少 15%～40%（王国庆等，2014），黄河、淮河、海河、辽河水资源总量减少 12%，地表水资源减少 17%（夏军等，2011），未来仍有极大不确定性。以黄河为例，近半个世纪虽然流域降水量并无显著变化，但中下游径流锐减，甚至出现 20 世纪末连续多年下游-河口断流现象（陈霁巍和穆兴民，2000）。据《2014 年联合国世界水发展报告》，陆面水资源开发潜力接近极限，2025 年我国将面临物理性缺水的严重压力（UN Water，2014）。全球空中水资源充沛但并未开展系统性开发利用的基础理论研究。据统计，仅我国空中水资源总量就超过 10 万亿 m³，而每年形成的降雨约 2.8 万亿 m³（蔡淼，2013），空中水资源开发潜力巨大。传统的水资源挖潜以地面"开源"和"节流"模式为主，且无论是水资源利用效率、利用程度都已接近极限，寻找新的水源及其调控理论和方法的模式是未来水资源开发利用的新途径（王光谦等，2016a）。

2016 年，王光谦等（2016b）提出"天河"的概念，认为：大气水汽通量场中不但存在通量强度相对周围区域更大的局部性条带结构，而且整个水汽通量场中都存在着通量相对较高的水汽输送网络结构，形成了全球及区域水汽输送的主干通道。由于这些通量强度很高的条带构成的网络结构是水汽汇聚、输送最为集中、强度最大的网络，与地表河流具有类似的分级属性，将这种水汽输送的网络结构上称为"天空河流（River in the Sky）"，或简称"天河（Sky River，以下均采用简称）"。可见，天河是对水汽集中输送带概念的升华和深化，新的概念的提出有利于我们认识大气中的水汽输运规律，对研究地球水循环长期演化规律的统计特征及其与地表水循环过程的相互作用机制具有重要的价值。

在世界的许多地方，天河特别是通过地形降水过程带来的降水对水资源很重要。"天河工程"是通过科学分析大气中存在的水汽分布与输送格局，采取新型人工干预技术，实现不同地域间空中水资源与地表水资源的耦合调控。当前，空中水资源开发利用主要局限于缓解局地气象干旱，并未从流域尺度的综合效应的角度开展空-地耦合的、系统性的立体水资源开发利用。利用天河理论发现的统计意义上的优势水汽通道，采用传统人工影响天气技术和新型催化激化技术，实现对空中水资源的新利用途径和新的跨流域分水岭调控，在特定区域实现跨流域的空中调水，有望成为新的空中水资源开发利用模式。

利用天河优势水汽通道，基于地表与空中耦合的空中水资源开发利用，是未来水资源开发的必然要求与发展趋势。本文在简要介绍天河识别与天河河网结构的基础上，提出利用天河开展空中调水的天河工程设想；着重分析了天河工程面临的科学问题和需要突破的关键技术。

2 天河识别与天河河网结构

天河的分布、变化与大尺度的大气环流有关，同时受到中小尺度天气过程的影响，表现出十分明显的瞬态性与随机性，其实质是水汽输运概率流及此概率流上物理量的统计系综平均及相应的力学模型与数学描述。因此，天河研究中遇到的首要问题是天河的发现，这是开展天河与地河作用关系、动力学规律研究和空中水资源开发利用的基础。采用局部最值算法进行天河瞬态网络结构的提取，根据统计力学的提法，每个瞬时的网络结构可以称之为高通量带的一个分布，而这些网络结构的所有可能状态则构成一个统计系综，根据统计力学的方法对这些由局部高通量带构成的网络结构进行系综，最终得到天河的统计结果。

该局部最值算法属于类卷积操作，设定一个统计窗口在研究区域内平移，记录每个窗口内水汽含量或通量的优势栅格，按每个栅格被计为优势栅格的次数系综，优势次数大于某一临界值（与窗口大小相关）的栅格即组成天河网络结构。算法涉及三个参数：窗口宽度、窗口长度、窗口内选取的局部最值个数，每个栅格的统计量定义如下：

$$N_{\text{cell}(i)} = \sum_{w=1}^{n} X_{\text{cell}(i)} \qquad (1)$$

式中，统计量 $N_{\text{cell}(i)}$ 为被识别为优势栅格的次数；$X_{\text{cell}(i)}$ 为在一个窗口 w 中栅格 cell(i)是否为前 N 个最大值：

$$X_{\text{cell}(i)} = \begin{cases} 1, & F_{\text{cell}(i)} \geqslant \text{top}(n) \quad \text{in window } w \\ 0, & F_{\text{cell}(i)} < \text{top}(n) \quad \text{in window } w \end{cases} \qquad (2)$$

式中，$F_{\text{cell}(i)}$ 是栅格 cell(i) 的水汽通量值；top(n)是指在一定窗口w内所有水汽通量值中由大到小排序第n个的水汽通量值。

研究采用欧洲中期天气预报中心（European Centre for Medium-Range Weather Forecasts, ECMWF）等机构发布的 ERA-Interim 再分析数据（Dee et al.，2011）。ECMWF 等机构开展了采用大气模式同化全球卫星监测数据、探空数据、地面雷达等数据的工作，其在大气水汽分析中较单一的卫星监测数据具有更高的可靠性。本文采用的 ERA-Interim 再分析数据的时间分辨率为 6h，空间分辨率为 0.125，采用的数据字段为垂向积分东向/北向水汽输送通量。

经过不同的参数对比分析，最终选定各参数如下，窗口宽度等于窗口长度，取值为 10 个栅格，窗口内选取的局部最值个数为 10 个，选取为天河结构的优势次数阈值确定为 20 次，如图 1 所示，是 2014 年 1 月 1 日 0 时、6 时、12 时、18 时的瞬态天河识别结果。

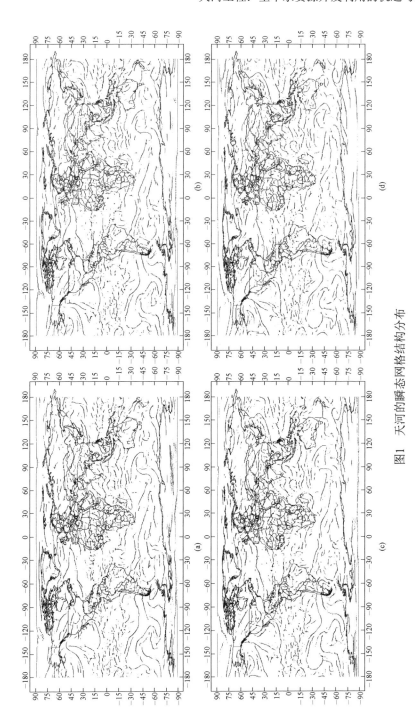

图1 天河的瞬态网格结构分布

（a）～（d）分别为2014年1月1日0时、6时、12时、18时的识别结果，其中时间为国际时间对局部最值统计得到的天河瞬时网格结构进行统计系综，如图 2 所示，是 2014 年 1 月份共 124 个时刻的天河瞬时网格结构的系综统计结果，结果显示在海洋以及大陆内部存在明显的优势通道，在这些大的通道上存在复杂的分支结构，在分支下还有更细的分支，最终组成了全球一体化的天河系统。

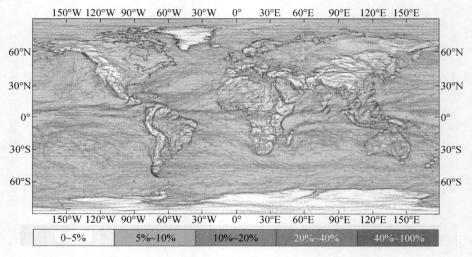

图2　天河统计系综分布（2014年1月共124个时刻统计结果）

图中百分比值为统计一定时间内每个栅格被标记为天河的概率值

对系综统计得到的天河系统进行季节和尺度分析，发现在全球尺度上，天河系统会随着季节出现有规律的转化现象，而在同一个季节内呈现相对稳定的天河系统；在局域尺度上，天河系统会在相对固定的模态基础上展现出随机性。天河系统是全球整体化的封闭系统，进一步需要分析出天河在不同季节和不同尺度下的特征模态、迁移规律及其驱动因素，逐步揭示天河系统的演变规律，这正是天河动力学的主要研究内容。通过对天河系统的不断深入研究，提出安全可靠的开发利用技术，将有望推进天河水资源纳入水资源的管理体系，造福人类。

3　天河工程科学问题

天河工程需要解决的主要科学问题包括：①天河时空分布规律及可资源化空中水状况识别与评价理论？空中水资源能否纳入常规水资源调控体系？

其功能与定位如何？②天河动力学规律；③不同时空尺度天河水汽过程与流域降水径流演化过程耦合关系；④空中水资源与地面水资源的耦合作用关系及其转化关系；⑤人工干预对天河的影响范围及其对环境的影响；⑥空中云水落地后资源化过程、耦合利用及调控模式。

3.1 天河时空分布规律及可资源化空中水状况识别与评价方法

全球大气水分收支、空中水资源的分布特征和变化规律研究是空中水资源开发利用的基础。随着全球气象卫星遥感观测、再分析资料的日益丰富和数值模拟、大数据分析方法的发展，对全球和区域尺度的水分收支、大气水循环、空中水资源量的定量模拟和评估成为可能。

空中水资源不同于河湖、水库等有形空间里的水资源和动力学规律，因此需要根据空中水资源的特点建立和完善一套不同于常规水资源评估的新理论、新方法，包括：①空中水资源可开发潜力的评估理论和方法；②全球和我国各区域空中水资源的分布特征和变化规律；③气候变化背景下流域和典型区域空中水资源可开发利用潜力。

3.2 天河动力学规律

天河动力学理论是开辟新的空中水资源利用模式的理论和实践依据。不同季节、不同地区的水汽输送具有不同的特点，其气候驱动的基本规律不同。开发天河识别的系综统计方法，可识别不同尺度、不同季节的天河分布情况，辨析主要空中河流的气候驱动机制。天河动力学规律研究，统计全球天河水汽通量、年际变化特征，研究全球海洋表面温度、气压场等气候驱动与天河分布、水汽通量的关系，利用大数据方法发现天河动力规律，建立天河动力学模型。

理论层面，基于统计动力学，分析水汽输运涉及的核心物理过程，建立大气动力学/热力学状态转移的统计系综描述，给出描述水气两相流的(动力)驱动与演化的统计力学方程，进而研究水汽输运的统计规律，包括大气环流中水气两相流的动理学方程；大气环流中水汽的输移及扩散的驱动机制及其统计力学描述；大气中天河的分布与演化规律及其结构稳定性。

机理层面，基于系综统计和大数据分析方法，结合理论研究中提出的大气环流中水汽输移转化的统计力学描述，建立气象大数据统计动力学分析方法，进而分析不同区域水汽通量、降雨、蒸发、径流等大气与陆面过程间的动力学相关关系及演化特征，包括基于水气两相流(动力)驱动与演化的统计力学方程的大数据分析方法；基于大数据的天河识别、水汽通量变化规律分析；水汽输送外部驱动要素辨识；基于大数据的空中水汽源汇(降水和蒸散发)的空间模式分析与驱动要素辨识；基于数据挖掘建立天河水汽通量的统计预报模型。

3.3 天河-地面河流作用机理

地表河流的形成及其展布格局受地层结构与大构造控制，大区域内河流的展布格局受该区地势特征控制，而地势特征又受控于大构造。空中水汽与云水以降水等形式落至地面，经过截留、下渗、蒸散发、产流、汇流等过程，形成地表径流、壤中流及地下径流，在重力作用下，集中于地表凹槽内的经常性或周期性的天然水道形成河流。可见，河流的形成演变一方面受流水自身运动规律的控制，另一方面受地质构造影响，导致河流的面貌复杂多样。

由此空中水与地表水形成耦合系统，相应地，天河与地表河流也将形成"天-地"河流耦合系统。"天-地"河流耦合研究，定量、系统地描述天河参与水循环的过程及开发利用天河中的水资源对地表河流和生态系统的影响。地表河流及生态系统主要受气候条件的控制，因此富集水汽的天河与地表河流系统、生态系统具有强耦合关系。从定量角度看，天河与地表河流通过降水与蒸发形成耦合关系，地表河流与降水和蒸发的关系在水文学中已有较为成熟的理论，现有描述大气中水汽与降水蒸发关系的水汽平衡方程，其尺度由大气系统控制，其时空尺度无法与地表河流的水文学、河流动力学过程相匹配。因此，建立"天-地"河流耦合系统的关键在于建立与地表河流时空尺度相匹配的天河-降水蒸散关系模型。"天-地"河流耦合系统建成后，可对天河与地表河流的水量平衡关系、水汽交换机理等展开研究，进一步揭示空-地水循环机理，为系统利用空中水资源和"天-地"水资源耦合利用提供理论基础。

基于多尺度天气过程状态转移方程、气象大数据分析，建立气-陆耦合的水文模型系统，进而分析长期空中水资源利用量、利用途径、陆面径流及生态响应等，包括构建水汽-陆表径流耦合的大数据相关模型和水动力学模型的理论及方法；根据人工降水前后固定观测站点的径流、水质、生态等的监测，揭示下垫面变化对人工降水活动的响应机制；提出地-空水转换对生态环境的影响评价的理论与方法。

3.4　空中水资源与地面水资源的耦合作用关系

通过空中水汽过程—水文过程—流域水及物质通量动力学过程的耦合模拟与分析，研究空中云水通过降水—蒸发—产汇流—径流调控为纽带的空中水资源化过程，揭示云水落地后的迁移、转化及其在水资源系统中的演化特征和一般规律。从以提高降水转化率为目标的传统人工增雨，转向研究降水转化、径流转化、耦合调控构成的封闭水资源循环系统，研究其系统行为，进而提高云水资源调控、配置、利用的效率，为实现天地耦合的空中水资源利用提供理论依据和实验验证。

针对完整的空-地水循环系统，关键在于探明全球变化背景下不同气候区天然的云水转化比例关系及其空间分布特性与演变趋势；揭示云水-地面水资源的耦合作用及"三水"动态转化机制；揭示空中水资源在水资源系统中对水资源调控的影响机制，回答云水利用方式的改变对系统中蓝水、绿水（Falkenmark，1995）循环和转化产生什么样的影响，对水资源系统的演化与稳定性产生什么样的作用等科学问题。

空中水资源-地面水资源耦合作用与转化机制研究，针对全球变化环境下空中水-地面水资源的耦合作用及"三水"动态转化机制的科学难题，主要开展不同气候分区空中云水-蓝水-绿水的分布特性与演变规律。定量估算不同区域的"三水"转化比例关系及其空间分布特性；识别不同时间尺度上区域转换比例关系的非平稳变化，并对比其空间差异性；深入研究空中水资源-地面水资源的耦合作用及"三水"动态转化机制与互馈关系，模拟不同气候变化情景下"三水"转化耦合模拟研究；基于"三水"转化的空中水资源利用与蓝绿水调控。

3.5　人工干预对天河的影响范围及其对环境的影响

地球陆面与大气通过质量、能量和动量通量的交换而紧密耦合，空中水资源长期利用对陆表过程的影响及其对气候变化的反馈，是天河工程重点关注的内容。

1．人工干预的影响范围

从整个水循环的角度来说，对天河的人工干预促使大气水向降水径流转换，改变自然水循环的节奏，对局部水循环产生的可能影响及其影响范围和由局部改变可能导致的整个水循环的影响及影响程度亟待解决。从气候或天气状况的角度来说，对天河的人工干预目的在于促进局部地区降水，改变降水分布格局以缓解水资源矛盾，也使得局部地区由干旱变为相对湿润，由此是否会影响局部气候或天气状况及其影响范围，尚需深入研究。从人工干预的手段来说，目前人工干预采用碘化银、干冰等催化剂在云中播撒扩散，播撒量和扩散范围由于受多因素影响，实际扩散后，在目标区的影响范围和未参与成雨（雪）过程而遗留在大气中的催化剂的影响及影响范围还需准确估计。从大气循环的角度来说，对天河的人工干预改变了局部地区大气水汽含量，局部干预对大气循环的影响及影响范围，以及是否会随之产生极端天气等还需要深入研究。

2．对天河下游的影响

陆地河由重力势驱动，与陆地河相似，天河由"湿势"驱动，在天河上游人工干预增加降水，减少水汽，"湿势"减小，是否会导致天河下游水汽含量减少，进而使得下游降水量减少还不得知。尽管目前还没有证据表明上游地区进行人工干预天气增加降水，会减少下游地区的雨雪量，但还没有充分的理论计算来验证。在局部地区对天河进行人工干预对水汽含量减少的量及上游大气水汽含量的减少可能导致的下游水汽输出或输入量的减少尚未有深入研究，可能影响到的下游范围也尚未有回答，对下游水资源和气候生态造成的影响如何量化，需要开展系统观测和研究。

3．人工干预对地表的影响

从地表环境质量来说，人工干预常使用的催化剂中除干冰和液氮对地表无直接污染外，碘化银中的重金属离子银离子对人体有害。虽然目前一些人工影响天气试验对银离子浓度的检测结果表明，随雨雪降落到地表的银离子浓度远低于国家标准和国际卫生组织的标准，但是大规模作业多年的累计结果是否会由于银离子多年累积而高于环境允许值造成地表环境污染、影响动植物生存繁衍仍需进行长期研究。从地表径流来说，人工干预天气以达到增加降水的目的，而降水的增加也会影响径流量的改变，通过系统、长期的空中水资源开发利用，从而增加河川径流量的试验，还没有先例，需要开展长期持续研究。

3.6 空中云水落地后资源化过程、耦合利用及调控模式

将空中水资源纳入常规的水资源调控体系，进而形成空-地耦合的立体水资源调控、配置与利用新模式。针对空中水资源与地面水资源耦合利用涉及

的云水落地至形成可调控资源的全过程，需要开展系统研究。

分析典型流域降水、蒸散发、产汇流、径流过程等大气与陆面径流过程间动力学特征，建立刻画"云-地表"水循环的流域水资源演化模型，解析云水通过"降水/蒸发—产/汇流—径流调控"构成的空中水资源化过程，揭示云水落地后资源化的一般规律。

分析典型流域云水落地后的迁移、转化驱动机制与统计动力学规律，分析典型流域水利工程对资源化云水的调控与配置能力，确定空中水资源化与地表水资源系统多尺度过程相匹配的边界条件，提出空中水资源开发、调控、利用的适宜区域及分布规律。

基于空中水资源与地表水资源系统的匹配度，分析典型流域"天-地"水资源耦合利用的主要途径、空中水资源利用量，明确"天-地"水资源系统的调控目标和边界约束条件，分析气-陆耦合过程下的流域水资源配置全过程，给出相应的调控方案，提出空中水资源与地面水资源的耦合利用模式及关键技术。

基于"云-地表"水循环的流域水资源演化模型和流域水资源配置与调控模型，开发"天-地"耦合水资源演化与配置系统分析平台，研究空中水资源化、配置、利用过程，揭示天-地耦合的水资源系统一般动力学特征和变化规律，建立空中水资源与地面水资源耦合利用与调控的新模式。

4 天河工程关键技术问题

天河工程涉及的关键技术问题包括：①天河特征参数探测及水汽通量监测技术；②系统、高效的空中水资源利用模式与经济、环保的人工天气干预技术；③可信评估技术；④天河预报与调度技术（临界条件），基于大数据的中长期预报和流域水资源情势分析背景下，利用实时监测和中短期天气预报，开展空中水资源利用与调控试验。

4.1 天河特征参数探测及监测技术

天河特征参数探测及监测技术是空中水资源评价、开发利用、作业调度和效果评估的重要依据。利用云雨雷达、微波辐射计、雨滴谱仪、探空等观测设备，开展空中水资源参量的观测，研究云水含量、云粒子分布、云相态结构等云宏微观参量的时空分布和变化特征，并与卫星观测和再分析资料进行对比分析。通过对观测数据和再分析数据的统计分析及三维水汽场、云水场和风场等的诊断分析，构建水汽、各种水凝物、总水物质的水分平衡方程和降水方程，提出空中水资源特征物理参量的计算方法，进而建立适用于空中水资源评估的理论和方法，并在此基础上建立空中水资源可开发潜力评估的方法。

4.2 经济环保的空中水资源开发利用技术

我国的空中水资源丰富，开发潜力大，然而，由于对"空中水—降水/蒸发—产/汇流—径流调控"构成的空中水资源化过程认识还不够充分，且限于专业领域分工限制，空中水资源的开发利用还未能与水利工程中水资源工程系统形成协同体系，目前空中水资源利用的主要技术手段仍是以缓解局部气象干旱为目标的人工增雨技术。另外，传统的人工增雨技术在效率、成本、环境影响等方面仍存在较大的提升空间，与其相匹配的评估系统仍有待完善。因此，以"天-地"耦合的空中水资源开发和利用的理论和模型为指导，建立系统、高效、经济、环保的人工增雨新技术，以及与之匹配的基于中短期天气预报和天/空/地基气象观测等的评估系统，形成适合不同流域气象-水文-水利工程特征的空中水资源利用模式与相关技术体系，是实现系统高效利用空中水资源的关键。

传统的人工增雨技术主要为播云催化，通过燃烧炉、火箭炮、飞机、气球等载体，向云中播撒碘化银、干冰、液氮等催化剂，通过凝聚的方法增大气溶胶的体积，液滴体积增大后，在地球重力的作用下实现人工降雨。该方法要求较苛刻，空气中需有大量适宜作业的云系，且具备特定的湿度、温度等条件。如今，随着大量理论和技术研究的不断推进，多种新型前沿技术得到了关注：

1. 带电粒子催化增雨

欧、美、俄及中国（华中科技大学）都在利用静电场对水分子的电极化效应（在电磁学里，当给电介质施加一个电场时，由于电介质内部正负电荷的相对位移，会产生电偶极子，这一现象称为电极化）开展人工增雨试验研究。这种电极化形成带电离子的气溶胶对水汽产生非接触的电场凝聚力，在电场凝聚力的作用下当水汽凝聚到一定程度后，在重力作用下形成降雨落下。利用静电场来促进水汽凝聚的新技术，在晴天且相对湿度较低的条件下，也能实现人工降雨；把带电粒子撒播到空中，大面积吸附，作用空间大。有报道称，在美国得克萨斯州、阿联酋等地进行的试验证实，带电粒子催化实现了有效的人工降雨。目前，尽管该项技术尚处于室内试验阶段，但是，由于它的优势明显，各国都在积极探索，如我国"十三五"重大研发计划项目"大气水资源开发新技术"，重点研发人工降水新技术及装备，研发大气水资源规模化开发新技术和成套技术装备，并开展应用示范。

2. 激光降雨

"激光降雨"是瑞士等国科学家提出的一种引发降雨的技术。其原理是向空气中发射一种高能量短脉冲激光，它会使照射路径上的氮气分子和氧气分子离子化。这些离子化的空气分子就成为天然的凝结核，促使水蒸气凝结为水滴。这项技术可利用激光协助人工降雨及预测天气。2010 年，瑞士日内瓦大学的 Kasparian 研究小组指出，他们首次成功利用这项技术在实验室和德国柏林上空生成了云团（Rohwetter et al.，2010）。激光脉冲通过剥夺空气原子里的电子，生成云团，促使羟基形成。这些过程把空气里的 SO_2 和 NO_2 转化成 H_2SO_4 和 HNO_3（He and Hopke，1995；Caffrey et al.，2001），促进气溶胶的形成，这些气溶胶都高度吸湿，可以提供水滴形成所需要的足够湿度条件（Rohwetter et al.，2010）。激光降雨还处于室内试验研究阶段，外场试验还未见报道，因此，激光降雨的效果还有待进一步研究。

3. 强声波增雨

声波对气悬微粒具有凝聚和消散作用，1960 年后各国开展了大量实验研究和部分应用，如工业上的除尘和物质回收、大气中大面积天然浓雾的"驱散"，苏联报道了利用声波成功实现人工降水的试验，但局限于小规模的应用（章肖融等，1963）。声波增雨，是通过声波引起空气的扰动，从而产生气流的碰撞，加速水汽的凝结，增加云中大粒径冰晶和水滴数量，促发降雨（卜凡亮等，2009）。利用声波定向发射技术进行人工降雨，与传统人工增雨技术相比，避免了催化剂的使用，是一种安全可控的人工增雨方法。这项技术在理论和试验上的可行性均已被证明，但还需要大规模实践的检验。目前，利用声波定向发射技术进行人工增雨面临的主要技术问题有：①声波在空气传播过程中的能量损失使得 2000m 以上高空的效果难以保证；②声波定向发射的集中效果问题；③大功率声波放大器的制作。清华大学席葆树教授长期从事实验流体力学研究，在声能学方面有着突出的贡献，21 世纪初研究了低频声波对水雾消散的作用（侯双全等，2002），发明和推广了大功率低频声波驱雾装置，在机场、高速公路驱雾中进行了应用。近些年，席葆树教授团队研制出更大功率、更稳定可靠的超声放大器，制作了应用于室外的人工增雨/雪定向声波装置，初步开展了人工增雨/雪试验，预期在短期内可以实现声波增雨/雪的产业化应用，有望实现空中水资源开发利用技术的新突破。

天河工程采用的空中水资源利用技术，与传统人工影响天气作业的区别在于：①系统性。传统人工影响天气作业着眼于局地天气系统，以技术手段为主要支撑，而天河工程是以天河动力学等理论为指导依据、以传统和新型影响作业技术为手段的系统工程，理论和技术并重，从水汽优势通道识别、空中水资源评估到实地作业、作业效果评估，是一个连续、紧密和系统的过程。②主动性。传统的人工影响天气技术实施条件苛刻，需大量适宜作业的云系存在，并对湿度、温度等条件要求较高，因此具有一定的随机性，作业实施较为被动，而天河工程将首先对作业区域的水汽优势通道的位置和空中水资源量进行评估，确定具体作业位置和规模，且新型增雨技术的应用，在一定程度上减轻了传统手段所要求的严苛作业条件，理论和技术的全面支撑使得天河工程的作业具有较强的主动性。

4.3 可信度评估技术

目前，人工增雨作业对效果评估的检验重点集中在如何区分自然降水和人工催化增加的降水量及云和降水的宏、微观物理量变化情况，现有的物理、统计和数值模拟检验手段均存在一系列的问题，主要表现在：①辐射计和粒子探测器观测范围有限；②缺少组网观测模式，无法实现对云和降水空间结构三维实时观测；③统计检验所需周期较长，数据要求量大，难以广泛应用；④数值模拟检验的复杂边界问题等。为此，天河工程将开展空中水资源开发利用效率的集成检验理论与方法研究，融合物理检验、统计检验和数值模拟检验，发展集合策略与多源雨量融合方法，提取不同检验指标的特征并整合三种检验方法建立天河工程作业效率集成检验体系，形成天河工程可信度评估技术。

具体而言，在物理检验基础上，使用多部双频段全极化毫米波雷达和多部全球卫星导航系统（Global Navigation Satellite System，GNSS）接收机、微波辐射计、机载粒子探测器进行无干扰式协同组网，对获取数据进行信息融合，实现对同一观测区域的更精细测量，增强对天河工程作业条件下的云和降水分布、特性及其演化运动过程的监测能力。利用统计方法作为天河工程作业效果检验的一种有效补充手段，来有效区分自然降雨与作业后降水的差异性，在此基础上分析其有效性。在数值模拟检验方面，通过数据同化与集合预报方法，降低模型输出的不确定性，反映作业前后降水的变化与分布规律。最后通过信息融合方法，将三种检验方法进行集成与整合，以评价不同地区水汽和降水来源的时空分布，有效准确检验作业效率。

4.4 天河预报与调度技术（临界条件）

天河工程作业前，需对作业区域及周边实施水汽状态的高时间分辨率监测，并根据外场条件判断作业地点、预估降水区域、最佳作业时机和目标层位，实施作业调度，并开展作业后的效果评估等。立足上述需求，基于卫星监测、多波段雷达、探空气球监测体系，集成天气预报（weather research and forecasting，WRF）模型高分辨率天气过程模拟，以及地面现有气象站、雨滴谱仪、地面径流测站的地面降雨评价体系，开发集条件监测及预报、作业指挥、态势演示和效果评估功能于一体的综合试验平台，形成天河预报及调度技术，可对作业全过程的水汽变化、降水变化、地表径流变化等实现预报和实时监测，并验证作业的效果，评估增雨量，辅助和保障天河工程作业全过程的顺利实施。

5 未来挑战与展望

本文提出的天河与国外提出的大气河流（atmospheric river，AR）有所不同。2016 年，在加州大学圣地亚哥分校组织的国际大气河流会议上，来自世界各地的学者和应用专家探讨了大气河流的形成条件、大气河流（及相关过程）的识别与分类、大气河流最有前途的新的研究方向、大气河流研究如何融入气象/气候学中等问题。大气河流研究。仍有许多挑战有待解决，例如，如何提高数值天气预报模型对于大气河流位置、强度、频率及其登陆时间等的预报精度，大气河流与大尺度海洋-大气动力过程之间的联系、在未来气候变化条件下大气河流频率及强度等的变化情况（Gimeno et al.，2014）。与之相似的，天河及天河工程的研究也面临上述问题与挑战，但以天河动力学为核心理论之一的天河工程，尝试从新的角度对这些问题予以解答。

此外，深入认识"天-地"水转换规律，开展空中水资源利用研究，是当前科学界的研究热点之一。大气河流的应用研究主要集中于对局地极端降水及洪水灾害，其与水资源间的联系尚无深入研究，以"空-地"水资源耦合为另一核心理论的天河工程，试图揭示未来气候变化条件下可资源化空中水资源时空分布规律、空-地水资源之间转化的时空特征和耦合调控机制，建立适用于不同流域条件的空中水资源利用技术体系，为形成新的水资源开发与利用战略提供理论和技术基础。

综上，天河及天河工程作为新的科学命题和工程设想，力图从新的角度及技术解决空中水与地表水的耦合及资源化问题，但在基础理论和方法上，还需要不同学科、不同研究背景的学者参与其中，共同探讨空中水与地表水的耦合及资源化所涉及的关键问题。

致谢： 本项研究得到了国家自然科学基金重点项目（批准号：91547204），青海省科技支撑计划（编号：2015-SF-130）和青海省"天河工程"项目专项资金的资助。

参考文献

卜凡亮，王蓉，金华，等. 2009. 声波定向发射及其在人工降雨中的应用研究//第三届全国虚拟仪器大会论文集，桂林.

蔡淼. 2013. 中国空中云水资源和降水效率的评估研究. 北京：中国气象科学研究院博士学位论文.

陈霁巍，穆兴民. 2000. 黄河断流的态势，成因与科学对策. 自然资源学报，15 (1) :31-35.

侯双全，吴嘉，席葆树. 2002. 低频声波对水雾消散作用的实验研究. 流体力学实验与测量，16(4): 52-56.

王光谦，李铁键，李家叶，等. 2016a. 黄河流域源区与上中游空中水资源特征分析. 人民黄河，38(10): 79-83.

王光谦，钟德钰，李铁键，等. 2016b. 天空河流:发现、概念及其科学问题. 中国科学:技术科学，46(6): 649-656.

王国庆，王勇，张明. 2014. 黄淮海流域径流量变化及其对降水变化的响应. 人民黄河，(1): 52-54.

夏军，翟金良，占车生. 2011. 我国水资源研究与发展的若干思考. 地球科学进展，26(9): 905-915.

章肖融，干昌明，魏荣爵. 1963. 声波对水雾消散作用的初步实验研究. 南京大学学报 (自然科学版)，5: 003.

Caffrey P，Hoppel W，Frick G，et al. 2001. Incloud oxidation of SO_2 by O_3 and H_2O_2: Cloud chamber measurements and modeling of particle growth. Journal of Geophysical Research: Atmospheres，106(D21): 27587-27601.

Dee D P，Uppala S M，Simmons A J，et al. 2011. The ERA-Interim reanalysis: Configuration and performance of the data assimilation system. Quarterly Journal of the Royal Meteorological Society，137(656):553-597.

Falkenmark M. 1995. Coping with water scarcity under rapid population growth//Conference of SADC Ministers，Pretoria，23: 24.

Gimeno L，Nieto R，Vázquez M，et al. 2014，Atmospheric rivers: a mini-review. Frontiers in Earth Science，2: 2.

He F，Hopke P K. 1995. SO_2 oxidation and H_2O-H_2SO_4 binary nucleation by radon decay. Aerosol Science and Technology，23(3): 411-421.

Rohwetter P，Kasparian J，Stelmaszczyk K，et al. 2010. Laser-induced water condensation in air. Nature Photonics，4(7): 451-456.

UN Water. 2014. The United Nations World Water Development Report 2014: Water and Energy. UNESCO，Paris.

第三篇　农田水利学

　　导读　在我国人均水资源短缺的背景下，通过农业水资源的高效利用来保障农业用水安全与粮食安全，是农田水利学理论和技术发展的动力和目标。本篇系列论文中，分析了基于生命需水信息的作物高效用水调控理论体系，归纳了控制作物生命需水过程的高效节水生理调控技术研究进展，提出了该领域的发展趋势；介绍了农业估产实践和农田生态水文研究中常用的代表性作物模型的原理、发展历程和主要特点，总结了作物模型的发展趋势及研究方向；基于南方水稻灌区典型区域的节水减排试验观测，提出水稻节水灌溉与水肥综合调控模式，构建了南方水稻灌区农业面源污染生态治理模式。

作物高效用水生理调控理论与技术研究综述

杜太生[1]，康绍忠[1]，孙景生[2]，张喜英[3]

（1.中国农业大学水利与土木工程学院，北京 100083；
2.中国农业科学院农田灌溉研究所，作物需水与调控重点开放实验室，新乡
453003；3.中国科学院遗传发育所农业资源研究中心，石家庄 050021）

摘　要： 作物高效用水生理调控通过控制灌水改变土壤湿润方式或者施加外源激素，使作物感知缺水信号而调节最优气孔开度，控制作物耗水过程，达到不牺牲光合产物积累而降低奢侈蒸腾的目的，在不降低产量的条件下可大幅度提高作物水分利用效率。它的投入相对较少，并能实现真实节水，在我国北方地区具有广阔的应用前景和重要的科学意义。本文分析了基于生命需水信息的作物高效用水调控理论体系，包括作物生长冗余调控与缺水补偿效应理论、根冠通讯理论、作物控水调质理论、作物有限水量最优分配理论；介绍了控制作物生命需水过程的高效节水生理调控技术，综述了该领域研究进展及存在的问题和建议。

关键词： 作物高效用水；生理调控；研究进展；发展趋势

Methods and Technologies on Crop High-efficient Water Use and Physiological Regulation: A Review

Taisheng Du[1], Shaozhong Kang[1], Jingsheng Sun[2], Xiying Zhang[3]

（1.China Agricultural University, Beijing 100083; 2.Key Laboratory for Crop Water Requirement and Regulation of Farmland Irrigation, Chinese Academy Agricultural Sciences , Xinxiang 453003; 3.Center for Agricultural Resource Research Institute of Genetics and Department Biology, Chinese Academy of Sciences, Shijiazhuang 050021）

通信作者：康绍忠（1962—），E-mail: kangsz@cau.edu.cn。

Abstract: The physiological regulation of crop high-efficient water use is an effective way to stimulate plant with the signal of water deficit and primarily lead to optimal stomatal modulations. The plant water consumption turned to be controllable by changing the way of soil infiltration with designed irrigation or applying exogenous hormones. This regulation process decreased excessive transpiration without sacrificing photosynthesis product accumulation, and ultimately improved crop water use efficiency with less or no yield reduction. It had a promising application prospect and crucial scientific implication due to its low input and achievement of the real water-saving in north China. In this review, we analyzed the theoretical system of high-efficient water use regulation based on the information of crop growth water demand. The system included the crop growth redundancy regulation and water deficit compensation theory, the signal transfer theory between crop root and shoot, the crop water-saving and quality-enhancing theory and the theory of optimal allocation of limited water in the crop. Moreover, we reviewed the physiological regulation technologies of high-efficient water use based on controlling the process of crop growth water demand, and presented an overview in this field and also proposed some existing challenges and proposals.

Key Words: crop high-efficient water use; physiological regulation; research review; future research tendency

1 引言

我国是一个严重缺水的国家，农业是用水大户，发展节水高效农业是必然选择。据预测，到 2030 年我国需年产粮食 4500 亿 kg 才能保障我国的粮食安全，如按目前的作物水分生产率 0.8、灌溉水利用率 0.4、有效降水利用 400mm 计，共需灌溉水量 8000 亿 m³，对水资源支撑能力构成巨大挑战。因此，通过各种田间节水措施提高作物水分生产效率是节水农业发展的关键，也是节水灌溉发展的基础。田间是水分转化的主要场所，灌溉水输送到田间转化为土壤水后才能为作物所利用，最终转化为经济产量。作物吸收的水分中仅有 1%～2%用于植物器官的形成，其他绝大部分水分以叶片蒸腾和棵间蒸发的方式向大气散失，因此田间蒸发蒸腾耗水是农业生产耗水的主要形式（郭相平和张展羽，2001）。农业节水是一个复杂的系统工程，除渠道输水系统改造和田间灌水技术改进以外，实施作物生命需水过程控制与高效用水生理调控，是提高水的利用率和生产效率、缓解我国水危机和保障粮食安全的重要措施。作物生命需水过程控制与高效用水生理调控，通过控制灌水改变土壤湿润方式或者施加外源激素，使作物感知缺水信号而最优调节气孔开度，控制作物耗水过程，达到不牺牲光合产物积累而降低奢侈蒸腾的目的，在不降低产量条件下可大幅度提高作物水分利用效率。它的投入相对较少，并能实现真实节水，在我国北方地区具有广阔的应用前景和重要的科学意义。

虽然国内外已经在作物高效用水生理调控方面开展了大量研究，但在理论、方法与技术实施方面都必须加以完善和提高。有关作物水分信息的株间差异、作物生命需水信息在不同年份表达的差异、区域多种作物组合后的生命需水信息如何表达；节水灌溉条件下作物全生育期和不同生育阶段的生命需水过程及需水量指标体系、主要农作物保障一定产量水平和品质标准的最低需水量指标；如何依据作物耗水时空格局优化设计技术确定区域水资源健康利用条件下的经济耗水指标；如何将 GIS（geographic information system）、DEM（digital elevation model）的空间数据管理功能和统计学习理论的强大学习功能有机结合，实现作物时空数据的动态可视化表达及多维信息快速查询；如何考虑不同类型地区特点和不同供水条件的影响确定主要农作物节水高效的非充分灌溉模式，以及如何建立基于作物水分-品质-产量-效益耦合关系的节水调质高效灌溉决策方法和最优模式；如何开发实施作物生命需水过程控制的田间小定额非充分灌溉技术与控制设备、利用外源激素调控作物生命需水过程的新产品，研制面向农户的简便式非充分灌溉预报器与面向水管理人员的新型智能式非充分灌溉预报器，以及具有通用性与用户界面友好性的作物非充分灌溉决策支持系统开发等问题，既是该领域发展的重要方向，又是农业节水中迫切需要解决的实际问题。

2 基于生命需水信息的作物高效用水调控理论研究进展

目前人们已更多的考虑如何挖掘植物自身的生理节水潜力和创造高效用水环境，即利用作物遗传和生态生理特性以及干旱胁迫信号脱落酸（abscisic acid, ABA）的响应机制，通过时间（生育期）或空间（水平或垂直方向的不同根系区域）上的主动的根区水分调控，减少田间的蒸发蒸腾损失，以达到节水、高效、优质的目的。基于生命需水信息的作物高效节水调控理论正是实现上述目标的重要基础。

2.1 作物生长冗余调控与缺水补偿效应理论

从形成产量的角度来看，作物在其生长发育方面存在着大量的冗余，包括株高、叶面积、分蘖或分枝、繁殖器官、甚至细胞组分和基因结构等，而且这种冗余随着辅助能量（如水、肥）的增加而增大。生长冗余，本是作物适应波动环境的一种生态对策，以便增大稳定性，减少物种灭绝的危险，但这种固有的冗余特性在人类可以对环境施加影响并对物种加以保护的条件下，则变成了高产栽培中的巨大浪费和负担（盛承发，1990）。植物生理学家研究提出的作物生长冗余理论、同化物转移的"库源"学说以及缺水对禾谷类作物不同生理功能影响的先后顺序（细胞扩张→气孔运动→蒸腾运动→光合作用→物质运输），从分子水平上为作物不同生育期亏缺调控灌溉定量化和可操作化的深层次研究提供了理论基础。合理的灌溉能够调控作物根系生长发育，使茎、根、叶各部分不产生过量生长，控制作物各部分的最优生长量，维持根冠间协调平衡的比例，可以实现提高经济产量和水分利用效率的目的。此外，适时适度的亏水不仅可以有效地控制营养生长，使更多的光合同化产物输送到生殖器官，而且节省了大量工时，便于田间的栽培管理及密植度的进一步增加。

任何一种节水方法在达到节水目的的前提下，必须保证对产量不会产生太大的影响。现代节水高效灌溉的技术瓶颈就在于如何通过系统的生命水分信息监测与诊断对作物耗水状况进行最优调控，从而最大限度的充分利用作物在经受水分胁迫时的"自我保护"作用和水分胁迫解除后的"补偿"作用。大量研究表明，水分胁迫并非完全是负效应，特定发育阶段、有限的水分胁迫对提高产量和品质是有益的。植物在水分胁迫解除后，会表现出一定的补偿生长功能，适度的水分亏缺不仅不降低作物的产量，反而能增加产量、提高作物水分生产效率（water use efficiency，WUE）。因此，在作物生长发育的某些阶段主动施加一定程度的水分胁迫，能够影响光合同化产物向不同组织器官的分配，以调节作物的生长进程。例如，在陕西长武对玉米进行的调亏灌溉试验，苗期和拔节期均中度调亏和苗期重度调亏拔节期中度调亏处理可在保持相同产量水平下使玉米水分利用效率显著提高。

2.2 根冠通讯理论

根冠通讯理论为在作物不同根系空间上进行亏缺调控灌溉提供了理论基础。20 世纪 80 年代以后的大量研究表明，植物在叶片水分状况无任何变化之前，其地上部对土壤干旱就已经有了反应，这种反应几乎与土壤的水分亏缺效应同时发生（Bates and Hall，1981；Blackman and Davies，1985；Cowan，1988；Davies and Zhang，1991）。由此可见，当土壤水分下降时，植物必定能够"感知"根系周围的土壤水分状况，并以一定方式将信息传递至地上部，从而调节生长发育的机制，使地上部做出各种反应。可以简单设想处于相对较干燥土壤中的部分根系会产生某些化学信号，这些信号在总的水流量和叶片水分状况尚未发生变化时就传递到地上部发挥作用，随着土壤继续变干，越来越多的根系产生强度更大的化学信号物质，从而使植物地上部能够随土壤水分的可利用程度来调整自身的生长发育和生理过程（Jones，1998）。现在人们已经普遍接受气孔导度受土壤含水量控制是通过根的化学信号而不是依赖于叶水势这一观点（Gollan et al.，1986；Zhang and Davies，1989；Davies and Zhang，1991）。根系化学信号是植物体内平衡和优化水分利用的预警系统，国内外学者对干旱条件下根源化学信号的类型、产生与运输进行了大量的研究，发现土壤干旱时根系能够合成并输出多种信号物质，这些信号能够以电化学波或以具体的化学物质从受干旱的细胞中输出，它能够从产生部位向作用部位输送。

尽管调控地上部的根源信号物质有很多，但最普遍、研究最多也最令人信服的是脱落酸（ABA）。大量研究表明，根系受到干旱胁迫时能迅速合成ABA，其含量因植物种类不同而成几倍甚至几十倍的增加，而且根系合成ABA的量与根系周围的水分状况密切相关。Zhang和Davies（1989）的研究结果说明根系ABA含量可作为测量根系周围土壤水分状况的一个指标。梁建生和张建华（1998）的试验结果也证明了这一点，而且进行复水处理，干旱诱导合成的ABA即迅速降到对照水平。Liang等（1997）研究玉米和银合欢木质部ABA浓度与根系ABA含量间的关系时观察到，两者间存在近线性关系，表明木质部ABA浓度可以作为根源ABA的定量指标，并用以直接反映根系感应土壤环境的能力。以上这些结果均表明，ABA具有控制气孔、感知土壤水分可利用状况、调控植物营养生长与生殖生长，从而实现最优化调节的作用。从这一意义上讲，根系化学信号物质的合成是根系对土壤不良环境做出的即时响应。

在部分根区干燥（partial root-zone drying，PRD）技术作为一种主动的灌溉调控思路提出之前，主要针对PRD条件下根冠信息传递和相关生理指标的反应进行研究，尤其对部分根区干燥条件下干旱信号ABA的产生、长距离运输与传导、ABA在不同部位的代谢与木质部汁液pH的变化及导致气孔开度降低的机理进行了深入的研究（Sauter et al.，2001；Hartung et al.，2002；Schachtman and Goodger，2008）。但与此相反，对西红柿和大豆等作物的一些试验研究则既未观测到 PRD 处理使气孔导度和蒸腾速率下降，也没有发现木质部汁液 pH 有任何变化（Stikic et al.，2003；Wakrim et al.，2005）。为了进一步揭示其原因，很多研究以根系补偿生长效应和根系水分传导为切入点进行探讨，Green 和 Clothier（1999）的研究表明当表层土壤在水平面上呈均匀湿润时，苹果树根系吸水的70%发生在根系层上部0.4m深的范围内，而当仅在根系区域的一侧灌水时，其水分吸收的形式变化很快，根系从湿润侧土壤吸水的速率比均匀供水时增加了20%，而且根液流的热脉冲测定结果也表明经干燥后重新复水的根系吸收功能存在明显的补偿效应，这些研究结果证明苹果树有调节其根系吸水形式以适应土壤含水量局部变化的能力。Poni 等（1992）的试验也表明根系在局部干燥时有以比全部根区湿润时大得多的速率传输水分的能力。据此，康绍忠等（1997）提出了以刺激作物根系吸水功能和改变根区剖面土壤湿润方式为核心，以调节气孔开度，减少"奢侈"蒸腾，提高水分利用效率，大量节水而不减产或提高品质为最终目的的根系分区交替灌溉（alternate partial root-zone irrigation, APRI）理论与技术，并在甘肃民勤进行了连续多年的田间试验。结果表明，应用根系分区交替灌溉技术可以以不牺牲产量为代价，实现产量和水分利用效率的同步提高。此后，众多学者对这种灌溉方式下的气孔响应、补偿生长效应、地上地下生物量变化、产量、水分利用效率和品质等方面开展了大量的试验研究，发现让根系经受一定程度的干旱锻炼后，对其水分传导具有明显的补偿作用（Hu et al., 2011; Wang et al, 2012）。

2.3 作物控水调质理论

由于水分调控对作物生育、产量和品质形成影响的复杂性，在 20 世纪 80 年代以前的研究一般不考虑作物是否存在"奢侈蒸腾"，并忽略水分对品质的影响，只是把水肥供应充足、产量最高条件下的作物蒸发蒸腾量视之为作物需水量，并在农田用水管理过程中采用丰水高产的充分灌溉技术以满足作物对水分的潜在需求。而传统的非充分灌溉理论也主要基于水分生产函数考虑产量损失最小或总产量及效益最佳，较少考虑水分-品质响应关系及其对节水效益的影响。在农业生产中，水分不仅作为各种物质转运的载体，而且还直接参与细胞分裂、糖分转化等生理生化过程。当作物受到水分胁迫时，将通过主动的渗透调节来增强自身的抗旱性，使 ABA、脯氨酸和可溶性糖等的含量增加，促进气孔关闭，降低水势并保持一定的膨压，使其在低渗透势下仍能从环境中吸收水分和养分；相应的，植物体内水势的下降也会引起果实水势及渗透势的下降，从而维持果实的膨压，发生所谓主动渗透调节作用（Mills et al., 1996；Promper and Breen, 1997）。同时，在受到水分胁迫时，叶源光合同化产物如葡萄糖和果糖等除用于作物生长储存外，大部分也直接参与渗透调节，并使生理库中的非结构性碳水化合物及相应成分得以提高（Behboudian et al., 1994；Yakushij and Morinaga, 1998）；另一方面，灌水可能增加果实产量，但却常常伴随着果实内糖和有机酸等可溶性固形物含量的降低。在水分亏缺条件下，对果实细胞来说，膨压是主动渗透作用的驱动力，可溶性糖的累积一方面可以降低水势，维持水和溶质向果实流入；另一方面使果实中的糖代谢维持在一个适当的水平（Promper and Breen, 1997）。研究表明，在果实生长发育的第三阶段进行水分胁迫，果实可溶性固形物含量增加；而在果实生长发育的第一、第二阶段进行水分胁迫对果实可溶性固形物含量的影响不明显（Paul, 2003）。可见，通过灌溉调控可以改变糖酸向果实的运输，引起糖的叠加效应，进而调控果实的品质。

已有研究表明，在适度的水分亏缺下，根源 ABA 浓度增加将导致木质部汁液中 ABA 浓度升高。尤其在果实成熟期，枝叶与果实木质部联系程度降低导致源库间的液流通量减少，从而使果实表皮细胞中 ABA 的累积量远低于茎叶中的含量，尽管其营养生长被抑制，果实中糖的积累和色素形成过程却没有受到明显的影响（Davies et al., 2000；Sauter et al., 2001）。此外，受水分调控驱动的作物体内 ABA 浓度的增加还能提高谷氨酰酶底物 γ-谷氨酰磷酸的合成活力，通过影响细胞内 H^+ 的分泌，改变细胞的 pH（Wilkinson and Davies, 1997）。上述这些生理过程均直接或间接影响果实品质的形成与转化过程。

大量研究表明，在作物生长发育的某些阶段主动施加一定程度的水分胁迫，其叶面积指数减小，植物透光率增大，有利于果实的着色和相应营养元素的合成（关军锋，2008；Du et al., 2015），而合理的灌溉能使根、茎、叶各部分不产生冗余生长，控制作物各部分的最优生长量，维持根冠间协调平衡的比例，不仅可以有效地控制营养生长，使更多的光合同化产物输送到生殖器官，而且可大大节省修剪工作量，简化田间的栽培管理并提高栽植密度，以调节作物的生长进程，并诱发补偿生长效应（Kang et al., 2000；Goldhamer et al., 2006；dos Santos et al., 2007）。实现提高经济产量和水分利用效率而又大量节水的目的。果实的生长发育是一个连续的生理过程。水的可利用性在整个生长期都会影响果实糖酸含量。灌溉也许通过降低碳水化合物水平，减少糖酸向果实的运输，或引起酸的稀释效应，从而对果实的糖酸含量起综合作用（关军锋，2008；Goldhamer et al.，006；dos Santos et al.，2007）。而糖类和有机酸类物质的转化是果实生长发育过程中物质转化的主要表现之一，它将导致果实风味的变化。

2.4 作物有限水量最优分配理论

在供水不足的条件下，把有限的水量在作物间或作物生育期内进行最优分配，允许作物在水分非敏感期经受一定程度的水分亏缺，把有限的灌溉水量灌到对作物产量贡献最大的水分敏感期所在的生育阶段，以获得最大的总产量和效益，即解决有限水量在生育阶段的最佳分配问题。因此，要确定出各生育阶段缺水对产量的影响，尽可能减少在对作物产量最敏感的生育阶段内的缺水，使减产降低到最低程度。同时对相同时段生长的作物，减产系数最高的要优先供水，允许牺牲局部，以获得总产量最高或纯收益最佳。该理论主要包括不同作物缺水敏感指数的确定、作物水分一产量模型以及优化灌溉模型等内容。截至目前，虽然对非充分灌溉条件下的作物水分一产量模型进行了大量的研究工作，并相继提出了加法模型、乘法模型及加乘混合模型等，但它们大多是缺乏物理意义的统计回归分析模型，且水分敏感系数或指数在不同地区和同一地区不同水文年间的变化较大。关于有限灌溉水在作物间和作物生育期不同生育时段间的优化分配问题，国外在编制不同亏水度作物生长模拟模型的基础上，将作物水分-产量模型广泛地应用于灌溉系统的模拟，提出了各种不同配水计划的预测效果，制定了相应的作物非充分灌溉模式与实施操作技术;国内在这方面虽然也做了大量的研究工作，但大多数的优化配水结果多是针对某一具体作物或灌区，目前尚未形成较通用的非充分灌溉设计软件，更无基于网络、面向基层水管人员或农户使用的非充分灌溉设计软件，缺乏与实施非充分灌溉制度相适应的低定额灌溉的先进地面灌水方式及相应配套设备与产品的研究和开发。

3 作物高效用水生理调控技术研究进展

3.1 作物生命需水信息获取与尺度转换技术

综合研究不同尺度作物生命需水信息获取的涡度相关法、波文比能量平衡法、遥感监测法、茎液流+棵间蒸发测定法、水量平衡法、作物系数法及理论模拟法，确定适合不同类型地区的作物生命需水信息获取方法，开发作物生命需水信息量化与标准化处理技术；研究作物生命需水在空间尺度上变化规律，单株、农田、区域等不同尺度的作物需水时空变异与尺度转换技术，基于 GIS 与 DEM 研究作物生命需水信息的空间分异规律与尺度提升方法，利用 GIS 与遥感结合的区域作物生命需水分布估算方法。

3.2 作物生命需水与区域耗水时空格局优化设计技术

研究主要作物的生命需水过程，提出典型缺水地区不同水文年份主要作物的生命需水指标；研究作物耗水时空格局优化设计技术，提出典型区域水资源健康利用条件下的作物经济耗水最优时空格局与控制指标。

3.3 控制作物生命需水过程的节水调质高效灌溉新技术与模式

在研究有限水量高效利用的非充分灌溉与调亏灌溉技术与模式的基础上，探索基于作物生命需水信息与水分-品质-产量-效益综合模型优选节水调质高效灌溉模式的最优化决策方法，提出主要农作物与特色经济作物的节水调质高效灌溉技术与应用模式。

3.4 实施田间小定额非充分灌溉的新技术与施灌控制设备

针对主要灌溉作物，研究有限供水条件下灌溉水在生育期和土壤剖面上与作物生命健康需水的时空优化耦合规律，建立节水增产的大田作物小定额非充分灌溉模式，提高单位耗水的农田产出；开发与现代农业生产条件相适应、适合不同农业生产经营方式的大田作物小定额施灌方法和配套设备，减少灌溉水蒸发、渗漏损失，提高灌溉用水效率，实现有限供水条件下作物高效生产。

3.5 控制作物生命需水过程的高效节水生理调控技术

从调控作物营养生长过程（前期控制）、根冠比、改进根系吸收性能，调节根区水分和养分有效性及气孔运动行为等方面，研究开发调节作物生长、提高作物水分利用效率和改善综合品质的新型调节剂及其配方，探讨主要农作物高效用水生理调控的新途径与实施技术。

3.6 作物生命需水信息管理与高效用水调控决策技术

研究作物需水时空信息可视化表达技术，构建作物需水时空信息数据库，开发新型作物需水多维信息查询与区域耗水管理决策支持系统。构建不同类型区、不同水文年份主要农作物生命健康需水量数据库与不同供水条件下的作物经济需水量数据库；研究建立我国不同类型区参考作物需水量计算模型库，主要农作物节水条件下作物生命健康需水量计算模型与作物、气象、土壤等参数库；运用地理信息系统合理划定各分析单元，选择典型计算代表点，构建我国数字化主要农作物需水量等值线图及其网上查询系统。研发面向农户的简便式非充分灌溉预报器和面向用水管理者的新型智能式非充分灌溉预报器以及单机版和网络版的非充分灌溉决策支持系统及相应软件。

目前，在完成国家高技术研究发展计划（"863"计划）课题"作物生命需水过程控制与高效用水生理调控技术及产品"的基础上，在上述几方面已取得一些突破性进展，研究提出了华北平原豫北区、华北北部山前平原地下水超采区、西北干旱内陆区大田作物、果树和温室作物生命需水信息获取的涡度相关法、波文比能量平衡法、遥感监测法、茎液流+棵间蒸发测定法、水量平衡法、作物系数法及理论模拟法 7 种方法，研究了不同时空尺度的作物耗水规律并进行了模拟分析，明晰了冬小麦、夏玉米、春玉米、麦后移栽棉、葡萄、西红柿等作物的生命需水过程；提出了由叶片蒸腾到果园耗水的尺度提升方法，提出了下垫面多组成部分混合阻抗计算公式；借鉴确定灌溉试验站网空间结构和遥感图像尺度转折点的思路，将作物需水在整个研究区幅度范围内的平均局部方差作为衡量作物需水偏离平均值的程度，通过研究幅度内局部方差平均值随不同空间粒度的变化情况来确定尺度转折点，改进了基于分形理论的作物需水信息无标度区间的确定方法；提出了以先验知识作为软数据、监测数据作为硬数据，采用 BME（bayesian maximum entropy）方法进行作物需水多源信息整合技术；在进行多源数据整合、尺度转则点分析、不同尺度影响作物需水的主导因子以及站点代表性分析的基础上，提出了基于遥感和监测站点信息的作物需水量尺度推绎方法；采用 netCDF 进行多维数据的存储，探索了以 ArcServer 为平台进行不同时空作物需水信息的可视化表达方法；以 SMPTSB 模型为基础，发展了基于气孔的作物用水效率模型，建立了夏玉米蒸腾量和光合产量计算模型和夏玉米生育期优化用水方法；基于作物耗水计算的双作物系数法，发展了田间节水灌溉制度优化模型。研究了华北平原豫北区、华北北部地下水超采区、西北干旱内陆区小麦、玉米、棉花等大田作物，酿酒葡萄、苹果等果树和西红柿、辣椒、黄瓜等温室作物不同年份不同生育期、日、小时等时间尺度的需水指标与区域水资源健康利用条件下的经济耗水指标，建立了综合考虑番茄产量和品质的优化灌溉决策模型。提出了基于水面蒸发量的温室番茄节水调质高效灌溉模式，提出了瓜棉套种节水调质灌溉模式，针对华北地区咸水灌溉条件提出了棉花需水指标及高效安全利用灌溉制度，提出了黄淮南部主要粮食作物生命需水指标及灌溉模式。针对华北北部井灌区地下水严重超采现状，在充分分析实现区域地下水可持续利用的区域水量平衡基础上，提出了山前平原和低平原维持现有种植模式下，实现区域地下水采补平衡的灌溉用水量及其可能对产量的影响。并根据实现地下水采补平衡的灌溉定额，建立了利于冬小麦夏玉米在限水灌溉条件下取得最高产量和最优水分利用效率的"关键期补水灌溉制度"和"最小灌溉制度"。同时提出了与之相配套的小定额灌溉技术和使用外源激素调控蒸腾效率等技术。

4 研究趋势

从当前世界发达国家农业水资源高效利用的发展趋势来看，传统的仅仅追求单产最高的丰水高产型农业正在向节水高效优质型农业转变，作物灌溉用水也由传统的"丰水高产型灌溉"向"节水优产高效型非充分灌溉"转变。区域农业水资源的配置与管理由供水管理转向需水管理，通过优化设计作物耗水时空格局，追求维持一定区域总产量或效益的前提下使其耗水最小。传统灌溉方式下的作物需水量与灌溉制度等试验资料已远远不能满足现代节水农业条件下灌溉用水管理的需求，作物需水的研究已由小区和农田尺度转向区域尺度，重点探索作物需水时空变异与尺度转换问题；作物需水量的估算也由过去充分供水时的最大作物需水量转向胁迫条件下的最优耗水量估算；对主要作物生命需水指标的研究已转向依据作物耗水时空格局优化设计的作物经济耗水指标研究；基于作物水分-产量关系的非充分灌溉理论与实践已开始向基于作物水分-品质-产量-效益综合关系的节水调质灌溉理论与实践转变；农业、水利的现代化管理和水资源的优化配置对不同尺度作物需水信息精度提出了新要求，随着信息技术的发展，传统的农业技术推广模式也发生了新变化。目前，不同类型地区的作物生命需水信息获取方法、作物需水时空信息可视化表达技术、区域与国家的作物需水时空信息数据库、新型智能式非充分灌溉预报器及非充分灌溉决策支持系统与相应软件等的研发已成为该领域的热点，并且更加重视技术模式的标准化和生理节水的可控性，实施田间小定额非充分灌溉的技术与新型施灌控制设备、环保型作物抑蒸减耗生理调控技术与新产品的研究更加活跃。其总体发展趋势是水资源时空调配、充分利用自然降水、高效利用灌溉水及提高作物自身水分利用效率相结合，农艺、工程、生物措施相统一，协同提高农业水生产力，从作物—农田—渠系—灌区—区域尺度全方位提高农业节水潜力，发展节水高效优质农业。

5　结语

　　尽管人们已充分认识到作物生命健康需水信息及其过程控制的重要性，且在近年来的研究中取得了一些可喜的进展，但由于作物生命健康需水受到自然条件、作物本身生理特性、灌水技术等多方面因素的影响，涉及土壤、气象、植物水分生理、农田灌溉等诸多学科领域，目前仍存在如下科学问题有待解决：作物生命健康需水过程的量化表达与标准化处理，包括植株蒸腾长时间无损连续监测的设备与监测、噪声干扰消除方法、株间变异分析和标准化处理等；作物需水信息时空变异与尺度转换，包括作物需水信息时空异质结构的存在形式、采样策略的优化、采样点的代表性分析、尺度转折点的确定、不同尺度主导因子的识别以及不同尺度作物需水信息的推绎方法，以及同一尺度下不同监测方法权重的确定和不同尺度、不同监测方法的融合规则与选择等；作物生命健康需水指标体系与综合指标的确定，需要在不同区域、不同气候和不同灌水方式条件下，设计足够的水分处理，进行连续多年的试验研究，建立作物水分-产量-品质关系模型，综合分析确定各时段长度作物生命健康需水量指标、水分生理指标和土壤水分控制指标，并研究提出一种既能综合反映各个链环上的作物水分状况，又能用来指导作物需水调控的综合判别指标与判别方法；作物生理节水与耗水过程的调控途径与调控模式，研究作物缺水信号产生、传导与失水器官响应过程，包括作物感知干旱的器官、感知方式、缺水信号及信号产生和传导方式、失水器官的响应过程，在此基础上研究缺水信号的诱导途径，提出作物生理节水与耗水过程的调控途径与调控模式；作物生命健康需水对变化环境响应的定量表征及基于作物生命健康需水过程控制的精量灌溉新技术与模式。

在基于生命需水信息的作物高效节水调控技术中仍需考虑如下科学问题：①作物需水信息的株间差异；②作物根系生长微环境的变化；③作物需水信息指标在不同水文年份表达的差异；④区域多种植物组合后的需水信息的表达；⑤作物需水信息在区域节水调控中的应用。对作物生长冗余调控理论、作物缺水补偿效应理论、作物控水调质理论和作物有限水量最优配置理论体系需要进行系统深入的研究，如作物生长冗余调控理论中作物各阶段最适宜生长量及其与水分的关系、作物优化群体布局与根冠关系等；作物缺水补偿效应的最优控制阶段与控制水平；作物控水调质理论中品质与各阶段的水分供应的关系和水分控制技术；作物有限水量最优配置理论的作物水分关系以及优化方法等。通过上述问题的解决将实现基于生命需水信息的作物高效节水调控理论与技术的创新与突破。

参考文献

关军锋. 2008. 果实品质生理. 北京:科学出版社.

郭相平，张展羽. 2001. 节水农业的潜力在哪里. 中国农村水利水电，(10) :13-14.

康绍忠，张建华，梁宗锁，等. 1997. 控制性交替灌溉——一种新的农田节水调控思路. 干旱地区农业研究，15(1): 1-6.

梁建生，张建华. 1998. 根系逆境信号 ABA 的产生和运输及其生理作用. 植物生理学通讯，34(5): 329-338.

盛承发. 1990. 生长的冗余——作物对于虫害超越补偿作用的一种解释. 应用生态学报，3(1) :26-30.

Bates L M，Hall A E. 1981. Stomatal closure with soil water depletion not associated with change in bulk leaf water stress. Oecologia，50: 62-65.

Behboudian M H. Lawes G S. Griffiths K M. 1994. The influence of water deficit on water relations，photosynthesis and fruit growth in Asian pear（Pyrus serotina Rahd）. Acta Horticulturae，60:89-99.

Blackman P G，Davies W J. 1985. Root to shoot communication in maize plants of the effect of soil drying. Journal of Experimental Botany，36: 39-48.

Cowan I R. 1988. Stomata behavior and environment. Advances of Botany Research，4: 117-228.

Davies W J，Bacon M A，Thompson D S . 2000. Regulation of leaf and fruit growth in plants growing in drying soil: exploitation of the plants′ chemical signaling system and hydraulic architecture to increase the efficiency of water use in agriculture. Journal of Experimental Botany，51(350):1617-1626.

Davies W J，Zhang J. 1991. Root signals and the regulation of growth and development of plants in drying soil. Annual Review of Plant Physiology and Plant Molecular Biology，42: 55-76.

dos Santos T P，Lopes C M，Rodrigues M L，et al. 2007. Effects of deficit irrigation strategies on cluster microclimate for improving fruit composition of Moscatel field-grown grapevines. Scientia Horticulturae，112(3):321-33 .

Du T S，Kang S Z，Zhang J H. 2015. Deficit irrigation and sustainable water-resource strategies in agriculture for China's food security. Journal of Experimental Botany，66(8): 2253-2269.

Goldhamer D A，Viveros M，Salinas M . 2006. Regulated deficit irrigation in almonds: Effects of variations in applied water and stress timing on yield and yield components. Irrigation Science，24:101-114.

Gollan T，Passioura J B，Munns R. 1986. Soil water status affects the stomatal conductance of fully turgid wheat and sunflower leaves. Australian Journal of Plant Physiology，13: 459-464.

Green S R，Clothier B. 1999. The root zone dynamics of water uptake by a mature apple tree. Plant Soil，206: 61-77.

Hartung W，Sauter A，Hose E. 2002. Abscisic acid in the xylem: where does it come from，where does it go to? Journal of Experimental Botany，53 (366): 27-32.

Hu T T，Kang S Z，Li F S，et al. 2011. Effects of partial root-zone irrigation on hydraulic conductivity in the soil-root system of maize plant. Journal of Experimental Botany，62(12):4163-4172.

Jones H G. 1998. Stomatal control of photosynthesis and transpiration. Journal of Experimental Botany，49: 387-398.

Kang S Z，Shi W J，Zhang J H . 2000. An improved water-use efficiency for maize grown under regulated deficit irrigation. Field Crops Research，67:207-214.

Liang J，Zhang J，Wong M H. 1997. How do roots control xylem sap ABA concentration in response to soil drying. Plant and Cell Physiology，38: 10-16.

Mills T M，Behboudian M H，Clothier B E . 1996. Water relations，growth，and the composition of'Braeburn'apple fruit under deficit irrigation. Journal of the American Society for Horticultural Science，121（2）:286-291.

Paul E, Kriedemann，Ian Goodwin. 2003. Regulated Deficit Irrigation and Partial Rootzone Drying. Irrigation Insights.

Poni S，Tagliavini M，Neri D，et al. 1992. Influence of root pruning and water stress on growth and physiological factors of potted apple，grape，peach and pear trees. Scientia Horticaltural，52(3): 223-236.

Promper K W，Breen P J . 1997. Expansion and osmotic adjustment of strawberry fruit during water stress. Journal of the American Society for Horticultural Science，122（2）:183-189.

Sauter A，Davies W J，Hartung W. 2001. The long-distance abscisic acid signal in the drought-ed plant: the fate of the hormone on its way from root to shoot. Journal of Experimental Botany，52（363）:1991-1997.

Schachtman D P，Goodger J Q D. 2008. Chemical root to shoot signaling under drought. Trends in Plant Science，13(6): 281-287.

Stikic R，Popovic S，Srdic M，et al. 2003. Partial root drying (PRD): A new technique for growing plants that saves water and improves the quality of fruit. Bulg J Plant Physiol (Special Issue): 164-171.

Wakrim R，Wahbi S，Tahi H，et al. 2005. Comparative effects of partial root drying (PRD) and regulated deficit irrigation (RDI) on water relations and water use efficiency in common bean (Phaseolus vulgaris L.). Agr Ecosyst Environ，106 (2-3): 275-287.

Wang Z C，Kang S Z，Jensen C R，et al. 2012. Alternate partial root-zone irrigation reduces bundle-sheath cell leakage to CO_2 and enhances photosynthetic capacity in maize leaves. Journal of Experimental Botany，63(3):1145-1153.

Wilkinson S，Davies W J . 1997. Xylem sap pH increase: A drought signal received at the apo-plastic face of the guard cell that involves the suppression of saturable Abscisic Acid uptake by the epidermal symplast. Plant Physiology，113:559-573.

Yakushij H，Morinaga K. 1998. Sugar accumulation and portioning in Satsuma mandarin tree tissues and fruit in response to drought stress. Journal of the American Society for Horticultur-al Science，123（4）:719-726.

Zhang J，Davies W J. 1989. Abscisic acid produced in dehydrating roots may enable the plant to measure the water status of the soil. Plant，Cell and Environment，12: 73-81.

作物生长模拟研究进展

丛振涛，韩依霖，倪广恒，雷慧闽

（清华大学水沙科学与水利水电工程国家重点实验室，北京 100084）

摘　要：作物模型近年来快速发展，为农业估产和农田生态水文研究提供了有效工具。本文介绍了 Wageningen 系列、DSSAT 模型、APSIM 模型、EPIC 模型、AquaCrop 模型等代表性作物模型的原理、发展历程和主要特点。总结了作物模型的研究趋势，包括作物模型与遥感技术的结合、作物模型与陆面过程的结合、作物模型与水文模型的结合等。最后对作物模型的研究方向及我国作物模型的发展提出了建议。

关键词：作物模型；作物生长模拟；遥感；陆面过程；水文模型

Review of Crop Simulation Model Research

Zhentao Cong，Yilin Han，Guangheng Ni，Huimin Lei

（State Key Laboratory of Hydroscience and Engineering，Tsinghua University，Beijing 100084）

Abstract: In recent years, the rapid development of crop models has provided an effective tool for the estimation of agricultural yields and research of farmland ecohydrology. In this article, we introduce the principles, development process and main characteristics of the representative crop model including Wageningen series model, DSSAT model, APSIM model, EPIC model and AquaCrop model etc. And we conclude research trends of crop model, such as its combination with remote sensing technology, land surface model and hydrological model. At last, we propose some advises for the future research and development of crop model.

Key Words: crop model; crop growth simulation; remote sensing; land surface model; hydrological model

通信作者：丛振涛（1973—），E-mail：congzht@tsinghua.edu.cn。

1 引言

作物生长模拟模型（crop growth/development simulation model），简称作物模型（crop model），用以定量和动态地描述作物生长、发育和产量形成过程及其对环境的反应。通过作物模型对作物遗传特性和环境条件如土壤特征、气候条件和管理措施等因素进行获取后，即可获得覆盖各种生态类型区、任意地点和年份的产量潜力。近年来，随着计算机模拟技术及现代系统分析理论的迅速发展，极大地促进了作物模型研究的发展，这一理论的推进提升了农田水分利用效率，优化了作物种植结构及作物产量和品质，为农业水土资源高效利用、生态环境建设、农业可持续发展提供了科学依据与可行方法。

面对大量的作物模型研究，进行系统的总结存在一定的困难。Liu 等(2014)利用软件 CiteSpace II 系统地分析了 Thomson ISI's SCI 数据库 1995 年到 2011 年作物生长模型的 6079 篇文献，主要国家包括美国、法国、中国、澳大利亚、荷兰等，主要机构包括法国国立农业研究所（Institut Nationale de la Recherche Agronomigue，INRA）、美国农业部（United States Department of Agriculture，USDA）、荷兰 Wageningen 大学、美国佛罗里达大学、中国科学院、澳大利亚联邦科学与工业研究组织（Commonwealth Scientific and Industrial Research Organisation，CSIRO）等，引用率最高的作者是荷兰的 Ritchie，引用率最高的文献是 Jones 发表于 1986 年的 CERES-MAIZE 模型。

基于大量文献调研，本文介绍了代表性作物模型的发展历程、基本原理和主要特点，进一步总结近年来作物模型研究的主要进展，为开展作物模型的开发与应用提供参考。

2 代表性作物模型

2.1 Wageningen系列模型

自从 de Wit 在 20 世纪 60 年代所做的开辟性工作之后，荷兰的 Wageningen 小组一直致力于对作物模型的开发与应用，形成了 Wageningen 系列作物模型(van Ittersum et al.，2003)。Wageningen 作物模型应用两种不同的计算方法来计算潜在生长，即 LINTUL（Light INTerception and UtiLisation）系列与 SUCROS（Simple and Universal CROp growth Simulator）系列。LINTUL 系列模型基于叶面积指数和 Lambert-Beer 定律及由经验确定

的光能利用效率 LUE（light use efficiency）来计算每日冠层拦截的光能，并以此为基础计算干物质的积累。SUCROS 系列模型在模拟作物产量的过程中，首先计算二氧化碳同化的总量，再计算维持呼吸与生长呼吸所需要的二氧化碳量，最终得到作物积累的干物质量。SUCROS 系列模型通过光合作用的光响应曲线来计算即时的二氧化碳同化率，再进行积分得到二氧化碳同化总量；模型通过理论分析与经验模型相结合的方式研究计算维持呼吸所需要的二氧化碳；生长呼吸指生物合成过程中的能量消耗，Vries（1975）列出了对应于不同作物不同器官的值。绝大多数 Wageningen 作物模型如 ORYZA 系列模型、WOFOST 模型和 SWAP 模型都是基于 SUCROS 模型发展而来的。

ORYZA 系列模型是 Wageningen 大学研发的一系列水稻模型，包括 ORYZA1（潜在生长模型），ORYZA-W（水分限制条件下的生长模型）及 ORYZA-N（养分限制条件下的生长模型）；目前已经将以上三种模型进行了整合而形成了 ORYZA2000 模型（Bouman et al., 2003）。在其他大多数模型中，在计算冠层的二氧化碳同化量时，只考虑叶面吸收的光能。然而除了叶面之外的其他器官在生长发育中也吸收了大量的光能，却并不予以考虑。只有 ORYZA 模型及 SWHEAT 模型对非叶面器官的光吸收量进行了考虑。最新版的 ORYZA2000v3 已经整合到澳大利亚 APSIM 中。

WOFOST（WOrld FOod STudies）能在给定的环境条件（土壤、天气等）、作物特性和作物管理（灌溉、施肥等）下模拟作物的生产能力(Diepen et al., 1989)。该模型正在不断的进行修正以便满足各种不同目的的需求。WOFOST 是一个机理模型，能够通过光合作用，呼吸作用及环境对其的综合影响来描述作物的生长过程。WOFOST 使用 SUCROS 中的模型对作物的潜在生长进行模拟，使用 Penman 及作物系数进行水分胁迫情况下的计算。模型使用 tipping bucket 方法计算土壤水平衡，并将土层主要分为三个部分，即有效根区部分、有效根区到地下水部分以及地下水部分。当存在氮素胁迫时，模型使用静态 QUEFTS（QUantitative Evaluation of the Fertility of Tropical Soils）方法进行计算。

SWAP（Soil Water Atmosphere Plant）模型的早期版本是 Fedde 等(1978)开发的 SWATR（soil water actual transpiration rate）。SWAP 模型可以用来模拟土壤—水分—大气—植物系统中土壤水的运移，饱和/非饱和土壤中的溶质与热量，可以在生长季或长时间序列在田间尺度上进行土壤水过程模拟。该模型能够很好地解决一系列的农业研究实践问题、水资源管理问题以及环境保护问题（Dam et al., 2008）。SWAP 在进行作物生长模拟过程中与 WOFOST

使用的是同一个模型；在进行土壤水模拟时使用 Richard 方法；同时模型使用一维土壤热通量与能量守恒方程相结合来计算土壤热流问题。

2.2　DSSAT模型

DSSAT（the decision support system or agrotechnology transfer）模型是在 IBSNAT（International Benchmark Sites Network for Agrotechnology Transfer）项目的整合下，由来自各个国家的科学家下共同建立的(Jones et al., 2003)。其目的是把有关土壤，气候，作物及管理的知识加以整合，以便为作物移植提供更好的决策方案。DSSAT 自发布以来，已经被全世界的研究者使用超过 25 年，目前最新的版本为 DSSATv4.6，可以对超过 28 种作物进行生长模拟。随着 DSSATv4.0 的发布，CSM（cropping system model）也随之诞生，它标示着 DSSAT 自 4.0 起，其设计将与之前的版本将完全不同。CSM 重建了程序代码，使其拥有模块化的格式。在新的模型中，来自不同学科的模块部分被分离开，且各个模块更容易移植和更新。在 CSM 中，所有的作物模型共用同一个单独的土壤模块与天气模块。在 v3.5 之前，DSSAT 中所有作物模型使用的土壤水模型都来自于 CERES-Wheat，该土壤水模型是一维模型，利用降雨，灌溉以及田间蒸散发等的计算。而 v4.0 之后的版本中将土壤蒸发、作物蒸腾以及根系吸水的过程分离出来组成新的 SPAM（soil plant atmosphere module）模块，但是土壤水平衡的计算方法保持着同样的逻辑，使用的公式也没有发生改变（Hoogenboom et al., 2015）。此外，DSSAT 模型中还包含天气模块，管理模块及病虫害模块。

CERES（crop environment resource synthesis）模型由美国农业部农业研究服务中心 USDA-ARS（United States Department of Agriculture, Agriculture Research Serve）领导，以密歇根州立大学教授 Ritchie 为首组织农学、生理、土壤、气象、水文和计算机等专业的数十位科学家研究开发。该模型是目前世界上应用最广的作物模型之一，根据不同的作物，分别建立了 CERES-Wheat、CERES-Maize、CERES-Sorghum、CERES-Millet 等模型（Jones et al., 2003）。

CROPGRO 模型开发工作也是在 IBSNAT 项目的资助下进行的，主要由 Florida 大学和 Georgia 大学完成。CROPGRO 最初是由大豆模型 SOYGRO、花生模型 PNUTGRO 和干菜豆模型 BEANGRO 合并形成，由于是豆科作物模型，因此 CROPGRO 强调了氮素循环及其平衡过程，是一个过程模型，且叶片和豆荚的凋落都与氮素供给状况有关。

2.3 APSIM模型

澳大利亚联邦科学与工业研究组织（Commonwealth Scientific and Indus-
trial Research Organization，CSIRO）中的热带作物与牧草部门与昆士兰政府
联合建立了 APSRU（Agricultural Production Systems Research Unit），其目的
是通过面向用户的农业系统促进亚热带的澳大利亚高效生产、灾害管理及可
持续发展(Keating et al., 2003)。APSRU 致力于寻找一种新的方法进行模型开
发，并认为该方法应该考虑设计"系统性"模拟，而不是简单的增加单个作
物模型或土壤模型的复杂性。基于这个开发理念，APSRU 开发出了新的农业
系统模型模拟平台 APSIM（Agricultural Production Systems sIMulator）。

APSIM 来自于两个早期工作的集合（McCown et al., 1995），第一个是
PERFECT，其是一款用来模拟澳大利亚亚热带地区侵蚀对变性土生产效率影
响的模型。第二个是 AUSIM 模型，该模型主要为澳大利亚与非洲半干旱热
带的研究服务，尤其针对粗粮和大豆的轮作和套种。AUSIM 设计了一个"插
入-拔出"功能，即作物模块是可以置换的，可以同时连接多个模块。同时，
对 CERES-Maize 模型进行了综合性的重新改造，使得作物生长模块，土壤水
分模块与营养模块高度独立；这将允许作物程序能够灵活的重组，以便对轮
作、间作及杂草竞争等情况做出更好的模拟（McCown et al., 1996）。

APSIM 能够提供更好的种植策略并且在灾害条件下帮助做出较好的生产
决策，尤其适用于气候变化条件下管理实践的经济与生态产出模拟。APSIM
围绕着作物、土壤及管理模块进行构建；作物模块涉及各种各样的作物、牧
草及树木；土壤模块包括土壤水平衡、氮磷运移、土壤酸碱度及土壤侵蚀；
同时包含各种管理控制措施。

APSIM 应用广泛，包括农田决策支持、为生产资源管理设计农田系统、
季节性气候预报值的评估、政策制定的风险评估等。APSIM 的一个主要优势
是能够将从分散的研究工作中建立模型并将其整合，这一优势使得某一学科
或领域的研究工作能够被应用到另外的领域或研究工作中。

2.4 EPIC模型

EPIC（erosion-productivity impact calculator）模型发表于 1985 年，是一
个定量评价"气候-土壤-作物-管理"系统的综合动力学模型，是 20 世纪 80
年代初期由美国农业部草地、土壤和水分研究所和美国德克萨斯农工大学黑
土地研究中心共同研究开发的，其目标是开发一个适用于美国多种土壤、气

候和作物类型（超过 80 种）的模型，用于评估管理策略变化对土壤侵蚀和土地生产力的影响（王宗明和梁银丽，2002）。初期版本由天气模块、作物模块、水文模块、土壤侵蚀模块、养分循环模块、土壤温度模块、作物生长模块、耕作模块、经济效益模块和作物环境控制模块 9 个模块构成，1991 年增加了病虫害模块，1995 年加强了碳循环模块。EPIC 模型主要用于评估土地侵蚀对产量的影响，预测区域范围内土壤管理、水、养分及杀虫剂运移对土壤流失、水质和产量的影响。EPIC 模型中的作物生长模拟模块被广泛应用于其他模型中，包括 WEPS、 WEPP、SWAT、ALMANAC、GPFARM 等，例如 WEPS 中的作物模块 UPGM（unified plant growth model）（McMaster et al.，2014）。

2.5　AquaCrop模型

AquaCrop 模型是由联合国粮食与农业组织（Food and Agriculture Organization of the United Nations，FAO）土地与水资源部开发的一款水分驱动作物模型，于 2009 年正式发布。该模型可以模拟草本作物产量对于耗水量的响应，尤其适用于当地作物生长过程中水分受到严重限制的地区(Steduto et al.,2008)。模型的主要特点为生物量的获得通过作物冠层生长及根系生长模拟获得，对叶片衰老过程进行了量化，采用有效温度描述作物各个生长过程。AquaCrop 模型力图在准确、简洁与稳健之间寻求平衡。该模型使用的参数相对较少，并且简单直观，所需输入的变量可以通过简单的方法确定。因此，该模型的使用者主要包括咨询工程师、灌溉管理者及经济学家等。同时，该模型也作为一种科学研究工具，供科学研究者使用，用来研究水在作物生产环节中所扮演的角色。AquaCrop 可以对棉花、玉米、马铃薯、藜麦、水稻、向日葵、小麦、大豆、甜菜、番茄、大麦、甘蔗、高粱等作物进行模拟，作为最新开发的作物模型之一，应用前景广泛。

2.6　其他模型

除了以上应用广泛的代表性作物模型，还有大量的针对特定作物和特定气候土壤条件的各类作物生长模拟模型，如考虑病虫害对水稻产量影响的 RICEPEST 模型（Willocquet et al.，2002）、Daisy 模型（Heidmann et al.，2008）、芒草模型 MISCANFOR（Hastings et al.，2009；Miguez et al.，2009）、MONICA （Nendel et al.，2011）、德国作物模型 DANUBIA （Lenz-

Wiedemann et al.，2010；Lenz-Wiedemann et al.，2012）、温室辣椒生长模拟模型 VegSyst（Gallardo et al.，2011；Gimenez et al.，2013）、STICS(Jego et al.，2013; Jego et al.，2011; Corre-Hellou et al.，2009)、SILVicultural Actual yield model（SILVA）模拟能源作物的产量（van den Broek et al.，2001）等。

自 20 世纪 80 年代开始，我国开始研制开发作物模型，开发的作物模型包括：江苏农业科学院开发的水稻模拟优化决策系统 RCSODS（高亮之等，1994）和小麦模拟优化决策系统 WCSODS（曹宏鑫等，2006），江西农业大学研制的水稻模拟模型 RICAM（戚昌瀚等，1994），北京农业大学开发出棉花生长发育模拟模型 COTGROW（潘学标等，1996），江苏农业大学的WheatGrow 模型（刘铁梅，2000）等。国内作物模型的研究缺少组织与机构的长期投入，通用性不足，模型的生命力不强。近年来，国内学者主要以应用国外成熟模型为主，自主研发能力不足。

3　研究趋势

3.1　作物模型与遥感技术的结合

由于区域尺度较大的空间变异性，大多数作物模型的建立都基于田间尺度。而遥感技术的发展使作物模型从田间尺度扩展到区域尺度成为可能。近年来，各国研究人员在作物模型和遥感技术的结合方面开展了大量工作：Lei 等（2008）提出了由作物生长模型 SUCROS、地理信息系统GIS 及遥感相耦合的模型 RS-CGM，并应用于华北地区冬小麦产量的模拟；Ma 等（2008）通过 LAI（leaf area index）将 WOFOST 模型与 SAIL–PROSPECT 模型耦合，并考虑土壤修正植被指数（Soil-adjusted vegetation index，SAVI）对华北地区冬小麦产量模拟；Xu 等（2011）利用 MODIS 产品的叶面积指数和 SWAP 模型进行了数据同化；Wu 等（2012）基于集合卡尔曼滤波方法的 MODIS-LAI 和 WOFOST 的耦合模拟衡水地区作物产量；Rinaldi 等（2013）利用遥感（COSMO-SkyMed SAR）叶面积指数和包含作物模型的决策支持系统 AQUATER 进行数据同化，改善了意大利南部地区甜菜、西红柿和小麦的产量预测情况；Zhao 和 Pei（2013）在 WOFOST 模型中，引入遥感叶面积指数，改善了模型的模拟效果；Wang 等（2013）在WOFOST 模型中，引入 CHRIS 遥感叶面积指数，改善了玉米模型的模拟效果；Zhao 和 Pei（2013）根据遥感叶面积指数，对 WOFOST 模型进行数据同化，提高了叶面积指数和作物产量的监测精度；Machwitz 等 （2014）将 RapidEye 卫星影像与作物生长模型 CGM 相结合，大幅度提高了生物量预测能力 Li 等（2014）应用集合卡尔曼滤波方法，对 ETM 叶面积指数和 WOFOST 模型、HYDRUS-1D 进行数据同化，模拟了玉米的叶面积指数、地上干物质量、蒸散发量等;Guo 等（2014）在 ORYZA2000 模型中引入遥感信息，模拟水稻生长过程；Hank 等（2015）结合遥感数据、地面观测和作物模型（PROMET），进行田间尺度作物生长过程和产量模拟。综上，遥感技术主要用于获取叶面积指数，然后与作物模型进行数据同行，从而改进作物产量预测的精度。

3.2 作物模型与陆面过程的结合

在气候变化研究中，陆面过程对大气模式的模拟结果有重要影响，在主要模拟水文过程的基础上，开展耦合作物生长模拟的研究是近年来的重要方向，例如，Tsvetsinskaya 等（2001）将作物模型 CERES-Maize 和陆面过程 BATS 进行耦合研究，提出可用于作物生长季的交互式 BATS 版本；van den Hoof 等（2011）将陆面过程 JULES（joint UK land environment simulator）和作物模型 SUCROS 进行耦合研究，强调了植被结构和生理过程对陆面过程的影响，耦合模型得到欧洲 6 个通量站实测资料的验证，说明了陆面过程和作物模型的结合能够在很大程度上提高陆面过程在农田区域的模拟表现；Song 等（2013）根据对玉米-大豆轮种的观测，将陆面过程 ISAM（integrated science assessment model）与作物动态生长过程耦合，把 ISAM 的应用扩展到水分、热量和二氧化碳通量随空间变量变化的大尺度区域；Tsarouchi 等 （2014）将作陆面过程模型 LSM JULES 和作物模型 InfoCrop （小麦和玉米）耦合，耦合后的模型模拟得到的蒸散发量与原 JULES 模型相比有明显下降，并且与 MODIS 产品得到的数据更加吻合，借此量化了不包含作物生长过程的陆面过程模型在模拟蒸散发量上的潜在误差，说明了 JULES 模型对作物动态生长的敏感性，该研究将用于改善印度上恒河流域蒸散发的估算结果；Lu 等（2015）将区域气候模式 WRF （weather research and forecasting）和包含作物模型的陆面过程模型 CLM4Crop 进行耦合研究，更好地表现了气候和作物的相互作用。综上，作物模型的引入，改进了陆面过程模型对农田水文过程的模拟精度，显著改善了蒸散发的模拟结果。

3.3 作物模型与水文模型的结合

水文模型中，作物等植被特征影响降水截留、入渗、蒸发蒸腾的水文过程，这些植被特征在水文模型中多作为已知条件。为了反映水文过程和植被过程的相互作用，开展作物模型与水文模型的耦合是有价值的尝试，例如：Zhang等(2002)将作物模型与土壤生物地球化学模型 DNDC 进行耦合得到 Crop-DNDC 模型，该模型能够用来预测气候或管理变化对农作物产量和环境安全的影响；Li 等(2013)针对黑河流域干旱寒冷的特点，将 SHAW 模型、WOFOST 模型和气孔光合作用模型耦合，对干冷地区灌溉玉米的水分通量、热量通量和碳通量在叶片尺度到冠层尺度上进行模拟，证明了作物模型与 SVAT（soilvegetation-atmosphere transfer）模型的耦合在解决复杂自然系统问题上的高效性；为了得到畦灌条件下瓜类作物的最优灌溉管理策略，Wang 等（2014）将二维土壤水模型（CHAIN-2D）和作物模型（EPIC）耦合，得到了石羊河流域瓜类作物最优灌水量； Negm 等（2014）将水文模型 DRAINMOD、土壤碳氮模型 DRAINMOD-NII、作物模型 DSSAT（包括 CROPGRO 和 CERES-Maize）耦合在一起，形成了基于过程的农田生态系统模型 DRAINMOD–DSSAT，对美国爱荷华州棉花和大豆的水文过程、水质、作物生长过程和产量进行模拟，并利用研究区域 10 年的观测数据进行测试；Franko and Mirschel（2001）将甜菜模型 AGROSIM-ZR 和土壤碳氮模型 CANDY 耦合等。综上，作物模型与水文模型的结合田间尺度土壤水、盐、肥等模型中耦合作物模型和流域尺度分布式水文模型与作物生长的耦合两个方面都取得了若干进展。

4 结语

伴随着计算机技术的普及和发展，作物模型应运而生，并在过去几十年间取得长足发展，使得"在计算机上种小麦"成为可能。同时我们也应注意到，作物模型的形成与发展离不开以田间观测为基础的对作物生理过程的机理性认识，因此，田间观测技术的发展也是推动作物模型发展的重要因素。未来作物模型的突破性进展也一定以作物生长机理观测技术的突破为基础。与此同时，遥感技术的发展，为作物模型提供了新的技术支撑，在模型数据同化与模型验证方面取得了长足进展。流域尺度、作物模型与水文模型的耦合，是生态水文研究在农田区域的主要研究内容。

以荷兰和美国为代表的一系列作物模型，已经在机理性描述、软件开发等方面取得了巨大优势地位，其他的原创性作物模型很难再产生广泛影响力，因此近年来作物模型研究以代表性模型的应用为主。但这些代表性模型也存在参数获取困难、模拟结果不确定性大等缺点，因此 FAO 开发了简捷的 AquaCrop 模型并得到广泛应用。

与美国、荷兰、澳大利亚等农业发达国家相比，我国在作物模型研究方面的进展特别是软件应用方面差距较大，与我国农业大国、灌溉大国的地位不符，也无法满足农业现代化、农业信息化的时代要求，应在国家科技专项中予以重点考虑。

参考文献

曹宏鑫，金之庆，石春林，等. 2006. 中国作物模型系列的研究与应用. 农业网络信息，05: 45-48，51.

高亮之，金之庆，黄耀，等. 1994. 作物模拟与栽培优化原理的结合－RCSODS，作物杂志，03: 4-7.

刘铁梅. 2000. 小麦光合生产与物质分配的模拟模型.南京：南京农业大学博士学位论文.

潘学标，韩湘玲，石元春. 1996. COTGROW：棉花生长发育模拟模型. 棉花学报，04: 180-188.

戚昌瀚，殷新佑，刘桃菊，等. 1994. 水稻生长日历模拟模型（RICAM）的调控决策系统（RICOS）研究 I 水稻调控决策系统（RICOS）的系统结构设计. 江西农业大学学报，04: 323-327.

王宗明，梁银丽. 2002. 应用 EPIC 模型计算黄土塬区作物生产潜力的初步尝试. 自然资源学报，04: 481-487.

Bouman B A M，Kropff M J，Tuong T P，et al. 2003. ORYZA2000 : Modeling lowland rice. International Rice Research Institute，Wageningen University，Resrarch Centre.

Corre-Hellou G，Faure M，Launay M，et al. 2009. Adaptation of the STICS intercrop model to simulate crop growth and N accumulation in pea-barley intercrops. Field Crop Research，113(1): 72-81.

Dam J C V，Groenendijk P，Hendriks R F A，et al. 2008. Advances of modeling water flow in variably saturated soils with SWAP. Vadose Zone Journal，7(2008): 640-653.

Diepen C A，Wolf J，Keulen H，et al. 1989. WOFOST: A simulation model of crop production. Soil Use & Management，5(1): 16-24.

Feddes R A，Zaradny H. 1978. Model for simulating soil-water content considering evapotranspiration - comments. Journal of Hydrology，37(3-4): 393-397.

Franko U，Mirschel W. 2001. Integration of a crop growth model with a model of soil dynamics.

Agronomy Journal，93(3): 666-670.

Gallardo M，Gimenez C，Martinez-Gaitan C，et al. 2011. Evaluation of the VegSyst model with muskmelon to simulate crop growth，nitrogen uptake and evapotranspiration. Agricultural Water Management，101(1): 107-117.

Gimenez C，Gallardo M，Martinez-Gaitan C，et al. 2013. VegSyst，a simulation model of daily crop growth，nitrogen uptake and evapotranspiration for pepper crops for use in an on-farm decision support system.Irrigation Science，31(3): 465-477.

Guo J M，Gao Y H，Liu J W，et al. 2014. Simulation of regional rice growth by combination remote sensing data and crop model. International Society for Optical Engineering: 9260.

Hank T B，Bach H，Mauser W. 2015. Using a remote sensing-supported hydro-agroecological model for field-scale simulation of heterogeneous crop growth and yield: Application for wheat in central europe. Remote Sensing，7(4): 3934-3965.

Hastings A, Clifton-Brown J，Wattenbach M，et al. 2009. The development of MISCANFOR，a new Miscanthus crop growth model: Towards more robust yield predictions under different climatic and soil conditions. Global Charge Biolgy Bioenergy，1(2): 154-170.

Heidmann T，Tofteng C，Abrahamsen P，et al. 2008. Calibration procedure for a potato crop growth model using information from across Europe. Ecological Modelling，211(1-2): 209-223.

Hoogenboom G，Jones J W，Wilkens P W，et al. 2015. Decision Support System for Agrotechnology Transfer (DSSAT) Version 4.6 (www.DSSAT.net). DSSAT Foundation，Prosser，Washington.

Jego G，Pattey E，Bourgeois G，et al. 2011. Evaluation of the STICS crop growth model with maize cultivar parameters calibrated for Eastern Canada.Agronomy for Sustainable Development，31(3): 557-570.

Jego G，Belanger G，Tremblay G F，et al. 2013. Calibration and performance evaluation of the STICS crop model for simulating timothy growth and nutritive value. Field Crop Research，151: 65-77.

Jones J W，Hoogenboom G，Porter C H，et al. 2003. The DSSAT cropping system model. European Journal of AgronomyModelling Cropping Systems: Science，Software and Applications，18(3-4): 235-265.

Keating B A，Carberry P S，Hammer G L，et al. 2003. An overview of APSIM，a model designed for farming systems simulation. European Journal of AgronomyModelling Cropping Systems: Science，Software and Applications，18(3-4): 267-288.

Lei Y P，Tang T J，Zheng L，et al. 2008. RS-CGM: A spatial crop growth model based on GIS and RS. Spie Remote Sensing: 7104.

Lenz-Wiedemann V I S，Klar C W，Schneider K. 2010. Development and test of a crop growth model for application within a Global Change decision support system. Ecological Modelling，221(2): 314-329.

Lenz-Wiedemann V I S，Schneider K，Miao Y，et al. 2012. Development of a regional crop growth model for Northeast China. Procedia Environmental Sciences，13: 1946-1955.

Li Y，Zhou J，Kinzelbach W，et al. 2013. Coupling a SVAT heat and water flow model，a stomatal-photosynthesis model and a crop growth model to simulate energy，water and carbon fluxes in an irrigated maize ecosystem. Agricultual& Forest Meteorology，176: 10-24.

Li Y，Zhou Q G，Zhou J，et al. 2014. Assimilating remote sensing information into a coupled hydrology-crop growth model to estimate regional maize yield in arid regions. Ecological Modelling，291: 15-27.

Liu H L，Zhu Y P，Guo Y Z，et al. 2014. Visualization analysis of subject，region，author，and citation on crop growth model by citespace II Software. Knowledge Engineering and Management，278: 243-252.

Lu Y Q，Jin J M，Kueppers L M. 2015. Crop growth and irrigation interact to influence surface fluxes in a regional climate-cropland model (WRF3.3-CLM4crop). Climate Dynamic，45(11-12): 3347-3363.

Ma Y P，Wang S L，Zhang L，et al. 2008. Monitoring winter wheat growth in North China by combining a crop model and remote sensing data. International Journal of Applied Earth，Observations & Geoinformation，10(4): 426-437.

Machwitz M，Giustarini L，Bossung C，et al. 2014. Enhanced biomass prediction by assimilating satellite data into a crop growth model. Envioronmental Modelling and Software，62: 437-453.

McCown R L，Hammer G L，Hargreaves J N G，et al. 1995. APSIM: An agricultural production system simulation model for operational research. Mathematics and Computers in Simulation，39(3-4): 225-231.

McCown R L，Hammer G L，Hargreaves J N G，et al. 1996. APSIM: A novel software system for model development，model testing and simulation in agricultural systems research. Agricultural Systems，50(3): 255-271.

McMaster G S，Ascough J C，Edmunds D A，et al. 2014. Simulating unstressed crop development and growth using the unified plant growth model (UPGM). Environment Modelling and Assessment，19(5): 407-424.

Miguez F E，Zhu X G，Humphries S，et al. 2009. A semimechanistic model predicting the growth and production of the bioenergy crop Miscanthus x giganteus: description，parameterization and validation. Global Charge Biology Bioenergy，1(4): 282-296.

Negm L M，Youssef M A，Skaggs R W，et al. 2014. DRAINMOD-DSSAT model for simulat-

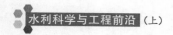

ing hydrology, soil carbon and nitrogen dynamics, and crop growth for drained crop land. Agricultural Water Management, 137: 30-45.

Nendel C, Berg M, Kersebaum K C, et al. 2011. The MONICA model: Testing predictability for crop growth, soil moisture and nitrogen dynamics. Ecological Modelling, 222(9): 1614-1625.

Rinaldi M, Satalino G, Mattia F, et al. 2013. Assimilation of COSMO-SkyMed-derived LAI maps into the AQUATER crop growth simulation model. Capitanata (Southern Italy) case study. European Joural of Remote Sensing, 46: 891-908.

Song Y, Jain A K, McIsaac G F. 2013. Implementation of dynamic crop growth processes into a land surface model: evaluation of energy, water and carbon fluxes under corn and soybean rotation. Biogeosciences, 10(12): 8039-8066.

Steduto P, Raes D, Hsiao T C, et al. 2008. AquaCrop: A new model for crop prediction under water deficit conditions. Options Méditerranéennes, 80: 285-292.

Tsarouchi G M, Buytaert W, Mijic A. 2014. Coupling a land-surface model with a crop growth model to improve ET flux estimations in the Upper Ganges basin, India. Hydrology & Earth System Science, 18(10): 4223-4238.

Tsvetsinskaya E A, Mearns L O, Easterling W E. 2001. Investigating the effect of seasonal plant growth and development in three-dimensional atmospheric simulations. Part I: Simulation of surface fluxes over the growing season. Journal of Climate, 14(5): 692-709.

van den Broek R, Vleeshouwers L, Hoogwijk M, et al. 2011. The energy crop growth model SILVA: description and application to eucalyptus plantations in Nicaragua. Biomass & Bioenerg, 21(5): 335-349.

van den Hoof C, Hanert E, Vidale P L. 2011. Simulating dynamic crop growth with an adapted land surface model - JULES-SUCROS: Model development and validation. Agricultual & Forest Meteorology, 151(2): 137-153.

van Ittersum M K, Leffelaar P A, van Keulen H, et al. 2003. On approaches and applications of the Wageningen crop models, European Journal of AgronomyModelling Cropping Systems: Science, Software and Applications, 18(3-4): 201-234.

Vries F W T P D. 1975. The cost of maintenance processes in plant cells. Annals of Botany, 39(159): 77-92.

Wang J, Li X, Lu L, et al. 2013. Estimating near future regional corn yields by integrating multi-source observations into a crop growth model. European Journal of Agronomy Modelling Cropping Systems: Science, Software and Applications, 49: 126-140.

Wang J, Huang G H, Zhan H B, et al. 2014. Evaluation of soil water dynamics and crop yield under furrow irrigation witha two-dimensional flow and crop growth coupled model. Agricultural Water Management，141: 10-22.

Willocquet L，Savary S，Fernandez L，et al. 2002. Structure and validation of RICEPEST，a production situation-driven，crop growth model simulating rice yield response to multiple pest injuries for tropical Asia. Ecological Modelling，153(3): 247-268.

Wu S J，Huang J X，Liu X Q，et al. 2012. Assimilating MODIS-LAI into crop growth model with EnKF to predict regional crop yield. Ifip Adv Inf Comm Te，370: 410-418.

Xu W B，Jiang H，Huang J X. 2011. Regional crop yield assessment by combination of a crop growth model and phenology information derived from MODIS. Sensor Letters，9(3): 981-989.

Zhang Y，Li C S，Zhou X J，et al. 2002. A simulation model linking crop growth and soil biogeochemistry for sustainable agriculture. Ecological Modelling，151(1): 75-108.

Zhao H，Pei Z Y.2013. Crop growth monitoring by integration of time series remote sensing imagery and the WOFOST model. International Conference on Ago-geoinformatics: 566-569.

南方水稻灌区节水减排技术研究

崔远来，赵树君，郭长强

（武汉大学水资源与水电科学国家重点实验室，武汉 430072）

摘　要： 水稻是我国南方主要的粮食作物，种植面广，对水肥的要求较高。与北方旱作种植区相比，南方水稻灌区降雨丰沛、灌溉定额大、施肥量高但利用率低，水肥资源管理的不当，导致大量氮磷等营养元素通过地表排水及稻田渗漏进入下游水体，造成水体富营养化。水稻灌区氮磷等面源污染物的排放已成为我国南方灌区农业面源污染的主要来源。本文基于典型区域开展的节水减排试验研究，提出了南方水稻灌区的节水减排思路。从节水、增产、提高水肥利用效率、减少氮磷排放共四个方面的目标，提出水稻节水灌溉与水肥综合调控模式，探明了影响生态沟及塘堰湿地对稻田排水中氮磷的去除效果的主要因素，提出了生态沟和塘堰湿地的设计准则及其运行技术，构建了南方水稻灌区农业面源污染生态治理模式。

关键词： 水稻；节水；减排；水肥调控；生态沟；塘堰；生态治理

Technical Study of Water Conservation and Emission Reduction in Southern Rice Irrigation of China

Yuanlai Cui，Shujun Zhao，Changqiang Guo

(State Key Laboratory of Water Resources and Hydropower Engineering Science, Wuhan University, Wuhan 430072)

Abstract: Rice is the main food crop in south China, with a wide planting area and serious requirements on water and fertilizer. Compared with the upland crops growing areas in north China, rainfall is plentiful in the rice irrigation region, coupled with abundant irrigation norm and

---

通信作者：崔远来（1966—），E-mail：YLCui@whu.edu.cn。

fertilizer application. Bad management on water and fertilizer sources leads to a great number of nutrients, such as nitrogen and phosphorous, flowing into downstream through surface drainage and seepage in paddy fields, which causes the eutrophication of water bodies. The emission of non-point source pollutants, including but not limited to nitrogen and phosphorous leaching, has become the main source of agricultural non-point source pollution in the irrigation area of southern China. According to the experiments of water saving and emission reduction conducted in the typical region, the ideas to save water and reduce nutrients emission were proposed. Based on the four aspects of saving water, increasing production, improving the utilization efficiency of water and fertilizer and reducing nitrogen and phosphorous emission, this study presented the comprehensive management pattern of water conservation and water-nutrient control, proved the main factors that influence removal efficiency of eco-ditch and pond wetland on nitrogen and phosphorous in paddy field drainage, put forward the design criterion and operation technology of eco-ditch and pond wetland and constructed the ecosystem management model to decrease agricultural non-point source pollution in the rice irrigation area of south China.

Key Words: rice; water conservation; emission reduction; water-nutrient control; ecological ditch; pond wetland; ecological management

1 引言

第一次全国污染源普查公报显示，农业源污染物排放已经成为我国水环境污染的主要来源之一。其中，在化学需氧量（chemical oxygen demand，COD）、总氮（total nitrogen，TN）、总磷（total phosphorous，TP）排放指标上，农业源污染物的排放量占全国污染物总排放量的比例分别为 43.7%、57.2% 和 67.4%。农田面源污染主要是指农业生产活动中的土粒、营养盐（氮、磷等）、农药及其他有机或无机污染物质，在降水或灌溉过程中，通过农田地表径流、壤中流、农田排水和地下渗漏，大量进入自然水体，造成的水环境污染。农田面源污染的起因主要是化肥及农药的过量使用，以及水肥管理措施不当。调查表明，我国三大主要粮食作物水稻、小麦和玉米的氮肥利用率分别为 35%、32%、32%，磷肥利用率仅有 25%、19% 和 25%，目前我国主要粮食作物肥料利用率水平已经进入国际上公认的适宜范围，但仍然处于较低的水平，还有较大的提升空间（农业部新闻办公室，2013）。

与北方旱作种植区相比，南方水稻灌区降雨丰沛，灌溉定额大，造成大量氮磷等通过地表排水及稻田渗漏排出农田，水稻灌区的氮磷面源污染排放尤其严重。近年来水稻节水灌溉及稻田水肥管理研究表明，水稻采用节水灌溉，可大幅度减少地表排水及渗漏量，从而减少氮磷等面源污染的排放负荷。节水灌溉与合理施肥相结合可提高水肥利用效率，减少水分及肥料养分的投入，进一步减少田间氮磷等负荷排放（李远华等，1998；彭世彰等，2009；高焕芝等，2009；Zhou et al., 2011；卢成等，2014）。同时，水稻灌区存在大量的排水沟、塘堰、中小型水库等自然水体，它们可对农田地表排水进行拦截、净化和调蓄，并重复用于灌溉（Zulu et al., 1996；徐红灯等，2007；彭世彰等，2010；Hama et al., 2010, 2013）。然而，目前对于排水沟及塘堰湿地净化农业面源污染的规律及机理，以及如何设计合理的参数提高处理效果仍缺少研究。因此，在南方地区研究和推广水稻节水减排技术，对高效利用水肥资源、保障水稻生产的"高产、优质、高效、环保"和我国粮食安全、实施南方地区节水减排、建立资源节约型和环境友好型社会具有重要意义。

2　南方水稻灌区节水减排总体思路

水稻节水灌溉及稻田水肥管理研究表明，水稻采用节水灌溉，可大幅度减少地表排水及渗漏量，从而减少氮磷等面源污染的排放负荷。节水灌溉与合理施肥相结合可提高水分及肥料养分的利用效率，减少水分及肥料养分的投入，进一步减少田间氮磷负荷的排放。

常规灌排系统的主要功能只是单纯从水量方面满足农业高产和灌溉排水的要求。为了使排水系统同时具备减污功能，必须在原有排水系统的基础上构建新式排水沟，即具有减污效果的生态型排水沟（简称生态沟）。由于常规排水系统无控制性工程，必须改无控制排水系统为合理控制排水系统，并结合灌区现有自然塘堰进行简单改造形成自然-人工复合塘堰湿地系统，构建新式的排水沟-自然（或自然-人工）塘堰湿地综合系统用于处理农田面源污染。利用水稻灌区的排水沟、塘堰湿地对稻田排水进行截留、净化及二次利用，既降低了污染负荷，又对水分及养分进行重新利用。研究主要的理论与技术来规划、设计和管理这种系统，使其既能发挥节水、增产、高效、减排作用，又符合省地、省工、省钱的原则。该系统从仅考虑灌溉排水目标，到综合考虑灌溉排水及农业面源污染净化目标，扩展了农田灌排系统的作用。

近年来，作者等在湖北漳河、广西桂林、江西赣抚平原和浙江永康等地开展了稻田水肥管理模式对氮磷面源污染排放的试验研究，以及排水沟、塘堰湿地对氮磷面源污染物的去除效果研究（崔远来等，2004；茆智，2009；

何军等，2011；何军和崔远来，2012；吴军等，2012；陈祯等，2013）。茆智院士带领的水稻节水灌溉及其环境效应课题组将其总结为稻田面源污染防治的三道防线。

第一道防线：农业面源污染的源头控制，即通过田间节水灌溉及水肥高效利用减少氮磷流失。研究表明，在保持施肥量不变的条件下，可采用节水灌溉模式（如间歇灌溉、薄露灌溉）与适当多次施肥相结合，提高水稻产量、减少灌溉水量、提高降雨利用率、减少稻田排水量、提高肥料利用率及水分生产率，从而减少氮磷的田间排放量，达到节水、增产、高效、减排的效果，即从源头上节约水肥资源，减轻氮磷面源污染排放。这是治理稻田面源污染的源头控制措施，为第一道防线。

第二道防线：排水沟对农业面源污染物的去除净化。农田面源污染物在进入塘堰湿地前，一般经过若干级排水沟系统，排水沟中长满各种杂草，同时农民往往在排水沟上修建一些临时挡水设施，以便对排水进行重复利用，这些都会减缓排水的速度，同时排水沟中的植物及泥土对氮磷进行吸收和吸附，从而对排水中氮磷负荷起到较好的去除和净化作用。

第三道防线：塘堰湿地对农业面源污染物的去除净化。我国南方水稻灌区的多水塘系统星罗棋布地分布在农田中。试验研究表明，多水塘系统能够显著地降低径流流速，具有贮存暴雨径流，减少水、悬浮物和氮磷元素输出的功能，从而有效地截留和净化氮磷等面源污染物。

基于上述讨论，我们提出了如图 1 所示的南方水稻灌区节水减排模式。该模式可称为可持续灌溉的农田湿地系统，或灌溉-排水-湿地系统。该系统将农田系统与人工湿地联系起来，其主要功能包括：用人工/自然湿地收集和处理农田排水，蓄积农田排水并重复应用于农田灌溉，提高水肥利用效率，通过田间水肥综合调控的源头控制及生态沟和塘堰湿地的末端截留净化，改善排水水质。

将图 1 每一个防线（环节）中影响节水减排效果的关键因子展开，即得如图 2 所示的南方水稻灌区节水减排模式的关键技术。第一道防线中，通过间歇灌溉、薄露灌溉、控制灌溉、浅湿晒

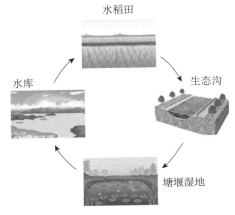

图1 南方水稻灌区节水减排模式

等节水灌溉模式和少量多次施肥的模式，减少田间排水和氮磷流失，提高水肥利用率；第二道防线中，通过排水沟断面的合理设计、排水沟植物的优选及控制排水等措施，在确保排水能力的前提下以初步拦截净化田间排水；第三道防线中，结合灌区的多年降雨和排水数据，选择适宜的稻田湿地面积比，并通过设计合理的塘堰湿地设计参数、选择适宜的塘堰湿地植物类型和塘堰湿地管理模式，获得塘堰湿地最佳的水力停留时间或水体滞留时间，以保证塘堰湿地对田间排水和降雨径流的充分截留和净化。

目前，针对单一环节（防线）对氮磷等面源污染物的净化效果有一些初步的研究，但是将三者结合起来，构成从源头控制、排水沟拦截及塘堰截留到进入水体的整体模式的研究案例较少。另外，在排水沟及塘堰湿地对面源污染的去除效果研究中，更多地采用人工控制排水系统。实际上，过多的控制会影响排水效果，因此需研究在自然排水条件或不对灌区现有排水沟及塘堰系统进行大的改变的前提下的去除效果。同时，对每道防线中的具体污染物影响因素及其变化规律、具体的减排技术等的研究还不系统，对有利于提高净化效果的排水沟及塘堰湿地的设计参数（如植物类型、水力停留时间、排水沟及塘堰湿地结构等）优选、不同防线之间减排效应的协同作用及其综合效应尚缺乏研究。

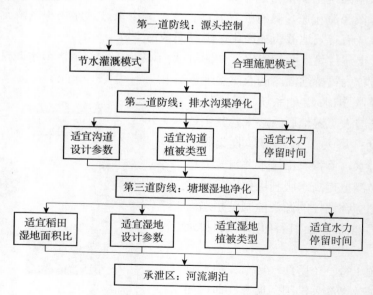

图2　南方水稻灌区节水减排模式关键技术

3 南方水稻灌区节水减排案例

3.1 试验地点

2012～2013 年，针对农田面源污染，从田间水肥综合调控模式的源头控制，到生态沟的拦截净化和塘堰湿地的截留调蓄等三道防线，在江西省灌溉试验中心站试验基地及赣抚平原灌区选择田间小区和原位示范区，构建稻田、生态沟和塘堰湿地的综合防治体系，开展水量平衡观测，水质、土壤及植株取样分析。分析指标包括 TN、TN、硝态氮、铵态氮（侯静文等，2014；牟军等，2015；余双等，2016）。

试验站内的试区布置见图 3，包括田间小区试验区、生态沟试验区、湿地植物筛选试区、湿地水深试区和稻田-湿地面积比试区。

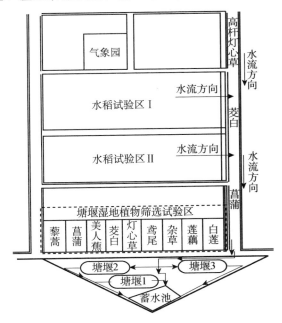

图3 稻田-生态沟-塘堰湿地农田面源污染治理系统示意图

3.2 试验内容及处理设计

3.2.1 田间水肥综合调控模式试验

各田间试验小区面积为 75m²，采用埋深为 60cm 的水泥田埂，且小区四周设有宽度为 1m 的保护行。

试验设 2 个灌溉处理：淹水灌溉 W0、间歇灌溉 W1（茆智，1997）；4 个氮肥施肥水平（以纯氮计）N0（0kg/hm²[①]），N1（135kg/hm²），N2（180kg/hm²），N3（225kg/hm²）；2 个氮肥施肥方式：F1（基肥：蘖肥=50%：50%），F2（基肥：蘖肥：穗肥=50%：30%：20%）。以上因素共组合为 14 个处理，每个处理 3 次重复，共计 42 个小区，各小区采用随机区组排列。

基肥氮肥品种为 45%的复合肥（N-P_2O_5-K_2O：15-15-15），不足氮肥部分用尿素补充，均匀撒施后对田面再次整平，追肥采用尿素。各处理磷、钾肥施用标准相同，其中磷肥为 67.5kg/hm²（以 P_2O_5 计），磷肥全部作基肥施用，品种为钙镁磷肥；钾肥为 150kg/hm²（以 K_2O 计），钾肥按基肥：穗肥=45%：55%比例施用，品种为 KCl。对照处理（W0N0、W1N0）基肥不施氮肥，其磷、钾肥分别以钙镁磷和氯化钾代替。水稻用收割机收割，收割过程中秸秆还田，晚稻收割后田间种植紫云英作绿肥。

3.2.2 生态沟试验

站内试验所涉及的排水沟长为 110m，横断面呈规则梯形，上口宽 120cm，底宽 60cm，深为 60cm，边坡为 1：2，根据排水沟的实际情况，将其划分为 3 个不同的处理单元，分别种植高杆灯心草、茭白和菖蒲 3 种水生植物。

3.2.3 塘堰湿地试验

站内包括塘堰湿地植物筛选试区、湿地水深试区及稻田-湿地面积比试区，站外则根据塘堰大小、塘堰湿地植物类型等选择部分塘堰进行观测。

在塘堰湿地植物筛选试验区共设置 9 个处理进行塘堰湿地植物类型筛选试验，被筛选的植物种类依次为藜蒿、菖蒲、美人蕉、茭白、高杆灯心草、西伯利亚鸢尾、杂草、藕莲、白莲。植物筛选试验同样不设重复，各湿地面积均为 90m²，控制水层深为 20cm。

将试验站原有的塘堰改造成三个面积和深度相同的塘堰湿地，通过排水管道将稻田排水经生态沟排入三个塘堰湿地。湿地中种植藕莲，湿地长度为 40m，宽度为 13m，深度为 1.2m，边坡为 1：2，底部压实以减少下

[①] 1hm²=10000m²。

渗，在湿地底部均匀铺上 0.2m 厚活性泥以利于藕莲生长。根据不同的湿地控制水深设置三个处理（日常控制水深分别为 20cm、40cm、60cm），不设重复。农田排水在经生态排水沟处理后，通过连接排水沟的排水管流入三个塘堰湿地。

3.2.4　塘堰湿地水力参数示踪试验

针对试验站内的三个塘堰湿地，开展示踪试验以研究塘堰湿地水力特性的影响因素及其变化规律，优选塘堰湿地水力参数（Holland et al.，2004；郭长强等，2014）。

3.3　观测内容

1. 田间小区试验

观测内容包括降水量、灌水量、地表排水量、地下渗漏量等水量平衡要素，以及施肥量、施肥次数、水稻生长发育指标、水稻产量、地表排水及渗漏排水的氮磷浓度、土壤和稻株氮磷含量。

2. 生态沟及塘堰湿地

观测内容包括进、出水量，进、出水的氮磷浓度，水位，株高，茎粗等植物特性。

4　结果与讨论

4.1　田间最优水肥管理模式及其效果

经过两年的田间试验，综合考虑节水、增产、提高水肥利用效率及减少氮磷流失等四方面的指标，研究提出了水稻田间最优水肥管理模式：间歇灌溉与适当的多次减量施肥，氮肥施用总量保持不变，其综合调控模式见图 4。三年平均结果表明，采用最优水肥管理模式相比农民传统模式，早晚稻合计年均节约灌溉水量 902m^3/hm^2，节水 16.0%；增产稻谷 1074.75kg/hm^2，增产率 7.4%；TN 排放减少 3.12kg/hm^2，减排率 24.4%；TP 排放减少 0.077kg/hm^2，减排率 14.9%；灌溉水分生产率提高 16.6%，氮肥利用率提高 27.2%。

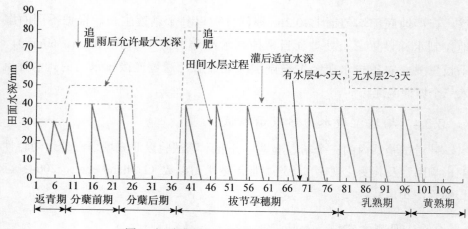

图4　间歇灌溉与二次追肥的综合调控模式

4.2　水稻间歇灌溉对土壤肥力的影响

①稻田采用间歇灌溉能够降低土壤干土容重、胀缩性，促进稻田土壤团聚体的形成，改善土壤通透性，增强土壤通气透水性能；②间歇灌溉有利于土壤对 TN、有机质的保持，减缓耕层 TP 下移，有益于稻田土壤肥力的可持续发展；③间歇灌溉存在加速稻田耕层土壤酸化的风险，有利于植株对耕作层速效钾的吸收，降低了下层土壤有效磷含量（余双等，2016）。

4.3　生态沟对面源污染的去除效应

2012 年及 2013 年试验结果表明，不同湿地植物对氮磷污染物的净化效果不同。对于 TN 的净化，高杆灯心草、茭白、菖蒲两年平均去除率分别为23.7%、18.3%、4.7%，即高杆灯心草及茭白的净化效果较好；对于 TP 的净化，年际之间存在差异，两年的去除率平均值表现为高杆灯心草最高，平均为 14.9%。对硝态氮的去除效果表现为高杆灯心草＞茭白＞菖蒲，对铵态氮的去除不稳定。因此，总体上在鄱阳湖流域，有利于排水沟对氮磷净化的湿地植物推荐为高杆灯心草和茭白。

不同排水浓度时生态沟对氮磷的去除率具有波动性，总体上对劣于Ⅱ类排水中氮磷的去除效果较好。同时通过设置闸门、闸板等控制建筑物使沟中的水体滞留，可以提高氮磷的去除率，当农田排水在生态沟中停滞 3～5 天时具有最佳的去除效率（侯静文等，2014）。

4.4 生态沟设计及运行管理

设计：采用宽浅式横断面，满足排水条件下尽量采用缓坡，坡脚处种植适宜植物，挺水植物的密度以 15%～20% 为宜，间隔 300～500m 设置控制建筑物。

运行：排洪排涝时打开控制建筑物，日常排水时关闭控制建筑物，定期清淤与收割植物。

4.5 塘堰湿地对面源污染的去除效应

1. 适宜湿地植物类型

适用于鄱阳湖流域的最佳塘堰湿地植物为茭白、高杆灯心草、西伯利亚鸢尾、藕莲。其中藕莲由于经济效益最佳，最适宜进行推广，但是需要注意成藕期对藕莲湿地进行收割，以免造成二次污染。以 4 天的水力停留时间为标准，筛选的湿地植物对氮磷去除率见表 1。

表 1 早晚稻筛选湿地植物对氮磷浓度去除率

	湿地植物	早稻生育期去除率/%	晚稻生育期去除率/%
TN	茭白	80~85	60~75
	高杆灯心草	80~85	75~80
	西伯利亚鸢尾	65~75	80~90
	藕莲	65~75	65~70
TP	茭白	65~80	50~80
	高杆灯心草	50~90	60~85
	西伯利亚鸢尾	40~70	70~90
	藕莲	55~70	60~75

2. 适宜湿地水深

通过塘堰水深对塘堰湿地水力特性影响的示踪试验，得到以下结论：在 20～60cm 湿地水深范围内，水深较小时湿地的水力性能较高；因入流混合，湿地的前半部分趋于混合流；湿地在不同水深，水流的混合程度差异不大。综合考虑去污效果和湿地水力效率，湿地水深推荐为 40cm（Holland et al, 2004；郭长强等，2014；牟军等，2015）。

3. 适宜稻田湿地面积比及水力停留时间

从经济效益和有利于氮磷去除方面，试验稻田与承纳稻田排水的湿地的面积比为 15∶1～10∶1。

最佳的塘堰湿地水力停留时间为 3～4 天，此时典型塘堰湿地对 TN、NO$_3^-$-N、NH$_4^+$-N、TP 的平均去除率分别为 92.7%、56.6%、98.4%、48.8%。在停留时间超过 5 天后，湿地对 TN、TP 的去除率增幅明显变慢。主要原因是，一方面随水力停留时间延长，水体中含氮浓度下降，高氮浓度去除速度相对高于低氮浓度；另一方面微生物对于磷的去除效果在短时间内相对是比较稳定的，导致其去除率放缓主要因素是土壤，土壤对磷的去除主要是通过离子交换、专性和非专性吸附、沉降反应等，随时间的推移，土壤基质对磷的吸收逐渐趋于饱和，导致去除能力下降。

4.6　塘堰湿地的设计及运行管理

设计：稻田与塘堰湿地面积比按 20∶1～15∶1，单个塘堰湿地面积 300～1000m^2，塘堰湿地采用椭圆形，其长宽比在 3∶1 左右，蓄水深度 0.6～1.5m，采用生态护坡，在鄱阳湖流域适宜的塘堰湿地植物为茭白、高杆灯心草、西伯利亚鸢尾、莲藕。

运行管理：正常蓄水位以下拦截田面排水和地表径流，超过正常蓄水位时排水腾空部分库容；湿地水力停留时间 3～4 天；水流方向及水量分配应使水流充分混合并延长水流路径；定期进行植物收割（每年冬天进行），并每隔 2～3 年进行清淤。

4.7　面源污染生态治理模式

将田间水肥综合调控、生态沟拦截净化、塘堰湿地截留调蓄三道防线综合，构成水稻灌区面源污染生态治理模式。根据结合江西省灌溉试验中心战试验基地 2012 年、2013 年的试验数据，计算得到各道防线及总体减排的平均去除效果，见表 2。

表2　稻田面源污染生态治理模式氮磷平均去除率

三道防线	TN 去除率/%	TP 去除率/%
田间	24.4	14.9
生态沟	23.7	14.9
塘堰湿地	65.7	64.0
总体减排	80.2	73.9

5 结 语

在南方水稻种植区，由于降雨丰沛，节水不应简单理解为节约了多少灌溉水，应将灌溉水、降水、灌区内部蓄水、农田排水等统筹考虑，提高各种水资源的利用效率。首先是通过田间节水灌溉与水肥综合调控技术，减少田间排水及氮磷的源头流失，其次通过排水沟及塘堰湿地的拦截，提高农田排水的重复利用率，同时净化农田面源污染，即南方地区应将节水与减排协同考虑。基于此，本文提出了南方水稻灌区节水减排模式及其关键技术，结合典型案例分析表明其节水减排效果显著。

加强田间管理与水肥调控，是减轻农田面源污染排放的源头措施，也是根本性措施。通过开展包括间歇灌溉在内的节水减排技术和少量多次施肥的施肥模式，减少包括土壤渗漏在内的田间排水和氮磷流失，从而从源头上减轻农田面源污染产生的风险。田间排水是农田氮磷流失的最主要途径，除了不合理的灌溉以外，因降雨导致的农田排水是农田氮磷流失的最大风险。由于施肥后的 1～3 天时期内田间水中氮素浓度较高，少量多次施肥的施肥模式一方面可提高氮肥利用率，另一方面也有可能加剧氮素流失风险。因此，在加强田间管理和水肥调控的同时，还需要提高灌溉预报精度，结合未来短期的降雨预报，合理灌溉与施肥，以提高降雨利用率和减少氮磷流失。科技部"十三五"国家重点研发计划正在开展"化学肥料农药减施增效综合技术研究"研究，由于节水灌溉与水肥综合调控结合可以显著提高稻田氮肥利用效率，因此，可进一步减少氮肥施用量，今后节水灌溉、多次施肥、减量施肥与缓控施肥等相结合，将是水稻田间水肥综合调控的新模式。随着土地流转的大面积实施，集约化统一种植，水肥药的统一管理，使得基于节水灌溉与水肥药综合调控的精准农业得以大面积推广，将显著提高田间水肥利用效率，减轻农田面源污染的排放。

生态型排水沟和塘堰湿地是农田排水进入江河湖库之前的拦截净化措施，能够减少排水中氮磷含量，并实现对农田排水的重复利用，提高水资源利用率。传统的排水沟设计主要是满足排涝、排渍的要求，需要实现排水沟的不冲不淤。生态型排水沟道中由于水生植物的存在，增加了沟道中的水流阻力和排水沟的糙率，因此需要根据生态型排水沟的特点重新制定相应的设计规范，同时需要加强沟道植物的管理，定期组织清淤和植物收割工作。塘堰湿地兼具截污和灌溉水源的功能，应根据当地降雨等气象特点，选择合适的稻田湿地面积比以拦蓄降雨初期高浓度氮磷含量的地表径流，设计适宜的塘堰尺寸以达到水力特性、净化效果和资源效益的最大化。同样，塘堰湿地也要定期进行植物收割和清淤。排水沟与塘堰植物收割和清淤都将增加管理成本，且是公益性的，因此，节水减排等水环境水生态的保护需要政府投入及相应的制度建设。

2015 年年底，水利部编制完成了《南方节水减排实施方案》，本文提出的南方水稻灌区节水减排模式，为该方案的实施提供了一种样板。另外，稻田、生态沟及塘堰湿地系统属于自然-人工复合湿地系统，该系统对生物多样性保护具有重要意义（丘佩等，2015），这种湿地系统的生态价值有待研究和挖掘。

参考文献

陈祯，崔远来，刘方平，等. 2013. 不同灌溉施肥模式对水稻土物理性质的影响. 灌溉排水学报，32(5)：38-41.

崔远来，李远华，吕国安，等. 2004. 不同水肥条件下水稻氮素运移与转化规律研究. 水科学进展，1(3)：280-285.

高焕芝，彭世彰，茆智，等. 2009. 不同灌排模式稻田排水中氮磷流失规律. 节水灌溉，(9)：1-3.

郭长强，董斌，刘俊杰，等. 2014. 水深对塘堰湿地水力性能的影响. 应用生态学报，25(11)：3287-3295.

何军，崔远来. 2012. 生态灌区农田排水沟塘湿地系统的构建和运行管理. 中国农村水利水电，(6)：1-3.

何军，崔远来，吕露，等. 2011. 排水沟及塘堰湿地系统对稻田氮磷污染的去除试验. 农业环境科学学报，30(9)：1872-1879.

侯静文，崔远来，赵树君，等. 2014. 生态沟对农业面源污染的净化效果研究. 灌溉排水学报，33(3)：7-11.

李远华，张祖莲，赵长友，等. 1998. 水稻间歇灌溉的节水增产机理研究. 中国农村水利水电，(11)：12-16.

卢成，郑世宗，胡荣祥. 2014. 不同水肥模式下稻田氮渗漏和挥发损失的 15N 同位素示踪研究. 灌溉排水学报，33(3)：107-109.

茆智. 1997. 水稻节水灌溉. 中国农村水利水电，(4)：45-47.

茆智. 2009. 水稻节水灌溉在节水增产防污中发挥重要作用. 中国水利，(21)：11-12.

牟军，崔远来，赵树君，等. 2015. 塘堰湿地对农田排水氮磷净化效果的影响研究. 灌溉排水学报，34(8)：27-31.

农业部新闻办公室. 2013. 科学施肥促进肥料利用率稳步提高我国肥料利用率达 33%.

http://www.moa.gov.cn/zwllm/zwdt/201310/t20131010_3625203.htm.2013-10-10.

彭世彰，杨士红，徐俊增. 2009. 节水灌溉稻田氨挥发损失及影响因素. 农业工程学报，25(8)：35-39.

彭世彰，高焕芝，张正良. 2010. 灌区沟塘湿地对稻田排水中氮磷的原位削减效果及机理研究. 水利学报，41(4)：406-411.

邱佩，崔远来，韩焕豪，等. 2015. 淹灌和间歇灌溉对晚稻田杂草群落多样性的影响. 农业工程学报，31(22):115-121.

吴军，崔远来，赵树君，等. 2012. 不同湿地植物系统对农田排水氮磷净化效果试验研究. 灌溉排水学报，31(3)：26-30.

徐红灯，席北斗，王京刚，等. 2007. 水生植物对农田排水排水沟中氮、磷的截留效应. 环境科学研究，20(2)：84-88.

余双，崔远来，王力，等. 2016. 水稻间歇灌溉对土壤肥力的影响. 武汉大学学报(工学版)，49(1)：46-53.

Hama T，Nakamura K，Kawashima S. 2010. Effectiveness of cyclic irrigation in reducing suspended solids load from a paddy-field district. Agricultural Water Management，97(3):483-489.

Hama T，Aoki T，Osuga K，et al. 2013. Reducing the phosphorous effluent load from a paddy-field district through cyclic irrigation. Ecological Engineering，54:107-115.

Holland J F，Martin J F，Granata T，et al. 2004. Effects of wetland depth and flow rate on residence time distribution characteristics. Ecological Engineering，23(3): 189-203.

Zhou S，Sugawara S，Riya S，et al. 2011. Effect of infiltration on nitrogen dynamics in paddy soil after high-load nitrogen application containing ^{15}N tracer. Ecological Engineering，37(5): 685-692.

Zulu G，Toyota M，Misawa S. 1996. Characteristics of water reuse and its effects on paddy irrigation system water balance and the Riceland ecosystem. Agricultural Water Management，31(3): 269-283.

.

第四篇　河流动力学

导读　全球气候变化导致水文情势发生显著改变，鉴于长江、黄河在我国社会、经济发展、生态环境演变中的重要地位，本篇系列论文首先对近年来长江、黄河水沙变化特点分别进行了介绍。其次，在河流生态系统研究方面，探讨了面向生态的河流可持续管理理念之内涵与外延，指出了基于全要素监测和全物质通量深入认识河流生态系统的发展趋势，提出了河流可持续性管理机制建设的初步设想。再次，在泥沙运动机理方面，介绍了基于非平衡态统计力学的动理学理论，揭示了单颗粒微观运动与颗粒群体宏观运动特征之间的联系。最后，在河流演变机理方面，介绍了河床自动调整原理和滞后响应特性，建立了分析河流非平衡演变过程的模拟方法。

长江水沙变化及其与江河湖库的联动响应

卢金友，姚仕明，周银军，渠 庚，丁 兵

（长江水利委员会长江科学院，武汉 430010）

摘 要：本文阐述了近 10 年来长江水沙变化特征、三峡水库泥沙淤积特性、三峡水库及长江上游水库群泥沙调度、中下游江湖演变与整治、长江口演变与治理、长江水沙模拟技术等最新研究成果。长江面临自然条件变化与人类活动影响的双重因素驱动，尤其是人类活动影响日益增强，江河湖库的来水来沙条件、边界条件、水沙输移与演变过程等均将不断发生变化，会带来一系列新的泥沙问题，需持续开展长江泥沙问题研究，为长江治理、保护与开发利用提供技术支撑。

关键词：长江；水沙变化；水库泥沙；江湖演变；河道整治

The Yangtze River Water and Sediment Changes and Its Linkage Response with Rivers and Lakes

Jinyou Lu, Shiming Yao, Yinjun Zhou, Geng Qu, Bing Ding

(Changjiang River Scientific Research Institute of CWRC, Wuhan 430010)

Abstract: This paper presents the latest research achievements in the past 10 years, about flow and sediment variation characteristics of the Yangtze River, sediment deposition characteristics of the Three Gorges Reservoir (TGR), sediment regulating by the TGR and reservoirs in upper reaches of the river, evolution and regulation of rivers and lakes in the middle and lower reaches of the river, the evolution and regulation of the Yangtze Estuary, flow and sediment simu-

通信作者：卢金友（1963—），E-mail：lujy66@vip. 163.com。

lation techniques. The Yangtze River is facing pressures by both the natural condition changes and impact of human activities. Especially with the increasing influence of human activities, flow and sediment conditions of rivers and lakes, boundary conditions, sediment transport and evolution are constantly changing and that will bring series of new sediment problems. We should undertake further research on the Yangtze River sediment, thus to provide sound technical support for the regulation, protection and utilization of the river.

Key Words: Yangtze River; change of water and sediment; reservoir sedimentation; evolution of river and lake; river regulation

1 引言

长江泥沙具有灾害与资源的双重特性，处置得当会支撑流域经济社会发展，处置不当会带来灾难，历来备受重视。受自然条件变化与人类活动双重影响因素驱动，尤其是人类活动影响的日益加剧，长江水沙条件不断发生变化，江河湖库的边界条件也不断变化，这些均使得江河湖库的水沙输移与演变过程呈现新的特点，深远地影响江河湖库的演变与功能。为此，近 10 年来，在国家科技计划项目、公益性行业科研专项、重大水利工程科研专题等各类项目的支持下，国内高校、科研院所与企业等诸多单位围绕长江泥沙问题开展了大量的联合攻关研究，在长江水沙变化特征、三峡水库泥沙淤积特性、三峡水库及长江上游水库群泥沙调度、中下游江湖演变与整治、长江口演变与治理、长江水沙模拟技术等方面取得了丰富的研究成果，促进了泥沙学科的科技进步，阶段性地解决了长江泥沙的主要问题，为长江治理、保护与开发提供了强有力的科技支撑，也为进一步研究长江泥沙问题奠定了良好的基础。

2 长江水沙变化特征

2.1 上游水沙变化主要特征

近 20 多年来，受干支流水库的陆续建成运行、水土保持工程的实施及降雨范围、过程、强度的差异与汶川地震等因素的影响，长江上游水沙条件出现了新的变化，相关研究取得了新的进展（李丹勋等，2010；曹广晶和王俊，2015；清华大学和中国水利水电科学研究院，2015）。

长江上游干流和主要支流年径流量年际间在一定幅度内变化，多年来没有呈现明显的趋势性变化。干流屏山站的多年平均径流量占宜昌站的

32.99%，支流岷江高场、沱江富顺、嘉陵江北碚、乌江武隆的多年平均径流量分别占宜昌站的 19.56%、2.74%、15.22%、11.22%。三峡水库运用以来，宜昌站 2003～2015 年均径流量与 1950～2015 年相比，减少了 6.8%（长江水利委员会水文局，2016）。

长江上游年输沙量的总体变化表现为显著减少，宜昌站 2003～2015 年均输沙量与 1950～2015 年均输沙量相比，减少了 89.9%；随着向家坝、溪洛渡水电站分别于 2012 年、2013 年相继蓄水运用，下泄的沙量大幅度减少，2015 年，金沙江向家坝出库沙量仅 60.4 万 t，宜昌站仅 371 万 t，均为历史新低。长江上游泥沙输移量显著减少的主要原因是干支流已建水库拦沙、气候变化因素、水土保持与生态建设、河道采砂等，尤以控制性水库的拦沙效果最为显著。例如，三峡水库自 2003 年 6 月蓄水运用至 2015 年 12 月，入库悬移质泥沙 21.152 亿 t，出库 5.118 亿 t，共拦沙 16.034 亿 t，水库拦沙率为 75.80%（长江水利委员会水文局，2016）。另据清华大学研究，三峡入库的年卵石推移质输沙量在自然条件下和将来均小于 100 万 t（李丹勋等，2010）。

2.2　中下游江湖系统水沙变化主要特征

三峡工程蓄水后，宜昌、枝城、螺山、汉口、大通站年均径流量与悬移质输沙量均减少，其中径流量减少幅度为 6.8%~8.4%；悬移质输沙量减少幅度为 67.4%~91.8%（表 1）。

由于三峡水库拦蓄作用，水库下泄的沙量大幅度减少，水流含沙量低，河床沿程冲刷补给，荆江河段输沙量由三峡水库运用前沿程减少转为沿程增加；受洞庭湖、汉江、鄱阳湖等水系汇流及床面冲刷补给等影响，城陵矶以下河段螺山、汉口、大通站的年均输沙量沿程由减少再增加转为沿程增加（卢金友等，2012）。

表 1　中下游主要水文站年均径流量和悬移质输沙量统计

	项目	宜昌	枝城	沙市	监利	螺山	汉口	大通
径流量/ 亿 m³	2002 年前	4369	4450	3942	3576	6460	7111	9051
	2003～2015 年	4004	4099	3760	3643	5953	6711	8438
输沙量/ 万 t	2002 年前	49200	50000	43400	35800	40900	39800	42086
	2003～2015 年	4044	4881	5962	7528	9088	10546	13908
含沙量/ （kg/m³）	2002 年前	1.13	1.12	1.10	1.00	0.63	0.56	0.46
	2003～2015 年	0.10	0.12	0.16	0.21	0.15	0.16	0.16

三峡水库运用以来，荆江三口分流分沙量明显减少，断流天数增加。与1999~2002年相比，2003~2015年三口年均分流量减少146亿 m³，分流比从14%减至11.7%；分沙量从5670万 t 减至956万 t，分沙比从16.4%增大至19.6%。当枝城站流量小于25000m³/s 时，荆江三口的分流能力没有明显变化，当枝城站流量大于25000m³/s 时，荆江三口分流比的点据变化比较散乱，总体分流能力较蓄水前偏小（卢金友等，2012；曹广晶和王俊，2015）。

洞庭湖四水年径流量变化趋势不明显，输沙量则明显减少，洞庭湖入湖沙量显著减少，湖区淤积大为减轻。鄱阳湖五河的年径流量变化趋势不明显，赣江输沙量20世纪90年代后有所减少，饶河2010年后有所增大，抚河、信江、修水入湖沙量变化趋势不明显，五河总入湖沙量明显减少（水利部长江水利委员会，2015）。

汉江是长江最大的支流，丹江口水库蓄水运用后，水库下泄沙量明显减少。汇入长江的输沙量亦明显减少，径流量则略有减少。

3 长江上游水库群泥沙调度技术

3.1 三峡水库泥沙淤积特性

总体淤积：以输沙量法计算可知，三峡水库自2003年6月蓄水运用以来，一直处于累积性淤积状态，至2015年12月，共淤积泥沙16.04亿t；由地形法计算可知，2003年3月至2015年10月库区干流淤积泥沙14.52亿m³，2003年3月至2011年11月，库区66条支流的总淤积量为1.80亿m³。

淤积分布：淤积主要集中在清溪场以下的常年回水区，其淤积量为14.86亿t，占总淤积量的92.7%；清溪场至朱沱段共淤积泥沙1.18亿t，占总淤积量的7.3%。2008年三峡水库进入175m试验性蓄水后，库区淤积范围上延，朱沱—清溪场库段泥沙淤积明显。淤积空间分布与距坝远近及河道宽窄有关，淤积强度以坝前段和奉节至涪陵的宽谷段为最大，而涪陵以上库段，在2008年至2010年呈淤积状态，2010年后则转为冲刷状态。

悬移质各粒径组在库区的冲淤规律：三峡库区淤沙以细沙为主，但各粒径组淤积比例不同，细沙淤积比例为80%左右，中粗沙淤积比例可达95%左右。不同粒径组泥沙在库尾段存在着以不同的运动形式并逐渐地向下游输移的现象：消落期朱沱至寸滩冲粗走细，寸滩至清溪场淤中为主；汛期朱沱至寸滩淤粗走细，寸滩至清溪场淤细为主、兼有冲刷；蓄水期淤积为主，淤积粒径上粗下细（长江水利委员会长江科学院，2013）。在三峡水库常年回水区亦存在一定的细沙絮凝现象，其最大絮团粒径约为80μm（李文杰等，2015）。

3.2 三峡水库减淤调度

通过浊度仪与含沙量传统方法的比测，提出了三峡库区泥沙实时监测技术，构建了能适应三峡水库建成后水库内水、沙沿程非恒定输移特性的泥沙实时预报模型和减淤调度模型（长江防汛抗旱总指挥部办公室，2015）。

三峡水库蓄水运用实测沙峰输移资料分析表明（黄仁勇，2016），沙峰传播时间可近似采用以入库沙峰含沙量$S_寸$和洪水滞留系数为自变量的公式为

$$T_{寸黄} = 22.153 S_寸^{0.685} \left\{ V_{起始} / [0.5(Q_{寸1} + Q_{黄1})] \right\}^{0.407}$$

式中，$T_{寸黄}$为入库寸滩站至出库黄陵庙站沙峰传播时间，天；$S_寸$为寸滩站沙峰含沙量，kg/m^3；$V_{起始}$为沙峰入库时坝前水位对应的滞洪库容，亿m^3；$Q_{寸1}$和$Q_{黄1}$分别为入库寸滩站出现沙峰当日的寸滩站和黄陵庙站实测日均流量，m^3/s；$Q_{黄沙}$为沙峰出库当日黄陵庙站实测日均流量，m^3/s。

三峡水库沙峰出库率的主要影响因子是洪水滞留系数，沙峰出库率可近似采用以洪水滞留系数为单一自变量的公式为

$$S_黄 / S_寸 = 2.572 e^{-496.546 \frac{V_{起始}}{0.5(Q_{黄1} + Q_{黄沙})}}$$

式中，$S_黄/S_寸$为沙峰出库率。

场次洪水排沙率公式为

$$SDR = 2.449 e^{-363.396 \frac{V}{Q_{in}}}$$

式中，SDR为场次洪水排沙比；Q_{in}为入库平均流量，m^3/s；V为平均滞洪库容，亿m^3。

而三峡水库全年排沙比在来水来沙情况变化不大的情况下，与出库流量大于$30000m^3/s$和$25000m^3/s$的天数之间关系极为密切（长江水利委员会长江科学院，2013）。

提出了三峡水库在汛期削峰调度下，提高水库排沙效果的沙峰调度模式，并得到成功应用。研究表明，汛期三峡入库洪峰从寸滩到达坝前6～12h，沙峰传播时间则在3～7天，利用三峡入库洪峰、沙峰在水库内传播时间的差异，提出了"涨水面水库削峰，落水面则加大泄量排沙"的沙峰调度

模式，并在 2012 年、2013 年得到了成功应用。实测表明，2012 年、2013 年7 月水库排沙比达到 27%、28%，均高于 2009 年、2010 年、2011 年同期的13%、17%、7%。

研究建立了适应复杂条件下的三峡水库库尾泥沙减淤调度模型，提出了库尾河道冲淤判别条件（坝前水位 164.00m、寸滩站流量大于 5000 m^3/s）和汛前消落期库尾减淤调度方案（在消落期三峡水库坝前水位 162.00m，寸滩流量达到 7000m^3/s 时，按三峡水库坝前水位日均降幅 0.50m 进行连续 10 天左右。）在 2012 年、2013 年消落期库尾减淤调度中得到了应用，通过跟踪监测对比，取得了较好的减淤效果，同时也检验了模拟成果的可靠性（长江防汛抗旱总指挥部办公室，2015）。

3.3 溪洛渡、向家坝和三峡水库泥沙联合调度

在溪洛渡、向家坝和三峡水库陆续建成前后，关于这三座水库的联合调度就已经开始研究，清华大学、武汉大学、中国水利水电科学研究院（以下简称中国水科院）和长江科学院（长江水利委员会长江科学院，2008）等单位均提出了三库的水沙联合调度模型。上述模型所依据的调度原则主要有"蓄清排浑"和"沙峰调度"，主要目的之一即尽可能地保持上述水库的长期使用。其中，在"排浑"调度启动时，如果溪洛渡、向家坝、三峡三库库水位均高于汛限水位，则三库应同时开始降低库水位，且要避免上游水库的下泄浑水进入下游水库时下游水库仍处于高水位或处于库水位抬升状态，三库应在保证下游防洪安全的前提下尽快降低库水位至汛限水位，库水位下降时溪洛渡和向家坝出库流量宜不低于 10000m^3/s，三峡出库流量宜不低于 35000m^3/s，联合"排浑"调度开始时库水位等于汛限水位的水库，则库水位维持汛限水位排沙。

而沙峰调度则属于汛期增大排沙比的优化调度，主要原则如下：

（1）梯级水库中的上游溪洛渡水库开展沙峰调度时，下游向家坝和三峡水库应尽量保持较低的库水位以提高梯级水库整体排沙效果。

（2）梯级水库中的下游三峡水库开展沙峰调度时，在不增加下游防洪压力的前提下，上游溪洛渡水库可降水位增泄以提高三峡水库输沙流量，溪洛渡水库启动增泄的时间应与寸滩出现沙峰的时间相一致，以增加下游干流寸滩站沙峰对应流量为目标，尽量使寸滩站洪峰与沙峰同步或者晚于沙峰，溪洛渡库水位回升时应避开较大的入库沙峰。

4 水沙变化条件下长江中下游江湖演变规律

4.1 干流河道演变特性

4.1.1 长距离不平衡输沙特性

三峡入库泥沙大幅度减少,同时三峡水库的拦沙作用显著,使水库下泄的水流含沙量很低,下游河道将面临严重不饱和含沙水流的长期持续冲刷,沿程沙量会得到一定程度的补给,但因受到中下游河道形态的复杂性、河床组成的差异性、悬移质泥沙级配的不同、沿程支流水系的入汇等因素的影响,沿程泥沙冲刷补给较为复杂。有的研究认为水库下游河床冲刷、沙量恢复过程中,各粒径组输沙量均不会超出建库前水平(李义天等,2003);有的认为水库下游发生长距离冲刷的主要原因是床沙补给不足,尤其是细沙补给严重不足(陈飞等,2010);还有认为三峡水库下游低流量级与高流量级含沙量恢复速度较快,而中水流量级含沙量恢复速度较慢(沈磊等,2011)。

三峡水库运用后下泄的不同粒径组沙量均大幅度减少,但由于水库下游河床组成中不同粒径沙量的不同,悬移质不同粒径组沙量恢复速率与距离均截然不同,水库下游河道悬移质粒径 d >0.125mm 粒径沙量在监利站附近基本接近恢复饱和,而水库下游发生长距离冲刷的主要原因是 $d < 0.125mm$ 的泥沙补给不足。考虑到长江上游干支流水库的陆续建设与运行,三峡水库入库与下泄的沙量均在相当长的时期内保持较低水平,水库下游河道会因此而出现长时期、长距离的冲刷,水库下游水流输沙量因河床冲刷补给而增加,其中大量存在于河床中的悬移质中粗颗粒部分冲刷补给的距离短、恢复程度高。

4.1.2 河道演变规律

60 多年来,长江中下游实施了大量的护岸工程与河(航)道整治工程,增强了河道边界的稳定性与抗冲性,限制了河道横向变形范围与幅度,有效控制了河道的总体河势,但受长江干支流水库建设运行等因素影响,进入长江中下游的水沙条件发生了较大变化,江湖演变呈现新的特点(卢金友等,2012;姚仕明和卢金友,2013;姚仕明等,2016)。

三峡水库运用以来,长江中下游河道由总体冲淤基本平衡转为总体冲刷,例如,三峡水库蓄水运用以来至 2015 年 10 月,宜昌至湖口河段河道平滩河槽冲刷总量为 16.478 亿 m³。三峡水库单独运行下数学模型计算预测表明,长江中下游河道将在相当长的时期内会维持总体冲刷状态,而且冲刷随时间会自上而下发展,最终达到相对平衡状态(图 1)。

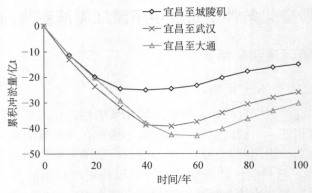

图1 三峡水库下游河道冲淤计算预测结果

宜昌至枝城近坝段受三峡水库蓄水影响时间最早，其砂卵石河床冲刷粗化速度快，伴随河床冲刷，床沙粗化明显，床沙 d_{50}（中值粒径）由 2003 年 11 月的 0.638mm 增大到 2012 年 10 月的 23.59mm，根据泥沙起动公式计算，当水深为 3～20m 时，其起动流速由 0.61～0.84m/s 增加为 1.32～1.81m/s，由此可看出该河段河床的抗冲性随着面粗化而明显增强，河道的冲刷幅度会随河床的进一步冲刷粗化而逐渐减小，目前已趋于冲淤相对平衡的状态。

三峡水库运用后，长江中下游河道尽管总体持续冲刷发展，但受河势控制工程、河（航）道整治工程及护岸工程边界条件的制约，总体河势保持相对稳定，局部河段河势仍出现较大调整，部分河段因河势调整或近岸岸坡冲刷变陡而发生崩岸，有些弯道凸岸边滩因低含沙水流的长期作用而出现累积性冲刷，七弓岭等过度弯曲的河道在河床冲刷过程中发生切滩撇弯。

三峡水库下泄水流含沙量大幅度减少，有利于分汊河道总体冲刷，但具体到不同亚类的分汊河道影响会不同。分汊河道演变受来沙减少影响的响应主要表现在滩槽演变幅度总体会有所减小，分流区在遵循"洪淤枯冲"规律的基础上总体偏向冲刷，短汊因阻力小发展占优，距离大坝越近的分汊河道受其影响越大。城陵矶以下分汊河道主汊基本比支汊短，三峡水库运用 10 余年来主要汊道段的冲淤也表现出短（主）汊占优的规律。

4.2 江湖关系变化

三峡工程运用以来，入洞庭湖悬移质沙量多年平均（2003～2013 年）仅为 1910 万 t，经由城陵矶输出沙量为 1850 万 t，年均淤积量仅 60 万 t，泥沙在湖区的沉积率仅为 3%，甚至部分年份湖区总体还出现冲刷现象。随着人类活动的继续作用及自然因素的影响，洞庭湖四水入湖水量变化不会很大，入湖沙量将减少，在相当长时期内，荆江三口入湖的水沙量将持续减少，对洞庭湖调蓄能力的保持和防洪大为有利。同时，会影响湖区枯水期水资源和水环境。

通过采用数学模型的还原计算可看出，三峡工程蓄水运用以来，2006～2009 年洞庭湖出口七里山站在汛前水库预泄期水位平均抬高 0.31～0.65m，最大抬高 0.40～1.12m；汛后水库蓄水期水位平均下降 0.69～1.28m，最大下降 1.26～2.64m，水位降低影响时间为 50～78 天。湖区其他各站，越往上游水位影响越小（长江水利委员会长江科学院等，2010）。

三峡水库运用以来，鄱阳湖区枯水位出现新的变化，不仅枯水出现时间大幅提前，枯水持续时间显著延长，而且湖区控制站普遍出现历史最低水位（表2）。受长江干流水位降低引起溯源冲刷及采砂影响，鄱阳湖入江水道河床下切明显，15m 水位以下断面面积明显增大。2012 年与 2002 年相比，当湖口站水位分别为6m、8m 和10m 时，星子站水位分别降低 1.05m、0.54m 和 0.20m。

根据数学模型的还原计算，三峡工程蓄水运用以来，2006～2009 年鄱阳湖出口湖口站在三峡水库汛前预泄期水位平均抬高 0.14～0.31m，最大抬高 0.18～0.61m；水库蓄水期水位平均下降 0.38～0.74m，最大下降 0.74～1.78m，水位降低影响天数为 49～76 天，湖区其他各站，越往上游水位影响越小（长江水利委员会长江科学院等，2010）。

表2 鄱阳湖各站9月至次年3月月平均水位变化（徐照明等，2014）

测站	9 月	10 月	11 月	12 月	1 月	2 月	3 月
湖口	-0.80	-2.20	-1.60	-0.54	0.25	0.38	0.67
星子	-0.80	-2.17	-1.64	-0.77	-0.40	-0.55	-0.22
都昌	-0.81	-2.14	-1.67	-1.12	-1.03	-1.06	-0.60
棠荫	-0.77	-1.81	-1.05	-0.64	-0.63	-0.38	-0.05
康山	-0.52	-1.27	-0.58	-0.29	-0.32	-0.29	-0.08

注：表中数值为2003～2012 年系列月平均值减去1956～2002 年系列月平均值

4.3 长江口演变规律

河口泥沙场对流域减沙呈现分段性响应特征，近十余年，河口浑浊带区域基本维持原有含沙量水平，受流域来沙量减少的影响尚未显现；浑浊带以上的河口段，特别是徐六泾及南支河段的含沙量已经显著下降，口门段的含沙量已呈下降趋势（何青等，2009；Shen et al.，2013）。

随着长江口航道治理、港口码头和促淤圈围等涉水工程陆续实施，长江口"三级分汊、四口入海"的总体河势较为稳定，但流域来沙减少对长江口内滩槽及口外地形变化的影响已有所显现，局部河段河势演变较为复杂剧烈（金镠等，2006；朱博章等，2012）。研究表明河口整体淤涨速率减缓，南支河段河槽容积扩大；南北港河势变化更多地受到河口区人类活动的影响；拦门沙河段受其特殊水沙环境影响，流域来沙的变化尚未显现在地形变化上，其中北槽及南槽主槽容积的扩大更多的是缘于长江口深水航道治理工程和南汇东滩促淤圈围工程等局地大型涉水工程的影响；河口口门附近受流域减沙和河口局地工程的综合影响，水下三角洲前缘冲刷特征显现，同时该区域泥沙交换频繁，具有随潮搬运泥沙输入河口的泥沙源汇转换的新趋势（Liu et al.，2010；Zhu et al.，2016）。

5 长江中下游江湖整治

5.1 整治方案研究

5.1.1 河道治理方案

三峡工程运用以来，长江中下游河道持续冲刷，局部河势调整，部分河段频现崩岸险情，威胁到堤防与防洪安全。"十一五"期间，长江科学院（卢金友等，2012）研究了三峡工程运用初期坝下游干流河道和洞庭湖区的冲淤变化、江湖关系变化与发展趋势,提出了荆江河段河势控制方案（长江水利委员会长江科学院，2011）。从三峡水库防洪调度方式角度出发，研究提出了三峡水库运用后长江中下游干流河道治理对策（仲志余等，2011）。"十二五"期间，在进一步把握三峡水库泥沙运动规律及对下游河道和江湖关系变化的影响的基础上，研究提出了三峡工程运用初期长江中下游干流河道河势控制规划方案，重点河段综合治理方案等。这些成果已被长江流域综合规划及河道治理规划等专项规划采纳，有的整治工程已经实施。鉴于长江口的特殊地位，提出了长江口段近期加强进口徐六泾等节点的控制作用，通过护岸、圈围、潜堤、疏浚等工程，维持南支主槽靠南岸，南港为主汊、入海深水航道通畅的河势格局的方案（水利部长江水利委员会，2014）。

5.1.2 航道整治方案

三峡工程运用后，坝下游河道持续调整对航道条件产生一定影响。长江科学院等相关单位和学者在长江中下游的重点河段演变规律和发展趋势预测的基础上开展了宜昌至安庆河段及南京以下 12.5m 深水航道整治工程方案的研究，并对工程效果进行了预估（长江水利委员会长江科学院，2014a，2014b，2015a；交通运输部长江口航道管理局，2015），部分河段整治工程已经实施。针对长江口深水航道二期工程实施后，北槽航道回淤总量大幅增加且集中分布于中段，航道增深维护困难等问题，交通部提出了包括延长丁坝、在南坝田新建挡沙堤和调整航道轴线在内的长江口深水航道治理三期工程减淤措施，并对实施效果进行了初步评价（王俊等，2013）。

5.1.3 湖泊控制方案

近期，围绕在洞庭湖出口附近修建枢纽工程相关研究和设计单位开展了前期工作，研究了枢纽建设对江湖关系的影响。长江水利委员会长江科学院（2014c）从枢纽运用对藕池口至武汉河段水沙、河道冲淤及水位影响等角度计算分析了洞庭湖湖控枢纽工程建设对长江干流与洞庭湖的影响，并提出了优化枢纽挡水期的起始和结束时间节点。

针对鄱阳湖连续出现枯水期低水位时间提前、水位降低、持续时间延长等情况，2008 年，江西省提出按照"调枯不控洪"的理念，建设鄱阳湖口水利枢纽工程。中国水利水电科学研究院（2010）从鄱阳湖流域水资源演变趋势及开发利用状况，三峡水库运用对长江中下游河道冲淤变化及江湖关系的影响，枢纽工程对水资源、防洪、湖区水环境和鱼类的影响，枢纽工程合适的下闸蓄水时期和蓄水位，工程闸门型式及鱼道建设等方面进行了研究。长江水利委员会在总结以往规划成果和鄱阳湖区治理、开发与保护经验的基础上，对防洪减灾、水资源综合利用、生态环境保护、水利管理四大体系作了较为全面的规划（水利部长江水利委员会，2011）。

5.2 整治技术

5.2.1 护岸工程新技术

考虑到水生态文明建设与河流生态保护与修复的需求，长江科学院提出了优势技术组合的护岸工程结构型式，即枯水平台以上护坡工程以整体性与环保生态型为主，采用石垫、生态混凝土等护坡型式；水下护岸工程主要以适应河床冲刷变形为主，兼顾护岸工程的整体性与生态性，抛石、柔性排体+抛石镇脚、卵石排等。相继研发了宽缝加筋生态混凝土水上护坡和网模卵石排水下护岸等新技术，并在长江中下游河道护岸工程中进行了成功实践（余文畴和卢金友，2008；姚仕明等，2016）。

5.2.2 河势控制与河道综合治理技术（余文畴，2012）

不同河型河道的河势控制是针对不同河型河道的河势控制关键因素，基于河道平面形态指标与河型判据，结合典型河道形成条件与河道演变规律形成的一种河势控制技术。

以防洪、航运为为主要目标的河道综合整治是统筹高、中、低水位的综合整治，通过控制险工段，稳定或调整滩槽格局，塑造有利的流路、航宽、航深和弯曲半径。该项技术在界牌河段治理研究与方案制定中得到应用。

以城市河段综合利用为主要目标的河道综合整治是统筹考虑河势稳定、防洪安全、生态环境、岸线利用与保护等因素的综合整治技术。该项技术在武汉河段、马鞍山河段、南京河段、澄通河段等治理研究与方案制定中得到应用。

以洲滩控制为主要目标的河道综合整治是通过河道平面控制、洲头与滩体整治及汊道分流比调控，达到综合整治目标。该项技术在安庆河段、铜陵河段、马鞍山河段、南京河段、镇扬河段、澄通河段治理中得到应用。

5.2.3 航道整治技术（李义天等，2010；刘怀汉等，2015）

软体排护滩（底）带技术，是一种新型的航道整治建筑物，其主要作用是保护较为高大完整的边滩、心滩在水流作用下免遭破坏，进而达到稳定枯水航槽的目的。

洲头滩体鱼骨坝守护技术，其核心是洲头"鱼骨坝"，一般由顺水流方向的脊坝和垂直于脊坝轴线的多条刺坝组成，脊坝主要用于分流、分沙和归顺水流方向，刺坝可调节环流的运动，并增强坝体的稳定。洲头"鱼骨坝"结构物的技术创新成果为分汊河段航道整治工程设计提供了一个新的选择。

空心块体筑坝技术，是以空心块体作为筑坝结构的立方体透水体，可维持透水段坝体上下游一定的过流能力，从而减缓透水段坝体上游的泥沙淤积，和坝体头部的冲刷，对坝体上游有取水等特殊要求设施的运行具有重要作用。

6 长江水沙模拟理论与技术

6.1 水沙数值模拟技术

6.1.1 水库群联合计算一维水沙动力学模型改进（长江水利委员会长江科学院，2015b；中国水利水电科学研究院，2015）

1. 关键参系数的改进

中国水科院等单位依据实地观测和室内试验，对三峡水库细颗粒泥沙的最大絮凝沉速进行了修正，絮凝沉速改正值随水流流速增大而减小，当流速大于 2m/s 时，改正作用消失。

在挟沙能力和恢复饱和系数方面，中国水科院采用泥沙统计理论，提出了非均匀沙悬移质分组挟沙力公式；并与长江科学院分别提出了新的不平衡输沙的恢复饱和系数计算式，实现了恢复饱和系数取值随空间和时间变化的要求。

2. 边界条件的优化

在以往考虑库区嘉陵江和乌江两大支流的基础上，进一步增加了其他一些库区支流断面地形进行水沙输移计算，如綦江、木洞河、大洪河、香溪河等其他 12 条支流，以尽可能多地反映支流库容的影响。

此外，针对三峡水库库区区间流量较大的特点，基于水量平衡原则，采用水流水动力逐日演进计算的方法，将计算得到日出库流量过程计算值与实测值的差值，按各支流流域面积比例合理分配到各入汇支流上，以作为区间流量加入到计算河段。结果表明，考虑区间入库流量后，出库流量过程计算结果与实测结果吻合程度明显提高。

3. 计算方法的改进

一是变时间步长，在流量流速大时采用较小的时间步长，在流量流速小时才用较小的时间步长；二是引入并行计算，在原有的 C++编程串行程序基础上进行 openMP，并行计算改造，搭配适当的硬件，提高了计算速度。

6.1.2　水库下游江湖河网水沙数学模型改进

1. 关键参系数的改进

长江科学院基于近底泥沙交换模式，提出了新的非均匀沙挟沙力表达式和沙垄阶段混合层厚度表达式，并对挟沙力公式中的 K、M（系数 K 主要用于调整计算总挟沙力的大小，对级配影响很小；M 不仅影响挟沙能力，还对挟沙力级配有一定影响）等关键参数选取进行了研究。

2. 分流分沙计算模式的改进

汊点分流分沙和连通道季节性过流等问题是江湖河网数学模型的关键问题。长江水利委员会长江科学院（2015）提出以汊点能头增量为未知量构建节点方程组，并提出首尾断面水位计算式和首尾断面的能头增量与流量增量的关系式，以求出河网各节点的能头增量及各河段首位尾断面的流量增量，进而推求各河段各计算断面的流量和水位的增量。尽管该节点能头三级解法比目前较常用的节点水位三级解法在计算上稍复杂，但它更符合物理意义，特别在各交汇断面的过水面积相差很大时，计算结果会比后者更准确。

针对河段季节性过流问题，提出了原理明确，计算简便、灵活，更适用于河网长系列水沙数值计算的"修正窄缝法"。

6.1.3　二维水沙数学模型模拟技术改进

1. 动岸边界模拟技术（夏军强和宗全利，2015）

模型采用一种较为简化的方法处理动岸问题，就是引入"稳定临界坡度"的概念。稳定临界坡度只是岸坡在泥沙淤积和冲刷过程中较为稳定的最大坡度，可以根据河岸组成确定（可由泥沙颗粒稳定休止角计算），或者两（多）次地形比较确定（由已出现的地形坡度判断）。在河道冲淤过程中，当河岸实际坡度大于稳定临界坡度时，即假定河岸失稳崩塌，则修改河道地形。

2. 模型后处理与 Google Earth 的联合运用（张细兵等，2014）

长江科学院基于 Google Earth 软件，构建能模拟天然河道、水库、湖泊、海岸等不同水域的水流、泥沙、浓度场及温度场的数值模拟与成果演示，模型计算获得的结果能与 Google Earth 三维地貌和建筑物模型相融合，同步实现缩放、鸟瞰、漫游等多种查看和动态演示功能，同时也可在AutoCAD、Tecplot 等软件中显示。

6.2 实体模型模拟技术

6.2.1 新型模型沙研发

在开展长江防洪实体模型选沙选择过程中，长江科学院和武汉理工大学一起研制了密度为 1.38g/cm³ 塑料合成沙，其主要特点是模型沙密度设计范围连续可调，且不同粒径的模型沙密度稳定，粒径级配调整范围宽，颗粒几何形状与天然泥沙相似性好，絮凝强度小，亲水性好，水下及空气中休止角可调整，有利于模型地形制作，颜色可调，有利于试验观测。该模型沙不仅力学特性能满足泥沙实体模型各项相似比尺设计要求，而且无毒、无污染，可重复制备且可再生循环利用，整体性能指标明显优于现有的各种传统模型沙（卢金友等，2013）。南京水利科学研究院研制了竹粉作为新型模型沙（宋东升等，2014）。

6.2.2 动岸模拟技术

考虑从增大模型沙水下休止角的角度出发，把一定比例的固沙胶黏剂掺混到模型沙中，形成具有一定黏性的动岸模拟新材料，并考虑到一般的自然河岸土质为二元相结构，即上层为黏土和沙质黏土、下层为中细沙，为做到模型与原型的基本相似，在动岸模型中采用分层制模的方式，即上层采用考虑固化胶接的新材料、下层依据泥沙运动相似理论设计选择合适的模型沙，以达到较精确地模拟河工模型动岸变形的目的。

6.2.3 长河段模型控制技术

时间变态对水沙过程影响分析结果表明，不同时间变态率情况下模型沿程水位过程相对都发生一定程度的滞后和偏离。表现为涨水期模型的水面线相对原型水面线普遍偏低、落水期普遍偏高，并且偏差随着时间变态率的增大有增加的趋势；对于同一水位站，随着时间变态率的增加，模型相应峰、谷水位滞后明显。为此，研究推出了实体模型试验控制方式改进措施：对于较长动床模型，考虑采取进口流量提前、出口水位滞后控制方式，即当本级流量调整下一级流量时，考虑模型不同流量下水流传播时间，给出适当时间提前释放进口流量，同时延迟尾门水位，尽可能保证进出口正常的水位流量关系（图2）。

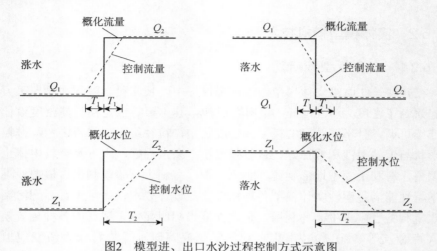

图2 模型进、出口水沙过程控制方式示意图

图中 Q_1、Q_2 为进口流量；T_1、T_2 分别为提前或滞后时间；Z_1、Z_2 为尾门水位

7 需要进一步研究的问题

随着经济社会的快速发展，人类活动对长江水沙、江河湖库演变的影响越来越强烈，且持续时间长，加之极端气候事件频发，长江流域江、湖、库、河口等系统进入剧烈调整的时期，必将对河流功能的充分发挥产生影响，因此，需要从整体与局部、近期与远期、宏观与微观的角度动态开展长江流域水沙变化趋势、江河湖库的演化和平衡状态及其影响与调控策略等重大问题的深入研究。一是长江流域水沙变化趋势研究，重点研究来水来沙的主要影响因素及其权重、干支流来水来沙变化趋势；二是自然变化与人类活动影响双重因素驱动下江河湖库的演化和平衡状态及其影响研究，重点研究新水沙条件下江河湖库的演变机理与趋势、江湖关系变化趋势及长江口演变机理与趋势，以及对长江防洪、航运、岸滩利用、水环境与水生态等影响；三是长江泥沙调控研究，重点研究满足河流多功能需求的干支流水库群泥沙调控理论、技术和方案，长江河道整治工程适应性与整治新技术，江湖复杂水系闸控工程联合调控技术与方案，泥沙资源化配置理论、方法与技术，长江口综合整治技术与方案等。

参考文献

曹广晶，王俊. 2015. 长江三峡工程水文泥沙观测与研究. 北京：科学出版社.

陈飞，李义天，唐金武，等. 2010. 水库下游分组沙冲淤特性分析. 水力发电学报，9(1)：164-170.

何青，刘红，徐俊杰. 2009. 进入二十一世纪的长江河口悬移质泥沙及三峡蓄水和流域特枯水情的影响//21世纪的长江河口初探. 北京：海洋出版社.

黄仁勇. 2016. 长江上游梯级水库泥沙输移与泥沙调度研究. 武汉：武汉大学博士学位论文.

交通运输部长江口航道管理局. 2015. 长江口深水航道治理工程实践与创新. 北京:人民交通出版社.

金镠，虞志英，何青. 2006. 关于长江口深水航道维护条件与流域来水来沙关系的初步分析. 水运工程，（3）：46-51.

李丹勋，毛继新，杨胜发，等. 2010. 三峡水库上游来水来沙变化趋势研究. 北京：科学出版社.

李文杰，杨胜发，胡江，等. 2015. 三峡库区细颗粒泥沙絮凝的试验研究. 应用基础与工程科学学报，23（5）：851-860.

李义天，孙昭华，邓金运. 2003. 论三峡水库下游的河床冲淤变化. 应用基础与工程科学学报，11(3)：283-295.

李义天，唐金武，朱玲玲，等. 2010. 长江中下游河道演变与航道整治. 北京：科学出版社.

刘怀汉，黄召彪，高凯春. 2015. 长江中游荆江河段航道整治关键技术. 北京：人民交通出版社.

卢金友，姚仕明，邵学军，等. 2012. 三峡工程运用初期坝下游江湖响应过程. 北京:科学出版社.

卢金友，魏国远，孙贵洲，等. 2013. 泥沙实体模型试验用复合塑料模型沙及其制备方法. 中国发明专利.

清华大学，中国水利水电科学研究院. 2015. 上游梯级水库对三峡入库水沙变化影响研究课题研究报告，北京.

沈磊，姚仕明，卢金友. 2011. 三峡水库下游河道水沙输移特性研究. 长江科学院院报，28(5)：75-82.

水利部长江水利委员会. 2011. 鄱阳湖区综合治理规划. 武汉：水利部长江水利委员会.

水利部长江水利委员会. 2014. 长江中下游干流河道治理规划（2012年修订）.

水利部长江水利委员会. 2015. 长江泥沙公报(2014). 武汉：长江出版社.

宋东升，李国斌，许慧，等. 2014. 竹粉模型沙特性试验研究. 泥沙研究，(1):27-32.

王俊，田淳，张志林. 2013. 长江口河道演变规律与治理研究. 北京：中国水利水电出版社.

夏军强，宗全利. 2015. 长江荆江段崩岸机理及其数值模拟. 北京：科学出版社.

徐照明，胡维忠，游中琼. 2014. 三峡水库运用后鄱阳湖区枯水情势及成因分析. 人民长江，45（7）：18-22.

姚仕明，卢金友. 2013. 长江中下游河道演变规律及冲淤预测. 人民长江，44（23）：22-28.

姚仕明，岳红艳，何广水，等. 2016. 长江中游河道崩岸机理与综合治理技术. 北京：科学出版社.

余文畴. 2012. 长江河道认识与实践. 北京：中国水利水电出版社.

余文畴，卢金友. 2008. 长江河道崩岸与护岸. 北京：中国水利水电出版社.

张细兵，崔占峰，张杰，等. 2014. 河流数值模拟与信息化应用. 北京：中国水利水电出版社.

长江防汛抗旱总指挥部办公室. 2015. 三峡水库试验蓄水期综合利用调度研究. 北京:中国水利水电出版社.

长江水利委员会水文局. 2016. 2015 年度三峡水库进出库水沙特性、水库淤积及坝下游河道冲刷分析. 武汉.

长江水利委员会长江科学院. 2008. 金沙江溪洛渡、向家坝与三峡水库群泥沙联合调度研究专题报告. 武汉.

长江水利委员会长江科学院. 2011. 三峡工程运用初期荆江河道演变与治理研究报告. 武汉.

长江水利委员会长江科学院. 2013. 三峡水库入库粗沙和推移质泥沙冲淤变化机理研究报告. 武汉.

长江水利委员会长江科学院. 2014a. 长江干流武汉至安庆段提高航道标准可行性论证报告. 武汉.

长江水利委员会长江科学院. 2014b. 长江南京以下 12.5 米深水航道二期工程仪征水道河段工程总平面布置物理模型研究. 武汉.

长江水利委员会长江科学院. 2014c. 洞庭湖岳阳综合枢纽工程对长江干流影响研究. 武汉.

长江水利委员会长江科学院. 2015a. 长江宜昌至安庆段提高航道标准对河势控制与防洪影响研究. 武汉.

长江水利委员会长江科学院. 2015b. 三峡水库及下游河道数学模型改进与冲淤变化计算分析专题报告. 武汉.

长江水利委员会长江科学院，长江水资源保护科学研究所，长江水利委员会水文局，等. 2010. 三峡工程蓄水运用对长江与洞庭湖、鄱阳湖关系及湖区生态环境影响初步研究总报告. 武汉.

中国水利水电科学研究院. 2010. 鄱阳湖水利枢纽工程关键技术研究. 北京.

中国水利水电科学研究院. 2015. 三峡水库水流泥沙数学模型改进与冲淤计算研究专题报告. 北京.

仲志余，胡维忠，陈肃利，等. 2011. 三峡工程运用后长江中下游防洪技术研究. 武汉:长江出版社.

朱博章，付桂，高敏，等. 2012. 长江口近期水沙运动及河床演变分析. 水运工程，（7）：105-110.

Liu H，He Q，Wang Z B，et al. 2010. Dynamics and spatial variability of near-bottom sediment exchange in the Yangtze Estuary，China. Estuarine，Coastal and Shelf Science，86 (3) :322-330.

Shen F，Zhou Y X，Li J F，et al. 2013. Remotely sensed variability of the suspended sediment concentration and its response to decreased river discharge in the Yangtze estuary and adjacent coast，Continental Shelf Research，69 (1) : 52-61.

Zhu L，He Q，Shen J，et al. 2016. The influence of human activities on morphodynamics and alteration of sediment source and sink in the Changjiang Estuary. Geomorphology，273: 52-62.

黄河水沙情势演变

安催花[1]，万占伟[1]，张　建[1]，陈松伟[1]，吴默溪[2]

（1.黄河勘测规划设计有限公司规划研究院，郑州 450003；2.华北水利水电大学
水利学院，郑州 450011）

摘　要：黄河具有水少沙多、水沙关系不协调、水沙异源、水沙年际变化大且年内分配不均、不同地区泥沙颗粒组成不同等特点。20 世纪 80 年代中期以来，黄河水沙发生了显著变化，径流量和输沙量显著减少，径流量减少主要集中在头道拐以上区域，泥沙减少主要集中在头道拐至龙门区间；汛期径流量占年径流量的比例减少，洪峰流量减小，有利于输沙的大流量天数及相应水沙量减少；1919～1959 年、1960～1986 年、1987～2012 年三个时期年均来沙系数先减小后增大，前后两个时期基本相当，2000～2012 年来沙系数明显偏小。目前，对人类活动影响较小时期黄土高原侵蚀量的研究成果存在一定差异，一般为 6亿～10 亿 t。黄河未来水沙量变化既受自然气候因素的影响，又与流域水利工程、水土保持生态建设工程和经济社会发展等人类活动密切相关，长期总体来看降水影响有限，水沙变化仍以人类活动影响为主，相对 1919～1959 年天然情况，水沙量将有较大幅度的减少。黄河水沙问题复杂，目前研究成果尚不能满足黄河治理开发与保护的需要，需加强研究。

关键词：水沙特点；水沙变化；侵蚀背景值；黄河

Evolution of Water and Sediment in the Yellow River

Cuihua An[1]，Zhanwei Wan[1]，Jian Zhang[1]，Songwei Chen[1]，Moxi Wu[2]

(1. Planning Research Institute of Yellow River Engineering Consulting Co., Ltd ，Zhengzhou 450003; 2. Water Conservancy College of North China University of Water Resources and Electric Power，Zhengzhou 450011)

通信作者：万占伟（1979—），E-mail: 9321264@qq.com。

Abstract: The characteristics of the Yellow River is less runoff and too much sediment, with incoordination relationship between water and sediment, and the sources of water and sediment are different, and the inter-annual variations of water and sediment is large with an uneven annual distribution. In addition, particle composition is different at different areas. Since the middle of the 1980s, the water and sediment show obvious changes in the Yellow River. The amount of runoff and sediment is decreased significantly. Reduction of runoff is mainly at region over Toudaoguai, and reduction of sediment is mainly at region from Toudaoguai to Longmen. Runoff proportion in the flood season becomes lower and the peak discharge is reduced. Days and the amount of runoff and sediment is reduced with large flow to be beneficial for delivering sediment. Annual average coefficient of incoming sediment first decreased and then increased during the three periods 1919-1959, 1960-1986 and 1987-2012, and that is equivalent between the previous two periods, and that of 2000-2012 is obviously small. At present, there exist some differences on the research results of soil erosion amount in loess plateau during the period with less influence from human activity, and the value is 0.6～1 billion ton commonly. The variation of water and sediment in the future is influenced by natural climate, and it is closely related to human activity such as hydraulic engineering, ecological construction of soil and water conservation, economic and social development. On the whole, the rainfall effect on variation is limited in a long period, and the change of water and sediment is mainly influenced by human activities. The amount of water and sediment will be greatly reduced compared to natural conditions in the period 1919-1959. The problem of water and sediment in the Yellow River is complex. At present, the research results still cannot meet the needs of the management, development and protection in the Yellow River, and it is necessary to strengthen the research.

Key Words: the characteristics of water and sediment; variation of water and sediment; background value of soil erosion; the Yellow River

1　流域水沙特点

黄河发源于青藏高原巴颜喀拉山北麓海拔 4500m 的约古宗列盆地，流经青海、四川、甘肃、宁夏、内蒙古、山西、陕西、河南、山东 9 省（区），在山东省垦利县注入渤海。流域面积 79.5 万 km² （包括内流区 4.2 万 km²）。流域气候干旱、降雨稀少。河源至内蒙古托克托县的头道拐为上游，是径流的主要来源区；头道拐至河南郑州桃花峪为中游，区间绝大部分地处黄土高原，暴雨集中，水土流失严重，是黄河洪水和泥沙的主要来源区；桃花峪至入海口为下游，河床高出背河地面 4～6m，为淮河和海河流域的分水岭，是举世闻名的"地上悬河"（图 1）。黄河特殊的自然地理和气候条件，造就了黄河特殊的水沙特性。黄河比较系统的实测资料始于 1919 年，距今已有 90 多年。本文主要以实测资料分析黄河的水沙特性。

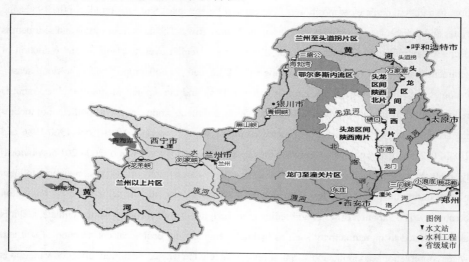

图1 黄河流域上中游地区地理位置示意图

1. 水少沙多，水沙关系不协调

黄河以泥沙多而闻名于世。在我国的大江大河中，黄河的流域面积仅次于长江居第二位，但由于大部分地区处于半干旱和干旱地带，水资源量极为贫乏，与流域面积相比很不相称。2000 年前后下垫面条件黄河多年平均天然径流量仅 535 亿 m^3（1956～2000 年，利津站），天然来沙量 16 亿 t，多年平均含沙量达 35kg/m^3（1919～1960 年，陕县站）。黄河的径流量不及长江的 1/20，而来沙量为长江的 3 倍，与世界多泥沙河流相比，孟加拉国的恒河年输沙量 14.5 亿 t，与黄河相近，但径流量达 3710 亿 m^3，是黄河的 7 倍，而含沙量较小，只有 3.9kg/m^3，远小于黄河；美国的科罗拉多河的含沙量为 27.5kg/m^3，与黄河相近，而年输沙量仅有 1.35 亿 t。

三门峡站实测最大含沙量 911kg/m^3（1977 年），头道拐至三门峡河段两岸支流时常有含沙量 1000～1700kg/m^3 的高含沙洪水出现。头道拐至龙门区间的平均来水含沙量高达 123kg/m^3，来沙系数（含沙量和流量的比值）高达 0.69kgs/m^6。黄河支流渭河华县的来水含沙量 50kg/m^3，来沙系数 0.22kgs/m^6。

2. 水沙异源

黄河流经不同的自然地理单元，地形、地貌和气候等条件差别很大，受其影响，黄河具有水沙异源的特点。黄河径流量主要来自上游头道拐以上，泥沙主要来自中游的头道拐至龙门区间和龙门至三门峡区间。

头道拐以上流域面积为 38 万 km²，占全流域面积的 51%，年径流量占全河径流量的 62.0%，而年输沙量仅占 9.0%。上游径流又集中来源于流域面积仅占全河流域面积 28% 的兰州以上，其天然径流量占全河的 61.7%，泥沙约占 6%。

头道拐至龙门区间流域面积为 11 万 km²，占全流域面积的 15%，年径流量占全河的 8.9%，而年输沙量却占 53.9%；龙门至三门峡区间面积为 19 万 km²，年径流量占全河的 19.4%，年输沙量占全河的 35.4%。

3. 水沙年际变化大

受大气环流和季风的影响，黄河水沙年际变化大。以三门峡水文站为例，实测最大年径流量为 659.1 亿 m³（1937 年），最小年径流量仅为 120.3 亿 m³（2002 年），丰枯极值比为 5.5。三门峡水文站年输沙量最大为 37.26 亿 t（1933年），最小为 1.11 亿 t（2008 年），丰枯极值比为 33.57。泥沙主要集中大沙年份，20 世纪 80 年代前各年代最大 3 年输沙量所占比例在 40% 左右；1980 年以来大于 10 亿 t 的 1981 年、1988 年、1994 年和 1996 年四年输沙量占1981～2012 年 32 年总输沙量的 26.4%。

4. 水沙年内分配不均匀

水沙在年内分配也不均匀，主要集中在汛期（7～10 月份）。黄河汛期径流量占年径流量的 60% 左右（表 1），汛期输沙量占年输沙量的 80% 以上，来沙主要集中在暴雨洪水期，往往 5～10 天的沙量占年输沙量的 50%～90%。支流来沙量集中程度又甚于干流，三门峡站 1933 年最大 5 天沙量占年输沙量的 54%；支流窟野河 1966 年最大 5 天沙量占年输沙量的 75%；岔巴沟1966 年最大 5 天沙量占年输沙量的 89%。

表 1 黄河主要站区水沙特征值统计表（1919～2012 年）

项目 站名	径流量/亿 m³			输沙量/亿 t			含沙量/（kg/m³）		
	汛期	非汛期	年	汛期	非汛期	年	汛期	非汛期	年
兰　州	168.39	141.68	310.08	0.64	0.14	0.78	3.82	0.97	2.52
头道拐	128.10	99.94	228.04	0.90	0.25	1.15	7.04	2.45	5.03
龙　门	158.02	126.07	284.09	7.01	1.00	8.01	44.36	7.95	28.20
四　站	213.40	160.33	373.73	11.13	1.39	12.52	52.15	8.66	33.50
潼　关	210.37	159.21	369.59	9.89	2.03	11.91	47.0	12.7	32.2

续表

项目 站名	径流量/亿 m³			输沙量/亿 t			含沙量/（kg/m³）		
	汛期	非汛期	年	汛期	非汛期	年	汛期	非汛期	年
三门峡	208.53	159.42	367.94	10.22	1.67	11.88	49.00	10.45	32.30
花园口	233.72	177.35	411.07	9.05	1.75	10.80	38.73	9.87	26.28
利 津	184.99	119.41	304.40	6.05	1.11	7.16	32.70	9.31	23.52

注：四站指龙门、华县、河津、状头之和；利津站水沙为 1950 年 7 月～2013 年 6 月年平均值。

5. 不同地区泥沙颗粒组成不同

黄河头道拐以上来沙颗粒较细，头道拐泥沙中数粒径为 0.017mm；头道拐至龙门区间来沙粗，龙门站中数粒径 0.030mm，区间主要支流除昕水河外，泥沙中数粒径为 0.019～0.057mm；龙门以下渭河来沙较细，华县站泥沙中数粒径为 0.018mm（表2）。

表2　黄河干支流泥沙颗粒组成统计表（1966～2010 年）

站（河）名		分组/%			中数粒径/mm
		<0.025mm	0.025～0.05mm	>0.05mm	
干流	兰州	61.86	21.17	16.97	0.017
	头道拐	60.12	21.54	18.34	0.017
	龙门	45.37	26.65	27.98	0.030
	潼关	52.28	26.79	20.93	0.023
支流	华县	62.15	25.30	12.55	0.018
	皇甫川	35.81	14.81	49.38	0.041
	孤山川	41.49	20.92	37.59	0.033
	窟野河	34.06	14.99	50.95	0.045
	秃尾河	26.71	19.24	54.05	0.057
	三川河	53.16	26.78	20.06	0.023
	无定河	38.76	27.72	33.52	0.035
	清涧河	45.09	30.12	24.79	0.029
	昕水河	60.30	24.41	15.29	0.019
	延水河	43.77	28.60	27.63	0.030

2　近期水沙变化特性

1. 黄河来水来沙量显著减少

20 世纪 60 年代以前，黄河水沙受水利水土保持措施影响较小，实测输沙量基本可以代表水利水土保持措施实施前的天然情况。1919~1959 年潼关水文站实测年平均径流量为 426.1 亿 m³、输沙量为 15.92 亿 t、含沙量为 37.4kg/m³（表 3）。

表 3 黄河主要水文控制站不同时期径流量、输沙量统计表

站名	时段	径流量/亿 m³			输沙量/亿 t			含沙量/（kg/m³）		
		汛期	非汛期	年	汛期	非汛期	年	汛期	非汛期	年
兰州	1919~1959	187.4	123.1	310.4	0.91	0.20	1.10	4.8	1.6	3.6
	1960~1986	190.5	152.8	343.3	0.59	0.11	0.70	3.1	0.7	2.0
	1987~2012	115.5	159.5	275.1	0.28	0.08	0.36	2.4	0.5	1.3
	2000~2012	119.6	162.7	282.4	0.16	0.04	0.21	1.4	0.3	0.7
	1919~2012	168.4	141.7	310.1	0.64	0.14	0.78	3.8	1.0	2.5
头道拐	1919~1959	155.9	94.8	250.7	1.17	0.25	1.42	7.5	2.6	5.7
	1960~1986	147.1	108.3	255.3	1.12	0.29	1.40	7.6	2.6	5.5
	1987~2012	64.6	99.3	164.0	0.25	0.19	0.45	3.9	2.0	2.7
	2000~2012	64.6	98.8	163.5	0.23	0.22	0.44	3.5	2.2	2.7
	1919~2012	128.1	99.9	228.0	0.90	0.25	1.15	7.0	2.5	5.0
龙门	1919~1959	196.7	128.7	325.4	9.35	1.25	10.60	47.5	9.7	32.6
	1960~1986	173.1	134.2	307.3	7.50	0.99	8.48	43.3	7.3	27.6
	1987~2012	81.3	113.4	194.8	2.82	0.63	3.44	34.6	5.5	17.7
	2000~2012	75.9	108.2	184.1	1.25	0.32	1.57	16.5	3.0	8.5
潼关	1919~1959	259.0	167.1	426.1	13.40	2.52	15.92	51.7	15.1	37.4
	1960~1986	230.3	172.4	402.8	10.13	1.95	12.08	44.0	11.3	30.0
	1987~2012	112.9	133.0	245.9	4.10	1.31	5.42	36.3	9.9	22.0
	2000~2012	106.4	124.8	231.2	2.09	0.68	2.76	19.6	5.4	12.0
	1919~2012	210.4	159.2	369.6	9.89	2.03	11.91	47.0	12.7	32.2

注：汛期为 7~10 月份。

20 世纪 60 年代至 80 年代中期，黄河水沙变化不明显。与 1919~1959 年相比，黄河潼关（图 2）、龙门水文站径流量减少不多，上游头道拐、兰州站径流量还有所增加（表 3）；该时期干流盐锅峡、青铜峡、刘家峡等水电站相继建成运用，在黄土高原地区开展了水土流失治理和水利建设，实测输沙量、含沙量均有所减少。

20 世纪 80 年代中期以来，随着龙羊峡水库的蓄水运用及黄土高原水土流失治理力度进一步加大，尤其是 1999 年以来实施退耕还林还草工程、2003 年以来实施"淤地坝亮点工程"，黄河径流量、输沙量明显减少。1987~2012 年潼关水文站实测年均径流量、输沙量、含沙量分别为

245.9 亿 m³、5.42 亿 t、22.0kg/m³。与 1919～1959 年相比，径流量、输沙量、含沙量分别减少 42.3%、66.0%、41.0%，径流量减少幅度小于输沙量减少幅度，径流量和含沙量减少幅度相当。同时，黄河径流量自上而下沿程减少幅度逐渐增加，兰州、头道拐、龙门、潼关水文站实测年平均径流量分别减少 11.4%、34.6%、40.2%、42.3%；输沙量沿程减少幅度相差不大，兰州、头道拐、龙门、潼关水文站实测年平均输沙量分别减少 67.7%、68.5%、67.5%、66.0%；含沙量沿程减少幅度逐渐减小，兰州、头道拐、龙门、潼关水文站实测年平均含沙量分别减少 63.5%、51.9%、45.8%、41.0%。

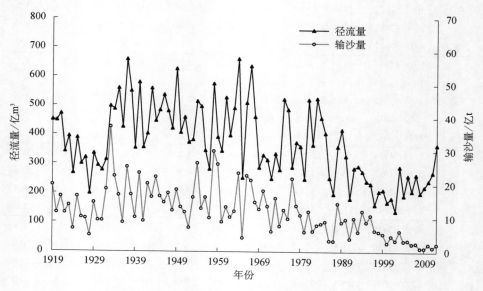

图2 潼关水文站实测径流量及输沙量变化过程

　　2000～2012 年相对较短时段，与 1987 年以来的 26 年系列相比，黄河潼关径流量、输沙量更少，含沙量也进一步减小，径流量、输沙量分别为 231.2 亿 m³、2.76 亿 t，含沙量为 12.0 kg/m³；龙门水文站径流量、输沙量、含沙量分别为 184.1 亿 m³、1.57 亿 t、8.5kg/m³。与 1987～1999 年时段相比，头道拐、兰州站实测年平均径流量变化不大，头道拐水文站径流量维持在 164 亿 m³ 左右，兰州水文站径流量维持在 270 亿 m³ 左右；头道拐水文站年均输沙量、含沙量与 1987～1999 年基本相当，兰州年平均输沙量和含沙量进一步减少。该时段黄河潼关水文站最大年输沙量为 2003 年的 6.18 亿 t，最小年输沙量为 2008 年的 1.1 亿 t。

2. 黄河水沙量减少程度在空间上分布不均

黄河来水来沙异源，地区分布不均，黄河水沙量减少程度在空间上分布也不均匀。近期泥沙减少主要集中在头道拐至龙门区间。潼关水文站输沙量由 1919～1959 年的平均 15.92 亿 t 减少到 1987～2012 年的 5.42 亿 t，年平均减少的 10.50 亿 t 的泥沙中，头道拐至龙门区间减少了 6.19 亿 t，占 58.9％；龙门至潼关区间减少了 3.34 亿 t，占 31.8％；头道拐以上减少了 1.0 亿 t，仅占 9.3％。

黄河径流量减少的绝对量主要集中在头道拐以上。与 1919～1959 年相比，1987 年以来潼关水文站减少的 180.2 亿 m³ 径流量中，头道拐以上减水量为 86.8 亿 m³，约占 48.1％；头道拐至龙门区间减水量 43.9 亿 m³，约占 24.4％；龙门至潼关区间减水量 49.5 亿 m³，约占 27.5％。

3. 水沙年内分配及过程发生显著变化

在黄河水沙量减少的同时，径流量年内分配也发生了变化，表现为主要输沙期（汛期 7～10 月份）的径流量占年径流量的比例减少，非汛期径流量占年径流量的比例增加，年内径流量月分配趋于均匀。以 1987 年为分界，前后时期差别较大。潼关水文站 1919～1959 年、1960～1986 年汛期径流量占全年径流量的比例分别为 60.8％、57.2％，受上游龙羊峡、刘家峡水库联合运用汛期大量蓄水影响，1987～2012 年下降为 45.9％。龙门、头道拐、兰州水文站具有相似的变化特点。

黄河水沙过程也发生了很大变化，汛期平枯水流量历时增加，有利于输沙的大流量历时和相应水量明显减少。与 1919～1959 年实测平均值相比，1987～2012 年潼关水文站日均流量大于 2000m³/s 出现天数占汛期天数的比例由过去的 62.2％减少为 10.5％，大于 2000m³/s 水量占汛期水量的比例由过去的 75.8％减少为 27.7％，大于 2000m³/s 沙量占汛期输沙量的比例由过去的 87.2％减少为 46.8％。龙门、头道拐、兰州水文站具有相似的变化特性。

1987 年以来，虽然黄河输沙量明显减少，但由于汛期来水量、有利于输沙的大流量历时和相应水量明显减少，造成黄河宁蒙河段、小北干流、渭河下游等上中游主要冲积性河道淤积萎缩，主槽过流能力减小，防洪、防凌形势严峻。

4. 中常洪水的洪峰流量减小，但仍有发生大洪水的可能

近年来的实测资料分析表明，黄河潼关站 3000m³/s 以上和 6000m³/s 以上洪水年均发生的场次，在 1987 年以前分别是 5.5 场和 1.3 场，1987～1999 年分别减少至 2.8 场和 0.3 场，2000 年以来洪峰流量 3000m³/s 以上的洪水年均仅 1 场，最大洪峰流量为 5800m³/s。同时洪峰流量明显减小，1950～1986 年、1987～1999 年、2000～2012 年潼关水文站最大洪峰流量分别为

13400m³/s、8260m³/s、5800m³/s（图3）。

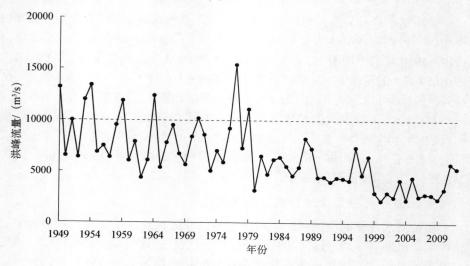

图3 潼关水文站历年最大洪峰流量过程

但由于黄河洪水主要来源于中游的强降雨过程，一旦遭遇中游的强降雨，仍有发生大洪水的可能。比如，龙门水文站在 1986 年后的 1988 年、1992 年、1994 年、1996 年都发生了 10000m³/s 以上的大洪水，2003 年府谷水文站出现了 12800m³/s（7 月 30 日）的洪水，2012 年吴堡水文站出现了洪峰流量 10600m³/s（7 月 27 日）的洪水。

5. 泥沙粒径未发生明显的趋势性变化

潼关水文站悬移质泥沙平均中数粒径，1919～1959 年为 0.022mm，1960～1986 年、1987～2012 年分别为 0.023mm、0.024mm，可见没有明显的趋势性变化（表4）。

表4 黄河主要水文控制站不同时期中数粒径统计表 （单位：mm）

水文站	时段		
	1919～1959 年	1960～1986 年	1987～2012 年
潼关	0.022	0.023	0.024
龙门	0.034	0.029	0.028
头道拐	0.011	0.018	0.017
兰州	0.020	0.017	0.017

注：1959 年以前，潼关站只有 1954 年一年资料，龙门、兰州站资料从 1957 年开始，头道拐站从 1958 年开始。

6. 来沙系数变化

来沙系数是含沙量与流量的比值，是水沙搭配关系的一种表示。从系列长度超过 20 年的 1919~1959 年、1960~1986 年、1987~2012 年三个时期来看，年均来沙系数呈现出先减小后增大的变化特点。1919~1959 年龙门、潼关水文站来沙系数分别为 0.032kgs/m^6、0.028kgs/m^6；1960~1986 年龙门、潼关水文站来沙系数与 1919~1959 年相比分别减少 10.3%、15.1%；1987~2012 年龙门、潼关水文站来沙系数为 0.029kgs/m^6，分别较 1960~1986 年增加 1.0%、21.7%，但与 1919~1959 年相比，龙门站减少 9.4%，潼关站基本不变。对 1987 年以来来沙系数的变化进一步分析表明，2000 年后来沙系数减少，2000~2012 年龙门、潼关水文站来沙系数分别为 0.015kgs/m^6、0.017 kgs/m^6，与 1919~1959 年相比，分别减少 53.7%、40.0%（图 4）。

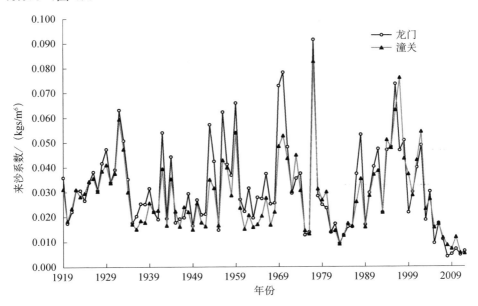

图4　龙门及潼关水文站来沙系数变化过程

3　未来展望

黄河未来水沙量变化既受自然气候因素的影响，又与流域水利工程、水土保持生态建设工程和经济社会发展等人类活动密切相关。半个多世纪以来的实测资料分析表明，黄河流域降水总体上变化趋势不大，基本上呈周期性的变化，未来长时期总体来看，流域降水对水沙变化的影响有限，水沙变化仍以人类活动影响为主。

3.1 黄土高原侵蚀背景

1. 侵蚀环境变化

黄土高原是我国四大高原之一，亦为世界著名的大面积黄土覆盖的高原，是中华民族古代文明的发祥地之一，面积约 64 万 km²。大部分为厚层黄土覆盖。经流水长期强烈侵蚀，逐渐形成千沟万壑、地形支离破碎的特殊自然景观，水土流失严重，为世所罕见。随着时代变迁，黄土高原地区的植被不断发生变化。史念海（1981）认为，西周时期黄土高原的森林面积大约为 3200 万 hm²，覆盖率约为 53%，之后随着气候趋向寒冷和人类活动加剧，植被发生了较大变化，森林面积逐渐减小，明清时代中游地区森林受到摧残性破坏，森林只零星的残存于晋西北吕梁山、陕甘边六盘山以及子午岭、黄龙山等深山里。桑广书（2005）认为黄土高原西周以前及西周战国时期植被保持着天然状态，黄土高原地区呈现森林和草原相互交错的状况；秦汉时期黄土高原天然植被仍占较大比重，人类活动尚没有改变黄土高原的植被面貌；唐宋时期关中平原、汾涑河流域已无天然森林，黄土丘陵、山地植被遭到破坏，黄土高原北部沙漠开始扩张，自然环境恶化；黄土高原植被的毁灭性破坏主要在明清时期。新中国建成以来，黄土高原的水土保持生态建设取得了很大成效，尤其是 1999 年以来国家全面推行的"退耕还林"和"封山禁牧"政策，上中游多沙区的侵蚀产沙环境发生了重大变化，表现为林草植被规模和质量的明显改善、水平梯田大规模建成、大量骨干坝和中小淤地坝投入运用等（刘晓燕，2013）。随着国家更加重视生态文明建设，黄土高原的生态环境将会得到维持和进一步改善。

2. 侵蚀背景值

景可和陈永宗（1983）根据叶青超提出的黄河冲积扇形成模式，利用下游河道淤积特性、河口地区泥沙沉积比等资料，估算黄土高原全新世中期（距今 6000～3000 年）黄土高原自然侵蚀量约为 9.75 亿 t。同时预测 21 世纪中叶黄河中游的侵蚀量为 12.286 亿 t。

吴祥定（1994）认为，先秦至西汉时期（距今 2000 年左右）自然环境受人类干扰甚小，可用来作为推估黄河中游土壤侵蚀背景值的年代，论述了估算自然侵蚀背景值的两种途径。一是由黄河冲积扇的堆积量推算，提出中游土壤侵蚀自然背景值为 10 亿 t 左右；二是由古黄河口泥沙淤积量推算，李元芳依据史书记载、淤积物特性、^{14}C 测年值等，估算流域产沙量 6.5 亿 t 左右（吴祥定，1994；叶青超，1994）。

任美锷（2006）认为 15 万年以来黄土高原土地利用和植被的变化对黄河输沙有决定性的影响，根据黄土高原不同时期的土地利用和人口情况，分析了每个时期的输沙量，认为在北宋以前人类活动影响较小，黄河年输沙量为 2 亿 t，北宋时期黄土高原植被遭到严重破坏，黄河年输沙量约为 6 亿 t。

朱照宇等（2003）将全新世以来黄土高原划分出 5 个侵蚀阶段，其起始年距今分别为 11000 年、7000 年、700 年、300 年、150 年。根据高原现代河流沉积物的粒度组成、河流输沙量、径流量和年降水量等数据建立了各指标的回归方程。根据各方程和全新世以来不同时期阶地沉积物的实测数据，计算了各阶段的平均古侵蚀强度和流域输沙量。提出在环境稳定时期（4000～2000 年）自然侵蚀量为 8.6 亿～11.1 亿 t。

师长兴等（2009）基于华北平原上 93 个钻孔中淤积物分析数据，结合182 组放射性同位素 ^{14}C 测年和埋深数据，参考前人黄河下游河道历史变迁及其他相关研究成果，通过建立黄河下游有无堤防和决溢频率与泥沙输移比的关系，估算了 2600 年来 5 个时期黄河上中游年来沙量，提出距今 2000 余年人类活动影响较小时期黄河上中游年来沙量 6.2 亿 t。

《黄河流域综合规划（2012～2030）》（黄河水利委员会，2013）提出黄河流域多年平均天然来沙量为 16 亿 t，现状水利水保措施年平均减沙量为 4 亿 t 左右。规划实施后，到 2030 年适宜治理的水土流失区将得到初步治理，流域生态环境明显改善，多沙粗沙区拦沙工程及其他水利水保措施年平均可减少入黄泥沙 6.0 亿～6.5 亿 t。正常的降雨条件下，2030 年水平年均入黄沙量为 9.5 亿～10 亿 t。考虑远景黄土高原水土流失得到有效治理，进入黄河下游的泥沙量 8 亿 t 左右。

分析以上研究成果表明，黄土高原侵蚀背景值研究成果存在一定差异，一般为 6 亿～10 亿 t。

3.2 未来黄河输沙量展望

黄河未来泥沙变化以人类活动影响为主，淤地坝拦沙作用具有一定时效性，但淤满的淤地坝因抬高沟道及沟坡产沙基准面，减少沟道侵蚀和减缓坡面水力侵蚀作用具有长效性。黄河干支流已建水库的拦沙库容淤满后不再发挥累计性拦沙作用。林草植被覆盖率将进一步提高，其发挥的减水减沙作用具有长效性，但遇高强度、长历时暴雨时作用有限。梯田能够长久保存的情况下，所发挥的减蚀拦沙作用具有长效性，遇超标准暴雨洪水，减蚀拦沙作用降低。总体来看，随着国家生态文明建设的逐步深入，一般情况下人类活动的减沙作用将得到维持或加强，但遇特殊的气候条件产沙量还会增加。目前对历史上人类活动影响较小时期的研究成果，黄土高原侵蚀产沙一般为6亿~10亿t，可作为参考。

黄河输沙量年际变化大，有实测资料以来出现了1922~1932年连续枯水枯沙段，三门峡（陕县）站多年平均输沙量10.7亿t，与正常降雨年份（采用1919~1959年平均值16亿t）相差5.3亿t。若认为2000年以来是黄河出现的又一枯沙时段，可与1922~1932年相比，则按此推算现状黄河长系列多年平均输沙量8亿t左右。

据实测资料统计，黄河潼关水文站2000年以来（2000~2012年）、近20年（1993~2012年）、近30年（1983~2012年）、近40年（1973~2012年）、近50年（1963~2012年）输沙量分别为2.76亿t、4.55亿t、5.64亿t、7.14亿t、8.69亿t。根据工程设计相关规范，20年以上的泥沙系列才能作为设计条件，按照规划设计最低要求20年考虑，可用的多年平均泥沙量在5亿t左右。

3.3　未来黄河水量展望

第二期黄河水沙变化基金（汪岗和范昭，2002）提出，水利水保措施减水量随着减沙作用的增加而增加，水利水保措施每减沙1亿t，相应减水量为3.6亿~4.0亿m³。"十一五"国家科技支撑计划课题"黄河流域水沙变化情势评价研究"（姚文艺等，2011），提出头道拐至龙门区间及泾洛渭汾河1997~2006年水土保持措施年均减水量为26.37亿m³，年均减沙量为3.99亿t，由此可推算水土保持措施减沙1亿t，相应减水量为6.6亿m³。《黄河流域综合规划（2012~2030）》（黄河水利委员会，2013）提出未来水利水保措施减沙5亿t、6亿t、8亿t情况下，相应径流量减少量为15亿m³、20亿m³、30亿m³，水土保持措施减沙1亿t，相应减水量为5亿m³。

《黄河流域水资源利用与保护》（薛松贵等，2013）针对黄河流域20世纪80年代以来水资源开发利用和下垫面的变化情况，采用降水径流关系方法，结合水土保持建设、地下水开采对地表水影响、水利工程建设引起水面蒸发附加损失等因素的成因分析方法，对天然径流量系列（1956～2000 年）进行了一致性处理。提出黄河流域现状（2000 年水平）下垫面条件下多年平均天然径流量 534.8 亿 m³（以利津断面统计）。考虑水土保持对下垫面的改变，预测 2020 年、2030 年水平黄河多年平均天然径流量分别为 519.79 亿 m³、514.79 亿 m³。

黄河流域属于资源型缺水河流，水资源供需矛盾突出，随着经济社会的快速发展，国民经济用水量持续增加，现状地表水开发利用率达到近 70%，已超出黄河水资源承载能力。1999 年国家实施了黄河水量统一调度，依据国务院颁布的"87 分水方案"，按照总量控制、丰增枯减的原则，确定了各省区地表水耗水年度分配指标。《黄河流域水资源利用与保护》（薛松贵等，2013）提出，现状至南水北调工程生效前，配置河道外各省（区）可利用水量 341.16 亿 m³，入海水量 193.63 亿 m³。南水北调东中线生效后至南水北调西线一期工程生效前，配置河道外各省（区）可利用水量 332.79 亿 m³，入海水量 187.00 亿 m³。考虑南水北调西线一期等跨流域调水工程生效后，配置河道外水量 401.05 亿 m³，入海水量 211.37 亿 m³。未来黄河流域水资源量呈减少趋势。

4　结论

（1）黄河是闻名于世的多沙河流，具有水少沙多、水沙关系不协调、水沙异源、水沙年际变化大、水沙年内分配不均匀、不同地区泥沙颗粒组成不同等特性。

（2）分析 1919 年黄河流域有水文站以来近百年的实测水沙资料表明，黄河水沙发生了较大变化，尤以 20 世纪 80 年代中期以后变化显著。一是黄河来水来沙量显著减少，1919～1959 年潼关水文站实测年均径流量、输沙量、含沙量分别为 426.1 亿 m³、15.92 亿 t、37.4kg/m³，1987～2012 年分别减少到 245.9 亿 m³、5.42 亿 t、22.0kg/m³，与 1919～1959 年相比，分别减少 42.3%、66.0%、41.0%；2000～2012 年相对较短时段潼关径流量、输沙量更少，径流量、输沙量分别为 231.2 亿 m³、2.76 亿 t，含沙量为 12.0kg/m³。二是水沙量减少程度在空间上分布不均，黄河径流量减少主要集中在头道拐以上区域，1987 年以来与 1919～1959 年相比潼关站减少径流量 180.2 亿 m³，头道拐以上占 48.1%；泥沙减少主要集中在头道拐至龙门区间，潼关水文站输沙量年平均减少的 10.50 亿 t 的泥沙中，头道拐至龙门区间减少量占

58.9%。三是水沙年内分配及过程发生显著变化，汛期径流量占全年径流量的比例由 60%左右减少到 40%左右，洪峰流量减小，有利于输沙的大流量天数及相应水沙量减少。四是悬移质泥沙粒径未发生明显的趋势性变化，1919～1959 年、1960～1986 年、1987～2012 年潼关水文站分别为 0.022mm、0.023mm、0.024mm。五是 1919～1959 年、1960～1986 年、1987～2012 年三个时期年均来沙系数分别为 0.028kgs/m^6、0.024kgs/m^6、0.029kgs/m^6，先减小后增大，前后两个时期基本相当；2000～2012 年来沙系数明显偏小，为 0.017kgs/m^6。

（3）对人类活动影响较少时期黄土高原每年侵蚀量的研究成果存在一定差异，景可和陈永宗（1983）、叶青超（1994）估算全新世中期（距今 6000～3000 年）黄土高原自然侵蚀量约为 9.75 亿 t；吴祥定（1994）认为秦至西汉时期（距今 2000 余年）人类活动影响较小，土壤侵蚀量 6.5 亿～10 亿 t；任美锷（2006）认为北宋以前（距今 1100 余年）黄土高原人类活动影响较小，估计黄河年输沙量为 2 亿 t；朱照宇等（2003）认为在自然稳定时期（距今 4000～2000 年）自然侵蚀量为 8.6 亿～11.1 亿 t；师长兴等（2009）认为在距今 2000 余年黄河上中游来沙为 6.2 亿 t/a；《黄河流域综合规划（2012～2030）》成果认为远景黄土高原水土流失得到有效治理，进入黄河下游的泥沙量为 8 亿 t。由此可见，人类活动影响较小时期黄土高原侵蚀量成果一般为 6 亿～10 亿 t。

（4）黄河未来水沙量变化既受自然气候因素的影响，又与流域水利工程、水土保持生态建设工程和经济社会发展等人类活动密切相关。半个多世纪以来的实测资料分析表明，黄河流域降水总体上变化趋势不大，基本上呈周期性的变化，未来长时期总体来看黄河流域的降水对水沙变化的影响有限。未来水沙变化仍以人类活动影响为主，总体来看，随着国家生态文明建设的逐步深入，黄河流域水资源量还会进一步减少，一般情况下人类活动的减沙作用将得到维持或加强，与 1919～1959 年天然情况相比，黄河输沙量将有较大幅度的减少。目前对未来黄河输沙量的认识范围为 3 亿～10 亿 t，但具体数字尚有分歧。黄河水沙变化问题复杂，目前研究尚不能满足黄河治理开发的需要，需加强研究。

参考文献

黄河水利委员会. 2013. 黄河流域综合规划（2012～2030）. 郑州：黄河水利出版社.
景可，陈永宗. 1983. 黄土高原侵蚀环境与侵蚀速率的初步研究. 地理研究，（2）：1-11.

刘晓燕. 2013. 黄土高原侵蚀产沙环境变化调查报告. 黄河水利委员会. 郑州.

任美锷. 2006. 黄河的输沙量：过去、现在和将来——距今 15 万年以来的黄河泥沙收支表. 地球科学进展，21（6）：551-563.

桑广书. 2005. 黄土高原历史时期植被变化. 干旱区资源与环境，19（4）：54-58.

师长兴，徐加强，郭立鹏，等. 2009. 近 2600 年来黄河下游沉积量和上中游产沙量变化过程. 第四纪研究，29（1）：116-125.

史念海. 1981. 历史时期黄河中游的森林. 河山集(二集). 北京：三联书店.

汪岗，范昭. 2002. 黄河水沙变化研究（第二卷）. 郑州：黄河水利出版社.

吴祥定. 1994. 历史上黄河中游土壤侵蚀自然背景值的推估. 人民黄河，（2）：5-8.

薛松贵，张会言，张新海，等. 2013. 黄河流域水资源利用与保护. 郑州：黄河水利出版社.

姚文艺，徐建华，冉大川，等. 2011. 黄河流域水沙变化情势分析与评价. 郑州：黄河水利出版社.

叶青超. 1994. 黄河流域环境演变与水沙运行规律研究. 济南：山东科学技术出版社.

朱照宇，周厚云，谢久兵，等. 2003. 黄土高原全新世以来土壤侵蚀强度的定量分析初探. 水土保持学报，17（1）：81-88.

面向生态的河流可持续管理

倪晋仁[1]，孙卫玲[1]，陈　倩[1]，邓　坚[2]，蔡建元[2]，林祚顶[2]，
毛学文[2]，袁　浩[2]

(1.北京大学环境科学与工程学院水沙科学教育部重点实验室，北京　100871；
2.水利部水文局，北京　100053)

摘　要：面向生态的河流管理着眼于河流生态系统健康的长远目标，标志着人类对河流的认识进入一个高级阶段。在该阶段，水生态指标成为指示河流健康状况的重要依据；相应地，基于河流物质通量的水生态监测与评价成为河流生态系统管理的重要方面。水生态评价的核心内容是生物评价，其研究重点是河流生境中生物群落时空变化特征，河流生物之间、非生物之间、生物与非生物之间的相互作用，以及在自然与人类活动作用下河流生物与生境之间的响应关系。本文首先简要回顾了国内外水生态监测与评价的研究进展，在此基础上进一步探讨了面向生态的河流可持续管理理念之内涵与外延，指出了基于全要素监测和全物质通量深入认识河流生态系统的发展趋势，并提出了河流可持续性管理机制建设的初步设想。

关键词：河流；生态；生物；可持续管理；河流通量

Sustainable river management in terms of eco-efficiency

Jinren Ni[1], Weiling Sun[1], Qian Chen[1], Jian Deng[2], Jianyuan Cai[2],
Zuoding Lin[2], Xuewen Mao[2], Hao Yuan[2]

(1. College of Environmental Sciences and Engineering, Peking University, The Key Laboratory
of Water and Sediment Sciences, Ministry of Education, Beijing 100871; 2. Hydrologic Bureau of the
Ministry of Water Resources, Beijing 100053)

Abstract: Ecology-oriented sustainable river management aims at river ecosystem health,

通信作者：倪晋仁（1962—），E-mail：nijinren@iee.pku.edu.cn。

and marks the human understanding of the river at a new high. At this stage, water ecological indices become the primary indicators. Correspondingly, ecological monitoring and assessment based on river material flux has become the key issue of the river management. Biological assessment is the core of the water ecological consideration by focusing on: ①the temporal and spatial variation characteristics of material fluxes and biological community in riverine system; ②the interactions between biotic and abiotic materials; ③the response of biological communities to habitat change resulted from climate change and human impacts. Based on an overview on recent progress in water ecological monitoring and assessment as well as a discussion on concept of sustainable river management, this paper highlights the future trends of river management in terms of all materials monitoring and river eco-efficiency.

Key Words: river; ecology; organism; sustainable management, river material flux

1 引言

河流是地球上水分循环的重要路径，同时也是物质与能量传递-输送的重要载体。河流生态系统由河流水环境与栖息的生物构成。一方面，河流体系中的水、沙及其挟带的各种有机和无机非生物物质在自然与人类作用下不断变化；另一方面，河流物质通量、河流生境与河流生物群落的变化密切相关。河流物质之间的相互作用伴随着河流系统物质循环与能量转化的全过程，河流通过体系自我调节功能不断地促使系统趋于动态平衡状态。河流水沙关系不仅决定水、沙通量变化，而且直接影响河流地貌发育、河流特性与河流功能（倪晋仁等，1991；倪晋仁和马霭乃，1998；倪晋仁和李振山，2006）。河流中其他物质与水、沙之间的关系则决定了它们在水沙介质中的存在状态、迁移转化规律以及潜在生态环境效应。尽管非生物的特征确实能够间接反映河流的诸多特性，但是河流整体及其相关功能的真实状况往往还需生物群落来直接指示。"面向生态"的河流可持续管理要求从根本上维护河流生物群落及其服务功能的健康，而实现这一目标的核心是保障适宜的河流生境与正常的河流物质（能量）通量。在河流自然生境没有发生显著变化的条件下，河流生物群落与"广义"生境的关系在更大程度上表现为它们与河流物质通量的密切关系，由此构成基于河流正常物质通量或合理生物群落结构的河流管理体系。总体上，将河流系统相关的物理、化学、生物指标结合，不仅能够对河流生态系统的健康状况进行诊断，而且能够对河流系统状态变化的原因给予深入剖析，更好地服务于河流全息识别、河流生态修复与河流可持续管理。

2　面向生态的河流监测

河流生态监测迄今已有百余年历史，是面向生态的河流物质监测的核心内容。进入 20 世纪后，水生态监测受到更多关注（Kolkwitz and Marson, 1909），尤其是在 20 世纪 70~80 年代，欧美国家结合大规模河流生态调查实践，使水体生物监测技术日臻完善，并逐渐形成了基于河流生物监测的国家河流健康评价体系。例如，美国国家环境保护局编制了《河流快速生物评价手册》（USEPA, 1989），用以指导各州的生物监测与河流健康评估；之后，又相继颁发了一系列生物监测、生物基准和河流健康保护方面的技术文件（USEPA, 1990, 1996, 1998, 1999, 2000, 2002, 2012）。欧盟立法要求对内陆河流和近海区域进行生物监测，在《水框架指令》中建议采用藻类、大型水生植物、无脊椎动物和鱼类中的一种或多种对河流生态系统进行评估，并明确规定河流综合管理必须以污染的生态效应而不应只以水质指标为依据，要求到 2015 年所有水体监测必须包括化学指标和生态状况评价的所有指标（Sanchez and Porcher, 2009; Hering et al., 2010）。

我国学者从 20 世纪 50 年代开始，在一些河流的部分河段开展了浮游动植物的调查工作（章宗涉和沈国华，1959；伍焯田，1959）。20 世纪 60 年代初，调查了第二松花江污染引起的水生生物群落结构变化；70 年代，开展了长江、湘江、官厅水库、鸭儿湖等水体生物群落研究，尝试用底栖动物群落结构变化信息评价水域有机农药或重金属污染（刘保元等，1984）；在 80 年代，水利部启动了水利工程对河流和水库中鱼类等水生生物影响的调查研究（曾强等，1991），并开展了珠江三角洲水质生物监测方法研究；国家环境保护局于 1986 年规定在全国 20 个城市推广水环境的生物监测（洪松和陈静生，2002）；国家海洋环境监测部门自 2004 年起，也对黄河口、长江口及珠江口生态监控区进行每年两次的底栖动物监测（毛婕昕等，2011）。近年来，水利部门围绕河流、湖泊、水库等重点水域组织开展了藻类、浮游生物和鱼类的试点监测工作（韩德举等，2005；洪峰等，2010），水体生物监测范围逐年不断扩大。与此同时，浮游植物（高远等，2008）、着生藻类和底栖动物（蔡佳亮等，2011）已被用于水体污染状况评价，或将水生生物和水质指标用于河流综合风险评估（Meng et al., 2009），倪晋仁和方圆（2000）还将生物评价方法扩展应用于湿地沉积物环境质量变化趋势的动态评估。这些工作都为在流域范围内开展河流健康评估奠定了基础。随着我国流域治理由行政区管理向流域水生态管理模式的转变，河流管理也逐步开始由水质达标管理向生态健康管理过渡，从而使河流水生态监测与评价体系建立成为亟待开展的重要任务。

3 河流通量与河流健康

河流可持续性管理涉及水资源、水环境、水灾害、水生态、水文化各个方面。鉴于传统的分门别类的研究方法难以解决新时期出现的多重矛盾交织的复杂问题，河流研究迫切需要新思路、新概念、新方法和新体系。近期研究表明，与河流相关的主要水问题从本质上看都与"河流物质通量"的变化密切相关。河流生态系统由河道生境、径流为主体的各类非生物物质与水生生物共同构成，其中合理的河流物质通量正是健康河流的重要标志。

河流物质通量是以径流为载体的多种相互作用、相互依存的物质（通过特定河段的）输移强度之总称，其物质种类、数量、赋存形态、相态与组成都可能因自然与人类活动作用而不断发生时空变化。广义的河流通量（集）既包括各类物质与能量通量，又包括物质在气、固、液宏观或微观界面发生相变过程中产生的通量，同时涵盖各类生物"通量"。河流系统中的非生物物质主要包括水、沙及其水沙介质中以溶解态和吸附态存在的各类有机与无机物质（如碳、氮、磷、主要离子和污染物），它们通过与河流中栖息的浮游动物、浮游植物、着生藻类、大型水生植物、底栖大型无脊椎动物、鱼类和微生物等水生生物的相互作用，促进河流生态系统趋向平衡状态。尽管河流通量可以笼统地包含生物通量，为分析问题方便起见，在实际研究中经常将河流物质通量限定在非生物物质通量的狭义范畴，更加聚焦非生物物质通量时空分布与变化的原因、过程及其效应。

自然与人类活动都能够导致河流物质通量的变化。进入 21 世纪以来，全球 4000 多条河流中输移入海的物质通量发生了显著变化，并因此对碳、氮循环和全球气候变化产生了深刻影响（Syvitski et al., 2005）。Raymond 等（2008）报道了密西西比河 100 年来无机碳含量的变化，发现过去 50 年因支流降雨不足以平衡农业灌溉退水导致河流无机碳含量显著增加，并将流域物化通量变化和当地气候变化结合阐释了人类活动对于流域环境的影响。类似的关于河流物质通量变化的研究也在亚马逊河、尼罗河、刚果河、莱茵河等著名河流开展，并结合大坝（如阿斯旺水库）的影响对入海物质通量、三角洲蚀退、生态系统退化进行了深入剖析（Humborg et al., 2000; Vorosmarty et al., 2003）。

从河流全要素分析和全物质通量出发来重新审视河流水生态系统，我们会发现许多看起来繁杂的问题会变得清晰许多。事实上，洪灾和旱灾都是河流水通量在极端条件下（"水多"或"水少"）的特殊现象和过程，当河流水量少到不能满足河流功能基本要求时，将会出现"功能性断流"甚至"零流量断流"事件（倪晋仁和钱征寒，2002）；泥沙灾害则往往与水、沙通量失调（如"水少沙多"）有关，其直接结果是导致泥沙淤积并造成河床持续抬升，典型的间接效应（次生灾害）是以"小流量高水位"为特征的洪灾加剧（倪晋仁，2003；倪晋仁等，2008）；水体污染是进入河流的污染物通量增大的直接后果，不同类型污染物的增加不仅严重损害所在河段的污染净化能力，还会伴随着污染物的迁移转化导致河流由上至下出现水体"盐化（如离子浓化）""酸化""碱化""富营养化"等系统性环境问题（陈静生等，2001），并可能造成河流水生态系统整体功能退化。河流生物对于非生物物质在组成、结构、数量、相态方面的变化会有不同方式和不同程度的响应。

近年来，关于河流非生物物质通量和水生生物群落结构关系的研究正在不断深入。例如，河流泥沙通量变化的影响问题受到广泛重视，因为它不仅会改变河流中污染物和营养物质的形态分布（Ryan, 1991），还会影响河流中各类水生生物群落结构（Bilotta and Brazier, 2008; Liu et al., 2009）。黄河河流泥沙入海通量的减少导致三角洲蚀退十几千米，显著改变了河口区的生境，也使得生物群落发生了相应变化（刘志杰，2013）。长江营养盐特别是溶解性硅入海通量的变化导致长江口浮游动植物种类和生物量明显降低，浮游植物和浮游动物种类 2012 年比 1998 年分别降低了 60% 和 54%（Chen et al., 2015）。Humborg 等(1997) 发现，Danube 河入黑海的硅通量由于大坝建设而降低 2/3 左右，黑海水体 Si/N 比例变化导致其浮游植物种类由硅藻转变为圆石藻和鞭毛藻。大型水利工程建设不但会影响非生物的物质通量（如水沙通量），而且对水生生物群落结构具有长期的累积性影响（Holt et al., 2015）。当河流物质通量发生巨变时，河流生态系统的自主调节功能会受到严重损害，在极端情况下河流主要功能丧失殆尽，甚至河流自身存亡都会成为问题。

迄今为止，国内外关于河流物质通量的研究多限于局部河段或入海口附近，关于河流物质的考虑多限于单一物质或少数几种物质，对于河流物质运动的物理、化学与生物过程研究多囿于单一过程，对于生物化学过程的研究多是在简化的静态条件下进行，对于河流通量变化的效应多注重较短时期内特定的生态响应。在看到这些严重不足的同时，我们可以预期气候变化与人类活动影响下不同尺度河流的物质通量时空变化与河流可持续性研究将成为今后较长时期的国际学术研究前沿领域。基于全要素监测和全物质通量的河流系统研究将从根本上改变过去片面的研究方法，以大数据为基础的河流研究平台建设将全面提升未来对全息河流认识的水平。

4　面向生态的河流管理

面向生态的核心就是以最小的水资源投入获得最大的水生态服务，即获得最大的自然-社会-经济综合生态效益。消耗的物质愈多，就意味着我们从自然生态系统索取的物质愈多，从而对生态系统可能造成的损害也就愈大。面向生态的水资源在某些方面可以在负成本的条件下得以实现，做到有利可图。面向生态的水资源开发利用和管理模式是提高水资源利用效率、治愈水资源浪费的良方（倪晋仁，2001）。

面向生态的河流管理之内涵远不限于"基于生物"（倪晋仁等，2002a，2002b），而应该是"基于合理的河流物质通量"；其外延则涉及河流系统相关的各个方面。因此，定量描述河流通量的结构和变化过程，揭示物理通量、化学通量及生物群落之间相互影响、相互作用的内在规律，系统解析河流物质通量变化的原因、趋势和效应，科学分析河流通量的时空变化与流域自然因素及人类活动之间的关系，这些都是今后围绕河流可持续管理必须开展的重要基础性研究工作。

进入 21 世纪后，传统的工程型和资源型水资源开发利用和管理模式已不足以从根本上解决中国复杂的水问题，而且还可能会引起自然生态系统的严重退化。因而，必须在观念上进行转变，寻求能够解决中国水问题的根本出路。美国、欧洲、澳洲等已建立了基于快速生物评价的国家河流健康评价体系（Barbour et al., 1999），极大地支撑了河流、湖泊、海洋水体和沉积物环境质量的管理和生态环境保护。我国近年来针对部分河流湖泊开展了与水文信息相匹配的水生物试点监测工作，但是相应的研究基础较为薄弱、技术支撑体系尚未建立，至今未能建立国家河流健康评估体系，难以满足大规模中小河流治理与生态修复的迫切需求。值得指出的是，我国学者在对中国河流问题与学科发展国际前沿问题深入探索的基础上，率先提出了从系统角度研究河流各类物质通量变化、相互作用及其效应。北京大学在水利部水文局、长江水利委员会、黄河水利委员会、清华大学等单位的支持下，在国内外首次开展了长江、黄河等大河全要素时空同步监测，为河流通量的系统性研究进行了有益探索并积累了宝贵的经验；近期结合自然科学基金重大研究计划启动了西南源区高原河流全物质通量监测，并将之扩展至全国地下水全物质通量监测研究；主办了首届河流全物质通量国际学术研讨会，为今后系统深入推进河流全物质通量研究、引领领域国际学术前沿及开展基于河流全物质通量的流域综合治理奠定了良好的基础。

为了实现河流可持续性目标，我们必须从更大的时空尺度来看待复杂的河流分级体系（倪晋仁和高晓薇，2011a，2011b）。在新的历史时期需从多学科交叉角度开展协同研究，以河流物质迁移转化与输运为核心，将水沙动力学、流域水文学、河流地貌学、环境化学及水生态学等学科结合，系统全面地考虑流域、河流、生境、物质通量、能量、生物群落之间的整体关系；从多介质、多过程、多效应出发，把握河流系统通量变化规律及调控途径，在可持续目标下维护河流的合理通量及河流系统健康（倪晋仁和刘元元，2006）。

参考文献

蔡佳亮, 苏玉, 文航, 等. 2011. 滇池流域入湖河流丰水期大型底栖动物群落特征及其与水环境因子的关系. 环境科学, 32 (4): 982-989.

陈静生, 何大伟, 袁丽华. 2001. 黄河"断流"对该河段河水中主要离子化学特征的影响. 环境化学, 20 (3): 205-211.

高远, 苏宇祥, 亓树财. 2008. 沂河流域浮游植物与水质评价. 湖泊科学, 20 (4): 544-548.

韩德举, 胡菊香, 高少波, 等. 2005. 三峡水库 135m 蓄水过程坝前水域浮游生物变化的研究. 水利渔业, 25 (5): 55-58.

洪峰, 陈文静, 周辉明, 等. 2010. 鄱阳湖水利枢纽工程对水生生物影响的探讨. 江西科学, 28 (4). 555-558.

洪松, 陈静生. 2002. 中国河流水生生物群落结构特征探讨. 水生生物学报, 26 (3): 295-305.

刘保元, 王士达, 胡德良. 1984. 以底栖动物评价湘江污染的研究. 水生生物学集刊, 8 (2): 225-236.

刘志杰. 2013. 黄河三角洲滨海湿地环境区域分异及演化研究. 青岛: 中国海洋大学博士学位论文.

毛婕昕, 闫启仑, 王立俊. 2011. 典型河口底栖动物种类数、生物量及种群密度变化趋势的研究. 海洋环境科学, 30 (1): 37-40.

倪晋仁. 2001. 面向生态的水资源合理配置与调控. 人民日报, 2001-3-6.

倪晋仁. 2003. 论泥沙灾害学体系建立的理论基础. 应用基础与工程科学学报, 11 (1): 1-9.

倪晋仁, 马蔼乃. 1998. 河流动力地貌. 北京: 北京大学出版社.

倪晋仁, 方圆. 2000. 湿地泥沙环境动态评估方法及其应用研究. 环境科学学报, 20 (6): 665-669.

倪晋仁, 钱征寒. 2002. 论黄河功能性断流. 中国科学(E 辑), 32 (4): 496-502.

倪晋仁, 李振山. 2006. 风沙两相流理论及其应用. 北京：科学出版社.

倪晋仁, 刘元元. 2006. 论河流生态修复. 水利学报, 37 (9): 1029-1037.

倪晋仁, 高晓薇. 2011a. 河流综合分类及其生态特征分析 I:方法. 水利学报, 42 (9): 1009-1016.

倪晋仁, 高晓薇. 2011b. 河流综合分类及其生态特征分析 II:应用. 水利学报, 42 (10): 1177-1184.

倪晋仁, 王光谦, 张红武. 1991. 固液两相流基本理论及其最新应用. 北京: 科学出版社.

倪晋仁, 崔树彬, 李天宏, 等. 2002a. 论河流生态环境需水. 水利学报, （9）: 14-19.

倪晋仁, 金玲, 赵业安, 等. 2002b. 黄河下游河流最小生态环境需水量初步研究. 水利学报, （10）: 1-7.

倪晋仁, 王兆印, 王光谦,等. 2008. 江河泥沙灾害形成机理及其防治研究. 北京：科学出版社.

伍焯田. 1959. 黑龙江的浮游动物及未来水库中浮游动物的可能组成. 水生生物学集刊, (2): 141-146.

曾强, 简东, 肖智, 等. 1991. 拟建龙滩水库库区水生生物种类调查. 淡水渔业, 04: 33-34.

章宗涉, 沈国华. 1959. 黑龙江的浮游植物及径流调节后的可能变化. 水生生物学集刊, (2): 128-140.

Barbour M T, Gerritsen J, Snyder B D, et al. 1999. Rapid bioassessment protocols for use in streams and wadeable rivers: Periphyton, benthic macroinvertibrates and fish, Second Edition. EPA 841-B-99-002, US Environmental Protection Agency, Office of Water, Washington, D.C.

Bilotta G S, Brazier R E. 2008. Understanding the influence of suspended solids on water quality and aquatic biota. Water Research, 42 (12): 2849-2861.

Chen D, Dai Z J, Xu R, et al. 2015. Impacts of anthropogenic activities on the Changjiang (Yang-tze) estuarine ecosystem (1998–2012), Acta Oceanologica Sinica, 34 (6), 86-93.

Hering D, Borja A, Carstensen J, et al. 2010. The European Water Framework Directive at the age of 10: A critical review of the achievements with recommendations for the future. Science of the total Environment, 408 (19): 4007-4019.

Holt C R, Pfitzer D, Scalley C, et al. 2015. Macroinvertebrate community responses to annual flow variation from river regulation: An 11-year study. River Research And Applications, 31

(7): 798-807.

Humborg C, Ittekkot V, Cociasu A, et al. 1997. Effect of Danube River dam on Black Sea bioge-ochemistry and ecosystem structure. Nature, 386 (6623): 385-388.

Humborg C, Conley D J, Rahm L, et al. 2000. Silicon retention in river basins: Far-reaching effects on biogeochemistry and aquatic food webs in coastal marine environments. Ambio, 29 (1), 45-50.

Kolkwitz R, Marson M. 1909. Ökologie der tierischen Saprobien. Beiträge zur lehre von der biologischen Gewässerbeurteilung , 2: 126-152.

Liu Y, Sun W L, Li M, et al. 2009. Effects of suspended sediment content on biodegradation of three common endocrine disruptors in river water. Marine. Freshwater Research., 60 (7): 758-766.

Meng W, Zhang N, Zhang Y, et al. 2009. Integrated assessment of river health based on water quality, aquatic life and physical habitat. Journal of Environmental Sciences, 21 (8): 1017-1027.

Raymond P A, Oh N H, Turner R E, et al. 2008. Anthropogenically enhanced fluxes of water and carbon from the Mississippi River. Nature, 451 (7177): 449-452.

Ryan P A. 1991. Environmental effects of sediment on New Zealand streams: a review. New Zealand Journal of Marine and Freshwater Research, 25 (2): 207-221.

Sanchez W, Porcher J M. 2009. Fish biomarkers for environmental monitoring within the Water Framework Directive of the European Union. TrAC Trends in Analytical Chemistrym, 28 (2): 150-158.

Syvitski J P M, Vorosmarty C J, Kettner A J, 2005. Impact of humans on the flux of terrestrial sediment to the global coastal ocean. Science, 308 (5720): 376-380.

USEPA. 1989. Rapid bioassessment protocols for use in streams and rivers: Benthic macroinver-tebrates and fish. EPA 440-4-89-001. U.S. Environmental Protection Agency, Office of Water Regulations and Standards, Washington, D. C.

USEPA. 1990. Biological criteria: National program guidance for surface waters. EPA-440/5-90-004. U.S. Environmental Protection Agency, Office of Water, Washington, D. C.

USEPA. 1996. Summary of state biological assessment programs for streams and rivers. EPA 230-R-96-007. U.S. Environmental Protection Agency, Office of Policy, Planning, and Evalua-tion, Washington, D. C.

USEPA. 1998. Lake and reservoir bioassessment and biocriteria technical guidance document. EPA 841-B-98-007. U.S. Environmental Protection Agency, Office of Water, Washington, D. C.

USEPA. 1999. Rapid bioassessment protocols for use in streams and wadeable rivers: Periphyton, benthic macroinvertebrates and fish. Sescond edition. EPA 841-B-99-002. U.S. Environmental Protection Agency, Office of Water, Washington, D. C.

USEPA. 2000. Estuarine and coastal marine waters: Bioassessment and biocriteria technical guidance. EPA 822-B-00-024. U.S. Environmental Protection Agency, Office of Water, Washington, D. C.

USEPA. 2002. Methods for evaluating wetland condition: Introduction to wetland biological assessment. EPA-822-R-02-014. U.S. Environmental Protection Agency, Office of Water, Washington, D. C.

USEPA. 2012. Identifying and protecting healthy watersheds: concepts, assessments, and management approaches, U.S. Environmental Protection Agency, Washington. D.C.

Vorosmarty C J, Meybeck M, Fekete B. 2003. Anthropogenic sediment retention: major global impact from registered river impoundments, Global and Planetary Change, 39 (1-2): 169-190.

泥沙运动的动理学理论

钟德钰 [1,2]，王光谦 [1,2]

（1.清华大学水沙科学与水利水电工程国家重点实验室，北京 100084；2.青海
大学，西宁 810016）

摘　要：介绍了基于非平衡态统计力学的动理学理论（Kinetic Theory）。利用固液
两相流运动方程，揭示了挟沙水流中泥沙运动的质量、动量传递，以及与床面间相互作用
的内在机理。论文推导得到了泥沙运动的重要关系和控制方程，包括床沙通量、推移质输
沙率、悬移质输移方程等。该理论成功揭示了单颗粒微观运动与颗粒群体宏观运动特征之
间的联系，对于深入理解泥沙运动具有重要的价值。

关键词：泥沙运动；动理学理论；动力学特性

A Brief Introduction to Kinetic Theory for Sediment Transport

Deyu Zhong[1,2], Guangqian Wang[1,2]

(1. State Key Laboratory of Hydro-science and Engineering, Tsinghua University, Beijing
100084; 2. Qinghai University, Xining 810016)

Abstract: Presented in this paper is a brief introduction to a theory for sediment transport developed on the basis of the kinetic theory for non-equilibrium statistical mechanics. In this study, the essential mechanisms with respect to the key processes in sediment transport, such as mass and momentum transfer between liquid and solid phase, interactions between flow and bed materials, are discussed by means of the kinetic equation for two-phase flows. In addition, crucial relations and governing equations for sediment transport, including entrainment flux of bed sediment, bed-

通信作者：钟德钰（1970—），E-mail: zhongdy@tsinghua.edu.cn。

load function, and transport equation for suspended load, are determined by invoking the kinetic theory for sediment transport. Using this theory we successfully established a relationship between microscopic motion of individual particles and macroscopic features of cloud of particles, to provide a better understanding of the details of the mechanisms involved in sediment transport.

Key Words: sediment transport; kinetic theory; kinetic characteristic

1　引言

作为自然界中最为复杂的物理过程之一，泥沙运动是一种由多项物理过程相互紧密耦合而成的现象，具有多尺度性、多态性、随机性等复杂特征。

以往关于泥沙运动的理论研究基本采用两类方法：经典的质点运动力学和唯象的连续介质力学。前者着眼于单个颗粒的受力和运动的分析（Hu and Hui，1996a，1996b），尺度上局限于颗粒尺度，因此也可以称之为微观力学模型；后者着眼于颗粒群体在较大尺度上的运动规律（Bagnold，1962；Drew，1975；McTigue，1981；倪晋仁等，1991；Hsu et al.，2003，2004），因此也可称为宏观力学模型。分别突出个体与宏观特性的两种传统研究体系难以有机沟通与融合，导致目前很多相关研究仍然处于经验、半经验的阶段，建立的基本公式也很大程度上依赖观测资料的可靠性，其精度和适用范围受到很大的限制。例如，在研究泥沙颗粒起动时，现有研究基本上是采用微观力学模型，即采用质点运动力学来求解单个颗粒的失稳过程，突出了单个颗粒对流动作用的响应。显然，对于相互作用很弱的泥沙运动来说，单颗粒的运动特性在一定程度上能够反映颗粒群体的基本运动规律，但在泥沙运动相互作用很显著时，质点运动力学模型就难以给出既能反映共性、又能体现颗粒运动个性的结果，研究中不得不引入代表粒径、隐蔽-暴露系数等近似方法（Karim and Forrest，1986）。又如在研究水流挟沙力、悬移质扩散时，采用的是基于宏观守恒定律的宏观力学模型，得到的是颗粒群体运动的宏观过程（Wu and Wang，2000），反映的是颗粒群体运动的统计属性，当需要了解诸如泥沙非均匀性如何影响泥沙颗粒扩散等更为细致的运动表象时，就出现了困难。这一事实说明，对泥沙运动这样典型的跨尺度复杂物理过程来说，单一尺度的理论和方法不能满足深入研究的要求。

由此可见，若以单个颗粒为研究对象，从微观角度以质点静/动力学为基础进行研究，再将单颗粒的属性推广至颗粒全体的宏观属性时，存在代表性不强及颗粒间的相互作用无法表达的困难；而以宏观守恒定律得到的基本规律是以颗粒体系的连续介质化和宏观统计特性为依据的，无论是在理论上还是在方法上都难以从解析的角度反映颗粒尺度泥沙运动特性对泥沙宏观输移的影响。

动理学理论是基于颗粒速度分布函数及其演化方程建立的，描述了在外力作用下，颗粒在速度空间、几何空间及时间上运动状态的演化过程，既可用它来描述颗粒运动的基本统计特性，也可以作为基础建立宏观守恒过程的动力学方程（钟德钰等，2015），具有以下显著特点：

第一，它是介于微观的单颗粒质点动力学和宏观的连续介质力学之间的一种介观理论，是联系颗粒个体运动特性与宏观输运规律的桥梁和纽带，非常适合解决泥沙研究中跨尺度的问题。

第二，它是基于经典力学研究大量粒子统计规律的统计力学，与以往一些泥沙研究中采用的统计学方法存在本质区别，它具有把颗粒动力学属性嵌入到宏观统计规律和输沙特性中的能力，能够在泥沙输移宏观属性中准确反映颗粒的个性，适合研究泥沙的输移。

第三，通过建立水流和泥沙运动所涉及变量的各种矩方程，可以直接得到宏观守恒方程及相关的本构方程，如扩散系数、各种应力(碰撞、弥散、扩散应力)，形成完整、封闭的描述水沙输移的控制方程。

王光谦首次将动理学引入泥沙研究，并发表了相关论文。此后 Wang 和 Ni（1990）、Wang 和 Ni（1991）、Ni 等（2000）、Zhong 和 Zhang（2004）、Fu 等（2005）、钟德钰等（2007）、Wang 等（2008）、Zhong 等（2011a，2011b，2012，2014）应用该理论对悬移质泥沙浓度分布、颗粒速度分布、悬移质输沙机理、推移质运动等问题进行了探索性研究，取得了一系列重要的研究成果，在机理上对泥沙输移中的重要过程进行了阐释，初步形成了泥沙运动的动理论体系。该理论是一种跨尺度的理论模式，基于该理论体系，可以研究小至颗粒起动、大至不平衡输沙这样尺度完全不同的泥沙运动问题，并且在理论方法上具有高度的一致性和自洽性。虽然这些研究还处于发展完善阶段，但该理论显示出了联系单个颗粒运动特性与颗粒群宏观动力学统计规律的能力，是泥沙研究中可能取得突破性进展的理论方法之一。

可见，基于动理学理论建立描述泥沙运动的新理论体系是未来泥沙理论研究的重要发展方向之一。接下来本文将从泥沙运动的动理学方程、动力学方程及动理学理论的应用等方面阐述泥沙运动的动理学理论。

2 泥沙运动的动理学方程

泥沙运动基础研究始终关注的是水流及其所携带的泥沙颗粒这两类基本物质的运动过程、内在机理及其数学和力学描述。构建挟沙水流的动理学描述的核心在于，如何对存在本质差别的两相体系的微观动力学变量(local dynamical variables)进行系综平均，并给出其在相空间上的演化方程。所谓系综，是指在一定的宏观条件下，大量性质和结构完全相同的、处于各种运动状态的、各自独立的系统的集合（Gibbs，1902）。其中最为困难的是，紊流条件下颗粒与携带其运动的流体的自由度并不相同，这会导致进行统计系综的本质性困难。为了解决该问题，钟德钰等（2015）通过引入"颗粒所见流体"的概念，给出了挟沙水流在相空间上系综平均的方法，然后基于统计力学的 Liouville 方程建立相空间上两相流动的动理学方程。

2.1　两相流微观动力学量的系综方法

首先，为了实现在两相空间上的系综平均，通过引入两相流的示性函数，解决识别相空间上某点固、液属性的难题。在动理学理论中，用以描述颗粒和流体运动状态的坐标体系是由几何空间坐标 $\vec{x}$、速度空间坐标 $\vec{v}$ 和时间坐标 t 共同构成的相空间（phase space）。但由于相空间上某点既有可能为颗粒占据，也有可能为流体所占据，因此，两相流动中相空间上某一点($\vec{x}$，$\vec{v}$, t)的属性是不确定的。为了解决该难题，引入了所谓的"相指示函数"的概念（Zhang and Prosperetti，1994），其定义为

$$\chi_k(\vec{x} \mid \mathscr{D}^N) = \begin{cases} 1 & \vec{x} \in \Omega_k \\ 0 & \vec{x} \notin \Omega_k \end{cases} \tag{1}$$

式中，χ_k 为相 k 的示性函数；Ω_k 为两相或多相流系统中相 k 在空间上所占据的区域；$\mathscr{D}^N$ 表示由 N 个粒子的位置向量和速度向量构成的相空间。

其次，引入颗粒及颗粒所见流体的动力学属性，解决颗粒与流体自由度不同导致的系综难题。挟沙水流中泥沙颗粒运动的驱动力是水流作用，可以说水流运动是主导因素，泥沙运动是从属运动。因此，系综平均不能完全建立在颗粒的所有可能分布上，需要考虑水流的状态分布。但是由于湍流流动的自由度远大于颗粒自由度，导致水沙两相系统的系综平均难以确定。因此，通过引入"颗粒所见流体"的概念（钟德钰等，2015）（图 1），即直接接触并影响颗粒运动的最小尺度的流体微团，使固相颗粒与液相流体在自由度上保持了一致，进而可以进行系综。

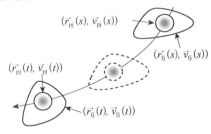

图1　颗粒与颗粒所见流体

$\vec{r}_{pj}(t)$、$\vec{r}_{fj}(t)$ 分别表示系统中颗粒 j 及颗粒所见流体微团在相空间 t 时刻的位置坐标；

$\vec{r}_{pj}(s)$、$\vec{r}_{fj}(s)$ 分别表示系统中颗粒 j 及颗粒所见流体微团在相空间 s 时刻的位置坐标；

$\vec{v}_{pj}(t)$、$\vec{v}_{fj}(t)$ 分别表示系统中颗粒 j 及颗粒所见流体微团在相空间 t 时刻的运动速度；

$\vec{v}_{pj}(s)$、$\vec{v}_{fj}(s)$ 分别表示系统中颗粒 j 及颗粒所见流体微团在相空间 s 时刻的运动速度；

2.2 两相流的动理学方程

在解决了以上难题之后，笔者基于统计力学的 Liouville 方程，经过数学推导得到了动力学特性变量 ψ_k 满足的两相流的动理学方程，即：

$$\frac{\partial}{\partial t}P_k\psi_k + \nabla_{\vec{x}}\cdot\left(P_k\vec{v}_k\psi_k\right) + \nabla_{\vec{v}_k}\cdot\left(P_k\dot{\vec{v}}_k\psi_k\right) = P_k\left\langle\frac{D_k\psi_k}{Dt}\right\rangle + \psi_{kI}\langle\dot{\Gamma}_k\rangle \quad (2)$$

式中，t 为时间；P_k 为 k 相的概率密度函数；$\vec{v}_k$ 为 k 相的速度；$\dot{\vec{v}}_k$ 为 k 相的加速度；D_k/D_t 为 k 相的全导数；$\psi_{kI}\langle\dot{\Gamma}_k\rangle$ 反映的是某相生灭导致的变化，可理解为相变；ψ_k 为相 k 的任意微观动力学变量的系综平均。

作为反映挟沙水流介观尺度上颗粒与流体运动统计规律的基本方程，两相流的动理学方程同时也是建立挟沙水流宏观守恒方程的基础。

3 泥沙运动的动力学方程

泥沙运动的动力学方程是对流体动力学层次的数学描述，属于水沙两相流动的宏观层次。在建立的泥沙运动的动理学理论的体系下，"平均"是两个不同层次的系综过程：首先是针对所有可能构形"介观的系综"；其次是对相 k 所有可能出现的速度的宏观尺度的系综。基于前文在介观尺度上的泥沙运动的动理学方程，P_k 代表了相空间上某点为固相（k=p）或液相（k=f）所占据的概率。对 P_k 在速度空间上所有可能性的积分就是各相在几何空间上的某点的出现概率，其物理含义就是其体积分数：

$$\bar{\alpha}_k = \int_{-\infty}^{\infty}d\vec{v}_k P_k(\vec{x},\vec{v}_k;t) \quad (3)$$

物理量 ψ_k 的相平均定义为

$$\overline{\alpha_k\psi_k} = \int_{-\infty}^{\infty}d\vec{v}_k\psi_k P_k \quad (4)$$

为得到两相流系统中各相的质量守恒方程，对变量 $\psi_k=\rho_k$ 和 $\psi_k=\rho_k\vec{v}_k$ 在速度空间上进行积分，即可得到挟沙水流的动力学方程，即质量和动量守恒方程，其表达式分别为（钟德钰等，2015）：

$$\frac{\partial\overline{\alpha_k\rho_k}}{\partial t} + \nabla_{\vec{x}}\cdot\left(\overline{\alpha_k\rho_k\vec{v}_k}\right) = \rho_{kI}\overline{\langle\dot{\Gamma}_k\rangle} \quad (5)$$

式中，$\rho_{kI}\langle\dot{\Gamma}_k\rangle$ 为相变项；—表示宏观系综平均。

$$\frac{\overline{\frac{\partial \overline{\alpha_{\mathrm{k}} \rho_{\mathrm{k}} \vec{v}_{\mathrm{k}}}}{\partial t}} + \nabla_{\vec{x}} \cdot \overline{\left(\overline{\alpha_{\mathrm{k}} \rho_{\mathrm{k}} \vec{v}_{\mathrm{k}} \vec{v}_{\mathrm{k}}} \right)}}{= \alpha_{\mathrm{k}} \rho_{\mathrm{k}} \left\langle \frac{\mathrm{D}_{\mathrm{k}} \vec{v}_{\mathrm{k}}}{\mathrm{D}t} \right\rangle + \nabla_{\vec{x}} \cdot \int_{-\infty}^{+\infty} \mathrm{d}\vec{v}_{\mathrm{k}} \vec{\lambda}_{\mathrm{k}} \nabla_{\vec{v}_p} P_{\mathrm{k}} + \rho_{\mathrm{kI}} \vec{v}_{\mathrm{kI}} \overline{\langle \dot{\Gamma}_{\mathrm{k}} \rangle}} \tag{6}$$

式中，ρ_{k} 为 k 相的密度；α_{k} 为 k 相的体积分数；$\int_{-\infty}^{+\infty} \mathrm{d}\vec{v}_{\mathrm{k}} \vec{\lambda}_{\mathrm{k}} \nabla_{\vec{v}_p} P_{\mathrm{k}}$ 为颗粒相互作用导致的应力，其中，$\vec{\lambda}_{\mathrm{k}}$ 为参数，$\nabla \vec{V}_p$ 为算子；由于涉及变量较多，含义较复杂，故不在此详述（钟德钰等，2015）。其中，式（5）中等式右边为相变项，传统上，水沙两相流中并不考虑相变问题。但若必须考虑泥沙颗粒与周围流场发生显著生化反应，如生物膜的生长或剥落时，则必须考虑相变带来的变化，方程中也能够很好地体现出来。式（6）等式右边分别为体积力、压强梯度项、应力张量梯度及相间作用力，可以说方程中包含了影响两相运动的多种因素。

推导得到的水沙两相体系的宏观尺度上的动力学方程式（5）和式（6），包括质量守恒和动量守恒方程，与基于连续介质力学得到的方程在形式上非常相似（Ma and Ahmadi，1990；Soo，1990；刘大有，1993；周力行，1994；Drew and Passman，1998）。不同的是，方程是从颗粒介观动理学状态守恒方程推导而来，可以体现体系微观动力学特性在宏观尺度上的系综性质，更为直接、严谨，而且为细致剖析挟沙水流受力与统计特性提供了一个具有坚实理论基础的方法。

4 动理学理论的应用

基于泥沙运动的动理学理论对传统泥沙研究中非常关心的床沙与运动泥沙的交换、颗粒的推移、悬浮，以及挟沙水流的速度分布特征等基础性问题，应用两相流介观尺度的速度分布函数、宏观尺度的场方程作了较为深入的分析。本节内容旨在帮助我们从颗粒的受力到颗粒体系的统计特性这样一个逻辑链条来理解挟沙水流表现出来的各种基本属性，从新的角度审视熟知的泥沙输移现象背后所隐藏的力学机制。

4.1 床面泥沙通量方程与平衡浓度

床面泥沙通量是衡量运动泥沙与床沙交换方向、交换强度的关键变量，不仅是理解水流与河床间相互作用机理的关键，而且也是河流数值模拟中必不可少的关键边界条件之一。但由于泥沙颗粒在床面附近的运动十分复杂，不仅涉及泥沙颗粒与壁面附近湍流的相互作用，而且还存在运动泥沙与静止的床沙之间的交换运动，使得现有床沙通量的表达式中不可避免地包含一些经验参数，其对实验数据的依赖性较大（van Rijn，1984；Garcia and Parker，1991；Zyerman and Fredsøe，1994）。特别重要的是，由于缺少合适的理论用以描述明渠流中床面附近的泥沙颗粒运动过程，使得许多冲刷函数很难将泥沙颗粒的动力学特性与河床冲刷直接联系起来，从而制约了深入了解床沙冲刷的力学机制。笔者基于动理学理论中的速度分布函数，推导出了如下床面泥沙通量的理论表达式（Zhong et al.，2011a）：

$$\phi_p \equiv \frac{F_b^+}{\sqrt{g\Delta D}} = \frac{\overline{\alpha}_{pm} p\sqrt{\zeta}}{\sqrt{2\pi}\left(1 + \frac{9C_D\rho_f}{8\rho_p}\right)} \theta^{\frac{1}{2}} e^{-\frac{3\rho_f}{4\zeta\rho_p}\left(\frac{1}{\theta} - \frac{1}{\theta_L}\right)} \tag{7}$$

式中，ϕ_p 为无量纲化的冲刷率；F_b^+ 为床面泥沙的冲刷通量；g 为重力加速度；ρ_p 和 ρ_f 分别表示固相泥沙颗粒和液相水流的密度；$\Delta = (\rho_p - \rho_f)/\rho_f$；$D$ 为颗粒粒径；$\overline{\alpha}_{pm}$ 为床沙极限浓度；p 为床沙起动概率；ζ 为颗粒温度与摩阻流速的比例系数；C_D 为颗粒阻力系数；θ 为 shields 数；$\theta_L = 4/3C_L$ 是与上举力相关的参数，其中 C_L 为上举力系数。

如图 2 所示，将 van Rijn（1984）的实验数据与理论公式计算结果进行了比较分析。可以看出，基于动理学理论的床沙通量与实测值较符合，说明基于动理学理论的床面通量方程能够很好地反映床面冲刷通量与水流强度因子间的关系，以及床面附近颗粒运动与湍流作用的相互关系，且能够反映出床面附近湍流作用下床沙冲刷的力学机制。

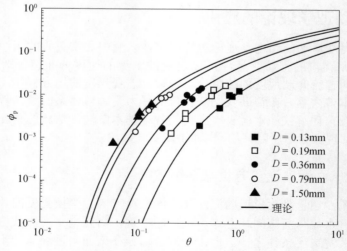

图2　床面冲刷通量理论与实验的对比

其中 ϕ_p 为床沙通量的无量纲化参数，θ 为shields数根据颗粒运动的速度分布函数，得到床面附近向上和向下运动泥沙的通量。当二者达到平衡时，与之对应的床面浓度即为床面泥沙平衡浓度。基于动理学理论的床面泥沙平衡浓度表达式为（Zhong and Zhang，2004）：

$$\overline{\alpha}_{\mathrm{py}} = \frac{\overline{\alpha}_{\mathrm{pm}} p}{1 + \dfrac{3 C_{\mathrm{D}} \rho_{\mathrm{f}}}{2 \rho_{\mathrm{p}}} \dfrac{y}{D}} \exp\left[-\frac{\rho_{\mathrm{f}}}{\rho_{\mathrm{p}}} \left(\frac{1}{\theta} - \frac{1}{\theta_{\mathrm{L}}} \right) \frac{y}{\zeta D} \right] \tag{8}$$

式中，$\overline{\alpha}_{\mathrm{py}}$ 为 y 处可动颗粒的浓度。

利用 Zyserman 和 Fredsøe（1994）整理得到的床面平衡浓度实验结果对平衡浓度表达式进行了验证，同时与两个经验公式（Zyserman and Fredsøe，1994；Smith and Mclean，1977）进行对比，如图 3 所示。可以看出两者吻合较好，且理论公式的精度更高。

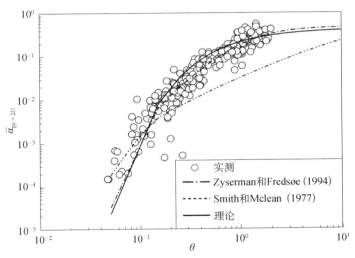

图3　理论与其他经验关系及实验的对比

4.2　推移质泥沙的输移

推移质是河流中泥沙输移的重要形式之一。长期以来，为了确定推移质的输沙量，众多研究学者作了大量研究，提出了很多不同形式的推移质输沙率公式。但由于推移质的运动过程十分复杂，各公式在建立的过程中都进行了不同程度的简化，这使得在同一种推移质输沙条件下用不同的公式得到的计算结果存在很大的偏差。本文的研究是基于 Einstein 提出的推移质基本输沙模式开展的（Einstein，1950）：首先基于动理学理论推导冲刷率函数的理论表达式，进而建立基于动理学理论的推移质输沙公式。

在动理学理论下，若用 $f(\vec{v},\vec{r},t)$ 表示在相空间 $(\vec{v},\vec{r},t)$ 中的泥沙颗粒速度分布函数，那么在床面上点 $(\vec{r}_0,t_0)$ 处的冲刷率可表示为

$$E = \int_{-\infty}^{\infty}\int_{0}^{\infty}\int_{-\infty}^{\infty} v_y \cdot f(\vec{v},\vec{r},t) \cdot \mathrm{d}v_x \mathrm{d}v_y \mathrm{d}v_z \tag{9}$$

式中，E 为河床冲刷率；v_x、v_y、v_z 分别表示泥沙颗粒速度在 x、y、z 三个方向上的分量。

通过求解 Boltzmann 方程可得到速度分布函数，其表达式为

$$f(\vec{v},\vec{r},t) = \frac{n_0}{(2\pi K)^{\frac{3}{2}}} \exp\left\{ -\frac{C_p^2}{2K} - \frac{y}{K}\left[\left(1 - \frac{\rho_f}{\rho_p}\right)g - \frac{3C_L}{4}\frac{\rho_f u_*^2}{\rho_p D} + \frac{3C_D}{4}\frac{\rho_f \mid v_y \mid v_y}{\rho_p D} \right] \right\} \tag{10}$$

式中，n_0 为泥沙颗粒在点 $\vec{r} = \vec{r}_0$ 处的密度；$C_p^2 = C_x^2 + C_y^2 + C_z^2$；$C_i = v_i - V_i (i = x,\ y,\ z)$，其中，$v_i$ 和 V_i 分别为泥沙颗粒的瞬时和时均速度分量；K 为颗粒温度；u_* 为摩阻流速。

将速度分布函数代入冲刷率的公式中积分，进而得到推移质的单宽输沙率公式为（Zhong et al.，2011b，2012；张磊等，2013）：

$$\Phi = \bar{\alpha}_{pm} p \frac{\lambda\sqrt{2\zeta}}{3\delta\sqrt{\pi}C_D} \frac{\rho_p}{\rho_f} \mathrm{e}^{f_1} \left[\Gamma(0,f_1) - \Gamma(0,f_2) \right] \theta^{\frac{1}{2}} \tag{11}$$

式中，Φ 为推移质无量纲输沙率；δ 为颗粒跃移高度。

$$\begin{aligned} f_1 &= \frac{2}{3\zeta C_D}\left(\frac{1}{\theta} - \frac{1}{\theta_L} \right) \\ f_2 &= \frac{\rho_f}{\zeta\rho_p}\left(\frac{1}{\theta} - \frac{1}{\theta_L} \right)\left(\frac{\delta}{D} + \frac{2\rho_p}{3C_D\rho_f} \right) \end{aligned} \tag{12}$$

各家理论结果与实测值对比情况如图 4 所示。Meyer-Peter 和 Müller（1948）公式结果在输沙强度较大时小于实验结果（Gilbert and Murphy，1914；Meyer-Peter and Müller，1948；Wilson，1966）；Engelund 和 Fredsøe（1976）公式结果在低输沙强度时略大于实验结果；Yalin（1972）公式结果普遍小于实验值；Einstein（1950）公式结果在高输沙强度时小于实验结果；Wang 等（1995）和理论公式（11）在低、中、高不同水流强度条件下都与实验结果符合良好，就所能收集到的实验资料而言，理论公式（11）的计算精度优于经验、半经验公式。

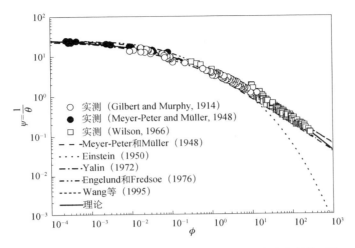

图4　理论公式(11)与其他推移质输沙率公式及实验资料的对比

4.3　悬移质泥沙的输移

4.3.1　质量传递

由于湍流对泥沙扩散（质量传递）的影响十分复杂，目前对挟沙水流中泥沙扩散内在机理的研究还不够深入。传统理论有基于素流扩散理论和一定假设建立的扩散方程。但该方程的适用范围有限，一般只适用于低浓度、小颗粒惯性条件，随着泥沙浓度和颗粒惯性的增大，扩散方程的计算误差往往非常大（Greimann et al.，1999；Jiang，2004；Toorman，2008；Wang et al.，2008；Zhong et al.，2012，2014）。笔者基于两相浑水模型，分析了悬移质浓度分布规律和悬浮机理，讨论了影响挟沙水流中质量传递的因素及其作用机制，得到了如下泥沙扩散系数的理论表达式（张磊等，2012）：

$$\varepsilon_{\mathrm{pyy}}^{0} = \underbrace{D_{\mathrm{pyy}}^{0}}_{\varepsilon_{\mathrm{myy}}^{0}(\text{浑水素动扩散})} + \underbrace{2\overline{\alpha}_{\mathrm{f}}\overline{\alpha}_{\mathrm{p}}g_{0}(1+e)C_{\mathrm{m}}D_{\mathrm{u}}\overline{v_{\mathrm{wy}}^{"0}v_{\mathrm{wy}}^{"0}}\left(2+\overline{\alpha}_{\mathrm{p}}\frac{\partial \ln g_{0}}{\partial \overline{\alpha}_{\mathrm{p}}}\right)St_{\mathrm{b}}}_{\varepsilon_{\mathrm{cyy}}^{0}(\text{颗粒碰撞扩散})} + \underbrace{\overline{\alpha}_{\mathrm{f}}C_{\mathrm{m}}D_{\mathrm{u}}\overline{v_{\mathrm{wy}}^{"0}v_{\mathrm{wy}}^{"0}}St_{\mathrm{b}}}_{\varepsilon_{\mathrm{tyy}}^{0}(\text{颗粒素动自扩散})}$$

（13）

式中，$\varepsilon_{\mathrm{pyy}}^{0}$ 为泥沙素动扩散系数；D_{pyy}^{0} 为浑水素动导致的颗粒扩散系数；$\overline{\alpha}_{f}$ 为液相的时均浓度；$\overline{\alpha}_{\mathrm{p}}$ 为颗粒的时均浓度；g_{0} 为颗粒流中的径向分布函数；e 为颗粒的碰撞恢复系数；C_{m} 为颗粒相对于浑水的响应函数；$D_{\mathrm{u}}=\sqrt{\kappa_{m}/\kappa}$，$\kappa_{m}$ 为浑水的 Karman 系数；κ 为 Karman 系数；$\overline{v_{\mathrm{wy}}^{"0}v_{\mathrm{wy}}^{"0}}$ 为清

水的垂向紊动强度；"～"代表质量加权平均；St_b 为颗粒的 Stokes 数。

从式（13）可见，泥沙颗粒的扩散系数包含如下三种因素：①浑水的紊动扩散作用 ε_{myy}^0；②颗粒间的碰撞导致的弥散 ε_{cyy}^0（与碰撞应力有关）；③颗粒自身的紊动导致的弥散 ε_{tyy}^0（与颗粒自身紊动动能 k_p^0 有关）。

为了定量分析三种因素对泥沙悬浮的重要程度，悬移质浓度分布的理论与实测结果对比情况如图5所示。

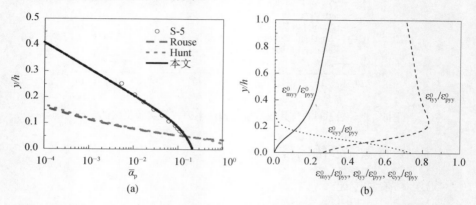

图5　Einstein和Chien（1955）实验中S-5组浓度分布理论值与
实验值的对比及相应的扩散系数分布图

从图 5（b）中可以看出，随着泥沙浓度和颗粒粒径的变化，三种因素所占的比例此消彼长。研究结果表明，当颗粒惯性较小时，泥沙颗粒的扩散仅受浑水紊动作用的影响；对于颗粒惯性较大的情形，颗粒间碰撞作用导致的弥散及颗粒自身紊动导致的弥散不能再被忽略，此时泥沙颗粒的扩散将不再仅仅是浑水紊动扩散的结果。与传统的扩散理论相比，本文得到的泥沙弥散方程不仅能够用于低浓度、小颗粒惯性条件下的计算，还能够用于高浓度、大颗粒惯性条件下的计算。更重要的是，通过分析泥沙扩散系数的变化规律，得到影响质量传递的三种机制，反映出了质量传递的力学本质。

与以往研究相比，基于动理学理论得到的泥沙扩散系数表达式所反映的泥沙颗粒在水流中的扩散，不仅包含了浑水紊动引起的泥沙扩散作用，而且包含了颗粒间碰撞及颗粒自身紊动对泥沙扩散的影响。

还采用式（13）计算了与 Einstein 和 Chien（1955）经典实验中水沙条件完全一致的悬移质泥沙浓度垂线分布，结果如图6和图7所示。从图中可以发现，对于细颗粒、低浓度情况，泥沙浓度的垂线分布规律与一般认识一致，且

Rouse 公式正确给出了浓度沿垂线的变化。但对于颗粒粒径较大或浓度较高的情形，Rouse 公式已经与实验结果存在显著的不一致。而无论是小颗粒低浓度情形，还是大颗粒高浓度情形，本文的理论公式都与实验结果匹配良好。

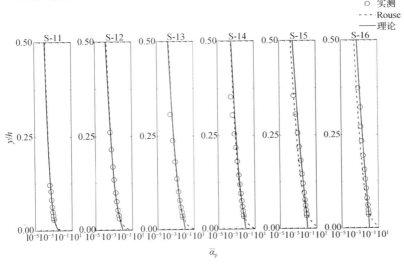

图6　悬移质细沙浓度垂向分布理论与实验的对比

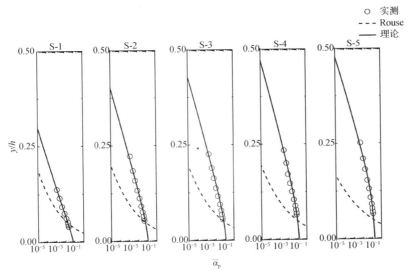

图7　悬移质粗沙浓度垂向分布理论与实验的对比

常用的扩散模型，是本文研究结果的零阶近似。仅适用于颗粒惯性很小从而可忽略颗粒惯性效应时的情况；而对于颗粒惯性影响不可忽略的情形(颗粒较大或浓度较高时)，低阶方程可能会与实际存在显著的偏差。

4.3.2 动量传递

在描述流动的所有参数中，挟沙水流的速度变化是分析动量传递的直接变量。挟沙水流中泥沙颗粒的存在不可避免会影响边界层中动量的传递和扩散，并进一步影响速度分布（Vanoni，1941；Umeyama，1999）。目前在解释泥沙颗粒如何影响挟沙水流速度变化机理时仍然存在不少争议。类似于质量传递的研究方法，本文利用两相浑水方程研究了浑水速度的垂线分布（Zhong et al.，2011b，2012，2014），探讨了泥沙颗粒影响挟沙水流速度变化的力学本质。得到浑水黏性系数的表达式：

$$\rho_m \nu_m = \underbrace{\bar{\alpha}_f \rho_f \nu_{ft}}_{\text{流体运动}} + \bar{\alpha}_p \rho_p \left(\underbrace{\nu_p^{kin}}_{\text{颗粒紊动}} + \underbrace{\nu_p^{col}}_{\text{颗粒碰撞}} \right) \tag{14}$$

式中，ρ_m 为浑水密度；ν_m 为浑水表观运动黏性系数；ν_{ft} 为液相紊动黏性系数；ν_p^{kin} 为颗粒紊动黏性系数；ν_p^{col} 为颗粒碰撞黏性系数。

通过与不同实验资料的对比分析发现，浑水密度分层并非是影响速度分布的唯一因素；由颗粒紊动和颗粒碰撞引起的动量传递对挟沙水流速度分布的影响更为显著。采用 Einstein 和 Chien(1955)的经典实验进行对比分析如图8 所示。可以看出，尽管在主流区流体的黏性起主导作用，但在近床面附近，颗粒紊动和颗粒碰撞成为了影响动量传递的更为重要的因素。尤其是在高浓度、大颗粒惯性的条件下，两者是导致紊流调制现象出现的关键原因。

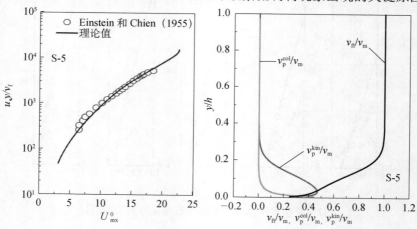

图8 Einstein和Chien实验中S-5组浑水速度分布理论值与
实验值的对比及相应的黏性系数分布图

根据两相浑水方程，也能够得到各相速度分布表达式。其中固相颗粒的纵向速度表示为

$$\tilde{v}_{px} = U_{vx} - \frac{D_{pxy}}{\overline{\alpha}_p}\frac{\partial \overline{\alpha}_p}{\partial y} + \frac{1}{\rho_p}\frac{\overline{\alpha}_f}{\overline{\alpha}_p}\frac{\partial \overline{\alpha}_p \tilde{\tau}_{pxy}}{\partial y}\tilde{\tau}_p + O\left(\overline{\tau}_p^2\right) \tag{15}$$

式中，$\tilde{v}_{px}$ 为固相颗粒纵向速度；U_{vx} 为体积加权的浑水速度；D_{pxy} 为颗粒的紊流扩散系数；$\tilde{\tau}_{pxy}$ 为固相颗粒的应力张量；$\tilde{\tau}_p$ 为颗粒弛豫时间；$O\left(\overline{\tau}_p^2\right)$ 为弛豫二阶项。

如图 9 所示，选取 Muste 和 Patel（1997）及 Best 等（1997）的实验资料进行对比分析，可以看到：理论值与试验值符合较好，泥沙颗粒的速度滞后于水流流速，且越接近床面，两者的速度差越显著。

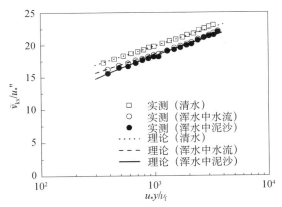

图9 挟沙水流中各相理论与实验速度的对比

图中 $\tilde{v}_{kx}$ 为 k 相纵向速度；ν_f 为黏性系数

从上述研究成果可知，泥沙运动的动理学理论能够反映泥沙运动最基本的动力学特性及其系综规律，其所得到的描述泥沙运动宏观方程与试验结果具有较好的一致性。

5 结语

泥沙运动研究所面临的新问题促使研究人员必须从最基本的理论研究着手，继承传统泥沙研究已经取得的共识，发展可以适应未来泥沙研究发展的理论体系。笔者建立了泥沙运动的动理学理论，揭示了挟沙水流与床面泥沙相互作用以及质量、动量传递机理；建立了基于动理学理论的床面泥沙通量

函数、推移质输沙函数、挟沙水流的两相浑水模型及阻力方程。通过建立泥沙研究的新理论框架来促进泥沙基础研究的发展，为应对未来水利工程所面临的更具挑战性的泥沙问题奠定理论基础。

研究成果表明泥沙运动的动理学理论，不仅能够反映单个颗粒运动的基本统计特性，也可以以之为基础建立宏观守恒过程，并体现出颗粒运动作为宏观输沙过程的有机组成所表现出来的共同特征，反映泥沙运动的最基本动力学特性及其系综规律，揭示泥沙运动背后隐藏的力学机理，是未来泥沙理论研究的重要发展方向之一。

参考文献

刘大有. 1993. 二相流体动力学. 北京:高等教育出版社.

倪晋仁, 王光谦, 张红武. 1991. 固液两相流基本理论及其最新应用.北京:科学出版社.

张磊, 钟德钰, 吴保生, 等. 2012. 明渠中悬移质的弥散-对流方程及悬浮机理.力学学报, 45(1): 83-93.

张磊, 钟德钰, 王光谦, 等. 2013. 基于动理学理论的推移质输沙公式.水科学进展, 24(5): 692-698.

钟德钰, 王光谦, 丁赟. 2007. 沙质河床冲刷过程中床沙级配的模拟. 水科学进展, 18(2): 223-229.

钟德钰, 王光谦, 吴保生. 2015. 泥沙运动的动理学理论. 北京:科学出版社.

周力行. 1994. 湍流气粒两相流动和燃烧的理论与数值模拟. 北京:科学出版社.

Bagnold R A. 1962. Auto-suspension of transported sediment-turbidity currents. Proceedings of the Royal Society of London. Series A, Mathematical, Physical & Engineering Sciences, 265(1322): 315-319.

Best J, Bennett S, Bridge J, et al. 1997. Turbulence modulation and particle velocities over flat sand beds at low transport rates. Journal of Hydraulic Engineering, 123(12): 1118-1129.

Drew D A. 1975. Turbulent sediment transport over a flat bottom using momentum balance. Journal of Applied Mechanics, 42(1): 38-44.

Drew D A, Passman S L. 1998. Theory of Multi-component Fluid. New York: Springer.

Einstein H A. 1950. The Bed Load Function for Sediment Transportation in Open Channel Flows. Washington D.C.: United States Department of Agriculture Soil Conservation Service.

Einstein H A, Chien N. 1955. Effects of Heavy Sediment Concentration Near the Bed on Velocity and Sediment Distribution.Technical Report Series. California: University of California.

Engelund F, Fredsoe J. 1976. A sediment transport model for straight alluvial channels. Nordic Hydrology, 7(5): 293-306.

Fu X D, Wang G Q, Shao X J. 2005. Vertical dispersion of fine and coarse sediments in turbulent open channel flows. Journal of Hydraulic Engineering, 131(10): 877-888.

Garcia M, Parker G. 1991. Entrainment of bed sediment into suspension. Journal of Hydraulic Engineering, 117(4): 414-435.

Gibbs J W. 1902. Elementary Principles in Statistical Mechanics. New Haven: Yale University Press.

Gilbert G K, Murphy E C. 1914. The Transportation of Debris by Running Water. Washington D.C.: Washington Government Printing Office.

Greimann B P, Muste M, Holly F M. 1999. Two-phase formulation of suspended sediment transport. Journal of Hydraulic Research, 37(4): 479-500.

Hsu T J, Jenkins J T, Liu P L F. 2003. On two-phase sediment transport: dilute flow. Journal of Geophysical Research: Oceans, 108(C3): 1-14.

Hsu T J, Jenkins J T, Liu P L F. 2004. On two-phase sediment transport: sheet flow of massive particles. Proceedings of the Royal Society of London, Series A, Mathematical, Physical & Engineering Sciences, 460(2048): 2223-2250.

Hu C, Hui Y. 1996a. Bed load transport. I : Mechanical characteristics. Journal of Hydraulic Engineering, 122(5): 245-254.

Hu C, Hui Y. 1996b. Bed load transport. II : Stochastic characteristics. Journal of Hydraulic Engineering, 122(5): 255-261.

Jiang J S, Law A W K, Cheng N S. 2004. Two-phase modeling of suspended sediment distribution in open channel flows. Journal of Hydraulic Research, 42(3): 273-281.

Karim M F, Forrest M H. 1986. Armoring and sorting simulation in alluvial rivers. Journal of Hydraulic Engineering, 112(8): 705-715.

Ma D, Ahmadi G. 1990. A thermos-dynamical formulation for dispersed multiphase turbulent flows-II: Simple shear flows for dense mixtures. International Journal of Multiphase Flow, 16(2): 341-351.

McTigue D F. 1981. Mixture theory for suspended sediment transport. Journal of the Hydraulics Division, 107(6): 659-673.

Meyer-Peter E, Müller R. 1948. Formulas for bed-load transport//Proceedings of the 2nd Meeting of the International Association for Hydraulic Structures Research. Delft: International Association of Hydraulic Research: 39-64.

Muste M, Patel V. 1997. Velocity profiles for particles and liquid in open channel flow with suspended sediment. Journal of Hydraulic Engineering, 123(9): 742-751.

Ni J R, Wang G Q, Borthwick A G L. 2000. Kinetic theory for particles in dilute and dense solid-liquid flows. Journal of Hydraulic Engineering, 126(12): 893-903.

Smith J D, McLean S R. 1977. Spatially averaged flow over a wavy surface. Journal of Geophysical Research, 82(12): 1735-1746.

Soo S L. 1990. Particulates and Continuum: Multiphase Fluid Dynamics. London: CRC Press.

Toorman E A. 2008. Vertical mixing in the fully developed turbulent layer of sediment-laden open channel flow. Journal of Hydraulic Engineering, 134(9): 1225-1235.

Umeyama M. 1999. Velocity and concentration fields in uniform flow with coarse sands. Journal of Hydraulic Engineering, 125(6): 653-656.

van Rijn L C. 1984. Sediment pick-up function. Journal of Hydraulic Engineering, 110(10): 1494-1502.

Vanoni V A. 1941. Some experiment on the transportation of suspended load. Transactions, American Geophysical Union, 22 (3): 608-621.

Wang G Q, Ni J R. 1990. The kinetic theory for particle concentration distribution in two-phase flow. Journal of Engineering Mechanics, 116(12): 2738-2748.

Wang G Q, Ni J R. 1991. The kinetic theory for dilute solid/liquid two-phase flow. International Journal of Multiphase Flow, 17(2): 273-281.

Wang G Q, Fu X D, Huang Y F, et al. 2008. Analysis of suspended sediment transport in open-channel flows: kinetic-model based simulation. Journal of Hydraulic Engineering, 134(3): 328-339.

Wang S Q, Zhang R, Hui Y J. 1995. New equation of sediment transport rate. International Journal of Sediment Research, 10(3): 1-18.

Wang X, Zheng J, Li D, et al. 2008. Modification of the Einstein bed load formula. Journal of Hydraulic Engineering, 134(9): 1363-1369.

Wilson K C. 1966. Bed load transport at high shear stress. Journal of the Hydraulics Division, 92(11): 49-59.

Wu W M, Wang S Y. 2000. Mathematical models for liquid-solid two-phase flow. International Journal of Sediment Research, 15(3): 288-298.

Yalin M S. 1972. Mechanics of Sediment Transport. Oxford: Pergamon Press.

Zhang D Z, Prosperetti A. 1994. Averaged equations for inviscid disperse two-phase flow. Journal of Fluid Mechanics, 267: 185-219.

Zhong D Y, Zhang H W. 2004. Concentration distribution of sediment in bed load layer. Journal of Hydrodynamics, B1, 16(1): 28-33.

Zhong D Y, Wang G Q, Ding Y. 2011a. Bed sediment entrainment function based on kinetic theory. Journal of Hydraulic Engineering, 137(2): 222-233.

Zhong D Y, Wang G Q, Sun Q C. 2011b. Transport equation for suspended sediment based on two-fluid model of solid/liquid two-phase flows. Journal of Hydraulic Engineering, 137(5):

530-542.

Zhong D Y, Wang G Q, Zhang L. 2012. A bed load function based on kinetic theory. International Journal of Sediment Research, 27(4): 460-472.

Zhong D Y, Wang G Q, Wu B S. 2014. Drift velocity of suspended sediment in turbulent open channel flows. Journal of Hydraulic Engineering, 140(1): 35-47.

Zyserman J A, Fredsøe J. 1994. Data analysis of bed concentration of suspended sediment. Journal of Hydraulic Engineering, 120(9): 1021-1042.

非平衡河流的滞后响应机理与模拟

吴保生

（清华大学水沙科学与水利水电工程国家重点实验室，北京 100084）

摘　要：根据河床自动调整原理和滞后响应特性建立了河流非平衡演变过程的模拟方法，称为河床演变的滞后响应模型，存在通用积分、单步解析、多步递推三种模式，适用于模拟不同的河流非平衡演变过程。模型考虑了前期水沙过程对河床演变的累积影响，揭示了河床滞后响应（前期影响、累积影响）的物理本质，克服了采用滑动平均、加权平均或几何平均来反映前期影响的经验性和任意性，为定量描述河流非平衡演变过程提供了理论基础和计算方法。

关键词：河床演变；滞后响应；前期影响；累计影响；自动调整

Delayed Response Mechanism of Non-equilibrium River and Its Simulation

Baosheng Wu

(State Key Laboratory of Hydroscience and Engineering, Tsinghua University, Beijing 100084)

Abstract: Based on the self-regulation principle and delayed response characteristics, a simulation method for fluvial processes of rivers in non-equilibrium conditions was proposed. The method includes three models, namely the general integration model, the analytical solution model, and the multistep iterative model. These models are applicable to simulate different fluvial processes for non-equilibrium rivers. The proposed method considered the cumulative effect of previous flow and sediment load conditions on channel adjustment and revealed the physical

通信作者：吴保生（1959—），E-mail: baosheng@tsinghua.edu.cn。

essence of delayed response (effect of antecedent conditions and cumulative effect). Therefore, it overcame the shortcomings of empirical treatment and arbitrariness in using the moving average, weighed average, and geometric average to reflect the effect of antecedent conditions. The proposed method provides theoretical bases and calculation models for describing the fluvial processes for rivers in non-equilibrium conditions.

Key Words: fluvial processes; delayed response; effect of antecedent conditions; cumulative effect; self-regulation

1 引言

由于天然河流来水来沙条件的不断变化及受到各种扰动的影响，河床无时无刻不处于调整和发展的状态中。随着社会经济的快速发展，人类活动对河流系统干扰程度的不断加剧，深刻改变了河流系统的内外部条件，破坏了河流自身原有的相对平衡状态，对河流系统产生了深远影响，加剧了河流的不稳定性和治理难度。如我国的长江和黄河，由于中上游水库对水沙的巨大调节作用，使下游河道长期处于强烈的非平衡状态，发生了大幅度的调整变化；此外，在一些中小河流上各种河流生态环境恢复和重建措施的不断实施，也必将对河床演变过程产生深刻影响。因此，河流非平衡演变过程模拟是江河治理及河流生态环境修复必须回答的重要科学问题。

由于河床演变过程的复杂多样性，传统河床演变研究主要关注的是河流平衡态的描述及其存在原因，如河相关系和各种极值假说等（钱宁等，1987；Knighton，1996），非平衡河流调整问题长期没有得到解决，缺乏描述河流非平衡调整过程的理论和方法。在河床演变研究的实践中，往往只能采用指数衰减函数、幂函数、对数函数、多项式等非线性函数来描述。例如，Simon 和 Klimetz（2011）在分析 1980 年美国圣海伦斯火山爆发导致的图特河（Toutle River）北汊河道重新发育过程中，采用分段指数衰减函数方法模拟了河床深泓高程的变化过程，但分段模拟割裂了各段之间的联系，很难揭示河床交替冲淤调整的内在机理和发展趋势。由此可见，对于一个具体问题采用什么样的非线性函数来描述，往往具有较强的经验性、任意性，不仅很难确切反映河床交替冲淤的复杂调整过程，也无助于对所描述现象背后机理的认识。非平衡河床演变过程问题，包括河床调整的方向、速率、方式等，已成为困扰河床演变学发展的前沿难题。

河床冲淤变化是泥沙颗粒累积运动的结果，宏观尺度的河床变形不能一蹴而就，而是一个缓慢的连续过程，因此，河床演变总是滞后于水沙条件的变化。从本质上看，滞后响应是微观上的水流挟沙力与含沙量无限趋近的结果，是宏观上的河道形态由不平衡状态向平衡状态发展的体现。正是由于滞后响应特性的存在，河床变化的强度和幅度一般小于扰动变化的强度和幅度，有利于河床的稳定。此外，任何一个时段的河床演变，都是在给定初始河床边界条件下进行的，正如采用数学模型计算河床冲淤时需要给定初始河床边界条件一样，在相同的水沙条件下，不同的初始条件和边界条件会有不同的模拟结果。考虑到初始条件和边界条件本身是前期水沙条件作用的结果，实际上体现了前期水沙条件对当前时段河床演变的影响。因此，当前时段的河床演变，不仅受当前水沙条件的影响，而且通过边界条件，还受前期若干时段内水沙条件的影响，将此现象称为前期影响或累计影响，也有的称为记忆功能。

滞后响应和累计影响（前期影响、记忆功能）是同一河床演变现象的两种不同描述，两者既有区别又有联系。滞后响应指的是当前时段的河床对水沙变化的反应速度和响应模式，而累积影响指的是前期（过去）时段的水沙条件通过初始河床边界对当前时段河床调整的影响。从时间上讲，两者关注的重点是处于非平衡状态下的河床随时间的变化过程，平衡状态或稳定状态只是其演变过程的一个阶段目标或短暂状态；从空间上讲，两者关注的重点是河床形态的宏观特征，有别于单个泥沙颗粒的微观运动。滞后响应和累计影响在任何河段和时段的河床演变中都是同时存在的，在河床演变的研究中应该同时给予考虑，忽略任何一项都难以全面把握河床演变的内在规律。例如，当建立平滩流量与当前来水、来沙的直接关系时，虽然两者具有一定的相关性，但关系往往比较散乱，原因就是平滩流量与当前水沙条件的直接关系中没有考虑河床的滞后响应和水沙条件的累计影响。

过去针对河床演变及水库泥沙淤积中存在的滞后响应或累计影响，一些学者从不同侧面进行了研究。例如，钱意颖等（1972）在研究黄河下游平滩流量时认为，平滩流量与多年汛期平均流量有关，体现了现有河床形态是前期水沙条件累积作用结果的概念。多位学者（Wu et al.，2004，2007；Wang et al.，2005；吴保生和邓玥，2005；吴保生等，2006，2007）在对黄河下游平滩流量及三门峡水库淤积资料分析的基础上，发现平滩流量及水库淤积量不仅受当年水沙条件的影响，还受前期若干年内水沙条件的影响，并且采用滑动平均和加权平均的方法研究了来水来沙变化对平滩流量及库区淤积量的累计影响。梁志勇等（2005）和冯普林等（2005）采用几何平均方法分别分析了黄河下游河道几何形态与水沙条件的关系，发现河道的几何形态不仅受来水大小的影响，而且受前期断面形态的影响，即存在"记忆"效应。刘月兰（2004）和林秀芝等（2005）以上一年平滩流量代表前期河床条件的作用，分析了渭河下游平滩流量对来水、来沙量的响应关系，发现前期条件对平滩流量的影响占到 20%。张原锋等（2005）采用滑动平均分析了潼关高程对来水量的响应关系，认为潼关高程与 6 年滑动平均年水量有关。采用滑动平均、加权平均或几何平均的方法虽然能够在一定程度上反映前期水沙条件的累计作用和滞后影响，但都具有一定的经验性和任意性，缺乏必要的理论支撑。

针对河流非平衡演变过程模拟，吴保生等（Wang et al.，2007；Wu et al.，2008a，2008b，2012；吴保生，2008a，2008b，2008c；吴保生和游涛，2008；吴保生等，2008；李凌云和吴保生，2010，2011；李凌云等，2011；Wu and Li，2011）根据河床演变的自动调整原理，以河床演变的滞后响应现象为主线，基于变率方程通过时间和递推延伸积分建立了河流非平衡演变过程的模拟方法，称为冲积河流河床演变的滞后响应模型。模型包括通用积分、单步解析、多步递推三种模式，适用于模拟不同已知条件下的不同河床演变过程。模型揭示了河床滞后响应（前期影响、累积影响）的物理本质，丰富了河床演变学的理论和方法。

2　滞后响应模式

根据 Leopold 和 Langbein（1962）的观点，冲积河流可以看做是一个具有物质和能量输入和输出的开放系统，一方面沿程从流域面上不断接受水和泥沙，另一方面又源源不断地把水和泥沙送向大海。这种开放系统的概念认为，来水来沙是流域施加于河道的外部控制变量，河床的冲淤变化和河槽几何形态的调整则是内部变量对外部控制条件的响应，结果会使河槽形态朝着与来水来沙相适应的平衡状态发展（钱宁等，1987；Knighton，1996）。这一概念既反映了河流特性取决于流域因素的观点，又强调了系统的自动调整作用。

所谓冲积河流的自动调整作用，是指冲积河流具有的"平衡倾向"（钱宁等，1987；王兴奎等，2004），即当一个河段的上游来水、来沙条件或下游边界条件发生改变时，河段将通过河床的冲淤调整，最终建立一个与改变后水沙条件或下游边界条件相适应的新的平衡状态，结果使来自上游的水量和沙量刚好能够通过河段下泄（钱宁等，1987；Simon and Klimetz，2011）。河床自动调整原理是河床演变须遵循的最基本原则，指出了非平衡河床调整的方向和目标，是任何河床演变时都必须遵循的基本原理和法则。存在以下几个问题：处于非平衡状态的河床的具体调整过程是什么？河床调整的速度和方式有哪些特点？可以采用什么样的数学模型对河床的调整过程进行描述？

　　一般来讲，在河床的自动调整过程中，其初始的调整变化速度较为迅速，但随着河床的调整变化不断趋近于新的平衡状态，调整速度会逐渐降低，最后趋近于零（Simon and Klimetz，2011）。由于来水来沙的不确定性，冲积河流的河床无时无刻不处在调整和发展的状态中，因此，这里所说的平衡状态是动态的平衡状态，是河床演变发展的一个阶段目标或者一个短暂状态。根据上述河床自动调整原理，由外部扰动所引起的河床冲淤变化和河槽形态调整的过程，可以概括为图 1 所示的河床滞后响应模式（吴保生，2008a；Wu et al.，2012）。图中，y 为河床演变的特征变量，y_0 为初始状态，y_e 为平衡状态，t 为时间。对于图 1 所示冲积河流特征变量随时间的变化过程，可以划分为三个阶段：①反映阶段，即系统对于外部扰动所需要的反映时间；②调整阶段，即系统调整至平衡状态的时间；③平衡阶段，即系统维持平衡状态的时间。根据 Brunsden（1980）及 Knighton（1996）的分析，调整阶段又可以称为松弛时间（relaxation time），而平衡状态阶段又可以称为特征形态时间（characteristic form time）。

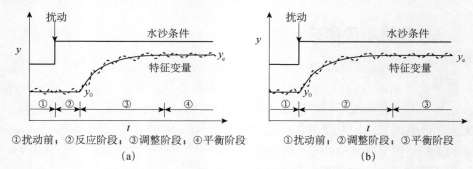

①扰动前；②反应阶段；③调整阶段；④平衡阶段　　　　①扰动前；②调整阶段；③平衡阶段
(a)　　　　　　　　　　　　　　　　(b)

图1　冲积河流系统受到外部扰动后的滞后响应模式

（a）存在反应时间；（b）不存在反应时间

　　考虑到冲积河流系统时空变化的多样性和复杂性，系统的滞后响应曲线将会具有一系列不同形状，相应的反映时间和调整时间也各不相同。我们把反映时间和调整时间统称为响应时间，把图 1 所示的系统特征变量对外部扰动的响应过程称为冲积河流的滞后响应现象。事实上，自然界的冲积河流在受到扰动后，一般情况下河床将通过冲淤对水沙变化立即作出响应，没有延迟时间，因此，图1（a）所示的滞后响应模式可以简化为图1（b）的滞后响应模式。此外，图1所示模式是特征变量与外部控制条件的大小成正比的情况。对于特征变量与外部控制条件的大小呈反比的情况，图1所示模式仍然适用，只不过特征变量 y 的变化方向与图1所示正好相反而已。

图1所示冲积河流河床演变的滞后响应模式，具有如下特征：

（1）外部控制条件即来水来沙，可以概括为梯级状的变化过程，水沙条件的扰动是突然发生的，之后维持不变或具有稳定的代表性。

（2）河床的响应是连续的、逐渐的，河床的调整不能一蹴而就，需要一段时间来完成，这也是河床变形滞后于水沙变化的根本原因。由于当前状态与平衡状态的差距、来沙量与水流挟沙力的对比关系及河床组成等的不同，这个时间过程可能较短也可能很长。

（3）扰动发生时，特征变量的初始值可以是原有的平衡状态值，也可以是处于不平衡状态的任何值，视前期河床调整结果而定。

（4）在新的水沙条件下，如果时间足够长，河床将通过自动调整作用最终达到相对平衡，即 y 最终将达到 y_e，而且 y_e 是水沙条件的函数，与初始状态无关。

由于天然情况下外部扰动的多样性，实际河流的外部控制条件和河床演变过程较图1所示的滞后响应模式复杂得多，图2给出了三种典型模式。如图2（a）所示，外部扰动使来水来沙呈梯级状增大，河床演变的特征变量总体上是增大的，但在一个给定的时段内，河床未必能够调整至平衡状态，呈现出先快后慢的特点。图2（b）所示的情况与图2（a）相似，只不过来水来沙呈梯级状减小。图2（c）所示的情况较为复杂，外部扰动使来水来沙呈梯级状的交替增减，河床演变的特征变量也呈现出梯级状的交替增大和减小，在一个给定的时段内则表现为先快后慢的特点。

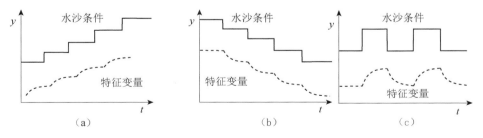

图2　外部扰动阶梯状变化情况下的滞后响应模式

（a）扰动梯级状增大；（b）扰动梯级状减小；（c）扰动梯级状交替增减

3 滞后响应模型

3.1 基本模型

根据图 1（b）的滞后响应模式，假定河床的某一特征变量 y 在受到外部扰动后的调整变化速率 $\mathrm{d}y/\mathrm{d}t$，与该变量的当前状态 y 和平衡状态 y_e 之间的差值成正比（Graf，1977；Knighton，1996）。这种河床从扰动前的原有状态演变到新的平衡状态的过程，可以用以下变率方程来描述：

$$\frac{\mathrm{d}y}{\mathrm{d}t} = \beta(y_e - y) \tag{1}$$

式中，y 为特征变量；y_e 为特征变量的平衡值；t 为时间；β 为系数，原则上 β 是可以随时间变化的，但为了求解方便，本文假定 β 为常数。

式（1）即为冲积河流滞后响应的基本模型，可以用来描述河床冲淤和河床形态变量随时间的变化过程，具有普遍的适用性。

3.2 通用积分模式

为了便于求解，将式（1）改写为如下的一般形式：

$$\frac{\mathrm{d}y}{\mathrm{d}t} + \beta y = \beta y_e \tag{2}$$

假定外部控制条件可以概括为梯级状的变化过程，每个梯级时段对应一个确定的平衡状态。显然，式（2）表示的常微分方程是一阶非齐次线性方程，其通解为

$$y = \mathrm{e}^{-\int \beta \mathrm{d}t}\left(\int \beta y_e \mathrm{e}^{\int \beta \mathrm{d}t}\,\mathrm{d}t + C_1\right) \tag{3}$$

式中，C_1 为积分常数。

令 $t = 0$ 时 $y = y_0$，代入式（3）得到如下特解：

$$y = y_0 \mathrm{e}^{-\beta t} + \mathrm{e}^{-\beta t}\left(\int_0^t \beta y_e \mathrm{e}^{\beta t}\,\mathrm{d}t\right) \quad (\text{模式 I a}) \tag{4}$$

对于外部控制条件不能概化为梯级过程，即外部控制条件及相应的平衡状态变量 y_e 随时间连续变化的情况，如果仍然假定 $\mathrm{d}y/\mathrm{d}t$ 与 $(y_e - y)$ 呈正比，则式（1）表示的基本模型仍然适用。可将式（1）改写为如下一般形式：

$$\frac{\mathrm{d}(y - y_e)}{\mathrm{d}t} + \beta(y - y_e) = -\frac{\mathrm{d}y_e}{\mathrm{d}t} \tag{5}$$

显然，式（5）表示的常微分方程也是一阶非齐次线性方程，其通解为

$$y - y_e = e^{-\int \beta dt}\left(\int -\frac{dy_e}{dt}e^{\int \beta dt}dt + C_2\right) \tag{6}$$

式中，C_2 为积分常数。

令 $t = 0$ 时 $y = y_0$ 和 $y_e = y_{e0}$，代入式（6），得到如下特解：

$$y = y_e + (y_0 - y_{e0})e^{-\beta t} - e^{-\beta t}\left(\int_0^t e^{\beta t}\frac{dy_e}{dt}dt\right) \quad （模式 I b） \tag{7}$$

考虑到含有积分项，将式（4）和式（7）称为通用积分模式。该模型既适用于图 1（b）所示只有一个时段的简单情况，又适用于图 2 所示外部扰动阶梯状变化的情况。对于后一种情况，在不能直接积分的情况下，可以采用离散形式对积分项进行计算。

3.3 单步解析模式

考虑到 β 和 y_e 均为常数，可以对式（4）右边的积分项直接求解，由此得到

$$y = \left(1 - e^{-\beta t}\right)y_e + e^{-\beta t}y_0 \quad （模式 II a） \tag{8}$$

如果令 dy_e/dt 为常数，即

$$\frac{dy_e}{dt} = -\frac{y_{e0} - y_e}{t} \tag{9}$$

将式（9）代入式（7）积分得到

$$y = y_e + (y_0 - y_{e0})e^{-\beta t} + (y_{e0} - y_e)\frac{1}{\beta t}\left(1 - e^{-\beta t}\right) \quad （模式 II b） \tag{10}$$

式（8）为模型的直接解析解，称为单步解析模式，也称指数衰减方程（Graf，1977）。该模型适用于图 1（b）所示只有一个时段及外部控制条件可以概括为梯级状的变化过程的情况（图 2）。显然，当 $t = 0$ 时满足 $y = y_0$，当 $t = \infty$ 时满足 $y = y_e$。式（10）适用于外部扰动及平衡状态变量 y_e 随时间线性变化的情况，公式不仅在表达形式上较在给定时段内 y_e 为常数的情况复杂，而且 y_e 的确定也要困难得多。

3.4 多步递推模式

在来水来沙条件不断变化的情况下，由于河床冲淤变化的滞后性，在一

个给定的有限时段内，河床形态不一定能够调整至与现有水沙条件相适应的平衡状态（图 2）。上述滞后响应模型也可以适用对于这种情况，因为滞后响应模型本身就是描述特征变量调整变化的路径，适用于调整变化过程中的任何时刻。需要说明的是，即使河床形态的调整结果达不到平衡状态，任何时段现有水沙条件对应的平衡状态 y_e 也仍然存在，了解了这一点，就不难理解上述滞后响应模型的普遍适用性。

事实上，该时段河床调整的结果，无论是否已经达到平衡状态，都将作为下一个时段的初始条件 y_0 对其河床演变产生影响，并由此使前期的水沙条件对后期的河床演变产生影响。按照该思路，将上一时段的计算结果作为下一时段的初始条件，并逐时段递推，便可以得到经过多个时段后的状态值。为此，将式（8）记为

$$y_1 = \left(1 - e^{-\beta\Delta t}\right)y_{e1} + e^{-\beta\Delta t}y_0 \tag{11}$$

式中，Δt 为时段长度；下标 1 表示第 1 个时段。

为了研究方便，取等时段长。与式（11）相似，对于第 2 个时段同样有

$$y_2 = \left(1 - e^{-\beta\Delta t}\right)y_{e2} + e^{-\beta\Delta t}y_1 \tag{12}$$

合并式（11）和式（12）得到

$$y_2 = \left(1 - e^{-\beta\Delta t}\right)\left(y_{e2} + e^{-\beta\Delta t}y_{e1}\right) + e^{-2\beta\Delta t}y_0 \tag{13}$$

如此递推至第 n 个时段时得到

$$y_n = \left(1 - e^{-\beta\Delta t}\right)\sum_{i=1}^{n}\left[e^{-(n-i)\beta\Delta t}y_{ei}\right] + e^{-n\beta\Delta t}y_0 \quad \text{（模式IIIa）} \tag{14}$$

式中，n 为递推时段数；i 为时段编号。

式（14）是单步解析模式的扩展模式，当取 $n=1$ 时，式（14）又可以退化为式（8）。式（14）称为多步递推模式。进一步考虑到 $e^{-n\beta\Delta t}$ 小于 1，且随 n 的增大而不断减小，即随时间的增加，初始条件 y_0 对 y_n 的影响逐渐减小。因此，可以用 y_{e0} 近似代替 y_0，以消除对初始值 y_0 的依赖。由此得到

$$y_n = \left(1 - e^{-\beta\Delta t}\right)\sum_{i=1}^{n}\left[e^{-(n-i)\beta\Delta t}y_{ei}\right] + e^{-n\beta\Delta t}y_{e0} \quad \text{（模式IIIb）} \tag{15}$$

式（14）为含有初始条件的多步递推模式，而式（15）不含初始条件。当已知特征变量的初始值时，可以根据前期 n 个时段的水沙条件，用式

（14）来推求河床经过 n 个时段调整后的状态值。当特征变量的初始值未知时，可以根据前期 $n+1$ 个时段的水沙条件，用式（15）来计算河床经过 n 个时段调整后的状态值。此外，式（14）和式（15）表示的多步递推模式表明，当前时段的河床演变不仅是当前时段水沙条件的函数，而且还受前期若干时段内水沙条件的影响，这就是前期影响或累计影响的实质所在。

4 模型应用

以上基于变率方程建立的模拟方法，存在通用积分、单步解析、多步递推三种模式，适用于模拟不同已知条件下的河流非平衡演变过程。一般来讲，模式 I 既适用于只有一个时段的简单情况，又适用于外部扰动阶梯状变化的情况；模式 II 适用于只有一个时段，且在外部扰动突然发生后扰动维持不变的简单情况，但如果将前一个时段的结果作为下一个时段的初始条件逐时段递推，也可适用于外部扰动阶梯状变化的情况；模式III适合于外部扰动阶梯状变化且初始状态未知的复杂情况。下面以黄河下游高村站的平滩面积为例，说明滞后响应模型的适用性。

4.1 模式 II a的应用

模式 II a 即式（8）表示的单步解析模式，一般适用于外部扰动突然发生后扰动维持不变的简单情况。对于外部扰动呈阶梯状变化的复杂情况，如果先将每一个时段都看作是一个独立的对象，然后将前一个时段的结果作为下一个时段的初始条件，利用式（8）逐时段递推，就可以得到复杂情况下特征变量随时间变化的滞后响应路径。

平滩面积是指水位与河漫滩相平时河槽的断面面积，在给定水沙条件下，相应平衡状态的平滩面积可以表示为（吴保生等，2007，2008）：

$$A_e = K \xi_f^b Q_f^c \qquad (16)$$

式中，A_e 为相应于平衡状态的平滩面积，m^2；Q_f 为汛期平均流量，m^3/s；$\xi_f = C_{tf}/Q_f$，称为来沙系数；C_{tf} 为汛期平均悬移质含沙量，kg/m^3；K、b、c 分别为待定系数和指数。

将式（16）代入式（8）可得如下方程：

$$A_b = K\left(1 - e^{-\beta \Delta t}\right) \xi_f^b Q_f^c + e^{-\beta \Delta t} A_{b0} \qquad (17)$$

式中，A_b 为平滩面积。

依据高村站 1960～2002 年的平滩面积资料，得到式（17）的有关参数为

$$K=25.91,\quad \beta=0.25,\quad b=-0.90,\quad c=0.10$$

图 3 给出了式（17）计算结果与实测值的比较，可以看到，两者之间的相关系数 R^2 达到 0.90，表明计算值与实测值符合良好。

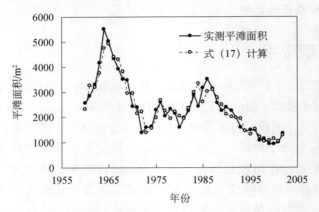

图3　采用模式Ⅱa计算的高村站平滩面积变化过程

4.2　模式Ⅲb的应用

将黄河下游高村站的平滩面积 A_b 作为特征变量，根据式（15）可得如下方程：

$$A_{bn}=\left(1-e^{-\beta\Delta t}\right)\sum_{i=1}^{n}\left(e^{-(n-i)\beta\Delta t}A_{ei}\right)+e^{-n\beta\Delta t}A_{e0} \tag{18}$$

将式（16）代入式（18）并整理得到

$$A_{bn}=K\left(1-e^{-\beta\Delta t}\right)\sum_{i=1}^{n}\left[e^{-(n-i)\beta\Delta t}\xi_{fi}^{b}Q_{fi}^{c}\right]+Ke^{-n\beta\Delta t}\xi_{f0}^{b}Q_{f0}^{c} \tag{19}$$

根据 1960～2003 年高村站平滩面积资料的曲线拟合分析表明，式（19）可以采用与式（17）相同的参数。采用式（19）计算的平滩面积与实测值之间的相关系数 R^2 随 n 的增加而增加，在 $n=7$ 达到 0.83，之后基本维持不变。以上结果表明，平滩面积的调整是连续若干年来水来沙条件累积影响的结果，而且前 4～5 年内的水沙条件对平滩面积的累积影响较为明显，更为前期水沙条件的影响逐渐变弱并直至消失。

图 4 给出了式（19）计算如果（$n=7$）与实测值的比较。可以看到，计算值与实测值符合良好。需要强调的是，模式Ⅲb 的优点是不依赖初始状态

值，可以用来估算长系列水沙变化对河床调整的影响。

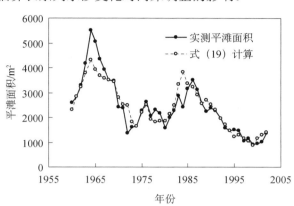

图4　采用模式Ⅲb计算的高村站平滩面积变化过程

5　结论

（1）基于河流自动调整原理和河床演变的滞后响应特性，根据河床在受到外部扰动后的调整速率与河床当前状态和平衡状态之间的差值呈正比的基本规律，首先建立了以变率方程表示的河床演变滞后响应基本模型。进而通过对基本模型的时间积分和递推延伸，建立了适用于不同条件的计算模式，包括通用积分模式、单步解析模式和多步递推模式，可以用来定量描述河床演变的特征变量随时间的变化过程，为研究冲积河流的滞后响应现象和累计作用提供了计算方法。

（2）建立的滞后响应模型将平衡状态看作一个随河流系统控制条件变化而变化的动态变量，有别于将平衡看作是长时间尺度河流均衡状态的观点。模型通过递推延伸定量表达出了前期水沙过程对当前河床的累积影响，揭示了河床滞后响应（前期影响）的物理本质，阐明了滞后响应与累计影响的区别与联系。应用该模型，能够模拟河流动态调整的方向、速率和大小，描述前期水沙过程的时空影响范围，避免了采用滑动平均、加权平均或几何平均来反映前期影响的经验性和任意性，对分析冲积河流河床演变的滞后响应现象和累计作用具有重要的理论意义。

（3）模型应用于模拟黄河下游平滩面积变化过程，结果均令人满意，说明了滞后响应模型的广泛适用性。而且，采用多步递推模式的计算结果表明，对于黄河下游平滩面积而言，当前时段的河床演变与前期 4～5 年的水沙条件有关，充分说明了前期累计影响的重要性。

（4）应用滞后响应模型不同计算模式的关键是如何针对具体问题给出变化速率 β 和平衡状态 y_e 的具体表达式。对于单个时段的简单情况，只需根据具体问题或实测资料给出平衡状态的具体值；而对于外部扰动为梯级状变化过程的复杂情况，则需要给出平衡状态 y_e 的具体表达式，本文针对不同问题给出的 y_e 表达式基本能够代表具体对象的特点和规律。此外，本文建立的基本模型认为 β 是一个常数，实际中 β 可能也是状态变量的函数，这种情形还有待进一步研究。

参考文献

冯普林，梁志勇，黄金池，等. 2005. 黄河下游河槽形态演变与水沙关系研究. 泥沙研究，（2）：66-74.

李凌云，吴保生. 2010. 渭河下游平滩流量的预测. 清华大学学报（自然科学版），50(6)：852-856.

李凌云，吴保生. 2011. 平滩流量滞后响应模型的改进. 泥沙研究，（2）：21-26.

李凌云，吴保生，侯素珍. 2011. 滞后响应模型在黄河内蒙古河段的应用. 水力发电学报，30（1）：70-77.

梁志勇，杨丽丰，冯普林. 2005. 黄河下游平滩河槽形态与水沙搭配之关系. 水力发电学报，24（6）：68-71.

林秀芝，田勇，伊晓燕，等. 2005. 渭河下游平滩流量变化对来水来沙的响应. 泥沙研究，（5）：1-4.

刘月兰. 2004. 小江调水济渭对渭河下游减淤作用分析. 郑州：黄河水利科学研究院.

钱宁，张仁，周志德. 1987. 河床演变学. 北京：科学出版社.

钱意颖，吴知，朱粹侠. 1972. 关于在多沙河流上修建水库保持有效库容的初步分析// 水库泥沙报告汇编. 黄河水库泥沙观测研究成果交流会：102-111.

王兴奎，邵学军，王光谦，等. 2004. 河流动力学. 北京：科学出版社.

吴保生. 2008a. 冲积河流河床演变的滞后响应模型—Ⅰ模型建立. 泥沙研究，（6）：1-7.

吴保生. 2008b. 冲积河流河床演变的滞后响应模型—Ⅱ模型应用. 泥沙研究，（6）：30-37.

吴保生. 2008c. 冲积河流平滩流量的滞后响应模型. 水利学报，39（6）：680-687.

吴保生，邓玥. 2005. 三门峡水库河床纵剖面的调整变化. 水利学报，36（5）：549-554.

吴保生，游涛. 2008. 水库泥沙淤积滞后响应的理论模型. 水利学报，39（5）：627-632.

吴保生，夏军强，王兆印. 2006. 三门峡水库淤积及潼关高程的滞后响应. 泥沙研究，（1）：9-16.

吴保生，夏军强，张原锋. 2007. 黄河下游平滩流量对来水来沙变化的响应. 水利学报，

38（7）：886-892.

吴保生，张原峰，夏军强. 2008. 黄河下游高村站平滩面积变化分析. 泥沙研究，（2）：34-40.

张原锋，姜乃迁，侯素珍. 2005. 潼关高程影响因素及下降幅度探讨. 泥沙研究，（1）：40-45.

Brunsden D. 1980. Applicable models of long term landform evolution. Zeitschrift Für Geomorphologie，Supplement，36：16-26.

Graf W L. 1977. The rate law in fluvial geomorphology. American Journal of Science，277（2）：178-191.

Knighton D. 1996. Fluvial forms and processes. New York：John Wiley & Sons，Inc.

Leopold L B，Langbein W B. 1962. The concept of entropy in landscape evolution，U.S. Geological Survey Professional Paper 500A.

Simon A，Klimetz D. 2012. Analysis of long-term sediment loadings from the upper North Fork Toutle River system，Mount St. Helens，Washington.U.S. Department of Agriculture，Agricultural Research Science，National Sedimentation Laboratory Technical Report Number 77. Portland，OR.

Wang G Q，Wu B S，Wang Z Y. 2005. Sedimentation problems and management strategies of Sanmenxia Reservoir，Yellow River，China. Water Resources Research，41(9)：1-17.

Wang Z Y，Wu B S，Wang G Q. 2007. Fluvial processes and morphological response in the Yellow and Weihe Rivers to Closure and Operation of Sanmenxia Dam. Geomorphology，91(1-2)：65-79.

Wu B S，Li L Y. 2011. Delayed response model for bankfull discharge predictions in the Yellow River. International Journal of Sediment Research，26（4）：1-12.

Wu B S，Wang G Q，Wang Z Y，et al. 2004. Effect of changes in flow runoff on the elevation of Tongguan in sanmenxia reservoir. Chinese Science Bulletin，49(15)：1658-1664.

Wu B S，Wang G Q，Xia J Q. 2007. Case study：delayed sedimentation response to inflow and operations at Sanmenxia Dam. Journal of Hydraulic Engineering，133（5）：482-494.

Wu B S，Wang G Q，Xia J Q，et al. 2008a. Response of bankfull discharge to discharge and sediment load in the Lower Yellow River. Geomorphology，100（3-4）：366-376.

Wu B S，Xia J Q，Fu X D，et al. 2008b. Effect of altered flow regime on bankfull area of the Lower Yellow River，China. Earth Surface Processes and Landforms，33（10）：1585-1601.

Wu B S，Zheng S，Thorne C A. 2012. general framework for using the rate law to simulate morphological response to disturbance in the fluvial system. Progress in Physical Geography，36(5)：575-597.

第五篇　环境水利学

导读　环境水利学是研究水资源开发利用与生态环境之间相互关系的科学。研究目标是使水资源的开发利用和治理保护与生态环境保护相互协调，达到兴水利、除水害和改善水环境和生态条件的目的。本章共有五篇论文，前三篇主要介绍剧烈人类活动给长江流域河流水动力条件和生态环境带来的不利影响和修复策略。论文内容包括长江生态环境主要问题与修复重点、长江上游水电梯级开发的水域生态（尤其是特有鱼类）保护及长江与洞庭湖关系演变与调控措施。后两篇论文分别介绍下游河流与河口地区河网水质模拟和闸坝群联合优化调度及肠道病原微生物在水体中的输移机理的研究进展。

当前长江生态环境主要问题与修复重点

周建军，张　曼

（清华大学水沙科学与水利水电工程国家重点实验室，北京 100084）

摘　要：几十年来长江流域治理开发取得了巨大成绩，也对河流造成了不容忽视的趋势性改变，生态环境问题十分突出。长江经济带建设共抓大保护和把生态环境修复作为压倒性任务已经明确，但是，对长江生态环境主要问题当前认识还很不统一。本文认为流域污染增加必须引起高度重视并对其进行切实控制，但是，当前生态环境状态主要是由大型水利水电工程等人类活动改变河流自然属性、降低环境容量造成的。作为长江保护的紧要步骤，生态环境修复必须抓住重点，更要避免造成新的破坏。当前应该主要针对大坝等工程及其运行造成河流生境和人类严重不能适应的重大改变，坚持集约发展、保护和自然修复优先原则，以非结构措施为主，通过调整规划、优化管理和必要技术手段尽量恢复生态水文条件、生态功能和增加环境容量。作者提出五个具体修复措施和一个管理方式建议。

关键词：生态环境；修复重点；水利水电工程；长江

On the Priority of the Current Yangtze River Restoration

Jianjun Zhou , Man Zhang

（State Key Laboratory Hydro science and Engineering, Tsinghua University, Beijing 100084）

Abstract：A greatly achieved hydropower exploitation in the Yangtze valley has also brought about negative effects indispensably and regularly on the river's ecosystem. River

---

通信作者：周建军（1960—），E-mail：zhoujj@mail. tsinghua.edu.cn。

preservation and ecosystem restoration have been set as predominate targets in the ongoing Yangtze River economic belt strategy by the government. However, disagreements on the main causes and critical violence that degenerated the ecosystem still exist among different sectors and stakeholders. In the present paper, based on a comprehensive analysis of observations, we argue that the current environmental and ecological status is mainly caused by the crowded mega-hydropower projects that altered the river's hydrological regimens and degenerated the environmental capacity, therefore we still firmly believe that a strict control of pollutant discharge should be listed as a basic task. As anurgent task, the negative effects of dams on the river water system, for example, the variations in runoff patterns, sediment and nutrient fluxes, thermal regimens and the degeneration of river morphologic should be restored. We suggest that the restoration mainly should make use of natural and ecologic capacities, regulate by non-structural measures and modify management strategy through optimizing of the plans made in the past. Here, we emphasis the importance of avoiding the kind of restorations by physical structures. Finally, we conclude the paper with providing 5 counter measures.

Key Words: Eco environmental problems, primary restoration, hydropower, the Yangtze River

1 引言

"长江经济带"是国家重点发展战略，是我国经济发展前沿与纵深协调发展的重要步骤。由于流域经济社会水平与资源环境压力分布具有明显的一致性，河流上下发展与保护矛盾突出。习近平总书记提出长江经济带生态优先、绿色发展，把修复长江生态环境摆在压倒性位置，共抓大保护，不搞大开发。这是转变发展理念、协调流域发展、提高保护地位和生态文明建设的具体体现，是长江经济带发展的指导原则。

然而，长江是一个巨复杂系统，流域开发与保护在认识上还存在很大模糊空间。如何看待流域开发的生态环境效应？当前长江生态环境状况的主要原因和修复重点是什么？"不搞大开发"下长江经济如何发展？正确认识这些问题对落实中央精神、顺利推进长江经济带建设意义重大。本文针对当前长江主要生态环境问题和最迫切的修复重点谈些粗浅认识。

2 长江开发及造成的问题

长江是世界第三大河，是中华民族的母亲河。起源于 1.5 亿年前古地中海域，在喜马拉雅强烈隆起、四川盆地夷平、巫山下切和云梦泽沉陷等大型地质过程共同作用下，一统横断山脉以东所有水系、以近万亿立方米水量出东海，河流泥沙塑造了荆北、洞庭、中下游冲积平原和上海。巨大水资源支撑着流域生产、生活与生态环境，与得天独厚的温带季风气候完美结合造就了全球生产力水平最高流域之一的地位。同时，人与自然共同作用、特殊地质演化环境和巨大人口压力决定了长江严重的洪水等灾害形势。荆江洪水高出地面 18m，1860 年以来多次特大洪水造就了今天中游河湖格局和洞庭湖主要受长江控制，大片土地在洪水的威胁之下。1931 年、1935 年、1949 年、1954 年和 1998 年特大洪水都对流域造成巨大破坏和损失。民族生息繁衍与发展要求决定了必须治理开发长江。

迄今，长江流域水坝近 52000 座、总库容超过 4000 亿 m³，水电站 19426 座、装机容量超过 1.9 亿 kW，其中上游水坝 13000 多座、库容 1590 亿 m³。三峡等工程显著提高了中下游防洪能力，在流域防洪体系中发挥着不可替代作用。上游水库还提高了流域供水能力，促进了农业发展、更大程度保障了不断增长的城市用水；三峡工程显著改善了长江航道，万吨船队直达重庆使西南经济板块与东部发展龙头更紧密连接；水力发电不仅缓解了东部乃至全国不断增加的用电约束、提高了我国清洁能源比例，更推动我国工程建设能力及大型装备制造走向国际高端。三峡工程是世界最大水利枢纽，哺育着 4.3 亿人口的长江是世界大河流域经济社会最发达区域之一。长江流域治理开发是长江经济带建设的前提。

当然，事物发展都是辩证和矛盾的。长江流域治理开发也带来了很多问题。长江已是全球在人口密集区域建坝最多的大型流域。三峡水库位于 1.6 亿人口下游，下游 2 亿多人和百万平方千米区域在巨型梯级人工水体控制之下，全球罕见。众多水利水电工程建设，特别是粗放和以电为主的运行方式，使流域生态环境出现了一些不容忽视的改变甚至是趋势性变化。主要问题表现在：河川径流减少、过程改变，中下游河道水位降低、伏秋径流干旱加剧；河流泥沙锐减，河道冲刷剧烈，营养物质和结构明显改变；水库集热和温滞效应严重，水温春夏降低、冬春升高且显著高于气温，影响河流生境和生产力；江湖关系改变，湖区水量减少、面积缩小、干旱；水生生物种群和数量急剧减少、珍稀物种灭绝；水域形态改变，环境容量降低、水华风险增大；中游防洪风险仍然很大等（九三中央，2015）。

长江流域治理开发成绩巨大，造成的生态环境问题也非常突出。当前环境问题和生态风险已经开始影响以长江为主要水源的一些地区经济发展（如上海）（Gleick，2008；曾刚，2014）。与沿海开发比较，沿江发展最大不同是上下游之间生态环境相互制约。我们过去对河流保护重视相对不够，解决现有问题难度已经较大，新开发会进一步增加环境压力。然而，大坝生态环境效应是当前世界性科学难题。因此，"不搞大开发"是当前的理性选择，发展必须全流域协调、符合生态环境保护要求。

3　长江生态环境状况

当前长江生态环境状况可通过四个方面反映：①鱼是水域生态环境状况的重要标志。十余年来，长江整体鱼获量比 1996～2000 年平均减少 41%（国家环保部，1996～2014），中下游鱼类种群和数量大幅减少，白鳍豚灭绝（Turvey et al.，2007）、实测"四大家鱼"鱼苗通量比 20 世纪 80 年代减少97%，江豚减少 75%以上（Zhou et al.，2015）；②长三角是我国经济重要板块，而附近海域已是我国沿海水质最差区域。2013 年长江出海化学需氧（COD）626.5 万 t（国家海洋局，2013）、长江口、东海近岸和杭州湾附近劣Ⅳ类水质比例分别占 63%、49.5%和 100%（国家环保部，2013）；③上海是长江经济发展龙头，用水依靠长江，水安全意义重大，然而，上海水源受咸水影响越来越大，水库调蓄和跨流域调水等使其水源面临不断增加的不可靠性和风险威胁（Webber et al.，2015），秋季盐水入侵对上海水质威胁也越来越大；④鄱阳湖等通江湖泊汛后提前进入枯水季节，强烈的伏秋高温对河湖生态系统的迫胁很大。长江生态环境状况正在趋于恶化。

河流环境状况主要决定于污染和环境容量，生态系统是决定河流环境容量的基础（Ligon et al.，1995）。由非生物条件和复杂生物结构组成的河流生命体系需要一定的物质和能量支撑、健康河流具备一定承载能力，污染过高或承载能力降低都会使其环境状况恶化，污染与环境容量或生态系统状况共同决定了河流的环境状况。

3.1　长江的污染状况

长江是由海相河源与强烈地质演化形成的，在大河流域中人口最多、发展水平很高，自然和人类活动造成泥沙、营养盐和污染物背景值都比较高。

三十多年快速发展，粗放管理大幅度增加了河流污染。根据长江流域综合规划（长江水利委员会，2010），2007 年入河 COD、氨氮、总氮、总磷分别 612.2 万 t、61.5 万 t、233.4 万 t 和 32 万 t，全流域废污水 257 亿 t，超过 20 世纪 80 年代一倍以上，2014 年废污水更增加到 334 亿 t，加上养殖和农业面源污染等，实际污染负荷更大。但另一方面，长江干流水质总体状况良好，三峡蓄水以来，中下游水质指标没有明显变差。宜昌断面下泄水质总体上处于优良水平（国家环保部，2013）。污染物质监测结果（Müller et al.，2008，2012）显示，三峡蓄水以来，长江进入中下游碳、氨氮和 DIP 占河流总量比例很小、溶解示踪物质与 2000 年世界河流平均水平和欧盟标准相当；2009～2010 年大通断面除 Na、Cl、SO_2^{4+} 和一些示踪物质外，碳（DIC）还略低于过去、TP 大幅度减少，DIN 增加较多但增速低于过去、更低于氮肥用量增速。中下游水体总体污染程度表明污染排放增加不应该是造成鱼类锐减和河湖生态环境发生如此大变化的主要原因。

水质指标改善主要是因为上游水库淤积和湖泊效应大量过滤将污染物扣留在水库底泥中。长远发展下去，可能会导致巨大的河流内源污染，因此必须高度重视。

3.2 长江上游水利水电工程的作用

大坝截断河流通道和改变物质通量。三峡等大型水库蓄水改变了进入长江中下游水量及径流过程及泥沙、营养和水温等水文通量，因此带来系列变化，改变了中下游河流地貌和江湖关系等自然属性。大型工程对长江生态环境的作用必须考虑。

2003 年以来中下游干流径流减少、过程改变和水位降低。2003～2014 年，宜昌、汉口和大通断面平均水量比 1951～1990 年长系列水量分别减少 570 亿 m³、450 亿 m³ 和 760 亿 m³，减少主要集中在伏秋季节。2008～2014 年 9 月～11 月宜昌水量减少 422 亿 m³；同期，宜昌、沙市、城陵矶、汉口、湖口和大通水位最大降幅 4.0m、3.4m、2.2m、2.7m、3.0m 和 2.2m；2008～2013 年夏、枯期经松滋口等进入洞庭湖水量平均比 1993～2002 年分别减小 22.8%和 48.3%。过去宜昌每百年出现三次的径流干旱情景，如今变成每百年 20 次、成为常态。三峡水库汛后平均蓄水 140 亿 m³ 直接导致洞庭、鄱阳湖持水量减少 60 亿～80 亿 m³。河道冲刷和水库调节等降低干流水位直接导致两湖水面分别减小 470km² 和 1100km²（两湖少于 10%天数的高水湖面 2500km² 和 3100km²）。河流水位降低使两湖相对升高、江湖关系改变。每年 9～10 月份中下游仍处于高温季节（平均 18～25℃以上），滩地大量出水、连通性降低、地下水位降低和两湖持水量减少对周边植被和水生物会产生的致命影响。枯季入湖水量减少不但影响生产和生活用水，而且还会抬高水域污染浓度。大坝改变河湖水情、面貌，生境和区域环境状况等生态系统根本物理状况，水生态系统完整性很难得到保持（Ligon et al.，1995）。

水温是水域生态系统的主要能量指标和水生生物重要的气候条件。气温、季风与太平洋暖湿气流协调，降雨、径流与热能高度同步造就了长江流域很高的生产力和环境容量。上游建坝后，水库调蓄使中游径流过程提前、水温过程滞后，水热相位错位 2～3 月份。这是水库对流域条件最大的改变之一。2009～2014 年与 2003 年前比较，宜昌断面春末（3～5 月份）水温降低（最大 4.7℃），秋冬和初春（10 月～次年 2 月）升高（最大 4.4℃）、库区和宜昌水温超过气温 10～13℃，热水影响范围超过汉口。水温变化直接影响"四大家鱼"和中华鲟等产卵等的生理节奏。春季低温还会影响下游引江灌溉的夏收作物产量。在伏秋河流和地下水位降低的同时，三峡持续下泄热水还加大中游蒸散发、影响土壤墒情，加大春旱发生概率。而且，水温与水环境容量直接相关，10～15℃自然水体饱和溶解氧 10～11mg/L，水温升高降低饱和溶解氧 [−0.283mg/（L•℃）]。估计冬季水温升高会降低三峡下泄水体饱和溶解氧 1.2mg/L、库区水体溶解氧低于正常水平 3mg/L 左右。长江人类活动添加 CODcr 和 BOD5 平均浓度大约为 5mg/L 和 1.6mg/L，上述温升产生的减氧效果可与 COD 同数量级、BOD 相当，很大程度上等同于增加污染，对生态环境将产生深远影响。金沙江干热河谷大型水库进一步蓄水后，滇东高热区加热后的水体进入相对低温、低热的三峡库区和长江中游，水库群集、滞和叠热效应将更严重。像长江这种跨气候区大型水库群全球罕见，水库热效应及其生态环境作用研究甚少。

泥沙是冲积河流的主要属性，是河流营养等物质的重要载体，泥沙和营养都是河湖及近海生态系统的重要支撑条件。2003～2014 年与三峡设计资料比较，宜昌和出海沙量平均减少 91% 和 70%，中下游变成了清水河流；上游更多水库接力拦截，中下游泥沙还会剧烈减少，这种状况将超过百年。2002～2014 年，宜昌至湖口河道冲刷 15.4 亿 m³、荆江河床平均降低 2.11m、最大冲深达 20m。冲刷直接威胁堤防安全。冲刷下切后，洞庭湖分洪和湖区调节作用降低，同洪水下荆江流量增加、同流量下荆江水位抬高，加上 1998～1999 年城陵矶洪水位已比三峡工程设计值抬高 1.8m，三峡工程建成后长江中游仍面临严重洪水压力（周建军，2010a，2010b）。同时，冲刷使中小流量期间水位降低、洞庭湖相对升高，加上枯季入湖水量减少，湖区面貌发生了很大改变。从河流动力学角度看，荆江与洞庭湖是一个并联通道系统，荆江冲刷会加剧干流水位降低、洞庭湖分流减少和荆江进一步冲刷，其结局或可能改变中游河型与江湖格局（当前下荆江八姓洲就正在面临巨大改变），这是严重风险。

此外，泥沙淤积还将影响河流营养。长江磷主要来自上游、与泥沙颗粒亲和度很高、主要搭载泥沙输运。三峡水库蓄水以来，进入下游磷通量已减少 75%，非汛期比例更大（Zhou et al.，2013）。而河流氮循环与泥沙关系微弱（Zhou et al.，2015）。实测资料显示下游近年磷剧烈减少，氮却几乎不受影响（Müller et al.，2008，2012），上游水库会对河流营养构成选择性拦截。20 世纪 70 年代初，多瑙河上游铁门大坝拦截硅，造成下游藻类分选和有害藻增加、黑海生态都受到严重影响（Humborg et al.，1997）。考虑到长江是磷限制水生物系统（Zhang et al.，1999），水库高度分选拦截营养盐后果亟待关注。此外，泥沙和营养改变还有更多影响，例如，水体透明度显著提高后，鱼类食物、捕食关系和繁衍条件改变或造成更大范围的生物选择性淘汰；水体藻类光合作用加强或促水华发生；河流泥沙对污染和营养物缓冲机制丧失会使高污染与贫营养并存、水体脆弱性加大（Zhou et al.，2015）；生物可利用限制性营养物质减少相对抬高了已很高并持续增加的碳氮水平等。长江口水质条件差、东海赤潮和危险物种出现或与此相关（Müller et al.，2012；国家环保部，2013；国家海洋局，2013）。

当前，三峡等水库大量拦截和过滤污染，显著缓解了中下游污染压力，但库区污染累积潜在风险很大。资料显示，三峡水库内部差于Ⅲ类水质的比例较大（万县-奉节 2011 年、2012 年每年两月，支流Ⅰ—Ⅲ类比例低于 50%）。湖库底泥污染是在水污染防治中最难应对的问题，滇池、太湖和波罗的海都是前车之鉴。波罗的海面积比三峡水库大 300 多倍，1950～2000 年沿岸国家注入了 2000 万 t 氮和 200 万 t 磷，尽管东欧解体后污染负荷已大幅度降低，但近 10 年来平均每年仍有 6 万 km² 缺氧和蓝藻水华泛滥（Conley，2012）。按长江上游淤积速率推算，20～30 年后水库扣押生物可利用磷将远超过波罗的海。在缺氧库底淤泥环境下，铁化磷和颗粒吸附磷等都会大量释放变成污染源（Boström，1988）。而且与湖泊相比，水库巨大的淤泥量、污染积累强度和可动性可能使其危害和处理难度更大。而且，当前三峡水库干流水质是按河流标准评价结果，实际上其总磷和总氮指标已接近太湖，藻密度增加很大。2014 年实测秭归-奉节 150 km 库段深水区已经缺氧（DO<3mg/L）（李哲，2015），库区支流连年发生水华。上游金沙江水库更将使三峡变清、变暖，水库调节方式决定了会将全年污染负荷和底泥释放集中在短期（Zhou et al.，2015）。今后，三峡干流库区爆发水华和水库向污染源转化可能性很大，河流内源污染对下游生态环境威胁更大。长江是世界级大河，大型水库爆发水华将是灾难，必须采取措施尽早化解三峡等水库富营养和内源污染风险。

4　长江生态环境修复重点

水量减少、水质污染、生物退化和环境容量降低是全球河流面临的共同问题，当前全球河流多受大坝和水库调节影响（Vörösmarty and Sahagian，2000；Vörösmarty et al.，2003；Nilsson et al.，2005）。开发与保护是水利工作的两个基本方面，但两者存在矛盾。现在河流保护正在成为共识（Boon et al.，2000），人与河流和谐共处是我国水利发展方向（钱正英，2004）。我们看到长江开发已取得很大成绩的同时必须高度关注长江严重的生态环境问题，河流保护刻不容缓。河流保护要从源头开始，必须提高资源利用效率、控制污染排放和保护流域自然属性，而修复只是针对过去保护不利的补救保护手段。

即使如此，大流域修复仍是一个巨系统工程，成功先例不多，经济社会代价很大，必须抓住重点。长江生态环境状况受污染增加和大坝等工程影响，抓住主要矛盾十分重要。大量污染物进入长江肯定是造成生态环境恶化的重要原因，必须对其严格控制，这是长江保护要高度重视一方面。但是，就长江主体而言（不含小支流和局部水体），大坝等人类活动造成的改变使长江生态系统失衡、退化和环境容量降低是造成当前问题更重要的原因。提高河流环境容量应该是当前和今后相当长时期内长江生态环境修复的主要方面。

同时，变化是事物发展的必然趋势，不是所有的变化都需要修复。对人类活动带来的剧烈变化也要具体问题具体分析，修复必须抓住重点和尽量借助自然力量。都江堰和尼罗河口就是典型例子。都江堰凿穿离堆，引岷江入川造就天府之国，这是古代水利经典之作。但宝瓶口和飞沙堰"四六分水"却彻底改变了岷江，河床堆积和干涸显著改变了下游生态环境。但当时人烟稀少、经济社会对这一变化并不十分敏感，没有成为重大生态环境问题，而千百年自然修复却再造了一个新的生态系统。埃及阿斯旺高坝使下游水沙剧烈减少、河流彻底改变，这是世界水坝建设的经典教训。1965 年阿斯旺水库蓄水后，下游地中海河口区鱼获量锐减 86%、连续 15～20 年沦为不产之地。然而，水库供水使尼罗河三角洲人口增加和农业发展，城市污水和化肥面源污染逐步弥补了自然尼罗河带来的营养物质，1985 年后河口生态逐渐好转、鱼产量戏剧性恢复（Nixon，2003）。因此，河流修复应该主要针对人类活动产生的强不稳定性改变进行疏解和调整。这种不稳定性改变包括河流体系、生境和人类社会设施和正常生活严重不适应的变化，特别是那些正反馈驱动性（如荆江冲刷）变化。同时，还必须注意到，修复是人为措施，也受认识限制且具有风险，千万不能因修复造成新的破坏。河流修复必须以保护、集约和自然优先，必须坚持非结构措施为主。当前，长江生态环境修复应重点针对大坝等造成的重大改变，通过调整规划、优化管理和必要技术手段尽量恢复生态功能、提高环境容量。

5　关于长江生态环境修复的几个具体建议

长江生态环境修复必须根据习总书记重庆讲话和中央审议《长江经济带发展规划纲要》确定的发展理念全面规划。针对前述具体生态环境问题，本文建议以生态水文过程和生境条件修复为主（水生生物保护还需更多措施），根据已有研究提出六个方面具体建议。

5.1　以"水资源工程"重新定位上游大型水电工程、修复河流水文过程

当前，流域大型水利水电工程主要按水电站定位，除规定防洪抗旱任务外，电力企业根据电网要求调度。"水资源工程"定位就是要求水库以流域整体水资源最优为运行目标。初步建议 10 天以上运行由国家统一管理，电力企业遵从该原则调度。

上述定位下，金沙江中上游、雅砻江和大渡河水库汛期改为蓄水蓄能为主；金沙江下游四大水库主汛期（7 月份）降低汛限水位、相机拦洪和提前蓄水；三峡工程严格执行既定防洪职责，优化调度努力提高防洪能力，增加下泄安全洪水机会以维护中下游河道行洪能力；主汛期后流域水库提前蓄水、减少秋季蓄水量；非汛期按总水量最大目标调度水库。按上述目标优化可增加宜昌断面非汛期水量 700 亿 m^3，天然径流季节得到基本维持，总发电

量略低但枯期电量显著增加、效益更高（周建军和曹广晶，2009a，2009b）。以水优先优化调度是纠正当前枯水季节提前，维持自然水生生物生长水文条件和降低区域干旱风险的重要途径。

5.2 "水库挖泥"消除淤积，修复河流物质通量

通过水库挖泥，将淤积泥沙和污染物逐步转移到下游，是消除内源污染、修复下游河流物质通量及促进水利工程长期利用的最根本和积极的途径。河道型水库泥沙淤积具有明显分选特征（周建军等，2011），在水库回水末段挖粗沙可大幅降低水库平衡淤积（周建军等，2010）、这种粗沙同时对抑制下游冲刷具有关键作用（周建军和张曼，2014），而在深水库段的淤泥富含磷等营养物质（污染物）（Zhou et al.，2015）。在水库选择性挖泥可大大降低工程量、提高修复效率和节约费用。计算表明，每年向长江中下游补充4000万～5000万 t 粗沙和淤泥可基本抑制荆江冲刷并有效恢复枯季下游河流营养和浑浊特性。当前，挖泥技术已完全能适应水库大规模疏浚要求，成本也在可接受范围内（曹慧群和周建军，2011），采取高效措施逐年清除淤积的代价只占水电直接收入极少部分，完全可行。

荆江冲刷是一个不稳定的正反馈作用，江湖关系若彻底改变对防洪、航运、河湖水资源与生态环境状况都具有严重不利影响，甚至危及长江中游整体安全，是一个全局性问题。从更长远和全面角度来看，为了流域可持续发展，国家应立法要求水电建设必须平衡河流泥沙通量。修复河流泥沙通量对保护河流底质微生物环境、水体浑浊度、营养结构等水生生物生长环境条件等都非常重要（Ligon et al.，1995）。

5.3 增加"引清水入洞庭"，提高洞庭湖环境容量

荆江松滋等三口分流是维持现代洞庭湖生态环境的重要条件，其中松滋口分流量最大。几十年来，三口分流规模已从 1350 亿 m³/年萎缩到 480 亿 m³/年，荆江冲刷和干流水位降低还将加速三口萎缩。分流减少严重影响洞庭湖生态环境、加剧荆江冲刷和中游防洪压力。三峡下泄清水为恢复松滋口分流创造了条件（不像过去一样泥沙淤积湖区）。通过口门开挖和松滋河整治将三口分流能力恢复到 1000 亿 m³/a，同时考虑到湖区防洪要求，在口门建闸控制形成防洪调节机制（林秉南和周建军，2003）。

这是改善"江湖关系"关键措施，是完全可控并能适时调整的机制。一

方面"釜底抽薪"减少荆江"清水"冲刷、抑制河道下切和维护河湖稳定；另一方面可显著增加洞庭湖水资源、改善湖区（特别是西洞庭）环境面貌和环境质量。通过闸门控制，用三峡、洞庭湖和荆江构成一个新的调节机制，增加湖区水资源、同时降低江湖防洪风险和维护中游通航条件。这一措施有利于长期维持中游河湖稳定格局、保护湖区生态环境功能和长江生境多样性等。与前一措施结合效果将更显著。

5.4　加强中下游河道维护和分蓄洪区建设，提高防洪能力

"蓄泄兼筹、以泄为主"是长江防洪方针、河道水位是决定中下游河湖环境面貌和防洪的根本条件。目前三峡规划采用的城陵矶洪水位已低于 1998 年实际同流量水位 1.8m，2003 年以来干流长期不过设计洪水、河道泄洪能力还在降低，三峡规划要求的中游蓄洪区规模远未完成。同时，清水冲刷与水库调节更显著降低了一般时期河道水位。当前再遇 1954 年洪水，中游防洪风险仍然很大（周建军，2010a），近期中游河道变化对防洪与生态环境都不利。因此，河道和堤防维护、分蓄洪区建设、维持泄洪能力是保障中游安全的紧急任务。

这方面工作包括（周建军，2010b）：①减少三峡对洪水的调节程度、增加中游过设计洪水机会；②抓紧落实规划要求的中游分蓄洪区规模、确保大洪水期间荆江等分蓄洪区可正常使用；③提高城陵矶设计水位，结合增加荆江分洪和簰洲湾整治等措施提高中游泄洪能力。目前一个重要问题是必须摒弃用三峡工程拦中小洪水的错误做法。

分蓄洪区建设和运用受人口压力制约严重，难度很大，建议通过改革分蓄洪区发展方式、走现代农业和风险分担之路（周建军，2004）。簰洲湾整治建议采用裁弯与建闸结合，正常期尽量用原河道过流、大洪水期相机开闸泄洪方式，增加中游泄洪能力（周建军，2010b）。牌洲湾整治后，不再过大洪水的原河湾会适当萎缩，抬高非洪水时期城陵矶和洞庭湖水位，这对维持洞庭湖水面、湿地和生境十分重要。

5.5　以"调峰调能"定位梯级发电，促新能源开发、降水库热效应

目前，我国水电主要提供基本电力，抽水蓄能容量很低，电网大量波动负荷主要依靠火电调节，而水电优越的调节能力没能得到高效利用。波动电

源吸收能力很低，严重限制着风、光等新能源开发利用。长江上游水电站群装机容量大、梯级水库反调节能力很强、特高压输电技术和我国超大电网等条件决定了梯级水电可以在负荷调节和波动电源吸纳（调峰调能）发挥很大作用（Tang and Zhou，2012）。以"调峰调能"优化长江上游梯级水电利用方式，大幅度参与电网调峰并帮助不稳定风、光等电源入网，对改善我国能源结构具有重大意义，也是当前水电转型和通向可持续发展的一个重要方向。长江上游云南、西藏和贵州西部是光伏强度很高区域［平均 1700kW·h/（m² · a）］，开发利用程度极低，梯级水电按"调峰调能"与太阳能光电捆绑发展具有很大潜能。将向家坝改成反调节水库，金沙江以上主要水电站都可"调峰调能"，长江上游已规划建设的近 2 亿 kW 水电装机（必要时还可扩大）可带动巨大规模的光电入网。建议首先利用金沙江干热河谷水库水面建太阳能电厂。金沙江中下游和雅砻江下游超过 1000km² 大型水库水面是大规模布局光伏或光热电厂最优越的现成空间。光电通过水电站调节后，共用传输设施向电网供电、可确保电力稳定。初步估算，按 0.21 转换系数（朱棣文，2015），仅此可增加约 4 个三峡发电量。考虑到梯级水电调节、高辐射区、特高压传输和节约场地等方面的优势，大力高效开发西南太阳能资源具有非常重要的发展前景，同时这样可以大幅度降低水利工程的环境影响。

这是一个集能源、水和环境改善为一体的集约发展模式。以水电为龙头推进新能源发展，可使我国能源结构和环境状况都得到改善，可为"不搞大开发"后长江上游和西部其他地区带来可观的经济来源。而且，这是国家绿色发展动力，可大幅提高我国清洁能源比例、降低电煤和东部负荷高峰区火电调峰量、促进节能减排和大气环境改善。对长江生态环境而言，通过水面太阳能集热板遮挡可显著降低水库集热，降低上游水库群对下游水库与河流温热节律影响。水电站"调峰调能"还可增加水库水面波动，加强水流交换，减少支流和库湾"水华"（周建军，2005）。

5.6 改革水电利益分配机制，确保生态保护和绿色发展的资金来源

水利水电工程在防洪、发电、航运、供水等方面产生了巨大经济和社会效益。但是，工程收益一般只能直接体现在发电一个方面，而且网电价严重低于实际价值。水利水电工程价值被严重低估，不利于河流生态环境保护，应该改革水电利益分配机制（九三中央，2015）。建议除工程建设、维护、

企业正常运转和常规发展等必须支出外，水电的直接收入（上网电价收入）主要用于流域绿色发展和河流保护。包括上游水源区和库区产业优化、移民保障、污水处理、生态补偿、环境修复与物种保护等。我国长期生态环境保护等不能主要依靠政府拨款，稳定与可持续的投入机制是保障长江生态环境修复与保护的根本。

6 结论

本文主要讨论了长江流域生态环境的主要问题与修复重点。长江治理开发取得了巨大成绩，河流生态环境状况也已到了必须修复的程度。长江污染增加很快，这是造成当前河流生态环境状况的重要原因，必须高度重视、切实加以控制。但是，由于上游水库淤积和过滤等作用，中下游水质指标并没有发生本质改变。同时，我们还需要高度重视污染物在大型水库中长期累积和长远生态环境问题。另一方面，由于大量建坝，隔断和水库调蓄改变了河川径流及过程、河湖水情和江湖关系变化很大，水库和下游河流水温、河流泥沙和营养物质通量与结构变化很大，水文条件变化改变了河湖面貌、生境等多方面自然属性，降低了环境容量，这是造成当前生态环境问题的主要原因。

因此，长江生态环境修复必须抓住重点。重点需要针对大坝等工程及其运行造成的重大改变，坚持集约发展、保护和自然修复优先原则，以非结构措施修复为主避免因修复造成新的破坏。主要修复方向应该是通过规划调整、管理优化和必要的技术手段尽量恢复生态水文条件、提高河湖生态功能和环境容量，最大限度发挥河流自然自净能力。最后提出六个方面具体建议供研究参考。

参考文献

曹慧群，周建军. 2011. 我国水利清淤疏浚的发展与展望. 泥沙研究，（5）:67-72.

国家海洋局. 2013. 2013 年中国海洋环境状况公报. http://www.soa.gov.cn/zwgk/hygb/.

国家环保部. 1996-2014. 长江三峡工程生态与环境监测公报. http://www.tgenviron.org/monbulletin/monjournal.html.

国家环保部. 2013. 中国环境状况公报. http://jcs.mep.gov.cn/hjzl/zkgb/.

九三中央. 2015. 长江上游水利水电工程对全流域生态环境影响调研报告.

李哲. 2015. 三峡水库 2014 年汛、枯期溶解氧分布测量结果. 中科院重庆绿色智能技术研究院三峡生态环境研究所（私人通讯）.

林秉南，周建军．2003．利用三峡枢纽下泄"清水"改善洞庭湖和荆江的防洪局面．三峡工程建设，（12）:4-6.

钱正英．2004．中国水利工作的新理念——人与自然和谐共处．河海大学学报，30（3）：243-247.

长江水利委员会．2010．长江流域综合规划，2010年9月．

周建军．2004．关注滩区等特殊"三农"问题．北京观察，（7）:30-31.

周建军．2005．关于三峡电厂日调节调度改善库区支流水质的探讨．科技导报，23（10）：8-12.

周建军．2010a．三峡工程建成后长江中游的防洪形势和解决方案Ⅰ．科技导报，28（22）：60-68.

周建军．2010b．三峡工程建成后长江中游的防洪形势和解决方案Ⅱ．科技导报，28（23）：46-55.

周建军，曹广晶．2009a．对长江上游水资源工程建设的研究与建议（Ⅰ）．科技导报，27（9）:48-56.

周建军，曹广晶．2009b．对长江上游水资源工程建设的研究与建议（Ⅱ）．科技导报，27（10）:43-51.

周建军，张曼．2014．大坝下游冲积河流修复与保护对策研究．长江科学院院报，（06）：113-122.

周建军，曹慧群，张曼．2010．三峡水库挖粗沙减淤研究．科技导报，28（9）：29-36.

周建军，张曼，曹慧群．2011．水库泥沙分选及淤积控制研究．中国科学：技术科学，41（6）:833-844.

曾刚．2014．长江经济带协同发展的基础与谋略．北京：经济科学出版社．

Boon P J, Davies B R, Geoffrey E P. 2000. Global Perspectives on River Conservation: Science, Policy and Practice. Chichester: Wiley.

Boström B, Andersen J M, Fleischer S, et al. 1988. Exchange of phosphorus across the sediment-water interface, in Phosphorus in Freshwater Ecosystems. Hydrobiologia, 170:229-244.

Chu S, Cui Y, Liu N. 2017. The path towards sustainable energy. Nature Materials, 16 (1): 16-22.

Conley D J. 2012. Ecology: Save the Baltic Sea. Nature, 486: 463-464.

Gleick P H. 2008. China and Water, Chapter 5 of the World's Water 2008-2009: The Biennial Report on Fresh Water Resources. Island Press.

Humborg C, Ittekkot V, Cociasu A et al. 1997. Effect of Danube river dams on Black Sea biogeochemistry and ecosystem structure. Nature, 386（27）: 385-388.

Ligon F K, Dietrich W E, Trush W J. 1995. Downstream ecological effects of dams. BioScience，45（3）:183-192.

Müller B M，Berg Z P，Yao X F, et al. 2008. How polluted is the Yangtze river？Water quality downstream from the Three Gorges Dam，Science of the total Environment:232-247.

Müller B，Berg M，Pernet-Coudrier B，et al. 2012. The geochemistry of the Yangtze River: Seasonality of concentrations and temporal trends of chemical loads，Global Biogeochem. Cycles，26，GB2028，doi:10.1029/2011GB004273.

Nilsson C，Reidy C A，Dynesius M，et al. 2005. Fragmentation and flow regulation of the world's large river systems. Science，308: 405-408.

Nixon S W. 2003. Replacing the Nile: Are anthropogenic nutrients providing the fertility once brought tothe mediterranean by a Great River? Ambio，32（1）: 30-39

Tang X，Zhou J. 2012. A future role for cascade hydropower in the electricity system of China. Energy Policy，(51): 358-363.

Turvey S T，Pitman R L，Taylor B L，et al. 2007. First human-caused extinction of a cetacean species? Biology Letters，3（5）:537-540.

Vörösmarty C J, Sahagian D. 2000. Anthropogenic disturbance of the terrestrial water cycle. BioScience，50（9）:753-765.

Vörösmarty C J，Meybeck M，Fekete B，et al. 2003. Anthropogenic sediment retention: major global impact from registered river impoundments. Global and Planetary Change，39（1）:169-190.

Webber M，Barnet J，Chen Z，et al. 2015.Constructing water shortages on a huge river: The Case of Shanghai，Geographical Research，53（4）:406-418.

Zhang J，Zhang Z，Liu S，et al. 1999. Human impacts on the large world rivers: Would the Changjiang（Yangtze River）be an illustration? Global Biogeochem Cycles，13（4）: 1099-1105.

Zhou J. Zhang M，Lu P. 2013. The effect of dams on phosphorus in the middle and lower Yangtze river. Water Resources Research，49（6）:3659-3669.

Zhou J，Zhang M，Lin B，et al. 2015. Lowland fluvial phosphorus altered by dams. Water Resources Research，51（4）:2211-2226.

长江上游水电梯级开发的水域生态保护问题

曹文宣

（中国科学院水生生物研究所，武汉 430072）

摘　要： 长江上游水电梯级开发形成的一个个高坝深水水库，显著改变了河流的自然状态，使上游特有鱼类的栖息生境在库区内消失。现已采取的救护措施，仅在水库之外的未建坝河流建立自然保护区是有效的，而向水库内放流人工繁殖的特有鱼类，在水库间修建鱼道、集运鱼船等过鱼设施，都不可能达到保护的目的。河流生态保护修复工程，可从已经修建高坝大库河流的支流着手。这些支流中本来就栖息有与其所汇入干流相同的特有鱼类，并可在河道内完成生活史过程。支流中已建的水电站绝大多数是引水式电站，使河道断断续续脱水干涸，对河流生态系统破坏性极大。对这些支流的生态保护修复，需要将整个水系内所有的电站大坝和引水式电站的设施全部拆除，恢复河道自然流态，建立自然保护区，让特有鱼类在其中正常繁衍。要健全生态补偿机制，将那些预计用于特有鱼类保护的经费用来建设支流保护区和渔民安置。对长江上游的水电梯级开发，也应在科学监测和深入研究的基础上，以珍稀水生动物生存安全和"四大家鱼"等重要渔业资源长盛不衰为前提，划出生态红线，确定开发的"度"。

关键词： 长江上游特有鱼类；水电梯级开发；生态保护修复；建立自然保护区；生态补偿；生态红线

通信作者：曹文宣（1934—），E-mail：wxcao@ihb.ac.cn。

Issues of Ecological Protection Facing Cascade Hydroelectric Dam Development in the Upper Reaches of the Yangtze River

Wenxuan Cao

(Institute of Hydrobiology, Chinese Academy of Sciences, Wuhan 430072)

Abstract: Cascade hydroelectric dam development has led to formation of high-dam reservoirs one by one in the upper reaches of the Yangtze River. The significant change in flow regime from the river to the reservoir consequently has resulted in the loss of habitats for endemic fish species in the dammed river. Among the conservation measures taken to date, only establishment of natural reserves in the undammed rivers beyond the reservoir are effective. Stocking of artificially bred fry or juveniles, building fish passage facilities such as fish passways, fish lifters, or fish collecting boats will not achieve the aims of conserving and protecting these fishes. On the contrary, it will be waste a large sum of money and no benefit will be gained from the efforts. Ecological protection could start in the tributaries of the river where dams have been built because these tributaries contain endemic fish species similar to those in the main portion of the river and the fish species can complete their life histories in the tributaries. Usually, in the tributaries, diversion type hydro-power stations have been constructed, which bring serious destruction to the river ecosystem because they cause the downstream river channel to run dry intermittently. To restore the tributaries as a foundation of natural protection areas, all dams, diversion pipes and water impoundments should be removed. This will help to restore the tributaries to their natural state and will enable them to support the survival and reproduction of the endemic fish species. To restore the damaged and disturbed tributaries, compensation for the ecological restoration should be implemented. The expenditure planned for construction of fish passages and the stocking of artificially bred fry and juveniles could be used instead for the building of natural reserves and arrangement of the ashore fishermen. Facing the current cascade hydroelectric dam development project along the upper reaches of the Yangtze River, we should define the ecological conservation redline to control the hydroelectric development intensity on the premise of survival of the rare aquatic animals and sustainability of the important fisheries resources such as the four major domesticated fishes in the Yangtze River.

Key Words: endemic fish species; cascade hydroelectric development; ecological protection and restoration; foundation of natural reserve; ecological compensation; ecological conservation redline

1 引言

长江是我国第一大河，水力资源十分丰富，主要分布在上游地区。长江宜昌以上干支流水力资源技术可开发量装机容量 22246 万 kW，年发电量 10677.3 亿 kW·h，分别占全流域总量的 86.8%和 89.9%，是"西电东送"的主要产电区。在 2012 年 12 月颁布的《长江流域综合利用规划》（2012～2030 年）中，上游的干流和主要支流都布置了若干水电站，像阶梯一样一个接着一个，建成后将形成一串串的水库。有的支流，特别是在一些二级和三级支流，现在已经大量修建了引水式电站，使原来的天然河道断断续续的脱水干涸。例如，岷江的脱水河段总计有 80 余千米，其支流杂谷脑河，脱水河段加起来也有 60 余千米。川流不息自然流淌的河流已面目全非，河道连续续的生态特性完全丧失。

长江是水生生物的重要聚居地，生物多样性丰富。长江内生活有白鳍豚、长江江豚、扬子鳄、白鲟、中华鲟、达氏鲟、胭脂鱼、川陕哲罗鲑等国家重点保护的水生野生动物。长江的鱼类有 400 余种，其中纯淡水鱼 360 余种，过河口洄游性鱼类 11 种，以及一些常年栖息于河口区的咸淡水鱼类（刘建康和曹文宣，1992）。长江鱼类资源有两个主要特点：一个是以草鱼、青鱼、鲢和鳙即"四大家鱼"为代表的鲤科鱼类东亚类群，在渔业资源中占有重要地位。它们适应于东亚季风气候，在春末夏初水温升到 18℃以上，每当江河发生洪汛时繁殖，鱼卵在漂流过程发育孵化，并随着泛滥的洪水进入沿岸的洼地（即通江湖泊）摄食生长。发生洪水和水温达到适当的温度是它们进行繁殖所必备的自然条件，而通江湖泊则是其仔、幼鱼及成鱼育肥生长的最适场所。长江鱼类资源的另一个特点是特有种很多。在长江的 360 种纯淡水鱼类中，有 155 种是长江的特有种，并且局限分布于长江上游的特有鱼类多达 124 种。上游的特有种绝大多数常年栖息于江河流水中，对其栖息生境有高度的适应性和强烈的依赖性，是长江上游水域生态系统的代表性物种，也是维护上游生物多样性的主要保护对象。

在《中共中央关于制定国民经济和社会发展第十三个五年计划的建议》中，明确指出"维护生物多样性，实施濒危野生动植物抢救性保护工程"。这是生态文明建设的重要举措。由于水域生态系统本身的脆弱性，易受自然因素变化和各种人类活动干扰的影响。著名的国家一级重点保护动物白鱀豚，已在长江消失了 20 年，被宣告为"功能性绝灭"；另一种一级保护动物白鲟，在 2003 年最后一次见到 1 尾误捕的个体以后，至今再未见到。国家二级保护动物长江江豚，2006 年调查有 1800 头，到 2012 年调查仅有 1040 头，种群数量减少的速率很快，濒危状态加剧。中华鲟在宜昌葛洲坝下的产卵场，自 2003 年三峡水库蓄水后，产卵期后延约 20 天，并且从每年产两次减为只产一次卵，甚至到 2013 年以后，已没有监测到坝下产卵的情况。三峡水库蓄水运行后，四大家鱼的繁殖期也滞后了 2～3 周。这些征兆应当引起我们的警觉和重视。

如何协调水电开发和物种保护之间的矛盾，实现水电可持续发展和物种能永续繁衍，是需要认真探讨的课题。本文就长江上游已建、在建和拟建的一些大型水电工程的生态环境影响及其目前采用的物种保护措施的效用作一些分析，并对水电开发和生态保护的协调发展谈一点个人的看法。

2 长江上游特有鱼类所适应的栖息生境

在上游的 124 种特有鱼类中，除十几种分别分布于滇池、泸沽湖等几个湖泊，适应静水环境的物种外，绝大多数种类适应于激流环境，在河流中生活。常年在水量较大的金沙江中、下游，长江上游干流及其主要支流下游的特有鱼类有 40 余种，如达氏鲟、长薄鳅、圆口铜鱼、长鳍吻鮈、岩原鲤、细鳞裂腹鱼等。其他的几十种特有鱼类，则分别分布在各支流的中、上游，并且有少数的特有种，仅仅分布于某一条河，如大渡河的长须裂腹鱼、沱江的彭县似鳡和成都鱲、嘉陵江的嘉陵裸裂尻鱼。

这里的河流，无论干流或支流，河道通常蜿蜒曲折，滩潭相接，在河道两侧，流速、流态、底质、水深等水文要素随主流走向而交替变化。在砾石的河滩，河水奔腾湍急，浪花翻滚。砾石表面普遍生长着生藻类（主要为硅藻，其次为绿藻），并有大量的水生昆虫的幼虫或稚虫爬附在砾石表面或吐丝作巢于石缝中，它们多以着生藻类为食，主要类群有毛翅目、襀翅目、蜉蝣目和双翅目的昆虫，还有甲壳纲的溪蟹、钩虾和河虾等。在河流弯曲处，受主流冲刷而形成的潭（当地叫"沱"），水较深，常被岩石部分遮被，是鱼类白天隐匿的场所。这里的底质多为沙砾或泥沙，在漩水处常积聚有半腐烂的植物碎屑。泥沙和碎屑中生长有寡毛类环节动物、摇蚊幼虫、蜻蜓稚虫和螺、蚬等软体动物。另外，在河边岩石上，也生长有大片的着生藻类，还会见到一种营固着生活的软体动物淡水壳菜。

在这样的河流环境中，上游的特有鱼类形成了一系列的适应性特征。它们多数是营底栖生活，有一些类群的胸、腹鳍或口唇部分还形成了吸盘等附着器官，可吸附于石上，如平鳍鳅、石爬鮡、盘鮈等。针对河流中饵料生物的组成，特有鱼类的食性主要区分为以下五大类：①主要摄食着生藻类的，它们的口裂较宽，近似横裂，下颌前缘具有锋利的角质，用来刮取生长于石上的着生藻类。有鲴属、白甲鱼属、裂腹鱼亚属、裸裂尻鱼属等的特有鱼类约 20 种。②主食底栖无脊椎动物的。它们的口部常具有发达的触须或肥厚的唇，用以探寻和吸取食物。该类食性的鱼种数最多，有大部分鳅科、平鳍鳅科、鮡科、鲿科、钝头鮠科、裂尻鱼亚属、叶须鱼属的特有种，以及达氏鲟、胭脂鱼、岩原鲤等约 60 种。③杂食性鱼类。它们通常是在水量较大、水较深的干支流栖息，摄食底栖动物（包括淡水壳菜），也摄食藻类及植物碎屑、种子等。有圆口铜鱼及鲂属、近红鲌属、吻鮈属等特有种。④主要捕食别种鱼类的。主要为鲈鲤和蒙古鲌的两个亚种，即分别分布于邛海和程海的邛海鲌和程海鲌。⑤主要摄食浮游动物的。它们是栖息于滇池、草海、邛海、程海等湖泊的白鱼属和云南鲴属鱼类，如银白鱼、邛海白鱼、草海云南鲴、黑斑云南鲴等。

3 长江上游特有鱼类的繁殖习性

任何一个物种都必须通过繁殖后代延续生命。在个体的生活史周期中，繁殖是最重要的一个环节。鱼类繁殖习性的形成是与其栖息水域气候、水文等环境要素周年变化的自然节律相适应的。上游特有鱼类繁殖习性大体可以分为以下几个类型。

3.1 在砾石河滩产沉性或黏性卵

具这种类型产卵习性的特有种较多，代表性的有达氏鲟、鲈鲤、岩原鲤、厚颌鲂等，其他如胭脂鱼和南方鲇也具有这种习性。每年 3 月，当水温升到 15℃时，便开始产卵。鱼卵黏附于砾石表面或散布于砾石间的缝隙中。这时的河水径流平稳，悬移质极少，避免泥沙黏附在鱼卵上，影响胚胎呼吸。一般当气温为 15~16℃时，受精卵经 5~6 天孵化，水温较高时，孵化期相应缩短。孵化的仔鱼待到 5 月、6 月份发生洪汛时，已长成具有较强游泳能力的稚鱼，能够游到浅滩、岔流或支流觅食。在各支流上游河段栖息的石爬鳅属、高原鳅属的特有种，都是在砾石或岩石缝隙产卵，但繁殖时的水温更低，约在 10℃ 左右。

3.2　在挖掘的浅坑中产沉性卵

裂腹鱼亚科分布于长江上游各个属的特有种（约 20 种），具有相似的繁殖习性。亲鱼（主要是雄鱼）在底质为沙砾、水流较平顺、水深 40～60cm 的近岸处，靠尾部的摆动刨出一个浅坑，将鱼卵产在坑中。裂腹鱼属开始繁殖的水温约 10℃，裸鲤属和裸裂尻鱼属为 4～5℃。此外，属于国家二级重点保护动物的川陕哲罗鲑，在长江上游目前仅局限于大渡河河源段的脚木足河和麻柯河，其繁殖习性与裂腹鱼类相似，繁殖水温也很低。

3.3　在江河涨水时产漂流性卵

在 4 月、5 月内，水温升到 18℃ 时，圆口铜鱼、长鳍吻鉤、长薄鳅、中华金沙鳅等特有种，当发生洪汛时便在江河中产卵。受精卵迅速吸水膨胀，卵膜直径可达 5.1～7.8mm（圆口铜鱼），小的也有 3.7～4.0mm（长薄鳅）。鱼卵在顺水漂流的过程中发育。初孵仔鱼仍随水漂流一段时间，待卵黄囊完全吸收后，才能主动游动。由于江水流速较大，一般要被动漂流 600～700km。圆口铜鱼、长薄鳅等鱼类的产卵场主要在金沙江中下游观音岩至乌东德江段，距宜昌 1500km 以上，其仔鱼漂流到长江中游的概率很小。

漂流性鱼卵的比重略大于水，当流速大于 0.2m/s 时，可以悬浮在水中漂流，但当流速小于 0.2m/s 时，则会下沉，被泥沙掩盖或缺氧死亡。

3.4　产黏草性鱼卵

只有极少数的特有鱼类将黏性卵产在水草上。黑尾近红鲌在 5 月、6 月份，当水温达到 20℃ 时，在缓流处或支流有水草生长的地方产卵。

4　水电工程的水域生态影响

大型水利枢纽工程，一般具有多项功能，如三峡水利枢纽，即具有防洪、发电、航运、渔业、供水、旅游等功能。目前在金沙江、雅砻江和大渡河等河流已建和在建的水电站，都未建船闸，其主要功能是发电，而其航运功能仅限于水库内。这些电站，除了锦屏二级是凿隧道横穿锦屏山引水发电，其他皆为拦河筑坝，蓄水发电。拦河大坝坝高多在 100m 以上，如金沙江中游观音岩电站的最大坝高为 159m，仅比三峡大坝低 16m。金沙江下游的 4 个梯级中，乌东德、白鹤滩、溪洛渡的最大坝高分别为 265m、289m 和 278m；雅砻江的锦屏一级电站，最大坝高达到 305m，比三峡大坝高 130m。水电站建成运行后，将奔腾的河流改变为缓流的水库，砾石河滩被数十米乃至 100m 以上的深水所淹没并逐渐被泥沙覆盖，该河段水生生物原有的栖息生境完全消失；深水水库径流调节和水温层化，也使水域生态的自然节律发生变化。这些变化对上游特有鱼类的生存带来了严重的消极影响（曹文宣，1983，1995）。

4.1　河流的连通性受到阻隔，影响鱼类洄游

鱼类在进行觅食、繁殖、越冬等活动时，常在江河里作距离长短不等的洄游。拦河大坝阻挡了鱼类上溯的洄游通路。受阻隔影响最为严重的是那些具有强烈的回归性、必须返回到原来出生地去繁殖的鲑科鱼类。这类鱼在欧洲和北美洲较多，我国东北地区的黑龙江、图们江有洄游性的大马哈鱼。在长江葛洲坝枢纽修建前，只有中华鲟这一种过河口溯河洄游性鱼类，从海洋进入长江后，需要上溯到重庆以上的长江上游和金沙江下游的几个产卵场进行繁殖。1981 年 1 月葛洲坝工程大江截流后，溯游受阻滞留于长江中游的中华鲟，于 1982 年 10 月底 11 月初在葛洲坝坝下江段进行了自然繁殖。但这个新形成的产卵场规模很小，仅有数公里长，并且容易受到人类活动的干扰。

长江中下游还有鲥鱼、刀鲚、河鲀等过河口溯河洄游性鱼类。据宜昌的地方志记载，宋朝的欧阳修曾在宜昌吃过鲥鱼，证明鲥鱼可上溯到达宜昌，但它们不能克服三峡的急流继续上溯。鲥鱼产卵场主要在鄱阳湖水系的赣江。

降河洄游的鳗鲡，在海洋里繁殖后，其幼体需要进入淡水水体生长。由于多年来在长江口大量捕捞鳗苗供池塘养殖，现长江野生的鳗鲡十分稀少。但是在葛洲坝和三峡枢纽相继修建后，偶尔还会在上游见到野生的鳗鲡。这是通过船闸上溯的。

大坝对鱼类下行也产生影响。处于鱼类早期生活史阶段的鱼卵和仔鱼（俗称"鱼苗"），游泳能力弱，常被动地被水流带至坝前，随着下泄水流降落。从高处下泄的水流能量巨大，冲入消能池时产生的高压，使溶于水中的气体处于过饱和状态。仔鱼吸入了这种过饱和气体，当其随水流溢出消能池后，周围环境恢复常压状态，血管中仍保持过饱和状态的溶氧迅即形成气

泡，危及鱼体生命。这就是通常说的气体过饱和引起的气泡病。也有一部分仔鱼是死于下泄水流冲击而产生的机械损伤。

4.2 水文情势显著改变，流水性鱼类栖息生境消失

在山区河流修建拦河大坝形成的水库，都是河道型水库。一般坝高在100m 以上的水库，蓄水很深，水面增宽，过水断面面积大大增加，因而流速显著变慢。深水水库，即便是性能为周调节或月调节的水库，蓄水后由于流速显著减缓，泥沙会大量沉积，库水变清，透明度常大于 1m，甚至可达数米深。库水透明度大，加之从河流中带来的面源污染的磷、氮及水库淹没的农田土壤中释放出的磷、氮等营养元素，有利于浮游植物大量生长，直接或间接以浮游植物为食的浮游动物也相应增多。这些是深水水库中饵料生物资源的重要组成部分。深水水库中鲢、鳙等滤食浮游生物鱼类生长良好，摄食浮游动物的银鱼、鳘、飘鱼等小型鱼类种群数量大增，就是由于饵料充足的缘故。

另一方面，原来河道内激流河滩的砾石表面生长的着生藻类，因泥沙覆盖，缺乏所需的水流、光照、溶氧等生存条件而消失。直接或间接以着生藻类为食的水生昆虫的幼虫或稚虫，因食物缺乏和栖息生境消失，也不复存在。这就意味着原来在库区江段激流中营底栖或在底层生活的特有鱼类，在水库蓄水运行后，导致其饵料资源缺乏，栖息生境消失，水库内已不具备它们基本的生存条件。

水库蓄水淹没的灌木草丛，库周漂来的枯枝落叶，沉于库底腐烂后，可作为一些无脊椎动物的食物。在泥沙中，耐低溶氧的摇蚊幼虫和寡毛类普遍生长。河虾、米虾等甲壳动物也因具备较好的食物条件，种群数量大增。

4.3 水温层化，下泄水温升、降滞后，鱼类繁殖时期延迟

深水水库水流缓慢，底层水基本处于停滞状态。在水库中部到坝前的深水区，通常水温会出现分层现象。表层水温随气温而变化，往下逐渐降低，在距表面 15～20m 的某一水层时，水温降低的幅度较之其他各层间的差幅显著为大，这一水层被称为"温跃层"。温跃层以下，仍然是随深度增大水温逐渐降低。到最深的底部，水温一般保持在 10℃ 以下。

水温分层现象在多年调节性水库最为明显。20 世纪 60 年代初修建的浙江新安江水电站，就是一座多年调节水库，库容大，蓄水深，非特大洪水不

泄洪，发电用水仅 300m³/s。从新安江电厂下泄的水温，在春、夏和秋初比建坝前水温显著降低，据实测数据，月平均水温 7 月降低 15.78℃，8 月降低 15.13℃。但在冬季，下泄水温反而比建坝前增高，12 月高 3.43℃，1 月高 4.15℃（表 1）。

表 1　新安江水库建坝前后坝下罗桐埠站月平均水温　　　　　（单位：℃）

项目	月份											
	1	2	3	4	5	6	7	8	9	10	11	12
建坝前（1955～1959 年）	6.72	8.88	12.64	18.24	20.92	26.18	30.80	30.70	27.08	20.62	15.32	10.10
建坝后（1963～1965 年）	10.87	9.80	10.00	11.53	12.20	13.90	15.02	15.57	16.13	15.60	15.63	13.53
变化幅度	+4.15	+0.92	-2.64	-6.71	-8.72	-12.28	-15.78	-15.13	-10.95	-5.02	+0.31	+3.43

资料来源：新安江水电站管理处。

在 1989 年建成的东江水库，位于湖南省湘江支流耒水上游，库容为 81.2 亿 m³，坝前最大水深 141m，是一座多年调节水库。据实测水库下游水温，12 月至翌年 3 月，平均水温约为 12℃，高于建坝前水温，6 月～9 月水温均显著低于建库前，8 月约为 14.3℃，其他个月均略低于 14℃（薛联芳，2006）。

雅砻江下游的二滩水电站，已运行 18 年，为一季调节水库，坝前最大水深约 190m，水温分层明显。其下泄水在 2 月至 8 月平均水温较天然河道水温为低，在 3 月低 2.2℃，4 月低 2.0℃；而在 9 月至翌年 2 月则较天然河道水温为高，在 11 月高 2.1℃，12 月高 2.9℃，翌年 1 月高 2.2℃。二滩水电站与其上游的锦屏一级电站联合运行时，下泄水温变化幅度增大，在 4 月低 4.3℃，5 月低 3.3℃。反之，在 11 月增 3℃，12 月增 4.8℃，翌年 1 月增 4.0℃。

金沙江中游的 6 个梯级（不含两家人和龙盘）中，第三、第四级的龙开口和金安桥两个电站，联合运行的下泄水温，较天然入库水温 3 月低 2.3℃，4 月低 3.0℃，5 月低 3.4℃，10 月高 1.9℃，11 月高 4.1℃，12 月高 3.2℃。

水温滞后直接影响鱼类的繁殖和水生生物的生长。三峡水库自 2003 年开始试验性蓄水至 139m，2004 年春末宜昌-宜都四大家鱼繁殖开始时间因达到 18℃水温滞后，推迟约 3 周。据历年监测结果，长江中游四大家鱼繁殖期平均推迟 25 天。将来上游多个大型电站下泄的低温水进入三峡水库后，可能从三峡电站流出的水温将会更低。

4.4 河流的自然径流过程改变，影响鱼类繁殖

前已述及，四大家鱼等鲤科东亚类群中产漂流性卵鱼类，繁殖所要求的外在条件是水温达到 18℃和江河发生洪水。鱼类繁殖要求洪水越大越好，而我们人类为了生命财产安全，需要防洪减灾，控制洪水。在洪水问题上，人和鱼产生了利益上的矛盾。这才提出了"生态调度"的问题，并取得了初步效果。

三峡水利枢纽是长江上游干流最大的一个水电工程，其防洪库容为221.5 亿 m³，在每年的 6~9 月份，三峡水库的汛限水位为 145m。随着上游不断增加的大型水电站的建成，每个水库都设计有防洪库容，已建和待建的水电站防洪库容加起来有数百亿立方米，上游产生的洪水渐次被这些水库调蓄，使洪水过程坦化。届时，三峡水库的汛限水位是否仍然规定为 145m，从三峡水库下泄的水温何时能够达到 18℃，当水温达到 18℃时是否允许通过水库调度产生能够促使四大家鱼繁殖的"人造洪峰"，这些问题都需要我们密切关注并开展相关的调查研究。

对于在河滩产卵场产沉性卵或黏性卵的鱼类，由于电站调峰（日调节）引起的下游河道水文情势改变，而受到严重的不利影响。例如，金沙江中游梯级电站中最下面的观音岩水电站，进行日调节产生的非恒定流，使攀枝花河段沿程水位发生较大波动，小时最大水位变幅为 1.25~7.38m。产在河滩上的鱼卵，必须在水中发育，受精卵通常经 2~3 天孵化。如果水位下降，鱼卵暴露于空气中，风吹日晒，几分钟后便会干燥死亡。

水位的频繁变动，同样不利于在岸边或支流杂草、树根上产黏草性卵的鱼类。可以采取施放人工鱼巢的方法减缓不利影响。

5　已采取的水电工程鱼类救护措施有效性分析

我国在 20 世纪 50 年代末，已经开始进行水电工程"救鱼"问题的研究和实践。如南京水利科学院开展的鱼道设计研究和水工试验，中国科学院水生生物研究所进行的"三三〇工程过鱼设施必要性研究"等。针对葛洲坝水电工程（即曾经的"三三〇工程"）是否要为中华鲟这一种过河口溯河洄游鱼类修建过鱼设施的问题，在 20 世纪 70 年代，社会上展开了热烈的讨论，直到 1982 年 10 月末、11 月初，水生所在葛洲坝大坝下游采集到了刚产出不

久的中华鲟卵和捞捕到了中华鲟仔鱼，经国家农委等中央部门派出的联合调查组查验核实后，国务院领导决定"不在葛洲坝枢纽修建固定的过鱼建筑物，以免造成巨大的损失浪费"。

从 20 世纪 80 年代以来，拟建的水电工程在"可行性研究报告"和"环境影响报告书"中，都要求写明需要保护的鱼类名录和打算采取的保护措施。这些保护措施效果如何，依据水生所对长江鱼类 60 余年的研究资料积累，尤其是近 20 年来开展的长江鱼类资源监测数据，下面试做分析。

5.1 建立珍稀特有鱼类自然保护区

在《长江三峡水利枢纽环境影响报告书》（1991）中，提出了为长江上游特有鱼类建立自然保护区的建议。建议指出三峡工程将使约 40 种鱼类受到不利影响，"使它们的栖息地缩小约 1/4，其种群数量相应减少"。该建议进一步指出，将来上游水电梯级开发产生的叠加影响将使大多数特有鱼类的生存受到严重威胁，认为及早选择赤水河等 1~2 条支流建立自然保护区是十分必要的。20 世纪 90 年代，四川省在屏山至合江段建立了长江上游珍稀鱼类省级自然保护区，后来晋升为国家级保护区。2005 年，因金沙江下游向家坝、溪洛渡水电站获准建设，保护区范围再次调整，上游端移至向家坝大坝下 1.5km处，下游端延至重庆市马桑溪大桥，增加了整条赤水河和岷江河口段等相邻河段，保护区名称改为"长江上游珍稀特有鱼类国家级自然保护区"。

赤水河干流全长 436km，未建水电大坝，水域生态系统完整、健康，饵料生物丰富（Jiang et al., 2010, 2016）。其径流过程和水温季节变化纯粹是自然形成的。赤水河分布有鱼类 159 种，其中上游特有鱼类 47 种，宽唇华缨鱼是仅在赤水河发现的上游特有种。长薄鳅、中华金沙鳅等特有种过去是上溯到金沙江中游繁殖，受向家坝阻隔的成熟亲鱼，现在到赤水河产卵。可见赤水河在减缓水电工程对上游特有鱼类不利影响方面已发挥了重要作用（高欣等，2015）。将来自然保护区干流段的水温、径流过程等环境因素受上游不断增多的梯级电站叠加影响，可能更加不利于鱼类繁殖，届时赤水河的物种保护作用将更加凸显。

5.2 进行人工繁殖放流

在我国，出于物种保护目的，弥补受水电工程不利影响而开展的鱼类人工繁殖放流活动，始于 20 世纪 80 年代中期。当时葛洲坝工程局建立了中华鲟人工繁殖放流站，后改名为中华鲟研究所，现划归中国长江三峡集团公司（以下简称"三峡公司"）领导。

早在 70 年代中期，四川省农科院水产研究所等单位使用从金沙江中华鲟产卵场捕到的亲鱼，人工催产促进产卵，人工授精并成功孵出仔鱼。突破了中华鲟人工繁殖技术。1983 年，中国水产科学院长江水产研究所等单位组成的协作组，利用从葛洲坝下捕到的中华鲟亲鱼，人工催产、人工孵化也获得成功。自 1984 年以来，进行了长江中华鲟人工繁殖放流活动。初期放流的幼鲟个体太小，放流成活率低；随着幼鲟培育技术的改进，现在一般都是放流较大个体。据监测资料，中华鲟人工放流的贡献率已达到 10%，虽有较显著效果，但主要还是依靠自然繁殖维持野生种群。

三峡公司向家坝珍稀特有鱼类人工繁殖放流站，自 2007 年开始向长江上游珍稀特有鱼类国家级自然保护区内放流达氏鲟、胭脂鱼、岩原鲤等鱼类，自然保护区管理部门也相继放流胭脂鱼、岩原鲤、中华倒刺鲃等鱼类。从渔民的渔获物中，偶尔可见到误捕的达氏鲟和胭脂鱼，但个体都较小，疑为放流后不久便被捕到。

达氏鲟是国家一级重点保护野生动物，也是长江上游的特有鱼类，历史上在上游有较大的产量。成熟年龄为 6 龄，15kg 左右即可成熟繁殖。在长江上游的自然保护区内，近年来虽每年都放流达氏鲟，但迄今未见到误捕的二、三十斤重的大个体，也没有发现自然繁殖的幼鲟。这应当引起我们警觉，需要加大自然保护区管理力度、严格执法、全面禁渔，使达氏鲟逐渐恢复自然繁殖群体。

至于在梯级水库中放流受修建电站影响的特有鱼类的措施，不可能达到保护目的。之所以要保护这些特有种，就是因为水电站修建使它们在库区内的栖息生境消失，已无法在水库内继续生存。强行将它们投入水库，不但不能施救，反而害了它们。花费大量人力物力，却收到负面效果，实非明智之举。

更有甚者，现在冒出了一批专门生产特有鱼类放流鱼种的养殖公司，为一些承担放流任务的水电站提供鱼种。这里面问题不少。首先，用于繁殖的雌雄亲鱼是否为同一种鱼？据作者所知，长江上游各河流的干、支流和泸沽湖中，仅裂腹鱼属就有 17 种之多，几乎全为上游的特有种，一般每条河流中栖息有 2~3 种。没有经过鱼类分类学训练的人，要分清它们的种名是比较困难的。于是，"乱点鸳鸯谱"的情况就免不了时有发生，结果繁殖出大量的杂交种，进入河流后使种质资源的纯洁性遭到破坏。其次，这些养殖公司为了扩大生产规模，大肆捕捞野生亲鱼，使自然繁殖个体减少，资源的自然修复能力减弱。修建水电站使特有鱼类栖息地丧失，种群规模缩减，现在又要去到尚未修建水电站的河流捕捞这些特有鱼类的性成熟个体，加重了对它们的伤害。

5.3　建造过鱼设施

水电大坝的建设，阻隔了鱼类上溯的通道，使一些回归性很强、必须返回上游原来出生地去产卵的鱼无法完成繁殖活动。修建过鱼设施的目的，就是为这些鱼类提供上溯通路。

在欧洲，许多河流流经多个国家，每个国家都享有利用鱼类资源的权利，因此，在河流上修建水电站时，必须建造过鱼设施，为溯河洄游的鲑鱼、鲱鱼和鲟鱼，以及为降河洄游的欧鳗提供通道。欧洲河流上修建的梯级水电站一般都是低坝，水头不高。例如，莱茵河上游康斯坦茨湖与巴塞尔湖之间 150km 河段内，修建了 11 座水电站，水头一般都在 10m 上下，最低的仅 5.75m（kW Augst-Wyhlen 电站），最高的也只有 20.7m（kW Reckingen 电站）。在这些水电站修建的过鱼设施，过鱼效果都比较好（郑丰等，2011）。

伏尔加河是俄罗斯国境内最大的河流，全长 3600 余千米，下游多年平均径流量为 2440 亿 m³，流入里海。伏尔加河干流上建了 9 座梯级水电站，都是低水头径流式电站，其中最大的两座古比雪夫和伏尔加格勒水电站，水头都是 25m。虽然从里海溯游到伏尔加河繁殖的鱼种较多，特别是俄罗斯鲟产量很高，但他们仅在下游的两个梯级伏尔加格勒和萨拉托夫水电站建了升鱼机。经升鱼机到达坝上的鱼主要是俄罗斯鲟和鲱鱼（苏诚泰等，1988）。

我国在 20 世纪 60 年代末修建的富春江七里泷水电站附建了鱼道。设计的过鱼对象是上溯繁殖的鲥鱼和进入淡水生长的幼鳗。鱼道建成后多年未通过任何一种鱼，后来被填土植树，绿化隐蔽。另一座于 80 年代初在湘江支流洣水建造的洋塘鱼道，在 1981~1983 年曾开闸运行，可上溯较多的小型鱼类，其中 90%以上是一种名为银鲴的鱼。银鲴以河底石上生长的着生藻类为食，洋塘水库底质为泥沙，不长着生藻类，致使进入水库的银鲴又通过水头仅 5m 的滚水坝回到河流中觅食。洋塘鱼道由于没有发挥增殖鱼类资源的作用，已于 1984 年停止运行。我国还有另外几座水电站建有鱼道，这些鱼道是否已顺利通过了原来设计的主要过鱼对象，尚未见报道。

在青海湖，当地将湖周的大片草地改种油菜籽，并在布哈河等入湖河流上筑坝建闸，引水灌溉。拦河坝阻挡了青海湖裸鲤（地方名湟鱼）的上溯，为此，当地渔业部门专门为其设计建造了鱼道，有较多的亲鱼顺利通过，到上游河流繁殖。青海湖湖水的 pH 为 9.3～9.6，平均盐度为 15.55‰，青海湖裸鲤的幼鱼在进入湖水前需要在河流淡水中生活数月时间，以增强身体的渗透压调节能力。在此期间，难以防止灌溉渠闸门开启后，大量的稚、幼鱼随水流进入油菜籽种植地，干涸致死。

目前在长江上游修建的一个个梯级水电站，是否也需要附设过鱼设施呢？对于这个问题，社会上存在不同的认识。有人提出，被大坝长期隔离的物种，遗传多样性将遭受丢失，形成小种群，修建过鱼设施有利于物种基因交流，保持遗传多样性。但是，提出这一意见的人，似乎根本没有认识到高坝深库建成后，水库内已经没有这些需要保护鱼类的生存条件，上面的水库同样没有它们的生存条件，在深水水库间进行流水性鱼类的"基因交流"，是无法实现的空想。在南美洲，研究人员发现由于水库内缺乏正常的生存条件，水电站修建的鱼道成为一些鱼类的"生态陷阱"（Pelicice and Agostinho, 2008）。

现在兴起采用集运鱼船作为水电工程的鱼类保护措施。集运鱼船原来是国外用来在河流中诱集成群溯游的洄游性鱼类的一种设施，可随河流水位、流速变化和鱼群洄游路径移动位置，船底几乎接触河底，以利于底层鱼类进入集鱼槽。现在我国在深水水库中使用的集运鱼船，漂浮在水库表层，没有需要上溯的鱼群，在广阔的水库中鱼类如何能够感知集运鱼船产生的诱鱼水流，自动进入集运鱼船？于是，又沿用水库捕捞的方法，用网具围捕水库中的鱼，放进船内，运往岸边的码头，再用汽车将鱼转运到上面的水库岸边码头，卸鱼放流。这就是集运鱼船作业的整个过程。这要消耗多少人力物力，花费多少资金？而被"集运"的鱼，可能主要是放养在水库内的鲢、鳙，以及鲌、鳊等适应于静水或缓流环境的鱼类，而没有需要保护的特有鱼类。完全没有必要把它们从一个水库转移到另一个水库。

6 对于长江上游水电开发和水域生态保护协调发展的建议

2016 年 1 月 5 日，习近平总书记在重庆召开的推动长江经济带发展座谈会上发表重要讲话，指出"长江拥有独特的生态系统，是我国重要的生态宝库，当前和今后相当长一个时期，要把修复长江生态环境摆在压倒性位置，共抓大保护，不搞大开发，要把实施重大生态修复工程作为推动长江经济带发展项目的优先选项。实施河湖和湿地生态保护修复等工程"。习近平总书记的讲话，为长江上游生态修复和生物多样性保护指明了方向，也增加了我们对生态保护的信心。

6.1 对青衣江、安宁河、水洛河和藏曲等河流实施生态修复工程，建立特有鱼类自然保护区

长江上游的这几条支流，同赤水河相似，流程较长、水量较大、鱼类种数多，有较多的特有鱼类。但是，在这些支流上修建的许多引水式小水电站，使河流断断续续脱水，水域生态系统遭到严重损害，河流净化水质功能大为减弱，鱼类的产卵场和栖息地减少或消失，水生生物多样性下降，一些特有种已处于濒危状态。整条赤水河干流的水能理论蕴藏量仅 74 万 kW，这几条河流的流程和水量都较赤水河为小，其水能蕴藏量可能还不如赤水河，但是那些已建的引水式电站对于生态环境的破坏所造成的损失，远大于发电的收益，得不偿失。建议对上游各支流已建水电站的生态环境影响进行一次后评估，估算其生态补偿额度，责令其赔偿。

同时，这几条支流中的特有鱼类组成，分别与其汇入的大渡河、雅砻江、金沙江中游和金沙江上游的特有鱼类相同。即如果将这些支流的生态系统加以修复，建立自然保护区，可使那几条大河因修建大型水电站而遭受不利影响的特有鱼类得到有效的保护（孙鸿烈，2008；高婷等，2015）。这几条支流的基本情况如下。

（1）青衣江。为大渡河支流，干流长 276km，有天全河、荥经河、卢山河、周公河等支流。鱼类有 125 种，其中特有鱼类 37 种，有 3 种为极危物种、7 种濒危物种、9 种易危物种。支流卢山河曾发现有川陕哲罗鲑产卵场。

（2）安宁河（包括邛海）。为雅砻江支流，干流长 320km，鱼类有 68 种，其中上游特有鱼类 21 种，有 2 种极危物种、5 种濒危物种、4 种易危物种。

（3）水洛河。为金沙江中游支流，又称稻城河，干流长 273.8km，河口多年平均流量 201m³/s，规划修建水电站 1 库 11 级（引水式电站）。鱼类 15 种，其中上游特有鱼类 11 种，3 种濒危物种、4 种易危物种。

（4）藏曲。为金沙江上游支流，河长 120km，上游已建 2 座电站。鱼类 27 种，其中上游特有鱼类 17 种，6 种濒危物种、5 种易危物种。

对这些支流实施重大生态保护修复工程，要从河源开始，将所有水电站大坝和引水式电站的壅水堰和引水管道等设施全部拆除，清理河道，使水流

畅通无阻,恢复河流自然流态。在整个支流水系建立自然保护区后,安排渔民转产转业,监督污水达标排放,适当进行特有鱼类人工繁殖放流。待自然种群恢复到较大规模,即停止放流,以自然恢复为主。

这几条支流的生态系统完整修复后,不但会产生巨大的生态效益,而且由于自然景观优美,可发展旅游、游钓、漂流等活动,种植水果、药材等经济作物,产生较大的经济效益。当然,由于建立自然保护区影响了一些生产建设的实施,应当得到相应的生态补偿和转移支付。

6.2 健全生态补偿机制

在《中共中央国务院关于加快推进生态文明建设的意见》(以下简称《意见》)(2015 年 4 月 25 日)中,要求"加强自然保护区建设与管理,对重要生态系统和物种资源实施强制性保护,切实保护珍稀濒危野生动植物"。在该《意见》第 24 条"健全生态保护补偿机制"明确指出:"加快形成生态损害者赔偿、受益者付费、保护者得到合理补偿的运行机制…加大对重点生态功能区的转移支付力度"。

前面所作的分析讨论,表明在水电大坝原址及其所形成的水库内进行受到不利影响珍稀特有物种的保护工作,是起不到保护效果的。与其花费大笔资金建立人工放流站或过鱼设施,不如将这些经费使用到自然保护区的建设和管理。在自然保护区内去保护需要保护的珍稀、特有鱼类更可靠,才能使珍稀濒危物种的抢救性保护工作落到实处。在水利工程的水域生态保护工作中,我们不能再干那些华而不实、徒劳无益的事情。这个问题在项目论证中应当尊重科学、实事求是。项目审批单位更须反思。对于不尊重科学,一意孤行,造成巨大损失浪费的,应当追责。

河流作为水生生物自然保护区,所保护的虽然是水中的水生生物,特别是珍稀特有鱼类,但是保护区的管理要求沿岸居民不得在保护区内从事一些有损保护功能的生产建设活动,这就会对当地的经济社会发展带来一定的影响。因保护区建设使经济发展受到影响的地区,应当给予生态补偿。

赤水河河源段位于云南省昭通市境内,分属两个县,一个是镇雄县,另一个是威信县,居民主要是彝族。当年红军长征时曾在威信驻扎,现存留有不少革命遗迹。镇雄县是云南省的人口大县,有人口 156 万,也是著名的贫困县。据 2013 年镇雄县领导写给作者的材料,该县全年的财政收入仅 5 亿元人民币,仅够用来发放公务员和中小学教师的工资。当地的工业仅有一些小煤窑,再就是炸山卖石；农业主要为玉米、烟叶。镇雄县境内的几条河流，分别是长江上游珍稀特有鱼类国家级自然保护区的核心区和缓冲区，有裂腹鱼、石爬鳅、高原鳅等多种特有鱼类的栖息地和产卵场，需要重点保护。

按照《意见》第 24 条的规定，对于这样的重点生态功能区，要加大转移支付力度。中央提出到 2020 年要全面实现小康社会。镇雄县需要加大转移支付力度，增拨生态补偿经费，改善交通、教育、卫生等条件，才有机会与全国人民共同奔小康。威信县的情况与镇雄县相似。

6.3　加强水域生态健康状况监测和研究

《意见》第 27 条"加强统计监督，建立生态文明综合评价指标体系"，指出了"对自然资源和生态环境保护状况开展全天候监测，健全覆盖所有资源环境要素的监测网络体系"。对长江水域生态系统来说，加强监测尤为重要。因为每修建一个大型水电站，其引起水温、径流过程等环境要素的变化，又会叠加到原来已经产生了变化的这些环境要素上。水电站数量不断增加，环境要素相应不断变化。生物都具有适应性，但每种生物的适应度都有一定的阈值，超过了阈值，将不利于其生命活动。例如，富春江支流新安江，在新安江水电站修建运行后，下泄水温全年均未达到 18℃，低于四大家鱼繁殖要求的 18℃水温下限，因此新安江中没有四大家鱼繁殖。

长江上游梯级水电开发，对上游自然保护区干流段，对三峡水库下泄水温和径流过程的变化都是较为敏感的问题。对于这些问题，有必要进行长期监测和深入研究。除了试验和研究采取水库调度措施以减轻环境要素变化的影响外，须着重对上游自然保护区内的达氏鲟、白鲟、胭脂鱼等珍稀鱼类自然繁殖的水温下限的研究；葛洲坝下中华鲟产卵场环境要素变化对其繁殖影响的研究。四大家鱼繁殖要求的下限水温 18℃，最晚滞后到什么时候出现才不至于影响当年幼鱼生长和安全越冬，这也是须深入研究的问题。长江上游的水电梯级开发规模，需要以珍稀水生动物生存安全和四大家鱼等重要渔业资源长盛不衰为前提，划出生态红线，确定开发的"度"。

对于长江上游珍稀特有鱼类国家级自然保护区，以及本文建议新设的青衣江、安宁河、水洛河和藏曲等河流自然保护区，同样需要加强监测。由于渔民转产转业，全面休渔，靠渔民捕捞的渔获物分析监测珍稀特有鱼类资源动态已不可能，因此有必要在保护区内设置监测站，对珍稀特有鱼类进行全天候监测，对河流生态学进行深入研究，以保障自然保护区可持续发展。

注：本文系个人的一些想法和观点，不当之处，敬请批评指正。文中引用的一些数据，来自某些未公开发表的资料，在此向这些资料的编制者表示感谢。

参考文献

曹文宣. 1983. 水利工程与鱼类资源的利用和保护. 水库渔业，（1）：10-21.

曹文宣. 1995. 三峡工程对长江水生生物种质资源的影响//三峡工程对生态与环境的影响及对策研究. 北京：科学出版社.

高婷，李翀，廖文根. 2015. 支流生境替代生物学适宜性评价：框架与指标，建设项目环境影响评价-鱼类保护（栖息地专题）技术研究与实践. 北京：中国环境出版社.

高欣，刘飞，王俊，等. 2015. 赤水河鱼类栖息地特征与保护现状，建设项目环境影响评价-鱼类保护（栖息地专题）技术研究与实践. 北京：中国环境出版社.

刘建康，曹文宣. 1992. 长江流域的鱼类资源及其保护对策. 长江流域资源与环境，1（1）：17-23.

苏诚泰，容致旋，魏青山，等. 1988. 伏尔加河及其生物. 北京：水利水电出版社.

孙鸿烈. 2008. 长江上游地区生态与环境问题. 北京：中国环境科学出版社.

薛联芳. 2006. 东江水库水温预测模型回顾评价. 水电 2006 国际研讨会：863-869.

郑丰，印士勇，陈蕾，等. 2011. 从海洋到河源-欧洲河流鱼类洄游通道恢复指南. 武汉：长江出版社.

Jiang X，Xiong J，Qiu J，et al. 2010. Structure of macroinvertebrate communities in relation to environmental variables in a subtropical Asian river system. International Review of Hydrobiology，95(1)：42-57.

Jiang X，Xiong，J，Xie Z. 2016. Longitudinal and seasonal patterns of macroinvertebrate communities in a large undammed river system in Southwest China. Quaternary International，online.

Pelicice F，Agostinho A. 2008. Fish-passage facilities as ecological traps in large neotropical rivers. Conservation Biology，22(1)：181-188.

长江与洞庭湖关系演变与调控研究

胡春宏，张双虎

（中国水利水电科学研究院流域水循环模拟与调控国家重点实验室，北京
100038）

摘　要：长江与洞庭湖相互联通、相互作用，构成了错综复杂、独具特色的江湖关系。江湖关系演变是洞庭湖治理的核心问题之一。本文分析了近代江湖格局形成后不同阶段江湖关系变化特征，并对未来演变趋势进行了预测；甄别了洞庭湖区面临的水安全问题及其内在原因；研究了应对江湖关系演变、解决洞庭湖区水安全问题的综合治理策略和重点工程；提出了松滋河疏浚建闸工程、城陵矶综合枢纽工程的总体方案，确定了工程运行调度方式，分析了工程建成后的作用与影响，试图为长江与洞庭湖的综合治理提供科技支撑。

关键词：洞庭湖;江湖关系;水沙调控;松滋河疏浚建闸;城陵矶综合枢纽

Research on Relationship Evolution between the Yangtze River and the Dongting Lake and its Regulation

Chunhong Hu, Shuanghu Zhang

(China Institute of Water Resources and Hydropower Research, State Key Laboratory of Simulation and Regulation of Water Cycle in River Basin, Beijing 100038)

Abstract: The interconnection and interaction between the Yangtze River and the Dongting Lake constitutes a complex and unique river-lake relationship. The evolution of the river-lake relationship is one of the key issues of the Dongting Lake management. In this paper, the changing

---
通信作者：胡春宏（1962—），E-mail：huch@iwhr.com。

characteristics of river-lake relationship at different stages after the formation of modern river-lake relation are analyzed and the future evolution trends are predicted. The water security problems faced by the Dongting Lake area and their underlying causes are identified, and the integrated management strategy and key projects to solve the water security problems in Dongting Lake area in response to the changing river-lake relationship are studied. The overall schemes of dredging and sluice construction engineering in Songzi River and Chenglingji complex project are put forward, the operation modes of the projects are determined, and the roles and influences of the projects after their completion are analyzed. The study aim is to provide scientific and technology support for integrated management of the Yangtze River and Dongting Lake.

Key Words: Dongting Lake；river-lake relationship；water and sediment regulation；dredging and sluice construction in Songzi River；Chenglingji complex project

1 引言

长江是我国第一大河，发源于格拉丹冬雪山西南侧，自西向东贯穿于我国的西部、中部和东部，于崇明岛以东注入东海，干流全长 6300km，流域面积 180 万 km²。长江干流河道宜昌以上为上游，以山区为主，河谷深切，是长江中下游洪水和泥沙的主要来源地。宜昌至湖口河段为中游，河道坡降变小、水流平缓，枝城以下沿江两岸筑有堤防；枝城至城陵矶河段为著名的荆江，河道蜿蜒曲折，素有"九曲回肠"之称，南岸有松滋、太平、藕池、调弦四口（简称"荆南四口"）分流入洞庭湖，水系极为复杂。湖口以下河道为下游，江心洲滩发育、河床演变较为剧烈。

长江中游河道两岸湖泊众多，历史上均与长江连通，后来由于围湖造田、修堤筑闸等，江湖逐渐阻隔，目前仅剩洞庭湖和鄱阳湖与长江自然连通。洞庭湖南纳湘江、资水、沅水、澧水（简称"四水"），北承荆南四口分流，经湖泊调蓄后在城陵矶附近注入长江，长江与洞庭湖水系如图 1 所示。洞庭湖是长江中游的重要调洪场所，是我国第二大淡水湖泊，是世界重要湿地，更是湖区百姓赖以生存的基础，在长江流域治理、开发和保护中具有举足轻重的地位。长江与洞庭湖相互作用、相互影响，形成了独特江湖关系。江湖关系演变影响着湖区洪涝灾害防治、水资源开发利用和生态环境保护，是洞庭湖治理的核心问题之一。

"千里荆江，险在荆江、难在洞庭"，洞庭湖区是长江中下游河湖治理的重点和难点。当前，洞庭湖区面临的突出水安全问题有：一是防洪形势依然严峻。湖区堤防尚未达到规划的治理标准，蓄滞洪区建设滞后、有计划分蓄洪水困难；松澧地区上有澧水洪水和松滋河来水频繁遭遇、下受沅水顶托，防洪形势尤为严峻。二是供水保证程度不高。荆南四口分流逐渐减少，断流时间逐渐提前、断流期延长，无水可用；四口河系地区垸内河、湖、渠连通不畅，水质堪忧，有水不能用；湖区水位在 9～10 月份降低，滨湖区现有灌溉设施引水困难，有水用不上；季节性、区域性水资源供需矛盾突出。三是生态系统质量下降。江湖关系演变改变了湖泊的自然水文节律，高水天数减少、季节性消落加快，造成湿地景观破碎化、洲滩提前出露，植被发生正向演替、部分珍稀鸟类种群呈下降趋势。四是水生动物数量逐年减少。湖泊水位降低，水生动物生存空间受到挤压，"迷魂阵""电捕鱼"等人类活动对水生动物影响加剧。五是通航受阻。湖区航运条件不断恶化，几条主要航道间的连通性受到威胁。

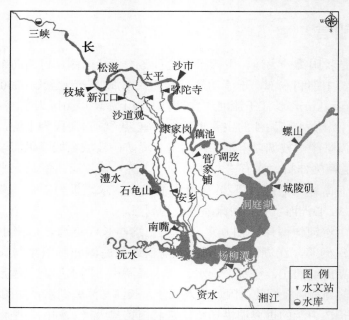

图1　长江与洞庭湖水系示意图

洞庭湖面临的水安全问题除了有其特殊的自然地理条件外，主要还受江湖关系演变影响。江湖关系演变条件下，荆南四口分流减少、断流天数延长，湖区 9～10 月份水位消落过快、提前进入枯水期等，这些是导致洞庭湖面临一系列水资源开发利用和生态环境保护问题的主要原因。增加枯水期荆南四口分流入湖水量，保持年际间相对稳定枯水期湖区水位是湖区水安全应对的主要策略。按照洞庭湖区经济社会发展和生态文明建设总体要求，洞庭湖综合治理应遵循"以人为本、江湖两利，全面规划、综合治理、标本兼治"的原则，加快完善防洪减灾、江湖应对、供水保障和生态修复四大工程体系，重点实施以松滋河疏浚建闸为核心的四口河系综合整治和城陵矶综合枢纽等关键工程（胡春宏等，2014，2015）。

本文主要分析了长江与洞庭湖关系演变特征、三峡工程蓄水运行前后江湖关系演变机理与未来趋势，研究了应对江湖关系演变的洞庭湖工程调控对策，试图为长江与洞庭湖的综合治理提供技术支撑。无特殊说明，本文高程系统为1980黄海高程。

2 长江与洞庭湖关系演变

2.1 江湖关系定义与表征要素

江湖关系是指"连通的江（河）湖水系之间的相互作用，包括河湖水量交换、河床湖盆的自然演变及其产生的物质能量交换等"（万荣荣等，2014）。就洞庭湖而言，江湖关系应包括长江与洞庭湖的关系、四水与洞庭湖的关系。由于长江与洞庭湖相互作用远大于四水与洞庭湖的相互作用，且长江与洞庭湖关系持续发生演变，故江湖关系通常特指长江与洞庭湖的关系。受自然演变和人类活动的影响，不同阶段江湖关系演变的主要驱动力不同，江湖关系变化特征和规律也不尽相同。根据长江分流入洞庭湖水沙量的变化，将以四口分流入洞庭湖为标志的近代江湖关系演变划分为"两种状态、三个阶段"。从1860~1870年藕池河、松滋河形成至20世纪30年代为江湖关系演变的第一阶段，其特征表现为长江分流入洞庭湖水沙量持续增加，称之为江湖关系演变第一种状态。此后，四口分流分沙开始逐渐减少，进入江湖关系演变的第二种状态。20世纪30~40年代至三峡水库蓄水运用前，为江湖关系演变的第二阶段。2003年三峡水库蓄水运行后，江湖关系演变总的趋势仍具有第二阶段的特性，但又发生了新的变化，为江湖关系的第三阶段。长江与洞庭湖关系演变的主要表征要素包括：荆江河段泥沙冲淤及其水位流量关系变化、长江分流入洞庭湖水沙变化、荆南四河泥沙冲淤变化、洞庭湖泥沙冲淤及水位变化、城（城陵矶）汉（汉口）河段泥沙冲淤及其水位流量关系变化等（韩其为，2014）。

2.2 近代江湖格局形成

史前时期，荆江尚未形成明显的河床形态，荆江北岸的云梦泽和南岸的洞庭湖没有天然分界线，浩淼沧茫一片。当时，江流在今江陵县边缘进入古云梦泽，然后以漫流形式向东南倾注。江水所携带的泥沙在云梦泽长期淤积，在云梦泽西部形成以荆州为顶点的荆江三角洲，古荆江水系呈扇状向东扩展，汇注云梦泽。受新构造运动自北向南掀斜下降的影响及科氏力的作用，扇状分流水系的主泓道逐渐迁移至三角洲的西南边缘，开始逐渐形成荆州以下上荆江的明显河床，并逐渐向下游发育。此时，下荆江地区尚处在高度湖沼阶段，洪水季节主泓横穿湖沼区至城陵矶附近与洞庭湖诸水相会。因北岸水系继续分泄水沙，荆江三角洲在向东继续延伸的同时，迅速向南扩张，迫使位于今石首县东北境内的云梦泽主体向下游推移，自此荆江在石首境内摆脱漫流状态，逐步形成河床（方春明等，2004）。

云梦泽持续淤积萎缩，迫使荆江河段水位上升，江水倒灌入洞庭湖。在云梦泽演变成大面积的洲滩和星罗棋布的小湖群的同时，也形成了荆州河槽的雏形，有九穴十三口分流洪水。当荆北出现大面积洲滩后，人类就在洲滩上从事劳动、筑堤防水，在九穴十三口分流的同时，大量泥沙又淤塞了九穴十三口，分流作用越来越小，人们又在河道淤塞的先决条件下进行堵口并垸。到 1524 年九穴十三口江北岸的最后一口郝穴堵口，形成了统一的荆江大堤。此时，仅有太平口、调弦口分流长江水沙至洞庭湖。1860 年和 1870 年长江大水，藕池、松滋先后决口成河，形成四口分流入湖的格局。溃口漫流演变成固定河槽后，集水成槽和流量加大引起冲刷，分流入湖水量和分流比逐渐增大，到 20 世纪 30～40 年代达到最大。据资料统计，1937 年荆南四口洪峰分流比（荆南四口分流量/枝城流量）达到 50.4%，年分流比达到 42.9%（韩其为等，2014）。

2.3 三峡水库蓄水运用前江湖关系演变

三峡水库蓄水运用前江湖关系演变主要分析 20 世纪 50 年代有系统实测资料以来至 2002 年期间的江湖关系变化。该阶段江湖关系演变除了受自然作用外，下荆江河段裁弯、葛洲坝水库运用等人类活动也加速了江湖关系演变。

2.3.1 三峡水库蓄水运用前江湖关系演变机理

长江通过荆南四口分流分沙入洞庭湖，荆南四口分流分沙量与荆江河段河道、荆南四河河道冲淤相互影响、相互作用，构成复杂的江湖关系。荆南四河为分流河道，其下段就是自身淤积的三角洲，具有河长不断伸长、坡降不断减缓、河床不断淤积并向上游发展、摆动和分汊多的河网特性。同时，荆南四河及其下游的洞庭湖又构成了荆江的支汊，枯水期湖水位较低时，荆南四河本应发生一定冲刷，却因分流量小而无法实现，加剧了荆南四河的淤积。淤积影响上溯到分流口门引起四口分流的自然衰减，荆江河道流量相应加大。1958年在调弦口封堵，荆南四口分流入湖变为荆南三口（简称"三口"）分流入湖。1966～1972年下荆江三次裁弯后，荆江河段流程缩短、坡降变陡、流速加快，荆江河道流量进一步加大。荆江流量加大，荆江河道发生流量加大而引起的冲刷；荆江河道冲刷、同流量水位降低，又导致三口分流进一步减少；且距离裁弯点越近，受下荆江裁弯影响越大，导致藕池河最先淤积衰退。1981年葛洲坝水库建成后，上荆江河段发生短期冲刷；但由于冲刷主要集中在坝下至枝城河段，葛洲坝水库建设对分流入湖水量影响不大。荆南三口分流量减少，使得荆南三河各支汊平均水深、挟沙能力均明显降低，加剧了荆南三河淤积，并逐渐向口门发展，三口分流量进一步减少，荆江流量则进一步加大。荆江、荆南三河和洞庭湖三者之间，相互影响、相互作用，驱动着江湖关系演变。三峡水库蓄水运用前长江与洞庭湖相互作用关系如图2所示。

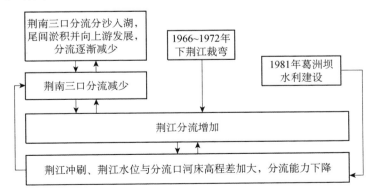

图2　三峡水库蓄水运用前长江与洞庭湖相互作用关系示意图

2.3.2　三峡水库蓄水运用前江湖关系变化

三峡水库蓄水运行前江湖关系的演变主要表现为以下五个方面：荆江河段持续冲刷、三口分流分沙量显著减少，荆南三河累积性淤积、洞庭湖淤积萎缩和城（城陵矶）汉（汉口）河段先淤后冲。江湖关系演变相关表征要素统计见表1和表2。

表1　江湖关系主要表征要素统计表

阶段	枝城站来水来沙		荆南三口分流分沙		湖区水位		
	径流量 /亿 m³	输沙量 /万 t	径流量 /亿 m³	输沙量 /万 t	七里山 /m	杨柳潭 /m	南咀 /m
1959～1966 年	4515	55300	1305	18497	22.13	26.96	28.37
1967～1972 年	4302	50400	1053	15004	22.33	27.02	28.25
1973～1980 年	4441	51300	841	11050	22.75	27.24	28.29
1981～1998 年	4438	49100	699	9300	23.37	27.32	28.34
1999～2002 年	4454	34600	625	5670	23.55	27.43	28.37
2003～2012 年	4092	5850	493	1127	22.97	26.97	27.93

表2　长江干流枝城至汉口河段泥沙冲淤统计表　　（单位:万 m³）

河段	时段							
	1957～1966 年	1966～1975 年	1975～1980 年	1980～1993 年	1993～1996 年	1996～1998 年	1998～2002 年	2002～2012 年
上荆江	-727	-6508	-7931	-13404	-2435	-2558	-8352	-33104
下荆江	-7861	-19554	-15039	-17177	11856	745	-1837	-28974
城汉河段	19971*	8030	3310	25330	-1260	-9960	-6694	-15893

注："-"表示冲刷，*数据统计时段为 1959～2002 年。

1. 荆江河道持续冲刷

根据相关统计（叶敏等，2003），1957～2002 年荆江河段累计冲刷泥沙 9.08 亿 m³。其中上荆江表现为持续冲刷，平滩河槽累计冲刷泥沙 4.2 亿 m³，按平均河槽宽度 1400m 计，上荆江累计平均冲深 1.74m；下荆江表现为先冲后淤再冲，平滩河槽累计冲刷泥沙 4.89 亿 m³，按平均河槽宽度 1300m 计，累计平均冲深 2.14m。从冲淤过程来看，下荆江实施裁弯工程后，荆江河段河道冲刷强度最大，是三峡水库蓄水运用前多年平均值的 2～3 倍。随着荆江河道冲刷，中枯水流量对应水位下降显著，2002 年与 1960 年相比，沙市水文站 5000～10000m³/s 流量对应水位下降 2.4～2.0m，如图3 所示。

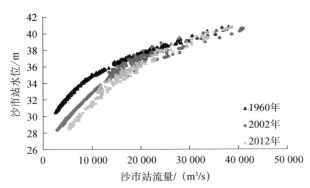

图3　沙市水文站不同年份水位流量关系对比图

2. 三口分流分沙量显著减少

三口分流量受荆江干流水位影响显著。同流量荆江水位降低，三口流量减少，分流量减少又引起荆南三河淤积，两者相互作用导致三口分流量锐减。1999～2002 年与 1959～1966 年相比，三口合计年平均分流量减少 680 亿 m^3，减少了 52%，其中藕池西支分流量减少最为严重，占总减少量的 63%。下荆江裁弯是三口分流量减少的主要原因，下荆江裁弯后的 1973～1980 年与裁弯前的 1959～1966 年相比，三口分流量减少了 464 亿 m^3，占三峡水库蓄水运用前三口分流总减少量的 68%。伴随着分流量的减少，三口分沙量也显著减少。1999～2002 年与 1959～1966 年相比，三口合计年平均分沙量减少 12827 万 t，减少了约 70%。三口分流量的持续减少，三口断流时间逐渐提前，断流期延长，除松滋河西支新江口站外，荆南三口 5 站其余 4 站均出现断流，1999～2002 年平均断流天数约 200 天，较 1959～1966 年平均值增加 130 天。三口逐年分流量和三口四站年平均断流天数如图4所示。

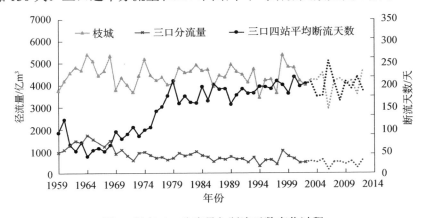

图4　荆南三口分流量与断流天数变化过程

3. 荆南三河累积性淤积

1952～2002 年荆南三河累计淤积泥沙 6.52 亿 m³，约占三口控制站同期输沙量的 13.1%；其中，松滋河、松虎洪道、虎渡河和藕池河分别淤积泥沙 1.71 亿 m³、0.43 亿 m³、0.86 亿 m³ 和 3.51 亿 m³。淤积严重的一些支汊濒临淤死。荆南三河淤积导致河道同流量水位抬高，三峡水库运用前与下荆江裁湾前相比，松澧洪道石龟山水文站 10000m³/s 流量对应水位抬高了 3.35m，松虎洪道安乡水文站 6000m³/s 流量对应水位抬高了 1.45m。荆南三河的衰退并未带来洪水威胁的减弱。

4. 城汉河段先淤后冲

20 世纪 90 年代与 50～60 年代相比，下荆江河段径流量增加了 700 亿～800 亿 m³，该部分水量在 50 年代时进入洞庭湖，并将其挟带泥沙的大部分淤在洞庭湖，出湖水量泥沙含量低，且泥沙很细。随着江湖关系的变化，该部分挟较高含沙量水流由荆江直趋莲花塘以下，打破了城汉河段输沙平衡，从而引起该河段河道淤积。1959～2002 年，城汉河段平滩河槽累计淤积泥沙 3.87 亿 m³；其中，淤积主要集中在 1993 年之前，1993 年后城汉河段总体冲刷，1993～2002 年累计冲刷泥沙 1.79 亿 m³。城汉河段泥沙淤积，同流量水位抬高，且流量愈小、抬高愈多。2002 年与 1959 年相比，螺山水文站 10000m³/s、20000m³/s、40000m³/s 流量对应水位分别抬高 1.98m、1.62m 和 1.46m，如图 5 所示。城汉河段水位抬高对洞庭湖出流顶托影响增加，不利于湖区防洪。

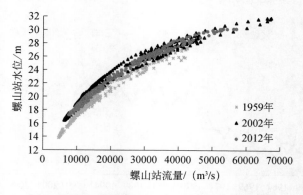

图5　螺山水文站不同年份水位流量关系对比图

5. 洞庭湖淤积萎缩

根据洞庭湖入湖、出湖控制水文站输沙量统计，1961～2002 年洞庭湖区共淤积泥沙 44.48 亿 t，年平均淤积 1.06 亿 t。随着三口分沙量的衰减，洞庭湖区泥沙淤积速度明显减缓；1961～1970 年洞庭湖区年平均淤积泥沙 1.70 亿 t，到 1991～2002 年洞庭湖区年均淤积泥沙 0.6 亿 t。洞庭湖淤积减缓，有助于有效容积的长期维持。尽管荆南三口分流量减少显著，但受洞庭湖淤积萎缩和城汉河段淤积对洞庭湖出流顶托作用增强等共同影响，洞庭湖区年平均水位不降反升。1999～2002 年与 1959～1966 年相比，城陵矶七里山、杨柳潭水文站年平均水位分别抬高 1.38m 和 0.46m，洪水位抬高尤为显著。

受特殊的自然地理条件和江湖关系演变影响，三峡水库蓄水运用前洞庭湖的治理以防洪为主。

2.4 三峡水库蓄水运行后江湖关系演变

三峡水库蓄水运行后，江湖关系演变趋势总体与三峡水库蓄水运用前基本一致，但又出现了一些新的情况，主要表现为：9～10 月份洞庭湖水位消落加快，提前进入枯水期。

2.4.1 三峡水库蓄水运用后江湖关系演变机理

三峡水库蓄水运用后的 2003～2012 年，长江上游来水来沙整体偏枯，加之三峡水库对水沙过程的调蓄，加速了江湖关系变化。2003～2012 年与 1999～2002 年相比，枝城水文站年平均来水量减少 362 亿 m³，减少了 8%；9～10 月份兴利蓄水期枝城站来水量减少了 188 亿 m³，其中三峡水库平均拦蓄水量约 100 亿 m³；2003～2012 年三峡水库共拦蓄洪水 19 次，累计淤积泥沙约 15.8 亿 t。

若定义某一枝城流量下三口合计分流量为分流能力，则分流能力是分流口门附近长江干流水位与三口口门河底高程差值的函数，且呈一元二次正相关（Zhang et al.，2015）。三峡水库对径流过程调蓄，使得枝城站大流量、高水位几率降低，直接导致三口分流量显著减少；三峡水库拦沙，出库水流接近清水，平均含沙量从 1999～2002 年的 0.78kg/m³ 降低至 2003～2012 年的 0.14kg/m³，泥沙中值粒径由三峡水库蓄水运用前的 0.09mm 降低至 0.05m，沉降速度减少了近 70%，水流挟沙能力显著增强，三峡坝下河道普遍发生冲刷，中枯水流量对应水位降低明显，导致三口分流能力降低（胡春宏和王延贵，2014）；三峡水库对水沙过程的调蓄，导致三口分流分沙量显著减少。三峡水库 9～10 月份兴利蓄水，长江干流水位显著降低，对洞庭湖顶托作用减弱，又导致蓄水初期洞庭湖出流加快、水位降低，提前进入枯水期。

2.4.2 三峡水库蓄水运用后江湖关系变化

三峡水库蓄水运用后，江湖关系演变总体同三峡水库蓄水运行前一致，且变化幅度进一步加快；同时又出现一些新情况，汛后洞庭湖提前进入枯水期，枯水期延长。

1. 荆江河段河道冲刷加剧

三峡水库蓄水运用后低含沙水流下泄，坝下河段河道普遍发生冲刷。2003～2012 年，上荆江河段平滩河槽累计冲刷泥沙 3.3 亿 m^3，下荆江河段平滩河槽累计冲刷泥沙 2.9 亿 m^3，上、下荆江河段冲刷强度分别为 19.3 万 m^3/（km·a）和 16.5 万 m^3/（km·a），冲刷强度是三峡水库蓄水运用前多年平均值的 3～4 倍（许全喜等，2013）。荆江深泓平均冲深 1.6m，调关河段最大冲深达 13.6m（曹文洪和毛继新，2015）。2012 年与 2002 年相比，沙市水文站 5000～10000m^3/s 流量对应水位分别下降 1.08～0.60m；三峡水库运用后荆江河段冲刷表现为"槽冲滩淤"，且大水漫滩机会大大降低、滩地植被生长旺盛，故当沙市站流量大于 30000m^3/s 时水位不降反升，出现坝下游河道萎缩的症状，如图 3 所示。

2. 三口分流分沙量继续减少

受长江上游来水持续偏枯、荆江河道冲刷和三峡水库对径流过程的调蓄等共同影响，三口分流量继续减少。2003～2012 年三口合计年平均分流量 493 亿 m^3，较 1999～2002 年平均值减少了 21%，年平均分流比也由 1999～2002 年的 14%降低至 2003～2012 年的 12%。荆江来水含沙量极低，加之分流量减少，三口分沙量也显著降低；2003～2012 年三口合计年平均分沙量 1125 万 t，较 1999～2002 年平均值减少了 80%。根据分析，2003～2012 年长江来水整体偏枯是三口分流减少的主要原因，三峡水库对中小洪水调蓄和汛后兴利蓄水等也是重要原因，荆江河段河道冲刷进一步加剧了分流量的减少，不同时段三口分流能力对比如图 6 所示。

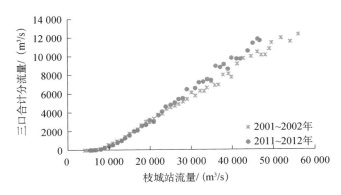

图6　三峡水库蓄水运用前后荆南三口分流能力对比

3. 荆南三河发生暂时性冲刷

由于三峡水库清水下泄，荆南三河也发生了冲刷，与三峡水库蓄水运用前普遍淤积相比发生了根本变化。2003~2011 年荆南三河洪水河槽以下累计冲刷泥沙 7550 万 m³，其中松滋河、松虎洪道、虎渡河、藕池河分别冲刷泥沙 3350 万 m³、870 万 m³，1540 万 m³ 和 1790 万 m³，分别占三口河道总冲刷量的 44.4%、11.5%、20.4%和 23.7%。从冲淤位置来看，冲刷主要集中在口门段，荆南三口口门段平均冲深 0.3~0.4m（水利部长江水利委员会，2015）。从冲淤过程来看，2003~2009 年荆南三河以冲刷为主，洪水河槽以下累计冲刷泥沙 8540 万 m³，占 2003~2011 年总冲刷量的 113%；2009~2011 年荆南三河以淤积为主，洪水河槽以下累计淤积泥沙约 1000 万 m³。2009 年以后荆南三河淤积的主要原因有以下两点：一是荆南三河经冲刷后床沙明显粗化；二是 2009 年以前三峡水库调洪不多，荆南三河洪峰相对较大，2009 年后三峡水库调洪多，荆南三河大流量过程减少，故三口河道又发生了淤积。为了减少荆南三河淤积，扩大其冲刷，以降低三口断流时枝城流量，三峡水库应尽可能减少对中小洪水的调蓄。

4. 城汉河段由淤转冲

三峡水库蓄水运用后螺山水文站含沙量降低了 75%，在此条件下，城汉河段河道转淤为冲。2003~2012 年，城汉河段平滩河槽累计冲刷泥沙 1.59 亿 m³，冲刷强度为 5.76 万 m³/（km·a），小于荆江河段的 17.88 万 m³/（km·a）和汉口至湖口河段的 8.07 万 m³/（km·a）。主要原因是三峡水库蓄水运用前，城汉河段河道总体处于淤积状态，要转变为冲刷，首先要抵消淤积再转为冲刷，故较之其他两个河段冲刷强度最小。随着城汉河段河道的冲刷，中枯水流量水位降低显著。2003~2012 年，螺山水文站 8000~

16000m³/s 流量对应水位分别下降 0.73～0.81m，如图 5 所示。同流量螺山水位降低，对洞庭湖顶托作用减弱，在一定程度上加快了洞庭湖出流。

5. 洞庭湖水位显著降低

三峡水库蓄水运用以来，在长江流域来水偏枯和三峡水库蓄水共同作用下，洞庭湖年平均水位显著降低。2003～2012 年与 1999～2002 年相比，洞庭湖七里山站、杨柳潭站和南咀站年平均水位分别降低 0.58m、0.45m 和 0.43m。从年内各月水位变化来看，7～11 月份水位降低明显，其中 10 月份水位降低值最大，七里山站、杨柳潭站和南咀站 10 月平均水位分别降低 1.91m、0.87m 和 0.77m。除长江流域来水偏枯外，7～8 月份水位降低与三峡水库对中小洪水调蓄密切相关，而 9～10 月份水位降低与三峡水库汛后蓄水密切相关，各月水位对比如图 7 所示。

三峡水库 9～10 月份集中蓄水，长江干流水位降低，一方面造成三口分流入湖水量减少，另一方面又造成蓄水初期洞庭湖出流加快，共同作用造成 9～10 月份湖区水位消落加快，提前进入枯水期。2003～2012 年的 9 月 15 日至 10 月 31 日七里山站平均水位降低了 4.76m，较三峡水库蓄水运用前多年平均值多消落了 1.59m。若以 1959～2002 年 11 月上旬七里山站平均水位 23m 作为洞庭湖进入枯水期开始的标志，2003～2012 年洞庭湖枯水期提前了近 30 天，2008～2012 年洞庭湖枯水期提前了近 40 天。

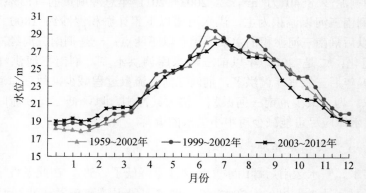

图7　洞庭湖七里山不同时段站水位对比（旬平均水位）

2.5　未来江湖关系演变趋势

随着长江上游控性水库群陆续投入运用，这些水库调蓄首先改变了三峡水库入库水沙过程，并与三峡水库调蓄影响叠加，共同影响长江与洞庭湖关系演变。采用中国水利水电科学研究院开发的一维江湖河网水沙模型进行计算、预测未来江湖关系演变趋势（方春明，2003）。模型从 2003 年开始计算，2003～2012 年为实测水沙过程，从 2013 年起每 10 年为 1 个周期，采用 90 水沙系列（1991～2000 年系列），并考虑不同阶段长江上游水库调蓄影响，滚动计算。总的来看，未来江湖关系总体演变趋势与三峡水库蓄水运用后基本一致，但变化幅度逐渐趋缓（韩其为，2014）。

1. 荆江河段继续冲刷

根据模型计算，预计未来荆江河段河道仍将持续冲刷，且冲刷主要集中在三峡及长江上游水库群联合运行 50 年内。至 2052 年末，上荆江累计冲刷泥沙 2.84 亿 m^3，较 2012 年多冲刷泥沙 0.87 亿 m^3；下荆江累计冲刷泥沙 10.88 亿 m^3，较 2012 年多冲刷泥沙 6.87 亿 m^3。2052 年与 2012 年相比，枝城水文站中枯水流量对应水位还将下降 0.3～0.5m，沙市水文站中枯水流量对应水位还将下降 0.5～0.8m。

2. 荆南三口分流分沙量继续衰减

三峡及长江上游水库群联合运用第 2 个 10 年（2013～2022 年）、第 3 个 10 年（2023～3032 年），三口合计年平均分流量（90 系列）分别为 594 亿 m^3 和 546 亿 m^3，两阶段分流量相差较大的原因主要是受乌东德、白鹤滩水库蓄水的影响。第 3 个 10 年三口年平均分流量较实测 90 系列减少了近 100 亿 m^3。之后，每 10 年平均减少约 10 亿 m^3，分流量持续减少主要受荆江河段河道冲刷影响。三峡及长江上游水库群联合运用第 3 个 10 年，三口合计年平均分沙量 741 万 t，仅为实测 90 系列分沙量的 10%。之后由于含沙量的增加，三口分沙量缓慢增加，至三峡及长江上游水库群联合运用第 10 个 10 年，三口合计年平均分沙量增加至 1789 万 t，约为实测 90 系列的 25%。

3. 荆南三河有淤有冲

根据模型计算，松滋河系在 2072 年前呈持续微冲状态，此后缓慢回淤，2003～2072 年松滋河累计冲刷泥沙 0.62 亿 m^3，比 2012 年多冲刷泥沙 0.52 亿 m^3；虎渡河冲淤基本平衡；藕池河持续淤积，2003～2102 年藕池河累计淤积泥沙 0.45 亿 m^3，比 2012 年多淤积泥沙 0.36 亿 m^3。

4. 城汉河段长时段冲刷

根据模型计算，未来城汉河段在长时间内仍将持续冲刷，但冲刷强度逐渐趋缓。2013～2022 年冲刷强度达 12.9 万 m^3/（km·a），是三峡水库蓄水运用以来 2003～2012 年冲刷强度的 2 倍，此后冲刷强度逐年降低。至三峡水库蓄水运用 100 年末（即 2102 年），城汉河段尚未达到冲淤平衡，累计冲刷泥沙达 9.54 亿 m³。

5. 洞庭湖水位继续降低

根据模型计算，三峡及长江上游水库群联合运行 50 年至 2052 年末，遇1991 年典型来水过程，七里山水文站年平均水位 21.41m，比 1991 年实测年平均水位低 2.19m，比现状 2012 年计算水位低 1.14m。其中，三峡及长江上游水库群蓄水阶段 9～10 月份水位降低最为显著，2052 年的 9 月份、10 月份七里山站计算水位比实测 1991 年同期水位分别降低 4.05m 和 5.68m，比2012 年计算同期水位分别降低 2.34m 和 1.27m。

从江湖关系演变趋势来看，长江分流入洞庭湖水沙量持续减少，长江干流对洞庭湖顶托作用减弱，长江与洞庭湖关系逐渐疏远。

3 松滋河疏浚建闸工程与运行调度

四口河系是由江、河、湖组成的复杂水网体系，是长江与洞庭湖连接的重要纽带，也是受江湖关系演变影响最为直接、最为显著的区域。四口河系的综合整治是应对江湖关系变化、解决该地区目前面临水安全问题的迫切需要。荆南四河中，虎渡河和华容河已分别建有南闸和调弦闸；藕池河淤积严重，且藕池口附近长江干流将长时间冲刷，藕池河疏浚有很大的不确定性；松滋河是荆南四河分流量最大的河流，松滋西支目前仍不断流，松滋河疏浚建闸工程不仅可以增加分流入湖水量，还可缓解松澧地区防洪压力。建议四口河系综合整治以松滋河疏浚建闸工程优先实施。

3.1 松滋河疏浚建闸工程

根据松滋河及松澧地区面临的水安全问题，松滋河疏浚建闸工程的主要任务包括：一是减轻松澧地区防洪压力；二是缓解四口河系地区水资源供需矛盾；三是改善区域生态环境；四是防止松滋河尾闾和七里湖进一步淤积萎缩。松滋河疏浚建闸遵循不改变长江中下游防洪格局、不增加荆江河段防洪压力、江湖两利、有效应对江湖关系演变，工程综合效益最大、影响最小等原则。主要工程包括：松滋河疏浚、松滋口建闸、控制强干和平原水库建设等，具体如图 8 所示（胡春宏和阮本清，2014）。

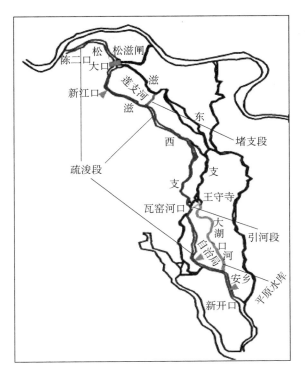

图8　松滋河疏浚建闸工程总体布局示意图

（1）松滋河疏浚。松滋河疏浚范围为陈二口—大口—新江口—瓦窑河口—自治局—安乡—新开口河段。疏浚后陈二口、大口、瓦窑河口、自治局水文站和新开口断面的河底高程分别为 30m、29m、27.4m、26.7m 和 26.2m；瓦窑河口以上河段河底宽 100m、瓦窑河口以下河段河底宽 320m。松滋河疏浚泥沙疏挖量约 6200 万 m³。疏浚后，当枝城水文站 6000m³/s 流量时，松滋河分流能力可达约 400m³/s，满足四口河系地区水资源开发利用和生态环境改善需求。

（2）平原水库。在松滋河东支大湖口河段王守寺建上控制闸，在小望角建下控制闸，可形成库容约 4000 万 m³ 的平原水库。一方面在汛期挡水，缩短防洪堤线；另一方面是汛后蓄水，增加沿岸安造垸和安澧浣枯水期水资源供给量。

（3）堵支和引河开挖。封堵松滋东支、西支之间的汊河莲支河。大湖口河建设平原水库后，需为王守寺以上河段的洪水寻找出路，拟在永泰废垸开挖引河，将松滋东支的洪水引入松滋西支。

（4）松滋口建闸。初拟在松滋河与采穴河交叉口下游、松滋西支与松滋东支交叉口上游的河段之间，大口附近建松滋闸，闸址轴线总长 1030m。天然情况下松滋河分流对缓解荆江河段防洪作用重大，松滋口建闸不能降低松滋河的最大分流能力。根据松滋河实测最大流量、三峡水库调度后枝城站特征流量和三峡水库用前江湖关系等，初步确定松滋闸最大设计流量为 11000m³/s，百年一遇洪水设计分流量为 7500m³/s。

3.2 松滋闸运行调度方式

松滋闸的运行调度遵照"错峰不拦洪"的理念，通常情况下闸门打开畅泄，当松澧地区入口洪水大于松澧地区出口安全泄量时，视荆江河段防洪形势相机启动松滋闸错峰调度。枯水期引水流量不超 400m³/s。初拟松闸的运行调度方式分两种，一是松滋闸单独运行，二是松滋闸与三峡水库联合运行。

1. 第一种运行调度方式：松滋闸单独运行

（1）通常情况下，汛期闸门打开敞泄。

（2）当预报松滋河分流量与澧水石门水文站流量之和大于松澧地区出口河道安全泄量（石龟山水文站、安乡水文站保证水位对应流量之和）14000m³/s 时，相机启动松滋河闸实施错峰调度。

松滋闸分流量按下式控制：

（1）当预报沙市水位不超警戒水位 43m（吴淞高程）时：

$$Q_闸 = \text{Max}\{(14000 - Q_石), 0\} \tag{1}$$

式中，$Q_闸$ 为松滋闸分流量；$Q_石$ 为澧水石门水文站预报流量。

（2）当预报沙市水文站水位介于警戒水位与百年一遇洪水控制水位 44.5m（吴淞高程）之间时：

$$Q_闸 = \text{Max}\{(14000 - Q_石), (Q_枝 + Q_沮 - Q_太 - 48000)\} \tag{2}$$

式中，$Q_枝$ 为枝城水文站预报流量；$Q_沮$ 为荆江北岸沮漳河预报流量；$Q_太$ 为预报虎渡河太平口分流量；48000 为沙市水文站保证水位对应流量（枝城站流量 56700m³/s 对应沙市站流量约 48000m³/s）；$Q_枝 + Q_沮 - Q_太 - 48000$ 为荆江地区防洪调度松滋河最小泄量约束，通过此约束可保证枝城流量为 56700m³/s 及以下时松滋闸错峰后沙市水文站水位不超保证水位。

（3）当预报沙市水文站水位超保证水位时松滋闸全部打开畅泄。

2. 第二种运行调度方式：松滋闸与三峡水库联合调度

松滋闸第二种调度方式基本同第一种调度方式，主要区别在于当预报荆江河段超警戒水位时，松滋闸错峰调度拦蓄水量等量的由三峡水库拦蓄，不因松滋闸错峰调度而增加荆江河段防洪压力。从长江中下游防洪格局、防洪形势来看，建议松滋闸采用第二种运行调度方式。

3.3 松滋河疏浚建闸的作用与影响

1. 松滋河疏浚建闸的作用

松滋河疏浚建闸后枯水期最小流量可达 400m³/s，松滋河系主要站点枯水期平均水位抬高 0.2～0.5m，同时实施以松滋河为水源的河湖连通工程等，可基本满足四口河系经济社会发展和生态环境需水要求。除苏支河—青龙窖（官垸河、自治局河汊口）河段外，其余河段水深和水面宽度满足Ⅱ～Ⅲ航道要求，达到《湖南省内河水运发展规划》目标。松滋闸错峰调度对于澧水大水、长江干流小水组合洪水防洪效果很好，如遇 1996 年洪水、2003 年洪水，错峰调度期间松澧地区主要站点平均水位降低 0.4～0.7m 和 0.2～0.7m；若实施松滋闸与三峡水库联合调度，遇 1954 年、1998 年全流域洪水，松澧地区主要站点洪水水位降低 0.2～0.5m、0.8～1.2m。

2. 松滋河疏浚建闸的影响

松滋河疏浚建闸，实施松滋闸与三峡水库联合调度，不增加荆江河段防洪压力，三峡坝前水位抬高最大不超 1m，不降低三峡水库的防洪作用。枯水期引水 400m³/s，秋灌高峰期的 9～10 月份荆江河段平均水位降低 0.1～0.13m，枯水期 11 月至次年 4 月中旬荆江河段平均水位降低 0.17～0.24m，对荆江沿岸省生产生活用水影响不大，但可能影响到荆江河段通航，应进一步优化枯水期流量。松滋闸建成后，大部分时间闸门全开敞泄，且水流含沙量极低，不会造成闸前和疏浚河道的回淤。

4 城陵矶综合枢纽工程与运行调度

松滋河疏浚建闸可增加枯水期分流入湖水量，但由于洞庭湖出口未控制，疏浚建闸对湖泊水位几乎无抬高作用。要应对江湖关系变化下 9～10 月份湖泊水位消落过快的局面，还应对洞庭湖出口控制，合理调控湖区水位。城陵矶综合枢纽工程定位为：有效应对江湖关系变化、提高湖泊的经济和生态承载能力。

4.1 城陵矶综合枢纽工程

城陵矶综合枢纽是一个全闸工程。综合考虑地形地质条件，对行洪、风景区和岳阳市的影响，水工建筑物布置、运行管理和工程规模等，初拟城陵矶综合枢纽闸址位于洞庭湖出口七里山水文站附近，岳阳洞庭湖一桥下游1.1km、在建洞庭湖二桥上游 2.1km 处，右岸连接岳阳东风湖大堤，左岸连接长江 U 形河槽的导流隔堤。枢纽轴线总长约 3500m，其中左岸约 2000m 为芦苇滩地，地面高程在 25~30m，右岸为主河槽。城陵矶综合枢纽布置从左到右依次为溢流明渠（1068m）、左岸泄水闸(682m)、船闸(540m)、右岸泄水闸（1196m）、鱼道及右岸连接段（46m）。

4.2 城陵矶综合枢纽运行调度方式

城陵矶综合枢纽运行调度遵循"调枯不控洪"的原则。城陵矶综合运行调度方式制定的核心是合理确定关键时机的控制水位：一是要满足滨湖区灌溉和供水取水的水位要求，保障供水安全；二是满足湿地动态特征所需的水文节律，保障湖区生态安全；三是满足湖区通航最小水深要求，保障湖区航运安全；四是满足改造钉螺孳生环境水位涨落需求，保障湖区民生安全。综上考虑，初拟城陵矶综合枢纽运行调度方案为"27.5m-24m-22m"（胡春宏和阮本清，2015），具体如下：

（1）4 月 1 日~8 月 31 日江湖连通期：闸门全部敞开，江湖连通。

（2）9 月 1 日~10 日下闸蓄水期：相机下闸、拦蓄洪水尾巴，在满足生态流量的前提下，控制湖区最高蓄水位在 27.5m 左右，期间若湖区水位高于27.5m，闸门全开敞泄。

（3）9 月 11 日~10 月末城陵矶综合枢纽补水期：通过闸控，将湖区水位从最高蓄水位逐渐消落至调控高水位 24.0m。

（4）11 月 1 日~30 日补偿调节期：通过闸控，保证闸上水位有 0.5~1m的消落深度，营造适宜的洞庭湖湿地格局。

（5）12 月~次年 3 月份末枯水期：按下游需水和候鸟生活习性科学调控湖区水位，保持湖区水位在 23~22m 不断波动；期间若外江水位高于闸前水位，闸门全开、江湖连通。

（6）特殊调度方式。在遇到类似于 2006 年汛期湖区水位偏低的年份，可根据中长期水雨情预测预报情况，适当提前下闸蓄水。在闸控期，若长江中下游干流发生突发水质性等事件需要长江上游水库补水时，城陵矶综合枢纽可配合三峡水库共同承担。每 2～3 年，在天然情况下湖区水位最低的季节（1 月份左右），将湖区水位在调控低水位的基础上再降低 1m 左右，促进底泥中氮磷等污染释放、有利于水生植物种子库和幼苗库萌发，提高水生植被对水质净化的能力。

4.3　城陵矶综合枢纽的作用与影响

（1）城陵矶综合枢纽的作用。

按推荐运行方式运行调度，9～10 月份洞庭湖的水文节律大致可恢复至三峡水库蓄水运用前多年平均的水平，基本消除三峡及长江上游控制水库群运用对洞庭湖水位的影响，达到有效应对江湖关系变化的目的；可降低枯水期提前和低水位持续时间过长造成的洲滩提前出露、植被发生正向演替、草洲向湖心推进、沉水植被生成期缩短等一系列生态环境问题，枯水期草洲与泥滩、水域面积各约 8 万 hm²，可为越冬候鸟提供适宜的湿地生境格局；可减少滨湖区约 100 万亩①农田季节性缺水，改善约 110 万人口的取水条件；可将长沙枢纽至城陵矶航道由Ⅲ级提高至 Ⅰ～Ⅱ 级（Ⅰ 级 97km、Ⅱ 级 82km），有 39km 等级外航道提高至Ⅲ级，可基本实现《湖南省内河航运发展规划》中确定的湖区航道发展规划；三峡水库蓄水期，还可向下游补水约 47 亿 m³，极大的缓解由于三峡水库汛后集中蓄水对长江中下游的影响，若与三峡水库联合调度，还可提高三峡水库的汛后蓄满率。

（2）城陵矶综合枢纽的影响。

工程建成后，每年约有一半时间处于闸控状态，改变了江湖自然连通之态势，湖区水文节律、水动力将发生变化，可能会对湖区生态系统、水环境等产生一定的影响。受闸墩等水工建筑物阻水影响，敞泄期洪区洪峰水位壅高约 0.05m，9～10 月份可能影响东洞庭湖滨湖区的排涝，需将自排改为电排；若 9～10 月份湖区水位消落深度不足 3～4m，且枯水期水位高于 22～23m，可能造成苔草出露推迟，湿地植被淹没等；闸控期湖区水体流动变缓、自净能力下降，局部尾闾和河湾发生富营养化的风险增加；三峡水库蓄水运用后，洞庭湖入湖沙量锐减，且出湖泥沙主要集中在敞泄期，枢纽建设对湖泊泥沙淤积、下游河道的冲淤影响不大。

---

①　1 亩≈666.7m²。

5 结论与建议

受自然演变和长江上游水库群建设等人类活动影响，长江与洞庭湖关系持续发生变化，对洞庭湖的影响主要表现为：三口分流减少、断流时间延长，9~10 月湖泊水位消落过快，提前进入枯水期，且这种影响将呈趋势性和常态化，洞庭湖面临一系列水安全问题。实施以松滋河疏浚建闸为核心的四口河系综合整治、建设城陵矶综合枢纽，可有效应对江湖关系演变对洞庭湖区的影响，提高湖区水资源经济社会和生态承载能力。

（1）预计三峡及长江上游水库群运行 50 年内，荆江河段河道冲淤基本平衡，累计冲刷泥沙 13.72 亿 m³，荆江河段中枯水流量对应水位降低（与三峡水库蓄水运用前相比）最大达 1.3~1.4m；荆南三口合计年平均分流量减少约 110 亿 m³，洞庭湖七里山站 9~10 月份平均水位降低 4~5m。

（2）受特殊的自然地理条件和江湖关系演变，湖区面临防洪形势严峻、供水保证程度不高、湿地生态质量下降、湖区通航受阻等一系列水安全问题。实施松滋河疏浚建闸增加枯水期入湖水量，建设城陵矶综合枢纽合理调控湖泊枯期水位，是应对江湖关系演变、缓解湖区水安全问题的主要措施。

（3）松滋河疏浚建闸主要工程包括：松滋河疏浚、大口建闸、平原水库建设等，以大口断面底高程 29m 为推荐疏浚方案。松滋闸运行调度遵循"错峰不拦洪"的原则，视荆江河段的防洪形势，相机实施松滋河来水与澧水洪水的错峰调度。

（4）城陵矶综合枢纽位于洞庭湖出口七里山水文站附近。城陵矶综合枢纽运行调度遵循"调枯不控洪"的原则，综合考虑滨湖区供水、湿地生态、湖区通航等需求，初步推荐城陵矶综合枢纽运行调度方案为"27.5m-24m-22m"。

（5）松滋河疏浚建闸和城陵矶综合枢纽建设有利有弊，但利大于弊，通过进一步优化运行调度方案，可将不利影响降到最小。综合考虑工程建设难度、工程效益等，建议优先实施松滋河疏浚建闸为核心的四口河系综合整治。

参考文献

曹文洪，毛继新. 2015. 三峡水库运用对荆江河道及三口分流影响研究. 水利水电技术，46（6）：67-71.

方春明，鲁文，钟正琴. 2003. 可视化河网一维恒定水流泥沙数学模型. 泥沙研究，(6)：60-64.

方春明，毛继新，鲁文. 2004. 长江中游与洞庭湖泥沙问题研究. 北京：中国水利水电出版社.

韩其为. 2014. 江湖关系变化的内在机理. 长江科学院院报, (6):104-112.

韩其为, 方春明, 毛继新, 等. 2014. 长江与洞庭湖关系变化及控制对策研究. 北京, 中国水利水电科学研究院.

胡春宏, 王延贵. 2014. 三峡工程运行后泥沙问题与江湖关系变化. 长江科学院院报, 31(5): 107-116.

胡春宏, 阮本清, 张双虎, 等. 2014. 洞庭湖区治理及松滋口建闸关键技术研究. 中国水利水电科学研究院, 北京.

胡春宏, 阮本清, 张双虎, 等. 2015. 洞庭湖生态经济区建设专题研究总报告.中国水利水电科学研究院, 北京.

水利部长江水利委员会. 2015. 洞庭湖四口水系综合整治工程方案论证报告. 长江水利委员会, 武汉.

万荣荣, 杨桂山, 王晓龙, 等. 2014. 长江中游通江湖泊江湖关系研究进展. 湖泊科学, 26(1), 1-8.

许全喜, 朱玲玲, 袁晶. 2013. 长江中下游水沙与河床冲淤变化特性研究. 人民长江, 44(23): 16-21.

叶敏, 毛红梅, 王维国, 等. 2003. 荆江河段河道冲淤变化及影响分析. 人民长江, 34(1): 41-42.

Zhang R, Zhang S H, Wang H, et al. 2015. Flow regime of the three outlets on the south bank of Jingjiang River, China: An impact assessment of the Three Gorges Reservoir for 2003~2010. Stoch Environ Res Risk Assess, (11):1-6.

河网水动力水质模拟及闸坝群联合优化调度研究进展

唐洪武，袁赛瑜，王玲玲

（河海大学水文水资源与水利工程科学国家重点实验室，南京 210098）

摘　要：我国东部河网地区面临洪涝灾害、日益恶化的水环境、水生态等问题，通过闸坝群科学调度可以缓解甚至解决目前河网的众多水问题。本文结合国内外研究最新动态，对河网闸坝调度新理念及闸坝群联合调度方法与技术的研究进展进行了总结。河网闸坝有效调度的基础是对河网水动力、水质及工程效应的模拟和预测。河网水动力水质模拟存在模型、参数等多方面不确定性，包括河网分汇口水动力特征和污染物输运规律不明确、水动力和水质模型参数不确定、闸坝调度模化不准确及泥沙的生态环境效应考虑不足等，需要结合物理模型和水槽实验进一步探明河网物质输运规律及闸坝调度对泥沙运动的影响。目前，人工智能已在该研究领域得到较广泛的运用，包括参数率定、边界条件确定、水环境模拟、闸坝群联合调度方案优化等，但该方法的准确性受限于经验知识及数据量。文章最后对河网水动力水质调度模拟及闸坝群联合调度研究的未来方向提出了展望。

关键词：河网；水动力；水环境；闸坝群；联合调度；人工智能

Simulation of Hydrodynamics and Water Quality in River Network and Optional Operation on Groups of Sluice and Dams: A Review

Hongwu Tang，Saiyu Yuan，Lingling Wang

（State Key Laboratory of Hydrology-water Resources and Hydraulic Engineering，Hohai University，Nanjing 210098）

通信作者：唐洪武（1966—），E-mail：hwtang@hhu.edu.cn。

Abstract: In the region of river network in eastern China, the problems such as flood disaster and deteriorating water environment and ecology are serious. Most of water problems can be alleviated or even solved through the scientific dispatch of sluices and dams. This paper summarizes the research progress in new dispatch ideas of sluices and dams in river network and joint dispatch methods and techniques of sluices and dams, according to the latest researches. The foundation of the effective dispatch of sluices and dams in river network is to simulate and predict hydrodynamic, water quality and engineering effects. In the simulation of hydrodynamics and water quality of river network, there are uncertainty problems in the aspects of model, parameters, etc. The uncertainties include unclear hydrodynamic characteristics and contaminant transport rule at river diffluences and confluences, uncertain parameters in hydrodynamic and water quality model, inaccurate dispatch modeling of sluices and dams, inadequate consideration to the eco-environmental effects of sediment, etc. It is necessary to ascertain the substance transport rule of river network and the effect of the dispatch of sluices and dams on sediment transport, with physical model and flume experiments. So far, artificial intelligences have been widely used in this research field, including parameter calibration, boundary condition determination, water environment simulation, scheme optimization of joint dispatch of sluices and dams. But their accuracies of these method are limited by experience knowledge and data amount. In the end, this paper puts forward an outlook for future directions in hydrodynamic and water quality dispatch simulation of river network and joint dispatch research of sluices and dams.

Key Words: river network; hydrodynamics; water environment; joint dispatch of sluices and dams; artificial intelligence

1 引言

我国河网主要分布在东部平原地区，地势低洼、水流往复，河道纵横交错，洪涝灾害频繁，且沿岸城市化水平较高，河流污染负荷（废水排放、生活垃圾等）较大。同时还时常面临航运、供水等方面的问题。如何利用平原区密布的闸坝工程群，通过科学的联合调度，提高河网地区的水安全是水文、水生态环境领域的热点问题。

河网水动力及水质的准确模拟是闸坝科学调度的重要前提。河网分汇节点水流结构复杂，且常受潮流影响，加上闸坝等水利工程的隔断，使河网污染物输移规律以及降解过程更为复杂，水动力水质的准确模拟难度极大。河网闸坝从传统的单一工程、单一目标调度向工程群多目标联合调度转变，也大大增加了调度方案确定的难度。因此，如何从传统的调度向工程群联合调度转变，解决河网水文-水动力-水质模拟中的不确定性，是河网区闸坝群科学调度的关键技术难题。本文主要从河网闸坝调度理念、河网水动力水质多维耦合模拟及河网闸坝群联合优化调度等三方面对国内外的研究进展进行总结和分析。

2　河网闸坝调度理念的转变

传统的闸坝调度主要以单一工程的某一利用效益最大化或者单一工程的防洪、灌溉、供水、航运等综合利用效益最大化为目标。随着平原河网地区洪涝灾害、水资源、水环境、水生态等水问题的日益突出及在用水需求的相互交织甚至相互矛盾，闸坝调度理念已逐步向闸坝群联合调度的方向转化，调度目标也已从单一目标向多目标联合调度转化。多目标联合调度技术与方法是未来科学研究与工程管理的重要发展方向。

目前河网地区普遍存在较为严重的水环境、水生态问题，通过闸坝群实现防洪、防污联合调度和生态调度是河网区普遍的应用需求。淮河流域的沙颍河、涡河等支流及淮河干流上闸坝，以防洪、供水兼顾防污的目标进行调度，根据来水情况和水质状况，不断调整沙颍河、涡河下泄流量，避免污染水体的局部聚集，同时经过稀释和降解作用减轻汛期泄洪造成的水污染（程绪水等，2005）。长江下游及太湖流域闸站工程密布，通过闸群调度不仅要解决长江流域洪涝问题，同时也要服务于供水、改善河网水质等需求（王超等，2005；黄娟，2006；王华等，2008；Tang et al.，2008；李珍明和蒋国强，2009；吴宏旭等，2010；龚炜等，2015）。珠江流域河网水质较差，同时受潮流影响严重，通过闸坝群调度需要满足防洪排涝、航运、压咸、改善河网水质等多方面需求（黄玫和商良，2011；武亚菊等，2012）。为了提高流域水环境实时预警及调度，陈炼钢等（2014a，2014b）曾将水文学方法与传统水动力-水质模型融合，构建了淮河流域的水文-水动力-水质耦合数学模型。西方发达国家流域管理方面也非常重视洪水的预警，比如莱茵河流域就利用洪水预警系统（FEWS-Rhine）保证在一定的精度下预测未来 2～4 天的沿河各主要城市的水位，大批学者在气象数据同化、提高预测精度等方面开展了大量研究工作（Broersen and Weerts，

2005；Reggiani and Weerts，2008），其成果为流域工程群的多目标联合调度提供了直接支持。

生态调度是近年来国内水利科学领域提出的一个新理念，核心内容是在闸坝等水利工程运行调度中，除了考虑防洪、发电、供水、灌溉等传统因素外，需要高度重视河流的生态因素。宋刚福（2012）曾针对北运河流域闸坝调度现状及造成的河流生态问题，提出北运河生态调度原则，给出水功能区划的河流生态需水量，建立兼顾防洪的北运河闸坝生态调度模式。张帆（2011）针对郑州市城市河网特点提出闸坝生态调度基本原则及措施，得到最佳生态需水量并开展闸坝水质水量联合调度，研究发现城市河网引入黄河水后，七里河河道生态供水保证率提高至 72.4%，七里河生态需水基本得到保障。虽然闸坝生态调度理论要求河流进行生态需水、生态水文情势、防污、输沙、生态因子等多方面调度，但目前的生态调度模型基本使用生态需水量作为生态调度目标的表征形式，很难同时考虑河流生物所需的脉冲流量、流速、水位、水温、营养物质浓度等生态因子，这是闸坝生态调度未来一个重要的研究方向。

无论是基于防洪、洪水、航运还是环境、生态等调度目标，本质上都是利用闸坝群等水利工程进行水动力、水质或生态因子的联合调度。下文从河网水动力水质模拟和闸坝群联合优化调度等方面重点阐述。

3 河网水动力水质模拟

河网水动力水质调度的关键在于对河网水动力和水质的准确模拟和预测。对于河网水动力水质及调度模拟，数学模型相对于物理模型有很大的优势。目前河网水动力模型和水环境模型为一维模型为主，调度模型中对闸坝的处理也相对简化。下面对河网水动力模拟、水质模型和调度模型进行总结分析。

3.1 河网水动力模拟

河流水动力模型已有较长的研究历史，发展比较成熟。河网与单一河道的区别主要在于前者有众多分汇口，该处水流衔接问题复杂，这是多年来河网研究的一大难点。当河网区域尺度大、结构复杂时，一般使用一维水动力模型；当河网相对简单、水流垂直流向运动明显时，需要使用二维水动力模型或一维、二维耦合模型。一维模型以圣维南方程组描述河网各河道水位和流量关系，各河道的曼宁系数是唯一需要确定的参数。曼宁系数设置的最常用的办法是试错法，经过反复的尝试取值来获得与实际水流最为接近的模拟结果。但这种方法极为耗时，尤其当河网中河道数目多、断面地形复杂时，会出现较大的偏差。Wu 等（2008）使用 Kalman 滤波来获得非恒定水流曼宁系数随时间变化的取值，但该方法强烈依赖高精度的实测数据。Ding 等（2004）使用有限内存拟牛顿法进行曼宁系数率定，但由于过于复杂的理论基础也限制了该方法的广泛应用。Tang 等（2010a）模拟珠江流域西江河网时使用改进的遗传算法获得最优化的曼宁系数，该方法与其他方法相比理论简单、对实测资料的依赖性较低，且模拟精度较高。

目前河网模拟以一维模型占主流，但一维河网模型不能准确捕捉二维水流特性，尤其在河网交汇口处。从本质上讲，污染物的输移主要与水流的对流特性和紊流结构有关。河网交汇点处水流结构复杂，可分为六个区：水流偏向区、停滞区、分离区、最大流速区、剪切层及水流恢复区；其中，分离区经常是支汊泥沙、污染物的暂驻地，剪切层可以加速两汊污染物的掺混合扩散，各种方向和尺度的涡影响着污染物的输移（Yang et al.，2009；Yuan et al.，2016）。唐洪武等（2013）提出了预测交汇流剪切层位置的经验公式，并将分汇流理论与水力射流理论相结合，在交汇流节点借助"导堤"和"鱼嘴"等控导工程，形成了独特的、有限空间下防洪渠道设计新技术，运用于香港元朗行洪道设计中，有效地保护了香港元朗郊区 34.1 万人口免受洪水侵袭。一维河网数值模型无法捕捉局部水流特性和污染物输运规律。王船海等研究并提出了全流域河网二维特征单元的概念，将河网概化为"树状""环状""十字形"等二维河网计算特征单元（王船海和向小华，2007），构建了通用的河网二维模拟模式。在流域尺度河网上，如何高精度地同步模拟分汇河口、调控工程及桥梁等涉河工程近区的水动力特性，需要进行大量深入系统的数值技术的研发工作。

3.2 河网水质模型

水环境模型主要经历了三个发展阶段：线性系统模型阶段、非线性系统模型阶段和多介质环境综合生态系统模型阶段。水质模型的研究由单一组分的模型向较综合的模型发展，模型状态变量的数目大大增加。目前河网水动力水质数学模型一般采用松散耦合模式，即水动力模型计算出流场后再计算浓度场（陈炼钢，2012）。河网水质模型虽然基于污染物扩散、降解等物理化学基础，但模型中的水质参数（扩散系数、降解系数等）一般带有较强的经验性，用传统的方法对其进行准确确定非常困难，而人工智能的方法虽然没有水环境方面的物理化学概念，但经过野外观测数据或模型模拟结果的训练，可以达到快速响应和实时预测的效果，同时对于非线性数据模拟效果也非常好。Liu 等（2014）曾使用遗传算法对水质参数（纵向扩散系数和降解系数等）进行率定，发现该算法对恒定和非恒定水流的水质参数都能比较准确地率定。Thoe 等（2012）曾使用 BP 神经网络建立香港沿海大肠杆菌浓度预测模型，他们使用 2002~2006 年的雨量、太阳辐射、风速、潮位、盐度、水温及过去的大肠杆菌浓度等影响因素作为输入量，使用模拟时段的大肠杆菌浓度对 BP 神经网络模型进行训练、验证和测试，研究发现 BP 神经网络模型可以很好地预测香港沿海大肠杆菌浓度。Han 等（2011）利用径向基函数神经网络模拟废水处理厂前后水质变化，通过比较发现该神经网络结构使用更少的隐层神经元，从而缩短了模型训练时间。

污染物在河床中的富集以及可能的释放所引发的二次污染，是目前河流水环境模拟研究中被疏忽的一个环节。尤其在对河网进行调度时，底泥及悬浮泥沙所吸附的污染物是水质变化的重要影响因素。虽然很多模型中都以降解系数考虑了降解作用，但更多的是基于经验设定为常数，缺乏理论支撑，模拟精度也较低。目前关于泥沙对污染物的吸附、解吸作用已有一系列实验和现场观测成果，比如泥沙吸附污染物的影响因素（泥沙的理化特性和悬沙浓度，水体中污染物的种类、浓度、盐度、pH 等）、吸附动力学与热力学过程的模拟及吸附特征参数的计算等（Xi et al.，2014；Sugiyama and Hama，2013；Wang et al.，2013），方红卫等（2009）、Fang 等（2013）在泥沙吸附污染物的微观界面方面也开展了很多开创性的研究，唐洪武等（2014）总结归纳了国内外河流水-沙-污染物迁移转化的试验研究、作用机理、理论模式和数学模型。但总体而言，水-沙、水-底质之间的界面动力过程及污染物迁移转化机理研究尚处于起步阶段，其成果在水动力水质模型中的应用还极为有限，这将是未来一个重要的研究课题和发展方向。

3.3 河网闸坝调度模拟

河网水动力水质调度模型需在河网水动力和水质模拟基础上，考虑水闸等水利工程对物质输移的影响，需模拟闸坝等工程的调度方式（策略）及其对水动力与水质的动态影响。近年来出现不少水闸启闭过程中近区水流和污染物输移的研究，但由于近区流动三维性较强，难以直接耦合进入河网一维或者二维数值模型。宋利祥等（2014）曾基于使用非结构化网格建立水闸调度影响下感潮河网二维水流-输运耦合数学模型，将水闸概化为线状地形，通过调整水闸所在节点高程来实现水闸调度，水闸关闭时可以通过调整水闸位置单元的扩散系数实现污染物输移的截断。该模型计算精度较高，可有效模拟水闸调度影响下感潮河网水流运动及污染物输运过程。

目前研究更多的将闸门同河网分汊点一样作为节点，对闸上闸下进行分别计算，其间通过物质守恒进行传递。李冬锋和左其亭（2012）曾对沙颍河中游槐店闸调度作用下附近三汊河道的污染物时空分布进行研究，对闸上闸下分别建立二维水动力-水质模型，通过给定闸前水位和闸门调度下泄流量（即水闸调度方式）来计算闸上闸下水动力和污染物的时空分布情况。刘玉年等（2009）使用相似的闸门调度处理方式，建立了淮河中游复杂河网一二维水动力水质耦合的非恒定流模型。当河网范围过大、闸坝等水利工程众多时，由于水动力模型计算过于繁复，可使用基于水文学方法的河网水量水质调度模型来简化运算（张永勇等，2007）。闸控河网必须考虑闸坝调控作用下水流条件时空变化大对氨氮等污染物生化降解系数的影响（陈炼钢等，2014）。总的来说，目前数学模型中对闸坝的处理普遍过于简单，胡鹏杰等（2016）以蚌埠闸调控为例，采用二、三维数值耦合方式研究了该河段水-泥沙-磷输移过程，针对大型水闸工程对近区水动力水质的调控效果进行了有意义的探索。

4 河网闸坝群联合优化调度

河网闸坝群联合调度以发挥其最佳的综合效益，是河网地区防洪减灾、水质改善等河网治理研究的重要课题。传统的闸坝群调度更多基于人工操作，经验性很强，可靠性较差。黄玫和商良（2011）曾提出闸群联合运行模式：首先列举出若干适宜的调度方案，模拟这些调度措施下的河网水动力和水质变化过程，同时利用闸群联合运行多目标评价指标比选出最优的调度方案。这种方法方案数总量有很大限制，耗时耗物，最终方案也不可能是最优的调度方案。

河网闸坝群联合调度是具有多目标和多约束的优化决策问题，使用通常的决策理论难以解决。目前研究人员开始尝试将人工智能运用到闸坝群联合调度决策中，比如人工神经网络、蚁群算法、遗传算法、模糊理论等。Tang 等（2010b）使用 BP 神经网络建立上海浦东新区复杂河网闸群优化调度模型，通过控制内河各河道水位来满足防洪排涝、水质改善、航运等多目标需求。他们使用以往成功的闸群调度模式对 BP 神经网络模型进行训练、验证和测试，以初始外河水位、外河平均水位、初始内河水位、目标内河水位、闸门宽度、闸底高程等作为输入量，以闸群调度模式（包括闸门开度和开闸时间）作为输出量，最后使用一维河网模型计算调度后的河网水动力过程（图 1）。通过与现场实测数据的对比发现，建立的调度模型预测值与现场观测值匹配良好。成果同时还用于汛期防洪排涝优化调度的测试，模型所提出的优化调度模式可以很好地降低洪涝风险。在上述研究基础，顾正华等（2007）进一步提出用遗传算法实现水动力模拟多参数全局优化的智能反演方法、数据驱动模型与知识驱动模型相结合的智能模拟方法解决大型河网水动力模拟的时效性问题（顾正华等，2004），并构建了较为完整的水流智能模拟理论体系与框架（唐洪武等，2008，2015）（图 2）。蚁群算法是最早由 Dorigo 提出的一种集群智能算法（Dorigo et al.，1996），因算法实现简单、求解方便迅速，在水电站水库（群）优化调度中得到了广泛的研究与应用（徐刚和马光文，2005；吴正佳等，2008）。纪昌明等（2011）曾以金沙江中游梯级水电站群为实例，使用蚁群算法对其初始调度函数进行优化，并模拟其长系列径流的发电调度过程。计算结果表明，经过优化后的调度函数能显著提高水电站水库群的运行效益，有效指导水电站水库的实际调度运行。

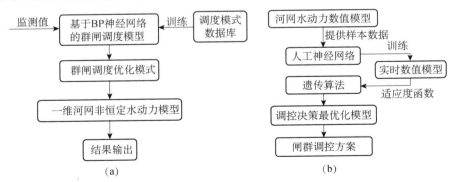

图1　河网群闸优化调度智能模型

(a) 基于BP神经网络（Tang et al.，2010）；(b) 基于BP神经网络和遗传算法（Gu et al.，2014）

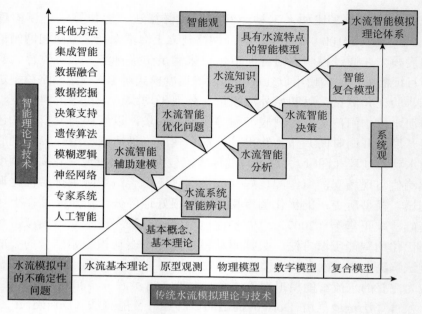

图2　水流智能模拟理论体系与框架（唐洪武等，2015）

　　遗传算法的原理类似于"适者生存"法则，它对包含可能解的群体反复使用遗传学的基本操作，不断生成新的群体，使种群不断进化，同时以全局并行搜索技术来搜索优化群体，以取得满足要求的最优个体，得到满足要求的最优解，这种理念与闸群最优化调度的目标相契合。遗传算法优于一般优化方法表现在：计算简单，高效随机搜索，全局优化，并且非常适合处理复杂问题，目前已广泛用于水利工程的运行优化，比如灌溉优化调度（Chinh et al.，2006）、给水管网优化（Babayan et al.，2006）等。研究者正尝试将遗传算法理论应用于河网闸坝群联合调度决策中，为河网地区多目标调度决策寻求一种新的途径。Kumphon（2013）曾使用遗传算法对 Chi 河流域的水库群进行多目标联调方案优化研究。左其亭和李冬锋（2013）建立多闸坝河流一维水动力-水质模型，采用多目标遗传算法和模糊优选相结合的方法优化调度方案，为淮河流域重污染河流沙颍河防污调度提供技术支撑。Gu 等（2014）使用一维河网模型、人工神经网络结合遗传算法研究上海浦东新区河网水质改善问题，进行多闸联调方案优化（图 1）。首先建立可以准确模拟上海浦东新区河网水动力和水质的一维河网模型，该模型可以用于训练 BP 神经网络，从而得到实时数值模型：

$$A = \mathrm{BPNN}(B, I, S)$$

（1）

式中，A 为河网水动力参数，如各闸过流量、河网水位等；B 为边界条件，如潮位；I 为初始条件，如内河和外河的初始水位等；S 为闸群调度法则，如闸门开度和开闸时间。

使用人工神经网络建立的实时数值模型可以给出遗传算法的最优函数：

$$\begin{cases} \min J(S) = |A - A'|, \qquad S \in \left[S^{\vee}, S^{\wedge} \right] \\ \varepsilon = g(J) \\ GA = (C, \varepsilon, P_0, M, \Phi, \Gamma, \Psi, T) \end{cases} \qquad (2)$$

式中，A' 为 A 的期望值；J 为目标函数；$S^{\vee}$ 和 $S^{\wedge}$ 为 S 的取值范围；ε 为个体适应度函数，是 J 的函数；C 为编码方法；P_0 为初始种群；M 为种群规模；Φ、Γ、Ψ 为遗传算子，分别是选择、交叉和变异；T 为计算终止条件。

利用遗传算法就可以得到最接近河网水动力参数期望值的闸门开度和开闸时间，也就是河网群闸的最优调度方案。

人工神经网络和遗传算法都是强烈依赖于数据的人工智能方法，对数据的准确性要求非常高。模糊逻辑可以充分利用专家知识，在处理不确定和主观性强的问题时是个比较好的选择，近几年在水质评价等领域得到广泛应用（Ocampo-Duque et al., 2013），图 3 给出了模糊推理系统的组成。目前研究者尝试将模糊逻辑理论应用于河网水闸群优化调度决策中。樊宝康等（2007）为没有精准实测数据的三汊河道水闸群设计了一套防洪调度模糊推理系统。该系统使用 Gauss 型隶属度函数和 max-star composition 模糊关系合成运算，使用管理单位长期实践的调度经验（水闸开度、水闸开启及河道水位之间的对应关系）形成模糊规则库。该系统可以根据要求的内河水位快速决策给定最优的联合调度方案，具有充分运用经验知识、决策响应速度快等优点。张翔等（2014）以淮河流域多闸坝水量水质联合调度为背景，采用多目标模糊综合决策方法，对联合调度各方案风险进行研究，以确定各方案的优劣，从中选择合理的调度方案。但因为基于经验知识，形成的联合调度方式不一定最优且存在不确定性。

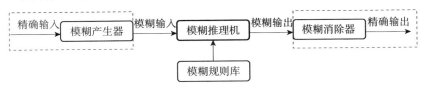

图3 模糊推理系统示意图（樊宝康等，2007）

5 结语与展望

本文主要总结了河网水动力水质模拟及闸坝群联合优化调度方面的研究进展，从河网闸坝调度理念的转变、河网水动力水质模拟及河网闸坝群联合优化调度等三方面进行了总结和分析。目前相关研究存在模拟技术的不足及人工智能方法的固有缺陷等问题。笔者认为以下五个方面将是今后研究的重点：

（1）二维河网水动力水质模型。目前河网研究常使用基于圣维南方程组的一维河网模型进行模拟，常常忽略河网水流的二维特性，不利于污染物输移的准确模拟。发展准确、高效的二维河网水动力水质模型是河网研究的重要方向。

（2）河网交叉口水动力特征、污染物输运规律。不管是交汇点还是分汊点，都是控制河网水流运动和污染物输移的关键节点。由于数学模型的各种假定，往往无法准确模拟交叉口的水流和水质分布，需要结合物理模型和水槽实验等开展交叉口水动力特征、污染物输运规律研究，为河网水质精细模拟提供理论依据。

（3）闸坝调度模拟。目前数学模型中对闸坝的处理过于简单，并不考虑或者难以准确模拟闸坝调度对近区水流和水质的影响。必须在河网数学模型中结合已有的闸坝启闭物质输移方面研究成果来更为准确地反映闸坝调度的影响。

（4）河网中泥沙的作用。悬沙浓度是水质评价的重要指标，闸坝群联合调度中需要考虑水流中悬沙浓度的影响。同时，我国东部河网泥沙细且多为黏沙，对污染物具有较强的吸附性，泥沙悬浮/沉积过程中对污染物的吸附/解吸附过程非常复杂，目前的河网水动力水质模拟研究中对这一问题尚未引起足够重视。

（5）智能方法的运用。由于河网闸坝群联合调度的复杂性，人工智能在解决河网复杂系统问题方面具有很大的优势。但人工智能方法本身也存在固有缺陷，比如人工神经网络和遗传算法过于依赖数据，模糊系统数据主要来自语言描述经验知识又决定了该方法具有不确定性的特点。所以，人工智能可能适用一定的领域，具体问题还需要确定适宜的方法进行具体分析。目前实现河网闸坝群的自动控制和智能化调度是水利信息化建设的重要趋势。

参考文献

陈炼钢. 2012. 多闸坝大型河网水量水质耦合数学模型及应用. 南京: 南京大学博士学位论文.

陈炼钢, 施勇, 钱新, 等. 2014a. 闸控河网水文-水动力-水质耦合数学模型——Ⅰ.理论.水科学进展, 25(4): 534-541.

陈炼钢, 施勇, 钱新, 等. 2014b. 闸控河网水文-水动力-水质耦合数学模型——Ⅱ.应用.水科学进展, 25(6): 857-863.

程绪水, 贾利, 杨迪虎. 2005. 水闸防污调度对减轻淮河水污染的影响分析. 中国水利, 16: 11-13.

樊宝康, 顾正华, 包纲鉴. 2007. 基于模糊逻辑的水闸防洪调度决策. 水利水运工程学报, (1): 57-60.

方红卫, 陈明洪, 陈志和. 2009. 环境泥沙的表面特性与模型. 北京: 科学出版社.

龚炜, 庞翠超, 吴小慧, 等. 2015. 闸控强感潮河网综合生态治理的数值研究: 以崇明岛陈家镇河网为例. 环境科学与技术, 38(2): 169-179.

顾正华, 唐洪武, 李云, 等. 2004. 水流模拟智能化问题的探讨. 水科学进展, (1): 129-133.

顾正华, 刘贵平, 唐洪武, 等. 2007. 感潮河网调水过程的数值模拟研究. 水力发电学报, (4): 76-85.

胡鹏杰, 王玲玲, 唐洪武, 等. 2016. 闸控河段水-泥沙-磷输移过程的耦合模拟//中国环境科学学会学术年会论文集: 2066-2072.

黄娟. 2006. 平原河网典型区调水试验及水环境治理方案研究: 以常熟市为例. 南京: 河海大学硕士学位论文.

黄玫, 商良. 2011. 复杂河网水利工程水量水质联合调度研究.水电能源科学, 29(2): 21-24.

纪昌明, 喻杉, 周婷, 等. 2011. 蚁群算法在水电站调度函数优化中的应用.电力系统自动化, 35(20): 103-107.

李冬锋, 左其亭. 2012. 闸坝调控对重污染河流水质水量的作用研究. 水电能源科学, 30(10): 26-29.

李珍明, 蒋国强. 2009. 上海市苏州河水系调水研究. 中国水利, 11:37-38.

刘玉年, 施勇, 程绪水, 等. 2009. 淮河中游水量水质联合调度模型研究.水科学进展, 20(2):177-183.

宋刚福. 2012. 闸坝控制下河流生态调度研究. 西安: 西安理工大学博士学位论文.

宋利祥, 杨芳, 胡晓张, 等. 2014. 感潮河网二维水流-输运耦合数学模型. 水科学进展, 25(4):550-559.

唐洪武, 雷燕, 顾正华. 2008. 河网水流智能模拟技术及应用. 水科学进展, (2): 232-237.

唐洪武, 袁赛瑜, 李行伟, 等. 2013. 河道交汇区急缓流平稳过渡导流系统, 中国: ZL201310118441.7.

唐洪武，袁赛瑜，肖洋. 2014. 河流水沙运动对污染物迁移转化效应研究进展. 水科学进展，25(1): 139-147.

唐洪武，肖洋，袁赛瑜，等. 2015. 平原河流水沙动力学若干研究进展与工程治理实践. 河海大学学报(自然科学版)，(5):414-423.

王超，卫臻，张磊，等. 2005. 平原河网区调水改善水环境实验研究. 河海大学学报(自然科学版)，33(2): 136-138.

王船海，向小华. 2007. 通用河网二维水流模拟模式研究. 水科学进展，18 (4):516-522.

王华，逄勇，余钟波，等. 2008. 水量调度对镇江内江水质和含沙量的影响分析. 水力发电学报，27(5): 135-141.

吴宏旭，诸裕良，童朝锋. 2010. 河网数学模型在水环境治理中的应用. 中国农村水利水电，(5): 65-68.

吴正佳，周建中，杨俊杰. 2008. 基于蚁群算法的三峡库区洪水优化调度.水力发电，34(2): 5-7.

武亚菊，崔树彬，刘俊勇，等. 2012. MIKE11AD 模型在平原感潮河网水环境治理研究中的应用. 人民珠江，(6): 68-70.

徐刚，马光文. 2005. 蚁群算法在水库优化调度中的应用.水科学进展，16(3): 397-400.

张帆. 2011. 基于生态的郑州市闸坝调度模式研究. 郑州: 华北水利水电学院硕士学位论文.

张翔，李良，吴绍飞. 2014. 淮河水量水质联合调度风险分析.中国科技论文，9(11): 1237-1242.

张永勇，夏军，王纲胜，等. 2007. 淮河流域闸坝联合调度对河流水质影响分析.武汉大学学报(工学版)，40(4):31-35 .

左其亭，李冬锋. 2013. 基于模拟-优化的重污染河流闸坝群防污调控研究. 水利学报，44(8): 979-986.

Babayan A V，Kapelan Z S，Savic D A，et al. 2006. Comparison of two methods for the stochastic least cost design of water distribution systems. Engineering. Optimization：38(3): 281-297.

Broersen，P M T，Weerts，A H. 2005. Automatic error correctionof rainfall-runoff models in flood forecasting systems//Instrumentation and Measurement Technology Conference. Proceedings of the IEEE，2：963-968.

Chinh LV，Hiramatsu K，Harada M. 2006. Optimal gate operation of a main drainage canal in a flat low-lying agricultural area using a tank model incorporated with a genetic algorithm . Journal of Faculty of Agriculture，51(2): 351-359.

Ding Y，Jia Y，Wang S S Y. 2004. Identification of Manning's roughness coefficient in shallow waterflows. Journal of Hydraulic Engineering，130(6): 501-510.

Dorigo M，Maniezzo V，Colorni A. 1996. Ant system: Optimization by a colony of cooprat-ingagents. IEEE Trans on Systems，Man，and Cybernetics: Part B Cybernetics，26(1): 29-41.

Fang H，Chen M，Chen Z，et al. 2013. Effects of sediment particle morphology on adsorption of Phosphorus elements . International Journal of Sediment Research，28(2): 246-253.

Gu Z，Cao X，Liu G. 2014. Optimizing operation rules of sluices in river networks based on knowledge-driven and aata-driven mechanism. Water Resources Mangement，28: 3455-3469.

Han H，Chen Q，Qian J. 2011. An efficient self-organizing RBF neural network for water quality prediction . Neural Networks，24: 717-725.

Kumphon B. 2013. Genetic Algorithms for multi-objective optimization: Application to a multi-reservoir system in the Chi River basin，Thailand .Water Resources Mangement，27(12): 4369-4378.

Liu X D，Zhou Y Y，Hua Z L，et al. 2014. Parameter identification of river water quality models using a genetic algorithm . Water Science and Technology，69(4):687-693.

Ocampo-Duque W，Osorio C，Piamba C，et al. 2013. Water quality analysis in rivers with non-parametric probability distributions and fuzzy inference system: Application to the Cauca River，Colombia . Environment International，52:17-28.

Reggiani P，Weerts A H. 2008. A Bayesian approach to decision-making under uncertainty: An application to real-time forecasting in the river Rhine. Journal of Hydrology，356(356):56-69.

Sugiyama S，Hama T. 2013. Effects of water temperature on Phosphate adsorption onto sediments in an agricultural drainage canal in a paddy-field district . Ecological Engineering，61: 94-99.

Tang H，Lv S，Zhou Y，et al. 2008. Water eenvironment improvement schemes in Zhenjiang City. ICE-Municipal Engineer，161: 11-16.

Tang H，Xin X，Dai W，et al. 2010a. Parameter identification for modeling river network using a genetic algorithm . Journal of hydrodynamics，22(2): 246-253.

Tang H，Lei Y，Lin B，et al. 2010b. Artificial intelligence model for water resources management . Proceedings of Institution of Civil Engineer-Water Management，163(4): 175-187.

Thoe W，Wong S H C，Choi K W，et al. 2012. Daily prediction of marine beach water quality in HongKong . Journal of Hydro-environment Research，6 (3)：164-180.

Wang C，Bai L，Pei Y. 2013.Assessing the stability of Phosphorus in lake sediments amended with watertreatment residuals . Journal of environmental management，122: 31-36.

Wu X，Wang C，Chen X，et al. 2008. Kalman filtering correction in real time forecasting with hydrodynamic model. Journal of Hdrodynamics，20(3): 391-397.

Xi J，He M，Wang P. 2014. Adsorption of antimony on sediments from typical water systems in China: A comparison of Sb(III) and Sb(V) pattern . Soil & Sediment Contamination，23(1): 37-48.

Yang Q，Wang X，Lu W，et al. 2009. Experimental study on characteristics of separation zone in confluence zones in rivers . Journal of Hydrologic Engineering，14(2): 166-171.

Yuan S，Tang H，Xiao Y，et al. 2016. Turbulent flow structure at a 90-degree open channel confluence: Accounting for the distortion of the shear layer. Journal of Hydro-environment Research，12:130-147.

肠道病原微生物在水体中的输移
机理及模拟

林斌良，黄国鲜

（清华大学水沙科学与水利水电工程国家重点实验室，北京 100084）

摘　要： 肠道病原微生物污染是危害范围最广的水环境问题之一，可能导致痢疾、伤寒和霍乱等多种传染性疾病的爆发，因此在欧美等发达国家对各种饮用水源地、湖泊和海滨浴场的肠道病原微生物浓度的限制标准日益严格，并对该微生物的源、输移、转化、致病机理、过程评价标准和计算模型等进行了深入的研究。基于国内外研究成果，本文首先分析肠道病原微生物的主要来源，涉及放牧、农业生产造成的细菌面源污染及城镇和工业污水排放等点源过程。并进一步介绍肠道病原微生物的迁移与转化机理、过程和相应的模拟方法及研究进展和应用实例。最后给出了结论和对未来研究方向的展望。

关键词： 肠道微生物；输移和转化机理；数学模拟；理论和模型研究趋势

The Process and Numerical Modelling of Sources, Transport and Fate of Intestinal Microorganisms in Open Water

Binliang Lin，Guoxian Huang

(State Key Laboratory of Hydro-Science and Engineering, Tsinghua University, Beijing 100084)

Abstract: Microbial contamination associated with intestinal pathogenic microorganisms is one of important water environment issues, which may lead to dysentery, typhoid and cholera and

通信作者：林斌良（1958—），E-mail：linbl@mail.tsinghua.edu.cn。

other infectious disease outbreaks. Therefore, in recent years more stringent drinking and bathing water directives and standards are published in Europe, USA and other developed countries. Subsequently, more in-depth research has been carried out to investigate the sources, transport and fate of intestinal microorganisms. Integrated modelling tools have been increasingly developed to predict the concentration distributions of the microorganisms and the associated risks. Based on the domestic and international research results, this paper firstly introduces key research progress in estimating the sources of enteric pathogenic microorganisms, including non-point sources related to grazing and agricultural production and point sources related to urban and industrial wastewater discharges. Then the transport processes and the fate of enteric pathogenic microorganisms are discussed, followed by the description of numerical modelling methods. Lastly, the perspective research directions in microbial water quality linked to intestinal pathogenic microorganisms are proposed based on recent research progress in this field.

Key Words: intestinal microorganisms; source; transport and fate; numerical modelling; theoretical and modelling perspective

1 引言

水环境的病原微生物污染是世界上危害范围最广的环境问题之一，全世界每年约数百万人死于水传播疾病(Hunter, 1997)。伤寒、痢疾、霍乱、手足口病、急性出血性结膜炎等水传播疾病时常发生。饮水、呼吸和皮肤接触都可能为它们侵入人体提供途径。绝大多数病原微生物是通过感染消化道导致疾病的，所以肠道病原微生物通常作为水环境质量的一项重要指标。在一些比较贫穷的发展中国家，因饮用不洁净的水而引起的疾病是导致儿童死亡的最主要原因之一。目前，水媒传播引起的疾病仍是我国急性传染病中发病数最多、流行面最广的一类疾病。其中河流、湖泊与河口、海岸周边水体的污染是引起此类疾病的一个重要原因（陈胜蓝等, 2015）。

由于水中致病微生物生物量少且检测难度大，因此往往通过检测指示微生物来评估水体病原菌的污染状况。指示病原微生物一般具有以下特征：①只存在于受病原体污染的水体中；②数量上高于待测定的病原体；③与病原菌对自然条件和污染处理过程的抗性相似；④易于通过简单、经济的方法来分离、鉴定和计数（刘灵芝和黄毅, 2002）。总大肠菌群（total coliform）和粪大肠菌群（faecal coliform）因其检测方法相对简单和数量多，被广泛用于衡量地表水中肠道病原微生物的指示微生物。欧洲共同体在 1976 年颁发的海水微生物指标采用总大肠菌群和粪大肠菌群作为病原微生物指示菌，美国在 1986 年以前规定水源水采用粪大肠菌群作为指示菌。1988 年，我国《地表水环境质量标准》中微生物学指标采用总大肠菌群，1999 年则改为粪大肠菌群（满江红等，2012）。2002 年颁布了《中华人民共和国水法》确立了江河、湖泊的水功能区划制度及排污口管理制度，提出了饮用水水源地的保护、水功能区划、入河排污口的监督管理 3 个基本管理制度。同年还公布了《中华人民共和国地表水环境质量标准》，粪大肠菌群继续作为指示菌。将水质分为 5 类，其中前 3 类粪大肠菌群的标准限值见表 1。我国《海水水质标准》于 1997 年颁布，适用于海洋渔业和人体直接接触水域及一般工业用水区等。我国Ⅱ类水的标准与1976 年欧洲共同体的滨海浴场的水质标准类似，即水质良好，可以身体接触。欧洲共同体 2006 年又制定了新的水政策行动框架（Water Framework Directive），并在 2015 年已开始执行，该行动框架将环境质量管理和排放管理相结合来进行污染预防和控制，建立水环境质量标准和排放标准体系，将浴场的水质指示微生物改成了大肠埃希氏菌（Escherichia coli）和肠球菌（Intestinal enterococci），主要原因是饮用水的大肠埃希氏菌与出血性肠炎、溶血尿毒症综合症致病概率密切相关(Figueras and Borrego, 2010)。欧洲共同体分别建立了河流、湖泊水域与近海水域的质量标准（表 1），指标的要求也提高了很多。

表 1　中国与欧洲共同体细菌水质标准比较表　　　　（单位：个/100mL）

细菌种类及中国 2002 水质标准			Ⅰ类	Ⅱ类	Ⅲ类
中国	粪大肠菌群	地表水	20	200	1000
	粪大肠菌群	海域		≤200	
	总大肠菌群	海域		≤1000	
细菌种类及 EU2006 水质标准			优秀	良好	达标
欧共体	肠球菌	地表水	<200*	<400*	<330**
		海域	<100*	<200*	<185**
	大肠埃希氏菌	地表水	<500*	<1000*	<900**
		海域	<250*	<500*	<500**

注：* 基于 95% 监测数据满足条件；** 基于 90% 监测数据满足条件。

综上所述，由于水体肠道病原微生物污染问题及其对人类健康的危害很严重，因此各种日益严格的水质控制指标被提出、完善与执行，不同的流域清洁管理、相关工程和研究在世界范围内广泛开展。然而，由于对肠道病原微生物在不同介质中生存消亡与输运机理认识不足、缺少合适的定量计算评估工具、流域管理不善、设施不到位、极端天气等原因，要使肠道病原微生物的浓度、过程和通量达到预定目标还有较长的路要走。因此，如何正确认识和定量预报在不同驱动条件下肠道病原微生物在流域、管网、河流、湖泊、河口和海滨区域的源组成、输移、转化和消亡机理及时空分布过程对改善公众健康和肠道病原微生物引起疾病的预防具有非常重要的意义。因此本文的结构安排如下：论文第 2 节主要内容是介绍肠道病原微生物的来源，涉及放牧、农业生产和造成的细菌面源污染、城镇和工业污水排放等。第 3 节介绍肠道病原微生物的迁移与转化过程和模拟方法和实际应用。第 4 节是论文的结论和展望。

2 肠道病原微生物来源

结合过去和当前考核病原微生物及其已有的研究成果，本文中我们选择大肠埃希氏菌和肠球菌为代表来对病原微生物源、迁移、死亡过程和关键影响因子等进行分析。

1. 通过放牧、农业堆肥、施肥而形成的细菌面源污染

野外放牧动物和禽类直接排放的排泄物进入地表和土壤水，或吸附于表层土壤的细颗粒泥沙或碎屑上，最后在降雨形成地表径流淋溶和土壤的侵蚀作用下进入受纳水体。由于不同动物和禽类个体在肠道病原微生物日输出及其放牧活动等方面具有较大的不同，且在农业堆肥管理、存放时间和施肥模式等方面差异较大，因此面源污染的强度和分布具有较大的不确定性。近 20 年来美国农业工程协会（American Society of Agricultural Engineers，ASAE）对各种家畜、禽类排泄物中所含肠道病原微生物开展广泛地调查(ASAE, 2003)，在总结其他研究成果的基础上，开发出流域指示细菌评估工具（USEPA，2000；Zeckoski et al.，2005），并在流域肠道病原微生物模拟计算中得到一定的应用（Benham et al.，2006；Coffey et al.，2010）。

2. 城镇污水排放

污水处理场及其污水管网系统，由于城市生活污水及其排泄物通过污水管网进入污水处理系统，细菌可能通过管网直接排入，暴雨引发溢流、设施坏损、污水场未完全处理二次污水而进入河道、湖泊或河口；在中度

（Stapleton et al., 2008）和高度（Servais et al., 2007）城市化的流域，来自于城市管网、溢流设施和污水处理场的肠道病原微生物通量占主导作用，尤其是在强降雨期间比例更大，其污染形式为点源污染。基于相关文献总结的城市各类污水所含病原肠道微生物细菌浓度见表2。

表2　污水处理场细菌排放浓度(Servais et al., 2007)（单位：cfu/100ml）

处理	种类		
	FC	EC	IE
进入污水	2.82×10^7	1.51×10^7	1.70×10^6
沉淀后	2.19×10^7	9.77×10^6	1.41×10^6
AS 处理	4.27×10^5	5.89×10^4	2.69×10^4
UV 处理	1.29×10^3	8.32×10^2	1.51×10

注：表中单位表示 100mL 水中细菌的个数。

3. 动物排泄和其他污染源

沙滩浴场的海鸟、附近放牧牛羊及其他宠物的直接排泄物所含病原微生物在涨潮时可以直接溶解于水中，因此对浴场水质可能有直接影响。研究表明，沙滩上的海鸟粪便会使浴场的病原微生物浓度偏高，从而导致浴场被迫关闭（Schoen and Ashbolt, 2010）。

为了解决水资源短缺的问题，再生水得到越来越多的应用，生水是经过一定方法处理的污水，虽然残留细菌的数量减少，但很难全部清除，也是一种病原微生物的污染源。另外，屠宰、制革、洗毛、生物制品等工业废水，以及城镇硬化地面动物和鸟类粪便等都是污染源。

综上分析，要正确估算流域病原微生物的源分布，我们首先需要了解流域内各计算单元土壤类型、土地利用、人口密度、禽畜密度、放牧方式、污水管网、污水厂及污水处理模式等多方面的数据（图1），然后根据相关动物个体的日排放细菌量、堆肥、施肥方式、城市生活污水产生量和城市地面细菌产生量等就可以计算出每个时间步长内不同单元病原微生物的产生量，最后结合降雨、温度、太阳辐射等实测数据和流域模型计算的地表水流量、土壤水含量等变量就可估算出细菌在各个单元的累积、死亡和流失过程。

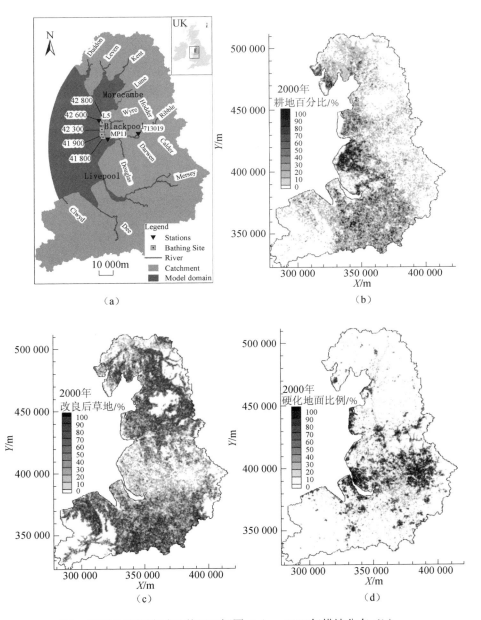

图1　环利物浦海流域及其河口概图（a）、2000年耕地分布（b）、
半天然草（c）、城市化率（d）

3 病原微生物迁移与转化过程和数值模拟方法

病原微生物以不同形式进入水体中，如生活污水、表面径流、底泥冲刷等。在天然水体和底泥中，病原微生物的存在形式一般可分为游离于水体的自由态和吸附于泥沙上的吸附态两种，而泥沙运动状态和吸附特征的变化是泥沙影响水质的两个主要方面（Gao et al., 2011）当病原微生物进入水体后，其种群密度变化主要决定于：①水流的对流、扩散、弥散输运作用；②在紫外线强度、温度和盐度等因素作用下病原微生物的死亡过程；③泥沙的动态吸附和解析过程及其对细菌死亡率的影响；④悬沙颗粒表面细菌的运动状态和自由水中细菌运动状态的差异及其床面泥沙与细菌的交互过程。其主要过程如图 2 所示。

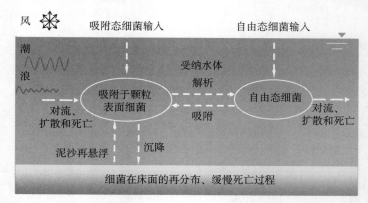

图2 含沙水流病原微生物的迁移、转化过程概化图

1. 水流对病原微生物对流、扩散、弥散输运作用

在水流的对流扩散作用下，细菌在水中与其他中性物质一样输运，因此，在流域表面、土壤、管网、河流、湖泊、河口的水流动力场可以用数学模型进行求解。由于病原微生物的浓度梯度较大，因此在求解弥散项时需要予以特殊的验证（Kashefipour and Falconer, 2002）。针对不同区域区形态可以建立或采用不同的动力模型进行求解，如在流域上可以采用水文模型进行求解；在管网或河道上可以采用一维模型进行求解；在湖泊或河口区可以采用平面二维或三维模型进行求解。其对流-扩散方程的基本形式为

$$\frac{\partial(HC)}{\partial t}+\frac{\partial}{\partial x}\left(HuC\right)+\frac{\partial}{\partial y}\left(HvC\right)+\frac{\partial}{\partial z}\left(wC\right)$$

$$=\frac{\partial}{\partial x}\left(HA_x\frac{\partial C}{\partial x}\right)+\frac{\partial}{\partial y}\left(HA_y\frac{\partial C}{\partial y}\right)+\frac{\partial}{\partial z}\left(HA_z\frac{\partial C}{\partial z}\right)+HS_c \tag{1}$$

式中，H 为水深；t 为时间；C 为细菌浓度；u、v、w 为在 x、y、z 方向的流速；A_x、A_y、A_z 分别为 x、y、z 方向的紊动扩散系数；S_c 为源项（包含内、外源项）。

2. 病原微生物的存活规律

病原微生物的存活率对细菌种群变化的求解较为敏感，其值除了受到内在代谢过程的控制外，还主要受到光照、水分、温度、盐度、pH、原生动物、有机质、营养盐和栖息泥沙基质等环境因子的影响。当不具体考虑相关因子的作用时，病原微生物存活率是一个综合因子，且数值变化很大，在合适的泥沙底质中，大肠埃希氏菌可以存活 2 个月（Davies et al., 1995）。

如假定病原微生物为一级衰减，其表达式为

$$\frac{\mathrm{d}C}{\mathrm{d}t}=-kC \tag{2}$$

式中，C 为病原微生物浓度，cfu/100mL；t 为时间；k 为病原微生物死亡率，sec^{-1}。通常情况下其在温度和浓度解析表达式为

$$C=C_0\mathrm{e}^{Kt\theta(T-20)} \tag{3}$$

式中，C 为 t 时刻的细菌浓度；C_0 为初始时刻浓度；t 为时间，天；θ 为温度修正系数；T 为温度，℃。用如下方程来表示：

$$k_{tot}=k_s+\left[k_d+f(I_o,SPM)\right]f(pH)\,f(T) \tag{4}$$

式中，k_{tot} 为总体死亡率；k_s 为下沉死亡率；k_d 为无光条件下死亡率。

经过多年的研究，病原细菌在不同环境条件下的死亡率表达式及其数值范围可参见相关文献（Mancini，1978；Alkan et al.，1995；Cho et al.，2016）。

3. 泥沙的动态吸附和解析过程及其对细菌死亡率的影响

悬沙可以通过两种方式影响致病微生物的存在，其中一种方式就是吸附态的致病微生物随泥沙沉降，同时泥沙的存在影响光照在水中的强度，进而影响致病微生物的消亡率。Jamieson 等(2005)在加拿大的 Swan 河进行了现场试验，发现大肠杆菌随泥沙的冲刷再次进入河水当中。通常情况下，悬浮

于水中的细菌一部分会吸附在细颗粒悬沙表面，而另一部分则以自由态的形式存在于水中。因此，总的细菌浓度 C_T 采用如下公式计算：

$$C_T = C_d + C_p \tag{5}$$

式中，C_d 为自由态病原微生物浓度，cfu/100mL；C_p 为吸附于悬沙中的病原微生物浓度，cfu/100mL，其表达式为

$$C_p = SP \tag{6}$$

其中，S 为悬沙浓度；在一定的悬沙浓度下，吸附于泥沙颗粒表面的细菌浓度 P（单位：cfu/g）以单位重量泥沙所含细菌个数来描述。

两者的表达式分别为

$$S = \frac{M_s}{V_{w+s}} \tag{7}$$

$$P = \frac{CFU_p}{M_s} \tag{8}$$

式中，M_s 为泥沙质量；V_{w+s} 为水沙体积；CFU_p 为吸附于泥沙颗粒细菌数。Chapra (1997)假设细菌在悬沙上的分配系数 K_D 为

$$K_D = \frac{P}{C_d} \tag{9}$$

假定细菌的吸附和解析过程能够达到实时动态平衡，则

$$C_T = C_d + K_D S C_d \tag{10}$$

我们假定

$$C_d = f_d C_T \tag{11}$$

$$f_d = \frac{1}{1 + K_D S} \tag{12}$$

式中，f_d 为自由漂浮病原微生物细菌所占比例。

对于吸附态可以假定为

$$C_p = f_p C_T \tag{13}$$

因此

$$f_p = \frac{K_D S}{1 + K_D S} \tag{14}$$

$$f_{\mathrm{p}} + f_{\mathrm{d}} = 1 \qquad (15)$$

在以上系列公式中，需要确定的关键参数是 K_{D}，体数值受到颗粒大小、水动力条件的影响，具有较大的变动性（$0.01 \sim 10 \mathrm{L/g}$）。由于细菌吸附特性具有颗粒分选特性，且随着水流过程的变化而有较大的变化(Brown et al., 2013)，因此，在模拟过程中需要对该参数进行详细验证。不同的细菌指标对泥沙的选择性不同，研究发现(Oliver et al., 2007)大肠埃希氏菌的吸附比例与泥沙颗粒的大小有较为密切的关系，比较容易吸附在 $16 \sim 30 \mu \mathrm{m}$ 的泥沙颗粒上，但定量的研究成果不多且变化较大，从 Pachepsky 等(2006)提供的河流和流域细菌比例实测数据来看，吸附于泥沙上的细菌所占比例应该是 90% 左右，悬沙浓度为 1g/L 条件下，大致相当于 K_{D} 的数量级为 10 左右，野外调查和几个泥沙耦合模型选用 K_{D} 参数见表 3。

表 3   E.coli 在泥沙分配系数 K_{D} 的总结表　　　　　　（单位：L/g）

颗粒范围/μm	悬沙浓度/（mg/L）	水流速度/（m/s）	1 实测 2 模型		K_{D}	参考文献
$45 \sim 75$	25	0.12	1	小溪	0.34	
$75 \sim 125$	30	0.12	1	小溪	0.20	(Jamieson et al., 2005)
$45 \sim 75$	25	0.18	1	小溪	0.44	
$75 \sim 125$	20	0.07	1	小溪	0.27	
*	$50 \sim 100$		2	小溪	10.0	(Bai and Lung, 2005)
*	1000		2	水槽	10.0	(Gao et al., 2011)
*	$30 \sim 50$		2	湖泊	10.0	(Thupaki et al., 2013)

注：*为未知。

4. 床面细菌和自由水体细菌的交换

在泥沙沉降到河底过程中，吸附于泥沙表面上的细菌也随之进入河床，其通量表达式为

$$F_{\mathrm{dep}} = q_{\mathrm{dep}} P \qquad (16)$$

式中，F_{dep} 为沉降到床面的细菌颗粒通量，$\mathrm{cfu/(cm^2 \cdot s)}$；$q_{\mathrm{dep}}$ 为泥沙沉降通量，$\mathrm{kg/m^2/s}$；P 为吸附于泥沙颗粒上的细菌浓度，$\mathrm{cfu/0.1g}$，$P = \dfrac{C_{\mathrm{p}}}{S}$。

栖息于河床底泥的细菌通过再悬浮进入水体通量 F_{ero} 的计算公式为

$$F_{\mathrm{ero}} = q_{\mathrm{ero}} P_{\mathrm{b}} \qquad (17)$$

式中，F_{ero} 为再悬浮细菌通量，$\mathrm{cfu/(cm^2 \cdot s)}$；$P_{\mathrm{b}}$ 为在床面上的细菌浓度，

cfu/0.1g；q_{ero} 为泥沙再悬浮通量，kg/（cm^2·s），其净通量 F_{net} 的表达式为

$$F_{net} = \max(q_{ero},0)P_b + \min(-q_{dep},0)P \tag{18}$$

床沙上的细菌浓度 P_b 主要决定于悬沙和床面携带细菌交换及其栖息在床底细菌的死亡率。假定沉降的细菌和床沙细菌在短期内能够快速交换，P_b 可以按如下公式计算：

$$\frac{dP_b}{dt} = \frac{q_{dep}}{M_b}(P - P_b) - k_b P_b \tag{19}$$

式中，M_b 为单位面积的悬沙质量；k_b 为细菌在床面底质上的死亡率；M_b 采用如下公式进行计算：

$$\frac{dM_b}{dt} = q_{dep} - q_{ero} \tag{20}$$

其中，q_{dep}、q_{ero} 的含义和求解方法分别与公式（16）和（17）相同。

5. 模拟方法

随着计算机和数值求解技术的不断发展，数学模型已成为研究水环境污染的一种重要手段，肠道病原微生物模型一般由流域水文、河网、管网和河口水动力学子模型、泥沙运动子模型、生物反应子模型和吸附解吸附子模型组成。水动力学模型的研究比较成熟，而且在泥沙浓度较低的情况下，通常认为流场不受泥沙和污染物行为的影响，可以将水动力学子模型与其他二者解耦。关于水环境中泥沙运动的机理目前虽然还有待进一步研究，但已有较多的经验或半经验的数学模型可用于实际工程。关于生物反应模型，现有模型一般将致病微生物的消亡或生长率简化为一级反应模型。致病微生物的消亡、生长过程是一个动态的复杂过程，它受温度、盐度、pH、光照强度、氮浓度、磷浓度等环境因素的影响。

除了上述关键物理过程，在模型求解过程中还需要注意如下问题：①由于在城市化流域中，通常情况下生活污水带来的病原微生物比农牧业的病原微生物面源量高，因此需要对病原微生物源和污水管网中的输运过程进行相对详细的求解；②在河口-沼泽-河网联通过渡区域，病原微生物的浓度高且时空变化剧烈，在低潮和小河道流量条件作用下，河道水流主要通过狭长深槽河道进入河口，因此在狭长深槽区域需要保证模型网格的合理尺度和分辨

率，从而满足求解的守恒与合理。同样在潮间带高浓度区也需要模型具有较好的网格分辨率和求解精度。由于细菌的求解精度要求的网格尺度较小，模型的计算时间步长小，因此可以采用基于各类并行算法的模型进行求解以提高计算效率。

6. 实际应用

Kashefipour 等(2002, 2006)利用耦合的水动力和粪大肠菌群迁移转化模型分别对英国的 Ribble 河口和 Irvine 海湾的粪大肠菌群的分布和传播过程进行了研究，并在利用实测数据对模型进行验证的基础上，成功地利用模型研究了不同因素对微生物污染分布的影响及特性。但由于泥沙本身的运动规律复杂，加之对微生物与泥沙相互作用的机理的认识还比较有限，模型中没有考虑底泥中微生物与上覆水中微生物的迁移转化过程。

Yang 等（2008）尝试利用一、二维耦合细菌迁移转化模型，并考虑了吸附态细菌的沉积和冲刷，对 Severn 河口的微生物污染进行研究，然而细菌的吸附律被假定为恒定的而不是随泥沙的浓度而变化的。Gao 等（2011）分别在 DIVAST（depth integrated velocity 和 solute transport）模型的基础上考虑了底泥与上覆水之间微生物的交换、迁移，并将模型应用于较简单算例和英国的 Severn 河口，取得了较为准确的结果。随后 Huang 等(2015a)在 EFDC（environment fluid dynamic code）模型基础上考虑了泥沙和细菌的耦合过程，进一步计算 Ribble 河口悬沙耦合对细菌浓度的影响，结果表明细菌-泥沙耦合可以提高模型的计算精度(Huang et al., 2015b)，同时还进一步研发和应用了流域和河网细菌-泥沙耦合模型，并为河网-河口区域模型提供边界条件，实现了流域-河网-河口的非均匀泥沙-细菌的连接计算。

结合有限的实测数据，利用模型不仅可以重构肠道病原微生物等有害物质的时空分布和连续变化过程（图 3），还可以利用验证好的模型来预测变化条件作用下（如气候变化、人类工程、流域管理模型等）细菌浓度的变化，并对细菌源和关键过程进行识别。同时，利用模型的计算结果可以调整和改善野外观测的方法，基于浓度预测结果进行细菌毒性评估等（图 4）。

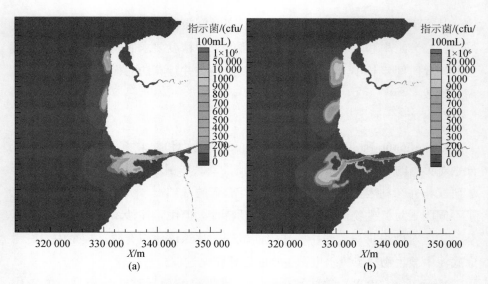

图3　涨潮情况下模型计算的细菌浓度分布（a）

及落潮情况下模型计算的细菌浓度分布（b）

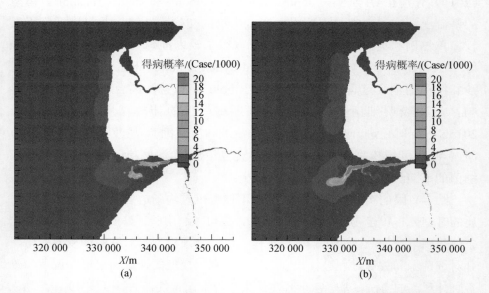

图4　涨潮条件下细菌感染风险性分析结果（a）及落潮条件下细菌感染风险性分析结果（b）

4　结论与展望

本文针对肠道病原微生物水环境这一重要问题，在国内外已有研究基础上，首先对病原微生物在流域、河网和河口的源、迁移、转化及其影响因素进行分析和总结。然后对我们近年来的在病原微生物过程的模型研发、泥沙-细菌耦合、关键影响因子、计算与应用等研究成果进行初步介绍，给出不同条件下病原微生物浓度在河口区域的分布和游泳引发感染风险的分析结果。针对已有的研究成果，为了进一步准确计算病原微生物在流域-管网-河网-湖泊-河口的动态过程，结合国内外研究现状和我们对这一问题的研究认识，未来还需要进一步开展如下方面研究。

（1）由于非均匀沙对病原微生物的吸附、解吸和消亡过程影响较大，且泥沙在河口-河道过渡区域（河口三角洲前沿）的非均匀程度和病原微生物栖息空间异质性强，因此需要加强非均匀沙对典型病原微生物的吸附、解析和消亡过程的机理认识、实验观测、模型建立和计算模拟的研究，以期减小模型和参数的不确定定性。

（2）实测研究表明，病原微生物在潮间带区域的浓度较高，床沙和上覆水中的病原微生物浓度的差异较大，大部分海（湖）滩游泳区也位于这一区域，且病原微生物在该区域的动态源组成、演替非常复杂且受到水流干湿、复合迁移动力（风、浪、潮等）的影响，因此需要进一步对这一关键区域进行深入研究。

（3）由于病原微生物的源、迁移和转化过程涉及流域、城市生活管网、河网、河口和污水处理等环节，因此未来迫切需要建立通用的集成模型来对不同的流域和河口系统的病原微生物进行整体模拟，加强模型的通用性，同时结合一定的实测资料，加强应用模型来研究流域社会经济、流域管理、全球气候变化等因素作用下不同病原微生物在流域、河网、管网和河口方面迁移转化过程，并进一步揭示对病源微生物水质过程的关键驱动力和影响因子。

参考文献

陈胜蓝，尹红果，陈梦清，等. 2015. 环境水体中病原微生物与指示微生物的相关性研究. 浙江农业科学，1(4): 448-452.

刘灵芝，黄毅. 2002. 水体中大肠杆菌的生物检测法—斑贝检测法. 微生物学杂志，(3): 41-44.

满江红，王先良，杨永坚，等. 2012. 我国地表水环境微生物基准研究现状. 环境与健康杂

志，29(1)：82-84.

Alkan U，Elliott D，Evison L. 1995. Survival of enteric bacteria in relation to simulated solar radiation and other environmental factors in marine waters. Water Research，29(9)：2071-2080.

ASAE. 2003. American Society of Agricultural Engineers(ASAE) Standards D384.1: Manure production and characteristics. St Joseph，Mich.

Bai S，Lung W S. 2005. Modeling sediment impact on the transport of fecal bacteria. Water Research，39 (20)：5232-5240.

Benham B，Baffaut C，Zeckoski R，et al. 2006. Modeling bacteria fate and transport in watersheds to support TMDLs. Transactions of the Asae，49(4)：987-1002.

Brown J S，Stein E D，Ackerman D，et al. 2013. Metals and bacteria partitioning to various size particles in Ballona creek storm water runoff. Environmental Toxicology And Chemistry，32(2)：320-328.

Chapra S. 1997. Surface water quality modeling，series in water resources and environmental engineering. McGraw-Hill，New York，USA.

Cho K H，Pachepsky Y A，Oliver D M，et al. 2016. Modeling fate and transport of fecally-derived microorganisms at the watershed scale: State of the science and future opportunities. Water Research，100: 38-56.

Coffey R，Cummins E，Bhreathnach N，et al. 2010. Development of a pathogen transport model for Irish catchments using SWAT. Agricultural Water Management，97(1)：101-111.

Davies C M，Long J，Donald M，et al. 1995. Survival of fecal microorganisms in marine and freshwater sediments. Applied and Environmental Microbiology，61(5)：1888-1896.

Figueras M，Borrego J J. 2010. New perspectives in monitoring drinking water microbial quality. International Journal of Environmental Research and Public Health，7(12)：4179-4202.

Gao G，Falconer R A，Lin B，2011. Numerical modelling of sediment–bacteria interaction processes in surface waters. Water Research，45(5)：1951-1960.

Huang G，Falconer R A，Boye B A，et al. 2015a. Cloud to coast: Integrated assessment of environmental exposure，health impacts and risk perceptions of faecal organisms in coastal waters. International Journal of River Basin Management(ahead-of-print)：1-14.

Huang G，Falconer R A，Lin B. 2015b. Integrated river and coastal flow，sediment and escherichia coli modelling for nathing water quality. Water，7(9)：4752-4777.

Hunter P. 1997. Waterborne disease: Epidemiology and ecology. John Wiley & Sons.

Jamieson R，Joy D M，Lee H，et al. 2005. Transport and deposition of sediment-associated Escherichia coli in natural streams. Water Research，39(12)：2665-2675.

Kashefipour S M，Falconer R A. 2002. Longitudinal dispersion coefficients in natural channels. Water Research，36(6)：1596-1608.

Kashefipour S M，Lin B，Harris E，et al. 2002. Hydro-environmental modelling for bathing water compliance of an estuarine basin. Water Research，36(7)：1854-1868.

Kashefipour S M，Lin B，Falconer R A. 2006. Modelling the fate of faecal indicators in a coastal basin. Water Research，40(7)：1413-1425.

Mancini J L. 1978. Numerical estimates of coliform mortality rates under various conditions. Water Pollution Control Federation：2477-2484.

Oliver D M，Clegg C D，Heathwaite A L，et al. 2007. Preferential attachment of Escherichia coli to different particle size fractions of an agricultural grassland soil. Water，air，and soil Pollution 185(1-4)：369-375.

Pachepsky Y A，Sadeghi A，Bradford S，et al. 2006. Transport and fate of manure-borne pathogens: Modeling perspective. Agricultural Water Management，86(1)：81-92.

Reddy K，Khaleel R，Overcash M. 1981. Behavior and transport of microbial pathogens and indicator organisms in soils treated with organic wastes. Journal of Environmental Quality，10(3)：255-266.

Schoen M E，Ashbolt N J. 2010. Assessing pathogen risk to swimmers at non-sewage impacted recreational beaches. Environmental Science & Technology，44(7)：2286-2291.

Servais P，Garcia-Armisen T，George I，et al. 2007. Fecal bacteria in the rivers of the seine drainage network (France): Sources，fate and modelling. Science of The Total Environment，375(1-3)：152-167.

Stapleton C M，Wyer M D，Crowther J，et al. 2008. Quantitative catchment profiling to apportion faecal indicator organism budgets for the Ribble system，the UK′s sentinel drainage basin for Water Framework Directive research. Journal of Environmental Management，87(4)：535-550.

Stewart R L，Fox J F，Harnett C K. 2014. Estimating suspended sediment concentration in streams by diffuse light attenuation. Journal of Hydraulic Engineering，140(8)：04014033.

Thupaki P，Phanikumar M S，Schwab D J，et al. 2013. Evaluating the role of sediment‐bacteria interactions on Escherichia coli concentrations at beaches in southern Lake Michigan. Journal of Geophysical Research: Oceans，118(12)：7049-7065.

USEPA. 2000. Bacterial indicator tool user's guide. EPA-832-B-01-003，Washington D.C.

Yang L，Lin B，Falcolconer R A. 2008. Modelling enteric racteria population in coastal and estuarine waters. Proceedings of Insititution of Civil Engineering，Journal of Engineering and Computational Mechanics，161: 179-186.

Zeckoski R，Benham B，Shah S，et al. 2005. BSLC: A tool for bacteria source characterization for watershed management. Applied Engineering In Agriculture，21(5)：879-892.

第六篇　水　旱　灾　害

导读　在我国及全球，随着社会经济的快速发展和气候、环境的演变，水旱灾害的诱因、机制、模式和影响日趋复杂，防洪抗旱技术与决策面临崭新挑战。本篇包括江河洪水、城市洪水、风暴潮、干旱等灾害形式的四篇专题学术论文。在江河防洪方面，总结了"守与弃""蓄与泄"两大核心问题，提出了多目标"守与弃"问题的降维、非支配解集优化和"蓄与泄"防洪决策的流域高精度来水预报等关键技术。在城市洪涝灾害方面，从全球变化及城市化发展视角，阐述了城镇化对洪水过程的影响机制，分析了城市洪涝频发多发、城市看海发生的原因，提出了相应的应对策略。在风暴潮灾害方面，分析了沿海地区风暴潮增水的主要机理，阐述了提高模拟精度中的关键问题。在干旱灾害方面，提出了时空连续的干旱事件三维识别方法和干旱历时-面积-烈度三变量频率分析方法，通过在西南地区的应用，展示了新理论方法的合理可靠。

大江大河防洪关键技术问题与挑战

刘 宁

（中华人民共和国水利部，北京 100053）

摘 要：随着全球气候变化和人类活动对自然水循环过程干扰的程度与日俱增，变化环境下大江大河防洪决策面临新的难题。本文首先总结了大江大河防洪问题，将其归纳为"守与弃""蓄与泄"两个核心问题，并分析了江河防洪面临的挑战，针对性地提出了大江大河防洪的关键技术，包括多目标"守与弃"问题的降维、非支配解集优化技术和多目标均衡解决策技术，以及用于求解"蓄与泄"防洪决策的流域高精度来水预报技术、大江大河水沙动力学模拟技术等。最后，通过三门峡水库运行工程实例进一步对防洪关键技术如何运用于实践进行了阐述。上述技术对实现变化环境下大江大河流域防洪安全管理与水资源高效利用具有极为重要的工程实践意义。

关键词：大江大河；防洪决策；蓄与泄；守与弃；多目标

Challenges and Key Techniques for Large Rivers Flood Control Problem

Ning Liu

（The Ministry of Water Resources of the People's Republic of China，Beijing 100053）

Abstract: Climate change combined with more intense human activities has significantly disturbed the natural hydrological cycle. This changing environment brings new challenges in flood management for large rivers. This article first reviewed the critical problems of large river flood control, summarized by two specified terms as "protect or abandon" and "retain or re-

通信作者：刘宁（1962—），E-mail：liuning@mwr. gov. cn。

lease". A series of key theories and techniques for solving these problems were then proposed including: multi-objective optimization, multi-objective decision making, high-precision prediction of basin runoff, dynamic simulation for sediment optimal scheduling of complex systems. Finally, using the engineering case study of the Sanmenxia reservoir, this paper expounded how to apply these key techniques in practice. These techniques could improve flood management, thus, enhancing public safety and providing additional large benefits to basin production and water supply, indicating a high potential for practical applications.

Key Words: large river; decision making of flood control; retain or release; protect or abandon; multi-objective.

1 引言

受地理和气候条件影响，我国自古以来洪水灾害就频繁发生。据统计，从秦汉至新中国成立之初的两千多年间，我国遭受大范围洪水灾害多达 1092 次，仅 1951～1990 年我国平均每年发生严重洪水灾害就多达 5.9 次（刘宁，2012）。七大江河中下游 70 多万平方千米的洪水泛滥平原成为了洪水灾害最为严重的地区，其中有 4 亿多亩耕地，分布着超过 90%的城市，工农业生产总值超过全国的 2/3。频繁发生的大洪水造成了严重的经济损失和难以估量的社会影响（左海洋等，2009）。面对严峻的洪水灾害形势，兴修水利工程进行防洪调度是抵御洪灾、实现人水和谐的最有效的措施之一。新中国成立以来，我国已累计修建 98000 多座水库，总库容 9323.12 亿 m³；已建堤防总长度达 41 万 km；七大江河流域修建蓄滞洪区 98 座，总面积 3.37 万 km²，蓄洪容积 1074 亿 m³。

迄今为止，我国依靠水库、堤防、蓄滞洪区等工程为一体的洪水防御工事成功抵御了多次大江大河流域性大洪水（刘宁，2005a）。如 1960 年辽河流域浑河汛期发生特大洪水，得益于大伙房水库的拦洪作用，沈阳、抚顺两座大城市免受了灭顶之灾（辽宁省水利厅，2007）。1998 年，洞庭湖区域应对长江大洪水时，通过对流域内柘溪、凤滩等五座大型水库进行科学联合调度，有效减少了洞庭湖高水位期间入湖水量，为区域防洪发挥了巨大作用（张硕辅等，2003）。2005 年，珠江流域特大洪水防御过程中，西江干支流的大型水库联合发挥了拦洪错峰作用，为梧州堤防成功抵御超标准洪水创造了有利条件（陈润东和梁才贵，2008）。2013 年松花江发生流域性大洪水，尼尔基、白山、丰满水库等控制性骨干工程在流域防汛抢险中发挥了重要的全局性作用，有效减轻水库下游及松干防洪压力，最大限度减少人员伤亡，直接减免经济损失达 14 亿元（党连文，2014）。2016 年 6 月 30 日至 7 月下旬，长江流域共发生 4 次强降雨过程，中下游干流监利以下江段及洞庭湖、鄱阳湖全面超过警戒水位。经统一指挥、科学调度、多措并举、合力抗洪，长江中下游干流水位于 7 月 31 日全线退至警戒水位以下，实现了确保人民群众生命安全、确保重要堤防和重要设施安全的"两个确保"目标（黄先龙等，2016）。

随着大江大河防洪工程不断完善且防洪技术的不断革新，大江大河抵御洪水的能力得到大幅提高。但受全球变化及极端天气影响，近年来我国水旱灾害呈现出了多发、频发、重发趋势，大江大河防御洪水的现状仍不容乐观（刘宁和杜国志，2005；李原园等，2010）。一方面，在气候变化和人类活动共同影响的变化环境下，流域水循环和水资源发生了深刻变化，传统方法已难以指导变化环境下的防洪管理，需采用适应性防洪管理策略以应对变化环境；另一方面，大江大河沿岸经济的高速发展及"人与自然二元水循环"发展模式对防御大洪水有了更高要求，大江大河防洪决策技术水平仍迫切需要提升。

2 大江大河防洪问题与挑战

大江大河防洪是以洪水为对象，以减灾为目标，兼顾兴利要求，以防洪工程为依托，以防洪组织为行为主体，最终在防洪体系中的各项工程和非工程措施的配合下，有计划地调控洪水的工作。

2.1 大江大河防洪问题

大江大河防洪面临诸多具体而复杂的技术问题，特别是对防洪系统间关系的解析及针对各类不可预见性洪水的防御问题。例如，启动哪些水库参与防洪、重点保护哪一段堤防或哪一座城市、是否启用蓄滞洪区或启用哪一个蓄滞洪区，以及如何在防洪的同时考虑洪水资源化的问题，并兼顾航运、生态利益等。为减轻洪水影响、保护发展成果，几千年来，人类在逐渐加深对大江大河洪水特性、人水关系的认识，并随着技术的进步，先后采取了避、堵、疏、筑堤、开辟分洪道、设置蓄滞洪区、建设防洪水库等防、疏、泄、蓄各项防洪措施，并在应对洪水中综合发挥了各工程的防洪作用。归纳来看，大江大河防洪问题的核心在于以下两个方面。

（1）"守与弃"问题。"守与弃"是针对参与防洪的工程、洪水防御目标间及其他利益间的抉择。应处理好多个防洪保护目标、多方利益的协调关系。

（2）"蓄与泄"问题。利用可控制调节的工程、非工程手段措施，对洪水进行调控的问题，即"蓄与泄"是洪水防御的手段。

上述两个问题又存在辩证性的关系，合理的"蓄与泄"方案才能达到"守与弃"的目标，而科学的"守与弃"又是合理实施"蓄与泄"的先决条件。因此，大江大河防洪问题的核心首先在于解决好"守与弃"与"蓄与泄"的问题。

2.2　面临的挑战

大江大河防洪系统古已有之，随着社会进步和科学技术的发展，系统构成日益复杂，功能也不断完善，传统被动的防洪方法已难以指导变化环境下的决策，需采用主动的适应性策略以应对变化环境。对江河防洪体系进行科学管理以防御流域性大洪水的关键技术仍迫切需要提升，其面临的挑战主要体现在以下五个方面。

（1）预报不确定性。Milly 等（2008）在"Science"指出，在气候变化和人类活动的影响下，基于一致性假设的水文随机理论和方法已无法帮助人类正确揭示变化环境下水资源和洪水演变的长期规律。非一致性条件下的流域来水预报存在越来越大的不确定性，这无疑加大了防洪问题的难度，因而可能做出并不是最优甚至是失败的决策。

（2）时空维度高。大江大河防洪问题绝不仅是针对单库、单工程的问题，江河整体防洪工程体系都能参与防洪，包括并联、串联及混联的水库群、蓄滞洪区、堤防等大量水利工程。由于系统中上下游各工程在各时段其调节洪水的蓄泄过程都是防洪问题的求解对象，因此大江大河防洪问题常面临着"维数灾"的巨大挑战。

（3）影响条件复杂。由于江河水系是联通的，各类防洪工程或串联或并联，互相影响，且有复杂的水力联系，而且除水流以外，大江大河上的泥沙问题也不容忽视，尤其是泥沙运移规律与水的流动规律并不完全一致，使河道断面不断发生的变化，水库淤积又使水库调节库容不断减少，诸如此类问题很多。大江大河防洪问题的影响条件复杂异常，也给防洪规划或方案的制订带来不小的挑战。

（4）利益多元化。大江大河的防洪目标在空间维度上，要根据上下游、左右岸具体情况，考虑上、下游不同防洪保护对象的重要性，权衡利弊得失，实现人水和谐相处；时间维度上，需兼顾当前和长远利益，在汛期防洪决策的同时考虑枯水期的决策，在实时防洪决策的同时展望长远的江河防洪规划，乃至流域综合治理；在各方利益上，要优先保证各类工程和防洪保护对象的安全，兼顾发电、航运、水产养殖等利益，必要时舍弃部分利益。所以，大江大河防洪还呈现出多目标的难题。

（5）决策难度大。大江大河防洪是一个典型的多目标问题，要在兼顾多方利益的情况下最大限度地保障防洪安全，其中必然出现不同利益主体间的博弈和均衡。此外，上述几项难题和挑战也为决策者制定出最合理的江河防洪方案提出了难题，大江大河防洪问题整体难度极大。

综上，预报不确定性和复杂的影响条件给大江大河防洪工程对洪水的"蓄与泄"影响模拟带来了难度，而时空高维度、利益多元化、决策难度大又使得目标和对象的"守与弃"抉择遇到了挑战，使得在整个江河防洪过程中无论是确定合理解还是最优解都困难重重。

3   "守与弃"问题关键技术

大江大河防洪工程不仅服务于防洪，还有灌溉、发电、航运、水产养殖等诸多其他功能，防洪时难以同时保障各目标的实现，因此需把握好不同目标的"守与弃"，辩证处理各方面关系，以实现减灾与兴利目标的协调一致。"守与弃"不拘泥于一时一地，要根据流域或区域实际条件、防洪标准高低、洪水演变过程等进行阶段性转换，这也意味着防洪目标是动态变化的，其最终目标是达成整体效益的最大化和灾害影响的最小化。

新时期变化环境下洪水的时空规律发生了很大变化而防洪系统并不能自适应洪水情势的变异。此外，人类活动对江河的强烈干扰还扩大了防洪系统其功能与需求的不匹配关系。这不仅加剧了防洪目标之间的竞争关系，还加大了目标优化的难度。如何在变化环境与人水耦合下，进行"守与弃"的科学决策，高效发挥并挖掘防洪系统潜力是目前面临的最大挑战。从数学关系来看，该问题可概化为如下的多目标系统优化问题：

$$\text{Min } Z = \{f_1(x), f_2(x), \cdots, f_n(x)\} \tag{1}$$

式中，x 为待优化的变量，即"蓄与泄"的具体方案；$\{f_1(x), f_2(x), \cdots, f_n(x)\}$ 为优化问题的目标函数，即"守与弃"的决策导向。

$$St.\begin{cases} g(x) \leqslant 0 \\ h(x) = 0 \\ x \in R \end{cases}$$ （2）

式中，$g(x)$ 和 $h(x)$ 为优化问题的约束条件，在江河防洪问题中，水流连续性条件、水量平衡条件及不同防洪工程的水力联系、防洪保护对象的水位，以及生态航运断面的流量水位等都可能作为约束条件，统一概化为式（2）中的等式及不等式约束两种。

"守与弃"是防洪问题的目标与前提，从技术层面来看，"守与弃"优化的关键方法技术在于其非支配解集的优化和均衡解的决策。前者采用自动优化或人工试算，优选出防洪系统的 "蓄与泄"非支配解集；后者则在体现各目标均衡下，决策出"守与弃"的均衡解，最大化实现江河防洪系统的功能。

3.1 "守与弃"非支配解集的优化

1. 复杂优化问题的高效降维

随着防洪系统规模的扩大，求解大江大河防洪系统优化问题的计算量也呈非线性增长，"维数灾"问题不可避免，因此需针对性地研发复杂优化问题的高效降维技术。针对有明确的目标和约束表达式的结构化决策问题，可通过对防洪系统管理的目标函数边际效益递减特性进行分析，解析防洪系统优化运行总可蓄水量与最优下泄流量、最优余留水量之间的单调关系（这种单调关系正是保证防洪系统优化运行全局最优性的充分必要条件），并进一步利用防洪系统优化运行单调性所表现出的邻域搜索特征研究高效的解析求解算法，如图 1(a)所示。

针对不能明确出目标或约束表达式的半结构化问题，由于其多约束交织所呈现出的复杂性，需要构建一套逐步降维的技术体系。首先，通过聚合-分解技术减少防洪系统运行规则参数规模，使用敏感性分析方法筛选出对目标比较敏感的参数，进一步减少防洪系统优化运行的模型变量个数；其次，结合高维可行域的不规则、离散等特性研发可行域射线搜索算法，通过射线把复杂约束信息公式化，将高维半结构化问题转化为一维、二维的结构化问题，如图 1(b)所示，可有效减小可行域搜索空间；最后，引入替代模型实现模型的降维，在原始模型同等计算量的条件下，以替代模型用最小的代价加速逼近最优解（Zhang et al.，2017）。

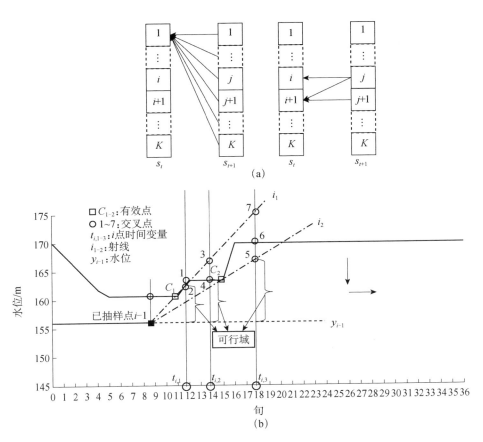

图1　实现高效降维的两大搜索技术

（a）邻域搜索；（b）射线搜索

2．多目标优化

如前文所述，大江大河防洪问题还面临利益多元化的问题，因而概化为公式（1）和式（2）这类多目标优化问题降维后，还面临多目标优化的问题。一方面，多目标问题没有最优解，只能找到各个目标互相不支配的非支配解集；另一方面，随着目标个数的增加，非支配解集求解会愈加困难，需针对多目标寻优的全局性和效率开展研究。

针对结构化问题，可引入多目标遗传算法（NSGA-Ⅱ）的思想，改进多目标动态规划算法，实现非支配解集全局寻优（Zhao and Zhao，2014）。考虑到目标之间权衡取舍，优化结果为多个非支配解，这些解对应的决策效益在目标空间中构成一个 Pareto 前沿，如图 2(a)所示。针对半结构化问题，可采用加权带精英策略的非支配排序多目标遗传算法，提高多目标寻优效率（Gong et al.，2015）。通过选择一个参考点，将多目标搜索区域划分为支配区域和非支配区域，人为将支配区域的拥挤度算子缩小（密度增大），引导搜索趋向于非支配区域，从而提高优化效率和效果，如图 2(b)所示。

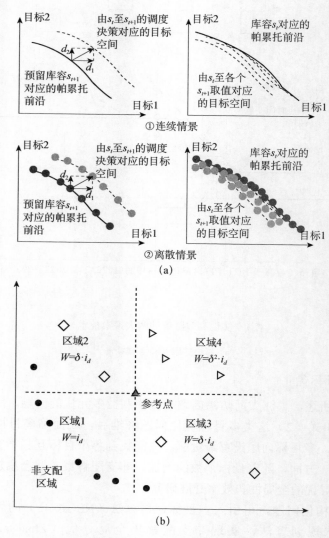

图2　多目标非支配解集全局寻优技术

（a）改进多目标动态规划算法；（b）加权非支配排序遗传算法

3.2 "守与弃"均衡解的群决策

经过多目标优化后，可得到 m 个非支配的"蓄与泄"方案 $\{S_1, S_2, \cdots, S_m\}$，还需进一步通过群决策得出各方利益各目标"守与弃"均衡的决策方案。对应 n 个目标 $\{G_1, G_2, \cdots, G_n\}$，可得每个可行方案对应的各目标值，这样就能构成如下决策指标矩阵（刘宁，2006）：

$$A = \begin{bmatrix} a_{11} & a_{12} & \cdots & a_{1n} \\ \vdots & \vdots & & \vdots \\ a_{m1} & a_{m2} & \cdots & a_{mn} \end{bmatrix} = \left(a_{ij} \right)_{m \times n} \qquad (3)$$

因此，多目标群决策的问题则是对式（3）中的所有元素进行对比寻优的过程，针对目标 $\{G_1, G_2, \cdots, G_n\}$ 的偏好和处理方法的不同，多目标决策方法出现了很多，包括线性加权法、优异度法、TOPSIS 法、主成分因子分析法、非线性规划法等（刘宁，2006）。

通过模型概化出的多目标优化问题所表达的目标"守与弃"与现实问题中目标"守与弃"必然存在一定差异。通过充分分析二者偏差，构建"守与弃"最终决策的反馈修正技术，即通过不断的循环迭代决策，最终制定可达到最佳洪水防御和其他目标均衡的解。另外，决策者具有丰富的洪水防御经验和应变对策储备，不同洪水类型和江河情势决定了决策者拥有不同的风险好恶等，通过反馈修正技术给予决策者充足的空间对多目标优化方案进行择优和动态调整，以最大限度发挥防洪系统的功能。

4 "蓄与泄"问题的关键技术

1998 年，长江大洪水调度充分证明了流域防洪工程"蓄泄兼筹，以泄为主"的防洪方针是行之有效的（胡和平等，1999）。首先是以堤防为基础，使大部分洪水东泄入海。但若完全靠堤防则要求堤防大幅加高，工程量巨大，防汛时防守难度与风险均很大，因此还需要由水库进行拦洪削峰。而在上游干支流水库和中游支流水库未建成前，或在遇到特大洪水时，超额洪峰洪量还需全部或部分由分蓄洪区分担。三峡工程建成后，一般情况可先利用其防洪库容蓄洪，遇到特大洪水后再动用分蓄洪区。上游其他干支流水库建成后，与三峡工程配合运用，中下游防洪标准可进一步提高，使用分蓄洪区的数量与机遇更减少。

大江大河防洪问题中工程数量众多，且对象本身还相互联系和影响，因而，在解决"守与弃"问题的关键技术基础上，还需摸清不同防洪工程"蓄与泄"条件下的流域来水来沙规律和影响，即实现"蓄与泄"问题的影响模拟。其关键技术在于流域高精度来水预报和蓄泄条件下的水沙动力学模拟。

4.1 流域高精度来水预报

大江大河高精度来水预报中，降水数据是重要的输入，同时也是主要误差来源。降水多源数据融合（胡庆芳，2013；李哲，2015）、逐步改进的数值降水预报模型（胡向军等，2008；李刚等，2010；Yang et al.，2015；陈浩伟等，2016）都是从源头上提高预报精度的重要方法。在水文预报模型层面，不仅需深入研究高强度人类活动对流域洪水的影响机制以改进水文模型结构，还应分析模型参数的不确定性，研发出高效的模型参数率定算法，增加水文模型适用性（Apostolopoulos and Georgakakos，1997；Van Griensven et al.，2006；Huang et al.，2014）。此外，在实时预报过程中利用数据同化技术还可进一步对水文模型预报变量和参数进行动态校正，进一步提高预报精度（Xie and Zhang，2010；熊春晖等，2013）。在模型输出方面，采用径流集合预报技术（Bogner et al.，2010）及集合预报结果后处理技术（Seo et al.，2006；姜迪等，2014），相比传统的单值预报，能获得总体最优、结果更为可靠的集合预报结果。

4.2 蓄泄条件下的水沙动力学模拟

在高精度、高时效的来水预报基础上，构建蓄泄条件下的水沙动力学模型可对重要断面水沙情况及防洪方案的影响进行模拟评估（王光谦和李铁键，2009），从而为大江大河防洪提供支撑。一方面，分析不同防洪方案下江河湖库的联动关系和冲淤演变规律；另一方面，可对变化环境影响下的防洪系统防御不同类型洪水的效果进行预判。其中，对于不考虑输沙对水流影响或低含沙的河道水流，其运动可用描述清水非恒定流动的圣维南方程组进行模拟预测，如式（4）和式（5）所示。泥沙运动则应分别考虑悬移质，如式（6）和推移质泥沙输运过程，如式（7）所示。

$$B \frac{\partial z}{\partial t} + \frac{\partial Q}{\partial x} = q_L \tag{4}$$

$$\frac{\partial Q}{\partial t} + \frac{2Q}{A}\frac{\partial Q}{\partial x} + \left[gA - B\left(\frac{Q}{A}\right)^2\right]\frac{\partial h}{\partial x} = \left(\frac{Q}{A}\right)^2 \frac{\partial A}{\partial x}\bigg|_h - gA\left(i - \frac{Q^2}{K^2}\right) \quad （5）$$

$$\frac{\partial(QS)}{\partial x} + \frac{\partial(BhS)}{\partial t} - q_1 B + q_2 B = 0 \quad （6）$$

$$\frac{\partial g_b B}{\partial x} = qB / \overline{L}(g_{b*} - g_b) \quad （7）$$

式中，Q 为河道过流量，m³/s；z 为平均水面高程，m；B 为平均河宽，m；q_L 为侧向单位长度汇流量，m²/s；A 为水断面面积，m²；K 为流量模数；S 为悬移质含沙量，kg/m³；q_1 和 q_2 分别为单位时间从单位面积河床掀起和下沉的泥沙质量，kg/（m²·s）；g_b 和 g_{b*} 分别为推移质单宽输沙率和有效推移质输沙率，kg/（m·s）；q 为泥沙停留床面不动概率；$\overline{L}$ 为推移质运动平均跃移距离，m。

求解式（4）～式（7）的方程组的数值求解方法较为成熟，本文不再一一赘述。

5 "守与弃"和"蓄与泄"的辩证关系

由上可知，大江大河防洪至为关键的技术问题是：要在多目标"守与弃"决策要求下，寻求"蓄与泄"的最合理方案。"守与弃"和"蓄与泄"的辩证关系如图 3 所示。具体说来，大江大河防洪问题的目标不仅是下游的某个防洪保护对象的安全，还包括工程本身、上游工程的防洪安全，以及江河水资源的兴利利用。由于各目标相互竞争，必然需要守住部分目标、舍弃部分利益，即均衡不同目标的"守与弃"，这种"守与弃"应兼顾实时和未来规划情景，即在时间空间上都存在"守与弃"的问题。大江大河决策问题的决策对象是大江大河上的防洪工程对洪水的"蓄与泄"过程，而大江大河上的防洪工程又因为洪水依次调节而互相影响，故而合理"蓄与泄"方案的前提是应对变化环境的影响，提前预知江河来水来沙情况、摸清防洪主体、客体间的相互影响。综上，变化环境下各河段（空间）、各时段（时间）防洪和兴利的均衡是大江大河防洪决策问题的最核心需求。防洪决策的"蓄与泄"和"守与弃"实质是辩证统一的有机体，"守与弃"决定了大江大河防洪决策的目标和对象，"蓄与泄"则表现为该决策问题求解出的最合理方案，是大江大河防洪决策执行的手段，只有综合考虑"守与弃"和"蓄与泄"，才能最大限度地实现防洪和兴利目标。

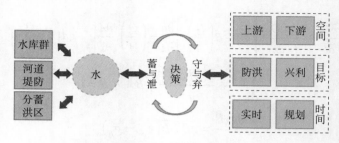

图3 "守与弃"和"蓄与泄"的关系图

　　由上可知，决策者根据现状条件和来水预报作出"守与弃"的抉择，然后制定出江河防洪工程"蓄与泄"的防洪方案。经决策执行后，"蓄与泄"方案将不断改变大江大河水情态势，随之而来，目标"守与弃"也因此将动态变化，因而又需要修改"蓄与泄"的方案。所以，"守与弃"和"蓄与泄"间的辩证关系还是一个动态的过程，即大江大河防洪问题也是一个因时因势不断调整的过程。

6　控制潼关高程的三门峡水库运行方式决策案例

　　三门峡水库 1960 年 9 月投入运用，初期库区淤积严重，潼关高程快速抬升，导致渭河下游及黄河小北干流的淤积，也大幅增加了关中平原的洪水风险，如 2003 年 8 月陕西发生了"小水酿大灾"的灾害，渭河倒灌、陕西省经济损失惨重，但是这次渭河洪峰仅相当于五年一遇的洪水流量（薛选世和武芸芸，2004）。

　　2005 年，笔者在水利部"潼关高程控制及三门峡水库运用方式研究"项目研究成果基础上，采用优异度决策方法对多方案进行了多目标比选，并推荐了优异度最高的满意方案（刘宁，2005b）。该决策过程首先由多家单位综合实体模型、原型观测、多家科研单位数值模拟计算以及社会调查多种途径后得出了八组可行的三门峡水库"蓄与泄"控制运行方案。随后，采取指标敏感性分析、因子分析等方法，对考虑的目标进行第一步的"守与弃"，确定采用潼关高程控制、库区冲沙、影响人群、供水影响、生态与环境影响、河道淤积、防洪及经济社会影响七项主要指标作为目标，并按照表 1 对这七项指标进行了多组权重赋值。决策中，选用了离差权法分析和基于客观分析的两种权重赋值方法，其中采用客观分析的方法中，考虑了三门峡库区和渭河下游生态系统及经济社会的发展，分别赋予这两类指标 6:4、5:5、4:6

的指标，并对各项指标进行了多组客观赋值，如表 1 所示。评价指标权重的确定可充分体现出各指标的重要程度及决策者对决策目标的偏好程度，"守住"重要目标-潼关高程等而部分"放弃"次要目标-库区冲沙影响等是决策者决策出"满意解"的通用思路，即通过权重赋值进行了进一步的赋值。通过基于表 1 权重赋值的各方案优异度计算，经决策求解，最终得出了"近期三门峡水库非汛期最高控制运用水位不超过 318m、平均水位不超过 315m，汛期敞泄"的"蓄与泄"运行方案（刘宁，2005b）。

表 1 权重赋值组案（刘宁，2005b）

权重赋值组案	库区冲沙影响（+）	影响人群（−）	供水影响（+）	生态影响（+）	潼关高程控制影响（+）	河道淤积影响（−）	防洪及经济社会影响（+）
权重分配比	0.6				0.4		
1	0.15	0.15	0.15	0.15	0.20	0.10	0.10
2	0.10	0.20	0.10	0.20	0.20	0.15	0.05
3	0.10	0.15	0.15	0.20	0.20	0.10	0.10
权重分配比	0.5				0.5		
4	0.05	0.15	0.15	0.15	0.25	0.10	0.15
5	0.05	0.15	0.20	0.10	0.25	0.15	0.10
6	0.05	0.15	0.15	0.10	0.20	0.15	0.15
7	0.05	0.10	0.15	0.20	0.20	0.15	0.15
8	0.05	0.10	0.15	0.20	0.15	0.15	0.20
9	0.05	0.15	0.10	0.20	0.15	0.15	0.20
权重分配比	0.4				0.6		
10	0.05	0.15	0.10	0.10	0.20	0.20	0.20
11	0.05	0.10	0.15	0.10	0.30	0.10	0.20
12	0.05	0.10	0.10	0.15	0.30	0.10	0.20

注：表中指标"+"和"−"代表了指标的正负效益，不同权重分配比和权重赋值方案代表了决策者对不同目标的偏好与倾向。

上述成果在防洪实践中得到了论证，也指导三门峡水库多年来科学运行，并获得了很好的社会反响，1960 年以来，潼关高程变化过程如图 4 所示，其中 2003 年达到最高，也是当年发生渭河"小水酿大灾"的主要原因之一。随着 2003 年以后来水来沙的减少，以及东垆湾裁弯工程、渭河入黄口疏浚、小北干流滩区放淤、小浪底等水库调水调沙等措施，也得益于三门峡水库调度运行方式的科学决策，近十多年来潼关高程下降明显。进一步证明了基于"蓄与泄""守与弃"关键技术而得出的集工程措施和非工程措施于一体的科学决策是合理的也是有效的。然而，由于变化环境的不断影响，还应根据流域来水来沙、各项工程的变化适时的调整三门峡水库控制运行方案，做出新的决策。

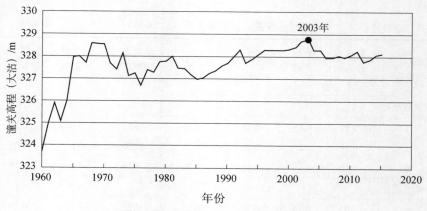

图4　潼关高程变化过程图（大沽高程）

7　结束语

本文首先分析了大江大河防洪决策的核心问题和面临的挑战，其核心问题可归纳为两个方面，即决策目标和对象"守与弃"与"蓄与泄"实时方案的制订；面临的挑战包括以下五点：预报不确定性、时空维度高、影响条件复杂、利益多元化和决策难度大，因此，在整个大江大河防洪决策过程中无论是确定合理解还是最优解都困难重重。

针对两大核心问题和五项挑战，本文分别论述了大江大河防洪决策的关键技术，包括：多目标"守与弃"问题的降维、非支配解集优化和均衡解决策，用于实现"蓄与泄"影响模拟的流域来水高精度预报技术、蓄泄条件下大江大河水沙动力学模拟技术等；并分析总结了"守与弃"与"蓄与泄"两大问题的辩证关系，即"蓄与泄"是洪水防御的手段，"守与弃"是洪水防御的目标和决策导向，合理的"蓄与泄"方案才能达到"守与弃"的目标。最后，本文简述了三门峡水库控制运用决策案例，揭示了大江大河针对"守与弃"和"蓄与泄"的防洪决策思路和决策过程，也进一步证明了 "守与弃""蓄与泄"关键技术对于实现大江大河流域防洪安全管理与水资源高效利用具有极为重要的工程实践意义。

参考文献

陈浩伟, 郑益群, 曾新民, 等. 2016. WRF 模式不同云微物理参数化方案对东亚夏季风模拟影响的研究. 气象科学, 36(5):593-605.

陈润东, 梁才贵. 2008. 2005 年西江洪水错峰调度分析. 广西水利水电, (3):22-25.

党连文. 2014. 2013 年松花江流域骨干水库洪水调度. 水利水电技术, 45(1):1-5.

胡和平, 尚松浩. 1999. 论抵御 98 洪水与洪水风险管理. 水利水电技术, 30(5):3-5.

胡庆芳. 2013. 基于多源信息的降水空间估计及其水文应用研究. 北京: 清华大学博士学位论文.

胡向军, 陶健红, 郑飞, 等. 2008. WRF 模式物理过程参数化方案简介. 甘肃科技, 24(20):73-75.

黄先龙, 褚明华, 左吉昌, 等. 2016. "2016.7" 长江中下游洪水防御工作及启示. 中国防汛抗旱, 26(6):76-80.

姜迪, 智海, 赵琳娜, 等. 2014. 通用线性模型在气象水文集合预报后处理中的应用. 大气科学学报, 37(2):229-236.

李刚, 王铁, 谭言科, 等. 2010. WRF3.0 参数化敏感性及集合预报试验. 解放军理工大学学报: 自然科学版, 11(1):89-96.

李原园, 郦建强, 石海峰, 等. 2010. 中国防洪若干重大问题的思考. 水科学进展, 21(4):490-495.

李哲. 2015. 多源降雨观测与融合及其在长江流域的水文应用. 北京: 清华大学博士学位论文.

辽宁省水利厅. 2007. 防洪调度新方法及应用. 北京: 中国水利水电出版社.

刘宁. 2005a. 对中国水工程安全评价和隐患治理的认识. 中国水利, (22):8-12.

刘宁. 2005b. 对潼关高程控制及三门峡水库运用方式研究的认识. 水利学报, 36(9):1019-1028.

刘宁. 2006. 工程目标决策研究. 北京: 中国水利水电出版社.

刘宁. 2012. 防汛抗旱与水旱灾害风险管理. 中国防汛抗旱, 22(2):1-4.

刘宁, 杜国志. 2005. 集成水文技术解读水基系统. 水科学进展, 16(5):696-699.

王光谦, 李铁键. 2009. 流域泥沙动力学模型. 北京: 中国水利水电出版社.

熊春晖, 张立凤, 关吉平, 等. 2013. 集合—变分数据同化方法的发展与应用. 地球科学进展, 28(6):648-656.

薛选世, 武芸芸. 2004. 渭河 2003 年特大洪灾成因及治理对策. 中国水利, (1):50-52.

张硕辅，肖坤桃，罗骁. 2003. 湖南省大型水库防洪调度实践. 湖南水利水电, (4):5-7.

左海洋，阎永军，张素平，等. 2009. 新中国重大洪涝灾害抗灾纪实. 中国防汛抗旱，19(A01):20-38.

Apostolopoulos T K, Georgakakos K P. 1997. Parallel computation for streamflow prediction with distributed hydrologic models. Journal of Hydrology, 197(1):1-24.

Bogner K, Pappenberger F, Thielen J, et al. 2010. Wavelet based error correction and predictive uncertainty of a hydrological forecasting system. 10245.

Gong W, Duan Q, Li J, et al. 2015. Multiobjective adaptive surrogate modeling‐based optimization for parameter estimation of large, complex geophysical models. Water Resources Research.

Huang X, Liao W, Lei X, et al. 2014. Parameter optimization of distributed hydrological model with a modified dynamically dimensioned search algorithm. Environmental Modelling & Software, 52:98-110.

Milly P C, Betancourt J, Falkenmark M, et al. 2008. Stationarity is dead: whither water management? Science, 319(5863):573-574.

Seo K W, Wilson C R, Famiglietti J S, et al. 2006. Terrestrial water mass load changes from Gravity Recovery and Climate Experiment (GRACE). Water Resources Research, 42(5).

Van Griensven A, Meixner T, Grunwald S, et al. 2006. A global sensitivity analysis tool for the parameters of multi-variable catchment models. Journal of hydrology, 324(1):10-23.

Xie X, Zhang D. 2010. Data assimilation for distributed hydrological catchment modeling via ensemble Kalman filter. Advances in Water Resources, 33(6):678-690.

Yang M, Jiang Y, Lu X, et al. 2015. A weather research and forecasting model evaluation for simulating heavy precipitation over the downstream area of the Yalong River Basin. Journal of Zhejiang University Science A, 16(1):18-37.

Zhang J, Wang X, Liu P, et al. 2017. Assessing the weighted multi-objective adaptive surrogate model optimization to derive large-scale reservoir operating rules with sensitivity analysis. Journal of Hydrology, 544:613-627.

Zhao T, Zhao J. 2014. Improved multiple-objective dynamic programming model for reservoir operation optimization. Journal of Hydroinformatics, 16(5):1142-1157.

中国城市洪涝问题及成因分析

张建云

（南京水利科学研究院水文水资源与水利工程科学国家重点实验室，南京 210029）

摘　要：随着经济社会的快速发展，我国正处在城镇化快速发展的时期，我国的城镇化率已由 2000 年的 36.22% 发展到 2014 年 54.77%。在全球变暖的城镇化快速发展的背景下，我国城市暴雨呈现增多增强的趋势，本文初步分析了全球变化及城市化发展对城市降水和极端暴雨的影响机制，并从流域的产汇流机制方面分析了城镇化对洪水过程的影响，系统地分析了城市洪涝频发多发、城市看海发生的原因。介绍了城镇化洪涝防治的应对策略：一是加强城市基础设施的建设，在低影响开发思路的指导下，建设海绵型城市，增强措施减灾防灾的能力，保护城市生态环境；二是建立城市洪涝信息立体监测、实时监控、快速预报预警的信息系统工程，科学调度决策，尽可能降低洪涝灾害及其产生的影响；三是健全和完善城市洪涝应急预案，加强城市洪涝应急管理，提升城市管理抗灾减灾能力。

关键词：城镇化；全球变化；产汇流；海绵城市

Urban Flooding in China and Cause Analysis

Jianyun Zhang

(State Key Lab of Hydrology-Water Resources and Hydraulic Engineering, Nanjing Hydraulic Research Institute, Nanjing　210029)

Abstract: China is undergoing a rapid urbanization phase from 36.22% in 2000 to 54.77% in 2014 for its swift socio-economic development. The Chinese cities are expecting more frequent and severe rainstorms in a setting of global warming and rapid urbanization. The paper

---

通信作者：张建云（1957—），E-mail：jyzhang@nhri.cn。

conducts an analysis on how such global change and urbanization is going to influence urban precipitation and hence causing extreme events. It also looks into the impacts of urbanization on flooding from the perspective of basin runoff yield and concentration. Through these systematic studies, the paper tries to find the reason why Chinese cities are experiencing more frequent and costly floods. The paper also proposes countermeasures for urban flooding. Firstly, urban infrastructures should be further invested on in alignment with the low-influence development (LID) notion, so as to build "sponge cities" with infrastructures being more adaptive to and ecosystems more robust against disasters. Secondly,the urban flood management systems with 3-dimension urban flood monitoring,real-time forecasting and warning should be established to raise the scientifically decision making for flood disasters reduction. Furthermore, emergency plans for urban flooding will have to be further developed, which is expected to bring better emergency management and keep city management in good function in case of disasters.

Key Words: urbanization; global change; runoff yield and flow concentration; sponge city

1 引言

受季风气候的影响，我国是一个洪涝灾害严重的国家，城市洪涝问题历来是一个非常突出的问题。如 1931 年 6～8 月份，长江上中游出现长历时大范围强降雨过程，长江发生全流域性大洪水。武汉三镇，平地水深丈余，陆地行舟，瘟疫流行，受淹时间长达 133 天。当时的《国闻周报》描述为："大船若蛙，半浮水面，小船如蚁，漂流四周"（骆承政和乐嘉祥，1996）。

城镇化的快速发展给城市水文学带来新的问题和挑战（宋晓猛等，2014；张建云等，2014）。据联合国人居署发布的《2011 年世界人口状况报告》指出（UN，2012），到 2011 年底世界约 50%的人口居住在城市，预计到 2050 年城市人口将从 2011 年的 36 亿增长到 63 亿，总人口将从 70 亿增长到 93 亿，即未来城市化进程将继续加快，城市人口持续增加（Cohen，2003），特别是发展中国家和地区城市人口增长最为显著（Grimm et al.，2008）。然而城市化在一定程度上增大了人类社会与生态环境之间的相互作用，从而引发一系列的社会-环境-生态问题（Wallace，1971；Camorani et al.，2005）。如城市扩张使区域不透水面积迅速增大，改变了城市水循环过程，导致径流系数和径流量增加、极端降水事件增多、城市暴雨洪涝风险增大（Hallegatte et al.，2013）；其次生活污水和工业废水增加，引发水质恶化及水生态系统退化（Grant et al.，2012）等环境问题；由于城市人口增加导致需水增加，供需关系发生改变，从而影响城市供水安全等（Rogers，2008）。因此，城市水文学研究需求愈发迫切，加之全球气候变化的影响，使得变化环境下的城市水文学研究成为当今水科学研究的重点方向之一，如国际水文科学协会（IAHS）主导的 2013～2022 科学计划主题确定为"Panta Rhei"-变化环境下的水文科学研究计划（Montanari et al.，2013），其中城市水文学及社会水文学（Socio-Hydrology）研究成为水文-社会系统科学问题中的一个焦点（Sivakumar，2012；Sivapalan et al.，2012），为城市水文学的发展带来了机遇和挑战。

　　全球变化导致我国城市洪涝问题越来越突出。全球气候变暖和人类活动直接影响了水循环要素的时空分布特征，增加了极端水文事件发生的概率，使城市暴雨洪涝问题日益增多（袁艺等，2003）。变化环境下水循环与水资源脆弱性成为水科学研究的热点问题，其中城市发展与水安全成为关注的焦点（Vorosmarty et al.，2000；张建云和王国庆，2007；Mcdonald et al.，2011；张建云等，2013）。在全球变化的大背景下，随着我国城镇化的快速发展，城市洪涝灾害问题日趋严重，成为制约经济社会持续健康发展的突出瓶颈，逢大雨必涝，已成为我国城市的一种通病。据相关统计，2008 年至 2010 年，全国有 60%以上的城市发生过不同程度的洪涝，其中有近 140 个城市洪涝灾害超过 3 次以上。近几年，每逢雨季，各地城市轮番上演城市看海的景象，造成严重的洪涝灾害和人员伤亡及财产损失。2007 年 7 月 18 日，山东济南遭遇超强特大暴雨，造成 34 人死亡，33 万群众受灾，直接经济损失约 13 亿元；7 月 16 日重庆发生百年一遇暴雨洪水，全市有 22 个区县受灾，受灾 272.35 万人、死亡 10 人、失踪 5 人、伤病 128 人，紧急转移安置 11.31 万人。2010 年 5 月 7 日，广州发生暴雨洪涝，死亡 6 人，全市受灾人口 3 万余人，中心城区 118 处地段出现严重内涝水浸，造成城区大范围交通堵塞。2012 年 7 月 21 日，北京市及其周边地区遭遇 61 年来最强暴雨及洪涝灾害，造成 79 人死亡，160 万人受灾，经济损失 116 亿元；2013 年 10 月 7 日，宁波余姚市遭受了百年一遇的降雨，强降雨导致城区有 70%以上地区受淹一周以上，给人民的生活带来巨大的损失和困难；2014 年 5 月 11 日，深圳连续遭受暴雨袭击，全市出现约 300 处道路积水。部分地区积水深度超过 1m，共约 2500 辆汽车受淹。2015 年，6 月 17 日上海暴雨，中央电视台报道同济、复旦等大学被淹，学生在校园内抓鱼戏水。6 月 26 日南京市暴雨，机场高速受淹封闭，南京多所大学被淹，被媒体戏称为南京的大学都改名为河海大学。城市防洪排涝已成为我国防洪排涝体系的一个突出短板，严重影响了城市人民生命财产安全，对城市形象也造成了极为负面的影响。

　　本文将重点分析全球变暖和城镇化对城市暴雨的影响，并系统分析城市洪涝产生的机制，从而提出应对措施洪涝的策略措施和技术支撑。

2 变化环境对城市暴雨特性的影响

根据观测资料分析，在全球变暖和城镇化发展的共同影响下，城市暴雨特性发生了明显的变化。早在 19 世纪，美国科学家 Changnon 建议发起并实施了METROMEX 计划（大城市气象观测试验计划），试验结果指出了城市对夏季中等以上强度的对流性降水的增雨效果显著，并提出了城市增强降水机制的假说。中国科学院大气物理研究所的有关研究报告指出（Yu and Liu，2015）：城市化导致降水在城市上风向和下风向都有所增加，可达 30%左右。城市化对锋面降水过程的影响最为明显，使得锋面系统提前达到城区并延缓了锋面在城区的移动，最终导致城区及其边缘地区的降水时间延长了 1h。另外，随着城市的扩张，总降水量超过 250mm 及强度超过 40mm/h 的降水出现的频率随之增加。这也使城市内涝出现的风险增加。水利部应对气候变化研究中心据 1981~2010年与 1961~1980 年资料对比分析，在长江三角洲地区，城区暴雨天数增幅明显高于郊区：苏州市城区、郊区暴雨日数增幅分别为 30.0%和 18.0%，南京市增幅分别为 22.5%和 11.0%；宁波市增幅分别为 32.0%和 2.0%。

2.1 全球变暖对城市暴雨特性的影响

根据 IPCC（联合国政府间气候变化专门委员会），过去的 130 年（1880～2012 年）全球升温 0.85℃，但最近的 30 年（1980～2012 年）是北半球过去 1400 年最热的 30 年（IPCC，2012，2013，2014）。中国的地表温度升高高于全球的平均水平。根据最新百年器测气温序列分析，在过去的一百多年（1909～2011 年），中国陆地区域平均增温0.9～1.5℃，近 15 年来气温上升趋缓，但当前仍处于百年来气温最高阶段（中国气象局等，2014）。全球变暖一方面导致水文循环过程加快，海洋蒸发增加；另一方面由于大气温度上升，大气的持水能力增强（气温 20～30℃左右，温度每升高 1℃，大气含水量可提高约 1%）（图 1）。大气的持水能力增强，需要更多的水汽，大气才能达到饱和，

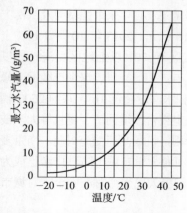

图1 大气温度与持水能力关系曲线

形成降水条件。由于空气中水分较大，一旦发生降水，降雨强度就会比以往大。此外，潮湿和温暖的大气稳定性较差，也易形成暴雨过程。

2015 年 3 月发布的《中国极端天气气候事件和灾害风险管理与适应国家评估报告》（秦大河等，2015）指出，中国极端天气气候事件种类多、频次高，阶段性和季节性明显，区域差异大，影响范围广。近 60 年中国极端天气气候事件发生了显著变化，高温日数和暴雨日数增加，极端低温频次明显下降，局部强降雨和城市洪涝增多，北方和西南干旱化趋势加强，登陆台风强度增大，霾日数增加。中国群发性或区域性极端天气气候事件频次增加，范围有所增大。20世纪 80 年代以来，中国气候灾害影响范围逐渐扩大，影响程度日趋严重，直接经济损失不断增加，但死亡人数持续下降。随着气候灾害影响范围扩大和人口、经济总量增长，各类承灾体的暴露度不断增大。根据中等排放（RCP[①]4.5）和高排放（RCP8.5）情景，采用多模式集合方法，预估 21 世纪中国的高温和强降水事件将继续呈增多趋势。预估到 21 世纪末中国高温、洪涝灾害风险加大，城市化、老龄化和财富积聚对气候灾害风险有叠加和放大效应。

2.2　城镇化发展对城市暴雨特性的影响

随着经济社会的快速发展，目前我国正处在城镇化快速发展的时期。人口正在向城市，尤其向大中城市集聚。全国城市化率从 1979 年的不到 20%发展至 2014 年的 54.77%，京津、长江三角洲、珠江三角洲等地甚至接近或超过了 80%。2013 年《国务院关于城镇化建设工作情况的报告》提出，我国城市群的发展目标是京津冀、长江三角洲和珠江三角洲城市群将向世界级城市群发展，同时规划打造哈长、呼包鄂榆、太原、宁夏沿黄、江淮、北部湾、黔中、滇中、兰西、乌昌石 10 个区域性城市群，预计未来 20 年我国城市化仍将持续快速发展。加速推进城市化是我国实现第三步战略目标的重要战略措施，城市化是推动我国新一轮经济增长的核心动力。据有关规划，在 2050 年前后，我国人口达到高峰时，总人口为 16 亿左右，届时城市化水平将超过60%，全国将有 9.6 亿以上的人口生活在城市里。城市化进程的加快，改变了流域的产流汇流规律，挤占了城市的调蓄空间，同时随着社会财富向城市的聚集，使得洪涝风险的暴露度大幅度提高，城市的洪水灾害风险明显上升。

城镇化对城市暴雨特性的影响主要有三个方面。

（1）热岛效应。在现代化的大城市中，除了数百万人日常生活所发出的

---

① RCP 即为典型浓度路径（representation concentration path ways）。

热量，还有工业生产、交通工具散发的大量热量。此外，城市的建筑群和柏油路面热容量大，反射率小，能有效地储存太阳辐射热。据估算，城市白天吸收储存的太阳能比乡村多 80%，晚上城市降温缓慢（张建云和李纪生，2002）。因此，城市化的发展导致城市中的气温高于外围郊区（可高 2℃以上），在温度的空间分布上，城市犹如一个温暖的岛屿，即城市热岛效应。城市大气温度高，增加了大气的持水能力和大气的不稳定性，增加了城区降雨的概率和强度。有关研究表明，城市的热岛效应、凝结核效应、高层建筑障碍效应等的增强，使城市的年降水量增加 5%以上，汛期雷暴雨的次数和暴雨量增加 10%以上（张建云和李纪生，2002）。

（2）凝结核增强作用。城市大气污染物上升，空气中污染物粒子浓度增加，污染物粒子产生凝结核增强效应，起到了水汽凝结催化剂的作用，增加城区的降雨概率和强度。人工降雨技术就是在空中播撒碘化银颗粒作为凝结核，促使水蒸气凝结，从而使原本可能不被凝结成雨滴的水汽凝结而形成降雨。

（3）微地形阻障效应。暖湿空气在运动过程中，遇到城市高楼大厦群，在爬升过程中，上升冷却，增加降雨的可能性。

在上述三种效应的影响下，出现城市市区降雨强度和频率高于郊区的现象，即城市的雨岛效应。如上海市徐家汇站，据 1916～2014 资料统计（有小时降水记录以来），特别是新中国成立以来，增大趋势明显［2.72mm/（h·10a）］，尤以近代（1981～2014 年）增大趋势［6.60mm/（h·10a）］最为显著如图 2 所示。

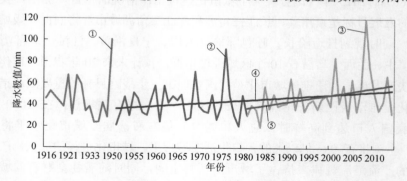

图2 上海徐家汇站近百年小时降水极值变化过程

①1916～1950年数据，缺测资料较多；②1950～1980年数据；

③1981年之后的数据；④1950～2014年趋势线，斜率为2.72；

⑤1981～2014年趋势线，斜率为6.60

根据上海市 34 年小时强降水事件的变化趋势分析，呈现出明显的城市化效应特征（图 3）：市区浦东和徐汇站及近郊增加趋势明显，线性趋势为每 10 年增加 0.5~0.7 次。上海地区各站总的强降水事件频数呈增加趋势，表明强降水事件更集中于城区与近郊。

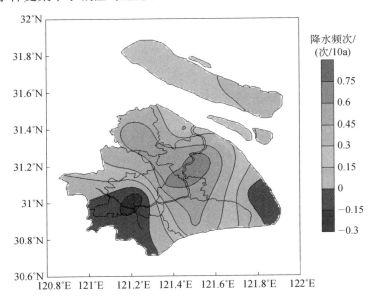

图3　1981～2014年上海地区小时强降水事件频数变化趋势空间分布

3　城镇化发展对城市洪涝及其灾害的影响

城镇化的快速发展，导致流域下垫面的剧烈变化，直接影响到流域的产汇流规律和洪水的调节作用，将显著增加城市洪涝灾害的风险。

3.1　城镇化对流域水文特性的影响

城市化使大片耕地和天然植被为街道、工厂和住宅等建筑物所代替，导致下垫面的滞水性、渗透性、热力状况均发生明显变化（Walesh，1989）。集水区内天然调蓄能力减弱，这些都促使市区及近郊的水文要素和水文过程发生相应的变化。

城市化增加了地表暴雨洪水的径流量。城市化的结果使地面变成了不透水表面，如路面、露天停车场及屋顶，而这些不透水表面阻止了雨水或融雪渗入地下，降水损失水量减少，径流系数显著提高（史培军等，2001；万荣荣和杨桂山，2005；朱恒峰等，2008）。由于城市化产生的下垫面硬化将明显减少流域的蒸散发量，也增加流域的径流量。径流系数与不透水面积百分比关系如图 4 所示，即不透水面积比与径流深河径流系数呈明显的正相关关系。许有鹏等（2011）在南京秦淮河城市化对水文影响分析中指出，城市化率（不透水率）从 4.2%（1988 年）到 7.5%（2001 年）和 13.2%（2006年），流域的蒸散发量分别减少 3.3%和 7.2%；流域的多年平均径流深和径流系数分别增加 5.6%和 12.3%左右。

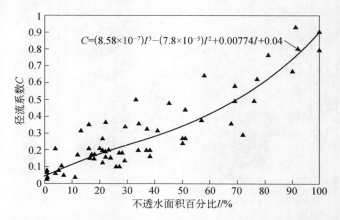

$$C=(8.58\times10^{-7})I^3-(7.8\times10^{-5})I^2+0.00774I+0.04$$

图4　径流系数与不透水面积百分比关系图（张建云和李纪生，2002）

另外，城市化的地面硬化，由原来的多样化的土地利用（植被、林地、花草、农田等）变为灰色或黑色的道路和广场，流域地表的糙率降低，此外城市化使流域地表汇流呈现坡面和管道相结合的汇流特点，明显降低了流域

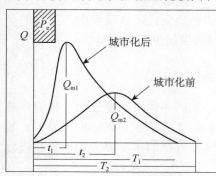

图5　城市化对水文过程的影响比较图

图中，P_e为降雨量；Q为流量；Q_m为洪峰流量；t为峰现时间；T为汇流时间

的阻尼作用，汇流速度将显著加快，水流在地表的汇流历时和滞后时间大大缩短，集流速度明显增大，城市及其下游的洪水过程线变高、变尖、变瘦，洪峰出现时刻提前，城市地表径流量大为增加，城市化对水文过程的影响比较如图 5 所示（张建云，2012）。美国丹佛市的观测表明，2h 降雨 43mm，在草坪、沙土和黏土地带，径流系数（产流/降雨量）为 0.1～0.25，铺路地带则为 0.90（张建云和李纪生，2002）。

3.2 城镇化对洪水风险的影响

城镇化除了上述对暴雨及流域水文特性的影响之外，还有以下几个方面的影响。

（1）城市扩张导致耕地、林地大量减少，湿地、水域衰减或破碎化，水量调蓄能力降低，洪水长驱直入，导致城区洪涝严重。以 2013 年浙江省余姚市洪涝为例，1985 年县改市之前，余姚县周围都是稻田，山上下来的洪水由水稻田天然拦蓄调节，现在水稻田变成了广场和柏油道路，山上洪水直接冲击市区，这是该市 70%的城区淹没 7 天以上的重要原因。

（2）城市建设破坏了改变城市排水方式和排水格局，增加了排水系统脆弱性。 部分河道被人为填埋或暗沟化，河网结构及排水功能退化；道路及地下管基础设施建设，破坏了原来的排水系统，管道与河道排水之间的衔接和配套不合理，排水路径变化，排水格局紊乱。

（3）城市微地形有利于洪涝的形成。城市建有大量的地下停车场、商场、立交桥等微地形有利于雨水积聚和洪涝的形成，也是城市洪涝最为严重的地点。

（4）城市的无序开发，排水系统不完善；城市洪涝监测预警薄弱，应急管理体制不健全等，均是城市洪涝问题的重要原因。

4 城市洪涝治理的应对策略和思考

4.1 坚持低影响开发的理念，加快海绵城市的建设

海绵城市建设是解决城市看海问题的必由之路。海绵型城市是指城市像海绵一样，在适应环境变化和应对自然灾害等方面具有良好的"弹性"，下雨时能够吸水、蓄水、渗水、净水，需要时将蓄存的水"释放"出来并加以利用。海绵城市建设强调的是自然积存、自然渗透和自然净化的功能，是实现城镇化和环境资源协调发展的重要体现。

保障城市水安全是海绵城市的建设主要目标，增强城市防洪排涝、水资源保障、水生态环境等水安全保障能力，提升城市水生态文明建设水平是海绵城市建设的基本要求。从水安全保障的要求，海绵城市建设的主要任务包括：城市河湖水域及岸线管控综合体系、先进水平的城市防洪排涝体系、水资源优化配置和高效利用、水资源保护与水生态环境修复、水土保持、水管理能力提升等。因此，海绵城市建设的考核主要从以下几个方面：防洪标

准、降雨滞蓄率、水域面积率、地表水体水质达标率、雨水资源利用率、再生水利用率、防洪堤达标率、排涝达标率、河湖水系生态防护比例、地下水埋深、新增水土流失治理率等。

在海绵城市建设中，要妥善处理好三个标准：一是城市的排水标准，即针对产生于城市内较小汇水面积上较短历时的雨水径流进行排除，指城区内承担地面排水的排水管网沟渠，具体由国家《室外排水设计规范》确定；二是城市的除涝标准，解决较大汇流面积上较长历时暴雨产生的涝水排放问题，主要指区内承担排涝功能的河道水系及排涝泵站，具体由国家《城市防洪工程规划规范》确定；三是城市防洪标准，是指城市为防御持续时间较长的主要外河或湖泊洪水，或是滨海城市为防御设计高潮位所设定的标准，具体由国家《防洪标准》确定。这是三个完全不同的防治标准，但在城市洪涝防治中要科学的协调衔接。

4.2 建设城市洪涝全要素立体感知系统

洪涝信息的实时监测和预测预警是城市洪涝防治的重要非工程措施。首先要应用先进的传感和互联网技术，建立从空间到地面、地下信息，从点信息到面信息的感知，实现降雨、洪涝、管网、河道信息的立体感知与监控如图6所示，为洪涝的调度和指挥围攻提供及时的信息支撑。

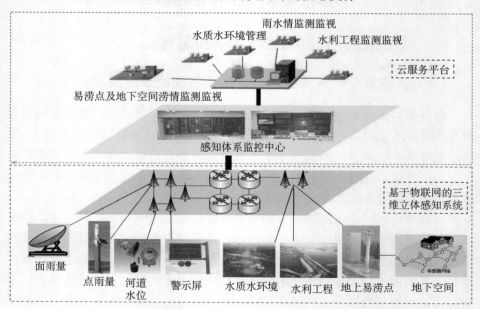

图6 城市洪涝全要素立体感知系统示意图

4.3 加强城市洪涝的模拟分析和预测预警

研究开发地面+路网+管网+河网四层耦合模型如图 7 所示，实现城市洪涝的三维模拟仿真，为调度决策和指挥减灾提供科学的依据。此外，编制城市洪涝风险图，制定不同等级降雨和洪涝情况下的应急管理方案，提高城市应急管理水平和洪涝灾害应对能力。

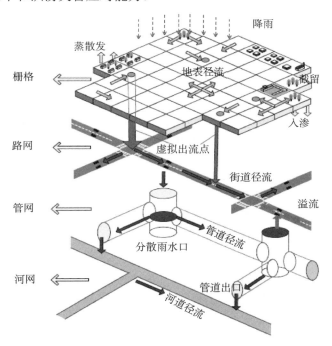

图7　地面+路网+管网+河网四层耦合模型示意图

5　结束语

由于我国特殊的地理和气候条件，导致其成为洪涝灾害问题十分严重的国家。由于城市人口和资产集中，自然灾害的暴露度高，城市洪涝经常造成严重人口伤亡和财产损失，城市洪涝防治一直是防洪减灾的重点工作。

全球变化导致极端气候事件增加，以及城镇化快速发展产生的热岛效应、凝聚核作用和阻挡作用，使城市暴雨呈现增多趋强的态势。城市化和人类活动引起的下垫面变化，至极影响到流域的产流汇流机制，流域的径流系数增加，汇流速度加快，加上城市的无序开发，破坏了城市的排水和除涝系统，多种因素综合作用的结果，导致城市洪涝问题越来越突出。坚持低影响开发的理念，加快海绵城市的建设是解决城市看海的必由之路。

城市洪涝的防治是一个系统工程，一是要加强城市的基础设施建设，统筹考虑城市排水、排涝和防洪三类不同的防治标准，提高城市本身抵御洪涝灾害的能力；二是加快建立先进的洪涝灾害监测和预警系统，科学调度决策，提升城市的防灾减灾能力；三是加强城市的科学规划、建设和管理，提升城市的管理水平和应急管理能力。

致谢：丁一江院士提供图 2 和图 3 的数据资料。

参考文献

骆承政，乐嘉祥. 1996. 中国大洪水—灾害性洪水述要. 北京：中国书店出版社.

秦大河，张建云，闪淳昌，等. 2015. 中国极端天气气候事件和灾害风险管理与适应国家评估报告. 北京：科学出版社.

史培军，袁艺，陈晋. 2001. 深圳市土地利用变化对流域径流的影响. 生态学报，21（7）：1041-1049.

宋晓猛，张建云，王国庆，等，2014. 变化环境下城市水文学的发展与挑战 –II. 城市雨洪模拟与管理. 水科学进展，25(5): 752-764.

万荣荣，杨桂山. 2005. 流域 LUCC 水文效应研究中的若干问题探讨. 地理科学进展，24 (3)：25-33.

许有鹏，石怡，都金康. 2011. 秦淮河流域城市化对水文水资源影响//首届中国湖泊论坛论文集. 南京：东南大学出版社.

袁艺，史培军，刘颖慧，等. 2003. 土地利用变化对城市洪涝灾害的影响. 自然灾害学报，12（3）：6-13.

张建云. 2012. 城市化与城市水文学面临的问题. 水利水运工程学报，（1）：1-4.

张建云，李纪生. 2002. 水文学手册. 北京：科学出版社.

张建云，王国庆. 2007. 气候变化对水文水资源影响研究. 北京：科学出版社.

张建云，贺瑞敏，齐晶，等. 2013. 关于中国北方水资源问题的再认识. 水科学进展，24(3):303-310.

张建云，宋晓猛，王国庆，等. 2014. 变化环境下城市水文学的发展与挑战-I.城市水文效应. 水科学进展，25（4）:594-605.

中国气象局，科技部，中国科学院. 2014. 第三次气候变化国家评估报告. 北京：科学出版社.

朱恒峰，赵文武，康慕谊，等. 2008. 水土保持地区人类活动对汛期径流影响的估算. 水科学进展，19（3）：400-406.

Camorani G, Castellarin A, Brath A. 2005. Effects of land-use changes on the hydrologic response of reclamation systems. Physics and Chemistry of the Earth, 30（8-10）: 561-574.

Cohen J E. 2003. Human Population: The next half century. Science, 302（5648）: 1172-1175.

Grant S B, Saphores J D, Feldman D L, et al. 2012. Taking the "waste" out of "wastewater" for human water security and ecosystem sustainability. Science, 337（6095）: 681-686.

Grimm N B, Faeth S H, Golubiewski N E, et al. 2008. Global change and the ecology of cities. Science, 319（5864）: 756-760.

Hallegatte S, Green C, Nicholls R J, et al. 2013. Future flood losses in major coastal cities. Nature Climate Change, 3（9）: 802-806.

IPCC. 2012. Summary for policymakers// Managing the risks of extreme events and disasters to advance climate change adaptation: a special report of working roups I and II of the Intergovernmental Panel on Climate Change. Cambridge and New York: Cambridge University Press.

IPCC. 2013. Climate Change 2013- Physical Science Base. Cambridge: Cambridge University Press.

IPCC. 2014. Climate Change 2014- Impacts, Adaptation and Vulnerability. Part A: Global and Section Aspects. Cambridge: Cambridge University Press.

Mcdonald R I, Green P, Balk D, et al. 2011. Urban growth, climate change, and freshwater availability. Proceedings of the National Academy of Sciences of the United States of America, 108（15）: 6312-6317.

Montanari A, Young G, Savenije H H G, et al. 2013. "Panta Rhei - Everything flows": Change in hydrology and society - the IAHS Scientific Decade 2013-2022. Hydrological Sciences Journal, 58（6）: 1256-1275.

Rogers P. 2008. Facing the freshwater crisis. Scientific American, 299: 46-53.

Sivakumar B. 2012. Socio-hydrology: not a new science, but a recycled and re-worded hydrosociology. Hydrological Processes, 26 (24): 3788-3790.

Sivapalan M, Savenije H H G, Bloschl G. 2012. Socio-hydrology: A new science of people and water. Hydrological Processes, 26 (8): 1270-1276.

UN. 2012. World Urbanization Prospects: The 2011 Revision. New York: DESA.

Vorosmarty C J, Green P, Salisbury J, et al. 2000. Global water resources: Vulnerability from climate change and population growth. Science, 289（5477）: 284-288.

Walesh S G. 1989. Urban Surface Water Management. New York: Wiley.

Wallace J R. 1971. The effects of land use changes on the hydrology and urban watershed. Atlanta: School of Civil Engineering, Georgia Institute of Technology.

Yu M, Liu Y M. 2015. The possible impact of urbanization on a heavy rainfall event in Beijing. Journal of Geophysical Research: Atmosperes, 120 (16): 8132-8143.

风暴潮增水的研究进展和挑战

牛小静，方红卫

（清华大学水沙科学与水利水电工程国家重点实验室，北京 100084）

摘　要：风暴潮是沿海地区最为严重的自然灾害之一。强风、低气压、天文潮、波浪是风暴潮增水的主要贡献因子。本文对风暴增水各主要贡献因子的作用机制及研究现状进行了系统综述和分析，其中高风速下风应力的准确描述、运动气压的特殊波动现象、天文潮与增水的非线性效应及波浪增水的贡献是风暴增水研究中重要问题，也是提高风暴潮增水预测准确性的内在科学问题。在此基础上回顾了风暴潮模拟预测方法的研究进展，对提高风暴潮增水模拟精度的关键问题进行了分析评述。

关键词：风暴潮；增水因子；多因子耦合；预报模型

Mechanisms and Prediction of Storm Surges: Research Progress and Challenge

Xiaojing Niu, Hongwei Fang

(State Key Laboratory of Hydroscience and Engineering, Tsinghua University, Beijing 100084)

Abstract: Storm surge is one of the most catastrophic natural disasters in coastal regions. The surges are mainly caused by strong winds and low pressures, and also contributed by astronomical tides and waves. This paper provides a comprehensive review on major impact factors of storm surge, which involves the previous studies on the wind drag stress under the condition of very strong winds, the wave pattern due to moving low pressures, the nonlinear interaction between as-

---

通信作者：牛小静（1981—），E-mail：nxj@tsinghua.edu.cn。

tronomical tide and surge, and the contribution of wave setup, as those factors are quit important in better understanding the mechanisms of storm surge and further improving the prediction accuracy. The prediction methods on storm surge are also reviewed, and the major challenges and possible directions to improve the accuracy of the prediction are discussed.

Key Words: storm surge; impact factors; multi-factor coupling; prediction model

1 风暴潮现象及其灾害

风暴潮是指在热带气旋、温带气旋等天气系统作用下强烈的大气扰动造成海面异常升降现象。风暴潮增水峰值若遭遇天文大潮高潮，常会造成海岸地区严重的洪涝灾害。随着科技的发展，人类抵御自然灾害的能力不断提升，但风暴潮灾害仍是一个严重威胁沿海人民生命财产安全的巨大隐患。近十年来，一次次特大风暴潮灾害仍在不断敲响警钟。根据维基百科的数据，2005年8月袭击了美国墨西哥湾沿岸的飓风 Katrina 造成大面积的洪涝灾害，1833人死亡，经济损失高达1080亿美元，成为美国迄今损失最为惨重的风暴灾害。2012年10月下旬的飓风 Sandy 则是以其庞大的身躯震惊了全世界，其风圈直径达到了1800km，造成大西洋西岸多国沿海的风暴潮灾，影响波及古巴、多米尼加、牙买加、巴哈马、海地、美国东北部、加拿大东部。东南亚，2008年5月热带气旋 Nargis 在缅甸登陆，引发的风暴潮增水造成 Irrawaddy 三角洲地区大范围被淹，十几万人丧生。2013年11月初横扫东南亚的1330号超强台风 Haiyan 又给菲律宾造成了严重的洪涝，导致了数千人伤亡的惨痛后果。由于每年台风、飓风等强烈气旋天气的频繁侵扰，风暴潮灾害也成为海岸地区最为常见的灾害，也是造成经济损失和人员损失最高的自然灾害。

风暴增水这种异常海面升降有时候可达几米。Needham 和 Keim (2012)构建了一个风暴潮的数据库 SURGEDAT，记录了美国墨西哥湾沿岸发生各次风暴潮的最大增水的大小和位置。该系统最初收集了1988年以来美国海岸的195个风暴事件，数据取自62个源，包括28个联邦政府公开数据、各类学术论文、3000多页新闻报道。随后其收录的数据范围拓展到世界各地。根据 Needham 和 Keim (2012) 给出的历史风暴潮最高增水数据库 SURGEDAT 的数据，美国墨西哥湾地区在2005年的 Katrina 飓风中最大风暴增水达到了8.47m。

我国沿海也是世界上遭受风暴潮灾害最为频繁和严重的地区之一。广东、广西、海南、福建、浙江、江苏、山东、辽宁等沿海省市均不断遭受风暴潮灾害侵扰。而沿海地区是经济发展的前沿地带，人口密集，一旦风暴潮成灾常造成较大的损失。根据国家海洋局每年发布的《中国海洋灾害公报》，2005～2014 年，我国沿海地区平均每年经历风暴潮过程约 24 次，每年约有 1200 万人受灾，累计造成的死亡和失踪人数达 615 人，经济损失达 1441.9 亿元。值得一提的是，在全球气候变化的大环境下，近几十年热带气旋发生频率和强度存在增加趋势（Holland and Webster, 2007），这无疑将加剧沿海地区风暴潮灾害的风险。深入研究风暴潮过程，准确地进行风暴潮灾害预测预警，从而有效降低甚至避免风暴潮灾害，对保护我国沿海地区人民的生命财产安全具有十分重要的现实意义。

2 影响风暴增水的主要因子

风暴增水是风暴潮位与天文潮位之差，其成因受到诸多因素的影响，其中气旋伴随的强风和中心低气压是引起风暴增水最主要的动力因子。气旋中心周围的强风推动水体向岸壅高，可造成十分显著的增水。同时，气旋中心的低气压会造成相应局部区域水面的抬升。而风和气压引起的增水不仅与风场的强度有关，还受到气旋的运动速度、风圈大小、中心气压幅值等因素的影响。除了与气旋参数密切相关之外，风暴增水还受天文潮的影响，并且大风伴随的海面波浪也会产生相应的波浪增水。下面分别从风生增水、气压增水、天文潮对增水影响及波浪增水几个方面对风暴增水进行剖析。

2.1 风生增水

强风拖曳表面水体会造成岸边的增水或减水，一般位于上风向的岸线会出现减水，而位于下风向的岸线由于风拖曳着水体向岸堆积则会出现增水。风暴过程中强风是引起近岸增水的最主要因子。一般情况下，风速越大引起的增水幅度也越大。以气旋的最大风速作为评估风暴增水的风险具有一定可靠度。早期的风暴潮研究主要通过水位观测资料，采用经验和统计的方法建立风暴增水与风暴强度之间关系，进而以此统计规律来预报风暴增水幅度。常见的风暴强度划分一般是将其与风暴的某一特征风速联系起来，例如，我国按中心附近地面最大风速划分为六个等级；而美国气象部门则采用的是 Saffir-Simpson 飓风分级体系（Irish et al., 2008），其主要参数也是最高持续风速。迄今为止，采用风暴强度预估增水风险仍是一种简便且实用的方法。

风引起的增水可归结于风对海面的拖曳力引起的水体运动，因而准确模化海面风应力是提高风生增水模拟精度的关键。这些年来，对海面风应力的研究一直在持续开展。海面风应力实际上是大气与海洋界面上动量交换的体现，可以划分为两种成因：一是由于分子黏性在水气界面上造成的摩擦阻力；二是由于海面波浪起伏造成的形状阻力（Donelan et al.，2012）。常用到的表面风应力参数化方法可分为两大类：第一类是将风应力用拖曳力系数和海面10m 风速联系起来；另一类则是采用粗糙高度。其中，风拖曳力系数的计算方案最为常用。早期的研究认为，风拖曳力系数随着风速增大而增大（Wu，1969；Garratt，1977）。这些研究涉及的风速范围一般在25m/s 以下，对于更大风速情况通常认为风拖曳力系数为常数。近些年研究发现随着风速的增大，风拖曳力系数会逐渐趋于平稳并开始下降。Alamaro等（2002） 的风波水槽实验给出，当风速超过30m/s 时，风拖曳力系数会趋于平稳并稍有下降。Powell 等（2003） 在 Nature 发表的一篇论文，首次分析了实测实际海域高风速下的风应力，发现风应力在高风速下呈平稳状态，也就是说风拖曳力系数在极端高风速下会随风速增长显著下降。风拖曳力系数随风速增大呈现先增大后减小的趋势，最大风拖曳力系数值出现在风速约40m/s 附近。高风速下风拖曳力系数趋于平稳并下降的原因一般归结为海面波浪发展达到了极限，破碎及产生飞沫，从而使得海面上由于波浪造成的形状阻力不再大幅增长（Holthuijsen et al.，2012；Troitskaya et al.，2012）。已有的实验室实验都仅观测到高风速下风拖曳力系数趋于平缓（Alamaro et al.，2002；Troitskaya et al.，2012），而实地观测则发现拖曳力系数的显著下降（Powell et al.，2003；Zhao et al.，2015），这一差异被解释为在强风下实验室水槽中的波浪并不能充分发展，导致了与实际海域情况的差异（Liu et al.，2012）。此外，Zhao 等（2015） 发现水深对风应力系数也有影响，浅水区的风拖曳力系数与风速关系曲线与深水区相似，但整体向低风速位置偏移，最大拖曳力系数值出现在风速约为24m/s，作者指出这一影响可能是由于浅水效应导致的水面波浪波陡变化造成的。

　　总之，风扰动海面形成波浪，而波浪的发展又进一步影响海气界面的动量交换，风-浪-流之间是一个复杂耦合关系，准确模拟需要模型的进一步完善。目前，也有一些学者尝试通过风-浪的耦合来推求风拖曳力，例如，Hara和 Belcher（2004）的大气波浪边界层模型，Donelan 等（2012）的波浪与风应力预测模型。但这类模型通常十分复杂且包含较多经验参数，若将其应用于实际的风暴潮增水预测则仍需要进一步的完善和验证。

2.2 气压影响

气旋中心的低气压也是风暴增水的主要因子之一。气旋中心的气压降低可达几十至一百多百帕。历史上记录到的最低海面气压发生在 1979 年 10 月的台风 Tip 期间，最低海面气压达到 870hPa[①]。

众所周知，在静态问题中局部水面气压降低 1hPa，水位抬升约 1cm。然而，当大气中低气压扰动在快速移动时，其引起的水面升降现象则更为复杂，常可能造成更大的水面抬升。Proudman（1929）针对运动气压扰动引起的水面强迫波动，给出了一个简单的解析解。这个解析解非常著名，至今仍被广泛应用于解释气象海啸现象（meteotsunami）。这一解析解表明，当气压扰动运动速度与水中浅水波速相当时，会出现共振现象，即水面无限抬升。该共振现象后来也被命名为 Proudman 共振。他的解析解是在线性理论下，考虑气压扰动与水面抬升具有相同的空间分布的条件下推导得到的。但后续的研究则发现实际的水面波动特征复杂得多（Inui，1936；Niu and Zhou，2015）。

Inui（1936）针对等水深无限大海域，基于三维势流理论和微幅波假设，通过傅里叶积分变换给出了一个运动的气压扰动引起的水面波动特征。他的理论指出，当气压运动速度很小时，水面抬升与气压降幅的空间分布具有一致性，但随着气压运动速度的增大，这种一致性逐渐消失。同时，随着气压运动速度的提升，气压扰动引起的最大增水会逐渐增大，随后，当气压运动速度进一步增大，气压中心前端会出现减水，最大增水也逐渐降低。他的理论分析同样也给出了当气压运动速度等于浅水波速时水面抬升无穷大的共振现象。Inui（1936）指出这一无穷大水面抬升在现实中是不可能出现的，这是由于推导分析基于线性微幅波理论的原因。线性波理论的结果在接近共振现象发生的条件下就已经失去了精度。

Niu 和 Zhou （2015） 基于非线性浅水方程通过数值计算进一步对无穷大等水深海域上一个圆形的低气压扰动引起的水面波动进行了研究，分析了气压运动速度、空间尺度、中心最低气压降幅对水面波动形态和最大增水的影响。结果表明，水面波动的形态很大程度上取决于气压运动速度 U 与浅水波速 c 的相对比值，与气压尺度、最低中心气压等关系不显著。图 1 是不同气压运动速度情况下的水面波动形态。图中灰度深浅反映水面水位高程 η 的大小；横纵坐标为跟随气压中心移动、以气压半径 R_m 无量纲化后的 x 和 y 方

[①] hPa 即为百帕。

向坐标（纵坐标中 t 为时间，U 为气压运动速度）。当气压运动速度小于浅水波速时，低气压对应的均为增水，水面抬升的空间分布与气压降幅的空间分布具有较好的对应性，如图 1（a）、（b）所示。这种对应关系随着气压运动速度的增大逐渐减弱，主要表现为气压中心前方的水面高程等值线逐渐变得紧密，而后方的等值线变得稀疏，同时最大增水逐渐增大，如图 1（b）、（c）所示。当气压运动速度大于浅水波速时，如图 1（d）所示，气压中心前方出现减水，水面波动形态呈三角形，同时最大增水逐渐降低。气压运动速度与浅水波速接近时的共振现象很显著，但共振点附近的最大增水与静态最大增水之间的比值显著受到气压尺度、气压最低降幅的影响，空间尺度小或中心气压较低对应的最大增水与静态最大增水之间的比值差异越大。

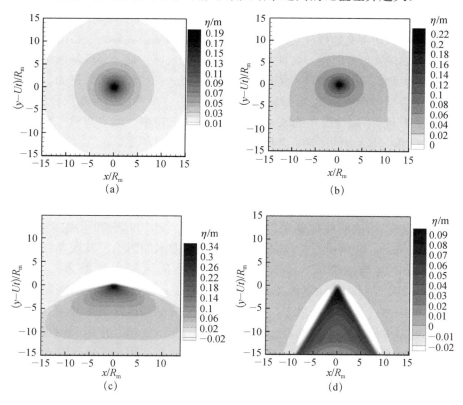

图1　低气压在不同移动速度引起的水面波动特征
(a) U=0；(b) U=0.5c；(c) U=1.0c；(d) U=2c

在特殊地形下，气压引起的水面波动则更为复杂。气压扰动在海岸附近引起的边缘波显现也是一个较受关注的现象。Greenspan（1956）曾通过理论分析给出了一个中心沿海岸线运动的气压扰动引起的边缘波。近期，An 等（2012）对这一问题进行了数值计算分析，Seo 和 Liu（2014）又给出一个新的解析结果。此外，也有人基于更加复杂地形条件进行了研究，其中，Mercer 等（2002）曾采用数值方法分析了加拿大纽芬兰东侧海域上快速移动的气压扰动引起的水位波动现象。Vennell 等也针对气压扰动引起的水位波动在大陆架上的共振和捕获机制发表了一系列理论分析工作（Vennell，2007；Thiebaut and Vennell，2011）。虽然，气压产生的强迫水面波动存在许多有趣的问题，但在风暴增水模型中，对于气压引起增水的模拟方法已达成共识，基本上都是采用海面大气压梯度项进行模拟。

2.3　天文潮与增水的非线性效应

天文潮与增水叠加形成实际风暴潮位，是风暴潮防灾最为关心的问题。当最大增水出现在低潮时刻，可能并不会造成严重灾害；而一旦风暴增水的峰值遭遇天文大潮高潮时刻，就可能造成沿岸地区很大的洪涝灾害。例如，2014年我国海南登陆的两次台风"威马逊"和"海鸥"。"威马逊"为超级台风，"海鸥"为强台风，"威马逊"的风灾要比"海鸥"大得多，但"海鸥"登陆时恰遇天文大潮，其造成的洪涝灾害影响远比"威马逊"严重。

不考虑天文潮计算得到的增水与天文潮的线性叠加结果跟将天文潮与增水耦合计算的结果是存在差异的，即天文潮对风暴增水具有非线性效应。Zhang 等（2010）分析了台湾海峡天文潮与风暴增水的相互作用，发现潮汐与增水相互作用的明显振荡现象。Rego 和 Li（2010）研究了飓风 Rita 在 Louisiana-Texas 海岸引发的风暴潮中天文潮对增水的影响，发现非线性作用导致涨潮期间增水降低，而在低潮和落潮期间风暴水位增高。Idier 等（2012）对英吉利海峡大量风暴潮历史数据的统计分析发现在涨潮期间常出现大风暴增水，认为这是由于英吉利海峡的天文潮与风暴增水的相互作用造成的。可以看到，在不同地点天文潮与增水的非线性相互作用表现也不尽相同。这是由于风暴增水与天文潮之间的非线性相互作用可归结于三个来源，分别为浅水作用（水深的影响）、对流项的影响、非线性底部摩擦的影响（Zhang et al., 2010）。三种非线性效应在不同条件下其显著程度是有差异的。例如，浅水作用在潮差大、水深浅的情况下作用明显，高潮和低潮会有明显的差异；而非线性底部摩擦则在潮流变化剧烈时比较显著。目前，一般认为天文潮与增水的非线性相互作用随着潮差和潮流的增大而增强，且在浅水条件时的非线性效应更为明显。那么，对于不同区域在何种情况下应考虑风暴潮增水与天文潮的耦合计算，哪种条件下可用线性叠加方法计算，则需要根据区域特征和潮汐特征分别予以考虑。

2.4 波浪对增水的贡献

台风过程中的大风还会带来滔天巨浪。大浪会冲毁堤坝，掀翻泊船，也是风暴过程中形成灾害的主要因素之一。从增水角度上讲，波浪在近岸还会引起增水。波浪增减水是波浪变浅和破碎过程中伴随的平均水位变化，由波浪辐射应力的梯度决定。对于垂直岸线入射的波浪在斜坡地形下产生的水位变动，常表现为在远岸区减水、破碎带以内的近岸带增水的特征。岸线附近的增水主要跟入射波高有关，此外地形特征特别是底坡也是非常重要的影响因素。

波浪引起的增水在特殊地形环境中也不容忽视。例如，Westerink 的研究团队在对墨西哥湾的风暴潮模拟研究中指出，Mississippi 河口三角洲的前端，波浪引起的增水大约占总增水的25%~35%（Bunya et al.，2010; Dietrich et al.，2010）。当然，该位置深入海湾内，直接暴露在大风浪下，同时相对风暴增水较小，也是其波浪增水占比巨大的主要原因。但从一个侧面反映，在特殊地形条件下风暴中波浪增水对风暴增水的贡献也不容小觑。

3 风暴潮增水的模拟预测与挑战

风暴潮增水数值模拟方法是随着计算机技术的发展而逐渐发展起来。早在 20 世纪 50 年代，研究者们就开始尝试采用数值方法模拟风暴潮增水。文献中最早采用电子计算机模拟风暴潮问题可以追溯到 Hansen 在 1956 年的工作（Jelesnianski，1965）。早期的风暴潮数值模型一般基于线性浅水方程。例如，Jelesnianski（1965）的模型采用的是没有考虑底摩擦和黏性耗散的线性浅水方程。在 20 世纪 70 年代初，美国建立了沿岸风暴潮预报模式 SPLASH（special program to list amplitudes of surges from hurricanes），开始用于风暴潮的业务预报（Barrientos and Jelesnianski，1976）。之后，该模式发展为 SLOSH（sea，lake and overland surges from hurricanes）模式（Jelesnianski，1984），并在世界范围内得到了广泛的应用。

随着人们对风暴增水影响因子认识的逐渐深入，风暴潮数值模型开始逐渐考虑各个因素对风暴潮实际过程的影响，并比较准确地预报出风暴潮的增水过程。目前，一般风暴潮的模拟系统通常至少包括气象模型和水动力模型两部分，此外波浪模型也常作为其中重要的组成部分。

水动力模型是增水计算的主体。目前，增水计算模型大多为二维非线性浅水模型或者三维分层海洋动力模型，例如，FVCOM、ADCIRC、MIKE、POM、Delft3D等，这些模型在离散方法、网格形式及变量的参数化方案上各有千秋。相比于三维模型，二维浅水模型主要有两个缺陷（Dukhovskoy and Morey，2011）：不能描述垂向速度的结构；底床摩擦的参数化是与断面平均流联系的，因而底床应力的模化相比三维模型则具有更大任意性。然而，由于实际海域底床特质的复杂性，三维模型在底床应力计算上并未比二维模型有很大程度的提高。在合理率定底床摩阻参数的基础上，二维模型计算的潮位精度和分层三维模型相差无几，并具有更高的计算效率。总的来讲，无论三维或二维模型，其数值格式和求解方法已经相对完善，但表面风应力、底部摩擦、紊动耗散等参数化模拟方案仍需对其物理机制进一步探讨，进而完善。

气象模型主要是提供增水计算所需的气压场、风场信息，在我国的业务化预报中仍多采用经验台风模型公式，而采用中尺度气象模型模拟提供气压场风场的应用还不广泛。这是由于经验台风模型形式简单、应用方便且计算量小，而中尺度气象模型目前的模拟精度及计算效率仍不能很好地满足实际业务的需求。但从作用机理和仿真度等方面考虑，利用中尺度气象模型提供气旋的气压场风场将是未来发展的趋势。目前，常用的中尺度气象模型有WRF、MM5等。此外，台风路径预测等难题仍需要气象学界进一步探索，而随着台风的中小尺度大气模型的逐渐成熟，考虑海气动量交换，将其与水动力模型和波浪模型进行密切耦合开展风暴潮增水预测则需要更大的突破。

在风暴潮模拟中常用的波浪模型基本上都是基于波能守恒原理，包括常用于深海的WAM、Wave Watch Ⅲ等，以及更适用于近岸海域的SWAN、STWAVE等。波浪模型中复杂的源项模化是这些模型的主要差异，也是尚待进一步完善和改进的主要研究方向。

现今，风暴潮数值模拟也早已成为预测预报风暴潮过程及其成灾风险的主要工具。目前，从模型发展角度上，大气-风暴潮-天文潮-波浪的多因素耦合模型的构建和优化已成为风暴潮模拟预测的主流（Bunya et al.，2010；McAloon et al.，2005）。不过，在风暴潮预测模型中，台风运动的准确预测和多因子的高效准确耦合仍面临许多挑战。特别是气象模型与水动力模型的耦合中，对大气海洋界面的动量传递的概化是风暴潮模拟的关键，风拖曳力在动态海平面的计算方法也是改进风暴波浪模型和增水模型最主要的前沿阵地之一。

4 结语

风暴潮现象是海岸工程中非常重要的一个现象，也是海岸防灾减灾研究中最为重要的问题。风暴增水是风、气压扰动、天文潮作用、波浪等多方贡献的结果，其形成机制非常复杂。无数学者致力于风暴增水的相关研究，取得了丰硕的成果，对其研究在现在及可预见的未来仍将一直是各方关注的热点问题。然而，由于其作用机理的复杂性，准确模拟风暴增水还需在很多方向上获得突破。随着人们对海气交互作用的不断深入的认识，未来风暴潮的模拟预测方法将会不断进步，但这仍是一条漫长的道路。

参考文献

Alamaro M，Emanuel K，Colton J，et al. 2002. Experimental investigation of air-sea transfer of momentum and enthalpy at high wind speed. Preprints，25th Conf. on Hurricanes and Tropical Meteorology，San Diego，CA，American Meteorological Society.

An C，Liu P L F，Seo S N. 2012. Large-scale edge waves generated by a moving atmospheric pressure. Theoretical and Applied Mechanics Letters，2(4): 042001.

Barrientos C S，Jelesnianski C P. 1976. Splash-a model for forecasting tropical storm surges//Coastal Engineering: 941-958.

Bunya S，Dietrich J C，Westerink J J，et al. 2010. A High-Resolution coupled riverine flow，tide，wind，wind wave，and storm surge model for southern Louisiana and Mississippi. Part I: Model development and validation. Monthly Weather Review，138(2): 345-377.

Dietrich J C，Bunya S，Westerink J J，et al. 2010. A High-Resolution coupled riverine flow，tide，wind，wind wave，and storm surge model for southern Louisiana and Mississippi. Part II: Synoptic description and analysis of hurricanes Katrina and Rita. Monthly Weather Review，138(2): 378-404.

Donelan M A，Curcic M，Chen S S，et al. 2012. Modeling waves and wind stress. Journal of Geophysical Research-Oceans，117 (C11): C00J23.

Dukhovskoy D S，Morey S L. 2011. Simulation of the Hurricane Dennis storm surge and considerations for vertical resolution. Natural Hazards，58(1): 511-540.

Garratt J R. 1977. Review of drag coefficients over oceans and continents. Monthly Weather Review，105(7): 915-929.

Greenspan H P. 1956. The generation of edge waves by moving pressure distributions. Journal of Fluid Mechanics，1(06): 574-592.

Hara T，Belcher S E. 2004. Wind profile and drag coefficient over mature ocean surface wave

spectra. Journal of Physical Oceanography，34(11): 2345-2358.

Holland G J，Webster P J. 2007. Heightened tropical cyclone activity in the North Atlantic: Natural variability or climate trend? Philosophical Transactions of the Royal Society A-Mathematical Physical and Engineering Sciences，365(1860): 2695-2716.

Holthuijsen L H，Powell M D，Pietrzak J D. 2012. Wind and waves in extreme hurricanes. Journal of Geophysical Research-Oceans，117 (C9) :C09003.

Idier D，Dumas F，Muller H. 2012. Tide-surge interaction in the English Channel. Natural Hazards and Earth System Sciences，12(12): 3709-3718.

Inui T. 1936. On deformation，wave patterns and resonance phenomenon of water surface due to a moving disturbance. Proc Physico-Mathematical Society of Japan,18: 60-113.

Irish J L，Resio D T，Ratcliff J J. 2008. The influence of storm size on hurricane surge. Journal of Physical Oceanography，38(9): 2003-2013.

Jelesnianski C P，Chen J，Shaffer W A，et al. 1984. SLOSH- a hurricane storm surge forecast model.Oceans: 314-317.

Jelesnianski C P. 1965. A numerical calculation of storm tides induced by a tropical storm impinging on a continental shelf. Monthly Weather Review，93(6): 343-358.

Liu B，Guan C，Xie L. 2012. The wave state and sea spray related parameterization of wind stress applicable from low to extreme winds. Journal of Geophysical Research-Oceans，117（C11）:C00J22.

McAloon C，Garza R C，Sylvestre J，et al. 2005. The coastal storms program: Improved prediction of coastal winds，waves and flooding.Solution to Coastal Disasters: 227-236.

Mercer D，Sheng J Y，Greatbatch R J，et al. 2002. Barotropic waves generated by storms moving rapidly over shallow water. Journal of Geophysical Research-Oceans，107（C10）:3152C10.

Needham H F，Keim B D. 2012. A storm surge database for the US Gulf Coast. International Journal of Climatology，32(14): 2108-2123.

Niu X J，Zhou H J. 2015. Wave pattern induced by a moving atmospheric pressure disturbance. Applied Ocean Research，52: 37-42.

Powell M D，Vickery P J，Reinhold T A. 2003. Reduced drag coefficient for high wind speeds in tropical cyclones. Nature，422: 279-283.

Proudman J. 1929. The effects on the sea of changes in atmospheric pressure. Geophysical Journal International，2(S4): 197-209.

Rego J L，Li C. 2010. Nonlinear terms in storm surge predictions: Effect of tide and shelf geometry with case study from Hurricane Rita. Journal of Geophysical Research-Oceans，115（C6）:C06020.

Seo S N，Liu P L F. 2014. Edge waves generated by atmospheric pressure disturbances moving along a shoreline on a sloping beach. Coastal Engineering，85: 43-59.

Thiebaut S，Vennell R. 2011. Resonance of long waves generated by storms obliquely crossing shelf topography in a rotating ocean. Journal of Fluid Mechanics，682: 261-288.

Troitskaya Y I，Sergeev D A，Kandaurov A A, et al. 2012. Laboratory and theoretical modeling of air-sea momentum transfer under severe wind conditions. Journal of Geophysical Research-Oceans，117（C11）：C00J21.

Vennell R. 2007. Long barotropic waves generated by a storm crossing topography. Journal of Physical Oceanography，37(12): 2809-2823.

Wu J. 1969. Wind stress and surface roughness at air-sea interface. Journal of Geophysical Research，74(2): 444-455.

Zhang W Z，Shi F Y，Hong H S，et al. 2010. Tide-surge interaction intensified by the Taiwan strait. Journal of Geophysical Research-Oceans，115（C6）:C06012.

Zhao Z K，Liu C X，Li Q，et al. 2015. Typhoon air-sea drag coefficient in coastal regions. Journal of Geophysical Research-Oceans，120(2): 716-727.

基于多变量的干旱识别与频率计算方法研究

徐翔宇[1]，许　凯[2]，杨大文[2]，郦建强[1]

（1.水利部水利水电规划设计总院，北京 100120；2. 清华大学水利水电工程系，
北京 100084）

摘　要：由于干旱事件具有干旱历时、干旱影响面积和干旱烈度的三个维度，相互之间存在较强的关联性，这使干旱识别与干旱频率计算变得复杂，也使这一研究领域正受到越来越多的关注。本文提出时空连续的干旱事件三维识别方法，实现了对干旱时空特征的完整表达，并在此基础上，提出了基于 Copula 函数的干旱历时-面积-烈度的多变量频率分析方法。采用 SPI 干旱指标，以我国西南地区为例进行应用，计算得出 2009 年 8 月到 2010 年 6 月发生在我国西南的秋冬春连旱的重现期为 94 年。

关键词：干旱识别；干旱频率计算；西南地区大旱

Drought Identification and Drought Frequency Analysis Based on Multiple Variables: Case of Drought in Southwest China

Xiangyu Xu[1]，Kai Xu[2]，Dawen Yang[2]，Jianqiang Li[1]

(1. General Institute of Water Resources and Hydropower Planning and Design, Ministry of Water Resources, Beijing 100120; 2. Department of Hydraulic Engineering, Tsinghua University, Beijing 100084)

Abstract: A drought event is a spatio-temporal continuous process, with long duration and large spatial extent. Conventionally, drought events are usually identified separately, either spatially or temporally. In this study, based on a spatio-temporal conductivity algorithm of drought

---

通信作者：徐翔宇（1986—），E-mail: xuxiangyu@giwp. org.cn。

voxels in the longitude-latitude-time space, a three dimensional drought identification method is proposed. Drought duration, area, severity, intensity, center position are then used to characterize the drought event, which fully depict its spatio-temporal features. Copulas are used to construct the joint probability distribution of drought duration, area and severity. The three dimensional drought identification and frequency analysis method is used in Southwest China, based on SPI (standardized precipitation index). Results show that the identified drought processes are almost the same as the historical records, proving the rationality and practicability of the method, and that the return period of the severe autumn-winter-spring drought in Southwest China that lasted form Aug. 2009 to Jun. 2010 is about 94 year.

Key Words: drought identification; drought frequency analysis; drought in Southwest China

1 引言

干旱的发展是一个在时间上缓慢累积和在空间上不断扩展的过程。因此，需要从干旱发展过程的持续时间及其影响范围、干旱期间的缺水程度三个维度来识别干旱，以准确描述和反映干旱事件的发展、演变及其统计特性。干旱事件识别是指根据干旱指标从历史气象水文系列中提取干旱事件，并计算其特征变量。干旱事件识别是后续干旱频率分析及其干旱时空演变规律研究的基础。以往的干旱事件识别通常是针对特定的区域识别干旱的开始和结束时间，即在时间维度上的一维识别；或者针对特定时段识别干旱的影响范围，即平面上的二维识别。事实上，干旱事件在时间和空间（平面）上都是动态变化的，需要结合时间一维和平面二维进行干旱事件的三维识别。这样，一个干旱事件可描述为干旱面积随时间连续变化的三维连续体，其中单位面积和单位时间上的干旱程度由干旱指标来定量描述。一个完善的干旱识别方法应该能够在时空维度上连续的识别出干旱历时、干旱影响面积和干旱烈度三个干旱事件的最基本特征变量。

由于干旱特征变量之间存在着较强的相关关系，而且各自的概率分布往往具有偏态性，需要采用不同类型的概率分布函数进行描述。Copula 函数具有不受相关变量个数和边缘概率分布函数类型限制的优点，在多变量频率分析中得到了广泛应用。干旱历时、面积和烈度是最重要的三个干旱特征变量。但在以往的干旱频率分析中，干旱面积这一基本特征变量很少被纳入进去，大多数研究局限于特定区域的干旱历时和烈度的联合频率分析。

2 时空连续的干旱事件三维识别方法

2.1 干旱事件一维和二维识别方法

Yevjevich（1967）提出了针对一维干旱指标时间序列的干旱识别方法，称为阈值方法（truncation method）或游程理论（run theory）。如图 1 所示，对于干旱指标时间序列 $X_t (t = 1, 2, 3, \cdots, n)$ 选定某一特定的干旱指标阈值 X_0，若干旱指标值小于该阈值则认为出现干旱，大于该值则认为是正常或者洪涝的情况。一般的，SPI（standardized precipitation index）类的干旱指标取 -1 作为指标阈值，PDSI（Palmer drought severity index）类指标取 -0.5 作为指标阈值，累积概率分布类指标取 20% 或 25% 作为指标阈值。干旱指标连续小于干旱指标阈值的阴影面积即为干旱事件，图中显示有两场干旱。干旱历时 D（duration）为干旱持续时间，即干旱结束时刻 t_e 和干旱开始时刻 t_s 之间的时间长度，干旱峰值 P（peak）为最小干旱指标值，干旱烈度 S（severity）为图中阴影部分面积，干旱强度 I（intensity）为干旱烈度与干旱历时的比值。

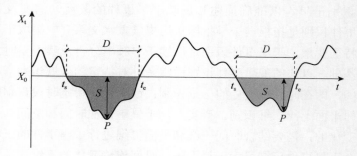

图1 干旱事件一维识别方法

干旱一维识别仅能描述特地区的干旱特征，无法刻画干旱的空间分布特征。Andreadis 等（2005）在制作干旱烈度-历时-面积（SAD）曲线的过程中利用空间聚类方法提取干旱斑块，从而实现对干旱空间分布特征的描述。如图 2 所示的干旱指标二维平面中，若干旱指标值小于给定的干旱指标阈值，则认为此处发生干旱（图中黑色网格），否则认为没有发生干旱（图中灰色网格）。如图 2 中所示，共识别出三个不同的干旱斑块 A_1、A_2、A_3。

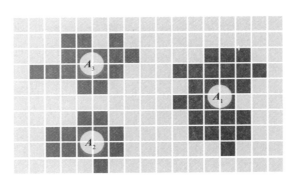

图2 干旱事件平面二维识别方法

2.2 干旱事件三维识别方法

干旱是时空连续的三维立体，当前的干旱识别方法，则是将三维干旱体简化到时间一维和平面二维尺度上，也就是固定区域识别干旱起止时间或固定时段识别干旱影响面积。在上述干旱事件一维和二维识别方法的启发下，本文提出干旱事件三维识别方法。

该方法的目的是要从干旱指标三维空间中时空连续的提取干旱事件。在经度×纬度×时间三维空间中，存在一个三维干旱指标矩阵记为 $X(\text{lon}, \text{lat}, t)$ ，该矩阵的尺寸为 $n_{\text{lon}} \times n_{\text{lat}} \times n_t$ ，其中 n_{lon} 为经度方向上的网格数量， n_{lat} 为纬度方向上的网格数量， n_t 时间轴上的网格数量。若 X 为 1961 年 1 月到 2010 年 12 月，70°E～140°E，15°N～60°N 范围内空间分辨率为 0.25° 的月干旱指标矩阵，那么 X 的规模为 $280 \times 180 \times 600$。在此干旱指标三维矩阵的基础上，进行干旱识别，具体步骤如下。

（1）识别干旱斑块。对于每个时刻（ $t = 1, \cdots, n_t$ ）采用图 2 中的干旱斑块识别办法识别干旱斑块，并用不同的编号（记为 $l = 1, 2, \cdots, n_l$ ， n_l 为总干旱斑块个数）标记不同的干旱斑块，得到干旱编号矩阵（记为 L ），该矩阵与 X 尺寸一致，在被识别为干旱斑块的位置值为干旱斑块编号 l ，未被识别为干旱斑块的位置值为 0。若干旱指标阈值为 X_0 ，则 L 可表示为

$$L(\text{lon}, \text{lat}, t) = \begin{cases} l, & X(\text{lon}, \text{lat}, t) < X_0 \\ 0, & X(\text{lon}, \text{lat}, t) \geqslant X_0 \end{cases} \quad (1)$$

（2）判断干旱斑块之间的时间连续性。实际研究中，覆盖面积广持续时间久的干旱是研究关注的重点，小范围的干旱不会造成很大的危害因此可以忽略不计。因此，在干旱识别中需要提前设定一个最小干旱斑块面积，记为

A_0，可认为面积小于该值的干旱斑块可以忽略不计（Andreadis et al.，2005；Sheffield et al.，2009）。利用该最小干旱斑块面积也可以判定干旱斑块之间的时间连续性。如图 3 所示，假定两个相邻时刻 t 和 $t-1$，分别有两个相邻的干旱斑块 A_t 和 A_{t-1} 如图 3 中百色斑块，它们在二维平面上的投影之间有一个重叠面积 $A_{overlap}$，如图 3 所示。如果 $A_{overlap}$ 大于最小干旱面积 A_0，则认为 A_t 和 A_{t-1} 属于同一场干旱，反之则认为 A_t 和 A_{t-1} 不属于同一场干旱。按照此规则，比较 t 和 $t-1$ 两个相邻时刻的任何一对干旱斑块。若 $A_{overlap} > A_0$ 满足，则需要从 1 到 $t-1$ 中搜索，将所有编号与 A_{t-1} 相同的干旱斑块的编号更新为 A_t 的编号。

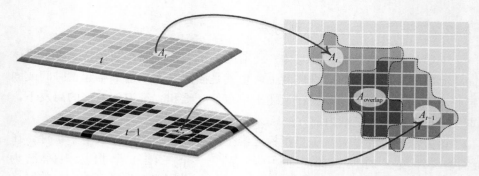

图3　干旱面积（斑块）在时间上的连续性判别示意图

（3）提取三维干旱事件。从 $t=2$ 开始重复步骤（2）直到 $t=n_t$ 结束，最终所有时空连通在一起的干旱斑块都被赋以了相同的唯一的编号，也就是三维的干旱事件。三维干旱事件是在干旱指标三维空间中，聚集在一起相互连通的干旱指标体素的集合。

采用五个干旱特征变量来描度量干旱事件，它们分别定义为：

（1）干旱历时 D（duration，月）是干旱事件的持续时间长度，即第一个与最后一个干旱斑块之间的时间间隔，也可以形象地理解为三维干旱体的高度。

（2）干旱影响面积 A（affected area，km^2）是干旱所扫过的面积，即三维干旱体在二维平面（纬度×经度）上的投影。下文中简称干旱影响面积为干旱面积。

（3）干旱烈度 S（severity，$km^2 \cdot$ 月）是干旱缺水程度的表达，它应该是所有干旱体素缺水程度之和，即干旱序号相同的干旱指标与干旱指标阈值之差的累积和。以第 m 场干旱为例，它的烈度计算公式为

$$S_m = \sum_{i=1}^{n_{\text{lon}}} \sum_{j=1}^{n_{\text{lat}}} \sum_{k=1}^{n_t} s(i,j,k) \tag{2}$$

$$s(i,j,k) = \begin{cases} [X(i,j,k) - X_0] \times \text{area}(i,j) \times \text{time}(k), & L(i,j,k) = l_m \\ 0, & L(i,j,k) \neq l_m \end{cases} \tag{3}$$

式中，i 为经度；j 为纬度；k 为时间；X 为干旱指标；X_0 为干旱指标阈值；area 为经纬度平面上网格的面积；time 为时间步长，一般的采用月尺度数据，此时 time 为 1 个月。

（4）干旱强度 I（intensity）是干旱烈度与干旱历时和干旱面积之间的比值，代表干旱事件发展的剧烈程度。

$$I = \frac{S}{D \cdot A} \tag{4}$$

（5）干旱中心 C（centoid）为三维干旱体的重心，代表干旱是时间在经度-纬度-时间三维空间中的位置，记为 $C(C_{\text{lon}}, C_{\text{lat}}, C_t)$，它对于研究干旱的时空分布规律有着重要的作用。另外，干旱事件每个时刻的干旱斑块也存在着一个干旱中心，其作用在于刻画干旱事件的迁移发展过程。

在整个干旱事件三维识别过程中，最小干旱面积 A_0 是唯一的参数，该值过小会导致不相干的干旱事件通过细微的联系联结在一起，而被误认为是同一场干旱。根据相关研究（Sheffield et al.，2009；Wang et al.，2011），全国尺度的干旱研究宜采用 15 万 km² 作为最小干旱面积，洲际尺度的研究中宜采用 50 万 km²，其他区域干旱研究可根据面积比例相应的缩放，也可以根据实际的历史旱情记载选择合适的最小干旱面积。

3　基于Copula函数的多变量频率分析方法

3.1　基于Copula函数的频率分析流程

基于 Copula 函数的多变量频率分析主要分为单变量频率分析和多变量 Copula 频率分析两部分。对于一组随机变量样本，事先并不知道它们服从什么类型的概率分布函数和 Copula 函数，而只有通过选取大量候选概率分布函数和 Copula 函数，然后通过假设检验和拟合优度测试等手段，筛选出其中最优者。然后，基于最优组合建立多变量的联合概率分布。选取水文频率分析中常用的七种单变量概率分布类型作为候选边缘概率分布，它们是：指数分布（exp）、伽马分布（gam）、对数正态分布（lno）、广义逻辑分布（glo）、广义极值分布（gev）、广义帕累托分布（gpa）、皮尔逊Ⅲ型分布（pⅢ）。选取干旱频率分析中常用的椭圆 Copula 和阿基米德 Copula 两类进行多变量联合概率分布的拟合，其中椭圆 Copula 包括 Gaussian（N）、Student（T）两种，阿基米德 Copula 包括 Clayton（C）、Gumbel（G）、Joe（J）三种对称形式和 Nested Clayton（NC）、Nested Gumbel（NG）、Nested Joe（NJ）三种非对称形式，也就是总共八种 Copula 函数作为备选。

单变量概率分布参数采用 L 矩（L-moments）方法进行估计，采用 Kolmogorov-Smirnov 检验（KS 检验）方法进行假设检验，采用均方根误差（root mean square error，RMSE）度量理论累积概率与经验累积概率之间的拟合优度。Copula 函数的参数采用 i-tau（inverse Kendall's tau）进行估计，采用非参数 Bootstrap Cramér-von Mises 检验（CM 检验）进行假设检验，也采用 RMSE 度量累积概率与经验累积概率之间的拟合优度。

3.2 基于多变量联合概率分布的干旱重现期计算

重现期是指某种规模的事件重复发生的平均时间间隔，它对于水利工程的设计有着重要作用。干旱重现期可以在干旱特征单变量概率分布和多变量联合概率分布的基础计算得到。单变量 $P(x \geq x^*)$ 的重现期的计算公式为

$$T = \frac{\mu}{1-P} = \frac{\mu}{1-F(x^*)} \tag{5}$$

式中，T 为干旱事件重现期，年；μ 为平均干旱事件时间间隔，年，其中干旱事件时间间隔是指从本次干旱事件开始到下次干旱事件开始之间的时间长度；$F(x^*)$ 为累积概率分布函数。

类似的，在多变量的情形下，对于一个 n 维随机变量 $\boldsymbol{x} = \{x_1, x_2, \cdots, x_n\}$，记 n 维空间中各个维度取值都同时大于某一值 $\boldsymbol{x}^* = (x_1^*, x_2^*, \cdots, x_n^*)$ 的子空间为 $\mathcal{D}_{\boldsymbol{x}^*}^{\wedge} = \{(x_1, x_2, \cdots, x_n) \in R^n : x_1 > x_1^* \wedge x_2 > x_2^* \wedge \cdots \wedge x_n > x_n^*\}$。以两变量和三变量为例，其重现期计算公式分别为

$$T = \frac{\mu}{P(\mathcal{D}_{\boldsymbol{x}^*}^{\wedge}; n=2)} = \frac{\mu}{1 - F_1(x_1^*) - F_2(x_2^*) + C_{12}[F_1(x_1^*), F_2(x_2^*)]} \tag{6}$$

$$T = \frac{\mu}{P(\mathcal{D}_{\boldsymbol{x}^*}^{\wedge}; n=3)} = \frac{\mu}{\begin{bmatrix} 1 - F_1(x_1^*) - F_2(x_2^*) - F_3(x_3^*) + \\ C_{12}[F_1(x_1^*), F_2(x_2^*)] + C_{13}[F_1(x_1^*), F_3(x_3^*)] + \\ C_{23}[F_2(x_2^*), F_3(x_3^*)] - C_{123}[F_1(x_1^*), F_2(x_2^*), F_3(x_3^*)] \end{bmatrix}} \tag{7}$$

式中，F_1、F_2、F_3 均为累积概率分布函数；C_{12}、C_{13}、C_{23}、C_{123} 均为常量。

从式（7）可以看出，三变量的重现期不但需要三变量累积概率，还需要三变量之间两两相互组合的两变量累积概率。这就意味着在进行三变量频率分析时，也需要进行两变量频率分析。接下来将以我国西南地区为例，在第二章干旱事件识别基础上，采用上述基于 Copula 函数的频率分析方法对干旱历时（D）、干旱面积（A）、干旱烈度（S）进行单变量、两变量、三变量频率分析。

4 我国西南地区干旱事件识别

4.1 研究区域和采用数据简介

2009~2012 年，我国西南地区连续多次发生极端干旱事件，严重影响当地居民的生活和生产，造成社会经济的巨大损失。以 2009~2010 年的秋冬春连旱为例，从 2009 年 9 月到 2010 年 5 月，整个西南地区降水量较正常水平偏低 60%，导致作物枯萎、湖泊水库干涸、溪谷山涧断流、河流流量骤减。据国家民政局统计，此次干旱造成云南省 810 万人饮水困难，占云南省人口数的 18%，经济损失超过 15 亿人民币（Qiu，2010）。我国西南地区包括整个云南省和贵州省、四川省南部和广西壮族自治区西部，面积约 88.6 万 km²，平均海拔 1534m，研究区多年平均气温 5~24℃，南高北低，多年平均降水量约 1100mm，南部有些地区 1600mm。

采用中国国家气象局气象信息中心所提供的日降水数据，空间分辨率为 0.25°×0.25°，时间从 1960 年 1 月 1 日到 2012 年 12 月 31 日（沈艳等，2010）。本文将上述日降水数据累加到月尺度上，计算 SPI 干旱指标。

4.2 近50年西南干旱识别

本文选用 3 个月 SPI，即 SPI3，进行西南地区的干旱研究。3 个月的时间尺度能够反映降水的季节性特征，既不会因为太短导致 SPI 值震荡剧烈，也不会因为太长而导致 SPI 值变化过于平缓，是目前最常用的 SPI 时间尺度。上文提到的 0.25°×0.25° 网格月降水数据产品的基础上，计算得到 1961 年 1 月到 2012 年 12 月的 SPI3 三维矩阵。然后根据 2.2 中的三维干旱识别方法，进行干旱识别。根据 Wang 等（2011）的研究结果，最小干旱面积选取为研究区域的 1.6%, 约为 1.4 万 km²。总共识别得到 364 场干旱, 其中持续三个月及以上的有 78 场 (图 4), 根据干旱烈度排序得到最严重的前十场干旱。西南地区干旱历时最多可长达 12 个月, 例如, 1962 年 9 月到 1963 年 8 月和 1978 年 8 月到 1979 年 7 月的干旱事件; 覆盖面积最大可以达到研究区域的 90%, 如 2009 年 8 月到 2010 年 6 月、1962 年 9 月到 1963 年 8 月和 1992 年 4 月到 1992 年 12 月的干旱事件。还可以看出, 西南地区经常连年发生严重的干旱事件, 如前十场最严重的干旱事件中, 1987~1989 年和 2009~2011 年。其中, 2009~2011 年连续发生的两场干旱事件是过去 50 年最严重的干旱事件, 可见近几年西南地区干旱情势的严重性。

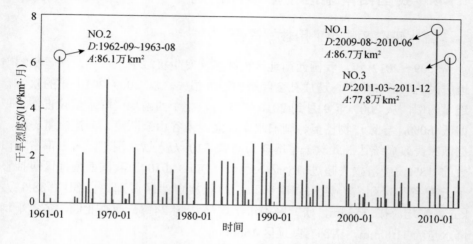

NO.2
D:1962-09~1963-08
A:86.1万 km²

NO.1
D:2009-08~2010-06
A:86.7万 km²

NO.3
D:2011-03~2011-12
A:77.8万 km²

图4　1961~2012年西南地区干旱事件随时间的分布情况

为了更好地体现干旱的时空变化规律, 图 5 给出了西南地区近 50 年最严重干旱事件 (2009 年 8 月到 2010 年 6 月) 几个关键时刻的事件切片图。将图 5 中的三维干旱事件投影在经纬度平面上, 并将每个空间网格上的干旱指标累加, 得到图 6。其中, 图中黑点代表此干旱是事件每个时刻干旱斑块的中心位置, 灰色箭头曲线连接起各个干旱斑块中心, 代表干旱的迁移路径。此场干旱于 2009 年 8 月发源于珠江上游广西壮族自治区和贵州省的交界处, 然后沿珠江逆流而上转移到云南省境内, 从 2009 年 11 月到 2010 年 3 月一直徘徊于云南省东北部, 2010 年 4 月向东扩展到贵州省西南部, 进而向西北方向急转, 消失于贵州和四川交界处。整个过程持续 11 个月, 影响面积 86.7 万 km²,

占研究区域的 97%，其中受影响最严重的位于贵州省东南部和云南省东部（图中颜色最深的区域）。中国气象局出版发布的《中国气象灾害年鉴：2011》（中国气象局，2012）记载旱情最早出现于广西壮族自治区，然后发展到云南省和贵州省，持续时间从 2009 年 8 月到 2010 年 5 月，这与图 5 中描述的情况基本一致。另外，基于 GRACE 卫星的干旱监测结果（Long et al.，2014）显示，此场干旱缺水最严重的区域与本文结果相一致。这验证了本文提出的三维干旱识别方法的合理可靠性。

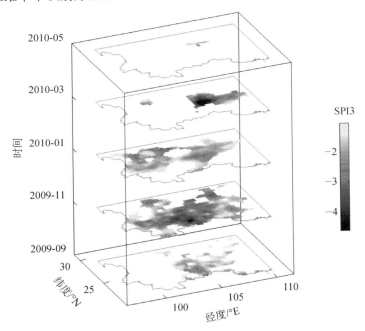

图5　近50年西南地区最严重干旱事件三维切片图（2009年8月到2010年6月）

5　基于历时-面积-烈度的西南干旱频率计算

5.1　基于单变量的干旱频率计算

根据七种概率分布函数分别拟合干旱历时、面积、烈度的概率分布。采用 L 矩法进行参数估计，KS 法假设检验，并计算经验频率和理论概率的 RMSE。所有的分布函数都通过了 $\alpha=0.01$ 的假设检验，根据 RMSE 值和 KS 统计量选择表现较优的三种概率分布函数。理论分位数与相应的样本观测值比较接近 1∶1 线，证明理论概率分布能够反映样本的概率特征。进一步根据最小 RMSE 和 KS 统计量值，在表现较优的三种理论概率分布函数中选取最优的一种，干旱历时和面积的最优概率分布函数同为皮尔逊Ⅲ型分布，干旱烈度的最优概率分布函数为广义帕累托分布。

5.2 基于双变量的干旱频率计算

利用两种椭圆 Copula 和三种对称阿基米德 Copula，分别构建干旱历时-面积、历时-烈度、面积-烈度的联合概率分布。采用 i-tau 方法进行参数估计，基于自举法（bootstrap）采样的 CM 法进行参数检验，并计算经验 Copula 与理论 Copula 的 RMSE。干旱历时-面积的分析结果中，只有 Gumbel 和 Joe 两种类型的 Copula 通过了 α=0.01 的 CM 检验，其中 Joe Copula 表现更优，其 RMSE 值和 CM 检验统计量值都较小。干旱历时-烈度方面，同样也是只有 Gumbel 和 Joe 通过了 α=0.01 的 CM 检验，其中 Joe Copula 表现更优，其 RMSE 值和 CM 检验统计量值都较小。干旱面积-烈度方面，Normal、T、Gumbel 和 Joe 四种 Copula 通过了 α=0.01 的 CM 检验，其中 Normal Copula 表现最优，它的 RMSE 和 CM 统计量都最小。

5.3 基于三变量的干旱频率计算

利用两种椭圆 Copula、三种对称阿基米德 Copula 和三种非对称（嵌套）阿基米德 Copula，共八种 Copula，分别构建干旱历时-面积-面积的三维联合概率分布。采用 i-tau 方法进行参数估计，基于自举法（bootstrap）采样的 CM 法进行参数检验，并计算经验 Copula 与理论 Copula 的 RMSE。其中非对称阿基米德的三种 Copula 目前尚无法进行随机采样，故没有进行 CM 检验。假设检验结果显示，只有 T Copula 通过了 α=0.01 的 CM 检验。比较 RMSE 结果不难发现，非对称 Gumbel 和非对称 Joe 的 RMSE 明显小于 T Copula 的 RMSE。而根据两变量频率分析经验，RMSE 值和 CM 检验统计量之间具有较高的一致性。因此，根据 RMSE 最小准则，非对称 Joe Copula 在干旱历时-面积-烈度的联合概率分布的建立中表现最优。

5.4 典型干旱事件的重现期计算

根据上述分析中表现最优的概率分布函数和 Copula 函数，分别建立干旱历时（皮尔逊Ⅲ型）、干旱面积（皮尔逊Ⅲ型）、干旱烈度（广义 Pareto）单变量概率分布，干旱历时-面积（Joe and Kurowicka，2010）、干旱历时-烈度（Joe and Kurowicka，2010）、干旱面积-烈度（Normal）两变量联合概率分布，以及干旱历时-面积-烈度（Nested Joe）三变量联合概率分布。然后计算得到我国西南地区干旱事件的单变量（T_d、T_a、T_s）、两变量（T_{da}、T_{ds}、T_{as}）和三变量重现期（T_{das}）。就三变量重现期而言，近 52 年来最严重的干旱事件的重现期约为 94 年，另外还发生 64 年一遇的干旱 1 场，20～50 年一遇的干旱 3 场，10～20 年一遇的干旱 4 场。

近 52 年最严重干旱事件（发生于 2009 年 8 月到 2010 年 6 月）的单变量（干旱历时、面积、烈度）重现期分别为 18 年、80 年和 57 年，两变量（干旱历时-面积、历时-烈度、面积-烈度）重现期分别为 82 年、58 年和 93 年，三变量（干旱历时-面积-烈度）重现期为 94 年。Lu 等（2011）在其文献中记载此次干旱为"once in a century"，《中国气象灾害年鉴：2011》（中国气象局，2012）中记载此次旱情"百年不遇、旷日持久"。这些都与本文所计算得到的三变量重现期几乎一致，证明了本文频率分析结果的合理性。

总之，在进行干旱频率分析时，漏掉干旱历时、面积和烈度中的任何一个变量，都会导致对干旱规模的严重低估，这对干旱风险管理及其相关的抗旱水利工程的规划设计都是十分不利的。因此，干旱频率分析需要同时考虑干旱的时空变化特征，考虑了干旱历时、面积、烈度三个特征变量的频率分析，才是完整合理的频率分析方法。同时也说明，本文提出的基于 Copula 函数的干旱历时-面积-烈度联合频率分析是一种合理可靠的干旱频率分析方法。

6 小结

本文在传统干旱事件一维和二维识别方法的基础上，首先提出了时空连续的干旱事件三维识别方法，并将该方法应用到我国西南地区，识别出了 1961～2012 年该地区的干旱事件。然后建立了基于 Copula 函数的干旱多变量频率分析方法，首次将干旱面积这一干旱特征变量纳入到干旱频率分析中。本文的主要结论如下。

（1）本文提出的干旱事件三维识别方法，能够同时考虑干旱随时间变化和在平面上的面积变化，提出了基于干旱历时、干旱面积、干旱烈度、干旱强度和干旱中心位置五个特征变量的干旱事件度量方法，实现了对干旱事件时空变化过程的三维完整刻画。完善了传统干旱事件一维和二维识别方法中的不足，为干旱的定量化研究提供了新手段。

（2）识别了近 50 年来西南地区的干旱情况，识别结果与实际的旱情记载情况基本一致，并与基于其他干旱监测手段的结果相接近，证明本文所提出的干旱事件三维识别方法是合理和可靠的。近 50 年发生历时等于或大于三个月的干旱事件共 78 场，其中最严重的两场干旱出现于 2009~2011 年间。根据干旱烈度排序，最严重的干旱事件从 2009 年 8 月持续到 2010 年 6 月，持续时间达 11 个月，影响面积 86.7 万 km^2，占研究区面积的 97%，受此次干旱影响最严重的区域位于贵州西南部和云南东部。

（3）我国西南地区在 1961~2012 年期间最严重干旱事件（2009 年 8 月到 2010 年 6 月）的重现期为 94 年，另外还发生了 64 年一遇的干旱 1 场，20~50 年一遇的干旱 3 场，10~20 年一遇的干旱 4 场。研究结果表明，在频率分析中不考虑干旱历时、面积和烈度中的任何一个，都会严重低估干旱的重现期，对干旱风险管理及其相关的抗旱水利工程的规划设计都是十分不利的。本文所提出的基于 Copula 函数且考虑干旱时空变化特征的干旱历时-面积-烈度三变量频率分析方法的计算结果更加合理可靠。

参考文献

沈艳，冯明农，张洪政，等. 2010. 我国逐日降水量格点化方法. 应用气象学报，21(3): 279-286.

中国气象局. 2012. 中国气象年鉴2011. 北京: 气象出版社.

Andreadis K M，Clark E A，Wood A W，et al. 2005. Twentieth-Century Drought in the Conterminous United States. Journal of Hydrometeorology，6(6): 985-1001.

Joe H，Kurowicka D. 2010. Dependence modeling: Vine copula handbook. World Scientific.

Long D，Shen Y，Sun A，et al. 2014. Drought and flood monitoring for a large karst plateau in Southwest China using extended GRACE data. Remote Sensing of Environment，155(1): 145-160.

Lu E，Luo Y，Zhang R，et al. 2011. Regional atmospheric anomalies responsible for the 2009-2010 severe drought in China. Journal of Geophysical Research: Atmospheres，116 (D21) : 2145-2159.

Qiu J. 2010. China drought highlights future climate threats. Nature，465(7295): 142-143.

Sheffield J，Andreadis K M，Wood E F，et al. 2009. Global and continental drought in the second half of the twentieth century: Severity-area-duration analysis and temporal variability of large-scale events. Journal of Climate，22(8): 1962-1981.

Wang A，Lettenmaier D P，Sheffield J. 2011. Soil moisture drought in China，1950-2006. Journal of Climate，24(13): 3257-3271.

Yevjevich V. 1967. An objective approach to definitions and investigations of continental hydrologic droughts. Fort Collins: Colorado State University.

第七篇 水 能 利 用

导读 本篇系列论文主要涉及水能、风能、海洋能、抽水蓄能及其与风电的协同发展等关键技术问题。其中风能方面，着重介绍了风工程中的力学问题，包括环境力学问题、流体力学问题、固体力学问题及动力学与控制问题；在海洋能方面，主要介绍波浪能转换装置所涉及的水动力学、数学模拟、可靠性、生存力、控制策略和阵列布置的若干理论和技术问题；在抽水蓄能方面，在总结已有实践的基础上，主要介绍了复杂地形、地质条件下筑坝成库及防渗、地下工程结构设计、高压水工隧洞设计、机组及成套设备等方面的关键技术问题；风电与抽水蓄能的配合运行方面，重点论述了抽水蓄能电站对风电送出系统的作用、抽水蓄能电站参与风电送端输电平台运行问题的研究、并作了抽水蓄能电站参与输电平台运行的案例分析。

抽水蓄能电站的关键技术问题

姜忠见，江亚丽，刘　宁，陈顺义

（中国电建集团华东勘测设计研究院有限公司，杭州 311122）

摘　要： 抽水蓄能电站是电力系统的重要组成部分。近 30 年来，我国抽水蓄能电站建设技术已取得长足进步，技术水平业已跻身国际先进行列。与常规水电工程相比，大型抽水蓄能电站具有筑坝条件复杂、水头高、转速高、机组双向运行等特点，工程建设面临一些与常规水电不同的技术难题。本文在一系列抽水蓄能工程实践基础上，对抽水蓄能电站中的关键技术问题进行了论述，介绍了在复杂地形地质条件下筑坝成库和防渗、地下工程结构设计、高压水工隧洞设计、机组和成套设备等方面取得的技术进步并分析了抽水蓄能电站的发展趋势。

关键词： 抽水蓄能电站；筑坝成库；地下工程结构；高压水工隧洞；机组设备

Key Technical Problems of Pumped Storage Power Station

Zhongjian Jiang,Yali Jiang,Ning Liu,Shunyi Chen

(Power China Huadong Engineering Corporation Limited, HangZhou 311122)

Abstract： Pumped storage power stations are indispensable important components of a power system. In the recent 30 years, the construction technology of pumped storage power stations in China has made significant progress, and has well-established itself as one of the most international advanced ranks worldwide. Compared with conventional hydropower engineering, the technical threshold of a large pumped storage power station is more critical, the construction conditions are more complex. All of those lead to the project construction a great challenge. Based on the construction practice of engineering projects, the key technical problems of a pumped storage power

通信作者：姜忠见（1964—），E-mail：jiang_zj@ecidi.com。

station are discussed systematically, including the technology progress in the construction of dam and reservoir and its anti-seepage techniques under conditions of complex geology, the design methods of underground structures and high pressure water tunnels, the mechanical unit and whole set of equipment etc. Furthermore, comments on future trends of the development of pumped storage power stations are also given. As a whole, this paper provides experiences and reference for safe and efficient construction and operation of large pumped storage power stations.

Key Words： pumped storage power station; construction of dam and reservoir; underground structures; high pressure water tunnel; mechanical equipment

1 引言

我国水能资源理论蕴藏量为 6.94 亿 kW，技术可开发量为 5.42 亿 kW，均居世界第一位。在我国常规能源剩余可采总储量中，水能资源所占比重达 44.6%（按使用 100 年计算），是仅次于煤炭的能源资源，居于十分重要的战略地位。按照国家能源发展规划，至 2020 年我国水电总装机容量达到 4.2 亿 kW。

自 1882 年世界首座抽水蓄能电站在瑞士诞生以来，抽水蓄能电站的发展已有 120 余年的历史。我国抽水蓄能电站建设始于 1968 年在河北岗南常规水电站上安装的 11MW 抽水蓄能机组。进入 90 年代以后，陆续建设了广州、十三陵、天荒坪、桐柏、泰安、宜兴、响水涧等一批大型抽水蓄能电站（宴志勇和翟国寿，2004）。截至 2015 年年底，合计已建、在建抽水蓄能电站 44 座，部分已建、在建大型抽水蓄能工程如表 1 所示。

表1 我国部分已建、在建的大型抽水蓄能工程

序号	电站名称	省份	装机容量/万 kW	建设情况
1	十三陵	北京	80	已建
2	广州	广州	240	已建
3	天荒坪	浙江	180	已建
4	桐柏	浙江	120	已建
5	泰安	山东	100	已建
6	琅琊山	安徽	60	已建
7	西龙池	山西	120	已建
8	张河湾	河北	100	已建
9	宜兴	江苏	100	已建
10	宝泉	河南	120	已建

序号	电站名称	省份	装机容量/万 kW	建设情况
11	白莲河	湖北	120	已建
12	惠州	广东	240	已建
13	蒲石河	辽宁	120	已建
14	响水涧	安徽	100	已建
15	黑麋峰	湖南	120	已建
16	仙游	福建	120	已建
17	洪屏	江西	120	在建
18	仙居	浙江	150	在建
19	呼和浩特	内蒙	120	在建
20	溧阳	江苏	150	在建
21	绩溪	安徽	180	在建

抽水蓄能电站是调节电网峰谷差，保证供电质量最有效的手段之一，世界发达国家已经把发展抽水蓄能电站作为电力结构调整的重要手段。随着我国经济的发展，用电负荷和峰谷差不断增加，电力用户对供电质量要求也越来越高，抽水蓄能电站具有较大开发空间。预计到 2020 年我国抽水蓄能电站建成规模将达到 7000 万 kW，抽水蓄能电站的装机规模将居世界第一位，成为我国能源供给体系中的重要组成部分（彭天波和刘晓亭，2004；张春生和计金华，2010）。

2 抽水蓄能电站的作用

抽水蓄能电站是将电力系统出力在时间上跟随负荷变化的装置，可协调电力系统发电出力和用电负荷之间的矛盾，是电网调峰填谷的有效手段，也是电网大规模储能的有效工具。抽水蓄能电站以水为载体，在电力负荷低谷时作为水泵运行，吸收电力系统多余电能，将下水库的水抽到上水库储存起来。在电力负荷高峰作为水轮机运行，将水的位能转换成电能送回电网（梅祖彦和赵士和，2002）。

抽水蓄能电站可在电网中承担调峰、填谷、调频、调相及紧急事故备用等任务，其静态效益、动态效益和技术经济上的优越性已被世界各国所公认。抽水蓄能电站运行具有两大特性：一是它既是发电厂，又是用户，它的填谷作用是其他任何类型发电厂所没有的；二是启动迅速，运行灵活、可靠，对负荷的急剧变化可以作出快速反应，除调峰填谷外，还适合承担调频、调相、事故备用、黑启动等任务（王耀华等，2007）。

3 抽水蓄能电站存在的主要技术问题

近 30 年来，我国陆续开工建设并相继建成了一大批大型抽水蓄能电站，工程技术取得了长足发展，在抽水蓄能工程的规划、设计、施工、运行管理等方面已形成较为完备的产业体系，在主机设备制造上已取得突破并完成国产化设备的研发制造及投运（张利荣等，2016）。通过多年的科技攻关和工程实践，抽水蓄能建设技术水平已取得较大发展，抽水蓄能技术水平已跻身国际先进行列。

与常规水电站相比，抽水蓄能电站具有上、下两个水库，上水库常为山顶沟源洼地，全风化土覆盖层厚，地下水位埋藏深，地质条件复杂，库水位变幅大且快、库盆防渗要求高、难度大，坝址可能选择在斜坡上，需要在斜坡上筑坝。输水发电系统具有水头高、机组安装高程低、运行工况转换频繁、厂房结构振动问题复杂、高压输水系统双向水流等特殊难点。同时，高转速大容量水泵水轮机设备选型、制造、安装调试等具有较大的挑战性。具体体现在以下几个方面。

（1）水库筑坝方面。抽水蓄能电站水库水位大幅度快速变动，水库库盆、库岸及大坝必须能适应水位变幅和满足防渗要求。库盆和大坝基础通常为较厚的全风化土，库盆和大坝的基础通常为较厚的全风化土。库盆和大坝的处理、全风化料筑坝和水库防渗是抽水蓄能电站建设的关键技术。

（2）地下工程结构方面。地下厂房机组工况转换频繁，双向水流带来的厂房振动问题要比常规水电站复杂得多，以天荒坪电站为例，6 台单机 300MW 的机组每天可以有多达几十次的抽水、发电、调频、调相等工况转换，频繁的启停和运行过程中机械、电磁与水力所引发的厂房结构振动问题要比常规电站更为复杂。因此厂房振动控制技术是目前研究的热点问题；另外，输水系统高压隧洞衬砌方式的选择及渗流控制技术也是亟须解决的技术难题。

（3）抽蓄机组研制方面。目前应用最广泛、技术最成熟的混流可逆式抽水蓄能机组由水泵水轮机、发电电动机和调节控制系统组成，集抽水与发电功能于一体，正向放水发电，反向抽水储能。与单纯抽水的水泵机组和单纯发电的水电机组相比，抽水蓄能机组运行水头高、转速高、工况复杂、转换频繁，研发、设计、制造高稳定性与高效率兼顾的机组难度极大。

4 抽水蓄能电站关键技术

随着抽水蓄能建设的发展，我国在抽水蓄能工程领域形成了一整套完善的设计、分析、研究体系，成功建设了一批代表世界水平的抽水蓄能工程，通过结合工程的技术研发，在抽水蓄能领域已取得了一批高水平的研究成果，如在筑坝成库、水库防渗、水道衬砌结构与围岩渗透机理系统研究、大型地下厂房结构振动控制、机组特性及成套设备等诸多领域均取得了丰硕成果。

4.1 复杂地形地质条件下筑坝成库及防渗关键技术

4.1.1 筑坝成库技术

抽水蓄能电站上水库往往位于山顶沟源洼地，全风化土埋藏较深，地质条件复杂。在大坝和库盆的基础处理、斜坡上采用全风化开挖料筑坝成库等方面，目前已取得了丰硕的研究成果。

以天荒坪抽水蓄能电站为例，对以全风化土为基础的水库成库技术和筑坝技术，通过理论分析、试验研究和实验验证等方法进行全面研究。针对库盆和坝基基础处理，先后研究了堆载预压、强夯、振冲、开挖置换等多种处理技术，在对全风化岩（土）的物理力学特性、组成、结构研究的基础上，经全面技术经济比较论证，采用不进行大规模特殊工法处理、充分利用全（强）风化土（岩）成库的技术，并选择了沥青混凝土面板柔性防渗结构，主要技术细节如下。

（1）当采用沥青混凝土面板防渗时，面板下卧基础的变形模量是库盆基础处理控制指标。对经碾压后变形模量仍不满足沥青混凝土面板铺设要求的局部区域进行置换。

天荒坪工程上库库盆，基础原状土的变形模量不小于 20MPa 时，铺设 60cm 厚反滤和垫层料，使沥青混凝土下卧层的表面达到变形模量 35MPa，原状土经碾压后变形模量仍难以满足 20MPa 要求的局部区域进行 0.5~2m 厚的基础堆石置换，使下卧层达到 35MPa 的设计要求，与传统的全风化土挖除、强夯、振冲等基础处理方案相比工期大大缩短。

（2）在两种基础的变形模量相差 2 倍以上部位设置过渡层。对基础全风化与强弱风化岩石分界面坡比大于 1:5 处进行修形，保证基础变形模量平顺过渡，有效减少基础不均匀沉降。

（3）针对强（全）风化岩（土）的分布和不同部位结构承载特点，对其物质组成、物理力学指标、变形特性、渗透稳定性等进行系统试验、研究；对强（全）风化岩（土）引起的坝基变形分布和变形量、蓄水引起的沥青混凝土防渗护面最大挠度值和最大沉降位移、沥青混凝土防渗护面最大拉应变等进行全面的非线性分析研究，对沥青混凝土防渗护面转弯区等薄弱部位采取加大反弧段半径、设置聚酯网格和加厚层等处理措施。

（4）根据研究成果对库盆开挖的全强风化土石料进行了利用，采用库盆开挖料的高含水量（天然含水量 30%～40%）全风化土料作为坝体下游区填筑料，并采用土料和砂砾料互层填筑措施，有效控制了坝体变形，保证了防渗体系安全可靠性。监测资料表明，坝体变形逐步稳定，最大沉降仅为最大坝高的 0.32%，防渗体系运用正常，全库渗漏量小于 3L/s。

天荒坪工程上水库主坝为面板堆石坝，下游坝基为坡度 15°～20° 的斜坡，斜坡上筑坝有较多技术问题，上水库主坝主要面临斜坡基础面上堆石体与接触部位的处理问题。为此，先在基础面上按主堆石区的要求设置排水层，上部次堆石区采用库盆开挖的全风化土料，排水层与上部土料填筑区设置过渡层和反滤层，形成沥青混凝土面板防渗，坝体为堆石与土料混合坝，运行效果良好。

抽水蓄能电站水库与大坝建设涉及开挖和填筑，通常在一个水库内利用开挖料进行筑坝是最佳选择，挖填平衡可以减少开挖料，同时减少弃渣，保护环境。利用开挖料筑坝就要设置土石混合坝，按照上游侧设置堆石，下游次填筑区采用土石混合料或土料筑坝，坝基做好排水，排水层与土料之间做好反滤，可以确保坝体稳定运行。

为了适应抽水蓄能水位大幅度快速变动的要求，需要面板坝下渗水流快速流走，可加大面板后部垫层料的渗透性，常规垫层料为半透水料，渗透系数在 10^{-4}～10^{-3}cm/s，天荒坪抽水蓄能面板坝的垫层料渗透系数取 5×10^{-2}～5×10^{-1}cm/s，并将垫层料的厚度从一般水平宽 3m 减少到水平宽 1m，过渡料的细料也进行限制，加大渗透性。这样确保坝体能适应水位大幅度快速变动的要求。

4.1.2 水库防渗技术

抽水蓄能电站上水库通常无水源补给或补给很少，上水库的水基本都是从下库抽上去的，水库如产生较大渗漏不仅会造成一定的经济损失，同时还将导致水库大坝及山体产生渗透破坏，或影响周边建筑物基础、岸坡的安全和正常运行，因此抽水蓄能电站上水库对库盆的防渗要求非常高。大部分抽水蓄能电站的上水库天然库盆都存在渗漏问题，需要采取相应的工程措施，防渗型式的选择直接影响到工程安全和投资。从国内外的工程实践来看，防渗型式主要有垂直防渗型式和水平防渗型式，或者两种防渗型式的组合。

垂直防渗就是采用灌浆帷幕或结合防渗墙进行的防渗形式，是一种较为常用的库盆防渗型式。当工程区地质条件相对优良，水库仅存在局部渗漏问题或库岸地下水位低于正常蓄水位，但渗漏问题不太突出，可采用垂直防渗方案。

水平防渗适用于库盆地质条件较差，库底覆盖层较厚或全风化埋藏较深，库岸地下水位低于水库正常蓄水位，断层、构造带发育，全库盆存在较严重渗漏问题的水库。水平防渗型式种类较多，主要包括钢筋混凝土面板防渗、沥青混凝土面板防渗、土工膜防渗和黏土铺盖防渗等。

一些抽水蓄能电站的库盆采取两种或两种以上的防渗型式的组合，称为综合防渗型式。

在已建的几座大型抽水蓄能电站中，天荒坪上水库采用了全库盆沥青混凝土面板防渗技术，泰安上水库采用了局部库岸钢筋混凝土面板防渗、局部库底土工膜防渗及结合帷幕防渗的综合防渗体系，宜兴上水库采用了全库盆钢筋混凝土面板防渗技术，桐柏上水库采用垂直帷幕防渗，宝泉上水库采用库岸沥青混凝土面板防渗、库底黏土铺盖防渗的综合防渗技术。

4.2 大型抽水蓄能电站地下工程结构设计关键技术

4.2.1 大型地下厂房振动控制技术

蓄能电站地下厂房的动力特性研究是一个非常复杂且涉及面很广的课题，既有常规厂房振动的一般问题，又有高水头、大容量、高转速机组频繁启、停的特殊问题。依托已建天荒坪、桐柏、泰安等抽水蓄能电站，对厂房结构振动的问题，采用理论计算和现场测试等手段，取得了宝贵的经验。

同时通过对不同水头段、不同机组转速、不同结构形式的抽水蓄能电站厂房结构抗振性能的研究，建立了基于结构安全、稳定运行和人体保健的厂房结构振动评估标准，以天荒坪电站为例，所建立的基于结构安全、设备稳定运行和人体保健要求的厂房结构振动评估标准如表2所示。

结构设计方面，根据振动控制标准和理论分析计算成果，采取调整梁板柱结构布置、增设加强梁、增加风罩墙刚度，以及局部灌浆、设置连接锚杆等增加混凝土结构与厂房上下游围岩的切向黏结力等措施，不断改善结构抗振性能，有效提高结构的自振频率，限制和吸纳了机组振动。

在多年的工程实践和科技攻关的基础上，提出了机组启停过渡过程中结构非稳态动力响应分析的快速算法和有效控制厂房振动的措施，从而获得了对抽水蓄能电站厂房结构抗振设计具有普遍指导意义的成果，实现了蓄能机组的稳定安全运行（文洪等，1998）。上述评估标准和方法体系已成功应用于天荒坪、桐柏、泰安、宝泉、宜兴、响水涧、仙游、仙居等大型抽水蓄能工程。

表 2　天荒坪厂房结构振动评估标准

评估项目	允许标准
最低自振频率	不小于 18Hz
最大垂直位移	0.10mm
最大水平位移	0.15mm
运行期均方加速度	101.59mm/s²
飞逸期均方加速度	952.38mm/s²(16min)
	571.43mm/s² (25min)

工程运行表明，以上工程厂房结构限振效果较好，保证了结构安全不发生共振、减小了结构振动对机组设备的影响，达到了电厂运行人员的人体保健对限振的要求，其中天荒坪电站的实测结构自振频率为 24Hz，运行期均方加速度为 $44.1mm/s^2$，开机时均方加速度为 $343mm/s^2$，满足表 2 给出的限振标准。

4.2.2　高压输水道衬砌结构设计技术

抽水蓄能电站大都是高水头电站，输水系统具有高内水压、高埋深的特点。输水系统的衬砌有钢板衬砌、混凝土或钢筋混凝土衬砌，也有用设有薄形止水层的混凝土衬砌及少数不衬砌的。衬砌方式选择主要根据管道所承受的内、外水压力，管道所在的工程地质条件、埋置深度、围岩地应力、施工条件等因素确定。岩石好、埋藏深的压力管道，可以用混凝土衬砌或者不用衬砌；而岩石较差、埋藏较浅的地方用钢板衬砌。

通过大量抽水蓄能电站的工程实践，对输水系统高压段的衬砌选择总结出一套设计思路，水工压力隧洞的周边围岩由于地应力场的存在，实际上是一个预应力结构体，要使其成为一个安全承载结构，就必须要有足够的岩层覆盖厚度及相应足够的地应力量值，而且还应具有足够的抗渗性能和抗高压水侵蚀能力，使隧洞围岩有承受隧洞内水压力的能力（侯靖和胡敏云，2001；张春生，2009a，2009b）。

根据以挪威为代表的国外不衬砌压力隧洞设计经验，归纳总结出如下四个常用的不衬砌或混凝土透水衬砌隧洞围岩承载设计准则：

（1）上覆岩体厚度要满足上抬理论的挪威准则。

（2）陡峭的地形中混凝土衬砌高压隧洞两侧水平向（侧向）岩体覆盖厚度要满足按铅直上覆岩体厚度的两倍以上要求的雪山准则。

（3）要求不衬砌高压隧洞沿线任一点的围岩最小主应力 σ_3 应大于该点洞内静水压力的最小地应力准则。

（4）满足渗透稳定要求，即内水外渗量不随时间持续增加或突然增加的渗透准则。

结合天荒坪工程设计的高压渗透试验系统，经过大量的试验和分析，掌握了高水头作用下围岩渗透性、临界劈裂压力和长期稳定性规律，这是决定混凝土衬砌大型高压输水道结构安全的关键。岩体高压渗透试验系统，采用快速、中速和慢速法，针对不同地层岩性进行了系统的现场试验研究，最高试验水压达12MPa。研究揭示：围岩中存在一个稳定临界压力。围岩劈裂压力 P_1 与节理面上法向应力 σ_n 和节理抗拉强度 σ_L 有关，当 $P_1 > \sigma_n + \sigma_L$，节理面抗拉强度 σ_L 将消失，在随后各次试验中所得到的稳定临界压力值将小于 P_1，且只与 σ_n 相关。只要所施水压不超过该稳定临界压力，渗漏量不会随试验次数的增加而增大。已有裂隙的渗漏遵循幂函数规律。此种情况下围岩渗漏不存在明显的临界压力，渗水量 Q 与水压力 P 的关系可以表述为

$$Q = AP^n$$

式中，Q 为渗漏量；P 为裂隙渗透压力；A 为拟合系数；n 为幂指数，与裂隙状态和渗流状态有关，当 $n<4$ 时，岩体裂隙或渗漏通道处于弹性稳定状态。

稳定试验压力下渗水量随时间的增加而增大，说明出现水力劈裂或裂隙受到高压水的冲蚀，岩体渗透稳定性存在问题；渗水量随时间变化渐趋稳定或略有减小，则岩体渗透是稳定的。

通过对围岩承载理论的充分研究，已将以上准则成功应用于近几年建设的几个大型抽水蓄能电站，如天荒坪、桐柏、泰安、宝泉、仙游等，工程运行表明，在满足以上准则的条件下，高压水道采用混凝土衬砌是安全可靠的。

4.3　大型抽水蓄能机组及成套设备关键技术

4.3.1　抽水蓄能机组及成套设备主力机型、技术参数和技术标准体系

抽水蓄能机组经过近百年的发展，伴随着技术创新与进步，从单纯的抽水蓄能与放水发电各自独立的泵站与水电站的站式组合，到抽水与发电通过轴系进行水泵、水轮机、发电电动机的机组组合，发展到目前应用最为广泛的水泵与水轮机融为一体的可逆式机组；从低水头轴流式机组、斜流式机组，发展到适应水头扬程范围极为宽广的混流可逆式机组；为了适应更高水头段（800m 及以上），还发展了多级混流式水泵水轮机。因此，在缺乏技术储备与积累、关键技术和市场被国外垄断的情况下，需要首先明确我国抽水蓄能技术发展方向，确定我国大型抽水蓄能机组及成套设备关键技术攻关策略、主力机型、技术参数，在这个过程中，逐步形成完整配套的技术标准体系，为机组及成套设备自主研制和工程设计打下坚实的理论和技术基础。

我国已经确定大型混流可逆式抽水蓄能机组为技术攻关、自主化和产业化的主力机型，重点在 300MW 级、500m 水头段的机型，兼顾 400MW 级机型。这和我国抽水蓄能站点资源是相匹配的。同时，针对我国抽水蓄能资源分布和储备的实际情况，我国电网结构调整和坚强智能电网建设的要求，快速发展风电、太阳能、核电等清洁能源的需要，以及高压交直流大容量长距离输送电能安全保障需求，研究确定了兼顾高效率、高稳定性的技术规范和技术参数，制订了系列国家行业抽水蓄能标准，形成了覆盖全产业链的技术标准体系。

目前这个级别的机组已经实现完全自主化，并在响水涧、仙游、仙居等电站相继投入运行。400MW 级、500m 以上水头段的机组正在制造之中。

4.3.2　大型水泵水轮机及高压进水阀研制

水泵水轮机是一种特殊的水力机械，转轮既可以正向旋转将水能转化为电机发电所需的机械能，又能反转抽水将电动机的机械能转变为水的势能，是抽水蓄能电站核心设备之一。主要需要解决泵水轮机抽水与发电正反向性能、效率与稳定性的"双兼顾"难题。水泵水轮机水力设计方法以水泵工况

为主，水轮机工况偏离最优效率区，设备在两种工况频繁转换，极易产生振动、噪音等不稳定现象，进而对水力性能、效率和运行安全产生有害影响。此外，水力过渡过程、刚强度设计也是必须攻克的难关。

水力设计是水泵水轮机研发中的核心技术。其中的水轮机"S"区特性、水泵"驼峰区"特性、"无叶区"压力脉动特性、多工况多目标参数匹配技术等，仍属于行业内公认的关键技术难题，没有现成的水力设计技术可供借鉴。

针对这些问题，我国在抽蓄机组的研究方面，从内部流态分析入手，应用先进的流体计算手段，分析"S"区特性形成的机理，探索在运行区消除影响空载并网的"S"区特性的转轮参数控制方法，提出"S"区特性水力优化技术，并通过水泵水轮机水力试验台的试验验证，最终形成解决"S"区特性的水力设计技术。而水泵水轮机要满足水泵和水轮机两种运行工况的特殊要求，水力设计中需同时对多工况多目标性能和参数同时优化，以保证水泵水轮机综合特性最优。为满足各目标参数要求，实现性能的最优化设计，针对"驼峰"区、无叶区压力脉动、水泵进口空化等主要特性开展了创新性研究并取得实质性突破。

大型高压进水球阀是抽水蓄能机组运行的重要设备，其作用主要是截断水流、防止漏水、水泵工况造压、紧急事故情况保护机组及输水系统及用于机组和输水系统检修挡水等。其设计水头已高达 1200m 水柱，高动水压力和最大达 3.6m 的公称直径带来很多技术难题。通过多年的探索和研究，在大型球阀的大型薄壁铸件、刚强度分析、工作和检修密封、大型枢轴密封及轴承偏磨、工作密封平压操作等关键领域取得重大进步，自主研制的大型高压进水球阀已在多个电站成功应用。

4.3.3 大型发电电动机及双向高速推力轴承研制

与常规水电机组相比，抽水蓄能机组具有大容量、高转速、正反转、起停频繁、运行工况复杂等特点，不仅要承受高转速下的高负荷，还要承受在起停、正反转过程中的交变负荷及工况转换中的冲击负荷，因此发电电动机的设计、制造要求都非常高，其关键技术主要包括复杂工况的电磁设计、双向推力轴承技术、双向通风冷却技术、转子结构可靠性、绝缘技术等。其中转子超高离心力和定转子高损耗密度威胁发电电动机安全性和可靠性，是大尺寸、大容量机组发展的瓶颈。

针对上述关键技术难点，在多年的工程实践中采用计算机辅助和仿真设计手段，结合通风冷却模型试验、世界最高水平的推力轴承试验台研制试验和关键零部件，如线棒、铁芯、轴承弹性支撑等一系列数模和物模研究试验，同时采用有限元和三维设计技术，对发电电动机超高离心力、不平衡磁拉力、交变热应力、临界转速、轴系稳定性、气隙稳定性、扭震、横向振动响应、事故工况轴系响应进行分析研究，解决了大型发电电动机电磁设计、通风散热、运行稳定性和结构可靠性的技术难题。我国大型发电电动机自主化机组已在响水涧、仙游、仙居等抽水蓄能电站投运，最大容量已达 400MW 级 375r/min。目前，发电电动机水平正向 400MW 级、500~600r/min 的世界级水平迈进。

4.3.4 机组自动控制设备研制

抽水蓄能机组及其调节控制设备运行于水力、机械、电气多因素联合作用的复杂环境，具有过渡过程瞬变特征，要兼顾快速性、安全性与稳定性，由于其抽水和发电两种完全相反的运行模式及模式间的各种转换，相对于常规水电机组而言，技术难度大大增加。在我国完成抽蓄机组调节控制设备自主化之前，全组为进口设备，且部分设备存在启动转速摆动大、机电参数测量精度低、保护灭磁速度慢等现象，曾发生控制功能不完善磁极线圈损坏事故。国内企业面对机组调节和自动控制系统模型和参数设计复杂，引进技术受阻的情况，开展了自主研发，重点解决了响应快速性、运行平稳性和保护准确性难以同时兼容的难题，自主研制的大型抽水蓄能机组调节和自动控制系统，包括计算机监控系统、调速系统、励磁系统、保护系统、静止变频启动装置等全套设备均已投入运行。

4.3.5 大型抽水蓄能机组及成套设备整组调试试验

随着抽水蓄能电站建设投产规模不断加大，机组调试试验运行技术对于机组性能的发挥、效益和工期的顺利实现及电站的后期运行安全均有重要的作用。抽水蓄能电站运行工况复杂，机组整组调试、试验和运行技术也需要全面研究和掌握。以前进口的机组及配套设备的调试试验均由国外制造商负责完成，我国企业仅承担辅助性工作。在建设单位、设计制造企业、安装企业、调试试验研究单位等各方的共同努力下，实现了大型抽水蓄能机组及成套设备整组调试、试验、运行完全自主操作，其中创新性地将首台机组首次水泵工况抽水起动方式进行研究攻关并推广使用，节省了投资，缩短了工期，取得了显著的经济效益。

5 发展与展望

多年来储能技术发展说明，抽水蓄能电站是目前世界上唯一成熟并形成商业化的超大规模物理储能方式，是电力系统不可或缺的重要组成部分。随着我国经济和社会的快速发展，电力负荷迅速增长，峰谷差不断加大，用户对电力供应的安全和质量期望值也越来越高。抽水蓄能电站以其调峰填谷的独特运行特性，发挥着调节负荷、促进电力系统节能和维护电网安全稳定运行的功能，尤其是与风电、核电等的联合运行，具有极大的发展潜力。

随着人们环保意识的增强和国家政策的扶持，风电作为清洁、绿色、可再生能源得到了迅速发展，但由于风能具有间歇性、随机性及反调峰性，且目前还无法实现对风电的精准预测，如何提高大规模风电的利用效率已经成为一个世界难题。随着电网中风电容量的增大，保证电网供电稳定性及供电质量的保安电源和调峰电源的需求量也就越大。经初步分析判断，在我国的若干个千万千瓦级风基地的送端及受端，若有合适的抽水蓄能站点资源条件，适当配套抽水蓄能电站对风电不稳定的出力过程进行调节，将是技术可行、经济合理的（张乐平和宋臻，2007）。

另外，除了风电以外，核电的运行成本低，调峰运行不具经济性，且受技术限制，机组无法频繁变动发电负荷，因此适合带基荷运行。而抽水蓄能电站能够削峰填谷，可以与风电及核电联合运行，提高利用效率，同时保持电网的安全稳定运行（白建华等，2007）。

海水抽水蓄能电站以大海作为下水库，在地理位置和地形合理的海岸山地上修建上水库。海水抽蓄电站不仅与常规抽水蓄能电站一样，启停迅速、运行灵活，在电网中可以承担调峰、调相、调频、事故备用等任务，且与常规的陆地淡水抽蓄电站相比，具有不需建设下水库、水量充沛、水位变幅小、有利于水泵水轮机的稳定运行等有利条件。我国海岸线绵长，具备优越的建设海水抽水蓄能电站的条件，具有一定的竞争力。

目前，全世界抽水蓄能电站装机容量已占总装机容量的 3%左右，很多发达国家 2004 年抽水蓄能电站的装机容量已占相当高的比例（奥地利16%、日本 13%、瑞士 12%、意大利 11%、法国 4.2%、美国 2.4%）。截至2015 年年底，我国全口径电力装机容量为 1506730MW，在运抽水蓄能电站容量为 23030MW，占我国电力总装机容量的 1.5%，与发达国家相比还有一定的差距。近几年我国已在加快抽水蓄能电站建设，预计到 2025 年，抽水蓄能电站总装机容量达到约 1 亿 kW，占全国电力总装机的比重达到 4%左右。我国抽水蓄能电站建设已进入跨越式发展阶段。

6　结语

随着我国现代大型抽水蓄能电站工程的快速建设，通过多年的科技攻关和工程实践，抽水蓄能建设技术水平已取得较大发展，在抽水蓄能电站特有的水库防渗、复杂地质条件下的成库与筑坝方式、高压水道设计理论、厂房结构振动控制、大型抽水蓄能机组及成套设备研制等方面取得了突破性的技术进步，抽水蓄能技术水平已跻身国际先进行列。

目前，随着前期建设条件优良的站址优先完建，后续复杂地质条件及多元运行方式的站址已提到建设日程，我国抽水蓄能电站将向高水头及低水头两个方向延伸，更为复杂地形地质条件下水库筑坝及防渗技术、大型地下洞室群的围岩稳定、超大容量、高水头及高转速机组特性和厂房结构振动控制、低水头机组的制造调试、电网对机组稳定性及快速响应要求的提高、与其他新能源的联合运行等问题，都具有更大挑战性，需要深入开展调查研究、科学试验和技术攻关，妥善解决复杂环境条件下抽水蓄能资源开发面临的一系列工程技术问题。

参考文献

白建华，贾玉斌，王耀华. 2007. 核电站与抽水蓄能电站联合运营研究. 电力技术经济，19(6): 36-39.

侯靖，胡敏云. 2001. 水工高压隧洞结构设计中若干问题的讨论. 水利学报，32(7):36-40.

姜忠见. 2007. 天荒坪沥青混凝土面板防渗设计及施工若干问题的探讨. 水利规划与设计，(6): 52-55.

梅祖彦，赵士和. 2002. 抽水蓄能电站百问. 北京：中国电力出版社.

彭天波，刘晓亭. 2004. 我国抽水蓄能电站建设经营现状分析. 中国电力，37(12): 38-42.

史立山，高苏杰. 2015. 中国抽水蓄能成套设备自主化十年历程与成就. 北京：中国电力出版社.

王耀华，梁芙翠，白建华. 2007. 抽水蓄能电站在电力系统中的效益评价探讨.电力技术经济，19(1): 48-51.

文洪，张春生，刘郁子，等. 1998. 天荒坪电站地下厂房结构动静力分析及设计. 水力发电，24(8): 28-31.

晏志勇，翟国寿. 2004. 我国抽水蓄能电站发展历程与展望. 水力发电，30(12): 73-76.

张春生. 2009a. 混凝土衬砌高压水道的设计准则与岩体高压渗透试验. 岩石力学与工程学报, 28(7): 1305-1311.

张春生. 2009b. 以围岩为承载体的高压管道设计准则与工程应用. 水力发电学报, 28(3): 80-84.

张春生, 张克钊. 2007. 天荒坪抽水蓄能电站上水库沥青混凝土护面设计及裂缝处理. 水力发电, 33(1): 37-39.

张春生, 计金华. 2010. 新形势下我国抽水蓄能电站发展前景//抽水蓄能电站工程建设文集. 北京: 中国电力出版社.

张春生, 姜忠见. 2012. 抽水蓄能电站设计. 北京: 中国电力出版社.

张乐平, 宋臻. 2007. 抽水蓄能与风电互补的探讨. 西北水电, (1): 79-81.

张利荣, 严匡柠, 张孟军. 2016. 大型抽水蓄能电站施工关键技术综述. 水电与抽水蓄能, 2(3): 49-59.

张为民, 张春生. 2001. 谈加快我国东部地区抽水蓄能电站建设. 水力发电, 27(6): 3-6.

抽水蓄能电站与风电合理利用研究

钱钢粮

（水电水利规划设计总院，北京 100120）

摘　要： 为保证非化石能源占比目标的实现，预计 2020 年、2030 年我国风电开发装机容量将分别超过 2.0 亿 kW、3.0 亿 kW，并主要集中在八大风电基地。"三北"（东北、华北、西北）地区风电在满足当地能源需求的同时宜主要采用超高压、特高压直流送至能源资源缺乏的"三华"（华北、华东、华中）地区。风电出力具有不完全随机性，各小风电场之间具有一定的互补性，千万千瓦级的风电基地集中上网可缓解风电出力的急剧变化，并可减少弃风，提高风电电力电量利用率；对风电送端，应尽可能将较大的风电容量接入输电平台集中送出，在做好风电出力预报和与当地电网建立联系的基础上，可因地制宜打捆一定容量的煤电，关键是配套一定容量的抽水蓄能电站，保证风电送出电力系统安全、节能、经济运行。

关键词： 节能减排；多能互补；风电与风电的互补；风电基地集中送出；输电平台建设；配套抽水蓄能电站；安全经济

Research on Rational Utilization of Pumped-Storage Hydropower and Wind Power

Gangliang Qian

(China Renewable Energy Engineering Institute，Beijing 100120)

Abstract: In order to ensure the achievement of the share of non-fossil energy in total primary energy supply, it is estimated that the installed capacity of wind power in China will exceed, 200GW by 2020 and 300GW by 2030, respectively, and they are mainly concentrated in

---

通信作者：钱钢粮（1964—），E-mail: qiangangliang@vip. sina. com.

the eight wind power bases. Besides meeting local energy needs, the wind power in northeast, north and northwest China should be transmitted to the energy-shortage regions, i.e. the north, east and central China through ultra-high voltage (UHV) AC or DC electricity transmission. Wind power output is incompletely random, and small wind farms can complement each other in a certain degree. The connection of wind power bases of 10 GW to electricity grid can alleviate the drastic changes in wind power output, reduce wind power abandonment, and improve the electricity utilization of wind power. For the wind power transmission side, wind power of larger capacity shall be concentrated and sent into the transmission platform as far as possible. On the basis of the wind power output forecast and the establishment of links with the local electrical grid, the wind power transmission system should be bundled with a certain capacity of coal power according to local conditions and most critically provided with pumped-storage power station with a certain capacity, to ensure its security, energy saving, and economic operation.

Key Words: energy saving and emission reduction; multi-energy complementation; mutual complementation of wind power; concentrated transmission of wind power; transmission platform construction; corollary pumped-storage power station; safety and economy

1 引言

我国风能资源丰富，主要分布在"三北（东北、华北、西北）"地区和东南沿海两大地带。我国规划开发的八大风电基地（甘肃酒泉、新疆哈密、蒙西、蒙东、河北、吉林、江苏沿海、山东沿海）高度50m区3级以上风能资源可开发量约18.5亿kW，可装机容量约5.7亿kW。

根据能源发展和节能减排的需要，我国已提出到2020年非化石能源占一次能源消费比重达到15%左右，2030年达到20%，且不断增加的目标。为保证非化石能源占比目标的实现，我国在控制能源消费总量的同时，将积极发展水电、核电和新能源发电，预计2020年、2030年我国风电开发装机容量将分别超过2.0亿kW、3.0亿kW。我国规划开发的八大风电基地2020年、2030年可能开发装机容量分别约达1.5亿kW、2.2亿kW。

我国"三北"风电基地风电大多位于戈壁、沙漠和草原地带，大规模开发利用可合理利用土地资源，且其可发电利用小时数比"三华（华东、华中、华南）"地区分布式开发的风电要多，还能促进区域经济协调发展。

风力发电受自然气候影响较大，发电稳定性较差，而抽水蓄能电站运行灵活，可作为调节风电的重要手段之一。本文将根据相关研究，提出风电的出力特性，风电基地长距离外送输电平台可能搭建方案，并以甘肃酒泉风电基地为例，提出因地制宜进行输电平台电源组合，采用合理的输电方案，以及风电送端与受端电力系统协调发展方案。

2　风电出力过程及其特性

风电场某个时刻的出力是场内所有工作风机的同时刻出力之和：

$$N_{风电场} = \sum N_{-台机}$$

式中，$N_{风电场}$ 为风电场总出力；$N_{-台机}$ 为单台风机出力。

单台风机出力主要与风速相关，是根据风电基地内各典型测风塔的测风资料，计算出逐时出力。计算时还需考虑风电机组尾流、空气密度、风电机组可利用率、功率曲线保证率、风机控制、湍流、叶片表层污染、气候等风电场运行过程的实际情况，对不同风速段的功率参数进行修正。

风电出力具有不完全随机性，"随机性"体现在其具有较大的波动性和间歇性，"不完全"是体现在风电出力具有可预报性和明显的地理、季节特性。风电场规模较小时出力波动较大，集中上网可缓解风电出力的急剧变化。由于风电场内各台风机发出最大出力的时间不同，风电场最大出力等于风电场总装机容量乘同时率：

$$N_{\max} = aN_{装}$$

式中，$N_{\max}$ 为风电场最大出力；$N_{装}$ 为风电场装机容量；a 为同时率。

由于受电网或电力市场及经济性的影响，风电场的发电出力不一定能完全上网，即不一定能完全利用。为确定经济合理的风电利用率，要研究风电上网容量与相应的并网弃风率的关系。风电上网容量率是指风电接入电力系统容量占风电装机容量的比例。并网弃风率是指风电可发电量中受上网容量限制未能利用部分电量的比例。

根据风电基地的历时出力过程，可绘制出风电出力保证率曲线及电量累积曲线及不同上网容量对应的并网弃风情况见图 1。可见，风电场电量集中在较小出力区段，当风电上网容量为其装机容量的 60%～70%时，并网弃风率为 18%～3%，此特性有利于合理弃风，减少电网配套投资。各小风电场之间具有一定的互补性，集中利用可减少相同上网容量时的弃风率。

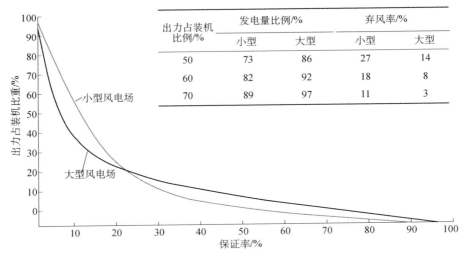

出力占装机比例/%	发电量比例/%		弃风率/%	
	小型	大型	小型	大型
50	73	86	27	14
60	82	92	18	8
70	89	97	11	3

图1　风电场出力保证率曲线示意图

在电力系统负荷低谷时期，由于负荷较小，为了保障电力系统内供热机组或煤电或核电的最小出力要求，风电上网容量有可能较负荷高峰时期进一步降低，即存在负荷低谷时期经济合理的风电利用率。低谷风电上网容量是指风电在电力系统低谷时期的上网容量，调峰弃风率是指在电力系统负荷低谷时期风电在并网弃风的基础上，因电网调峰要求未能利用部分电量占可发电量的比例。根据历时出力过程，分析风电在电力系统负荷低谷时段的可能弃风情况，酒泉基地在风电上网容量率为 60%～70%的基础上，电力系统负荷低谷时段上网容量再减少 10%～30%，增加弃风率 0.2%～7%。

大型风电场由于风机众多，各台风机发电出力具有互补性，因此可能具有一定的有效容量。风电保证出力等于电力系统对风电要求的保证率对应的出力。风电有效容量是指风电在电力系统高峰时期能提供的保证出力。若电力系统有明显的装机容量控制月份，则风电相应月份的保证出力即为风电的有效容量。

可根据风电基地历时出力过程，分析计算风电基地的保证出力。总体上风电保证出力很小，可为电力系统提供的有效容量接近零。仅蒙东、河北风电基地若送电当地，当地冬季负荷较大，冬季负荷高峰时段风电保证出力较大，有效容量也较大，而酒泉基地风电保证出力接近零。

风力发电由于其自身具有的特点，在同一风电场内，每台风机年利用小时数基本相同，风电场不同规模发电年利用小时数也基本相当，因此，无法通过减小装机容量来提高年利用小时数。根据风电出力特性分析，全部消纳风电装机容量很可能是不经济的，但可根据其出力电量分布特性拟定经济合理的上网容量。

风电属于可再生能源，其并网发电可节约标煤、减少火电燃料消耗和 CO_2 等有害气体排放。风电场经济上网容量、经济弃风率可通过不同上网容量方案输电费用与减少火电年燃料费及减排效益进行初步经济比较后确定。

3 抽水蓄能电站对风电送出系统的作用

我国风能资源主要分布在西北、东北、华北等区域，而这些区域煤炭资源也十分丰富，属于能源输出地区，一部分风电就地消纳后，大部分将依托特高电压、大规模远距离输送到华中、华东等能源资源缺乏区域，采用特高压直流输电是远距离输电方式之一。由此需要在风电送端搭建风电输电平台。送电方式可通过与火电和抽水蓄能电站打捆外送。由于风电出力的随机波动性，需要在输电平台配备充足的可调节容量，风电与火电和抽水蓄能电站相互调节补充后打捆外送。

参与风电输电平台搭建可能打捆的调节电源有煤电站、燃气电站、常规水电站和抽水蓄能电站。常规水电机组开停迅速、运行灵活，具有较强的调峰能力，其调峰幅度可以达到 100%。煤电站的调节能力较弱，目前进口及国产大容量燃煤火电机组的调峰幅度可在 50% 以上，60 万 kW 以上机组甚至可达到 60%。一般单机容量在 10 万 kW 及以下的机组也可实施两班制开停调峰运行，随着小火电机组的逐渐退役，开停机组的量越来越小。网内大容量燃煤火电机组由于实际燃煤供应与设计煤种有时有差别，影响火电机组的调峰幅度，而且考虑到火电机组调峰运行的节能、经济要求，其综合调峰幅度宜在 40% 左右。燃气电站调峰幅度最大可达 100%。抽水蓄能电站的调峰幅度可达 200%。

电网中各类电源启动及爬峰速度差异较大，燃煤火电站、燃气电站、常规水电站及抽水蓄能电站启动及爬峰速度汇总成果见表 1。

表 1 各类机组启动及爬峰速度汇总表

电源类型	启动时间（静止→满载）			爬峰速度（%额定容量）
1 燃煤火电	冷态	温态	热态	3%/min～5%/min
	6～8h	3h	1.5～2 h	

电源类型		启动时间（静止→满载）			爬峰速度（%额定容量）
2 燃气轮机	2.1 单轴	150min	110min	57min	约7%/min
	2.2 二拖一	180min	130min	70min	约7%/min
3 水电		静止—空载	空载—满载	静止—满载	约60%/min
		25s	95s	2min	
4 抽水蓄能		静止—空载	空载—满载	静止—满载	约60%/min
		25s	95s	2min	

可见，常规水电站和抽水蓄能电站的爬峰能力远优于燃煤火电机组和燃气轮机，抽水蓄能电站和常规水电站一样，启动灵活迅速，从启动到满负荷只需 2min，由抽水运行转换到发电工况也仅需 3～4min，是承担电力系统快速反应容量和调频任务的理想电源。

抽水蓄能电站在用电高峰负荷时段，可像常规水电站一样以发电工况运行，承担系统高峰负荷；在系统负荷低谷时，又可作为水泵，利用系统多余电能抽水，减小系统峰谷差，从而使燃煤火电、核电机组出力不降低或少降低，使电网内燃煤火电、核电等电源在其经济区间上运行，提高系统火电发电利用小时数，节省系统火电标准煤耗。对于需要启停机组调峰的电网，可减少电网启停机组的费用和对机组寿命的影响，保持机组平稳运行，改善系统火电、核电的运行工况。这种既调峰又填谷的双重作用，是抽水蓄能电站特有的功能，是其他类型电源无法代替的。

风电并网后，会增加电网的调峰负担，抽水蓄能电站以双倍的调峰作用，可大大改善风电并网条件，减少风电弃风电量，提高清洁可再生能源风电的利用率，考虑到"三北"地区的资源条件，风电可通过与火电和抽水蓄能电站打捆外送。抽水蓄能电站适度参与风电送出对合理消纳风电的作用主要体现在以下方面。

（1）减少弃风电量，提高风能利用率。由于风电出力的间歇性、随机波动性和不可控性，抽水蓄能电站与风电配合运行，可以利用风电不能消纳的电能将下水库的水抽到上水库储存起来，在风电出力较小的用电高峰时段发电，减少弃风电量，提高风能利用率。

（2）提高输电系统利用小时及经济性。风电出力变幅较大，但 50%装机容量以上发电出力所占电量比重较小，通过抽水蓄能电站利用风电 50%装机容量以上电力电量来抽水，可在风能利用程度较高的前提下，减少需接入电网的输送容量，降低输变电工程投资，提高输电系统利用小时及经济性；或对于一定送出能力的系统，可增加送出更大装机规模的风电。

（3）减少风电对特高压直流输电系统的不利影响，有利于风电外送。由于风电对直流输电系统的不利影响在风电送端，因此在风电送端配套抽水蓄能电站，抽水蓄能电站与风电配合运行，可平抑风电出力变幅及变率，减少风电对特高压直流输电系统换流变压器、输电系统频率及无功电压的不利影响，有利于风电外送。

（4）平抑风电出力变幅，减少风电对电网频率、无功电压的影响。抽水蓄能电站在风电出力较大时抽水，风电出力较小时发电，可以平抑出力变幅及变率，维持直流输电稳定最小出力，防止直流输电系统闭锁。抽水蓄能电站与风电配合运行，可减少风电并网对电网频率、无功电压的不利影响，既维持电网频率和电压稳定性，又保障风电机组的正常运行，避免风电脱网事故发生。

4　抽水蓄能电站参与风电送端输电平台运行研究

我国"三北"地区的部分风电需全国统筹消纳，而目前安全、高效的远距离输电方式之一是超高压或特高压直流输电。±500kV 直流输电能力约 350 万 kW，经济输电距离 1000km 左右；±800kV 直流输电能力约 750 万 kW，经济输电距离 1800km 左右；±1000kV 直流输电能力约 950 万 kW，经济输电距离约 2200km 以上。为合理利用输电走廊资源，安全、节能、经济输送风电，风电送出端需合理搭建输电平台。

4.1　风电集中上网

风电集中上网与分散上网的区别主要在弃风率、瞬时出力变化问题和电网的经济性等方面。本研究推荐风电场尽量集中上网，这对于现状及抽水蓄能电站等快速反应和调峰措施未能及时跟上的时期，尤其有意义。分散上网与集中上网比较示意图见图 2 和表 2。集中上网的优势在于：

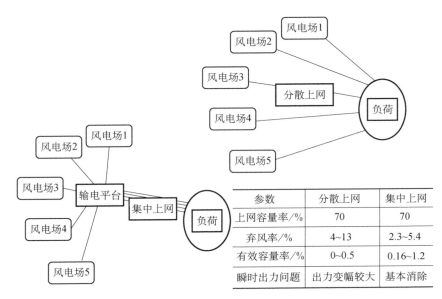

图2　分散上网与集中上网比较示意图

参数	分散上网	集中上网
上网容量率/%	70	70
弃风率/%	4~13	2.3~5.4
有效容量率/%	0~0.5	0.16~1.2
瞬时出力问题	出力变幅较大	基本消除

表2　单个风电场与风电基地年出力保证率及发电量比较表

出力/装机容量/%	累积电量比例/%		出力/装机容量/%	累积电量比例/%	
	北大桥风电场	酒泉基地		北大桥风电场	酒泉基地
10	21.50	29.51	70	88.77	96.81
20	37.81	50.20	80	94.49	98.99
30	51.43	65.58	90	98.43	99.86
40	63.17	77.37	100	100.00	100.00
50	73.27	86.31			
60	81.70	92.68	保证出力/%	0	0.37

（1）减少弃风率。对图表中风电基地，在同样上网容量率约 70%时，单个风电场上网比风电基地集中接入电网弃风率增大 1.6%～8%，对于目前允许上网 50%的情况，则先打捆再送出可减少弃风 15%左右。

（2）增加保证出力。单个小风电场的保证出力基本为零，而大型风电基地打捆后出力相对平稳，就会有一定的保证出力。

（3）减小瞬时出力变率。单个小风电场与风电基地集中相比，风电基地集中接入电网可基本消除风电出力在 3～4min 内的骤变。

（4）提高电网的经济性。风电场分布面较广，集中上网需先将各小风电场联接至某输电平台，需增加一定的输电投资，弃风率可与之经济比较，但瞬时出力问题很难比较。对沿海风电基地的集中较难实现，因为就地有负荷，集中接入增加投资较多；对需送出的风电基地，当地缺乏相应的负荷，集中的经济性较好。

4.2 风电送端输电平台电源组合方案

针对前述风电出力不稳定对送端输电平台的可能影响，分析认为有以下可能的对策措施。

（1）尽可能有较大的风电容量集中在输电平台，可基本消除风电瞬时出力剧变问题。

（2）尽可能打捆一定容量的抽水蓄能电站，既可保证输电系统的稳定运行，又可减少输电容量要求，节省输电走廊资源及相应的投资。

（3）与当地电网建立联系，确保输电系统的稳定运行。

（4）若配套打捆一定容量的煤电，虽不能很好解决瞬时出力剧变问题，但可解决特高压直流最小输电出力要求。

综上所述，针对不同的风电基地，根据其抽水蓄能电站建设条件、煤炭资源分布和当地电网建设情况，对于 1000 万 kW 的风电装机容量（装机利用小时数 2200h）送出，风电送端可能的输电平台电源组合方案见表 3，其中考虑风电保证出力为装机容量的 1%，风电上网容量率取 60%。

表3 输送 1000 万 kW 风电装机容量代表性输电平台建设方案表

输电方案（均考虑与当地电网建立联系）	容量配套/万 kW			输电容量/万 kW	有效容量/万 kW	弃风率（包括蓄能转换损失）/%	年输电小时数/h	其中风电电量比重（括号内为抽蓄发电）/%
	风电上网容量	抽水蓄能	煤电					
1 纯风电	600			600	10	7.0	约 3400	100
2 风电(预报)＋蓄能 1	600	100		500	110	8.8	约 4000	100（4%）
3 风电(预报)＋蓄能 2	600	200		400	210	10.5	约 4900	100（7%）
4 风电(预报)＋蓄能 3	600	300		310	310	13.0	约 6100	100（10%）
5 风电＋煤电	600		1180	1190	1190	7.0	大于 7000	约 22
6 风电＋煤电＋蓄能 1	600	100	780	890	890	8.8	大于 7000	约 29（2%）
7 风电＋煤电＋蓄能 2	600	200	380	590	590	10.5	大于 7000	约 45（5%）
8 风电＋煤电＋蓄能 3	600	300	0	同方案 4				

4.3 纯风电送出方案分析

对于 1000 万 kW 的风电装机容量的送出，纯风电输电平台运行示意图见

图3。

（1）输电容量。需达到风电的经济上网容量要求，60%即为 600 万 kW。

（2）输电容量的有效率。仅风电的保证出力为系统的有效容量，有效容量很小。

（3）输电小时数。仅 3500h 左右，低于特高压经济输电小时数的下限要求（4500～5000h）。

（4）最小输电出力。常会出现小于 10%的出力，对直流输电系统稳定运行不利。

本研究不推荐纯风电送出方案。

输电方案		容量配套/MW			输电容量/MW	有效容量/MW	弃风率/%	输电小时数/h	其中风电电量比重/%
		风电上网容量	抽水蓄能	煤电					
一	纯风电	6000			6000	100	7.3	约3500	100

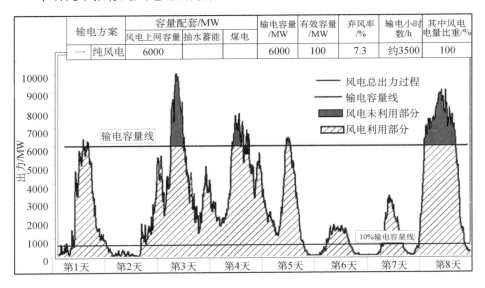

图3　纯风电输电示意图

4.4　风电与煤电协同送出方案分析

对于我国规划煤炭基地附近的风电基地输电平台，可因地制宜配一定的煤电。对于 1000 万 kW 的风电装机的送出，风电＋煤电输电平台运行示意图见图4。

（1）输电容量。考虑煤电调峰幅度 50%，最大的输电容量则等于风电经济上网容量的两倍。

（2）输电容量的有效率。输电容量均为有效容量。

（3）输电小时数。可达 7000h 以上，理论上扣除检修时间，均可发电送出，并可部分考虑受端电网调峰要求。其中送风电电量比例仅约 22%，绝大部分送的是煤电发电量。

（4）最小输电出力。始终大于煤电机组最小技术出力，没有最小输电出力问题。

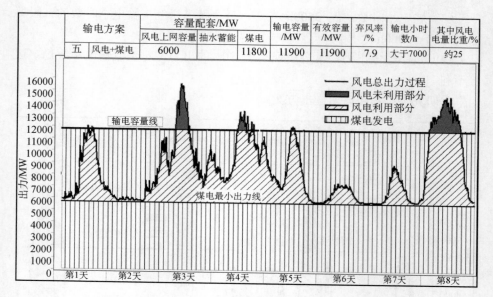

输电方案		容量配套/MW			输电容量 /MW	有效容量 /MW	弃风率 /%	输电小时 数/h	其中风电 电量比重/%
		风电上网容量	抽水蓄能	煤电					
五	风电+煤电	6000		11800	11900	11900	7.9	大于7000	约25

图4　风电+煤电输电示意图

"风电＋煤电"送出方案虽然可在满足缺能地区能源需求的同时，使输电容量成为有效容量，但输电平台运行稳定性、灵活性较差，煤电运行经济性较差，配套送出规模最大。送出的绝大部分是煤电发电量，与发展清洁能源的宗旨相背离。本研究不推荐采用"风电＋煤电"送出方案。

4.5　风电与抽水蓄能电站协同送出方案分析

对于 1000 万 kW 的风电装机容量的送出，配套 30%（300 万 kW）抽水蓄能后，风电＋蓄能输电示意图见图 5，风电（预报）＋蓄能＋联网输电平台运行示意图见图 6。

（1）输电容量。输电容量等于风电经济上网容量减抽水蓄能容量。

（2）输电容量的有效率。有效容量为抽水蓄能电站装机容量加上风电保证出力。

（3）输电小时数。可达 6000h 以上。

输电方案		容量配套/MW			输电容量/MW	有效容量/MW	弃风率/%	输电小时数/h	其中风电电量比重/%
		风电上网容量	抽水蓄能	煤电					
二	风电+抽水蓄能	6400	3000		3400	100	7.3	约6100	100（90）

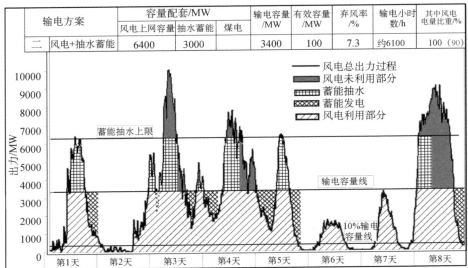

图5　风电+蓄能输电示意图

输电方案		容量配套/MW			输电容量/MW	有效容量/MW	弃风率/%	输电小时数/h	其中风电电量比重/%
		风电上网容量	抽水蓄能	煤电					
三	风电+抽水蓄能+联网	6400	3000		3400	3100	7.3	约6100	99（88）

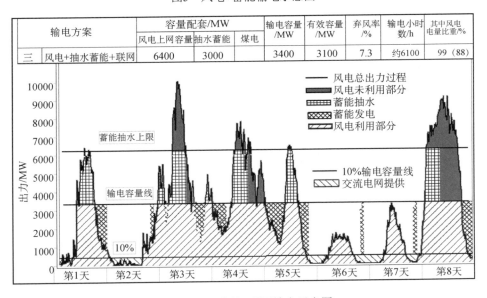

图6　风电+蓄能+联网输电示意图

（4）最小输电出力。若输电平台不与当地电网相联而采用孤岛方式，则会因抽水蓄能电站调节库容不足而出现小于 10%的出力，对直流输电系统稳定运行不利。若通过风电预报，调整抽水蓄能电站运行时间，也只可部分改善小出力问题。只有与当地电网建立联系后，最小输电出力不足时，可从当地电网输入必要的电力，才能彻底解决最小输电出力要求问题。

（5）与当地电网建立联系的意义：抽水蓄能电站配合风电运行中，在连续长时间风电出力较小、输电出力无法满足直流输电系统及受端电网要求时，可从本地电网获得必需的抽水电量，保证抽水蓄能电站容量的有效性和直流输电系统的稳定运行。

抽水蓄能的最大配套比例：当风电经济上网容量率为 70%，则抽水蓄能的最大配套比例为 35%；当风电经济上网容量率为 60%，则抽水蓄能的最大配套比例为 30%。本研究推荐酒泉风电基地采用"风电（预报）＋蓄能＋联网"送出方案。

4.6 风电与抽水蓄能、煤电协同送出方案分析

对于我国规划煤炭基地附近的风电基地输电平台，可因地制宜配一定的煤电和抽水蓄能电站。配套煤电和抽水蓄能电站后，风电＋煤电＋蓄能输电平台运行示意图见图 7。

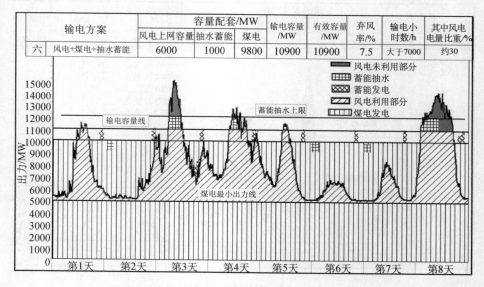

输电方案		容量配套/MW			输电容量/MW	有效容量/MW	弃风率/%	输电小时数/h	其中风电电量比重/%
		风电上网容量	抽水蓄能	煤电					
六	风电＋煤电＋抽水蓄能	6000	1000	9800	10900	10900	7.5	大于7000	约30

图7 风电＋煤电＋蓄能输电示意图

（1）输电容量。输电容量较"风电＋煤电"方案小，取决于配套抽水蓄能容量，抽水蓄能电站配套容量越大，输电容量越小。如配套 10%抽水蓄能 100 万 kW 时，输出容量需 910 万 kW，输出电量中风电电量仅占约 29%；当配套 20%抽水蓄能 200 万 kW 时，输出容量只需 610 万 kW，输出电量中风电电量占了约 45%。

（2）输电容量的有效率。均为有效容量。

（3）输电小时数。可达 7000h 以上，并可部分考虑受端电网调峰要求，其中送风电电量比例 29%～45%（2%～5%系抽水蓄能发电量）。

（4）最小输电出力。始终大于煤电机组最小技术出力，没有最小输电出力问题。

在风电送端因地制宜，将风电集中，合理配置抽水蓄能、煤电后搭建输电平台，并使输电平台与当地电网建立联系。这样一方面有利于输电系统的稳定、经济运行；另一方面有利于输电平台尽可能地向送端输送有效容量，合理利用输电走廊。

5 抽水蓄能电站参与输电平台运行案例分析

甘肃酒泉风电基地是我国最早提出的风电开发基地，但西北电网区域总体风能资源丰富，各省区宜开发风电规模较大，酒泉风电基地开发后，其部分电力电量在当地消纳，部分将送至缺能的华中地区（目前考虑主送湖南）。以下将用前述理论研究酒泉基地风电出力特性，以电力系统整体最优准则研究推荐合理的送端输电平台电源组合方案。

5.1 出力特性分析

根据酒泉风电基地初步发展规划，其 2020 年将建成装机容量 2395 万 kW，2030 年装机容量为 3998 万 kW。选取酒泉风电基地各区域代表测风塔 70m 高度 2009 年 1 月 1 日～12 月 31 日一个完整年风速资料。酒泉风电基地规划风电场主要集中于玉门市和瓜州县两个区域，风电场均属于 IECIIIC 风区，采用华锐 SL1500/77 风电机组功率曲线进行出力计算，单个风电场的同时出力累加即得到风电基地的出力。根据风电基地的历时出力过程，绘制 2020 年和 2030 年的风电出力保证率曲线（图 8）。

从风电出力保证率曲线上可以看出，酒泉基地保证率 90%以上的风电保证出力接近零，各小风电场同时率很高，基地最大出力可达到装机容量。分析还可得酒泉基地不同上网容量对应的并网弃风情况见表4。

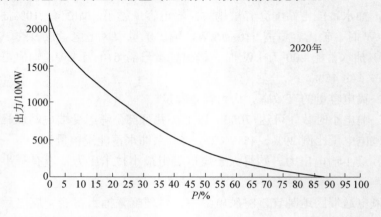

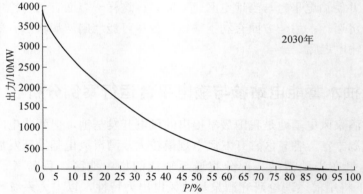

图8 甘肃酒泉风电基地出力保证率曲线

表4 甘肃酒泉风电基地上网容量率与并网弃风率关系分析表

上网容量率/%	90	80	70	65	60	55	50
并网弃风率/%	0.14	0.43	3.19	5	7.32	10.2	13.69

甘肃酒泉基地经济上网容量分析见图 9，其中包含不同输电成本与经济弃风率关系图、一定输电投资时的经济弃风率关系图和不同因素变化对经济上网容量影响敏感性分析示意图。

并网经济性主要受替代电源燃料价格及输电线路投资的影响，酒泉风电基地经济上网容量占装机容量比例宜在 60%~80%，本次后续研究暂采用70%。

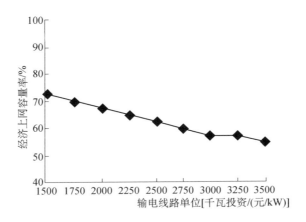

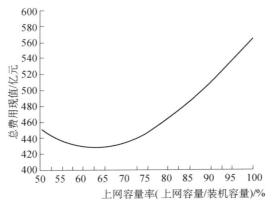

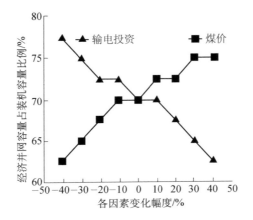

图9　甘肃酒泉基地经济上网容量分析图

5.2 输电平台电源组合方案研究

1. 比选方案拟订

除了部分风电在西北电网消纳外，2020 年酒泉基地尚需送出风电约 1000 万 kW。通过变化配套电源（抽水蓄能电站、煤电）容量和消纳方案拟订输电平台电源组合比选方案，方案一是外送风电 1000 万 kW 配套抽水蓄能电站 300 万 kW、煤电 200 万 kW；方案二是外送风电 1000 万 kW 配套抽水蓄能电站 300 万 kW，不配煤电；方案三是外送风电 1000 万 kW 配套抽水蓄能电站 200 万 kW、煤电 545 万 kW。每个方案都考虑与新疆至西北的 750kV 通道相联。

2. 受端湖南电网抽水蓄能配合运行情况

湖南省水力资源较丰富，全省水电技术可开发装机容量 1202 万 kW，但水力资源开发利用率已超过 90%，因此湖南电网消纳风电的电源结构配套主要措施有：常规水电站扩机、建设抽水蓄能电站和合理发挥火电的调峰作用。

针对酒泉风电基地外送不同方案对湖南电力系统的影响，在各方案同等程度满足电力系统电力、电量需求的前提下，经电源结构优化分析，配置湖南电网抽水蓄能、煤电规模，计算系统总费用现值。

3. 综合技术经济比较分析

对于甘肃风电基地送出部分初拟的电源组合方案，进行风能调节计算，以分析各配套方案的经济合理性。针对各比选方案，统筹送端和受端的经济计算，方案二总费用现值最低。因此，酒泉基地输电平台电源组合为配套抽水蓄能电站 300 万 kW、不配煤电。推荐的经济合理输电平台建设方案特点如下：

（1）风电上网容量率 60%，相应弃风率 8.83%。留西北电网部分风电上网容量率暂考虑 70%。

（2）酒泉风电基地送出部分风电配 30%抽水蓄能电站，2020 年送出风电 1000 万 kW 配日调节抽水蓄能电站 300 万 kW，2030 年送出风电 2000 万 kW 配日调节抽水蓄能电站 600 万 kW；日调节抽水蓄能电站设计满发小时数以 6h 左右较合理。在甘肃酒泉风电基地配套较大抽水蓄能电站容量后，还可实现西北电网与湖南电网的优化配置。

（3）与哈密至西北主网的 750kV 交流连接线建立联系，抽水蓄能电站可在连续小风时期在西北电网获得抽水电量，保障送出容量的有效性和输电系统最小出力要求；并可借输电平台，进行西北电网与湖南电网之间的能源资源优化配置。

（4）±800kV 特高压直流一回送电湖南 610 万 kW，输电容量可按输电能力 750 万 kW 建设，以应对可能的风电开发规模加大、送西北输电能力不足或近期抽水蓄能电站建设进程不能满足要求的情况，也可提高风能利用率。可利用 750kV 交流连接线优化输电方案，进行酒泉风电基地输电平台与湖南、西北电网的资源优化配置。

另外，本研究结合我国新能源的长期发展规划，还根据不同风电基地的风电特性、抽水蓄能电站建设条件、煤电资源情况、当地电网建设情况，针对不同风电基地风电送出电力系统协同发展方案进行研究，推荐新疆哈密、蒙西、蒙东风电基地采用"风电＋煤电＋蓄能"的送出方案。

6　结语

风电出力具有不完全随机性，各小风电场之间具有一定的互补性，千万千瓦级的风电基地集中上网可缓解风电出力的急剧变化，并可减少弃风，提高风电容量的有效率。风电场电量主要集中在 50%以下出力区段，当风电上网容量为其装机容量的 60%～70%时，相应弃风率仅 9.2%～2.3%，此特性有利于合理弃风，减少电网配套投资。风电场规模较小时瞬时出力变率较大。

大力发展风电在协助完成我国非化石能源占比目标的同时，也是我国因地制宜、发展地方经济的有效途径。我国应率先开发"三北"地区风电，在满足当地能源需求的同时采用超高压、特高压直流送至能源资源缺乏的"三华"地区负荷中心。

目前安全、高效的远距离输电方式是特高压直流输电，风电出力不稳定，发电小时数较低，影响风电直流输电系统的安全、经济运行，因此，对风电送端，应尽可能将较大的风电容量接入输电平台集中送出，在做好风电出力预报和与当地电网建立联系的基础上，配套一定容量的抽水蓄能电站，同时也可因地制宜打捆一定容量的煤电。本文提出的风电输电平台建设思路可供我国合理建设风电基地参考，为我国风电合理利用服务。

风能工程中的几个力学问题

贺德馨

（中国可再生能源学会风能专业委员会，北京 100013）

摘 要：风能是目前可再生能源中技术相对成熟，并具规模化开发条件和商业化发展前景的一种能源，风能利用在增加能源供应、改善能源结构、保障能源安全、减少温室气体、保护生态环境和构建和谐社会等方面发挥了越来越重要的作用。

风能利用是一个复杂的系统工程，涉及多个学科领域和工程技术，其中力学是重要的技术支撑。风能工程与力学的许多学科紧密相关，主要有环境力学、流体力学、固体力学及动力学与控制等学科。本文主要介绍在风环境评估、风电机组研发和风电场建设运行过程中遇到的几个力学问题，并提出几点建议，同大家讨论。

关键词：力学；风能；风电机组；风电场；风环境

Some Subject of Mechanics in the Wind Energy Engineering

Dexin He

(Chinese Wind Energy Association，Beijing 100013)

Abstract: Wind energy is currently a kind of energy which is relatively mature, and has large-scale development conditions and commercial development prospects among the renewable energies. Wind energy utilization has played a more and more important role in increasing energy supply, improving energy structure, ensuring energy security, reducing greenhouse gas emissions, protecting ecological environment and building harmonious society, etc.

Wind energy utilization is a complicated system engineering, involving multiple subjects

通信作者：贺德馨（1940—），E-mail：hdx@cwea. org. cn。

and engineering technology, in which mechanics is an important technical support. Wind energy engineering is closely related with many subjects of mechanics, mainly including environmental mechanics, fluid mechanics, solid mechanics, dynamics and control, etc. This article mainly introduces some mechanical issues encountered in the process of wind environment assessment, wind turbine R & D as well as wind farm construction and operation, and also puts forward some suggestions for everyone to discuss.

Key Words: mechanics; wind energy; wind turbine; wind farm; wind environment

1 环境力学问题

环境力学是力学与环境科学相结合而形成的一门新兴交叉学科，主要采用力学理论和方法研究环境问题发生、演化的共性问题。与风能相关的研究内容主要是大气环境和大气边界层运动，随着海上风电的发展，对水体环境也开始予以重视，研究波浪、洋流和潮流运动。本文主要介绍与风能相关的大气边界层内空气流动。

大气边界层是指地表以上 1～2km，受地表摩擦阻力作用的大气层。大气边界层可以分为三个区域：离地表 2m 以内的区域称为底层，2～100m 的区域称为下部摩擦层，100～2000m 的区域称为上部摩擦层，又称埃克曼（Ekman）层（贺德馨，2006）。兆瓦级风电机组的高度已经超过 100m，风电机组的风荷载和结构响应正是大气边界层内空气流动的直接结果。针对风能利用，目前研究的主要内容有：①大气边界层内风特性；②风能资源评估精细化；③风电功率预测。

1.1 大气边界层内风特性

大气边界层内风特性的研究可以追溯到 20 世纪 30 年代，英国国家物理试验室（National Physical Laboratory，NPL）在低湍流度的航空风洞中进行了风对建筑物和构筑物影响的研究工作，德国 Prandtl 在哥廷根流体力学研究所（Aerodynamische Versuchsanstalt）建造了世界第一座环境风洞，开展环境问题的试验研究，特别是 40 年代德国冯·卡门亲自参加的美国塔科马桥风毁事件分析研究工作，风工程的研究进入了一个新的起点。60 年代发展了大气边界层理论，几十年来通过风洞试验、风场测量和统计方法等多种手段相结合的研究，对大气边界层内的风特性有了基本的认识。

大气运动是一个动态变化的过程，是一种湍流运动，受到地面粗糙度、地面地形、热力效应及自由大气层压力梯度的共同作用。在这种作用下大气边界内风的基本特性是：由于大气温度随高度的变化，导致空气上下对流流动；由于地球表面摩擦力的影响，导致风速随高度变化；由于地球自转引起的科里奥利力的作用，导致风向随高度变化；由于湍流运动引起的动量上下传递，导致大气湍流特性随高度变化等。

　　大气边界层内风速随空间和时间的变化是随机的，在工程应用风特性模型时，将气流运动速度分解为平均风速和脉动风速。

　　平均风速随高度变化，其分布形状称为风速廓线，可近似采用对数律或指数律来表征。在风能工程中，一般采用指数律，其表达式为

$$\frac{\bar{U}(Z)}{\bar{U}(Z_s)} = \left[\frac{Z}{Z_s}\right]^{\alpha}$$

式中，Z_s 为参考高度；α 为风速廓线指数；$\bar{U}$ 为平均风速；Z 为离地高度。

　　风速廓线指数是反映风速分布形态的关键参数，其取值与地表面粗糙长度有关。IEC-61400-1 标准中将 α 值设定为 0.20，这是在中性大气稳定度条件下的值。实际情况下一天内大气稳定度是变化的，晚间稳定，午间不稳定。图 1 给出了不同大气稳定度情况下的风速廓线，图中 Z_0 为地面粗糙长度，由图可知：在对风电场进行风能资源评估时和对风力机进行载荷计算时需要考虑大气边界层稳定性对风速廓线带来的影响。

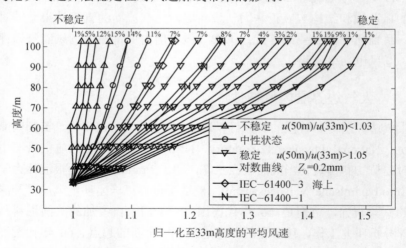

图1　不同大气稳定度下的风速廓线

资料来源：IEA Wind

　　脉动风的特性一般采用统计方法，如湍流强度、湍流尺度、相关函数、功率谱密度和阵风系数等来描述。其中湍流强度是最重要的特征量，它是描述风速随时间和空间变化的程度，主要采用与平均风速方向平行的纵向湍流强度。

　　目前，在风力机设计中，不同国家使用的湍流强度计算公式不尽相同，特别是在实际风电场中湍流强度受地面粗糙度、地形变化及热效应的影响很大，因此，湍流强度的计算可信度有待进一步研究。通常要在风电场中进行实测，实测结果有时会和在 IEC-61400-1 标准中给出的湍流强度值差异很大。

　　湍流功率谱密度是描述脉动风特性的另一个重要的特征量，它是描述湍流中不同尺度的涡动能对湍流脉动动能的贡献，是计算风力机叶片疲劳特性的重要参数，在 IEC-61400-1 标准中，使用的是 von Karman 谱和 Kaimal 谱。从 20 世纪 60 年代至今，国内外学者一直通过理论分析和实地测量对湍流功率谱进行研究，认为目前使用的功率谱都有一定的局限性。除了功率谱公式是在中性大气稳定度条件下建立的以外，特别是在极端气候，如台风条件下，实际功率谱与计算功率谱有明显的差别，需要通过实测来进行修正。除了湍流强度和湍流功率谱密度外，湍流尺度和阵风系数使用时也需要研究其不确定性。

　　近年来，随着计算流体力学（Computational Fluid Dynamics，CFD）的进展，可以通过求解流动 N-S 方程来获取实际风场的风速廓线。在计算平均流场特性时，大多采用雷诺平均湍流模型；计算湍流脉动特性时，则需采用大涡模拟方法。图 2 给出了不同湍流模型计算的结果，由图 2 可知，与实验数据相比，采用标准 k-ε 湍流模型计算的结果差异较大，而 k-l 模型可以获得较理想的结果。

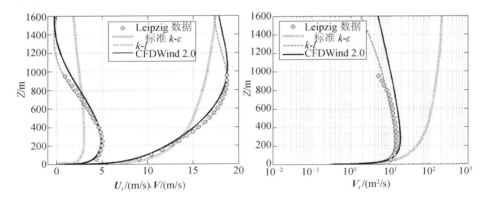

图2　不同湍流模型对风速廓线和湍流动能计算结果的影响

资料来源：IEA-Wind。图中 U 为风速纵向分量；V 为风速横向分量；V_t 为涡动黏滞系数

1.2 风能资源评估精细化

风能资源评估精细化是制定风能规划、风电场选址和风功率预测的重要基础。风能资源评估方法有统计方法和数值方法两类。统计方法有基于气象台站历史观察的资料和基于用测风塔或激光雷达测量的资料两种。数据方法也有两种，一种是评估较大区域范围内的风能资源量，通常由中尺度气象模式和小尺度模式组合而成，如丹麦 KAMMWAsP、美国 MesoMaP、加拿大 WEST 和中国 WERAS 等，可以给出区域风能资源潜在开发量及平均分布，其水平方向的分辨率可达到 200m×200m。图 3 给出了中国气象局国家气候中心开发的 WERAS 系统，图 4 给出了用该系统对我国陆地风能资源进行评估的结果。另一种是评估较小区域范围内的风能资源量，通常有专用的商业软件，如丹麦 WAsP、英国 Windfarm、挪威 Windsim 和法国 Meteodyn WT 等，其中 Windsim 和 Meteodyn WT 采用 CFD 方法对复杂地形下近地面层风能资源进行评估和风电场微观选址，其水平方向的分辨率可达到 25m×25m。对数值方法和统计方法评估结果进行比对表明，有良好的一致性，平均相对误差一般小于 15%。

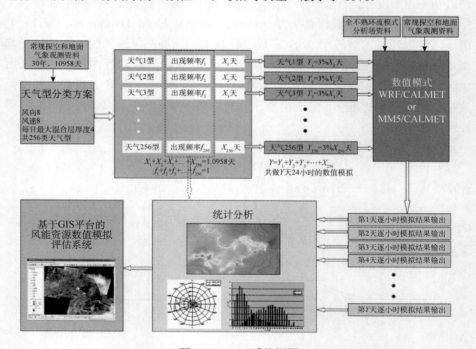

图3　WERAS系统框图

资料来源：中国气象局国家气候中心

由于我国地理环境复杂，气候多变，下垫面种类多样，特别是在浅海近海海域有滩涂和受台风影响的地区。因此，需要对数值模拟方法，如复杂地形的数值化、地貌条件的模型化、湍流模式的选择和边界条件的处理等进行改进。另外，对目前已在标准中给出的风模型，如湍流功率谱模型要根据实测结果进行修正。

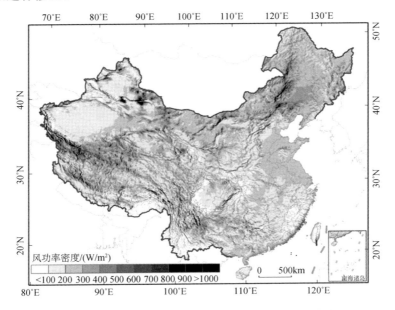

图4 中国陆地年平均风功率密度分布图（70m高度，水平分辨率1km×1km）

资料来源：朱蓉等（2010）

1.3 风电功率预测

风电功率预测是风电纳入电网调度系统，确保电网平衡风电波动，减少备用容量和经济运行的重要技术措施。风电功率预测方法有物理方法和统计方法两类，物理方法可以在风电场建设前进行预测，统计方法则需要在风电场运行半年后才能进行预测。目前，对单个风电场而言，在预测 36h 的时间范围内预测误差一般为风电装机容量的 10%～20%。影响预测准确性的主要因素是数值天气预报模型、风电场电力预测模型、统计预测模型、实时统计数据和预测系统的性能等。另外，预测时间尺度、预测区域范围和风电场特征（如地形、风电机组型式、风电机组布局和风电机组装机容量等）也有影响。目前，重点是对短期（提前 4～6h）和超短期（提前 2～4h）风电功率预测方法和预测结果的不确定性进行研究。特别是在处于复杂地形的风电场情况下，为了提高预测准确性，可以集合不同的输入模型和不同的预测工具进行综合预测。

2　流体力学问题

流体力学是一门传统的学科，几个世纪来，通过自身发展及与其他学科、工程的相互交融而不断深化和发展，因此，它又是一门永恒的学科。可以说流体力学在风能工程中起到了重要的引领作用，在风能开发利用中涉及的流体力学分支学科有空气动力学、水动力学、计算流体力学和实验流体力学等。另外，仿生流体力学、湍流与流动稳定性也为风能工程提供了新的概念。目前，主要的研究内容有：①风力机空气动力学问题；②风电场空气动力学问题；③海上风力机水动力学问题；④计算流体力学应用问题。

2.1　风力机空气动力学问题

随着风电机组大型化，风力机空气动力学面临很大的挑战。风力机空气动力学主要研究气流绕风轮叶片的流动，研究的主要内容有：①风力机叶片专用翼型；②风力机叶片空气动力模型；③风力机叶片空气动力优化设计；④风力机叶片空气动力载荷评估。

1．风力机叶片专用翼型

早期风力机翼型采用航空（如美国 NACA 系列）翼型。随着兆瓦级风电机组的发展，机型由失速型逐步发展到变速变桨型，叶片结构和风力机控制的要求也发生变化，因此，专门研发了风力机专用翼型族，如美国 S 系列、瑞典 FFA 系列、丹麦 Risø 系列、荷兰 DU 系列。我国"863"计划也专门设立了"先进风力机翼型族设计、实验与应用"项目，开发了 NPU 系列等翼型族。

通常沿风力机叶片展向位置，要在叶片尖部区、叶片中段区和叶片根部区，根据气动性能和结构强度的要求布置不同相对厚度（15%～40%）的翼型，翼型可以采用不同的系列进行组合。

在风力机翼型设计中遇到的主要问题有：截尾缘大厚度翼型的设计，低噪声翼型的设计，在风洞中如何获取翼型大攻角、动态失速和高雷诺数下的气动数据，CFD 在翼型优化设计中的应用等。

2. 风力机叶片空气动力模型

经典的动量叶素理论是目前风力机空气动力学中最广泛使用的一种模型。动量叶素理论是基于绕叶片的流动是二维准定常的假设。在处理非轴向来流和非定常绕流时存在缺陷，因此，使用时需要引入动态失速模型、三维旋转效应模型、动态入流模型和偏航模型等。

当来流随时间连续变化或叶片经历非定常运动及风轮偏航时，叶片截面（翼型）的攻角会随时间或方位角改变，产生动态失速现象。动态失速表现为翼型的失速延迟和产生气动特性迟滞环，使叶片上的气动载荷显著增大（图5），另外，动态失速涡的周期性脱落带来气动特性的剧烈波动。目前，在风力机气动载荷计算中主要采用 Leishmam-Beddoeo 动态失速模型，但使用时要通过翼型动态实验方法获取三个动态经验系数。发展和改进二维动态失速模型仍然是风力机空气动力研究的一个重要内容。

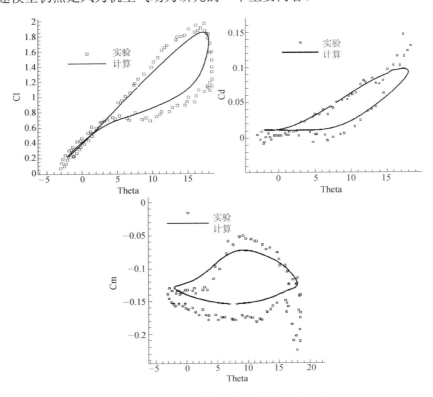

图5　S814 翼型动态失速气动特性曲线[$\alpha=8°+10°\sin(\omega t)$]

资料来源: 西北工业大学翼型空气动力学国家重点实验室，美国俄亥俄州立大学

　　风力机旋转时，绕叶片的流动是三维的非定常流动（图 6），三维旋转效应使叶片升力增大和失速推迟，特别是在叶片的根部区域。目前，有各种三维旋转效应的工程模型用于修正动量叶素理论，但都是建立在层流附面层假设的基础上，并需要设定经验参数。通常，预测的叶片气动载荷要高于实验值，因此，发展基于湍流附面层的三维旋转效应工程模型是又一个重要的研究内容。

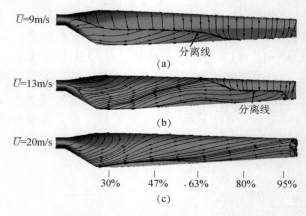

图6　风力机叶片三维流动图像（钟伟和王同光，2011）

　　当风速和风向发生变化或叶片快速变桨时，风轮尾流对叶片诱导的速度场会发生延迟，需要有一段时间来达到新的平衡，这种延迟称为动态入流效应。在应用动量叶素理论计算时，作了均衡尾流假设，与实际情况不符，要进行修正。目前已有一些研究成果，但是能更好表达尾流物理形态变化的高精度动态入流模型尚待解决。

　　在风力机空气动力设计和计算时，除了要引入动态失速模型、三维旋转效应模型和动态入流模型外，还要研究风轮偏航空气动力模型。当来流风向变化时，流经叶片的速度和攻角也随之改变，加上运行时叶片方位角的变化导致作用在叶片上的载荷呈周期性变化。荷兰能源研究中心 ECN 发展的软件 AWSM 和 PHATAS 可以计算风轮偏航时的空气动力载荷的，在 PHATAS 软件中考虑了前进和后退叶片效应、动态失速效应，以及由于歪斜的尾流几何形状引起的诱导速度随方位角的变化，并与风洞实验结果进行了比较。

　　3．风力机叶片优化设计

　　风力机叶片设计是一个复杂得多目标参数和多工况的优化问题。不同设计目标既相互联系又相互制约，并不存在唯一的最优解。如何根据风力机叶片设计的要求，确定优化目标、约束条件和选择优化算法需要进行研究。

风力机叶片设计时，首先，要有最佳的空气动力性能，在给定风场条件下，以年发电量最大为首要优化目标。其次，要兼顾叶片结构的优化，在给定铺层形式下的质量最轻为优化目标。约束条件的确定是一个半经验的过程，除了对叶片进行几何约束外，还要对输出功率和载荷及固有频率进行约束。

多目标优化算法很多，选择时要满足下列要求：①要能处理任意数量的优化目标和约束条件，对目标之间的关联和冲突不敏感；②要有较好的收敛性和鲁棒性；③具有高的计算效率。南京航空航天大学采用了一种基于遗传算法的高效快速排序算法 NSGA-Ⅱ，并针对其处理多模态问题时存在的不足作了改进。用该方法设计了 1.5MW 风电机组的叶片，叶片最大风能利用系数超过了 0.49。

4. 风力机叶片空气动力载荷评估

作用在风力机上的载荷，主要来自叶片空气动力载荷，是风力机设计时最重要的数据。目前叶片空气动力载荷评估方法主要按 IEC-61400-1 标准的要求，采用专用软件进行计算，计算方法基于动量-叶素理论，并作了各种修正。多年来的实践表明：这种工程方法可以满足基本的要求。近年来，为了验证载荷计算结果的不确定性，还分别在风洞和风场中发展了风力机载荷测试技术，通过比对不断改进计算方法，提高载荷评估的可靠性。

在确保风力机性能和安全可靠的基础上降低成本、减轻质量，一直是风力机组追求的目标。目前，在风力机设计时，对载荷的评估一般偏保守，导致部件的质量增加。在载荷评估中可以考虑进一步开展的研究工作如下：

（1）载荷安全系数的选取。在标准中，空气动力载荷的安全系数取为1.35。不同的空气动力载荷对不同的风力机构件的安全性影响是不同的，因此，可否对安全系数选取的精细化做进一步研究。

（2）非定常空气动力载荷的计算。风力机运行时，作用在风力机上的空气动力是非定常的。目前计算时主要在风模型中考虑来流湍流的因素，对绕风力机非定常流动引起的非定常空气动力考虑不足。另外，如前所述，标准上选用的湍流强度和功率谱与实际情况也存在差异。还要考虑风力机控制策略对非定常空气动力载荷的影响。

（3）空气动力载荷测试。在风场中对风力机空气动力载荷进行测试并与计算结果进行比对分析，可以弥补计算时的不确定性。目前的载荷测试技术特别是叶片表面压力分布的测试技术还有待进一步完善。

（4）建立风力机载荷数据库。以仿真数据和实测数据为支持，采用敏感性分析和数据拟合等方法，建立风力机载荷数据库，可以提供直观的统计规律，为风力机载荷评估提供技术支撑，是一个非常重要的基础性工作。

2.2　风电场空气动力学问题

一个集中式风电场的装机容量通常在 50～100MW，要安装几十台兆瓦级的风电机组，风电机组处在相邻风电机组的尾流中运行（图 7）。尾流使来流速度降低和湍流度增加（图 8），不但影响风电场的功率输出，还影响风电机组的结构疲劳特性和带来气动噪声。如何优化布置风电机组，减少风电机组尾流影响是风电场空气动力学研究的主要内容。早期风电机组尾流结构的数学模型采用数学解析公式，有无黏近场尾流模型、简化尾流模型、半经验尾流模型和 AV 尾流模型等工程尾流模型。近年来，CFD 和粒子成像（particle image velocimetry，PIV）技术已用于研究风电机组的尾流特性，发展了线性 CFD-RANS 模型、非线性 CFD-RANS 模型和大涡模型等。RANS方法计算量较小，关键是湍流模型如何选取。目前，基于涡黏性方法的湍流模型在近尾迹处的扩散效应太强，需要改进。大涡模拟（large eddy simulation，LES）方法更加适合用于尾流预测，但计算量太大，只适合对单台风力机尾流进行机理性研究。在尾流建模时，如何考虑地形和风电场的风特性和多台风力机干涉时的叠加模型是进一步的研究方向。

图7　风力机尾流（Hasager et al.，2013）

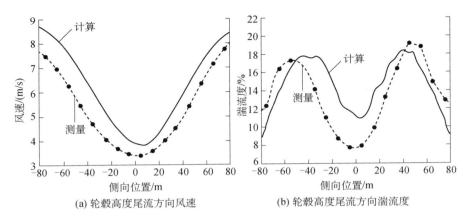

(a) 轮毂高度尾流方向风速　　　　　　(b) 轮毂高度尾流方向湍流度

图8　风力机尾流对风速和湍流度的影响

资料来源：IEA Wind

目前国内风力机在风电场排布时，一般在平坦地形上沿盛行方向前后排风力机的间距取 5~9 倍风轮直径，每排风力机之间的横向间距取 3~5 倍风轮直径。在复杂地形上排布时，要用专用软件（WAsP，Windfarm，WindPro，WinSim，Meteodyn）进行计算。后两个软件是以 CFD 为基础，通过三维流场模拟来选择风力机排布的最佳位置，以达到风电场最大的发电量输出。

我国一些省份正在建设千万千瓦级的大型风电基地，规划时提出风电场与风电场之间的距离要间隔 20km，大型风电场建设是否会对当地局部气候环境产生影响需要进行研究。

2.3　海上风电水动力学问题

海上风电是风电发展的一个方向，海上风电场主要选择在近海浅海海域和具有较高风速的中等离岸距离和中等水深的海域。海上风电机组支撑结构的设计和施工是海上风电的关键技术。目前，海上风电机组支撑结构有固定式和漂浮式两类（图 9）。固定式中有单桩式、重力式、改进的单桩式（三脚架式、三桩式）和多桩式等。目前海上风电场主要在浅海近海海域，使用最多的是桩式支撑结构。随着向远海深海（水深超过 60m）海域发展，将逐步采用漂浮式支撑结构，漂浮式中有半潜式、单桩式和张力式等。目前研究较多的是半潜式支撑结构。

图9　海上风电机组支撑结构型式（Jonkman and Buhl，2007）

海上风电水动力学问题主要研究水动力载荷与水动力响应两个方面，关于水动力响应问题将在 4.2 节中讨论。海上风电机组承受了包括惯性和重力载荷、空气动力载荷、运行载荷和水动力载荷等多种载荷的非线性耦合作用。目前在进行水动力载荷计算时，可以采用海洋工程中使用的如 AQWA、SESAM 等软件，这些软件一般基于频域三维线性势流理论，缺乏对耦合载荷的研究与分析，需要对非线性水动力载荷，特别是波浪载荷和在复杂的风-浪耦合情况下的载荷问题进行进一步研究。

2.4　计算流体力学应用问题

如前所述，CFD 作为一种研究方法已经在风能工程中得到了应用，但是由于 CFD 计算结果存在不确定性，因此，离工程应用还有距离。2000年，美国可再生能源国家实验室（National Renewable Energy Laboratory，NREL）组织过一次盲比研究，国际上有 18 个机构用 19 种不同程序对一个 2 叶片风轮进行空气动力载荷和性能计算。计算结果与该风轮在美国国家航空航天局 NASA Ames 研究中心全尺寸风洞（24.4m×36.6m）的实验结果进行比较后，发现定常情况下的计算值与实验值有很大差异，在低风速时误差达到 25%～175%，高风速时，则高达 30%～275%（图 10）。其中与实验结果符合最好的和最差的都是 CFD 的计算结果，引起了风力机空气动力学界的关注。

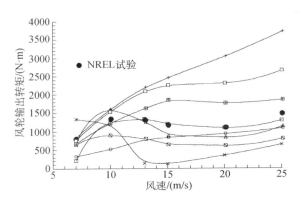

图10　NREL模型计算与试验盲比结果

资料来源：NREL

　　2008 年，国际能源署风能实施协议组（IEA Wind）用 Mexico 模型又进行了类似的盲比研究，盲比结果同样反映出计算空气动力学在解决风能工程问题时的不确定性。产生差异的原因是多方面的，一个原因是我们对风力机的复杂流动过程还没有完全了解，计算时选择参数和模型不尽合理；另一个原因是与 CFD 在航空航天领域中的应用相比，在风能领域中应用 CFD 时，在计算模型、网格分布和数值方法方面都还不够成熟，需要进一步的实践和验证。国际能源署风能实施协议组近年来组织的研究活动就是为此而设置的，通过风洞实验、现场测量获得的数据来发现新的流动现象，加深对流动机理的认识，从而修正计算模型，提高计算软件预测的可信度。

　　计算流体力学应用过程是一个需要调整的动态过程。目前的难点主要还是如何模拟湍流，是采用直接模拟（direct numberial simulation，DNS）和大涡模拟（LES），还是采用雷诺平均流动（RANS）方法，需要与风力机实际流动结合起来进行研究。

3　固体力学问题

　　固体力学是主要研究固态物质和结构（构件）受力而发生的变形、流动和破坏的一门学科。固体力学对风电机组材料与结构达到安全与经济目标，提供力学评价手段，是风电机组设计和认证中的重要技术支撑。

　　目前，主要的研究内容有：①风电机组结构疲劳、损伤断裂与失效评估；②风电机组基础承载与响应特性；③风电机组"健康"诊断、预测与安全管理。

3.1　风电机组结构疲劳、损伤断裂与失效评估

在对风电机组构件进行结构静力强度和疲劳强度分析时，采用成熟的有限元分析方法。作用在风电机组构件上的疲劳载荷是造成结构损伤断裂的主要原因。近年来，风电机组叶片蒙皮撕裂、齿轮箱断齿、主轴断裂、塔架倒塌等时有发生，除了灾害天气（如台风）和运维管理因素造成外，也存在技术上的原因。目前风电机组都按标准进行设计，选用安全系数，但缺乏对风电机组构件在动态载荷作用下，损伤断裂机理和失效评估方法进行系统研究，因此，存在一定的隐患，如风电机组齿轮箱设计时，为了减少齿轮折断，要保证齿轮箱受载均匀。但是，齿轮箱均载设计仍然是目前一个关键的技术问题。单纯提高设计安全裕度的做法会增加结构质量，必须对不同构件在不同的运行工况下的损伤断裂机理进行系统研究，找出延寿的技术措施。

另外，特别要重视构件损伤探测方法的研究。近年来，一些企业将风电机组重要构件（叶片、齿轮箱）的破坏试验列入地面台架试验中的内容，也有通过运行状态时对构件结构参数进行持续监测，如对叶片固有频率的监测可以找到损伤与频率偏差之间的相互关系，使故障得以及时处理。

通过数值仿真、物理仿真和实物测试等的方法及对故障的统计分析，建立风电机组故障数据库是失效评估的重要技术基础。

3.2　风电机组基础承载与响应特性

固定式支撑结构的风电机组基础有桩式基础和重力式基础两种类型。基础设计时，要分析基础的承载特性，特别是对风电机组下部结构和基础的交界面处在高倾覆力矩作用下的基础承载和响应特性进行分析。目前，在风电机组基础设计标准中都已有明确的技术要求和推荐使用的计算方法。计算时将风电机组、桩体和地基作为一个系统来考虑，特别是作用在海上风电机组上的动态载荷对基础承载有显著的影响。对桩式基础，要研究桩体和土体之间的相互作用。目前，在计算动态特性时，将土壤近似为一种线弹性材料，但是非均质的地基在不同土层间的能量反射及大幅值动态载荷，增强了土壤的非线性特征，如何根据我国的实际地质海床条件状况，采用能反映基础在不同海洋环境和气象条件下响应特性的弹簧模型来取代基础子系统需要进一步的研究。

3.3 风电机组"健康"诊断、预测与安全管理

风电机组"健康"诊断、预测与安全管理对保证风电系统在全生命周期内安全运行十分重要。多年来对风电机组关键零部件运行状态进行在线检测技术已有了长足的进步，需要进一步开展的工作是对检测到的信号特别是在多种因素耦合作用下的信号进行科学的分解和精确的诊断。另外，可以应用新的信息技术，如基于物联网技术的设备状态在线监测系统，又如国外学者提出的产品生命周期管理（product life-cycle management，PLM）概念，利用智能物件感知产品所处的环境信息，实现整个产品生命周期内信息流的闭环管理的思路也值得进行研究。

4 动力学与控制问题

动力学与控制学科主要研究动力学的基本原理及一切离散和连续系统的动力学特性与控制问题。现代动力学与控制学科与其他力学学科，特别是与流体力学和固体力学及工程科学和自然科学更加交叉和融合，产生了许多分支学科。其中许多可以为风能工程中的关键问题的解决提供研究方法和解决方案。目前重点的研究内容有：①风电机组传动系统的非线性振动与监测系统；②风电机组刚柔多体结构和液体耦合系统的非线性动力学与控制。

4.1 风电机组传动系统的非线性振动与监测诊断

风电机组是一种旋转机械设备，传动系统是风电机组的重要组件，近年来，随着风电机组功率的增加，传动系统的形式也在变更。与一般地面使用的旋转机械设备不同，风电机组传动系统系统要安装在离地面 100m 高度以上的风电机组机舱内进行工作。一方面，通过风轮传递到传动系统上的风载荷是非定常的动态载荷（图 11），与叶片的重力载荷交织在一起；另一方面，风电机组在风作用下产生的结构响应使机舱产生位移和振动，加上传动系统各零部件之间的刚柔连接，工作环境十分复杂。因此，研究风电机组传动系统的非线性振动与监测诊断是保证风电机组运行可靠性的关键，特别是齿轮箱，齿轮载荷的不均匀过载和疲劳会造成磨损、点蚀和断裂。

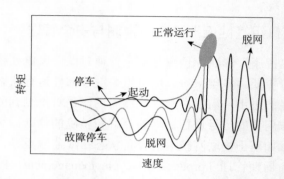

图11 不同运行工况下作用在齿轮箱上的动态载荷示意图

资料来源：英国Garrad Hassan (GH)公司

　　风电机组传动系统非线性振动的研究方法采用数值仿真和台架试验。数值仿真建模时要考虑风电机组机舱的振动，台架试验时要考虑施加动态载荷。对传动系统监测诊断是风电机组"健康"管理的重要措施，齿轮的故障和失效都会以一定的振动形态表现。可以通过振动信号测试和分析，对故障进行识别。目前已为风电机组专门开发故障检测和诊断系统。当前研究的主要问题是对风电机组在全生命周期中传动系统各类部件失效机理和过程如何进行科学分析，能早期对故障进行准确评估。

4.2　风电机组刚柔多体结构和液体耦合系统的非线性动力学与控制

　　风电机组是一种刚柔多体结构，风电机组特别是海上风电机组在大气环境和海洋环境运行时受到海风、海浪和海流等作用，研究这样一个复杂的耦合系统的非线性动力学，对其结构安全性进行评估是一个关键的力学问题。近年来，IEA Wind 针对这个问题组织了 18 个国家 47 个机构联合开展一个研究项目"海上风电机组动力学计算软件和模型比较"。该项目分成两期，2005～2009 年是海上风电机组动力学分析方法研究，2010～2013 年是海上风电机组两种支撑结构的动力学特性研究，一种是桁架式，一种是半潜式。研究内容包括：风电机组系统建模、风电机组系统载荷计算、风电机组系统结构动力响应和稳定性分析。

　　海上风电机组在海风、海浪和海流的耦合作用下，其载荷特性和结构动力特性较陆上风电机组复杂，特别是漂浮式基础结构，设计时必须要考虑气动弹性力与水动力的耦合，建立一个气动-水动-控制-弹性全耦合的分析模型（图 12），用这个模型来进行载荷评估、强度分析、屈曲计算、稳定性计算、疲劳分析和锚泊分析等。

　　参加 IEA Wind 研究项目的机构分别对美国可再生能源实验室提供的 5MW 风电机组原型进行建模，并用各自的分析软件计算风电机组的载荷和动力学特性。对比结果表明，不同的结构建模方法、不同的参数（如阻尼系数）选择，以及不同的软件平台带来不同的仿真结果。目前，海上风电机组特别是漂浮式支撑结构的海上风电机组，用数值仿真和物理仿真相结合的手段对这样一个复杂的刚柔多体结构和液-固-土耦合系统的非线性动力学与控制的研究还处在探索阶段，需要进一步深入。研究时可以借鉴已有的海洋工程技术，在非线性水动力载荷及非线性和高阶波的运动激励的影响方面开展研究。

图12　海上风电发电机组动力学特性分析模型框图（Jonkman and Buhl，2007）

5　问题与建议

　　我国对风能工程中力学问题的研究工作是从 20 世纪 80 年代起步的，几十年来主要结合中大型风电机组的研发和风电场的建设进行应用研究。另外，在国家自然科学基金、"863"项目和"973"项目的支持下也进行了大量的基础研究，取得了一批研究成果，对我国风能的发展发挥了重要的作用。但是，还存在以下主要薄弱环节。

（1）学科与行业之间交叉融合不够，对风能工程中的关键力学问题还缺乏精细化研究，对产品产能关注得多，对基础研究投入得少，产、学、研结合得还不紧密。

（2）目前在风电企业中应用的力学计算软件主要来自国外商用软件，国内开发的计算软件虽然在单项的计算方法和计算精度上有一定的优势，但是在软件集成和计算功能方面还缺乏整体优势，不能做到商业化在国内推广应用。

（3）近年来，我国风电企业从产品性能检测的角度建设了一批风电叶片和传动系统等构件的试验平台，可以进行力学性能的试验。但是，由于资源分散，缺乏国家级的试验平台建设，因此，与国外同类试验平台相比，在性能和功能上都还存在较大的差距。首先，在国内试验平台上叶片挥舞方向和摆振方向的结构试验是分别进行模拟，而国外可以进行组合模拟；其次，传动系统整体试验时，国内施加的是静态载荷，而国外可以施加动态载荷。另外，我国在风电场实际运行情况下对风电机组的力学性能测试工作还没有全面开展。

（4）我国在风能企业、研究所和高等院校中投入的工程技术人员和研究人员从业人数和职称来说，是位于世界前列的。但是研究队伍分散，研究内容重复，缺乏协同创新。

针对上述存在问题，提几点不成熟的建议：

（1）风能领域的国家重点实验室要围绕国家的目标，加强风能工程与力学学科之间的融合，将风能工程中的力学问题作为重点实验室的一个重要方向开展研究工作。

（2）围绕国家风能可持续发展的需求，进一步对风能工程中的力学问题进行深入研究。

（3）加强国际间的学术交流和技术合作，为中青年力学人才的培养创造良好的环境。

（4）发挥学（协）会的导向作用，联合组织"风能工程中的力学问题"调研小组，提出"风能工程中的力学学科发展报告"。

致谢：本文编写过程中，得到了王同光教授、黎作武博士、朱蓉研究员和国际能源署风能实施协议组的专家所提供的相关资料，在此一并向他们表示衷心的感谢。

主要参考文献

贺德馨. 2006. 风工程与工业空气动力学.北京:国防工业出版社.

钟伟，王同光. 2011. 转捩对风力机翼型和叶片失速特性影响的数值模拟. 空气动力学学报，29（3）：385-390.

朱蓉，何晓凤，周荣卫，等. 2010. 区域风能资源的数值模拟评估方法，风能，1（4）：50-54.

Hasager C B，Rasmussen L，Peña A，et al. 2013. Wind farm wake: The Horns Rev photo case.Energies，6(2): 696-716.

IEA Wind. Annual Report 2014. Boulder,Colorado.

Jonkman J M ，Buhl M L Jr. 2007. Loads Analysis of a floating offshore wind turbine using fully coupled simulation.Wind Power 2007 Conference & Exhibition，Los Angeles.

Leishman J G. 2002. Challenges in modeling the unsteady aerodynamics of wind turbines. Wind Energy，5: 85-132.

Lettau H. 1950. A Re-xamination of the Leipzig Wind Profile Considering Some Relations Between Wind and Turbulence in the Frictional Layer，Tellus，2:125-129.

Schepers J G. 2012. Engineering models in wind energy aerodynamics,leeuwarden.

Simms D，Schreck S,Hand M,et al. 2001. NREL Unsteady Aerodynamics experiment in the NASA-Ames wind tunnel:A comparison of predictions to measurements to measurements.NREL CTP-500-29494,National Renewable Energy laboratory,Colorado.

Wang T G，Wang L，Zhong W，et al. 2012. Large-scale wind turbine blade design and aero-dynamic analysis. China Science Bulletin，57(5):466-472.

波浪能利用中若干理论和技术问题

张永良[1]，刘秋林[1,2]

（1.清华大学水沙科学与水利水电工程国家重点实验室，北京 100084；
2.国家海洋信息中心，天津 300171）

摘　要：由于波浪能是海洋能中能流密度最大、分布最广的一种清洁可再生能源，它的开发和利用已引起人们的高度重视。波浪能利用开发技术已历经装置发明、实验室试验、实海况示范等阶段并日趋成熟，并开始向商业化方向发展。由于该技术是一门集海洋科学、流体力学、结构动力学、流体-结构动力相互作用、机电工程、材料科学等学科于一体的交叉科学技术，如何高效可靠地利用波浪能问题显得异常复杂，人们在合理解决这一问题过程中面临着许多理论和技术上的挑战。本文主要介绍波浪能转换装置所涉及的水动力学、数学模拟、可靠性、生存力、控制策略和阵列布置的若干理论和技术问题，并提出一些建议。

关键词：波浪能；波浪能转换装置；流体-结构相互作用；阵列布置；可靠性；生存技术；控制技术

Theoretical and Technical Problems in Wave Energy Utilization

Yongliang Zhang[1], Qiulin Liu[1,2]

(1.State Key Laboratory of Hydroscience and Engineering, Tsinghua University, Beijing 100084
2.National Marine Information Center, Tianjin 300171)

Abstract：As wave energy is a kind of clean and renewable energy, which has the largest

通信作者：张永良（1960—），E-mail：yongliangzhang@tsinghua.edu.cn。

energy density and is the most widely distributed among marine energies, its development and utilization have attracted great attention. The wave energy utilization technology through invention, laboratory test and real sea demonstration of wave energy converters has become increasingly mature, and began to develop for commercial use. Because the technology is a multidisciplinary technology, including marine science, fluid mechanics, structural dynamics, fluid-structure interaction, electro-mechanical engineering, materials science etc., the problem of how to efficiently and reliably utilize wave energy is extremely complicated. We are faced with many scientific and technical challenges in the process of solving this problem rationally. This paper mainly introduces some scientific and technical issues concerning the hydrodynamics, mathematical modeling, reliability, survivability, control strategy and array arrangement of wave energy converters, and presents some suggestions.

Key Words：wave energy; wave energy converter; fluid-structure interaction; array; reliability; survivability; control strategy

1 水动力学问题

1.1 波浪能资源评估的精细化

波浪能资源评估的精细化是制定波浪能规划、波浪场选址、波浪能功率预测、装置性能评估、优化控制、生存能力评定和波浪发电场运行管理的重要基础。

通常波浪能定义为沿波峰线方向单位长度的能量，中高纬地区离岸平均波浪能可达 20～70kW/m（Clément et al.，2002）。全球波浪能蕴藏量约 2.1TW，考虑底部摩擦和波浪破碎等造成的能量损耗，全球波浪能输入数量比蕴藏量更高，差不多接近当前世界所消耗的能量。许多沿海国家对其所辖海域进行了波浪特征的观测和数值模拟，主要应用了第三代波浪模式分析有效波高及波浪能密度和总量的时空分布及特征，对能量密度较大区域进行了波浪资源的评估，为波浪能装置的研发和应用提供相应的数据资料。

波浪能在时间尺度上的变化与大气气候相似，呈现出很强的季节和年际变化(Beatty et al.，2015)，这就需要精确地描绘其特性，以便于优化波浪能装置的选址和设计。传统上与现场量测和/或远程量测相结合来实施第三代频谱波浪模型，包括①模拟从开放的离岸海洋到海岸地区的波浪产生、耗散和非线性波-波相互作用的过程；②求解相关的波浪能量变化；③推断在更长时间尺度和更大范围海域的资源。

尽管在全球范围内已实施了数量众多的大规模模拟来评估波浪能资源(Beatty et al.，2015)，但所获得的大、中尺度海域整体波浪资源评估结果对于所选取的、用于沿岸波浪能开发的优化场址一般还是不够精确的。对于我国，由于海域辽阔、地理环境复杂、气候多变、海底地形多样，现有评估模型和方法不能很好地满足波浪能资源的精细化评估需求。因此，在特定海域进行精细化波浪能资源评估时，要考虑复杂地形、边界条件和湍流模拟，根据实测结果与模拟结果比较分析，对数学模型和模拟方法分别进行修正和改进，然后再深入评估。

在数值方法方面，迄今为止，大部分研究工作依靠结构化规则或曲线计算网格引入波-能模拟的约束条件(Bjarte-Larsson and Falnes，2006)：①降低了海岸上空间分辨率；②在嵌入式域情况下附加边界的数字和物理不匹配问题；③降低了与增加网格节点数有关的 CPU 的性能(Gerling，1992)。由于非结构化网格能达到精确的局部网格细化，同时捕捉几十千米到几十米近岸的空间尺度，该网格法对上述问题的解决提供了一个有益的选择。

1.2　波浪能转换装置产能评估

波浪能转换装置（wave energy converter，WEC）产能评估的准确性取决于波浪资源的表征和所记录波浪条件下 WEC 性能的计算方法。波浪资源的表征提供了一个在部署位置和一段时间内所观测到的全方位波谱定量一览。详细的波谱测量浓缩成一个共同的参数表象，大大简化了每一个记录。当表征中丢弃入射波的一些详细信息，特别是波谱形状和方向时，要审慎地考虑：计算每一个测量波谱的 WEC 性能是不可行的，实际波浪观测必须浓缩到一个由记录的参数集合所表示的有限群体。

目前，已有多种方法可用于波浪资源的参数化，但这些方法存在内在的不确定性。最常见的是把测量或数值模拟波谱简化为一个大波波高和能量周期（Mackay et al.，2010）。通过消除在每次记录中所测量的频率和方向变异及离散参数记录的随机分布，成千上万的测量波况减少到 100 种情况且容易绘制在二维波柱状图上。

可以通过数学表达式、数值模拟或缩尺模型水槽试验来量化给定波谱下的平均功率转化。一般采用相应参数记录的合成波谱来完成这些试验，并根据预定的约定，如 Pierson-Moscowitz 或 JONSWAP 谱形式，来合成频谱形状。测试结果可以记录在一个二维图表或性能矩阵，或包括所有可能现实观测的生成参数值中。对于一个给定时段，通过在目标部署位置处对所记录的波浪参数（波浪柱状图）与 WEC 平均功率转化矩阵的关系曲线进行插值，来完成 WEC 产能评估，并通过测量记录的时段来缩放。不幸的是，波浪资源表征中所引入的不确定性是通过产能评估来传播的，这是完成平均功率转化矩阵计算的波谱和在部署位置处实际观察到的波谱间的不匹配而产生的。

2 浮式波浪能转换装置模拟技术问题

浮式波浪能转换装置是在风、浪、流共同作用下，通过浮体-流体共同作用于俘获波浪能和动力输出系统，把系统俘获的波浪能量转换为有用能量，是一个复杂的、多自由度运动的流体-结构-系泊-动力输出耦合的装置。浮体波浪能转换的理论研究可以追溯到 20 世纪 70 年代，研究伊始，人们考虑波浪和 WEC 间的非线性相互作用很弱及波浪破碎和越浪的影响很小，可以采用势流理论，来论证波浪能利用的可行性、探索浮体波浪能转换系统的水动力学机理和分析波浪激励力和俘获宽度比（Yu et al.，2016）。进入 21 世纪后，发现基于势流理论而忽略波浪和 WEC 间的非线性相互作用，无法获得精确的数值结果，特别是不考虑黏性作用和 WEC 周围所产生的漩涡作用时，或当 WEC 发生共振，或在非线性波况下进行发电时，或进行生存性分析时，数值结果尤其不能反映实际情况（Vantorre et al.，2004），严重高估波浪能转换率（Babarit et al.，2009）。清楚地认识边界层分离、湍流、波浪破碎和越浪的黏性影响对精确预测 WEC 的动力特性显得非常重要（Li and Yu，2012）。而势流理论方法无法捕捉到这些影响，亟待更先进的数学模型方法，如 Navier-Stokes 方程的方法（简称 NSEM）(Moctar et al.，2009)，来进行深入研究。

使用 NSEM 来模拟浮体动力学，往往涉及处理移动边界和网格变形。经过多年的模拟实践，已发展了多种方法，其中边界拟合网格变形法和重叠法是最广泛应用于求解波浪与浮体相互作用问题的方法。Moctar 等（2009）使用雷诺兹平均 Navier-Stokes（简称 RANS）模型来分析畸形波作用下平台所受的波浪载荷，采用流体体积法来计算自由表面，并与结构应力分析的有限元模型耦合来分析波浪-结构相互作用问题。使用 Navier-Stokes(简称 N-S)方法的意义在于考虑了平台腿上的波浪爬高和与波浪有关对结构的冲击载荷的影响；特别是对于较大波浪和破碎波，在畸形波作用下，由莫里森法所获得的作用于平台的剪力和倾覆力矩与由 RANS 方法获得的差高达 25%。然而，采用 N-S 方法对波浪能俘获系统中流体-浮体动力相互作用的研究还相对较少，只考虑了流体与浮体结构的动力相互作用，而没有考虑黏性流体流动方程和结构体非线性运动方程及非线性动力输出（power take-off，PTO）和锚泊系统方程的耦合。而锚泊系统，无论是松弛的还是张紧的，通常都展现出非线性特性，但其建模一般都采用准静态的假设（Johanning et al.，2006），忽视了系泊系统的动态效果。然而浮式 WEC 的系泊明显地不同于准静态，必须重新审视它的动态效果的影响（Retes et al.，2015）。近十多年来，波浪能转换系统的理论虽然得到了迅速的发展，但还没有看到任何基于 RANS 方程、非线性浮体运动方程、非线性 PTO 系统和动态锚泊系统的波和流共同作用下波浪能转换系统的非线性动力学理论的报道。

为了深入认识和精准把握波浪能转换装置的运行特性和生存能力，当前研究的趋势是要考虑边界层分离、湍流、波浪破碎和越浪等的黏性影响，采用波流环境中的紊流方程、多自由度非线性结构体运动方程、非线性 PTO 系统的方程和动态系泊运动方程，构建流体-结构-锚泊系统-动力输出全耦合的浮式 WEC 的数学模型，发展多自由度浮体波浪能转换系统的非线性动力学理论，并经受完全反映波浪能转换装置强非线性特点的物理系统的实验验证，填补波浪能转换系统非线性动力学理论的空白。

3　波浪能转换装置力学问题

WEC 在海洋环境中的安全是影响其正常工作乃至生存的关键问题，恶劣的海洋环境导致 WEC 的极端响应，并对结构各构件的安全和性能造成威胁和破坏。由于 WEC 所受荷载主要包括风、波浪、流的作用，除了满足装置本身的结构强度、刚度和稳定性要求外，还要保证锚泊系统一定的安全性，对正常海洋环境和极端海洋环境下的可靠性和安全性进行评估，提出相应的安全对策，提高系统的安全性能。对于系泊式 WEC，主要设计考虑的是极端波况下的装置生存性和特定平均海况条件下的装置可靠性。显然，在预测生存力的分析中需要使用极端海况，而计算防止由于负载累积所致的构件疲劳失效时，需要考虑系统运行中的负载。因此，考虑到各构件的可靠性，必须要满足两个设计方面：一个设备/构件需要承受的最大力/负载的生存性测试；一个装置/构件承受运行（平均）负载和力的可靠性测试。

3.1 可靠性问题

浮式 WEC 与海上油气行业的运行方法恰恰相反：前者在能量最大的波浪条件下至少一个自由度的运动以接近谐振频率来进行，从而最大限度地提高能量转换率；而后者是尽量减少共振响应条件，允许减少临界载荷，以实现一个可接受的稳定，否则可能导致故障的发生。WEC 的这种动力特性能增加累积负载，导致构件和/或系统的故障，可靠性问题显得尤其突出。

3.1.1 可靠性评估

在许多重要技术发展的早期阶段，故障频繁、意外失效、可靠性低和无法利用性高是其发展历史的主要特征（Thies et al., 2011）。不幸的是，许多早期的海洋可再生能源装置也不例外。海洋可再生能源部门已把 WEC 的生存能力和可靠性视为从原型机的研究/测试阶段发展到商业部署阶段过程中所面临的主要挑战。因此，WEC 的可靠性评估和示范是必不可少的，尤其认为适当装置构件故障率的鉴定是 WEC 商业化、规模化部署的一个关键要求，这是新构件和在海洋环境中所使用的非海洋构件的情况，以及在不同运行条件下所使用的海洋构件的情况（Ricci et al., 2009）。对于这三种情况，可用的可靠性资料往往稀、缺甚至根本没有。准确地说，所面临的挑战是：当组件的可靠性并不理想时，要建立 WEC 构件及子系统的失效模式和相关可靠性数据，并开发适合于恶劣海洋环境的构件。此外，希望建立其随机特征，即失效率的随机分布，作为基于可靠性的 WEC 建模的输入条件。所有这些都需要尽可能快地完成，为具有足够高可靠性来确保投资者和公众的信心铺平道路。

特别对于风险高的 WEC，从其研发阶段一直到全尺寸原型 WEC 甚至商业项目的部署，其可靠性测试是必不可少，以证明该设计在恶劣海洋环境和大多海洋动态负载下是可靠的。但目前的可靠性测试的主要目的还只停留在：①提供能量转换效率的证据；②验证 PTO 控制算法；③电力模块组件的功能性测试，特别是密封性能；④获得装配和操作动力输出的经验。而为了装置可靠运行，测试系统和各构件的可靠性势在必行。

3.1.2 健康监测

因为海洋干预成本很高，建立可靠的远程监控技术就显得非常重要。通常，布置在 WEC 四周的水声设备用于监测环境影响评估，这种方法也可以用于监测 WEC 的工程健康。除了传感器监测外，声发射监测已经用于陆基结构和设备的结构健康监测，使得在设备寿命期内能尽早发现故障和缺陷，从而提供更多的时间来规划和实施必要的保养和维修程序，避免灾难性的失效（Walsh et al.，2015）。这对于在有偶发极端气候事件的高能量海浪中运行的海洋能转换器结构是非常可取的。

3.2 生存力问题

对于海洋工程，生存性绝不是一个新的概念，船舶在恶劣海况下必须保持稳定和结构的完整，对于近海石油和天然气结构也是如此。而从船舶与海洋工程部门获得的知识对于设计 WEC 在恶劣海况中的生存很有价值，独特的 WEC 选址、规模和运行特性构成了一组不同的工程挑战（Coe and Neary，2014）。

WEC 的生存性定义为"在超出预期运行条件的海况期间避免 WEC 毁坏的能力"，而这些毁坏会导致非计划停机时间和维修需要。虽然装置中结构所受荷载随波高的增大而增大，这种趋势也很可能有一些与特定的波周期和波高组合的局部极大值。这些局部峰值可能是共振点，或是引起装置强烈荷载作用的简单情况（Coe and Neary，2014）。

生存性的考虑是海蛇概念波能转换装置（Pelamis WECs）发展的核心（Yemn et al.，2015）。WEC 必须应对比任何现有范围更大的输入波功率，在风暴条件中的峰值能量通常是正常运行时所遇到能量的 100 倍。因此，WEC 概念装置一定要限制在恶劣条件时的能量吸收，这是至关重要的。否则，PTO 系统和结构必须具备远高于经济运行条件下的设计标准，增加成本且降低正常运行时的效率。海蛇具备小海况下高俘获效率与恶劣海洋环境中固有生存力强的优势。随着波浪增加，小的迎波面面积和装置的低阻力形式使它逐渐下潜到波峰下，限制波功率吸收，进而限制荷载和运动。在海洋环境中所遇到的最极端荷载，是源于在极端波浪中高流速和高加速度所引起的阻力和波浪撞击荷载。海蛇因其圆滑和流线型可以防止这样的水动力载荷，这个过程类似于在海滩上游泳时冲浪潜水于波峰下。海蛇的另一个运行和生存优势是使用波浪曲率作为反作用力和吸收功率源。波浪自然破碎前只能达到一定的波陡，这内在地限制了单个波的有效曲率。使用这种自我限制的波曲率而不是高程作为驱动机制，使得海蛇要比等效垂荡系统能更好地利用波浪力和其 PTO 缸的冲程，并可以天然地限制装置在铰接处纵摇的转动角度。相反，一个垂荡系统必须在 1~2m 波高中有效运行，但还须承受高达 30m 高的波浪。实际上，垂荡系统不能承受如此大的波所产生的运动，因此必须在大海况中得到锁定或有一个单独末端停止系统，这两个都将有远远高于正常运行条件的伴随荷载。

3.2.1　极端海况表征

极端海况是指极端风、波浪和流的一个组合海况是 WEC 动态响应模型的输入条件。通常根据现场量测的风、波和流大小及方向的历史记录，来确定 WEC 所部署位置处的输入水文条件。由这些记录数据来计算重现期 T，或极端荷载的年概率 $P=1/T$。WEC 设计指导文件尚未提供有关极端风、波和流条件采用何种设计重现期的具体建议（PCCI，2009）。虽然对于海洋结构采用 100 年重现期非常常见，但当设计寿命小于 100 年时，如果这是可以接受的话，可以使用较低重现期。虽然 WEC 装置的设计寿命尚未明确，但它们的寿命超过 20 年似乎不太可能。因此，开发方承担更多风险和以相对较低重现期 50 年的极端海况来设计 WEC，可能是更经济的。

从历史记录和统计分析来评估水文条件，确定一项分析应聚焦于"最需要"的海况，这可能需要一个相对庞大而系统的测试。除了波高，大量其他因素也很可能影响装置的响应。对特定的 WEC 分类系统，装置响应可能更多地依赖于波陡（Holmes，2009）。此外，也应评估装置响应对入射波角的依赖情况。通过分析获得在规则和不规则波谱方面的解：规则波谱允许现象更直接的分离，而不规则谱表示一个更现实的环境。如果条件允许，站点特定谱可用于不规则波分析。当没有现场特定数据，且评估海洋结构生存力时，多数指南偏向于 JONSWAP 谱（DNV，2005）。按照近海油气标准所使用的规范，通常建议一个 3h 持续时间的（在全比尺下）不规则波浪条件下的生存试验（Holmes，2009）。

随着气候变化证据的增多，使用历史记录来预测一个给定重现期的极端海况已开始受到质疑。Ruggiero 等（2010）研究了太平洋西北部的波候变化。研究人员集中研究了由两个浮标所获得的长约 40 年时间序列的每小时波浪数据，研究结果表明：在该段时间里平均年大波波高稳步增长（以 0.015m/a 的速率）。更重要的是，为了 WEC 生存的应用，指出大波正以更快的速度增长；每年五个最大风暴的平均大波波高以 0.071m/a 的速度增长。这项研究对我们用于 WEC 生存力分析和设计的极端海况的表征能力提出了担忧。

3.2.2　极端事件模拟

由于众多原因，WEC 易受大浪的损害。正如任何系泊装置，必须考虑系泊系统中（包括锚、缆绳和连接点）的荷载。对于 WEC，另一需要关注的问题是在能量转换链（PCC）中装置中构件的过度激励和过度扩展，发生这情况就有可能产生电子和机械故障，工程师必须依靠数值和物理模型来识别潜在的安全漏洞并评估在极端条件下的生存能力。

预测波浪中 WEC 的动态响应模型是 WEC 设计的一项基本工具，通常使用频域动态响应模型预测装置的性能和所发的电量。然而，这些工具并不能很好地适用于分析 WEC 的生存能力。频域模型来可以用模拟 WEC 对规则波的响应而构成实海况的强不规则波谱只能采用时域模型来模拟。此外，频域模型需要使用线性波浪公式，这轻度限制了实际波浪分析，当需要评估大波中装置的生存力时，该模型就完全不适用了。图 1 总结了基于波陡和水深的各种波浪公式的适用性（Mehaute，1976）。除了不能处理真实的输入波浪条件，频域模型也不能体现非线性物理现象，如大幅度运动、波浪破碎、黏性流动和非线性能量转换系统动力学，而这些因素影响了在强非线性波中 WEC 所受负荷量。

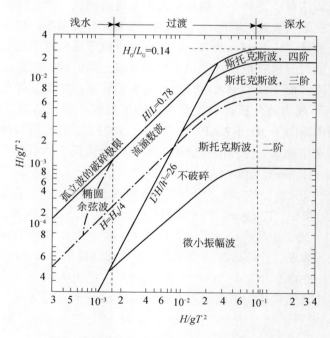

图1　波浪公式的适用性（Mehaute，1976）

H是波高；h是水深；T是波周期；g是重力加速度
L是波长；H_b是破碎点波高；下标0为深水处

由于频域模型的局限性，就需要更复杂的数值模型和能更充分代表 WEC 运动的物理试验。许多作者给出了适用于波能转换系统数值建模方法的有益综述（Li and Yu，2012）。目前，虽然已有大量的方法，但这里着重讨论下述三类主要方法：半经验和势流模型、高精度计算流体动力学（computational fluid dynamics，CFD）方法和物理模型缩尺测试。

半经验和势流数值模拟方法是最有效的建模方法，适合于分析大波浪中 WEC 的运动。该类模型是基于理想流体流动理论，并考虑黏性效应的因素。虽然半经验和势流模型能代表大的非线性波，但他们不能处理如波浪破碎的复杂自由表面现象。

随着 CFD 代码能够代表自由表面流动的固有多相系统的日益普及，WEC 生存分析中越来越多地使用高精度 CFD 方法。虽然这些数值模拟计算比采用半经验和势流模型要昂贵一个数量级，但是与物理试验相比，采用这些数值模拟方法的费用更低、精度更高且更有效。

理论进展和计算能力的提高进一步推动了 WEC 数值模拟的使用，但这些模拟分析还是依赖于物理试验的验证。由于非线性现象突出，通过物理建模对于 WEC 生存进行分析尤为关键（DNV，2005）。针对不同的需要选取适当的物理模型比尺是试验建模的核心。重力现象通常比黏性效应在 WEC 运行中更占主导，因此一般采用弗劳德相似准则。

对于一个 WEC 各种子系统的比尺，必须要进行专门的考虑，不遵循弗劳德相似准则（如机械摩擦、刚度、黏度和气体的可压缩性）的现象通常会占主导地位。通常，模型比尺（λ）的选择一定是出于（WEC）设备测试所处的阶段、所需的测试类型和波浪槽的能力。模型测试各个阶段的指南建议在小尺度（$1/100<\lambda<1/25$）和中尺度（$1/25<\lambda<1/10$）上进行 WEC 的生存能力试验(Holmes，2009)。有大量的文档提供实验 WEC 建模比尺如何进行选择（Holmes and Nielsen，2010）。

迄今很少能在文献中见到商业化 WEC 装置的试验结果。Parmeggianiet 等（2012）进行了模型比尺 1/50 的系列试验，来评估一个特殊生存模式的有效性，分别量测了装置部署点处波浪重现期 10 年、50 年和 100 年不规则波中沿系缆绳方向的力，评估了各种情况下的波陡。Whittaker 等（2007）提出在大波中比尺为 1/40 近岸终结者装置的实验数据，评估了底部安装装置的基础荷载。

4 控制技术问题

20 世纪 70 年代，优化和控制理论已广泛应用于提高波浪能转换效率（Salter et al.，2002）。如果达到相位或幅值最优或两者最优，就能显著地提高波浪能的转换效率。因为优化和控制理论中的全无功优化/控制理论已完全实现相位和幅值最优，所以理论上实现最优非常有效。然而，在实际应用过程中实施完全控制技术是非常困难的，这是因为该理论实施过程中应用了非常严格约束条件且控制参数随频率而变化。为了实现全相位控制，控制系统必须具备在所要求的短时间内改变其质量或弹簧系数的能力，并能调节其波-波的控制参数。针对该局限性，建议和研究了更实用的控制技术（如闭锁控制和无功负荷控制等），这些技术中的大多数因仅能达到部分全优条件而是次优的（Babarit and Clément，2006）。

4.1 闭锁控制

闭锁控制一直是许多模拟研究的主题。该控制策略的挑战是如何确定从闭锁阶段释放浮体的最佳时间，这是控制变量。在规则波中，波浪周期和装置固有周期之差的一半给出了一个很好的闭锁延迟的近似（Iversen，1982）。Babarit 等（2004）模拟研究了由单一自由度垂荡浮体和一个线性 PTO 所组成系统的动力特性，假定未来波浪激励力是已知的，并承认存在预测算法，分析了随机海浪下三种不同闭锁策略，得出离散的闭锁控制显著增大运动幅值，所吸收功率在无控制的结果基础上增大 3 倍。Babarit 和 Clément（2006）把闭锁控制应用到一个四自由度的 WEC。使用闭锁控制，在一个随机海浪中吸收功率在无控制的结果基础上平均增加一倍。

Falcão（2008）把闭锁控制应用到一个高压液压 PTO 系统的波能装置。液压 PTO 系统提供了一个自然实现闭锁的方法：只要作用在装置湿表面上的水动力无法克服 PTO 系统的阻力，则浮体保持静止，控制策略有效，并在模拟中展现出所吸收能量的显著增加。Korde（2000）进行闭锁控制的试验研究，证明效率的提高。对于不规则波，一些预测入射波形的方法是必要的。所需要的唯一外力是闭锁驱动器，使其比其他控制策略更容易实际执行。对于规则波，预测并不是问题，但对于不规则波，不知道未来的振荡，预测未来有一定的难度。获得预测入射波或装置振荡的准确且可靠的技术仍然是一项挑战。

与闭锁控制相反的是开启或分离。开启是指允许主要运动部件自由运动周期的一部分，与 PTO 机制只有以预期的速度运行。Babarit 等（2009）在仿真中分析了 SEAREV 装置的分离控制。在使用液压 PTO 系统的装置中，在某些时刻通过绕过泵实现开启，这时 PTO 力为零。可由最优命令理论确定这些时刻。这表明对于一些波浪条件，装置效率可提高一倍。

在执行闭锁控制过程中，两个最重要的实际挑战（即闭锁时间的确定和如何能闭锁装置）阻碍了该项技术的应用（Sheng et al.，2015）。前者更与闭锁控制技术有关，而后者则更与闭锁技术的工程实现有关。最先进的闭锁控制技术着重于如何确定最佳的闭锁时间，其中大部分的闭锁控制技术需要确定解锁时刻的未来信息，而未来信息不应该通过短期预测方法或测量装置前方的波浪来获得。由 Falcão（2007）所提出的闭锁控制技术是一个例外，该技术中未来信息不是必要的，但在确定 PTO 力临界值时是必要的，该临界值可能依赖于波高与波浪周期。当前亟待研究和深入认识的是如何有效地确定闭锁时间和为何闭锁控制能如此大地提高波能转换的机理，从而建立一个更加切合实际并行之有效的闭锁控制策略。

4.2 无功负荷控制

无功负荷控制是用来扩大在谐振频率两侧的 WEC 效率范围（Salter et al.，2002）。理论上最优控制策略需要调整一级转换装置的动态参数，实现所有频率下的最大能量吸收。Korde（2000）考虑无功控制，发现能使用速度反馈来调节 PTO 系统所提供的阻尼系数，从而平衡装置辐射阻尼，实现最大允许能量吸收。最优功率吸收要求一级转换装置无主动反应力（发生共振），并要求能量吸收率（阻尼）等于装置的动能辐射率。无功负荷把一个相位差引入 PTO 力，抵消一些不需要的刚度或惯性。共振频率两侧，波浪力进入加速惯性，降低整体的效率。如果该力与装置的速度同相位，如在共振，装置就能达到最大效率。

通过仿真，Korde（1999）研究了不规则波中波能装置的无功控制，使用过去量测速度的时间系列来估算一级能量转换装置的未来速度。考虑了两种方法：恒定阻尼下的控制力只抵消了由静水惯性和水静弹簧引起的静态无功分量；使用未来振荡（从过去振荡推得）的估算来寻求进一步改善。在第一种方法中观察到效率的显著增加，与未来振荡估算能进一步增加效率。这需要一个更好的预测策略或估计算法。

Valério 等（2007）使用阿基米德波摆作为目标装置，比较无功控制、相位和振幅控制、闭锁控制和反馈线性化控制（两种结构次优策略），分析反应控制及相位和振幅控制，但由于这些装置的安装启用需要近似，且这两种策略都依赖于添加到装置上的能量（基本上给波浪提供能量），降低整体效率，这些策略呈次优。通过使用水阻尼器获得闭锁，来防止浮体运动。反馈线性化控制的目的是提供一个所选的控制行动，抵消装置的非线性动力，以便闭环动力成线性。假设入射波的特性是已知的，通过模拟来测试这些策略。所有的策略都提高了装置的效率，相位振幅控制提高得最少，其次是反应性控制，而闭锁进一步提高效率，反馈线性化提供了最大的效率改善。但是，反馈线性化需要详细了解机器动力和特性，这显然有点不切实际。无功控制完全最优实际上是不可能，其原因是可能获得极端大的速度。这就要给出必要的限制，以防止机械/电气过速的危害（Korde，1999）。

4.3　控制器开发的仿真

涉及 WEC 的建模和使用这些仿真的控制策略评估时，有必要考虑下述一些事项。Yavuz 等（2006）提出单自由度垂荡浮体 WEC 的时域模型，研究了动态变化海浪频率对 WEC 性能的影响。由于基于单一频率的 WEC 数学模型并不适合于预测实际系统的性能，这是因为真实海浪是复杂多变的，因此，需要使用时域仿真模型来进行研究 WEC 的性能。Falcão（2007）探索了具有液压 PTO 的垂荡浮体 WEC 的建模和控制，证实了这样的需要，并且所分析的 WEC 是强非线性的事实说明了采用时域模型的必要，需要由下述一组耦合方程构成的一个时域模型：①一个解释波浪能量吸收水动力学的微分积分方程；②一个模拟液压系统各个方面（包括蓄能器的液压系统、阀、流量和黏度的影响）的常微分方程模型。Josset 等（2007）构建了一个 SEAREV WEC 的"波浪→输电线"时域模型，包括 PTO 系统，研究了整个装置的各个部分。

关于流体动力学，许多模拟研究使用线性模型来考虑入射波，对于相对平静的海域这是适用，而在极端海况下，非线性因素占主导地位，这显然也是不适用的。在给模型提供一个准确的波浪谱方面，许多学者已使用 Pierson-Moskowitz 谱，它可精确地模拟真实海浪的特性。

5　阵列布置技术问题

分散的波浪能俘获常通过阵列布置的波浪能转换装置来实现，阵列布置具有许多优越品质和特性，如经济上降低了造价，工程上保证了电能的连续和相对稳定的输出。但目前对阵列的研究关注还不够。由于波能装置间的相互干扰，还没有研究出比单个波能转换装置效率更优的方案。

目前，阵列式波浪转换装置的研究主要集中于两个方面：发电效果和水动力特性。阵列装置的发电效果主要通过对比单个装置及阵列装置的电能输出和效率，从而评估阵列布置对于波浪能转换装置运行的影响，由此衍生出影响系数的概念，并引发出对于阵列装置控制理论的探索。而对阵列装置的水动力特性研究则集中于研究在波浪作用下多浮体结构间的相互作用及结构-波浪相互作用对于多浮体结构受力及运动响应的影响，而多浮体结构作用下波浪场与结构的共振也成为研究的焦点之一。

5.1　阵列装置发电效果

为了定量描述阵列装置的发电效果，定义了一个影响系数 q（n 个装置组成阵列的发电总量与单个装置发电量的 n 倍间的比值），用来表征阵列装置的相互作用对于装置发电的影响。如果 $q>1$，说明阵列式布置使得每个装置的平均发电量提高了，对于波浪场具有积极作用；反之，则起到消极作用。q 是否大于 1 取决于波频和阵列布置。从理论来讲，合理布置阵列式装置使波浪发电场的发电量超过多个独立波浪发电装置的发电量总和是有可能实现的。研究表明，在阵列中能量吸收可能明显减少。从这以后，许多研究者认为出于实际应用考虑，应把重点放在使阵列的消极作用的最小化上（Thomas and Evans，1981）。

波向对于阵列波能吸收具有较大的影响。随着入射波向的改变，q 变化较大（Mclver，1994）。当考虑全部 $0\sim2\pi$ 的入射波向时，q 在各波向的累计值是基本一致的，也就是说，若阵列在某一波向取得较大影响系数，则必存在某一波向较小（Fitzergald，2006）。随后的研究考虑波浪相互作用时引入了修正过的系数 q_{mod}，定义为阵列中第 i 个浮体吸收的波能减去单独浮体吸收的波能所得差值与单独浮体所能吸收的最大波能的比值，分析了随着阵列中波浪发电装置的间距变化，阵列中装置会产生怎样的响应，揭示了 q_{mod} 随间距的变化规律。

在研究阵列式波浪发电装置发电性能的影响系数中，人们更加关注发电装置的能量输出，主要研究波浪入射方向、频率及阵列中浮体间距对于阵列波浪发电装置影响因子 q 的作用，而没有明确揭示出多浮体间相互作用对于波浪场特性和 WEC 性能的影响，缺少分析阵列中浮体在波浪和其他浮体共同作用下发电效率问题。从研究方法上来看，基于微幅波理论研究阵列装置在规则波下的发电结果，几乎都采用了数值模拟的方法。而针对带有能量输出装置的阵列式波浪发电装置的物理模型试验更是开展极少，缺少一手的试验数据和相关分析。

5.2 阵列装置的水动力特性

绕射和辐射作用是研究振荡浮子式 WEC 水动力特性的非常关键的两个方面。对于前者，固定的圆柱形阵列中依赖于频率的共振作用会大幅增大与阵列中单个结构的水动力作用（Maniar and Newman，1997）。对于由无数结构所组成的阵列而言，在某一特定频率下，波浪绕射会引发波浪陷阱，即扰动都发生在局部，没有波浪能辐射到无穷远处。对有限阵列而言，则会发生近场波浪陷阱，即仅有很小一部分波浪会被辐射到阵列之外，这种现象视为波浪与结构发生共振，出现局部波幅急剧增大，而阵列之外波幅显著减小。而辐射作用方面，阵列中任何一个与其余结构间的相互作用都会改变其附加质量和阻尼，同时对阵列中所有结构产生激励力，而对这些相互作用机理的深入研究和理解，有助于对提高阵列式振荡浮子 WEC 的效率起指导和推动作用。目前对阵列中振荡浮子结构间的相互作用研究不多。

浮体间距对于作用在浮体上的波浪激励力有显著影响，随着间距的增加，作用在两个浮体上波浪力的相位差逐渐增大，而波浪力的值也发生一定变化，而当改变波高和周期时，浮体间相互作用也会有所变化（Agamloh et al.，2008）。

阵列式 WEC 的水动力特性研究中的主要研究对象为浮体或固定结构，采用了数值和物理模型等多种方法，研究其在波浪作用下的波浪力、辐射力和绕射力及结构反作用于波浪场所引起的变化。但对于多浮子阵列中结构间的相互作用机理阐述仍不够清晰，也没有对比阵列中多浮体结构的结构响应同浮体结构在波浪作用下结构响应的变化规律，而浮体间距、波浪参数对于结构间相互作用的影响也较少涉及。上述参数对结构相互作用的影响导致的对阵列装置发电性能的影响更缺少深入研究，且并未考虑浮体装置的能量输出，因此不能很好地应用于阵列式波浪发电装置的研发。

6 问题及建议

我国波浪能利用技术的研究工作是从 20 世纪 80 年代起步的，几十年来对振荡水柱式、振荡浮子式、越浪式、点头鸭式、鹰式、筏式、摆式和聚波式 WEC 技术进行了研究，在国家自然科学基金项目、863 项目和国家海洋局支撑项目等的支持下，波浪能利用开发技术已历经数学建模、实验室试验、实海况应用示范等阶段的研究，取得了一批研究成果，对我国海洋波浪能利用的理论和技术的发展发挥了重要的作用。但是，还面临以下技术挑战，以提高波浪能装置的性能，提高在全球能源市场中波浪能装置的商业竞争力。

一个重大的挑战是把缓慢的（约 0.1Hz）、随机的振荡运动转化为有用的运动，且驱动实用电网能接受的输出质量的发电机。由于波高和周期不断变化，功率也在相应的变化。虽然总平均功率可以提前预测，但这个变量的输入必须被转换成平滑的电力输出，因此通常需要一些能量存储系统，或其他补偿系统，如阵列装置。此外，离岸处波向是高度可变的，浮式 WEC 必须相应地使自己与柔性系泊系统成一线，或是对称的，来适应波向提高俘获波浪能。

优化控制方面，当前亟待研究和深入认识的是如何有效地确定闭锁时间和为何闭锁控制能如此大地提高波能转换的机理，建立一个更加切合实际并并行之有效的闭锁控制策略。

有效捕获海上不规则运动波浪能所面临的挑战也对装置的设计也产生影响。为了使装置进行有效地运行，装置和相应的系统必须与最常见的波浪功率相匹配。在我国海岸，最常见的海洋波浪能为 3～7kW/m。然而，装置须具有抵御极端波浪条件波浪能有可能高达 1000kW/m 的能力。这不仅造成严峻的结构工程挑战，还提出了一个经济挑战。因为装置的正常输出功率是由最常见的波浪所产生，但该装置建设成本却由需要承受极端罕见的高功率的波浪来决定。在高腐蚀性海洋环境中减缓装置的腐蚀，也有设计的挑战。在我国沿海海域，由于波浪能密度低，极端台风天气又多，极易导致波浪能转换装置的损坏。波浪能转换装置的费效比、可靠性和生存力间相互影响和相互制约，需要综合考虑，然而目前还没有综合考虑费效比、可靠性和生存力的波浪能转换装置的优化理论和方法，亟需发展。

参考文献

Agamloh E B，Wallace A K，von Jouanne A. 2008. A novel direct-drive ocean wave energy extraction concept with contact-less force transmission system. Renewable Energy，33(3): 520-529.

Babarit A，Clément A H. 2006. Optimal latching control of a wave energy device in regular and irregular waves. Appied Ocean Research，28(2): 77-91.

Babarit A，Duclos G，Clément A H. 2004，Comparison of latching control strategies for a heaving wave energy device in random sea，Applied Ocean Research，26(5): 227-238.

Babarit A，Laporte-Weywada P，Mouslim H，et al. 2009. On the numerical modelling of the nonlinear behaviour of a wave energy converter// Proceedings of the ASME 28th International Conference on Ocean，Offshore and Artic Engineering. Honolulu，4:1045-1053.

Beatty S J，Hall M，Buckham B，et al. 2015. Experimental and numerical comparisons of self-reacting point absorber wave energy converters in regular waves. Ocean Engineering，104: 370-386.

Bjarte-Larsson T，Falnes J. 2006. Laboratory experiment on heaving body with hydraulic power take-off and latching control. Ocean Engineering, 33 (7): 847-877.

Clément A H，McCullen P，Falcão A，et al. 2002. Wave energy in Europe: current status and perspectives. Renewable and Sustainable Energy Reviews，6(5): 405-431.

Coe R G，Neary V S. 2014. Review of methods for modeling wave energy converter survival in extreme sea states//Proceedings of the 2nd Marine Energy Technology Symposium METS2014 Seattle: 1-8.

DNV. 2005. Guidelines on design and operation of wave energy converters. The Carbon Trust.

Falcão A F O.2007. Modelling and control of oscillating-body wave energy converters with hydraulic power take-off and gas accumulator. Ocean Engineering，34(14-15): 2021-2032.

Falcão A F O. 2008. Phase control through load control of oscillating-body wave energy converters with hydraulic PTO system. Ocean Engineering，35（3-4）: 358-366.

Fitzgerald C J. 2006. Optimal configurations of arrays of wave-power devices. MSc thesis, University College Cork.

Gerling T W. 1992. Partitioning sequences and arrays of directional ocean wave spectra into component wave systems.Journal of Atmospheric and Oceanic Technology, 9 (4): 444-458.

Holmes B. 2009. Tank testing of wave energy conversion systems: marine renewable energy guides. European Marine Energy Centre，Orkney.

Holmes B，Nielsen K. 2010. Guidelines for the development & testing of wave energy systems. Technical. Report. T02-2.1，Ocean Energy Systems (OES).

Iversen L C. 1982. Numerical method for computing the power absorbed by a phase-controlled point absorber. Applied Ocean Research，4(3): 173-180.

Johanning L，Smith G，Wolfran J. 2006. Mooring design approach for wave energy converters. Journal of Engineering for the Maritime Environment, 220(4):159-174.

Josset C，Babarit A，Clément A H. 2007. A wave to-wire model of the SEAREV wave energy converter// Proceedings of the Institution Mechanical Engineerings Part M. Journal of Engineering for the Maritime Environment，221(M2): 81-93.

Korde U A. 1999. Efficient primary energy conversion in irregular waves. Ocean Engineering，
26(7): 625-651.

Korde U A. 2000. Control system applications in wave energy conversion//Proceedings of the
OCEANS 2000 MTS/IEEE Conference and Exhibition，Providence，Rhode Island，3：
1817-1824.

Li Y，Yu Y H. 2012. A synthesis of numerical methods for modeling wave energy converter-
point absorbers.Renewable and Sustainable Energy Reviews，16(6): 4352- 4364.

Mackay E B L，Bahaj A S，Challenor P G. 2010. Uncertainty in wave energy resource assess-
ment，part 1: Historic data Renewable Energy，35 (8): 1792-1808.

Maniar H D，Newman J N. 1997. Wave diffraction by a long array of cylinders. Journal of Fluid
Mechanics, 339: 309-330.

McIver P. 1994. Some hydrodynamic aspects of arrays of wave-energy devices. Applied Ocean
Research, 16(2): 61-69.

Mehaute B L. 1976. An introduction to hydrodynamics and water waves. New York:Springer-
Verlag.

Moctar O，Schellin T, Jahnke T. et al. 2009. Wave load and structural analysis for a jack-up
platform in freak waves. Journal of Offshore Mechanics and Arctic Engineering, 131(2): 1-9.

Parmeggiani S，Muliawan M J，Gao Z，et al. 2012. Comparison of mooring loads in surviva-
bility mode on the wave dragon wave energy converter obtained by a numerical model and ex-
perimental data//Proceedings of the 31st International Conference on Ocean，Offshore and
Arctic Engineering (OMAE)，ASME: 341-350.

PCCI. 2009. Wave and current energy generating devices criteria and standards. Technology
Report，PCCI，Inc..

Retes M P，Giorgi G，Ringwood J V. 2015. A review of non-linear approaches for wave energy
converter modelling//Proceedings of the 11th European Wave and Tidal Energy Conference, 6-
11th September, Nantes, France.

Ricci P，Villate Jose L，Scuotto M，et al. 2009. Deliverable D1.1, global analysis of pre-
normative research activities for marine energy. Equitable Testing and Evaluation of Marine
Energy Extraction Devices in terms of Performance, Cost and Environmental Impact. Tech-
nical Report.

Ruggiero P，Komar P D，Allan J C. 2010. Increasing wave heights and extreme value projections:
The wave climate of the U.S. pacific northwest. Coastal Engineering，57(5): 539-552.

Salter S H，Taylor J R M，Caldwell N J. 2002. Power conversion mechanisms for wave ener-
gy// Proceedings of the Institution of Mechanical Engineerings Part M:Journal of Engineering
for the Maritime Environment，216(M1): 1-27.

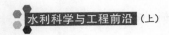

Sheng W A，Alcorn R，Lewis A. 2015. On improving wave energy conversion，part II: Development of latching control technologies. Renewable Energy , 75: 935-944.

Thomas G P，Evans D V. 1981. Arrays of three-dimensional wave-energy absorbers. Journal of Fluid Mechanics，108: 67-88.

Vantorre M, Banasiak R, Verhoeven R. 2004. Modelling of hydraulic performance and wave energy. Applied Ocean Research, 26(1): 61-72.

Walsh J，Bashir I，Thies P R，et al. 2015. Renewables: Illustration with a wave energy converter in Falmouth Bay (UK). Oceans 2015，Genoa : 7.

Yavuz H，McCabe A，Aggidis G，et al. 2006. Calculation of the performance of resonant wave energy converters in real seas//Proceedings of the Institution of Mechanical Engineerings Part M. Journal of Engineering for the Maritime Environment，220(M3): 117-128.

Yu W F，Zhang Y L，Zheng S M. 2016. Numerical study on the performance of a novel wave energy converter. Renewable Energy，99:1276-1286.

第八篇　海岸工程学

导读　海岸工程学科的主要研究方向包括海岸水动力学、海岸泥沙运动学、海岸环境学及海岸工程建设技术。本篇系列论文分别在上述四个方向选择具有典型意义的课题进行了系统的阐述：在海岸水动力学领域，对水波破碎现象中的关键科学问题，包括破碎类型的影响因素、破碎条件、破碎波的数值模拟方法等，综述了相关的研究现状；在海岸泥沙运动学领域，重点阐述紊流波浪边界层及波流边界层的研究成果，分析影响边界层内净输沙率的细观机理；在海岸环境学方向，揭示了珠江河口区潮汐、上游径流、河口地形地貌变化及海平面上升对珠江口咸潮入侵的影响规律；在海岸工程建设实践方面，提出了大规模滩涂开发利用的总体规划布局原则，探索了大规模滩涂开发利用对近海动力环境和生态环境的影响及其评价方法。

水波破碎现象研究的现状和挑战

余锡平

（清华大学水利水电工程系，北京 100084）

摘　要：本文对水波破碎现象研究的主要成果进行综述。揭示了水波破碎类型的决定性因素；指出了破碎条件可归结为 McCowan 型、Miche 型和 Munk 型三种类型，并明确了波速、波高和重力加速度的无量纲组合作为破碎指数的优越性；比较了破碎波数值模拟的三类主流方法，即基于非线性长波方程的特征线方法、基于势流理论的边界积分方法、基于直接求解 Navier-Stokes 方程的方法；也对能量类、波高类和过程类近岸水波方程中耦合破碎模型的现状进行了评述。

关键词：水波破碎现象；临界破碎波；破碎条件；破碎波数值模拟；破碎波模型

Studies on Wave Breaking : A Review

Xiping Yu

(Department of Hydraulic Engineering, Tsinghua University , Beijing 100084)

Abstract: The important achievements in the study on wave breaking over beaches are reviewed. Parameters that determine the breaking type are presented. The existing breaking conditions may be categorized into McCowan type, Miche type and Munk type, while a dimensionless combination of the wave height, the wave celerity and the gravity acceleration is shown to be a better index. Major numerical models for breaking waves are also compared.

Key Words: wave breaking; extreme wave; breaking condition; breaking wave modeling; breaker model

通信作者：余锡平（1962—），E-mail：yuxiping@tsinghua. edu. cn。

1 引言

水波破碎是波面到达某一极限状态以后其连续性遭到破坏，水面附近出现浪花的现象。关于水波破碎的机理、过程和效应及破碎波的形态研究有着一个多世纪的历史。事实上，自 19 世纪末至今，各国学者对于水波破碎现象的研究一直都没有停止过。所采用的研究手段包括理论分析、水槽试验和原型观测。20 世纪 80 年代以来，随着计算工具和计算方法的发展，水波破碎现象的数值模拟也越来越受重视。前人的研究取得了许多重要成果，解决了许多重要的理论和实际问题。然而，由于波浪破碎现象的复杂性，现有的研究水平离科学和工程领域的期望还相差甚远。本文试图对水波破碎现象研究所取得的基础性成果进行综述。

2 水波破碎现象研究的重要意义

水波破碎现象是水波动力学领域的一个经典的研究对象。因为它是海洋物理学、海洋水文气象学、海洋环境学、海洋遥感技术、海岸及近海工程等学科领域所涉及的诸多重要问题的关键影响因子，所以水波破碎现象的研究具有十分重要的意义。

在深海中，水波破碎过程对海洋和大气间的能量传输和物质交换有着不可忽视的影响，也可以说水波破碎过程是海气相互作用的主要影响因素之一。因此，水波破碎虽然是一个局部过程，但它对中尺度海洋气象过程乃至更大尺度的海洋气候过程都有着不容忽视的影响。水波破碎产生的紊动及水波破碎导致海面粗糙度的变化无疑是决定海面上大气运动规律的重要因素，这也是说明水波破碎现象影响海洋气象过程的一个途径。此外，水波破碎是波浪场能量平衡的一个重要机制，故而也是决定海洋波浪兴衰的关键因素之一。破碎过程还是海面上气溶胶浓度的决定性因素，而海面上气溶胶浓度的大小通常被认为是海面接受太阳辐射能量多少的重要影响因素。据此推测，水波破碎过程也会对源于表面温度的海洋环流产生一定的影响。

在近岸海域，水波破碎现象普遍存在于变浅作用导致的水波演变过程中，对近岸海域内的许多其他动力过程有着决定性的影响。破碎波改变水波对码头、防波堤和其他海岸结构物的作用形式。一般情况下，波浪破碎后由于波能的快速衰减，波浪力相应减小，但破碎点附近波浪的冲击作用却有可能造成结构物的严重破坏。波浪破碎引起的强烈紊动加剧了近岸海域内泥沙、污染物的扩散运动，伴随着波浪破碎现象所产生的沿岸流通常还是近岸泥沙和污染物输移的关键动力因素。

3 水波破碎的机理

水波在传播的过程中随着非线性增强，波峰的锐化程度和波前的陡峭程度都会不断增强。理论上，当波峰处水质点的垂直向上加速度 a 大于重力加速度 g 或其水平速度 u 大于波速 C 的时候，如图 1 所示，水波就要发生破碎。

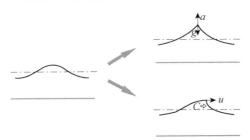

图1　水波破碎的机理

众多的研究表明（Wiegel，1964），近岸海域内由于水深减小引起的水波破碎具有若干不同的形态，如图 2 所示。崩碎波 (spilling) 指的是波前上波峰附近开始出现少量浪花，而后浪花逐渐沿波面向下蔓延，至海岸附近波面前侧布满泡沫、水波消失的破碎波。在深水波陡较大、海底坡度较小的情况下，波浪易于崩碎。卷碎波 (plunging) 指的是波前变陡然后卷曲，形成水舌

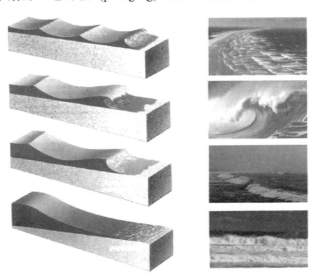

图2　水波破碎的形态

突入前方水体，并伴随着空气的卷入，波形破碎。当深水波陡中等且海底坡度较陡时，破碎波一般表现为这种形态。坍碎波 (collapsing) 指的是波前变陡到一定程度以后，波前形成水滚，水滚随着水波的传播向前推进至海岸附近，水波消失。涌碎波 (surging) 指的是在行进途中从下部开始破碎，波浪前面大部分呈非常杂乱的状态，并沿斜坡上爬。如深水波陡较小且海底坡度较陡，则常出现此种破碎形态。

Battjes（1974）认为，水波破碎类型主要取决于 Iribarren 数 $\xi = s/\sqrt{\lambda}$（ s 表示底坡， λ 表示波陡）。后来的进一步研究表明（Camenen and Lawson，2007），水波破碎类型不仅与 Iribarren 数 ξ 有关，而且和破碎点处的相对波高 γ 也有着密切的关系，如图 3 所示。

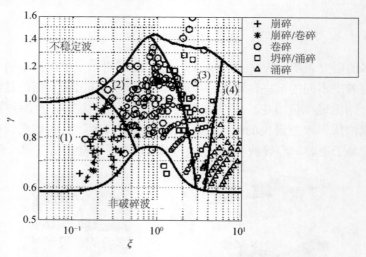

图3　水波破碎形态与Iribarren数和相对波高的关系

4　临界破碎波的特征

　　水波临界破碎时的特征与水波的破碎条件及破碎形式之间都有着密切的联系，因此在水波破碎问题的研究中有着特殊的重要性。然而，由于水波在临近破碎时的强非线性，临界破碎波研究极具挑战性。

　　临界破碎波研究中最先受到关注的是深水情况下水波的稳定极限状态，即尚处于稳定状态但波陡达到最大的对称水波。Stokes 在 1880 年就得出了极限状态下波峰处两波面夹角应为 $2\pi/3$ 的结论。据此，Michell 于 1893 年给出了稳定极限波的波陡为 0.142。随后的一个多世纪期间，众多学者采用不同方法研究的结果表明（Schwartz and Fenton，1982；Gandzha and Lukomsky，2007），稳定极限的波陡值应为 0.141，和 Michell 的结果非常接近。

关于孤立波稳定极限状态的研究也受到了众多学者的关注。McCowan 早在 1894 年就得出了极限稳定状态下孤立波的相对波高应为 0.78 的结论。在随后的一个多世纪期间，众多研究者采用不同的方法针对这一问题进行了广泛的研究，得出的极限相对波高值处于 0.73 和 1.03 之间。在对这些研究成果进行深入细致的分析比较后，现在学术界倾向于认为孤立波的极限相对波高的精确值为 0.83（Miles，1980；Longuet-Higgins and Fox，1996）。

水波处于极限状态时是不稳定的。这种不稳定性正是导致水波初始破碎的原因。Longuet-Higgins 及其合作者在 20 世纪 70 年代开展的一系列研究表明（Schwartz and Fenton，1982），接近极限状态的水波和通常情况下的水波相比表现出诸多不同的性质，波高最大的水波并不就是传播速度最快的波，也不是能量最大的波。波高、传播速度和能量之间的这种不同步性可能是造成接近极限状态下水波不稳定的根本原因。

20 世纪 70 年代以来，精细的实验手段开始用于观测水波破碎前后的状态。Duncan 等（1999）使用高速摄相的方法分析了崩碎波破碎前后的整个过程，发现波峰处在临界状态时会形成一个突起，突起前端波面由于逆向流剪切作用产生的毛细波是导致水波破碎的直接因素。后来的研究表明，这种毛细波纹结构具有自相似性，与波长及破碎外因无关，只取决于表面张力和重力。Perlin 等（1996）观测了卷碎波的细观形态，详细描述了卷碎过程中水舌产生、发展、突入水面到溅起水花的过程，发现卷破波在破碎前同样会产生寄生的毛细波。

5　水波的临界破碎条件

临界破碎条件是水波破碎研究中一个十分重要的课题。水波临界破碎条件研究的目的是，选择一个适当的参数，即水波破碎指数，然后用经验的方法确定水波破碎指数的临界值，使得在实际问题中当该指数的值超过临界值时，水波总是发生破碎。不少研究者对迄今为止所取得的研究成果进行了较为全面的综述（Galvin，1972；Rattanapitikon and Shibayama，2000；Camenen and Larson，2007；Goda，2010；Liu et al.，2011）。这些研究表明，寻求水波破碎条件的目的在一定程度上是可以达到的，但要得到一个高精度的破碎条件却是十分困难的。其中的主要原因是水波破碎的影响因素太复杂。至于破碎波指数的选取，一般认为对于深水波用波高与波长之比（波陡）为好，浅水波则用波高与水深之比（相对波高）较为合适。本文作者建议用波速、波高和重力加速度的无量纲组合作为水波的非线性指数，它在深水条件下与波陡成正比，在浅水条件下还原为相对波高。经验表明该指数具有明显的优越性。

已知的临界破碎条件大多可以归于三种类型，即 McCowan 型、Miche 型和 Munk 型，分别表示为

$$\gamma_b = \chi(s, \lambda_0) \tag{1}$$

$$\lambda_b = \alpha(s, \lambda_0) \tanh\left[\xi(s, \lambda_0) k_b h_b\right] \tag{2}$$

$$\frac{H_b}{H_0} = \beta(s) \lambda_0^m \tag{3}$$

式中，$\gamma = H/h$ 是相对波高；$\lambda = H/L$ 是波陡，H 是波高，L 是波长；k 是波数；h 是水深；s 是海底坡度；χ、α、β 和 ξ 是已知函数；m 为已知指数；下标 b 表示在破碎点处取值，下表 0 表示深水条件。McCowan 型破碎条件大多是在孤立波破碎条件的基础上修正得到的；Miche 型破碎条件大多是在周期波破碎条件的基础上修正得到的；Munk 型破碎条件则是完全经验的。不同的研究者建议了 χ、α、β 和 ξ 的不同表达式，如表 1～表 4 所示。式（2）的一个变形形式可写作（Liu et al.，2011）

$$\frac{H_b}{L_0} = \alpha'(s, \lambda_0)\left\{1 - \exp\left[-1.5\xi'(s, \lambda_0) k_0 h_b\right]\right\} \tag{4}$$

这就是在亚洲国家工程界有着广泛应用的 Goda 公式，其中，系数 α' 和 ξ' 的表达式见表 3。本文作者建议以非线性参数作为破碎指标的临界破碎公式：

$$\frac{gH_b}{C_b^2} = f(s) = 0.60 + 1.92s - 4.40s^2 \tag{5}$$

式中，g 为重力加速度；破碎波波速 C_b 由下式给出：

$$C_b = \sqrt{\frac{g}{k_b} \tanh k_b \left(h_b + \frac{H_b}{2}\right)} \tag{6}$$

一般而论，Miche 型公式的精度最好，McCowan 型次之，Munk 型再次之（Liu et al.，2011）。如图 4 所示，用波速、波高和重力加速度的无量纲组合作为破碎指数的临界破碎公式具有比前述公式都要高的精度（Liu et al.，2011）。

表 1 式（1）中 χ 的函数形式

χ	出处
0.78	McCowan (1894)
0.83	Yamada (1957)
$[1.40 - \max(s, 0.07)]^{-1}$	Galvin (1969)
$0.72(1 + 6.4s)$	Madsen (1976)
$1.062 + 0.137 \lg(s\lambda_0^{-1/2})$	Battjes (1974)
$1.1s^{1/6}\lambda_0^{-1/12}$	Sunamura (1980)
$0.937s^{0.155}\lambda_0^{-0.13}$	Singamsetti 和 Wind (1980)
$1.14s^{0.21}\lambda_0^{-0.105}$	Larson 和 Kraus (1989)
$1.12(1 + e^{-60s})^{-1} - 5.0(1 - e^{-43s})\lambda_0$	Smith 和 Kraus (1990)
$0.284\lambda_0^{-1/2}\tanh(\pi\lambda_0^{1/2})$	Camenen 和 Larson (2007)

表 2 式（2）中 α 和 ξ 的函数形式

α	ξ	出处
0.142	1.0	Miche (1944)
0.14	0.9	Battjes 和 Janssen (1978)
0.14	$0.8 + 5.0\min(s, 0.1)$	Ostendorf 和 Madsen (1979)
0.14	$0.57 + 0.45\tanh(33\lambda_0)$	Battjes 和 Stive (1985)
$0.127e^{4s}$	1.0	Kamphuis (1991)
0.14	$-11.21s^2 + 5.01s + 0.91$	Rattanapitikon 和 Shibayama (2000)

表 3 式（4）中 α' 和 ξ' 的函数形式

α'	ξ'	出处
0.17	$0.5 + 7.5s^{4/3}$	Goda (1970)
0.17	$0.52 + 2.36s - 5.40s^2$	Rattanapitikon 和 Shibayama (2000)
0.17	$0.5 + 5.5s^{4/3}$	Goda (2010)

表 4 式（3）中 β 和 m 的函数形式

m	β	出处
$-1/3$	0.3	Munk (1949)
$-1/4$	$0.76s^{1/7}$	LeMehaute 和 Koh (1967)
$-1/5$	0.56	Komar 和 Gaughan (1972)
$-1/4$	$s^{1/5}$	Sunamura 和 Horikawa (1974)
-0.254	$0.575s^{0.031}$	Singamsetti 和 Wind (1980)
$-1/4$	$0.68s^{0.09}$	Ogawa 和 Shuto (1984)
-0.24	0.53	Larson 和 Kraus (1989)
$-0.30 + 0.88s$	$0.34 + 2.47s$	Smith 和 Kraus (1990)
-0.28	0.478	Gourlay (1992)
$-1/5$	$0.55 + 1.32s - 7.46s^2 + 10.02s^3$	Rattanapitikon 和 Shibayama (2000)

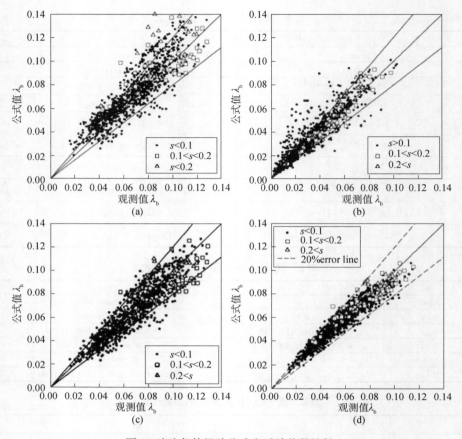

图4　破碎条件经验公式和试验值的比较

（a）具有代表性的McCowan型；（b）具有代表性的Munk型；
（c）具有代表性的Miche型；（d）本文作者建议的公式

6　破碎波的数值模拟

长期以来，国内外有很多学者致力于利用数值方法研究波浪破碎现象，其中包括基于非线性长波方程的特征线方法、基于势流理论的边界积分方法、基于直接求解 Navier-Stokes 方程的方法等。

非线性长波方程是拟线性双曲型偏微分方程组，能够描述水深变浅过程中表面水波波前变陡、波后变缓、直至卷曲的过程，如图 5 所示（Stoker，1957）。通常将波前上任意一点的坡度达到垂直状态的瞬间看做是波破碎的临界状态。考虑到很多数值方法不能处理波形卷曲现象，利用非线性长波方程模拟水波破碎过程时，又常常把破碎波看成间短波，利用间断处质量和动量守恒的条件处理破碎过程，或利用 TVD 或 ENO 等所谓的高精度格式捕捉破碎波。

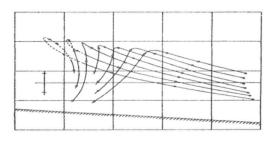

图5　基于非线性长波方程模拟水波破碎的算例

　　基于势流理论的边界积分方法也是模拟水波破碎过程的重要手段，但自由水面边界条件通常需要用 Lagrange 方法处理，也就是说，需要利用 Lagrange 方法追踪自由水面的变形。Longuet-Higgins 和 Cokelet（1976）针对周期波在变换平面内采用边界元方法，模拟了二维破碎波问题。随后，很多学者利用二维或三维边界元方法研究了水波破碎现象。针对斜坡上的水波破碎过程可见 Grilli 及其合作者的系列工作。图 6 是 Grilli 等（2001）用边界元方法计算斜坡上水波破碎过程所得到的结果。值得指出的是，基于势流理论的边界积分方法虽然能够在一定程度上模拟水波破碎时波形的卷曲，但当水舌接触水面之后，特别是考虑到水舌入水引起的紊动作用后，该方法不再有效。

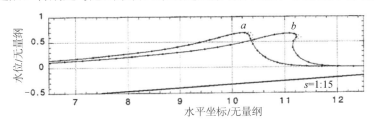

图6　基于势流理论的边界元方法得到的斜面上水波破碎过程

　　为了实现水波破碎全过程的合理模拟，不仅需要准确描述自由水面复杂的时空变化，还要正确刻画流场内由于自由水面破碎引起的强烈紊动，这些都是计算流体力学的经典难题。最早通过求解 Navier-Stokes 方程来模拟破碎波的是 Miyata，但 Miyata 没有采用紊流模型。Lemos 首次将 k-ε 模型应用在破碎波浪模拟中，而后，Lin 和 Liu（1998）的研究充分证明了 k-ε 模型用于模拟破碎波的有效性。也有学者对比了单 k 模型、标准 $k\text{-}\varepsilon$ 模型和 RNG $k\text{-}\varepsilon$ 模型在波浪破碎模拟中的效果，并与实验结果进行比较，但结果表明这三个紊流模型的计算结果并无显著的差异。采用大涡模拟（LES）的方法计算波浪破碎的工作始于 20 世纪末。从 Zhao 等（2004）的研究可以看出，LES 用于破碎波计算具有一定的优势。

直接求解（Navier-Stokes）方程模拟水波破碎时的一个关键技术问题是追踪复杂自由水面。较早也是较为常用的自由水面追踪方法当属流体体积函数（VOF）方法。它通过引入一个满足对流方程的流体体积函数来描述自由水面，是 Hirt 和 Nichols（1981）最先提出的。尔后，Osher 和 Sethian（1988）提出了 Level Set 方法，利用一个距离函数来追踪界面。相比于 VOF 方法，其优势在于不需要界面重构技术就可以追踪比较复杂的表面。也有学者尝试充分利用 VOF 和 Level Set 方法各自的优势，提出了两者的耦合模式（Sussman and Puckett，2000）。Hu 等（2012）将这一方法应用于破碎波的数值模拟中，取得了良好的效果，如图 7 所示。以上的界面追踪方面能较好地模拟自由表面的形态，但由于使用的是运动学方程，不能考虑表面张力的影响。由于水波在临近破碎时波峰处的曲率极大，表面张力的作用不可忽视。近些年来，从互不可融的双流体的势能方程演变而来的扩散自由表面模型越来越引起学者的重视，但尚无应用于破碎波模拟的先例。

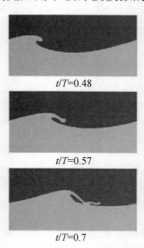

t/T=0.48

t/T=0.57

t/T=0.7

图7　基于大涡模拟的水波破碎过程

7 近岸水波方程中的破碎模型

在近岸水波方程中植入破碎模型以便合理模拟水波破碎的影响是海岸及近海工程的重要课题。近岸水波方程的破碎模型包括两个重要的方面：确定水波开始破碎的位置及模化水波破碎作用的效果（主要是水波衰减现象）。

近岸水波方程有众多不同的类型，但可分为以水波能量为基本变量的能量类方程、以水波的振幅或波高为基本变量的波高类方程（如 Berkhoff 缓坡方程），以及水面变化过程为基本变量的过程类方程（如 Boussinesq 方程）。不同类型的方程需要采用不同类型的破碎模型。

能量类方程中通常是通过引入一个能量耗散项来模拟水波破碎的影响。能量耗散项的表达式一般采用和能量方程的精度相匹配、形式比较简单的经验公式。波高类方程一般是在破碎区考虑破碎后水流强烈紊动引起动量扩散的周期平均效应，或者直接模拟波高的衰减。过程类方程则是希望考虑水波破碎过程的瞬时效应。

水波破碎位置的确定可利用本文第 3 部分所述的水波临界破碎时的特征或第 4 部分所述的水波破碎条件。如果采用本文作者建议的破碎指数，则破碎位置处该指数的值大致等于 0.7。也有学者建议用垂线流速和波速的比值作为水波破碎的指数。水波破碎位置处该比值也大致等于 0.7，但其精度比采用本文作者建议的破碎指数要差很多。还有学者建议利用 Okamoto 和 Basco（2006）提出的 Froude 数 $F = (C_c - u_t)/C_t$（C_c 和 C_t 分别为波峰和波谷处的瞬时波速，u_t 为波谷处水质点速度)作为水波破碎的指数。研究表明，对于各种类型的水波，破碎位置处均有 $F = 1.45$。

Schaffer 等（1993）建议根据前波面与水平线的夹角来判断水波破碎。当该角度大于某一起始值 φ_B 时，水波开始破碎，该角度小于某一停止值 φ_0 时，破碎过程停止。不同的学者根据各自的实验给出 (φ_B, φ_0) 的值各不相同。文献中出现的 (φ_B, φ_0) 的经验值有：$(20°, 10°)$、$(14°, 7°)$ 和 $(32°, 10°)$。Schaffer 等的破碎模型通常被称作表滚模型。

破碎区内水流强烈紊动引起的动量扩散通常是在动量方程中添加一个相应的扩散项。该项中扩散系数的确定是一个难题，通常只能采用根据实验室或原型观测结果拟合的经验公式。

8 结语

水波破碎现象是水波动力学中十分特殊的一个现象，也是水波动力学研究的经典难题。一个多世纪以来，无数研究者用不同的方法、从不同的角度对这一现象进行了研究，取得了丰硕的成果。然而，由于水波破碎现象的强非线性，水波破碎前后波形和流场的突变性，以及水波破碎后流场的强烈紊动性乃至气液两相性，水波破碎过程中的很多关键问题还远远没有搞清楚。近年来，随着人们对水波现象认识的不断深入，控制技术和量测技术的进步带来的实验条件的改进，以及数值计算工具和数值计算方法的快速进步，水波破碎现象的研究有望取得更多的突破性成果。

参考文献

Battjes J A. 1974. Surf similarity// Proceedings 14th International Conference on Coastal Engineering.ASCE:466-480.

Camenen B，Larson M. 2007. Predictive formulas for breaker depth index and breaker type. Journal of Coastal Research，23 (4): 1028-1041.

Duncan J H，Qiao H，Philomin V，et al. 1999. Gentle spilling breakers: Crest profile evolution. Journal of Fluid Mechanics，379: 191-222.

Galvin C J. 1972. Wave breaking in shallow water// Myers R E. Waves on Beaches and Resulting Sediment Transport . New York:Academic Press.

Gandzha I S，Lukomsky V P. 2007. On water waves with a corner at the crest. Proceedings of The Royal Society London，A463: 1597-1614.

Goda Y. 2010. Reanalysis of regular and random breaking wave statistics. Coastal Engineering Journal，52 (1): 71-106.

Grilli S T，Guyenne P，Dias F. 2001. A fully nonlinear model for three-dimensional overturning waves over arbitrary bottom. International Journal for Numerical Methods in Fluids，35: 829-867.

Hirt C W，Nichols B D. 1981. Volume of fluid (VOF) method for the dynamics of free boundaries. Journal of Computational Physics，39(1): 201-225.

Hu Y，Niu X J，Yu X P. 2012. Large eddy simulation of wave breaking over muddy seabed. Journal of Hydrodynamics，24(2): 298-304.

Lin P，Liu P L F. 1998. A numerical study of breaking waves in the surf zone. Journal of Fluid Mechanics，359: 239-264.

Liu Y ，Niu X J，Yu X P. 2011. A new predictive formula for inception of regular wave breaking. Coastal Engineering，58(9): 877-889.

Longuet-Higgins M S，Cokelet E D. 1976. The deformation of steep surface waves on water. I. A numerical method of computation// Proceedings of The Royal Society London，A350: 1-26.

Longuet-Higgins M S，Fox M J H. 1996. Asymptotic theory for the almost-highest solitary wave. Journal of Fluid Mechanics，317: 1-19.

Miles J W. 1980. Solitary waves. Annual Review of Fluid Mechanics，12: 11-43.

Okamoto T，Basco D R. 2006. The relative trough Froude number for initiation of wave breaking: Theory，experiments and numerical model confirmation. Coastal Engineering，53: 675-690.

Osher S，Sethian J A. 1988. Fronts propagating with curvature-dependent speed: algorithms based on Hamilto-Jacobi formulation. Journal of Computational Physics，79(1): 12-49.

Perlin M，He J，Bernal L P. 1996. An experimental study of deep water plunging breakers. Physics of Fluids，8: 2365-2374.

Rattanapitikon W，Shibayama T. 2000. Verification and modification of breaker height formulas. Coastal Engineering Journal，42 (4): 389-406.

Schaffer H A，Madsen P A，Deigaard R. 1993. A Boussinesq model for wave breaking in shallow water . Coastal Engineering，20(3-4): 185-202.

Schwartz L W，Fenton J D. 1982. Strongly nonlinear waves. Annual Review of Fluid Mechanics，14: 39-60.

Stoker J J. 1957. Water Waves: The Mathematical Theory with Applications. New York: Interscience Publishers，Inc.

Sussman M，Puckett E G. 2000. A coupled level set and volume-of-fluid method for computing 3d and axisymemetric incompressible two-phase flow. Journal of Computational Physics，162(2): 301-337.

Wiegel R L. 1964. Oceanographical Engineering. London: Prentice-Hall.

Zhao Q，Armfield S，Tanimoto K. 2004. Numerical simulation of breaking waves by a multi-scale turbulence model. Coastal Engineering，51: 53-80.

近岸边界层流动及泥沙运动机理的研究进展

袁　兢

（新加坡国立大学土木与环境工程系，新加坡　117576）

摘　要：泥沙运动是了解近岸地区地貌演变及预测近岸结构物冲刷的基础，因此是近岸工程领域的重要研究方向。由于波浪、水流条件的复杂性，定量计算泥沙输移需要对近岸边界层水动力学及其影响下泥沙运动的细观机理有充分的认识。本文中首先简单介绍了紊流条件下波浪边界层及波流边界层的特征及一些理论模型研究，随后分别讨论了平整床面及沙纹床面上泥沙运动的精细实验及数值模型研究，总结了影响边界层内净输沙率的重要细观机理。

关键词：紊流波浪边界层；床面切应力；泥沙浓度分布；泥沙输运；沙纹

Studies on Boundary Layer Flow and Sediment Transport in Coastal Areas: A Review

Jing Yuan

（Department of Civil and Environmental Engineering，National University of Singapore，Singapore 117576）

Abstract: Sediment transport is closely related to coastal topography change and erosion around coastal structures, and is thus an important subject of coastal engineering. It is shown that an accurate description of the flows and a good understanding to the detailed mechanism of sediment motion are critically important when sediment transport rate is to be estimated. Properties of the wave boundary layer and their effect on near-bed sediment motion are summarized. Net

---

通信作者：袁兢（1985—），E-mail: ceeyuan@nus.edu.sg。

sediment transport rate within the boundary layer are discussed.

Key Words: turbulent wave boundary layer; bottom shear stress; sediment profile; sediment transport; ripple.

1 引言

近岸泥沙运动是近岸工程学科的一个重要课题，对沿海地区社会经济发展有着重要意义。随着全球气候变迁及入海河流上游的水利设施建设，我国沿海地区未来的水流、泥沙条件将不断调整，从而可能导致显著的近岸地形演变（如海岸带侵蚀），因此关于近岸泥沙运动的研究关乎沿海地区的未来战略规划。一大批正在或将要开展的沿海重大工程项目带来了许多亟待解决的泥沙问题，如洋山港等大型港口的新建、曹妃甸等地区的大规模围海造地。如果处理不当，泥沙问题将会危害工程项目、破坏生态环境。我国东南沿海是台风海啸等自然灾害频发的地区。灾害条件下的极端水流条件导致剧烈的泥沙运动，从而在短时间内造成近岸地貌的显著变化，同时对海岸建构物产生严重的冲刷破坏，因此研究近岸泥沙运动对防范自然灾害也有重要的作用。

波浪是近岸地区主要的水动力学因素。随着水深的变浅，波浪可以影响海床附近的流动，即产生波浪边界层。受限于相对较小的时间尺度，波浪边界层不能充分发育，所以其厚度仅在几毫米至几厘米之间，然而很多研究表明近岸泥沙运动大多局限于其内部，因此对波浪边界层的了解是研究近岸泥沙运动的基础。波周期内的净输沙率在工程领域有重要的意义，而波浪的往复性决定了净输沙率取决于一些能打破两个波浪半周期之间平衡的微妙因素，如波浪的非线性特征、波生流及波流相互作用。很多学者采用半恒定假设计算净输沙率，即认为任意时刻的瞬时输沙率由瞬时流速所确定，但结果表明此假设造成的误差巨大，所以净输沙率的合理计算必须建立在对边界层流动和泥沙运动机理的充分了解之上。本文将综合概述近半个世纪以来在此方面影响广泛的研究工作。由于篇幅限制，本文只考虑波浪作用下沙质海床的泥沙运动。

2 近岸波浪边界层

近岸地区能产生显著泥沙运动的边界层流动通常在紊流范围内，因此本节概述紊流波浪边界层的研究，同时介绍紊流条件下波浪-水流在边界层内的非线性耦合。

2.1 紊流波浪边界层

通过微幅波假设，紊流波浪边界层通常被近似为平行于床面的往复流边界层，即自由流速为 $\tilde{u}_\infty = U_{\mathrm{bm}}\cos\omega t$（$U_{\mathrm{bm}}$ 为自由流速振幅，t 为时间，ω 为波浪圆频率）。选取 x 为波浪传播方向，z 为垂直方向（原点为床面），则紊流波浪边界层由以下雷诺平均运动方程所描述：

$$\frac{\partial \tilde{u}}{\partial t} = -\frac{1}{\rho}\frac{\partial \tilde{p}}{\partial x} + \frac{\partial(\tau/\rho)}{\partial z} \tag{1}$$

式中，$\tilde{u}$ 为水平流速；τ 是雷诺剪切应力；$\tilde{p}$ 是往复流动水压强；ρ 是流体密度。

边界层假设表明水平压力梯度由 $\tilde{u}_\infty$ 所确定：$\partial\tilde{p}/\partial x = -\rho\partial\tilde{u}_\infty/\partial t$。由于水流的惯性随着床面的趋近而不断减小，边界层内的流速在相位上领先于自由流速，且相位领先随 z 的减小而增加。式（1）的求解取决于对雷诺剪切应力 τ 的闭合。多数理论模型将 τ 与 $\partial\tilde{u}/\partial z$ 通过紊流黏性系数 v_T 相关联。简单理论模型假设瞬时边界层流动处于半恒定状态，从而借用了恒定紊流边界层研究中的混合长度理论来模拟 v_T，并假设 v_T 不随时间变化，例如 Grant（1977）的理论模型采用随 z 线性增加的 v_T 成功给出了波浪边界层的主要特征，并表明在 $z<0.1\delta_{\mathrm{w}}$（δ_{w} 为波流边界层厚度）的范围内，瞬时流速分布蜕化为对数分布，与 Jonsson 和 Carlsen（1976）的实验结果符合良好。Trowbridge 和 Madsen（1984a）进一步考虑了 v_T 时变性，指出 v_T 的时变性对于正弦往复流边界层只产生有限影响。随着计算流体力学的发展，一些学者采用了数值模型以闭合雷诺剪切应力，例如，Justesen（1988）采用 k-ε 模型，得到了比理论模型更高的精度。

波浪边界层下的床面剪切应力是除流速分布外的另一个研究重点。Jonsson（1966）通过提出波浪摩擦系数 f_{w} 的概念将波周期内的最大床面剪切应力 τ_{bm} 与 U_{bm} 相关联：$f_{\mathrm{w}} = 2\tau_{\mathrm{bm}}/(\rho U_{\mathrm{bm}}^2)$。量纲分析表明，在紊流条件下 f_{w} 由相对粗糙度 $A_{\mathrm{bm}}/k_{\mathrm{b}}$ 唯一确定，其中 k_{b} 为底面糙率，A_{bm} 为波浪导致的床面震荡流的幅值。因此 $f_{\mathrm{w}}(A_{\mathrm{bm}}/k_{\mathrm{b}})$ 的经验公式可以通过拟合实验测量而获得，或通过理论模型直接给出。大部分经验公式或理论公式与后续实验测量符合良好（Yuan and Madsen，2014），所以波浪摩擦系数的计算已足够准确。

波浪近岸传播过程中的浅水变形使得波峰变陡而波谷变缓，而波浪破碎使得波形变得向前倾覆。这些形变导致了对称的底面往复流呈现速度偏斜及加速度偏斜（图 1），从而产生非对称往复流边界层。由于输沙率与自由流速非线性相关，速度偏斜使得波峰下的向岸输沙大于波谷下的离岸输沙，从而导致向岸净输沙。Nielsen（1992）指出加速度偏斜使得波峰下边界层的发育时间少于波谷下边界层，因而边界层较薄，底床剪切应力较大，从而产生向岸净输沙。不少学者通过经验或半经验方法计算非对称性往复流下的对底床剪切应力，并进而计算净输沙率（Madsen and Grant，1977），但很多研究表明，经验或半经验方法的精度难以满足计算净输沙率的要求。

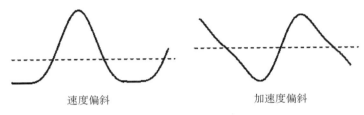

速度偏斜   加速度偏斜

图1　速度偏斜及加速度

波浪边界层余流是影响泥沙净输移的一个重要因子。在近岸区域波浪的传播使得 $\partial \tilde{u} / \partial x \neq 0$，所以波浪边界层内的垂直流速非零。由于水平与垂直流速之间的相位差不总是 $90°$，式（1）中被省略的对流项的时均值非零，从而产生了边界层余流，即波浪传播余流。Longuet-Higgins（1953）首先证明了层流状态下波浪传播余流的存在，并随后将他的研究推广到紊流情况。其理论表明波浪传播余流总与波浪传播同向，因而导致向岸净输沙。非对称性（即速度及加速度偏斜）是产生边界层余流的另一个机制。Trowbridge 和 Madsen（1984b）的理论模型表明，非对称性导致式（1）中的雷诺剪切应力存在非零的时均值，从而在边界层内产生了时均流速，即紊流非对称余流。有趣的是紊流非对称余流常常与波浪传播余流反向。数值模型研究表明两种余流的相对重要性依赖于波浪条件及床面糙率（Holmedal and Myrhaug，2006）。

2.2　波浪–水流在紊流边界层内的非线性耦合

近岸地区波浪与水流总是同时存在。简单近岸泥沙计算将波浪考虑为一种搅动机制，而将水流考虑为输沙机制，因此波流边界层是研究近岸净输沙的基础。通常情况下，水流边界层的厚度与水深相当，而波浪边界层只有不超过几个厘米的厚度，因此波浪边界层嵌套于水流边界层的底部。波浪边界层外部的紊流只取决于水流，但波浪边界层内部的紊流却受波浪及水流的共同影响，所以在边界层内波流之间存在非线性耦合。在许多类似理论研究中，Grant 和 Madsen（1979）的模型（后文简称 GM 模型）具有较好的完备性，且模型应用非常简便，因此在工程实践及科学研究中被广泛应用。GM 模型假设如下双层紊流黏性系数 ν_T：

$$\nu_T = \begin{cases} \kappa u_{*m}z, & z < \delta_{cw} \\ \kappa u_{*c}z, & z \geqslant \delta_{cw} \end{cases} \tag{2}$$

式中，κ 为 von Kármán 常数。ν_T 在波浪边界层内（$z<\delta_{cw}$）由最大剪切流速 $u_{*m} = \sqrt{|\tau_{bm}|/\rho}$ （τ_{bm} 为最大床面剪切应力）所决定，而在波浪边界层外（$z>\delta_{cw}$）只与水流所对应的剪切流速 $u_{*c} = \sqrt{|\tau_{cb}|/\rho}$ （τ_{cb} 为时均床面剪切应力）相关。GM 模型成功模拟了边界层内的流速分布及床面剪切应力，与实验室测量符合良好。此模型的最主要发现是水流在波浪边界层外满足如下对数分布：

$$\bar{u} = \frac{u_{*c}}{\kappa}\ln\left(\frac{z}{z_{0a}}\right), \quad z \geqslant \delta_{cw} \tag{3}$$

式中，z_{0a} 定义了一个新底面糙率 $k_a=30z_{0a}$，即控制水流的等效底面糙率。k_a 在通常情况下远大于实际底面糙率，因而反映了波浪对水流的阻滞作用。

大部分简单理论模型的一个共同问题是未考虑波浪边界层余流的影响。Holmedal 等（2013）通过数值方法指出波浪传播余流及紊流非对称余流都可以显著影响水流的流速分布，因此必须加以考虑。简单理论模型的另一个问题是波流之间的夹角对模型结果只有非常有限的影响。与 Davies 等（1988）的数值模型相对比，GM 模型严重低估了波流之间的夹角对水流流速分布的影响。其中部分原因是数值模型考虑了 GM 模型中忽略了的波浪传播余流，此外，当波浪之间存在夹角时，紊流的非各向同性特征使得紊流黏性系数在平行与垂直于波浪的方向上并不相同，而几乎所有理论及数值模型并未考虑此因素。因此关于波流边界层的研究仍然需要更多后续工作。

3 近岸泥沙运动的细观机理

波浪作用下的床面形态主要为沙纹床面和平整床面这两种。当水深较深或波浪较弱，近底面水流强度较弱，床面多呈现沙纹状态。当水流强度较强时，强烈的往复水流将沙纹削平，从而使得床面处于动平整状态。两种床面形态下泥沙运动的形式及净输沙的机制迥异，因此需要分别讨论。实验是研究近岸地区泥沙问题最主要的手段，而全比尺实验（即雷诺数超过 10^5）主要采用大型波浪水槽和振荡水槽（活塞驱动的管道内有压流动）这两种实验设备，如图 2 所示。考虑到实验成本及测量精度，大部分揭示泥沙运动细观机理的实验研究采用振荡水槽。需要指出的是振荡水槽内的流动是对实际波浪边界层的线性模拟［对应式（1）］，因此无法考虑波浪传播对边界层流动及泥沙输移的影响，这导致测得的净输沙率不能被直接用于发展经验输沙公式。

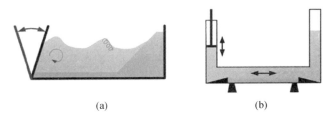

(a)   (b)

图 2 研究近岸泥沙运动的主要实验设备

（a）波浪水槽；（b）振荡水槽

3.1　动平整床面上的泥沙运动

当床面处于动平整状态时，泥沙集中在静止床面以上 1～2cm 的范围成层运动，即为层移输沙。层移输沙层的厚度虽然远小于水深，但高泥沙含量（10%～50%的体积浓度）及高泥沙速度使得层移输沙层内的输沙率在大部分情况下远强于上覆水深中的悬移质输沙率。层移输沙层内剧烈的水沙相互作用对水流产生额外的阻力，表现为底面糙率 k_b 的增加。Sumer 等（1996）在其恒定流层移输沙实验中通过两种方法估计了底面糙率：①通过对流速的对数分布拟合直接获得 k_b；②通过基于压力梯度估计的床面剪切应力反推底面糙率。两种方式所得的结果符合良好，表明层移输沙下 k_b/D_{50} 远大于 1，且随 Shields 数 θ 增加。目前还没有关于层移输沙 k_b 在往复流情况下的直接研究，其原因主要是难以获得边界层内流速分布及底床剪切应力。

层移输沙层的垂向结构如图 3(a)所示。以初始床面为界，层移输沙层分为上下两部分。随着流速的增加，下层（亦称为扬沙层）的泥沙颗粒被卷带至上层，而随着流速的减弱，上层的泥沙颗粒落回至下层，因此上、下两层之间不断交换泥沙。层移输沙层之下为静止含沙层，而其上为悬移质输沙层。层移输沙的侵蚀深度 d_e，即从初始床面至静止床面的距离，与水流强度相关。Dohmen-Janssen 等（2001）及其他学者的测量表明了波周期内的最大侵蚀深度 $d_{e,max}$ 与最大 Shields 数 θ_{max} 之间存在线性关系：$d_{e,max}/D_{50}=(3\sim8.5)\theta_{max}$。O'Donoghue 和 Wright（2004a）通过拟合瞬时泥沙浓度分布发现 d_e 存在明显的周期性，且峰值的出现明显落后于床面剪切应力，因此 d_e 不能简单通过半恒定

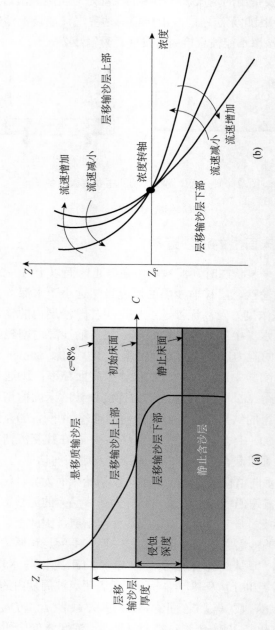

图3 层移输沙层的垂向结构及瞬时泥沙浓厚的垂直分布

(a) 层移输沙层的垂向结构；(b) 层移输沙层内瞬时浓度的垂直分布

假设与床面剪切应力直接关联。层移输沙层的厚度 δ_s 依赖于对层移输沙层顶部的定义。层移与悬移输沙的主要区别在于泥沙颗粒间相互作用的重要性，因此 Dohmen-Janssen 等（2001）将泥沙体积浓度为 8%的高程定义为层移输沙层的顶部。这是因为小于此体积浓度时泥沙颗粒间的平均距离小于泥。沙的粒径，使得颗粒之间的相互作用可以被忽略。Sumer 等（1996）的恒定流实验表明 δ_s 与 Shields 数 θ 线性相关：$\delta_s/D_{50}=(10\sim12)\theta$，而 Ribberink 等（2008）通过综合分析大量往复流实验发现此线性关系亦存在于最大层移输沙层厚度 $\delta_{s,max}$ 与最大 Shields 数 θ_{max} 之间。 O'Donoghue 和 Wright（2004a）通过不同方式精密测量了瞬时泥沙浓度分布，从而得到 δ_s 的时间变化。结果表明层移输沙层的厚度与侵蚀厚度一样存在时间变化，且 $\delta_{s,max}$ 在相位上落后于最大自由流速。

层移输沙层内流速的时空分布对了解层移输沙的机制有重要意义。O'Donoghue 和 Wright（2004a，2004b）使用超声波流速测量仪（UVP）克服了高泥沙浓度对流速测量的阻碍，将流速测量范围扩展到层移输沙层上部。其测量结果表明层移输沙状态下的波浪边界层流速分布与定床情况下非常相似，例如边界层内流速由于惯性的减小在相位上领先于底面自由流速，且此相位领先随着离床面距离的减小而增加。

层移输沙层内的泥沙浓度随水流强度而改变，因而其时间变化规律是研究的重点。因为水流挟沙能力与水流强度相关，所以对称往复流下的浓度时间曲线呈现两个对称的峰值，而非对称往复流下的两个浓度峰值则不对称（Ribberink and Al-Salem，1995）。层移输沙层内上、下两层的泥沙交换使得两层内的泥沙浓度的时间变化呈反相关系，即下层内的浓度峰值取决于泥沙的回落而出现在自由流速趋近于零的时段，但上层的浓度峰值则取决于泥沙的扬起出现于最大自由流速前后，因此在某一垂直位置上泥沙的浓度应该不随时间变化。 O'Donoghue 和 Wright（2004a）基于此提出了浓度转轴的概念，如图 3(b)所示。层移输沙层上部泥沙浓度的峰值在相位上落后于自由流速峰值，且相位落后随高程增加，在层移输沙层顶部可以达到 40°～90°。这是因为泥沙的上扬及回落均需要一定的时间。大量实验表明初始床面以上的泥沙浓度在自由流速转向前后出现短暂的瞬时峰值（O'Donoghue and Wright,2004a）。由于此时段的自由流速趋近于零，现有理论无法解释此现象，但纯水力学实验表明在自由流速转向之前的减速阶段紊流强度仍然在增强，因此在流速转向时边界层中存在大量的紊动。Ribberink 等（2008）认为此紊动与与瞬时浓度峰值可能有很大的关联。

泥沙的瞬时水平通量 φ 分布为

$$\varphi(z,t) = u(z,t) \cdot c(z,t) \tag{4}$$

式中，u 为流度；c 为浓度。

浓度的相位差对于瞬时水平通量 φ 有重要的影响。在非对称往复流实验中，泥沙在较强半周期中被水流卷起，但由于没有充分时间落回床面，被较弱半周期的水流挟带，从而使得较弱半周期水平泥沙通量得到增强。Dohmen-Janssen 等（2001）将此称为浓度相位差效应。O'Donoghue 和 Wright（2004b）在速度偏斜往复流实验中采用了不同的泥沙粒径。他们发现在细沙情况下（$D_{50}=0.15\mathrm{mm}$）较弱半周期的最大流速虽然只有较强半周期的 60%，但两个半周期的泥沙水平通量峰值却几乎相等。在通常预期中，速度偏斜将导致向岸净输沙率，但实验结果表明向岸净输沙率与泥沙粒径同步减小，甚至在细沙情况下变为离岸输沙率。这表明浓度相位差效应对净输沙率的影响与往复流的非对称性相当，因而在模型中必须加以考虑。Dohmen-Janssen 等（2001）将层移输沙层厚度 δ_s 作为泥沙垂直运动的空间尺度，提出了表征层移输沙状态下浓度相位差大小的无量纲常数：

$$P_s = \frac{\delta_s \omega}{w_s} \tag{5}$$

式中，w_s 为泥沙自由沉降速度。他们指出当此常数小于 0.5 时，泥沙垂直运动的时间尺度（δ_s/w_s）足够小于波浪周期 T，因此浓度相位差效应不明显。P_s 值随泥沙粒径及波浪周期的减小而增加，意味着浓度相位差在细泥沙颗粒及短波浪周期情况下更加明显，这与实验结论相符合。

净泥沙水平通量 $\overline{\varphi}$ 为瞬时水平通量的时间平均。如果将流速 u 和浓度 c 写为时间平均项（$\overline{u},\overline{c}$）和时间变化项（$\tilde{u},\tilde{c}$）的和，则 $\overline{\varphi}$ 可表达为

$$\overline{\varphi}(z) = \overline{u}(z) \cdot \overline{c}(z) + \overline{\tilde{u}(z,t) \cdot \tilde{c}(z,t)} \tag{6}$$

式**错误!未找到引用源。**右侧的第一项为水流相关的净水平通量，而第二项为波浪相关的净水平通量。Ribberink 等（2008）按照式(6)的方式重新分析了 O'Donoghue 和 Wright（2004a，2004b）的速度偏斜往复流实验。在细沙情况下，速度偏斜导致的紊流非对称边界层余流（离岸方向）延伸至层移输沙层内部，从而产生了离岸方向上的水流净输沙。在粗沙情况下，时均流速在层移输沙层内部变为向岸方向，从而产生向岸方向上的水流净输沙。此向岸时均流速的主要产生原因是正负半周期内侵蚀深度的不对称。数据表明水流产生的净输沙率与总净输沙率相近，因此可以推测波浪产生的净输沙率影响非

常有限。这也解释了为什么速度偏斜在大型波浪水槽中总是产生向岸净输沙率（Dohmen-Janssen and Hanes，2002）。这是因为在波浪水槽内的波浪传播边界层余流使得总时均流速在向岸方向上。

关于波浪作用下近岸泥沙运动的数值研究可以按对泥沙的处理方式简单分为单相流及两相流模型。单相流模型将泥沙颗粒考虑为随其附近流体一起运动的被动传输物质，因此首先数值求解雷诺平均的 Navier-Stokes 运动方程以获得边界层流内的流场，随后通过求解对流扩散方程以获得泥沙浓度的时空分布。层移输沙通常被简化为垂向一维问题而进行数值模拟，而模型间主要区别在于素流闭合模型的选取。Davies 和 Li（1997）采用单方程素流闭合模型研究了速度偏斜及波流耦合下的层移净输沙率，与实验结果符合良好，而 Kranenburg 等（2013）采用 k-ε 模型对比模拟了振荡水槽和波浪水槽中速度偏斜产生的净层移输沙率，从而探讨了波浪传播对净输沙率的影响。这些单相流研究中高浓度泥沙对水流的影响只能以特征参数的方式加以考虑，而将层移输沙分离为悬移质及推移质的处理方式也并非十分科学。两相流模型同时求解泥沙和水流的动量方程，可以直接揭示层移输沙层内水沙相互作用，且无需采用推移质和悬移质的区分，所以比单相流模型更为科学。由于计算量的限制，大部分研究中将两相都考虑为连续介质。素流闭合模型的选取仍然是不同模型间的主要差异，如 Dong 和 Zhang（1999）采用零方程闭合模型，而 Hsu 等（2004）采用双方程闭合模型。此外对泥沙颗粒间作用的模拟也是模型间的一个主要区分因素。需要指出的是,模型准确性多少依赖于许多模型参数的选取，使得模型的可信度及科学性有待验证。

3.2 沙纹床面的泥沙运动

近岸沙纹与近岸波浪一样呈现显著的二维特征，即在垂直于波浪方向上变化不大，且其几何形态多为关于沙纹波峰的对称分布。沙纹的高度通常为 $1\sim10\mathrm{cm}$，长度为 $10\sim100\mathrm{cm}$。很多学者通过实际测量、大尺度波浪水槽实验及振荡水槽实验研究了波浪下沙纹的几何特征参数（高度 η 和长度 λ）与泥沙及波浪条件之间的经验关系，O'Donoghue 等（2006）综合了包括规则及不规则波条件下的实验结果提出了较为完备的经验公式。然而在波流共存条件下，沙纹的几何特征受到水流条件的显著影响，如在非共线波流状态下出现三维特征，因此波流条件下的沙纹形态仍然需要更多的研究工作。

往复流条件下沙纹顶部两侧交替出现的有序涡动是沙纹床面上边界层流

动的主要特征。在每个半周期内，涡动随着自由流速的增加在沙纹的背水面产生并逐渐发展，并在自由流速转向后从沙纹表面分离，在转向水流的挟带下越过沙纹顶部向上游移动并耗散。涡动对从沙谷到沙峰以上 1～2 个沙纹高度范围内的边界层流动有重要影响。将往复流下沙纹附近的流场进行时间平均后发现，有序涡动导致了沙纹两侧对称的时均环流，且此环流在沙纹的两侧坡面上产生指向沙峰的时均流动。van der Werf 等（2007）使用 PIV 直接测量了沙纹附近的瞬时流场。他们发现涡动导致靠近沙纹壁面的往复流动在相位上大大领先于自由流速，而流速峰值从沙谷向沙峰逐渐增加，在沙峰附近可以达到自由流速峰值的 1.5 倍。

在沙峰以上两个沙纹高度内，实验测量表明时间和空间平均的泥沙浓度在垂向上可以近似为指数递减分布：

$$c = c_0 \exp\left(-\frac{z - z_0}{R_c}\right) \tag{7}$$

式中，c_0 和 z_0 为沙峰处的浓度和高程；特征长度 R_c 为 1～2 个沙纹高度。

这表明垂直方向上的紊流扩散对沙纹床面的泥沙悬浮仍然有重要影响。泥沙浓度的时间变化与有序涡动有直接关系。涡动在发展过程中将泥沙从床面卷起产生与涡动尺度相当的沙云。当自由流速转向后沙云随着涡动的抛射移动到沙峰，从而在沙峰处的泥沙浓度时间曲线上产生瞬时峰值。抛射到沙峰以上的沙云在转向水流的带动下向沙纹另一侧运动，且移动的距离大约与底面自由流动的位移振幅 A_{bm} 相当。A_{bm} 通常大于沙纹长度，沙云可以通过相邻的一个或多个沙峰，因此沙峰处的周期变化中还存在若干次要峰值，这表明对流也影响着沙纹附近的泥沙运动。

与预期相悖，振荡水槽实验中速度偏斜往复流在沙纹床面上产生的净输沙率大部分为离岸输沙。Ribberink 等（2008）对 van der Werf 等（2007）一个典型实验（Mr5b63）的测量数据进行了重新分析，给出了图 4 中所示的泥沙净通量在沙纹附近的分布，其中水流、波浪相关的分量如式（6）所定义。图中正方向为速度偏斜往复流中较强半周期的方向，通常亦即向岸方向。对比图 4（a）和（b）可以发现，水流相关的泥沙净通量在沙峰以下的区域内起主导地位。速度偏斜导致沙纹的向岸侧有较强的涡动及时均环流，且悬沙量也较高，所以图 4（a）中沙纹右侧的水流泥沙净通量较强，从而使得空间平均的水流泥沙净通量在离岸方向上。在沙峰以上的区域，波浪相关的泥沙净通量占主导地位，且其方向也主要为离岸方向。这是因为向岸半周期内涡动产生的沙云在自由流速转向后才移动到沙峰以上，从而其被离岸水流挟带产生了较强的离岸输沙。积分所得的净悬移质输沙率大于测得的净输沙率，表明沙纹表面的净推移质输沙率是在向岸方向上，这与通常预期相符。

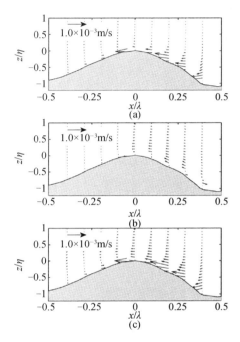

图 4　速度偏斜往复流实验中泥沙净通量的空间分布（Ribberink et al.，2008）

（a）水流相关的净泥沙通量；（b）波浪相关的净泥沙通量；（c）总净泥沙通量

在数值模拟中，沙纹床面输沙通常被考虑为立面二维问题，导致计算量较大，所以大部分工作是基于单相流模型。van der Werf 等（2008）采用两种数值方法（k-ε 紊流闭合模型和离散涡方法）模拟了有序涡动影响下流速及泥沙浓度的时空变化，并确认了速度偏斜在振荡水槽沙纹实验中产生离岸净输沙率。

4　总结与展望

近岸泥沙运动的复杂性及重要性使其成为近岸工程中的主要研究课题。定量计算近岸泥沙净输沙率需要对近岸边界层流动及泥沙运动的机理有充分的了解。目前关于近岸边界层流动的研究相对成熟，即简单理论模型已经可以合理地给出紊流波浪边界层及波流边界层的主要特征。然而对非共线情况下的波流边界层的研究仍然需要大量的工作，同时对沙纹条件下沙纹绕流及有序涡动的研究亦需要进一步深入。对近岸泥沙运动的机理目前还主要依赖于实验研究。振荡水槽实验给出了流速及泥沙浓度的时空分布，揭示了非恒定性对净输沙率的影响，如层移输沙的泥沙浓度差效应及沙纹输沙中有序涡动的影响。这些对发展理论、数值模型有重要的意义。在未来研究中，实验研究依然是一个重要部分。我们仍然需要通过振荡水槽实验给出精细实验结果，例如考虑加速度偏斜及波流相互作用的实验仍然非常缺乏。大型波浪水槽实验将成为未来工作中的重点，这是因为此设备可以对实际波浪产生无偏差的全比尺模拟，且所得的输沙率可以直接用于律定经验输沙公式。关于沙纹附近泥沙运动的研究总体而言比层移输沙要缺乏，因此更多沙纹实验，尤其是可以给出流速与泥沙浓度瞬时分布的实验，是非常必要的。随着更多实验数据的出现，模型参数可以被更好地律定，一些微观模型，如泥沙颗粒间相互作用，可以被改善，这些都是数值模型未来发展的方向。同时，随着计算机运算能力的发展，一些大规模计算将成为可能，如将泥沙考虑为离散粒子的数值计算，这可以进一步推动对近岸泥沙运动细观机理的了解。

参考文献

Davies A G, Li Z. 1997. Modelling sediment transport beneath regular symmetrical and asymmetrical waves above a plane bed. Continental Shelf Research, 17(5): 555-582.

Davies A G, Soulsby R L, King H L. 1988. A numerical model of the combined wave and current bottom boundary layer. Journal of Geophysical Research,93(C1): 491-508.

Dohmen-Janssen C M, Hanes D M. 2002. Sheet flow dynamics under monochromatic nonbreaking waves. Journal of Geophysical Research, 107(C10): 3149.

Dohmen-Janssen C M, Hassan W N, Ribberink J S .2001. Mobile-bed effects in oscillatory sheet flow. Journal of Geophysical Research,106(C11): 27103-27115.

Dong P, Zhang K. 1999. Two-phase flow modelling of sediment motions in oscillatory sheet flow. Coastal Engineering, 36(2): 87-109.

Grant W D. 1977. Bottom friction under waves in the presence of a weak current: its relationship to coastal sediment transport. Department of Civil and Environmental Engineering, M.I.T. Sc.D.

Grant W D , Madsen O S. 1979. Combined wave and current interaction with a rough bottom. Journal of Geophysical Research, 84(C4): 1797-1808.

Holmedal L E, Myrhaug D. 2006. Boundary layer flow and net sediment transport beneath asymmetrical waves. Continental Shelf Research ,26(2): 252-268.

Holmedal L E , Johari J , Myrhaug D. 2013. The seabed boundary layer beneath waves opposing and following a current. Continental Shelf Research, 65: 27-44.

Hsu T J, Jenkins J T, Liu P L F. 2004. On two-phase sediment transport: Sheet flow of massive particles, proceedings: mathematical. Physical and Engineering Sciences, 460(2048): 2223-2250.

Jonsson I G. 1966. Wave boundary layer and friction factors. Proceedings of the 10th International Conference on Coastal Engineering, Tokyo, ASCE.

Jonsson I G, Carlsen N A . 1976. Experimental and theoretical investigations in an oscillatory turbulent boundary layer. Journal of Hydraulic Research ,14(1): 45-60.

Justesen P. 1988. Prediction of turbulent oscillatory flow over rough beds. Coastal Engineering ,12(3): 257-284.

Kranenburg W M, Ribberink J S, Schretlen J J L M ,et al. 2013. Sand transport beneath waves: The role of progressive wave streaming and other free surface effects. Journal of Geophysical Research: Earth Surface ,118(1): 122-139.

Longuet-Higgins M S. 1953. Mass transport in water waves. Philosophical Transactions of the Royal Society of London. Series A:Mathematical and Physical Sciences, 245(903): 535-581.

Madsen O S, Grant W D. 1976. Quantitative description of sediment transport by waves. 15th International Conference on Coastal Engineering: 1093-1112, Honolulu, Hawaii, United States.

Nielsen P. 1992. Coastal Bottom Boundary Layers and Sediment Transport. Singapore: World Scientific Publishing.

O'Donoghue T, Wright S. 2004a. Concentrations in oscillatory sheet flow for well sorted and graded sands. Coastal Engineering ,50(3): 117-138.

O'Donoghue T, Wright S. 2004b. Flow tunnel measurements of velocities and sand flux in oscillatory sheet flow for well-sorted and graded sands. Coastal Engineering, 51(11-12): 1163-1184.

O'Donoghue T, Doucette J S, van der Werf J J，et al. 2006. The dimensions of sand ripples in full-scale oscillatory flows. Coastal Engineering, 53(12): 997-1012.

Ribberink J S, Al-Salem A A. 1995. Sheet flow and suspension of sand in oscillatory boundary layers. Coastal Engineering, 25(3-4): 205-225.

Ribberink J S, van der Werf J J, O'Donoghue T ,et al. 2008. Sand motion induced by oscillatory flows: Sheet flow and vortex ripples. Journal of Turbulence: N20.

Sumer B, Kozakiewicz A, Fredsøe J，et al. 1996. Velocity and concentration profiles in sheet-flow layer of movable bed. Journal of Hydraulic Engineering,122(10): 549-558.

Trowbridge J, Madsen O S. 1984b. Turbulent wave boundary Layers 2, second-order theory and mass transport. Journal of Geophysical Research, 89(C5): 7999-8007.

Trowbridge J, Madsen O S. 1984a. Turbulent wave boundary layers 1, model formulation and

first-order solution. Journal of Geophysical Research, 89(C5): 7989-7997.

van der Werf J J, Doucette J S, O'Donoghue T，et al. 2007. Detailed measurements of velocities and suspended sand concentrations over full-scale ripples in regular oscillatory flow. Journal of Geophysical Research: Earth Surface, 112(F2): F02012.

van der Werf J J, Magar V, Malarkey J ,et al. 2008. 2DV modelling of sediment transport processes over full-scale ripples in regular asymmetric oscillatory flow. Continental Shelf Research, 28(8): 1040-1056.

Yuan J, Madsen O S. 2014. Experimental study of turbulent oscillatory boundary layers in an oscillating water tunnel. Coastal Engineering, 89: 63-84.

珠江口咸潮入侵特征及其影响因素

陈晓宏[1]，闻　平[2]

（1.中山大学水资源与环境研究中心，广州　510275；2.珠江水资源保护科学研
究所，广州　510635）

摘　要：珠江三角洲地区是我国三大经济区之一，人口众多、工商业发达、城市化程
度高、河网密集、水源地密布，是易受咸潮影响的地区。本文依据大量实测资料和研究成
果，分析论述了珠江三角洲咸潮入侵的历史变化，揭示了珠江河口区潮汐、上游径流、河
口地形地貌变化以及海平面上升对珠江口咸潮入侵的影响规律。结果表明，伴随海平面上
升、河口区河床下切和上游来水减少，近些年来珠江河口区咸潮上溯呈持续加剧趋势，严
重影响了河口区城市供水等水资源利用。

关键词：珠江河口区；咸潮上溯；海平面上升；影响因素；水资源利用

The Features and Driving Factors of Saltwater Intrusion in the Pearl River Delta

Xiaohong Chen[1], Ping Wen[2]

(1.Center for Water Resources and Environment, Sun Yat-sen University, Guangzhou 510275 ;

2.Institute of Pearl River Water Resource Protection, Guangzhou 510635)

Abstract: Pearl River delta is one of the most populated and most urbanized areas in China. The area is characterized by a complex tidal river network, and is suffering from sea water encroachment in the recent years. The paper studied the close relation between the sea water encroachment level and river flow, estuarine topography, and sea level rise. The future tendency of the problem and its effect on fresh water supply in the delta area are also predicted.

Key Words: Pearl River delta; sea water encroachment; sea level rise; impact factor; water resources.

通信作者：陈晓宏（1963—），E-mail：eescxh@mail. sysu.edu.cn。

1 引言

珠江口包括虎门、蕉门、洪奇门、横门、磨刀门、鸡啼门、虎跳门及崖门八大口门，前 4 个口门注入伶仃洋，磨刀门直接入南海，后 3 个口门注入黄茅海（图 1）。珠江河口及三角洲地区是我国三大经济区之一，面积 5.6 万 km²，2012年常住人口 5616.39 万、人均 GDP 达 13454 美元，达到中等发达国家水平。

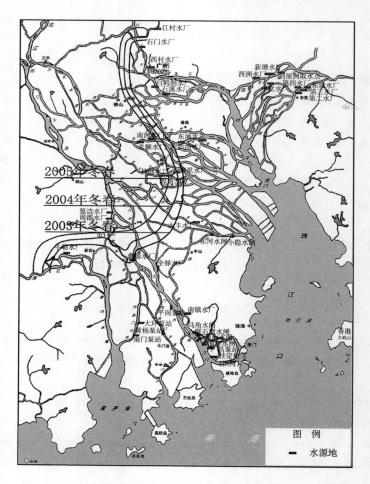

图1 珠江河口及三角洲河网分布

近些年来，伴随河口区河床采砂下切、海平面上升及上游大量水库修建导致出海水量减少等，珠江口咸潮上溯呈加剧趋势。咸潮上溯给当地生产生活带来严重的影响。如何应对珠江口咸潮灾害是一个迫在眉睫的现实问题和重要的科学课题。

早在 20 世纪 60 年代初，黄新华等（1962）就研究了西江三角洲的咸害问题，分析了咸潮活动的一般规律。珠江口盐水入侵的重点研究始于 80 年代。徐君亮（徐君亮等，1981；徐君亮，1986）分析了伶仃洋咸水入侵及盐水楔的活动规律；应秩甫和陈世光（1983）利用 1978 年到 1979 年现场实测资料，归纳整理以混合指数、分层系数、淡水分值、分层-环流图式和盐度的横向分布等来表征的伶仃洋咸淡水的混合特征。李春初（1990）认为珠江河口更易发生高盐陆架水入侵现象。

20 世纪 90 年代以来，珠江三角洲盐水入侵的研究主要相伴于海平面变化等多因素影响研究。方畴军（1995）利用修正后的 Ippen & Harleman 模型和赛维真（Savenije）模型计算了海平面上升对珠江三角洲盐水入侵的可能影响。中山大学河口海岸研究所完成了"海平面上升对咸潮入侵的可能影响及对策研究"，应用数理统计和数学模型法全面分析了海平面变化对咸潮入侵的可能影响。周文浩（1998）利用 Ippen & Harleman 模型计算了海平面上升与盐水入侵的最大距离，认为浅海淤积、河口延伸、水流动力等条件因素的变化发展速度对咸潮入侵的阻碍影响应大于海平面上升所造成的影响，咸潮入侵对珠江三角洲的影响是逐步减弱的。李素琼和敖大光（2000）也用同样的方法分析了海平面上升 0.4~1.0m 的情况下盐水入侵的距离。李平日等(1993)、黄镇国等（2000）对珠江三角洲海平面上升可能引起的盐水入侵也进行了分析。陈水森等(2007)利用简化修改后的盐度模拟经验模型，估算了各点的含氯度与最大入侵距离，咸潮上溯距离受径流量和气象因素影响。尹小玲（2008）基于数字流域分析和预测流域枯季水文过程，提出了珠江口补淡压咸的水库科学调度方法。欧素英（2009）采用聚类分析方法在空间上把珠江口水道分为潮优型和径流型两类，指出不同类型口门水道的盐淡水混合及垂向动力结构有明显差异。Liu 等（2010）利用神经网络和遗传算法构建了包括河湖模块、咸潮入侵分析模块、经济效益与河道中生态需求分析模块及水资源配置模块的水资源配置模型，以研究受咸潮影响的珠江口地区的水资源优化配置。胡溪和毛献忠（2012）提出咸潮入侵系数 K 的概念，它可反映周期内平均径流和平均含氯度响应关系，并采用 Delft3D 验证 K 的合理性。程香菊等（2012）采用非结构化三维近海及海洋有限体积模式对珠江西四口门的盐水入侵现象进行了模拟计算，分析磨刀门不同横断面的潮通量、盐通量和潮能通量的变化与盐水上溯的关系。Gong 等（2012）利用三维斜压构建珠江口磨刀门及其三条支流的咸潮模型，指出洪湾水道是磨刀门水道主要的盐源，而鹤洲涌则充当盐水槽并得出风速会影响咸潮入侵。方立刚等（2012）则基于反射光谱得到了一种珠江口河网区水体表面盐度监测的新方法，并采用 MERIS 模拟数据验证模型的合理性。包芸等（2012）利用三分法把多周期的数据转化为半月单周期数据以分析咸界运动半月周期规律，丰、枯水年的 0.5‰咸界半月周期运动存在不同的典型规律：盐水都是在小潮期间快速上溯，但丰、枯水年的盐水上溯起点位置不同，丰水年 0.5‰咸界上溯距离近，在上游无滞留，基本没有咸潮灾害，而枯水年 0.5‰咸界上溯天数略多，在上游滞留时间长，咸潮灾害严重。Zhang 等（2012）通过利用现有或者扩大的湿地、河道及河道支流设计湿地网络来减弱咸潮的影响，并用两个指数回归模型表明设计的湿地网络能够保存 50%以上的淡水。诸裕良等（2013）推导出一种简单有效的盐水入侵预测模式并表明此预测模型在磨刀门水道具有适用性，同时分析盐水入侵距离与潮差的响应关系得出小潮前 2~3 天为增大压咸流量的最佳时机的结论。卢陈等（2013）采用物理模型实验方法对不同潮差驱动下咸水入侵距离进行研究，结果表明存在潮差临界值使得咸水入侵距离最短，当潮差小于该临界值，咸水入侵距离随潮差增大呈快速减小趋势，而大于该临界值则呈缓慢增大趋势。卢陈等(2014)采用原型观测资料分析、水槽机理试验和咸潮物理模型试验相结合的方法得出磨刀门水道咸界上涨的小潮及小潮后的中潮阶段，增大径流量能有效地抑制咸潮上溯，特别是在咸界上涨的中潮阶段抑咸效果最优。目前对咸潮上溯机理的研究和认识为咸潮灾害治理、风险评估、应急预案制定提供了理论基础和技术指导，但在变化环境下咸潮灾害发生和演化的复杂性，对社会财产和人民安全的危害性，需要综合集成现有的成果，引进新方法和理论，将定性定量研究相结合，加深咸潮演化机理研究，需要革新现有的咸潮应对机制，完善应急方案。

2 珠江三角洲咸潮入侵历史

珠江三角洲的咸潮一般出现在 10 月至次年 4 月。一般年份，南海大陆架高盐水团侵至伶仃洋内伶仃岛附近、磨刀门及鸡啼门外海区、黄茅海

湾口，盐度 2‰（氯化物约为 1110mg/L）咸水入侵至虎门大虎、蕉门南
汊、洪奇门及横门口、磨刀门大涌口、鸡啼门黄金；盐度 0.5‰（氯化物
约为 270mg/L）咸潮线在虎门东江北干流出口、磨刀门水道灯笼山、横门
水道小隐涌口（图2）。

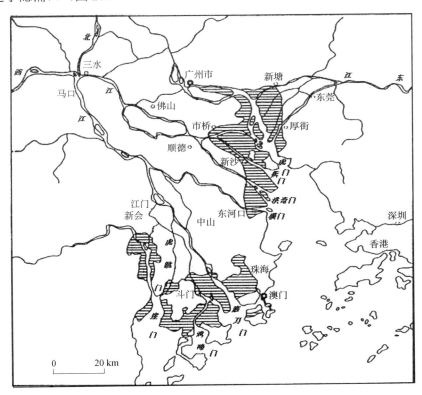

图2　珠江三角洲一般年份受咸范围（黄镇国等，2000）

　　大旱年盐度 2‰的咸水入侵到虎门黄埔以上、沙湾水道下段、小榄水
道、磨刀门水道大鳌岛、崖门水道；盐度 0.5‰咸潮线可达西航道、东江北
干流的新塘、东江南支流的东莞、沙湾水道的三善滘、鸡鸦水道及小榄水道
中上部、西江干流的西海水道、潭江石咀等地，其等盐度线大致为东北—西
南走向，形似西岸等深线的分布（图3）。

　　珠江三角洲地区发生较严重咸潮的年份是 1955 年、1960 年、1963 年、
1970 年、1977 年、1993 年、1999 年、2004 年、2005 年、2006 年。2007 年
以后咸潮呈持续严重影响状态。

　　20 世纪 80 年代以前，珠江三角洲受咸潮危害最突出的是农业。珠江三角洲沿海经常受咸害的农田有 68 万亩。遇大旱年咸害更加严重，如 1955 年春旱，盐水上溯和内渗，滨海地带受咸面积达 138 万亩之多。1964 年春，由于盐水上涌，滨海地带当年曾插秧 4 次。位于鸡啼门的斗门县，常年受咸达 7 个多月，严重年份达 9 个月。一般年份，水稻受咸区的范围为：广州前航道至二沙头岛东、后航道至新造、沙湾水道至市桥、东江至新塘和厚街、蕉门至新沙东、洪奇沥至襄衣沙西、横门至东河口、磨刀门至竹排沙南、鸡啼门至泥湾、虎跳门至梅阁、崖门至双水（黄镇国等，2000），为一般年份珠江三角洲受咸范围（农业影响区）。

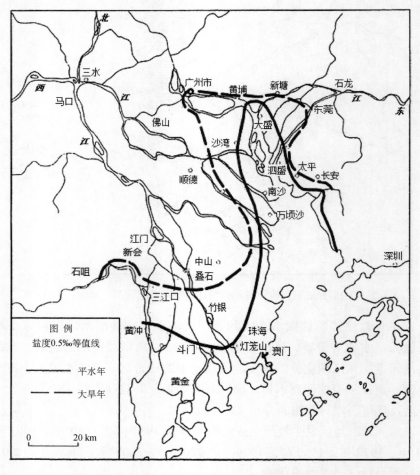

图3　珠江三角洲历史大旱年及平水年盐度为0.5‰等值线图（黄镇国等，2000）

20 世纪 80 年代以来,随着珠江三角洲城市化进程的加速发展，农业用地大幅减少，受咸潮影响的主要对象已为工业用水及城市生活用水。90 年代以来，尤其是 1998 年以来，珠江三角洲强咸潮发生频率呈增加趋势。1999 年初，珠江三角洲再次发生大规律咸潮入侵现象，磨刀门河段咸潮上溯到全禄水厂。2003年，咸潮则越过全禄水厂。2004 年中山市东部的大丰水厂也受到咸潮影响。

3 潮汐对含氯度的影响

珠江河口的潮汐为不规则半日混合潮型。图 4 是竹银站（图 3）2005 年1 月 20 日 15 时至 23 日 2 时实测逐时水深含氯度过程图。可以看出，含氯度与潮位变化趋势具有一致性，潮位涨，含氯度也升高，潮位降低，含氯度减低；但是含氯度过程与潮位过程有一定的相位差，约滞后 2~4h，其原因可能是各口门水道较顺直，潮波依然具有前进波特征，即转流时间发生在高潮位之后，故盐度峰值滞后潮位峰值。

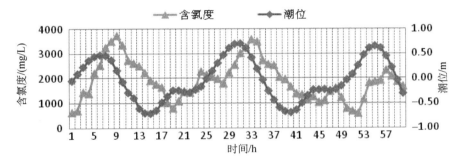

图4　竹银站含氯度-潮位关系图

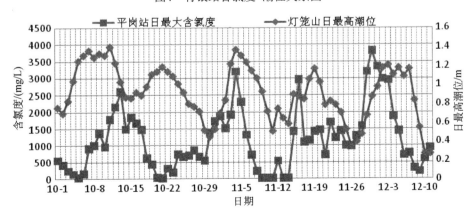

图5　平岗站日最大含氯度与灯笼山站日最高潮位关系图

珠江河口含氯度变化也具有明显的半月周期变化的特点。含氯度的半月周期变化主要与潮汐半月的大潮汐和小潮汛有关。同时珠江三角洲各水道含氯度日最大值出现时间并不一致。2009 年 10 月 1 日 0 时至 12 月 11 日 23 时的灯笼山站潮位和平岗站的含氯度实测过程如图 5、图 6 所示。平岗站日最大含氯度并不出现在灯笼山站潮差最大日，而是提前 3～5 天。

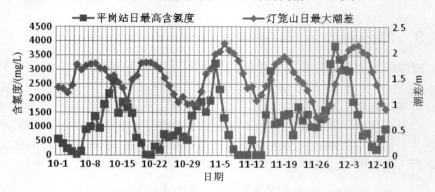

图6　平岗站日最高含氯度与灯笼山站日最大潮差关系图

4　上游来水对含氯度的影响

影响珠江河口区咸潮的诸多因素中，径流是主要的甚至是决定性的因素（闻平，2006）。不同流量条件下大潮期珠江三角洲 250mg/L 含氯度变化空间分布见图 1。图中西北江三角洲咸潮线对应流量为马口+三水站（珠江三角洲网河区入口控制站）的流量，即思贤滘流量。当思贤滘流量为 1000m³/s 时，西北江三角洲咸界上溯至佛山、顺德、江门附近，广州、中山、珠海全面位于咸界内，三角洲各取水口将受到全面影响；当上游来水达到 5500m³/s 时，咸界基本退至各取水口以下；当思贤滘流量为 3500m³/s 时，咸潮基本不影响平岗泵站取水。

利用历史数据研究思贤滘流量与平岗站含氯度的关系（平岗站含氯度超过 250mg/L 的历时及超标条件概率），如图 7、8 所示。当思贤滘流量大于 3700m³/s 时，平岗站发生超标的频率为 0，此时流量起主导作用，潮位变化不会影响平岗站含氯度超标，这与闻平（2006）的研究结果当思贤滘流量大于 3500m³/s 时，咸潮退至平岗站以下相近。思贤滘流量与平岗站发生超标的频率呈负指数关系，当流量小于 1500m³/s 时，平岗站含氯度几乎肯定超标，此时流量对咸潮的阻碍作用不显著，潮汐动力作用明显。当流量小于 2000m³/s 时，平岗站发生超标的频率约为 70%，当流量增大到 2600m³/s 时，平岗站发生超标的频率约为 50%。

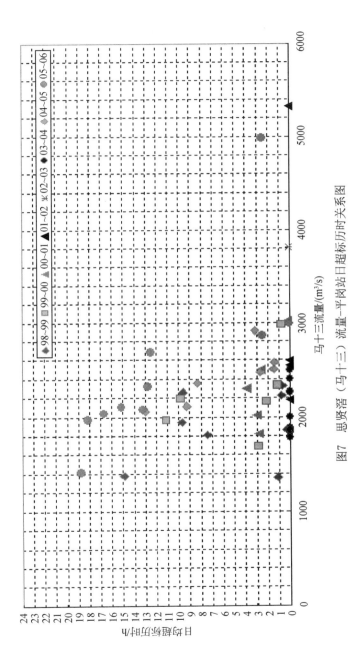

图7 思贤滘（马十三）流量-平岗站日超标历时关系图

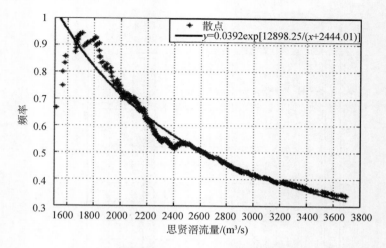

图8　思贤滘流量-平岗站含氯度频率关系图

5　地形地貌变化对咸潮入侵的影响

近 50 年来，伶仃洋总的演变趋势是不断淤浅且面积不断缩小，但不同水深区域情况又有所不同，表现出"浅滩愈浅、深槽愈深"的特点，这些变化反映在咸潮入侵方面就是横门、洪奇沥水道咸潮越来越弱，而虎门则越来越强。蕉门水道由于左汊发育，其落潮流加入了虎门潮汐通道体系，咸潮入侵加强。

自 80 年代起，磨刀门内海区开始整治，横洲主槽水流集中，出口径流动力加强，使主槽道产生一定的冲刷，拦门沙区滩槽分化明显，逐步形成东西两个槽道，尤其是特大洪水对河槽的冲刷作用，使口外拦门沙体向外发育，规模不断变大，东西两个槽道发展较为明显，但左右两翼发展不平衡。图 9 为 1994 年 6 月和 2005 年 6 月两次特大洪水后磨刀门口外拦门沙形态，2005 年 6 月大洪水后，东槽-5m 等深线大幅度向外凸出。在沿岸流的作用下，这极有利于涨潮流的上溯而加强咸潮入侵。可见 2005~2006 年枯水期发生的长历时强咸潮入侵现象不仅仅是径流量的减少，还有河口地形的变化，即河口拦门沙被历年洪水冲刷是 2005~2006 年枯水期咸潮入侵变异的根本原因之一。

航道疏浚和大规模挖砂导致河床大面积下切，增加了三角洲河网的纳潮容积，从而造成涨潮动力增强。主要表现为潮差加大、涨潮历时延长、涨潮量加大。河床不均匀下切，导致三角洲主要分流节点和河口径流分配比的变化，更进一步加重了减水河道的咸潮上溯程度。

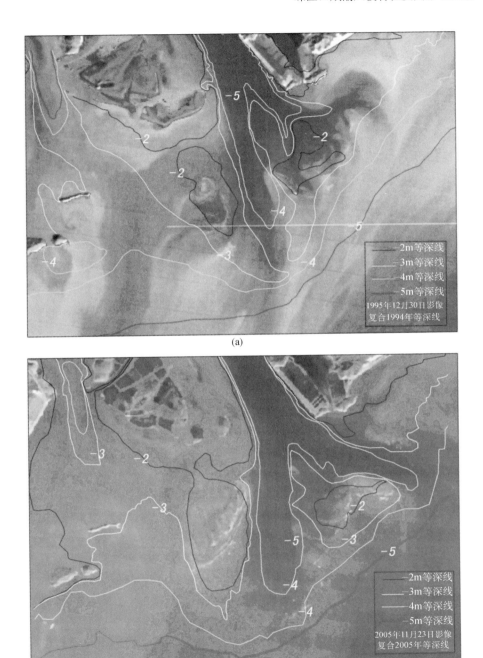

图9 特大洪水后磨刀门口外拦门沙形态

(a) 1994年6月；(b) 2005年6月

6 海平面上升对珠江口咸潮的影响

据《2009 年中国海平面公报》，近 30 年来，我国南海海平面平均上升速率为 2.6 mm/a，高于全球速率。黄镇国等（2000）从理论海平面上升值、相对海平面异常高波动值、相对海平面上升的附加值、地形变地面沉降值四方面研究得出 1990~2030 年珠江口理论海平面上升 8cm，异常高波海平面波动6.4~12.1cm，洪潮水位超幅 2~5cm，地面沉降 6~8cm。相对海平面的可能上升幅度为 22~33cm。

海平面上升导致河口区水体加深，并且由于底磨擦产生的阻力较小，波浪在滨海水域破碎机会少，使潮汐和波浪更容易到达河口区，加剧河口区咸潮、风暴潮、水污染、排洪困难等，并严重威胁沿海城市枯季的供水安全。孔兰（2011）利用数学模型、灰色系统理论、主成分分析法、层次聚类分析法、统计分析法等，分析了海平面上升对珠江河口区咸潮、水位、供水等方面的影响，获得了一些有益的结果。

（1）珠江口咸潮的主要影响因素为流量、最低潮位和海平面，潮差、风级与咸潮相关性较小，为次要影响因素；平岗泵站咸潮对流量的敏感性大于联石湾水闸，联石湾水闸与海平面、最低潮位、潮差和最高潮位的敏感性大于平岗泵站，说明越靠近河口区的取水点咸潮对潮汐、海平面变化越敏感。

（2）一定上游来水条件下，随着海平面的上升，咸潮上溯界线向上游方向移动显著。在 90%的上游来水条件下，珠江口海平面上升 10cm、30cm、60cm 情景下分别使 250mg/L 咸度等值线比海平面未上升时上移：0.9km、1.9km 和 3.8km（横门水道）；0.5km、1.1km 和 2.0km（磨刀门水道）。

（3）影响珠江口年平均潮位的第一主成分为径流潮汐作用，第二主成分的代表因素为海平面上升，其中第二主成分对年平均水位的贡献率约为20%。

（4）海平面上升对珠江三角洲代表站的年平均潮位和年最低潮位的影响大于对年最高潮位的影响；海平面上升对马口站和三水站水位的影响小于河床下切和径流的影响；海平面上升对珠江河口区水位的影响由三角洲深处向口门区有增强趋势。

7 结论

咸潮入侵对珠江三角洲的危害在 20 世纪 80 年代以前是以农业为主，但

80 年代以后，随着区域经济的高速发展和人口的迅速增加，咸潮入侵的危害对象变为城市供水等水资源综合利用。从珠江口咸潮入侵的演变趋势来看，80 年代以前基本稳定在一个较弱的水平；但自 1998 年起，强咸潮入侵的频率显著提高，尤其是 2004 年以来，连续发生强咸潮入侵现象。珠江口咸潮入侵主要与上游径流减少、珠江口海平面上升、河口区河道地形地貌变化等因素有关，其中河口区河床下切和上游来水减少是最主要因素。

从咸潮入侵的日周期潮相变化过程来看，含氯度最大值及最小值出现时刻与转流发生时间一致，但含氯度过程与潮位过程有一定的相位差，滞后2~4h，其原因是各口门水道较顺直，潮波依然具有前进波特征，即转流时间发生在高潮位之后。

从咸潮入侵的半月周期潮相变化过程来看，含氯度变化也具有明显的半月周期特点；同时珠江三角洲各水道含氯度日最大值出现时间并不一致，尤其值得注意的是，在西四口门的联石湾水闸日最大值并不出现在潮差最大值日，而是提前 3~5 天。

珠江口海平面平均上升速率高于全球平均速率，一定上游来水条件下，海平面的上升会推进咸潮上溯范围。在 90% 的上游来水条件下，珠江口海平面上升 30cm（预计珠江河口区 40 年间相对海平面可能上升的幅度）情景下使 250mg/L 咸度等值线比海平面未上升时多上移 1.1~1.9km。

参考文献

包芸，黄宇铭，林娟. 2012. 三分法研究丰水年和枯水年磨刀门水道咸界运动典型规律. 水动力学研究与进展（A 辑），27（5）:561-567.

陈水森，方立刚，李宏丽. 2007. 珠江口咸潮入侵分析与经验模型——以磨刀门水道为例. 水科学进展，18（5）:751-755.

程香菊，詹威，郭振仁，等. 2012. 珠江西四口门盐水入侵数值模拟及分析. 水利学报，43(5):554-563.

方畴军. 1995. 海平面上升以珠江三角洲盐水入侵的可能影响. 广州：中山大学硕士学位论文.

方立刚，李宏丽，陈水森. 2012. 基于反射光谱的珠江口咸潮遥感方法. 水科学进展，23（3）:403-408.

胡溪，毛献忠. 2012. 珠江口磨刀门水道咸潮入侵规律研究. 水利学报，43（5）:529-536.

黄新华，曾水泉，易绍桢，等. 1962. 西江三角洲的咸害问题. 地理学报，28（2）: 137-147.

黄镇国，张伟强，吴厚水，等. 2000. 珠江三角洲 2030 年海平面上升幅度预测及防御方略. 中国科学（D 辑），30（2）：202-208.

孔兰. 2011. 气候变化导致的海平面上升对珠江口水资源的影响研究. 广州：中山大学博士学位论文.

李春初. 1990. 高盐陆架水入侵影响我国河口概况与问题. 海洋科学，24（3）:54-59.

李平日，方国祥，黄光庆. 1993. 海平面上升对珠江三角洲经济建设的可能影响及对策. 地理学报，48（6）:527-534.

李素琼，敖大光. 2000. 海平面上升与珠江口咸潮变化. 人民珠江，21（6）:42-44.

卢陈，刘晓平，高时友，等. 2014. 珠江磨刀门河口调水压咸的时机研究. 水动力学研究与进展（A 辑），29（2）:197-204.

卢陈，袁丽蓉，高时友，等. 2013. 潮汐强度与咸潮上溯距离试验. 水科学进展，24（2）:251-257.

欧素英. 2009. 珠江三角洲咸潮活动的空间差异性分析. 地理科学，29（1）:89-92.

闻平. 2006. 珠江三角洲咸潮入侵规律研究. 广州：中山大学博士学位论文.

徐君亮，李永兴，陈天富. 1981. 伶仃洋的咸水入侵及盐水楔的活动规律. 热带地理，1（3）:36-46.

徐君亮. 1986. 伶仃洋的盐水入侵//珠江口海岸带和滩涂资源综合调查研究文集. 广州:广东科技出版社.

尹小玲. 2009. 基于数字流域模型的珠江补淡压咸水库调度研究. 北京：清华大学硕士学位论文.

应秩甫，陈世光. 1983. 珠江口伶汀洋咸淡水混合特征. 海洋学报，5（1）:1-10.

周文浩. 1998. 海平面上升对珠江三角洲咸潮入侵的影响. 热带地理，18（3）:266-285.

诸裕良，闫晓璐，林晓瑜. 2013. 珠江口盐水入侵预测模式研究. 水利学报，44（9）:1009-1014.

Gong W P，Wang Y P，Jia J J. 2012. The effect of interacting downstream branches on saltwater intrusion in the Modaomen Estuary，China. Journal of Asian Earth Sciences，45: 223-238.

Liu D D，Chen X H，Lou Z H. 2010. A model for the optimal allocation of water resources in a saltwater intrusion area: A case study in Pearl River Delta in China. Water Resources Management，24（1）:63-81.

Zhang Z M，Cui B S，Fan X Y，et al. 2012. Wetland network design for mitigation of saltwater intrusion by replenishing freshwater in an estuary. Clean-Soil，Air，Water，40(10): 1036-1046.

大规模人类活动对近岸海洋环境的
影响及其对策

张长宽

（河海大学港口海岸与近海工程学院，南京 210098）

摘　要：随着我国沿海地区社会经济的快速发展，人口增长和耕地占用是必然趋势，拓展人类生存空间成为必由之路。沿海滩涂是重要的土地后备资源，滩涂开发伴随着大规模人类活动，对近海环境有深远的影响。本文以江苏沿海滩涂开发利用为例，提出大规模滩涂开发利用的指导思想、总体布局及开发利用原则等，探讨大规模滩涂开发利用对近海动力环境和生态环境的主要影响及其评价方法，并提出相对应的环境保护措施。

关键词：大规模人类活动；滩涂资源；围垦开发；环境影响；评价方法

Coastal Environment Change and Protection Counter Measures in Response to Large-scale Human Activities in Costal Zones

Changkuan Zhang

(College of Harbor, Coastal and Offshore Engineering,Hohai University, Nanjing 210098)

Abstract: Reclamation is an important way to extend the space for social development in the heavily populated coastal region. The environmental impact of reclamation and its resulting industrialization on the ocean, however, should be critically assessed. This paper proposes a master plan for large scale reclamation along the coastal area of Jiangsu Province. Environmental impact assessment method is also suggested. Countermeasures to stabilize the coastline and to protect the coastal ecosystem are emphasized.

Key Words: human activities; coastal low land; reclamation; environmental impact; environmental assessment.

通信作者：张长宽（1954—），E-mail：ckzhang@hhu.edu.cn。

1　引言

随着我国沿海地区社会经济的快速发展，人口增长和耕地占用是必然趋势，拓展人类生存空间成为必由之路。我国浅海滩涂分布广、面积大，是有效的后备土地资源，极具拓展生存空间的巨大潜力。过去的 60 年内，我国围填海工程已取得显著成效。河北唐山曹妃甸浅滩规划填海造陆 310km²，建议曹妃甸工业区，再建一座唐山市；上海南汇东滩先后实施了一系列匡围工程；浙江在河口整治的同时实施了大量围垦工程。围填规模比较大的地区诸如江苏、浙江、上海沿海和南部珠江口海域。根据预测，未来 40 年，我国有可能再造 10000 ～ 15000km² 土地的生存空间（陈吉余，2000）。大规模围海造地可以为人类生存提供新的空间，为我国沿海地区社会经济发展提供重要的土地资源支撑，这是可见效益的一面，但同时也可能导致负面的近海环境变化。诸如湿地减少、生物多样性遭破坏、河口泄洪不畅、淡水资源供应不足，以及围垦对周边水工程影响等。为降低围海造地的负面影响，提高正面效益，就需要对沿海滩涂资源进行合理规划、科学管理、综合利用、因地制宜、协调发展。江苏沿海滩涂资源丰富，据《江苏沿海地区综合开发战略研究》（钱正英，2008）测算，江苏沿海地区近期可形成 270 万亩的垦区。本文以江苏大规模滩涂开发利用为例，提出滩涂围垦开发的指导思想、基本原则、布局方案等，讨论大规模人类活动影响下近海环境变化，及其对环境影响的评价方法，提出相应的滩涂资源保护措施。

2　江苏沿海滩涂资源简介

2.1　地形地貌特征

江苏海岸北起苏鲁交界的绣针河口，南抵长江口北支寅阳角；在古长江与古黄河所携带泥沙的共同堆积作用下，沿海地区拥有丰富的滩涂资源，岸外分布有世界罕见的大面积南黄海辐射沙脊群。根据江苏近海海洋综合调查与评价专项调查（张长宽，2013），江苏省沿海滩涂总面积 500167hm²（图 1）；其中潮上带及潮间带滩涂面积分别为 30747hm² 和 267667hm²，南黄海辐射沙脊群理论最低潮面以上面积 201753hm²。

南黄海辐射沙脊群分布于江苏中部海岸带外侧、黄海南部陆架海域，北自射阳河口，南至长江口北部的蒿枝港。南北范围介于 32°00′N~33°48′N，长约 200km；东西范围为 120°40′E~122°10′E，宽约 140km，总面积约

28000km²。沙脊群大体上以江苏东台的弶港为顶点，以黄沙洋为主轴，自岸至海呈展开的褶扇状向海辐射，由 70 多条沙脊和分隔沙脊的潮流通道组成。脊槽相间分布，水深为 0~25m（王颖，2002）。

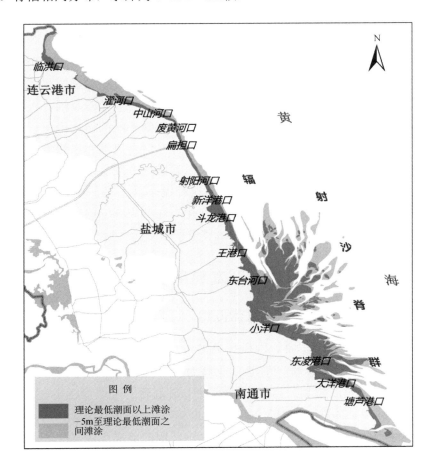

图1　江苏省沿海滩涂资源分布图

2.2　形成及演变动力机制

江苏近海海域受两个潮波系统的影响。来自太平洋通过东海的前进潮波，自南向北，进入南黄海，东海前进潮波受山东半岛的阻挡，形成逆时针的旋转潮波，自北向南推进。逆时针旋转潮波和南黄海的后继前进潮波在弶港外海辐聚，形成移动性驻潮波，并形成以弶港为顶点的辐射状潮流场

（Xing et al.，2012）。该潮流场为形成和维持辐射沙脊群提供了必要的动力环境，是形成江苏丰富滩涂资源的前提条件。

辐射沙脊群的形成机制可概括为潮流形成—风暴破坏—潮流恢复。潮流是形成和维持辐射沙脊群的主要动力（Zhang et al.，1999），朝鲜半岛、山东半岛和江苏海岸带构成的南黄海轮廓，决定了在江苏东部海区出现潮波辐聚的必然性。由潮波辐聚形成的移动性驻潮波，在古海岸时期为古长江口水下堆积体的形成提供了必要的动力环境；在近现代海岸时期为形成和维持辐射状沙脊群提供了必要条件。沙脊区潮波的驻波性质、大潮差及辐射状潮流场营造了沙脊群在平面上的辐射状分布和剖面上滩阔槽深的结构形态。一般情况下波浪对沙脊整体形态的作用不大，但台风时，台风浪和风暴流场的综合作用可使得辐射沙脊区水下地形表现出"风暴破坏—潮流恢复—风暴再破坏—潮流再恢复"这样一种演变特征。但这种循环并不是一个完全封闭的过程，作用的结果会使局部地形产生明显变化。江苏岸外辐射沙脊群的这种演变动力机制为江苏丰富滩涂资源的形成奠定了基础。

3 江苏沿海滩涂资源开发利用

3.1 沿海滩涂围垦开发总体设想

江苏沿海滩涂资源丰富、围垦历史悠久、匡围经验丰富，经历了兴海煮盐、垦荒植棉、围海养殖、临港工业等为主要利用方式的多个发展阶段。《江苏沿海地区发展规划》要求着力建设中国重要的土地后备资源开发区。《全国土地利用总体规划纲要（2006～2020 年）》，从保障粮食安全、经济安全和社会稳定出发，提出在保护和改善生态环境的前提下，需要依据土地利用条件，有计划、有步骤地推进后备土地资源开发利用，组织实施土地开发重大工程。《江苏沿海滩涂围垦开发利用规划纲要》提出近期可在盐城射阳河口至南通东灶港之间的淤长型海岸和辐射沙洲等地进行围填，形成 270 万亩左右的土地后备资源。江苏沿海垦区主要位于淤泥质平原海岸和岸外辐射沙脊群，可分为边滩垦区和岸外沙脊垦区两类。边滩垦区是指位于相邻入海河口之间、现海堤之外、三边匡围的垦区，具有滩涂地形高、冲淤稳定、水流缓慢等特点；岸外沙脊垦区是指位于辐射沙脊群高程较高的中心区的垦区，需四周匡围，具有低潮滩面出露面积大、淤长迅速、高潮时具有四周环水等特点,如条子泥、东沙、高泥、腰沙-冷家沙等沙洲。

3.2 沿海滩涂围垦空间布局特点

沿海滩涂围垦布局主要依据沿海滩涂地貌与动力特征及其冲淤特性,在考虑滩涂围垦与湿地保护,尤其是自然保护区与河口湿地保护的基础上,在保证农业生产用地面积的同时,注重保护现有沿海港口、深水航道资源,满足未来深水港口及产业、城镇发展需求,以此来确定围区的布局和规模(张长宽等,2011)。图2是江苏省沿海滩涂围垦规划图,考虑了以下几方面。

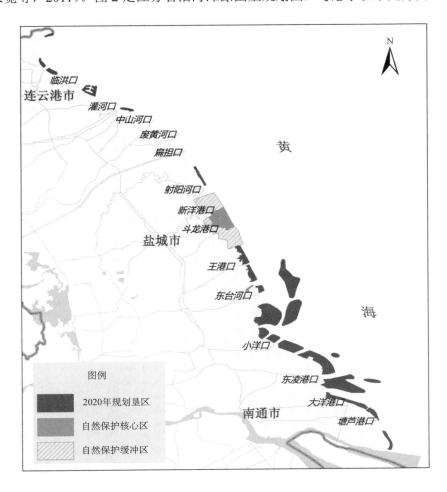

图2 江苏省沿海滩涂围垦规划图

第一，以高滩围垦为主。海堤起围高程的选定，涉及自然条件、施工技术、资金投入、经济效益、环境影响等诸多因素。由于历史上江苏沿海大多数围垦集中于淤涨型淤泥质海岸，匡围难度较低，围垦的起围高程一般在当地的平均高潮线以上及其附近。这主要是由于平均高潮线以上的滩面植被较好，有利于垦植；新海堤外还有一定宽度的滩面，筑堤仍可就地取土，穿堤的港汊不多，施工难度低，防护和防汛不困难，一次匡围对环境的影响也较小，同时便于堤外促淤和再造盐沼。未来随着滩涂开发力度的加大，匡围堤线高程将逐渐降低，尤其是在离岸沙洲区。因此，在尊重滩涂自然演变规律的前提下，边滩围垦起围高程原则上控制在理论最低潮面以上 2m。同时，在新建海堤外侧采用工程促淤或生物促淤等方法实现潮滩的可持续利用。

第二，维持潮流通道畅通。江苏沿海海域具有独特的潮汐环境，以旋转潮波与前进潮波辐聚为特征的辐射沙脊群海域，其潮流场呈辐射状分布，与沙脊群潮汐通道一致。这是一个独特的响应潮流场，对海岸线和水下地形的长期演变有着十分复杂的影响。沿海大规模滩涂围垦工程将改变江苏海岸轮廓及海底地形，地形条件的改变又将对海洋动力环境产生影响。因此，围垦布局强调与辐射沙脊群海岸动力场协调，近岸面积较大滩涂和辐射沙洲的匡围，总体上不应改变海洋动力系统格局，必须预留足够的汇潮通道以保障两大潮波交汇畅通，维持现有潮汐动力格局及与之相适应的沙洲、水道地貌体系，避免辐射沙脊群因围垦而发生大规模的地形调整。

第三，保护并开发港口资源。对于现状港口的影响，主要选取围垦规模较大区域附近的港口（大丰港、洋口港、吕四港），模拟研究围垦方案实施前后其动力场和泥沙场的变化，分析围垦布局对现状港口航运条件的影响（陶建峰等，2011）。另外，通过对淤泥质海岸离岸沙洲匡围，利用稳定性好的深槽增加深水岸线资源，创造形成深水海港的条件。通过围垦规划的实施，特别是高泥、东沙、腰沙-冷家沙围垦工程实施后，有可能创造更多、更深的深水岸线资源，形成新的港口航运资源。

第四，注重生态保护。坚持保护环境，充分考虑资源环境承载能力，在空间布局上划定重要生态功能区，促进人与自然和谐、陆地与海洋和谐、产业布局与生态保护和谐。根据国家和省级自然保护区的要求，在珍禽自然保护区的核心区和缓冲区（即射阳河口-四卯酉河口之间 60km 长的沿海滩涂）及麋鹿保护区向海一侧不进行围垦。同时，围垦布局重视与河口治导线协调，在围垦岸段保留了 19 条河流排水入海的河口滩槽，直接保留河口湿地面积约 66667hm^2。

4 滩涂开发利用对近海环境的主要影响

4.1 海洋动力环境变化

江苏沿海的海洋动力环境相当独特，对海岸线和水下地形的长期演变有着十分复杂的影响。沿海大规模滩涂围垦工程的实施将改变江苏海岸的轮廓及近岸海域的海底地形，地形条件的改变又将对海洋动力环境产生影响。围垦方案实施后，海域地形和海洋动力环境之间将通过相互作用达到一个新的平衡状态。

对移动性驻潮波而言，围垦方案实施后，除局部范围有较小差别外，对近岸的潮波系统几乎没有影响，M_2 分潮无潮点位置、同潮时线和近岸海域潮差均变化不大。对辐射状潮流场而言，在移动性驻潮波的控制下，涨潮时，涨潮流自北、东北、东和东南诸方向朝弶港集聚，水流漫滩；落潮时，落潮流以弶港为中心呈 150° 的扇面角向外辐散，辐射沙脊群滩地露陆。由于拟围垦的区域基本为高滩，涨落潮流态与现状岸线流态基本一致。

4.2 泥沙运动及海岸演变

目前，江苏沿岸与近海河流及外域来沙数量微小，海水含沙量与潮滩沉积物质主要来自海底的古松散沉积物，受波浪潮流作用，形成再搬运和堆积的过程。根据历史实测水文泥沙结果分析（任美锷，1986），废黄河三角洲侵蚀每年有 1.09 亿 t 泥沙，向南进入海底沙脊群区域；长江水下三角洲受侵蚀每年有 2.02 亿 t 泥沙，从苦水洋、黄沙洋和烂沙洋进入沙脊群区域；而沙脊群区域，每年有 1.6 亿 t 泥沙，向东北从平涂洋向外输出。目前沙脊群区域靠岸部分在堆积增高成出露水面的沙洲，被沙脊群掩护的沿岸潮滩在淤长，从射阳河口至东灶港，该段海岸潮滩的堆积量为每年 7.7 亿 t。因此，潮滩及近岸沙洲淤长的物质，大部分来自海底及海底沙脊群区域的侵蚀。近岸及沙脊群浅水处海水含沙量高，主要是当地沉积物被波浪潮流扰动的结果；沙脊群近岸出露水面的沙洲具有向海坡缓、向陆坡陡的横剖面，表明泥沙从邻近海底向陆运动趋势（Wang and Ke，1997）。

沿海围垦开发等大规模人类活动将引起大陆海岸线格局发生变化。沿岸围垦会导致海岸剖面的重塑。根据海岸动力学理论，潮间带围垦以后，如果滩面上有足够的泥沙供给，则海堤外会逐步形成新的高滩，但高滩的宽度小于围垦前的高滩宽度，潮间带和潮下带的坡度会出现明显的陡化倾向；如果滩面上没有足够的泥沙供给，则海堤外将不再形成新的潮上带，海堤就此成为人工海岸。围填海工程海堤前沿滩面淤涨速度几乎不可能跟上围填海实施前滩面淤涨速度，围填海工程所在海岸区域的水流和波浪条件有可能会更加恶劣，水变深，流变急，浪变大，泥沙沉降淤积条件不复存在，原来的淤积环境逆转为侵蚀环境。潮间带面积的永久丧失，原来一直受到广阔滩涂保护的海岸，失去了天然屏障，更多的堤防暴露于较深的水中，风暴潮、台风浪等海洋灾害问题会变得严峻。

4.3 对海洋生态环境的影响

滩涂围垦占用了一定面积的滩涂空间，必然对潮滩湿地生态环境和生物多样性产生影响。

第一，对滩涂湿地和生物多样性的影响。围垦会造成天然沼泽湿地面积减少，原来在潮间带和辐射沙脊群生存的生物失去了栖息的场所，致使种类和数量下降。人工种植和养殖使得单位面积的生物密度增大，培育的物种单一，会造成滩涂生物多样性下降。另外，规划垦区为淤泥质潮滩，围垦将使海岸线向外扩展，增加了海岸的曲折率，改变潮滩的淤积过程，一定程度上会减弱围垦造成的滩涂湿地面积的变化和对生物多样性的不利影响。

第二，对海岸带水、陆环境的影响。围垦吹填等在施工过程中将会产生大量悬浮质，形成一定范围水域悬浮物浓度（SS）升高，对域内浮游植物、浮游动物、游泳动物等产生不利影响，导致区域水生生物丰度、多样性的降低；此外施工船舶、机械与施工人员的污、废水及固体废弃物的排放，直接影响邻近海域水质。随着沿海滩涂的开发利用，工业、农业、水产养殖业的发展，来自陆地的污染源对海洋尤其是海岸带造成一定的影响。氮、磷、有机质等污染物的排放会导致近岸水体的营养盐含量升高，海岸水质变差。大面积的农业用地会增加区域的农业面源污染，增加海岸带污染物的环境负荷量。

第三，对自然保护区的影响。围垦区部分包括盐城国家级珍禽自然保护区的实验区和大丰麋鹿国家级自然保护区的非核心区。这两个保护区面积广阔、资源丰富，主要保护生物——麋鹿和丹顶鹤都是世界珍稀物种，所以两个自然保护区的建立对区域内生物资源的保护有着非常重要的意义。围垦施工和围垦后的开发利用可能会造成濒危、稀有生物栖息地面积有所压缩，活动范围减小。

第四，对海岸生物资源的影响。江苏沿海有泥螺、文蛤等国家级和省级水产种质资源保护区，保护区的设立为有效保护珍稀生物种质资源和典型生态系统类型，维护生物资源的多样性提供了条件。围垦活动对生物的影响主要是对其生态环境的破坏和干扰，一个良好的自然生态系统的形成需要一定的时间尺度和较大的空间尺度的累积变化过程才能达到稳定，当围垦活动造成生物生存空间的累积性丧失和破碎化达到一定程度时，某些生物就会消失或者迁徙。围垦活动直接减少了底栖生物的栖息地，工程区范围内的底栖生物将彻底损失（围垦养殖除外）。围垦活动增加的污染物会使周围底栖生物的栖息环境受到影响，耐污的多毛类会逐渐占优势，并向小型化发展，喜欢清洁环境的动物会减少。所以，围垦活动会使底栖生物的生物量减少，生物多样性降低。

5　滩涂开发利用对沿海环境影响的评价方法

沿海滩涂是陆地和海洋生态系统间复杂的自然综合体，是全球生物多样性最丰富、生产力最高、最具价值的湿地生态系统之一，对保持环境、维护生物多样性具有十分重要的意义。大规模围垦对海岸环境的影响一直是人们十分关注的问题。较早的研究主要集中在围垦对潮滩动物资源的影响、对海岸海水环境质量的影响、对天然滨海湿地的影响、对海岸生物多样性的影响、对近海水动力泥沙及冲淤演变的影响等方面（陈才俊，1990；罗章仁，1997；陈宏友和徐国华，2004；李加林等，2007），缺乏评价体系。近 10 多年来，不断有学者将大规模围垦对海岸环境影响作为一个系统来研究，尝试性地提出了一些评估的理论、方法并建立评估模型，典型的有多目标决策模型。

多目标决策模型运用多目标决策理论与方法，综合考虑围填海对海岸动力、泥沙环境、海洋生态环境、资源综合开发和社会经济的影响，针对具体海域的海洋资源环境特点，建立适宜围填海规模评价指标体系，构建适宜围填海规模评价模型（王静等，2010）。评价模型包含 4 个一级指标，也称评价要素：动力泥沙环境、生态环境、资源综合开发和社会经济，4 个一级指标又细分为十多个二级指标，也称为评价因子：水道全潮平均流速最大变化率、流速变化范围、相邻水道流量比变化率、水道淤积强度、生态服务价值损失、污水排放量、占用养殖区面积、缩短岸线与深水区的距离、泄洪排涝通道流速变化、围填海后形成的陆域面积、围填海的效益、围填区的经济产出和围填区可增加的就业人口等。针对不同海岸特点，以滩涂总量动态平衡为指标，将围垦速度与滩涂淤积速率进行比较，给出不同岸段适宜围垦速度（王艳红等，2006）；一些学者开展了围填海适宜性评估方法研究（于永海等，2011），首先定义了围填海4个不同等级，即适宜围填、较适宜围填、不适宜围填和严禁围填，在此基础上筛选了6个一级指标26个二级指标，以此建立一套围填海适宜性评估模型体系和方法；另一些学者构建了海湾围填海适宜性评估模型（刘大海等，2011），指标体系包括海岸、动力、冲淤、生物和水质5个方面适宜性条件指标，并以海州湾北侧为例进行了适宜性评估示范。此外，还有生态-经济模型（彭本荣等，2005）、压力-状态-响应评价模型（戴亚南和彭检贵，2009）等。

综上可以看出，围填海环境影响的评价方法或围填海适宜性评估模型一般包括目标层、一级指标层和二级指标层等三个层。其中，指标选取是关键。指标选取是否科学、准确，是体现评价结果的科学性与实用性的主要因素。各评价因子或评价指标的赋分是另一个重点，应确保评价因子权重的科学性和准确性。一般运用层次分析法对各层指标的相对重要性进行比较、判断，得出各个指标的权重值。

评价因子的选择应遵循以下基本原则：①重要生态资源与海岸资源优先保护原则。对有重点生态价值的资源、重点海岸资源应有一票否决的决定权，禁止大规模人类开发活动。②因地制宜、区别对待的原则。指标体系是根据研究海域的特点而选定的，具有其自身的适用范围，对于其他海域，由于自然条件不同，确定的控制性因子也不尽相同，如何构建指标体系需要针对不同海域的特点展开研究。③综合、全面的原则。应根据人类活动的综合特征确定指标体系，同时注意指标的全面性、代表性。④开发与保护并重的原则。根据滩涂资源的综合开发利用价值、海洋环境的承载能力等自然属性，考虑海岸利用现状、社会经济发展对用海的需求等社会属性，评判围海的适宜性，既要满足海洋经济发展、沿海开发建设的需要，又要重视重点海洋生态区、海洋珍稀濒危物种及其生态环境、重点渔业资源区、潮汐通道、港航资源和具有重点科研价值的海洋自然历史遗迹的有效保护。

6　滩涂开发利用环境保护措施

滩涂围垦工程建设的主要负面影响是对滨海湿地资源、生物多样性、沿海生态环境等方面的影响，滨海地区生态环境承载力将是关键制约因素。因此，应坚持对滩涂湿地资源可持续发展的保护原则，在充分研究相关社会经济发展、生态环境保护等方面的规划、区划的前提下，分析沿海的生态环境承载力，提出滩涂资源适度开发利用的规划方案，采取切实可行的滩涂保护措施，实现滩涂资源的可持续利用，减少围垦对生态环境的不利影响。同时，要加强我国围填海管理，加强海洋资源的管理（刘伟和刘百桥，2008；陈书全，2009）。

6.1 湿地保护措施

江苏沿海湿地有两个国家级、三个市县级自然保护区，根据《中华人民共和国环境保护法》，对珍稀、濒危的野生动植物自然分布区域，应当采取措施加以保护，严禁破坏。因此，围垦规划首先应将沿海滩涂进行分类，将各级保护区的保护范围和类别详细区分，研究海岸的演替规律、演替速度，评估不同类型湿地对珍禽保护的适宜性，根据海岸湿地的动态变化，指导保护区范围的调整，适时合理地将淤长岸段已脱离潮水影响并已演化为陆地生态环境的土地置换为生产用地。探索在珍禽越冬期和非越冬期缓冲区湿地开发与珍禽保护轮流使用的方案及具体操作技术，以便将缓冲区半原生湿地和人工湿地在冬季停业期有效地用于珍禽保护，缓解人鸟争地的矛盾。

河口湿地是海陆交互作用的重要场所，是高生产力、高生物多样性的生态系统，也是洄游性鱼类及珍稀水禽的活动场所。河口湿地处于咸淡水交界处，对入海河流和海岸水质有很好的净化功能。因此，为保护沿海水环境及生物资源，围垦规划中应注重重要河口湿地的保护，发挥其净化水质、保护生物多样性的功能。

区分不同海岸的性质，属淤长型还是侵蚀型，对侵蚀和稳定型海岸，应加以保护，适度围堤开垦。对淤长型海岸，在科学论证的基础上，可进行合理有序的开发利用。淤长型海岸的匡围能促进滩涂的淤长，自然调节潮上带、潮间带之间的平衡，重建湿地生态系统，恢复因围垦而损失的底栖生物量，并吸引鸟类和其他生物来栖息。

6.2 围垦滩涂生态功能区划措施

滩涂是宝贵的滨海湿地资源，其生态环境效益主要表现在调节气候、涵养水源、净化环境、保持生物多样性等多种生态功能上。围垦工程实施以后，将使原滩涂湿地生态功能发生很大的改变。

由于历史的原因，江苏滩涂区域产业结构比较单一，以往滩涂围垦的利用模式主要是种植业和水产养殖，这种状况直接影响江苏沿海经济的总体发展。根据新的滩涂开发利用目标定位，江苏滩涂资源的开发必须突破传统的"围垦—种植—养殖"的模式，提高滩涂开发与保护的科技含量，加速科技与产业结合。根据滩涂的地貌多样性和环境多样性的特点，按照人类需求和自然条件对滩涂生态服务功能进行重新区划，因地制宜、科学规划、合理布局，做到宜农则农、宜渔则渔、宜工则工，从而获取滩涂各类生物资源最有效的利用，推进滩涂生态服务功能定位的多元化，推动滩涂经济的健康发展。

6.3 滩涂生物资源保护措施

滩涂围垦工程建成后，由于资源利用类型的转变，原滩涂湿地自然成熟的生态系统将形成新的人工生态布局，外加正逐渐发育的、还较脆弱的新的滩涂湿地自然生态系统；原滩涂湿地种群的生存空间被压缩甚至破坏，滩涂水鸟的越冬栖息和觅食环境受到人类活动一定程度的干扰，但围区形成后，淤长型的海岸会促进新的潮间带形成，原有的底栖生物将重新在这些潮间带栖息。由于围区外新的滩涂淤长到平衡状态需要经历一个较长的时期，故短期内生物量有一定程度的损失。为促进新淤长潮间带生物群落的形成并达到稳定，应合理规划围垦区的范围和围垦的速度，尽可能在围垦区保留一定面积的自然滩涂，保留物种种源，特别是种质资源保护区，促进生物的繁衍和扩散。围垦的速度最好与滩涂的淤长速度和植被的演替速度持平。

沿海滩涂湿地是珍稀物种栖息和迁徙的廊道。沿海大面积滩涂围垦，会影响鸟类和洄游性鱼类的生存和繁衍，因此，围垦区的规划应考虑对生物产生的不利影响，在空间上尽可能采取斑块状的间隔围垦，时间上采取渐进围垦的方式，将物种丰富的滩涂湿地保留下来，避免同一时间大规模、大面积的围垦。

由于大多数滩涂围垦区的开发利用最初是以水产养殖为主，且规划用地中有一定的水利、水稻田、林业用地、滩涂水库，原滩涂湿地转为人工湿地后，将增加经济类生物资源的数量，在某种程度上也有利于水鸟的栖息，这种结果可以减轻围垦带来的不利影响。

6.4 围垦区环境保护措施

每一围垦区的开发利用都应进行环境影响评价，对生产力低下、工艺落后、科技含量不高、物耗能耗大、污染物产生指标高的项目应限制进入围垦区建设。对围区内的建设项目应严格执行环境影响评价制度。

加强水、大气、固体废物等的污染治理。对区域内生活、工业废水的水质、水量严格控制，对排污口重点整治，建设相配套的管网系统，对污水进行集中处理，达标排放；对不能收集的农业面源污染，可以建立人工湿地对其进行净化，减少化肥农药用量，推行科学种植等措施；对水产养殖的饵料、药品污染加以控制，由人工精养变成粗养或自然放养，降低投饵、投药量。加强大气污染治理，减少废气的无组织排放，在区域内配套建设尾气收集和治理设施，做到达标排放。注重垃圾等固体废物治理，对生产垃圾尽可能予以回收利用，生活垃圾集中处理。

加强对濒危物种的保护，充分发挥自然保护区的功能，根据经济建设与环境保护协调发展的原则，为减少围垦开发对生物资源的影响，应加强对剩余滩涂湿地、自然保护区，特别是濒危物种栖息地的保护，保护作为动物繁殖地的场所不被破坏，不影响其繁殖，慎重开发生态敏感区。

加强生态景观建设。在生态功能区划的基础上，保护和开发利用现有的典型海涂生态类型，例如，多样性的海岸、独特的辐射沙洲、淤长型海涂景观、南黄海景观、千里海堤风景线、大规模水产养殖基地、多个稀有动物保护区等都具有独特的景观，适宜开发以海洋为特色的旅游资源。认真规划堤岸和道路的绿地建设，使其发挥生态廊道的作用，保证区内有足够的水面和绿化地，保护滩涂湿地资源，为鸟类和其他海滨湿地生物的栖息、繁衍提供条件。

加强环境监督，建立生态和环境补偿制度。加强各相关部门的环境监管能力，严格执行对地方各级领导的环境考核制度，同时充分调动群众参与环保的积极性，加强舆论监督和社会监督。建立有效的环境监测系统，对空气、水、固体废弃物等污染进行严密监控，严格控制污染的排放，对污染事件及时处理。建立生态和环境补偿制度，有利于调节区域内环境付出与收益脱节的矛盾，也是保障区域环境基础设施建设和生态保护的有效途径。

7 结语

我国浅海滩涂分布广，面积大，是潜在的后备土地资源。选择合适的区域进行适度围垦开发，形成大规模的土地后备资源，不但可以有效拓展人类生存空间，而且对促进我国沿海地区经济和海洋经济的快速发展具有十分重要意义。

　　大规模人类活动，特别是超越滩涂自然淤涨速率的大规模滩涂围垦会对海岸天然湿地、近海海洋和海岸生态系统、近岸生物资源等带来负面影响，充分认识这些影响，更好地推进可持续发展战略，加强海洋和海岸环境保护十分必要。科学确定围垦布局是实现大规模滩涂围垦目标的前提和关键，围垦布局是一项综合的系统工程，不仅与自然条件密切相关，亦与社会经济发展联系紧密。

　　围垦工程涉及自然科学、工程技术、社会科学等多个学科，一般情况下又是正面效益强调多，负面影响研究不足，更需要足够的时间思考、研究，目前的评估理论、方法、模型均不足以清楚地回答人们的疑虑。开展大规模滩涂开发利用的环境影响及其评价方法的深入研究刻不容缓。江苏大规模沿海滩涂的开发、利用及保护的经验可为我国其他沿海地区滩涂的可持续发展提供一定的借鉴意义。

参考文献

陈才俊. 1990. 围垦对潮滩动物资源环境的影响. 海洋科学，2(6): 48-50.

陈宏友，徐国华. 2004. 江苏滩涂围垦开发对环境的影响问题. 水利规划与设计，(1): 18-21.

陈吉余. 2000. 开发浅海滩涂资源、拓展我国的生存空间. 中国工程科学，2(3): 27-31.

陈书全. 2009. 关于加强我国围填海工程环境管理的思考. 海洋开发与管理，26(9): 22-26.

戴亚南，彭检贵. 2009. 江苏海岸带生态环境脆弱性及其评价体系构建. 海洋学研究，27(1): 78-82.

李加林，杨晓平，童亿勤. 2007. 滩涂围垦对海岸环境的影响研究进展. 地理科学进展，26(2): 43-51.

刘大海，陈小英，陈勇，等. 2011. 海湾围填海适宜性评估与示范研究. 海岸工程，30(3): 74-81.

刘伟，刘百桥. 2008. 我国围填海现状、问题及调控对策. 广州环境科学，23(2): 26-30.

罗章仁. 1997. 香港填海造地及其影响分析. 地理学报，50(3): 220-227.

彭本荣，洪华生，陈伟琪，等. 2005. 填海造地生态损害评估：理论、方法及应用研究. 自然资源学报，20(5): 714-726.

钱正英. 2008. 江苏沿海地区综合开发战略研究. 南京：江苏人民出版社.

任美锷. 1986. 江苏海岸带和海涂资源综合调查报告. 北京：海洋出版社.

陶建峰，张长宽，姚静. 2011. 江苏沿海大规模围垦对潮汐潮流的影响. 河海大学学报（自然科学版），39(2): 225-230.

王静，徐敏，陈可锋. 2010. 基于多目标决策模型的如东近岸浅滩适宜围填规模研究. 海洋工程，28(1): 76-82.

王艳红，温永宁，王建，等. 2006. 海岸滩涂围垦的适宜速度研究——以江苏淤泥质海岸为例. 海洋通报，25(2): 15-20.

王颖. 2002. 黄海陆架辐射沙脊群. 北京：中国环境科学出版社.

于永海，王延章，张永华，等. 2011. 围填海适应性评估方法研究. 海洋通报，30(1): 81-87.

张长宽. 2013. 江苏省近海海洋环境资源基本现状. 北京：海洋出版社.

张长宽，陈君，林康，等. 2011. 江苏沿海滩涂围垦空间布局研究. 河海大学学报（自然科学版），39(2): 206-212.

Wang X，Ke X. 1997. Grain-size characteristics of the extant tidal flat sediments along the Jiangsu coast，China. Sedimentary Geology，112(1): 105-122.

Xing F，Wang Y P，Wang H V. 2012. Tidal hydrodynamics and fine-grained sediment transport on the radial sand ridge system in the southern Yellow Sea. Marine Geology，291-294(4): 192-210.

Zhang C K，Zhang D S，Zhang J L，et al. 1999.Tidal current- induced formation-storm induced change-tidal current-induced recovery: Interpretation of depositional dynamics of formation and evolution of radial sand ridges on the Yellow Sea seafloor. Science in China (series D)，42(1): 1-12.